线性系统理论

陆 军 王晓陵 编著

科 学 出 版 社

北 京

内 容 简 介

线性系统理论是控制科学领域的一门重要的基础课程。本书以线性系统为研究对象，对线性系统的时域理论进行了全面的论述。主要内容包括系统的数学描述、线性系统的运动分析、线性系统的能控性和能观测性、传递函数矩阵的状态空间实现、系统运动的稳定性、线性系统的状态反馈与状态观测器等。本书是为本科生"现代控制理论"课程编写的教材，内容丰富，理论严谨，深入浅出地阐述了线性系统的基础理论、基本方法，并配有丰富的例题和习题，帮助读者理解书中所阐述的内容。

本书可作为控制类专业、系统工程专业和电子类专业的高年级本科生与研究生的教材，也可供系统和控制领域科学工作者及工程技术人员学习与参考。

图书在版编目 (CIP) 数据

线性系统理论 / 陆军，王晓陵编著. —北京：科学出版社，2019.1

ISBN 978-7-03-060139-1

Ⅰ. ①线… Ⅱ. ①陆… ②王… Ⅲ. ①线性系统理论 Ⅳ. ①O231

中国版本图书馆 CIP 数据核字 (2018) 第 288498 号

责任编辑：余 江 张丽花 / 责任校对：郭瑞芝
责任印制：赵 博 / 封面设计：迷底书装

科学出版社 出版

北京东黄城根北街 16 号
邮政编码：100717
http://www.sciencep.com

北京市金木堂数码科技有限公司印刷
科学出版社发行 各地新华书店经销

＊

2019 年 1 月第 一 版　开本：787×1092 1/16
2025 年 1 月第六次印刷　印张：17 1/2
字数：423 000

定价：69.00 元
（如有印装质量问题，我社负责调换）

前　言

线性系统是系统和控制领域研究中的最基本对象，它伴随着航空航天、过程控制、最优控制、通信、电路和系统等众多学科的发展而日益成熟，已形成十分完整和成熟的线性系统理论。线性系统理论的概念、方法、原理和结论，对于系统和控制理论的许多分支，如最优控制、非线性控制、系统辨识、随机控制、智能控制、信号检测与估计等都具有重要的作用。国内外许多大学将“线性系统理论”列为系统和控制科学的一门基础课程。

线性系统理论方面的教材和专著已有很多，各有其特点。比较著名的有陈啟宗教授著的《线性系统理论与设计》和清华大学郑大钟教授编著的《线性系统理论》。

本书是作者在《线性系统理论》(哈尔滨工程大学出版社，2006 年出版）一书的基础上，总结十余年“现代控制理论”课程教学经验而编写的。增加了新的知识点，使全书内容更为丰富和易于理解；对论述不准确的内容和编辑错误进行了更正；增加了船舶运动建模和分析设计等实例，理论联系实际，提高读者将所学理论知识运用到工程实践的能力；适当加入了系统分析和设计的 MATLAB 实现，使读者能够运用 MATLAB 工具完成系统的建模、分析和设计；适当增加了习题，便于读者对知识点的掌握。

本书系统阐述了分析和综合线性多变量系统的时域理论与方法。主要内容包括：系统的数学描述，重点介绍状态空间模型，并论述了系统状态空间描述和输入-输出描述在建模能力上的异同；线性连续时间系统和线性离散时间系统的运动分析；线性系统的能控性和能观测性，通过结构分解原理，阐述了状态空间描述在系统建模方面比输入-输出描述更为全面；传递函数矩阵的状态空间实现；系统运动的稳定性；线性系统的状态反馈和状态观测器，阐述了状态反馈的基本方法和一些应用，包括状态反馈解耦、镇定问题、线性二次型最优控制、全维和降维状态观测器等，最后给出了状态反馈倒立摆控制系统设计实例。

本书可供高年级本科生和研究生使用，也可供系统和控制领域科学工作者及工程技术人员学习与参考。本书读者需了解“线性代数”和“自动控制原理”的相关内容。

限于作者的时间和精力，书中内容难免存在疏漏和不妥，恳请读者批评指正。

作　者

2018 年 9 月于哈尔滨工程大学

目　录

第 1 章　系统的数学描述

在系统的分析和综合过程中，首要的一步是建立系统的数学描述，即建立系统中各变量之间的数学关系。系统的数学描述分为系统的输入-输出描述和状态空间描述。系统的输入-输出描述又称为系统的外部描述，它通过建立系统的输入和输出之间的数学关系，从而描述系统的特性。在经典线性系统控制理论中的传递函数和微分方程都属于系统的外部描述。系统的状态空间描述选用能够完善描述系统行为的称为状态的内部变量，通过建立状态和系统的输入以及输出之间的数学关系，来描述系统的行为。系统的外部描述不是对系统全部特性的描述，而状态空间描述是对系统行为的完善描述。

只有一个输入和一个输出的系统(single input-single output system)称为单变量系统，用符号 SISO 表示；而具有多个输入和多个输出的系统(multiple input-multiple output system)称为多变量系统，用符号 MIMO 表示。本书的研究对象从经典线性控制理论的单输入-单输出线性定常系统拓展到多输入-多输出线性时变系统。本章首先从系统的外部描述出发，继而着重讨论系统的内部描述。

1.1　系统的输入-输出描述

系统的输入-输出描述揭示了系统的输入和输出之间的某种数学关系。在推导这一描述时，假定系统的内部结构是完全未知的，把系统看作一个“黑箱”，向该“黑箱”施加各种类型的输入并测量出与之相应的输出。从这些输入-输出对中可以确定系统的输入和输出之间的数学关系。可见，系统的输入-输出描述是从系统的外在表现来反映或确定系统内在的本质特性，因此又称系统的输入-输出描述为系统的外部描述。常见的单输入-单输出系统的传递函数和微分方程都是系统的输入-输出描述形式。下面，对系统的输入-输出进行更一般和全面的描述。

1.1.1　线性系统

线性系统理论主要研究多输入-多输出线性系统的相关理论，因此，首先引入以下一些概念。

1. 数域 $\mathscr{F}$

定义 1.1.1　数域 $\mathscr{F}$ 是由称为标量的元素的集合以及称为加“+”和乘“·”的两种运算所构成的，这两种运算定义在 $\mathscr{F}$ 上，并满足下列条件：

(1) $\forall \alpha,\beta \in \mathscr{F}$，有

$$\alpha+\beta\in\mathscr{F} \quad 和 \quad \alpha\cdot\beta\in\mathscr{F} \tag{1.1.1}$$

(2)加法和乘法都是可交换的。

$\forall \alpha,\beta \in \mathscr{F}$，有

$$\alpha+\beta=\beta+\alpha \quad 和 \quad \alpha\cdot\beta=\beta\cdot\alpha \tag{1.1.2}$$

(3) 加法和乘法都是可结合的。

$\forall \alpha,\beta,\gamma \in \mathscr{F}$，有

$$\alpha+(\beta+\gamma)=(\alpha+\beta)+\gamma \quad 和 \quad (\alpha\cdot\beta)\cdot\gamma=\alpha\cdot(\beta\cdot\gamma) \tag{1.1.3}$$

(4) 乘法关于加法是可分配的。

$\forall \alpha,\beta,\gamma \in \mathscr{F}$，有

$$\alpha\cdot(\beta+\gamma)=\alpha\cdot\beta+\alpha\cdot\gamma \tag{1.1.4}$$

(5) $\mathscr{F}$中含有元素 0 和元素 1，使对于 $\mathscr{F}$中每一元素α均有

$$\alpha+0=\alpha \quad 和 \quad 1\cdot\alpha=\alpha \tag{1.1.5}$$

(6) $\forall \alpha \in \mathscr{F}$有一个元素$\beta$，满足

$$\alpha+\beta=0 \tag{1.1.6}$$

称β为α的加法逆。

(7) 对于 $\mathscr{F}$中的每一个非零元素α，$\mathscr{F}$中含有一个元素γ，满足

$$\alpha\cdot\gamma=1 \tag{1.1.7}$$

称γ为α的乘法逆。

例 1.1.1 包含 0 和 1 的集合{0, 1}，若按照通常的加法和乘法定义，集合{0, 1}不构成域。这是因为：$1+1=2\notin\{0,1\}$。但若按如下方法定义的加法和乘法：

$$0+0=1+1=0, \quad 1+0=1, \quad 0\cdot 0=0\cdot 1=0, \quad 1\cdot 1=1 \tag{1.1.8}$$

则集合{0, 1}满足关于域的所有条件，集合{0, 1}为域。称集合{0, 1}为二进制数域。通常用符号 $\mathscr{R}$表示实数域，用 $\mathscr{R}(s)$表示具有实系数及未定数 s 的有理函数域。

2. 数域 $\mathscr{F}$上的线性空间($\mathscr{X}$, $\mathscr{F}$)

定义 1.1.2 线性空间是由称为向量的元素构成的集合 $\mathscr{X}$、数域 $\mathscr{F}$以及称为向量加法和数乘的两种运算共同组成的，在 $\mathscr{X}$和 $\mathscr{F}$上定义向量加法和数乘两种运算，应满足下列诸条件：

(1) 向量加法是封闭的，即$\forall\, \boldsymbol{x}_1,\boldsymbol{x}_2\in\mathscr{X}$，有

$$\boldsymbol{x}_1+\boldsymbol{x}_2\in\mathscr{X} \tag{1.1.9}$$

(2) 向量加法是可交换的，即$\forall\, \boldsymbol{x}_1,\boldsymbol{x}_2\in\mathscr{X}$，有

$$\boldsymbol{x}_1+\boldsymbol{x}_2=\boldsymbol{x}_2+\boldsymbol{x}_1 \tag{1.1.10}$$

(3) 向量加法是可结合的，即$\forall\, \boldsymbol{x}_1,\boldsymbol{x}_2,\boldsymbol{x}_3\in\mathscr{X}$，有

$$(\boldsymbol{x}_1+\boldsymbol{x}_2)+\boldsymbol{x}_3=\boldsymbol{x}_1+(\boldsymbol{x}_2+\boldsymbol{x}_3) \tag{1.1.11}$$

(4) $\mathscr{X}$中含有向量$\boldsymbol{0}$，即$\forall\, \boldsymbol{x}\in\mathscr{X}$，有

$$\boldsymbol{0}+\boldsymbol{x}=\boldsymbol{x} \tag{1.1.12}$$

向量$\boldsymbol{0}$称为零向量或原点。

(5) $\forall\, \boldsymbol{x}\in\mathscr{X}$，存在$\bar{\boldsymbol{x}}\in\mathscr{X}$，满足

$$\boldsymbol{x}+\bar{\boldsymbol{x}}=\boldsymbol{0} \tag{1.1.13}$$

(6) $\forall \alpha \in \mathscr{F}$ 和 $\boldsymbol{x} \in \mathscr{X}$，有

$$\alpha \boldsymbol{x} \in \mathscr{X} \tag{1.1.14}$$

$\alpha \boldsymbol{x}$ 称为 α 和 $\boldsymbol{x}$ 的数乘积(数乘)。

(7) 数乘是可结合的，即 $\forall \alpha, \beta \in \mathscr{F}$，$\boldsymbol{x} \in \mathscr{X}$，有

$$\alpha(\beta \boldsymbol{x}) = (\alpha\beta)\boldsymbol{x} \tag{1.1.15}$$

(8) 数乘关于向量加法是可分配的，即 $\forall\ \alpha \in \mathscr{F}$, $\boldsymbol{x}_1, \boldsymbol{x}_2 \in \mathscr{X}$，有

$$\alpha(\boldsymbol{x}_1 + \boldsymbol{x}_2) = \alpha \boldsymbol{x}_1 + \alpha \boldsymbol{x}_2 \tag{1.1.16}$$

(9) 数乘关于标量加法是可分配的，即 $\forall\ \alpha, \beta \in \mathscr{F}$，$\boldsymbol{x} \in \mathscr{X}$，有

$$(\alpha + \beta)\boldsymbol{x} = \alpha \boldsymbol{x} + \beta \boldsymbol{x} \tag{1.1.17}$$

(10) $\forall\ \boldsymbol{x} \in \mathscr{X}$，有

$$1\boldsymbol{x} = \boldsymbol{x} \tag{1.1.18}$$

其中，1 是 $\mathscr{F}$ 中的元素 1。

例 1.1.2 给定域 $\mathscr{F}$, 令 $\mathscr{F}^n$ 为写成如下形式的所有 n 元向量组成的集合：

$$\boldsymbol{x}_i = \begin{bmatrix} x_{1i} \\ x_{2i} \\ \vdots \\ x_{ni} \end{bmatrix}$$

其中，$x_{ji} \in \mathscr{F}$, $j = 1, 2, \cdots, n$。

向量加法定义为

$$\boldsymbol{x}_i + \boldsymbol{y}_j = \begin{bmatrix} x_{1i} + y_{1j} \\ x_{2i} + y_{2j} \\ \vdots \\ x_{ni} + y_{nj} \end{bmatrix}$$

数乘定义为

$$\alpha \boldsymbol{x}_i = \begin{bmatrix} \alpha x_{1i} \\ \alpha x_{2i} \\ \vdots \\ \alpha x_{ni} \end{bmatrix}$$

则 $(\mathscr{F}^n, \mathscr{F})$ 是一个线性空间。有时线性空间也称为向量空间。

若 $\mathscr{F} = \mathscr{R}$, 则称 $(\mathscr{R}^n, \mathscr{R})$ 为 n 维实向量空间。

3. 线性映射

定义 1.1.3 设 $\mathscr{F}$ 为一数域，$\mathscr{U}$ 和 $\mathscr{Y}$ 是定义在数域 $\mathscr{F}$ 上的线性空间，即 $(\mathscr{U}, \mathscr{F})$ 和 $(\mathscr{Y}, \mathscr{F})$。如果映射 $L: \mathscr{U} \to \mathscr{Y}$ 满足 $\forall \boldsymbol{u}_1, \boldsymbol{u}_2 \in \mathscr{U}$ 和 $\forall a_1, a_2 \in \mathscr{F}$，有下式成立：

$$L(a_1\boldsymbol{u}_1 + a_2\boldsymbol{u}_2) = a_1 L(\boldsymbol{u}_1) + a_2 L(\boldsymbol{u}_2) \tag{1.1.19}$$

则称映射 L 为线性的。式(1.1.19)又称为叠加原理。它可以被等效为如下两个公式：

$$\begin{cases} L(\boldsymbol{u}_1 + \boldsymbol{u}_2) = L(\boldsymbol{u}_1) + L(\boldsymbol{u}_2) \\ L(a\boldsymbol{u}) = aL(\boldsymbol{u}) \end{cases} \tag{1.1.20}$$

其中，$\boldsymbol{u}_1, \boldsymbol{u}_2, \boldsymbol{u} \in \mathscr{U}$；$a \in \mathscr{F}$。式(1.1.20)中的两个公式分别为映射的叠加性和齐次性。

4. 线性系统

定义 1.1.4 在初始条件为零的条件下，如果系统的输入-输出关系可以用线性映射来描述，则称此系统为线性系统，即

$$\boldsymbol{y} = L(\boldsymbol{u}) \tag{1.1.21}$$

其中，L 为线性映射；$\boldsymbol{y} = \begin{bmatrix} y_1 \\ \vdots \\ y_q \end{bmatrix} \in \mathscr{Y}$；$\boldsymbol{u} = \begin{bmatrix} u_1 \\ \vdots \\ u_p \end{bmatrix} \in \mathscr{U}$，$\mathscr{U}$是输入线性空间，$\mathscr{Y}$是输出线性空间。

系统初始条件为零是指在初始时刻系统没有能量储备。

1.1.2 非零初始条件与脉冲输入

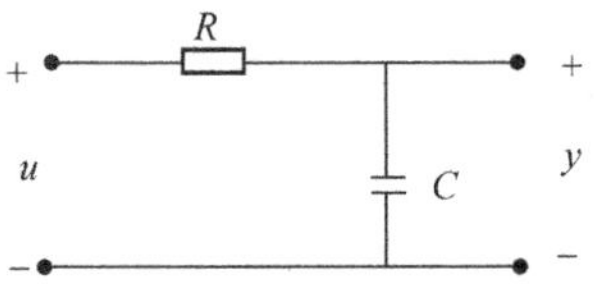

图 1.1.1 RC 电路

图 1.1.1 所示为 RC 电路的例子。

由电路定律，有

$$\begin{cases} u = iR + y \\ i = C\dfrac{\mathrm{d}y}{\mathrm{d}t} \end{cases} \tag{1.1.22}$$

由式(1.1.22)，有

$$\dot{y}(t) = -\frac{1}{RC}y(t) + \frac{1}{RC}u(t) \tag{1.1.23}$$

设 $t = t_0$ 时，$y = y_0$，则有

$$y(t) = \mathrm{e}^{-\frac{1}{RC}(t-t_0)}y_0 + \int_{t_0}^{t} \mathrm{e}^{-\frac{1}{RC}(t-\tau)}\frac{1}{RC}u(\tau)\mathrm{d}\tau, \quad t \geqslant t_0 \tag{1.1.24}$$

令 L 表示 u 与 y 之间的映射，即

$$y = L(u)$$

设有 $u_1(t)$，$u_2(t)$，$t \geqslant t_0$，$y_1(t) = L(u_1(t))$，$y_2(t) = L(u_2(t))$，$y_{12}(t) = L(u_1(t) + u_2(t))$，$a \in \mathscr{R}$

如果 $y_0 = 0$，有

$$y_{12}(t) = y_1(t) + y_2(t)$$
$$ay_1(t) = L(au_1(t))$$

这说明映射 L 为线性的。

如果 $y_0 \neq 0$，则

$$y_{12}(t) \neq y_1(t) + y_2(t)$$

这说明映射 L 为非线性的。同样，由式(1.1.24)可知，对于给定的输入 $u(t)$，由于 y_0 不同，

得到的输出 $y(t)$ 也不同，这样输入和输出之间就没有唯一的确定关系。

1. 零初始条件

由前面的讨论可知，系统的非零初始条件也影响系统的输出，在建立系统的输入-输出描述时，为了获得输入-输出之间的唯一确定关系，必须假定系统的初始条件为零，即在初始条件为零的条件下，建立系统的外部描述。

这里，系统的初始条件为零是指系统在初始时刻没有能量储备。

而实际情况是，系统的初始条件往往不为零，这是系统输入-输出描述的局限。实际上，可以将非零的初始条件等效为在初始时刻的一个特定的输入。下面给予详细讨论。首先引入单位脉冲函数的概念。

2. 单位脉冲函数（δ 函数）

令

$$\delta_{\Delta}(t-t_1)=\begin{cases}0, & t<t_1\\ \dfrac{1}{\Delta}, & t_1\leqslant t\leqslant t_1+\Delta\\ 0, & t>t_1+\Delta\end{cases} \tag{1.1.25}$$

其图形表达如图 1.1.2 所示。

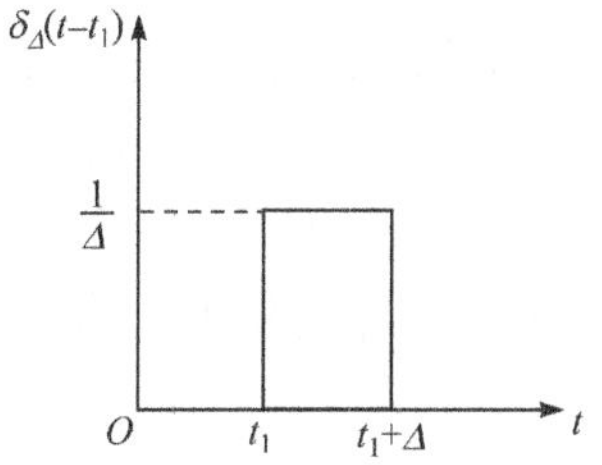

图 1.1.2　函数 $\delta_{\Delta}(t-t_1)$ 的图形表达

1) δ 函数定义

δ 函数定义为当 $\Delta\to 0$ 时 $\delta_{\Delta}(t-t_1)$ 的极限函数，即

$$\delta(t-t_1)\triangleq\lim_{\Delta\to 0}\delta_{\Delta}(t-t_1) \tag{1.1.26}$$

称为单位脉冲函数，或简称为 δ 函数。

2) δ 函数性质

(1) $\forall\varepsilon>0$，有

$$\int_{-\infty}^{+\infty}\delta(t-t_1)\mathrm{d}t=\int_{t_1-\varepsilon}^{t_1+\varepsilon}\delta(t-t_1)\mathrm{d}t=1 \tag{1.1.27}$$

(2) 对任何在 t_1 时刻连续的函数 $f(t)$，有

$$\int_{-\infty}^{+\infty}f(t)\delta(t-t_1)\mathrm{d}t=f(t_1) \tag{1.1.28}$$

3. 非零初始条件与等价的脉冲输入

对于非零的初始条件，可以将其等价为在初始时刻系统的脉冲输入。

结论 1.1.1　非零初始条件对应的系统响应等效于在初始时刻加入脉冲输入时的系统响应。

考虑如下两个系统

$$\begin{cases}\dot{y}(t)=f(y(t),t)+\phi(t)\delta(t-t_0)\\ y(t_0)=0\end{cases} \tag{1.1.29}$$

和

$$\begin{cases}\dot{y}(t)=f(y(t),t)\\ y(t_0)=\phi(t_0)\end{cases} \tag{1.1.30}$$

这两个系统的解都为 $y(t)=\phi(t_0)+\int_{t_0}^{t} f(y(\tau),\tau)\mathrm{d}\tau$ 。

这说明，一个系统的初始能量可以是以往积累的结果（$y_0 \neq 0$），也可以由瞬时脉冲输入来建立，即非零的初始条件可以等价为在初始时刻加入一个脉冲输入，而此时的初始值为零。

以后，在建立系统的输入-输出描述时，均假定系统的初始条件为零。

1.1.3 线性系统的单位脉冲响应

系统的单位脉冲响应是系统的输入-输出描述的一种形式。首先以单变量线性系统为例讨论线性系统的单位脉冲响应，然后将结果推广到多输入-多输出系统。对单变量系统，在初始条件为零的条件下，当系统的输入为单位脉冲函数时，相应的系统输出称为系统的单位脉冲响应。

设单变量线性定常系统的输入-输出关系表示为

$$y=L(u) \tag{1.1.31}$$

用符号 $g(t,\tau)$ 表示系统的单位脉冲响应，即

$$g(t,\tau)\triangleq L(\delta(t-\tau)) \tag{1.1.32}$$

应当注意的是，$g(t,\tau)$ 为双变量函数，τ 为 δ 函数作用于系统的时刻，t 为观测系统响应的时刻。对任意的输入，相应的系统输出可由单位脉冲响应表示，相应的结论如下。

结论 1.1.2 线性系统输出的单位脉冲响应表示。对单输入线性系统，$u(t)$ 为其输入变量，$g(t,\tau)$ 为其单位脉冲响应，在初始条件为零的条件下，系统的输出响应为

$$y(t)=\int_{-\infty}^{+\infty} g(t,\tau)u(\tau)\mathrm{d}\tau \tag{1.1.33}$$

证 以单变量线性系统(1.1.31)为例加以证明。如图 1.1.3 所示，任意连续的输入 $u(t)$ 可用一串脉冲函数来近似，即

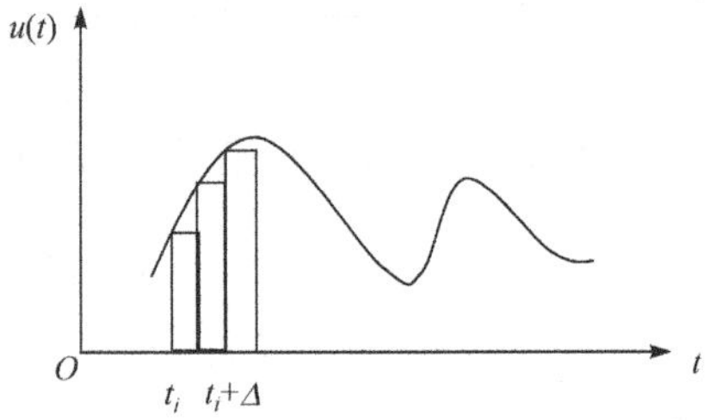

图 1.1.3 $u(t)$ 的近似表示

$$u(t)\approx\sum_{i=-\infty}^{+\infty} u(t_i)\delta_{\Delta}(t-t_i)\Delta \tag{1.1.34}$$

在 $u(t)$ 的作用下，系统的输出为

$$\begin{aligned} y=L(u)&\approx L\left(\sum_{i=-\infty}^{+\infty} u(t_i)\delta_{\Delta}(t-t_i)\Delta\right)=\sum_{i=-\infty}^{+\infty} L(u(t_i)\delta_{\Delta}(t-t_i)\Delta) \\ &=\sum_{i=-\infty}^{+\infty} L(\delta_{\Delta}(t-t_i))\cdot u(t_i)\Delta \end{aligned} \tag{1.1.35}$$

当 $\Delta\to 0$ 时，式(1.1.35)变为

$$y(t)=\int_{-\infty}^{+\infty} L(\delta(t-\tau))u(\tau)\mathrm{d}\tau=\int_{-\infty}^{+\infty} g(t,\tau)u(\tau)\mathrm{d}\tau$$

至此，证明完成。

结论 1.1.2 表明，在初始条件为零的条件下，线性系统的输入-输出描述可以由系统的单位脉冲响应来表达，即线性系统的单位脉冲响应可以作为系统外部描述的一种形式。

1. 线性定常系统

定义 1.1.5 如果线性系统输入-输出之间的线性映射 L 满足

$$\begin{cases} y(t+t_1)=L(u(t+t_1)) \\ y(t)=L(u(t)) \end{cases} \tag{1.1.36}$$

即此线性映射 L 不随时间变化，则称此系统为线性定常系统。

对线性定常系统，其单位脉冲响应满足如下结论。

结论 1.1.3 线性定常系统单位脉冲响应只取决于响应的观测时刻与 δ 函数作用于系统的时刻之差，即

$$g(t,\tau)=g(t-\tau) \tag{1.1.37}$$

证 对线性定常系统，有

$$g(t+t_1,\tau)=L(\delta(t+t_1-\tau))=L(\delta(t-(\tau-t_1))=g(t,\tau-t_1) \tag{1.1.38}$$

令 $\tau_1=\tau-t_1$，则由式(1.1.38)，可得

$$g(t+t_1,\tau_1+t_1)=g(t,\tau_1) \tag{1.1.39}$$

式(1.1.39)对任意的 t , t_1 , τ_1 均成立。因此选取 $t_1=-\tau_1$，则对任意的 t 和 τ_1，有

$$g(t,\tau_1)=g(t-\tau_1,0) \tag{1.1.40}$$

这表明线性定常系统的单位脉冲响应只取决于响应的观测时刻与 δ 函数作用于系统的时刻之差，即有式(1.1.37)成立。至此，证明完成。

由结论 1.1.3 和式(1.1.33)，有以下结论。

结论 1.1.4 对任意输入 $u(t)$，线性定常系统的响应可以表示为

$$y(t)=\int_{-\infty}^{+\infty}g(t-\tau)u(\tau)\mathrm{d}\tau \tag{1.1.41}$$

或

$$y(t)=\int_{-\infty}^{+\infty}g(\tau)u(t-\tau)\mathrm{d}\tau \tag{1.1.42}$$

其中，$g(\cdot)$ 为线性定常系统的单位脉冲响应。

2. 因果系统

定义 1.1.6 一个系统在给定时刻的输出值与未来的输入无关，则称该系统为因果系统。

结论 1.1.5 对任意输入 $u(t)$，线性定常因果系统的响应可以表示为

$$y(t)=\int_{-\infty}^{t}g(t-\tau)u(\tau)\mathrm{d}\tau \tag{1.1.43}$$

证 由式(1.1.41)，有

$$y(t_1)=\int_{-\infty}^{t_1}g(t_1-\tau)u(\tau)\mathrm{d}\tau+\int_{t_1}^{+\infty}g(t_1-\tau)u(\tau)\mathrm{d}\tau$$

对于因果系统，上式第二项为零，所以

$$g(t_1-\tau)=0,\quad t_1<\tau$$

因为 t_1 在 $(-\infty,+\infty)$ 任意取值，所以

$$g(t-\tau)=0,\quad t<\tau$$

或

$$g(t)=0,\quad t<0 \tag{1.1.44}$$

因此，对于线性定常因果系统，有

$$y(t)=\int_{-\infty}^{t}g(t-\tau)u(\tau)\mathrm{d}\tau$$

至此，证明完成。

下面将单输入系统的相关结论推广到多输入系统，得到多输入线性系统的单位脉冲响应矩阵，有以下结论。

结论 1.1.6 多输入线性定常系统输出的单位脉冲响应矩阵表示。对多输入线性定常系统，$\boldsymbol{u}(t)$ 为其 p 维输入向量，即 $\boldsymbol{u}=[u_1\ u_2\ \cdots\ u_p]^{\mathrm{T}}$，$\boldsymbol{y}(t)$ 为 q 维输出向量，即 $\boldsymbol{y}=[y_1\ y_2\ \cdots\ y_q]^{\mathrm{T}}$，在初始条件为零的条件下，系统的输出响应为

$$\boldsymbol{y}(t)=\int_{-\infty}^{+\infty}\boldsymbol{G}(t,\tau)\boldsymbol{u}(\tau)\mathrm{d}\tau \tag{1.1.45}$$

其中

$$\boldsymbol{G}(t,\tau)=\begin{bmatrix} g_{11}(t,\tau) & g_{12}(t,\tau) & \cdots & g_{1p}(t,\tau) \\ g_{21}(t,\tau) & g_{22}(t,\tau) & \cdots & g_{2p}(t,\tau) \\ \vdots & \vdots & & \vdots \\ g_{q1}(t,\tau) & g_{q2}(t,\tau) & \cdots & g_{qp}(t,\tau) \end{bmatrix} \tag{1.1.46}$$

称 $q\times p$ 矩阵 $\boldsymbol{G}(t,\tau)$ 为系统的单位响应矩阵。其第 i 行第 j 列的元 $g_{ij}(t,\tau)(i=1,2,\cdots,q;\ j=1,2,\cdots,p)$ 为系统第 j 个输入端单独施加单位脉冲函数时(而其他输入为零)，在第 i 个输出端的响应。

证 设系统第一个输出分量 y_1 与输入向量 $\boldsymbol{u}$ 之间的映射为 L_1，即

$$\begin{aligned} y_1=L_1\left(\begin{bmatrix} u_1 \\ u_2 \\ \vdots \\ u_p \end{bmatrix}\right) &= L_1\left(\begin{bmatrix} u_1 \\ 0 \\ \vdots \\ 0 \end{bmatrix}+\begin{bmatrix} 0 \\ u_2 \\ 0 \\ \vdots \\ 0 \end{bmatrix}+\cdots+\begin{bmatrix} 0 \\ \vdots \\ 0 \\ 0 \\ u_p \end{bmatrix}\right) \\ &= L_1\left(\begin{bmatrix} u_1 \\ 0 \\ \vdots \\ 0 \end{bmatrix}\right)+L_1\left(\begin{bmatrix} 0 \\ u_2 \\ 0 \\ \vdots \\ 0 \end{bmatrix}\right)+\cdots+L_1\left(\begin{bmatrix} 0 \\ \vdots \\ 0 \\ 0 \\ u_p \end{bmatrix}\right) \\ &= L_{11}(u_1)+L_{12}(u_2)+\cdots+L_{1p}(u_p) \end{aligned} \tag{1.1.47}$$

$$y_1(t)=\int_{-\infty}^{+\infty}g_{11}(t,\tau)u_1(\tau)\mathrm{d}\tau+\int_{-\infty}^{+\infty}g_{12}(t,\tau)u_2(\tau)\mathrm{d}\tau+\cdots+\int_{-\infty}^{+\infty}g_{1p}(t,\tau)u_p(\tau)\mathrm{d}\tau \tag{1.1.48}$$

其中，$g_{1i}(t,\tau)=L_{1i}(\delta(t-\tau))$，$i=1,2,\cdots,p$。

同理

$$y_2(t)=\int_{-\infty}^{+\infty}g_{21}(t,\tau)u_1(\tau)\mathrm{d}\tau+\int_{-\infty}^{+\infty}g_{22}(t,\tau)u_2(\tau)\mathrm{d}\tau+\cdots+\int_{-\infty}^{+\infty}g_{2p}(t,\tau)u_p(\tau)\mathrm{d}\tau$$

$$\vdots$$

$$y_q(t)=\int_{-\infty}^{+\infty}g_{q1}(t,\tau)u_1(\tau)\mathrm{d}\tau+\int_{-\infty}^{+\infty}g_{q2}(t,\tau)u_2(\tau)\mathrm{d}\tau+\cdots+\int_{-\infty}^{+\infty}g_{qp}(t,\tau)u_p(\tau)\mathrm{d}\tau$$

将以上各式写成矩阵形式，有

$$\boldsymbol{y}(t)=\int_{-\infty}^{+\infty}\boldsymbol{G}(t,\tau)\boldsymbol{u}(\tau)\mathrm{d}\tau$$

至此，证明完成。

对于线性定常系统，有

$$\boldsymbol{G}(t,\tau)=\boldsymbol{G}(t-\tau) \tag{1.1.49}$$

对初始条件为零的线性定常因果系统，有

$$\boldsymbol{y}(t)=\int_{t_0}^{t}\boldsymbol{G}(t-\tau)\boldsymbol{u}(\tau)\mathrm{d}\tau=\int_{t_0}^{t}\boldsymbol{G}(\tau)\boldsymbol{u}(t-\tau)\mathrm{d}\tau,\quad t\geqslant t_0 \tag{1.1.50}$$

其中，t_0 为系统的初始时刻。

1.1.4 线性定常系统的传递函数矩阵

对多输入-多输出线性定常系统，有

$$\boldsymbol{y}=L(\boldsymbol{u}) \tag{1.1.51}$$

其中，$\boldsymbol{u}(t)$ 为 p 维输入向量；$\boldsymbol{y}(t)$ 为 q 维输出向量。

下面讨论由系统的脉冲响应矩阵导出系统的传递函数矩阵。

1. 拉普拉斯变换(简称拉氏变换)定义

$$\boldsymbol{y}(s)=\mathscr{L}(\boldsymbol{y}(t))=\int_{0}^{+\infty}\boldsymbol{y}(t)\mathrm{e}^{-st}\mathrm{d}t \tag{1.1.52}$$

其中，$\boldsymbol{y}(s)$ 为连续函数向量 $\boldsymbol{y}(t)$ 的拉氏变换。

2. 线性定常系统的传递函数矩阵定义

对系统(1.1.51)，其传递函数矩阵为

$$\boldsymbol{G}(s)=\begin{bmatrix} g_{11}(s) & g_{12}(s) & \cdots & g_{1p}(s) \\ g_{21}(s) & g_{22}(s) & \cdots & g_{2p}(s) \\ \vdots & \vdots & & \vdots \\ g_{q1}(s) & g_{q2}(s) & \cdots & g_{qp}(s) \end{bmatrix} \tag{1.1.53}$$

其中

$$g_{ij}(s)=\int_0^{+\infty} g_{ij}(t)\mathrm{e}^{-st}\mathrm{d}t=\frac{\mathscr{L}(y_i(t))}{\mathscr{L}(u_j(t))}，\quad i=1,2,\cdots,q; j=1,2,\cdots,p \tag{1.1.54}$$

3. 线性定常系统的脉冲响应矩阵与传递函数矩阵的关系

结论 1.1.7 线性定常系统的脉冲响应矩阵与传递函数矩阵的关系为

$$\begin{aligned}&\boldsymbol{G}(s)=\mathscr{L}(\boldsymbol{G}(t-\tau))=\int_0^{+\infty}\boldsymbol{G}(t)\mathrm{e}^{-st}\mathrm{d}t\\&\boldsymbol{G}(t-\tau)=\mathscr{L}^{-1}(\boldsymbol{G}(s))\end{aligned} \tag{1.1.55}$$

其中，$\boldsymbol{G}(s)$ 为线性定常系统的传递函数矩阵；$\boldsymbol{G}(t-\tau)$ 为其脉冲响应矩阵。

此外，令 $\boldsymbol{u}(s)$ 为系统输入向量的拉氏变换，有

$$\boldsymbol{y}(s)=\boldsymbol{G}(s)\boldsymbol{u}(s) \tag{1.1.56}$$

证 令 $t_0=0$，且系统初始条件为零，由式(1.1.45)和式(1.1.52)，有

$$\begin{aligned}\boldsymbol{y}(s)&=\int_0^{+\infty}\left(\int_0^{+\infty}\boldsymbol{G}(t-\tau)\boldsymbol{u}(\tau)\mathrm{d}\tau\right)\mathrm{e}^{-st}\mathrm{d}t\\&=\int_0^{+\infty}\left(\int_0^{+\infty}\boldsymbol{G}(t-\tau)\mathrm{e}^{-s(t-\tau)}\mathrm{d}t\right)\boldsymbol{u}(\tau)\mathrm{e}^{-s\tau}\mathrm{d}\tau\\&=\int_0^{+\infty}\boldsymbol{G}(\upsilon)\mathrm{e}^{-s\upsilon}\mathrm{d}\upsilon\cdot\int_0^{+\infty}\boldsymbol{u}(\tau)\mathrm{e}^{-s\tau}\mathrm{d}\tau\end{aligned}$$

记 $\boldsymbol{G}(s)=\int_0^{+\infty}\boldsymbol{G}(\upsilon)\mathrm{e}^{-s\upsilon}\mathrm{d}\upsilon$ 为矩阵 $\boldsymbol{G}(t)$ 的拉氏变换，$\boldsymbol{u}(s)=\int_0^{+\infty}\boldsymbol{u}(\tau)\mathrm{e}^{-s\tau}\mathrm{d}\tau$ 为向量 $\boldsymbol{u}(t)$ 的拉氏变换。因此，有

$$\boldsymbol{y}(s)=\boldsymbol{G}(s)\boldsymbol{u}(s)$$

至此，证明完成。

4. 真有理分式、严格真有理分式和非真有理分式

一般情况下，构成 $\boldsymbol{G}(s)$ 的每一个元 $g_{ij}(s)$（$i=1,2,\cdots,q; j=1,2,\cdots,p$）均为有理分式，相应地称 $\boldsymbol{G}(s)$ 为有理分式矩阵。当 $g_{ij}(s)$ 满足

$$\lim_{s\to\infty} g_{ij}(s)=C$$

如果 C 为不等于 0 的常数，则称 $g_{ij}(s)$ 为真有理分式；如果 $C=0$，则称 $g_{ij}(s)$ 为严格真有理分式；否则称 $g_{ij}(s)$ 为非真有理分式。相应的由 $g_{ij}(s)$ 组成的矩阵 $\boldsymbol{G}(s)$ 也分为真有理分式阵、严格真有理分式阵和非真有理分式阵。

一个具有非真有理分式传递函数的系统在实际中是难以使用的，如

$$y(s)=g(s)u(s)=\frac{s^2}{s-1}u(s)=\left(s+1+\frac{1}{s-1}\right)u(s)$$

对上式等号两边求拉氏逆变换，有

$$y(t)=\mathscr{L}^{-1}(y(s))=\dot{u}(t)+u(t)+\mathscr{L}^{-1}\left(\frac{1}{s-1}u(s)\right)$$

其中，第一项 $\dot{u}(t)$ 导致 $u(t)$ 中含有的高频噪声被大幅放大并体现到 $y(t)$ 中。

1.1.5 船舶摇艏运动的数学建模实例

为建立船舶运动的数学模型，需要首先建立动坐标系和惯性坐标系，如图 1.1.4 所示。坐标系 $Oxyz$ 为动坐标系，坐标原点 O 选在船舶的重心；Ox 轴沿船舶的纵轴，指向前进方向；Oy 轴垂直 Ox 轴，指向右舷；按右手螺旋法则确定 Oz 轴。坐标系 $O_0x_0y_0z_0$ 为惯性坐标系，坐标原点 O_0 选为海平面上一点；O_0x_0 轴指向东向(或某一固定方向)；O_0y_0 为 O_0x_0 轴顺时针旋转 90°得到，按右手螺旋法则确定 O_0z_0 轴。ψ为艏向角，ω 为艏向角速度。

在惯性坐标系下应用牛顿第二定律，并通过坐标变换将结果转换到动坐标系下，可以得到船舶转艏回转运动与舵角的数学关系，具体推导见附录 1。

$$\omega(s)=\frac{K(1+T_3s)}{(1+T_1s)(1+T_2s)}\delta(s) \qquad (1.1.57)$$

其中，δ 为舵角；参数 K、T_1、T_2 和 T_3 与船舶的质量、水动力系数、附加质量及绕 Oz 轴的转动惯量等参数有关。

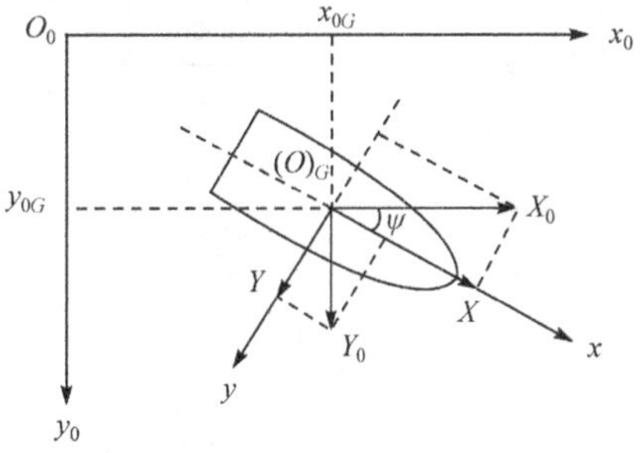

图 1.1.4 船舶动坐标系和惯性坐标系

若将频域内的舵角与转艏回转运动的对应关系式(1.1.57)转换到时间域内，即对式(1.1.57)作拉氏逆变换，可得

$$T_1T_2\ddot{\omega}+(T_1+T_2)\dot{\omega}+\omega=K\delta+KT_3\dot{\delta} \qquad (1.1.58)$$

略去二阶以上的小量，并设 $T_1+T_2=T$，基于以上简化，有

$$T\frac{\mathrm{d}\omega}{\mathrm{d}t}+\omega=K\delta \qquad (1.1.59)$$

式(1.1.59)称为船舶操纵运动一阶 K-T 方程，也称野本谦作(Nomoto)方程。它既能抓住船舶响应的本质特性，又能比二阶方程更为简化。对式(1.1.59)等号两边取拉氏变换，可得

$$\omega(s)=\frac{K}{1+Ts}\delta(s) \qquad (1.1.60)$$

常用船舶参数及相应的 K、T 参数如表 1.1.1 和表 1.1.2 所示。

表 1.1.1 常用船舶参数

船舶编号	船长/m	两柱间距/m	船宽/m	吃水/m	舵面积/m²	方形系数	船速/(m/s)
1 散货	195.00	188.00	32.20	6.50	31.45	0.75	7.62
2 散货	289.60	278.00	44.20	15.20	115.40	0.80	7.72
3 邮轮	175.00	164.00	15.20	9.13	30.60	0.77	8.44

续表

船舶编号	船长/m	两柱间距/m	船宽/m	吃水/m	舵面积/m^2	方形系数	船速/(m/s)
4 邮轮	259.80	249.15	9.13	7.12	62.47	0.85	8.95
5 集装箱船	349.80	330.00	45.60	14.50	96.52	0.67	12.86
6 集装箱船	318.24	302.79	42.80	14.00	86.62	0.61	12.66

表 1.1.2 常用船舶 *K*、*T* 参数

船舶编号	*K/T*	5°/5°	10°/10°	15°/15°	20°/20°	25°/25°	30°/30°	35°/35°
1 散货	*K*	0.0626	0.0501	0.0426	0.0375	0.0336	0.0301	0.0267
	T	72.06	45.07	36.01	28.93	27.55	24.11	24.09
2 散货	*K*	0.0606	0.0424	0.0341	0.0293	0.0261	0.0235	0.0195
	T	66.40	56.27	51.09	47.91	45.70	44.97	38.66
3 邮轮	*K*	0.0802	0.0655	0.0448	0.0378	0.0333	0.0294	0.0258
	T	52.00	35.77	30.80	27.41	25.43	23.29	23.71
4 邮轮	*K*	0.0483	0.0466	0.0376	0.0325	0.0283	0.0247	0.0211
	T	76.27	71.01	45.79	38.53	32.91	33.50	32.54
5 集装箱船	*K*	0.0833	0.0677	0.0576	0.0472	0.0374	0.0343	0.0259
	T	51.53	43.18	39.73	33.61	30.58	28.26	26.55
6 集装箱船	*K*	0.0901	0.0682	0.0556	0.0456	0.0384	0.0326	0.0275
	T	79.31	47.50	36.82	32.85	27.91	31.68	32.75

注：上述数据由 Z 形操纵实验获得，详细见附录 2。

1.2 线性系统的状态空间描述

1.2.1 输入-输出描述的局限性

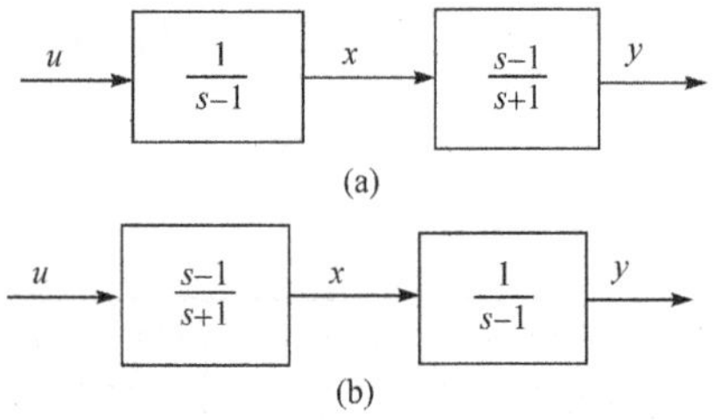

图 1.2.1 输入-输出描述的局限性

输入-输出描述仅表示在初始条件为零的情况下，输入向量与输出向量之间的数学关系，对于非零初始条件，这种描述无能为力。另外，输入-输出描述不能揭示系统的全部内部行为，即不能对系统进行全面的描述。

例 1.2.1 比较如图 1.2.1 所示两个系统的异同。

从输入-输出描述看，图 1.2.1 中两个系统具有相同的外部特性，即它们的传递函数都为

$$g(s)=\frac{1}{s-1}\cdot\frac{s-1}{s+1}=\frac{s-1}{s+1}\cdot\frac{1}{s-1}=\frac{1}{s+1}$$

但这两个系统具有完全不同的内部结构，应用后面章节的内容，图 1.2.1(a)系统的状态空间描述为

$$x_1 = x,\quad x_2 = y$$

$$\dot{x} = \begin{bmatrix} 1 & 0 \\ 0 & -1 \end{bmatrix} x + \begin{bmatrix} 1 \\ 1 \end{bmatrix} u$$

$$y = \begin{bmatrix} 0 & 1 \end{bmatrix} x$$

可见该系统状态完全能控但不完全能观测。系统状态的能控性和能观测性将在第 3 章讨论。

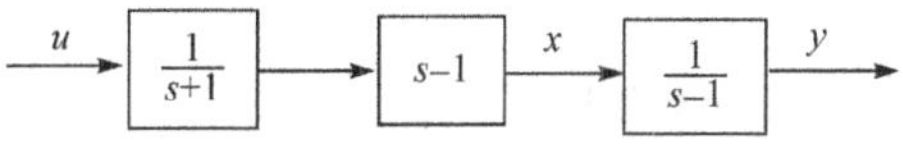

图 1.2.2　图 1.2.1(b)的等效系统

将图 1.2.1(b)系统变换为图 1.2.2，其状态空间描述为

$$x_1 = z,\quad x_2 = y$$

$$\dot{x} = \begin{bmatrix} -1 & 0 \\ -2 & 1 \end{bmatrix} x + \begin{bmatrix} 1 \\ 1 \end{bmatrix} u$$

$$y = \begin{bmatrix} 0 & 1 \end{bmatrix} x$$

可见该系统状态不完全能控但完全能观测。

通过以上分析可知，系统输入-输出描述不能完善地描述系统的全部特性，在系统建模方面存在局限性。下面讨论系统的另一种数学描述——状态空间描述。

1.2.2　状态与状态空间

1. 状态

定义 1.2.1　系统的状态是指描述系统的过去、现在和将来行为的变量，是用来完善地描述系统行为的最小的一组变量。

用来描述系统的状态变量的个数称为系统的阶数，对于如下系统

$$y^{(n)}(t) + a_{n-1}y^{(n-1)}(t) + \cdots + a_1\dot{y} + a_0 y = b_n u^{(n)}(t) + \cdots + b_1\dot{u}(t) + b_0 u(t)$$

其中，$y^{(i)}(t) = \dfrac{\mathrm{d}^i y}{\mathrm{d}t^i}$；$y$ 为系统的输出；u 为系统的输入。系统的阶数为 n，即系统的阶数为输出 y 关于时间 t 导数的最高阶次。

状态是状态空间描述的一个重要概念，下面对组成状态的状态变量给予详细讨论。

2. 状态变量

定义 1.2.2　状态变量是指构成系统状态的每一个变量。对系统的状态变量有以下说明。

(1)状态变量不是所有变量的总和，而是 n 个变量，这 n 个变量可以完善地描述系统的行为，而且其个数是最小的。这 n 个状态变量是线性无关的。

(2)状态变量的选取不是唯一的。可以有多组状态变量的选取，只要它们是能够完善地描述系统行为的最少的一组变量。

(3)输出量可以作为状态变量。

(4)输入量不允许作为状态变量。

(5)状态变量有时是不可测量的。在实际系统中，有些状态变量是不能被传感器所测量的，例如，对于角度随动系统，角度、角速度和角加速度是传感器可以测量的，但如果系统有一个状态变量为角度的 4 阶导数，就没有相应的传感器进行测量。另外，由于系统研制成本的原因，有些状态变量也不考虑用传感器测量获得。然而在设计控制规律时，往往需要知道每个状态变量的值，这个问题可以由后面章节介绍的状态观测器加以解决。

(6)状态变量是时间域的。不能选取时间域以外的变量作为状态变量，如频率域的变量。

3. 状态向量

定义 1.2.3 状态向量是指由状态变量构成的列向量 $\boldsymbol{x}(t)$，即

$$\boldsymbol{x}(t)=\begin{bmatrix} x_1(t) \\ \vdots \\ x_n(t) \end{bmatrix},\quad t \geqslant t_0$$

4. 状态空间

定义 1.2.4 状态空间是指状态向量的取值空间。

考虑到一个实际系统的状态变量只能取实数，因此状态空间为定义在实数域上的向量空间。设其维数为 n，则状态空间记为 $\mathscr{R}^n$。对于某一确定的时刻，状态向量为状态空间中的一点，而状态向量随时间的变化构成了状态空间的一条轨线。

1.2.3 线性连续时间系统的状态空间描述

系统的数学描述分为外部描述和内部描述。外部描述又称为输入-输出描述，如前面所述，外部描述是把系统看作“黑箱”，它只描述系统的输入向量和输出向量之间的关系，通常采用微分方程组、传递函数矩阵或差分方程组的形式来表示。内部描述又称为状态空间描述，它是基于系统内部结构分析的一类数学模型。状态空间描述由状态方程和输出方程组成。状态方程描述系统状态向量和输入向量之间的数学关系。输出方程描述输出向量与状态向量和输入向量之间的转换关系。线性系统状态空间描述的具体形式如下：

$$\dot{\boldsymbol{x}}=\boldsymbol{A}(t)\boldsymbol{x}+\boldsymbol{B}(t)\boldsymbol{u},\quad \boldsymbol{x}(t_0)=\boldsymbol{x}_0,\quad t\in[t_0,t_\alpha] \tag{1.2.1a}$$

$$\boldsymbol{y}=\boldsymbol{C}(t)\boldsymbol{x}+\boldsymbol{D}(t)\boldsymbol{u} \tag{1.2.1b}$$

其中，$\boldsymbol{x}$ 为 n 维状态向量；$\boldsymbol{u}$ 为 p 维输入向量；$\boldsymbol{y}$ 为 q 维输出向量；$\boldsymbol{A}(t)$、$\boldsymbol{B}(t)$、$\boldsymbol{C}(t)$ 和 $\boldsymbol{D}(t)$ 分别为 $n\times n$、$n\times p$、$q\times n$ 和 $q\times p$ 的时变实值矩阵，即

$$\boldsymbol{x}=\begin{bmatrix} x_1 \\ x_2 \\ \vdots \\ x_n \end{bmatrix}\in\mathscr{R}^n,\ \boldsymbol{y}=\begin{bmatrix} y_1 \\ y_2 \\ \vdots \\ y_q \end{bmatrix}\in\mathscr{Y}^q,\ \boldsymbol{u}=\begin{bmatrix} u_1 \\ u_2 \\ \vdots \\ u_p \end{bmatrix}\in\mathscr{U}^p$$

$$\boldsymbol{A}(t)=\begin{bmatrix} a_{11}(t) & \cdots & a_{1n}(t) \\ \vdots & & \vdots \\ a_{n1}(t) & \cdots & a_{nn}(t) \end{bmatrix},\quad \boldsymbol{B}(t)=\begin{bmatrix} b_{11}(t) & \cdots & b_{1p}(t) \\ \vdots & & \vdots \\ b_{n1}(t) & \cdots & b_{np}(t) \end{bmatrix}$$

$$\boldsymbol{C}(t)=\begin{bmatrix} c_{11}(t) & \cdots & c_{1n}(t) \\ \vdots & & \vdots \\ c_{q1}(t) & \cdots & c_{qn}(t) \end{bmatrix},\quad \boldsymbol{D}(t)=\begin{bmatrix} d_{11}(t) & \cdots & d_{1p}(t) \\ \vdots & & \vdots \\ d_{q1}(t) & \cdots & d_{qp}(t) \end{bmatrix}$$

$\boldsymbol{A}(t)$、$\boldsymbol{B}(t)$、$\boldsymbol{C}(t)$和$\boldsymbol{D}(t)$分别为定义在$(-\infty,+\infty)$上t的连续函数矩阵，统称为该系统的状态空间描述的参数矩阵，简称状态参数矩阵。矩阵$\boldsymbol{A}(t)$反映了系统的许多重要特性，如稳定性等。常常称矩阵$\boldsymbol{A}(t)$为系统的特征矩阵，简称为系统矩阵。系统(1.2.1)可简写为$\{\boldsymbol{A}(t),\boldsymbol{B}(t),\boldsymbol{C}(t),\boldsymbol{D}(t)\}$。式(1.2.1a)称为系统的状态方程，式(1.2.1b)称为系统的输出方程。对于线性定常(Linear Time-Invariant, LTI)系统，四个参数矩阵变为常值矩阵$\{\boldsymbol{A},\boldsymbol{B},\boldsymbol{C},\boldsymbol{D}\}$。线性系统结构框图见图 1.2.3。

例 1.2.2 考察如图 1.2.4 所示的电路，输入变量取为电压源两端的电压，输出变量取为电容两端的电压。建立系统的状态空间描述。

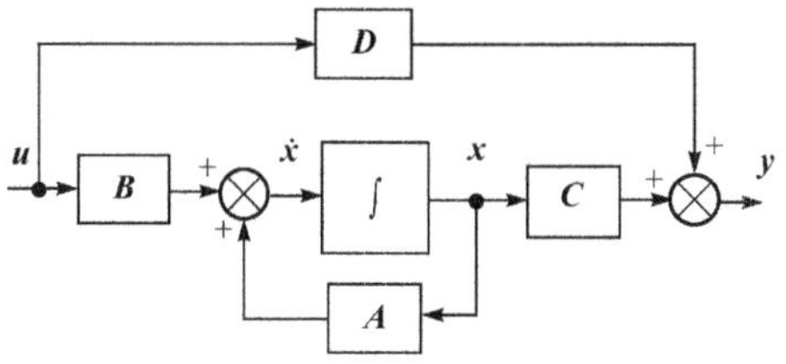

图 1.2.3 线性系统的结构框图

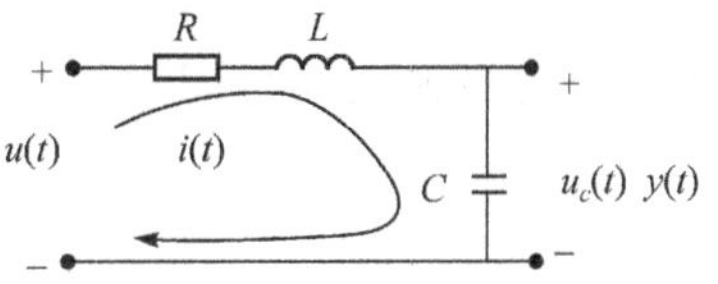

图 1.2.4 例 1.2.2 用图

解 (1)选取状态变量$x_1(t)=i(t)$，$x_2(t)=u_c(t)$。

因为

$$i(t)=C\frac{\mathrm{d}u_c(t)}{\mathrm{d}t}$$

所以

$$\dot{x}_2=\frac{1}{C}x_1$$

又由电路定律，有

$$Ri(t)+L\frac{\mathrm{d}i(t)}{\mathrm{d}t}+u_c(t)=u(t) \tag{1.2.2}$$

所以

$$\dot{x}_1=\frac{\mathrm{d}i(t)}{\mathrm{d}t}=-\frac{R}{L}x_1-\frac{1}{L}x_2+\frac{1}{L}u$$

因此，可得到系统的状态方程为

$$\dot{\boldsymbol{x}}=\begin{bmatrix} -\frac{R}{L} & -\frac{1}{L} \\ \frac{1}{C} & 0 \end{bmatrix}\begin{bmatrix} x_1 \\ x_2 \end{bmatrix}+\begin{bmatrix} \frac{1}{L} \\ 0 \end{bmatrix}\boldsymbol{u}$$

系统的输出方程为

$$y=[0 \quad 1]\begin{bmatrix} x_1 \\ x_2 \end{bmatrix}$$

(2) 选取状态变量 $\bar{x}_1(t)=u_c(t)$，$\bar{x}_2(t)=\dot{u}_c(t)=\dot{\bar{x}}_1(t)$。

由 $i(t)=C\dfrac{\mathrm{d}u_c(t)}{\mathrm{d}t}$ 和式(1.2.2)可得

$$RC\frac{\mathrm{d}u_c(t)}{\mathrm{d}t}+LC\frac{\mathrm{d}^2u_c(t)}{\mathrm{d}t^2}+u_c(t)=u(t)$$

$$\dot{\bar{x}}_2=\frac{\mathrm{d}^2u_c(t)}{\mathrm{d}t^2}=-\frac{1}{LC}\bar{x}_1-\frac{R}{L}\bar{x}_2+\frac{1}{LC}u$$

因此，系统的状态方程为

$$\dot{\bar{\boldsymbol{x}}}=\begin{bmatrix} 0 & 1 \\ -\dfrac{1}{LC} & -\dfrac{R}{L} \end{bmatrix}\begin{bmatrix} \bar{x}_1 \\ \bar{x}_2 \end{bmatrix}+\begin{bmatrix} 0 \\ \dfrac{1}{LC} \end{bmatrix}\boldsymbol{u}$$

系统的输出方程为

$$y=[1 \quad 0]\begin{bmatrix} \bar{x}_1 \\ \bar{x}_2 \end{bmatrix}$$

注意，两组状态变量之间有如下关系：

$$\bar{\boldsymbol{x}}=\begin{bmatrix} 0 & 1 \\ \dfrac{1}{C} & 0 \end{bmatrix}\boldsymbol{x}=\boldsymbol{P}\boldsymbol{x}$$

其中，矩阵 $\boldsymbol{P}$ 为可逆矩阵。

例 1.2.3 图 1.2.5 是一个直流永磁力矩电机电路图，电路流过电机转子绕组的电流为 $i(t)$，转子绕组的电感和电阻分别为 L 和 R，加在电机转子绕组两端的控制电压为 $u_a(t)$，建立系统的状态空间描述。

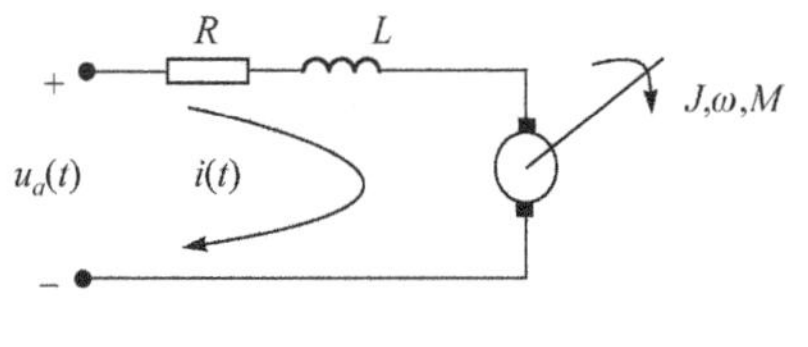

图 1.2.5　例 1.2.3 用图

解　有如下的关系式：

$$u_a(t)=i(t)R+L\frac{\mathrm{d}i(t)}{\mathrm{d}t}+C_e\phi\omega(t) \tag{1.2.3}$$

$$M(t)=k_t i(t) \tag{1.2.4}$$

其中，C_e 为电机的电势系数；ϕ 为主磁场磁通；ω 为电机转动角速度；k_t 为转矩系数；$M(t)$ 为电机产生的力矩。再设转子转动惯量为 J，负载转矩为 $M_L(t)$，摩擦力矩为 $c\omega(t)$，有

$$J\frac{\mathrm{d}\omega(t)}{\mathrm{d}t}=M(t)-M_L(t)-c\omega(t)=k_t i(t)-M_L(t)-c\omega(t) \tag{1.2.5}$$

由式(1.2.3)，有

$$\frac{\mathrm{d}i(t)}{\mathrm{d}t}=-\frac{R}{L}i(t)-\frac{C_e\phi}{L}\omega(t)+\frac{1}{L}u_a(t) \tag{1.2.6}$$

选择状态向量 $\boldsymbol{x}(t)$：

$$\boldsymbol{x}(t)=\begin{bmatrix} x_1(t) \\ x_2(t) \end{bmatrix}=\begin{bmatrix} i(t) \\ \omega(t) \end{bmatrix}$$

选择输入向量 $\boldsymbol{u}(t)$：

$$\boldsymbol{u}(t)=\begin{bmatrix}u_1(t)\\u_2(t)\end{bmatrix}=\begin{bmatrix}u_a(t)\\M_L(t)\end{bmatrix}$$

选择输出变量 $y(t)=\omega(t)$，则由式(1.2.5)和式(1.2.6)得到系统的状态方程和输出方程为

$$\begin{bmatrix}\dot{x}_1(t)\\\dot{x}_2(t)\end{bmatrix}=\begin{bmatrix}-\dfrac{R}{L} & -\dfrac{C_e\phi}{L}\\ \dfrac{k_t}{J} & -\dfrac{c}{J}\end{bmatrix}\begin{bmatrix}x_1(t)\\x_2(t)\end{bmatrix}+\begin{bmatrix}\dfrac{1}{L} & 0\\ 0 & -\dfrac{1}{J}\end{bmatrix}\begin{bmatrix}u_a(t)\\M_L(t)\end{bmatrix} \tag{1.2.7}$$

$$y(t)=[0\quad 1]\begin{bmatrix}x_1(t)\\x_2(t)\end{bmatrix} \tag{1.2.8}$$

例 1.2.4 求如图 1.2.6 所示一级倒立摆系统的状态空间描述。小车质量为 M，摆长为 l，摆锤质量为 m，摆杆与铅垂线的夹角为 θ。

为简化计算，假定小车和倒立摆在同一平面内运动，且忽略摩擦以及摆杆质量和阵风的影响。

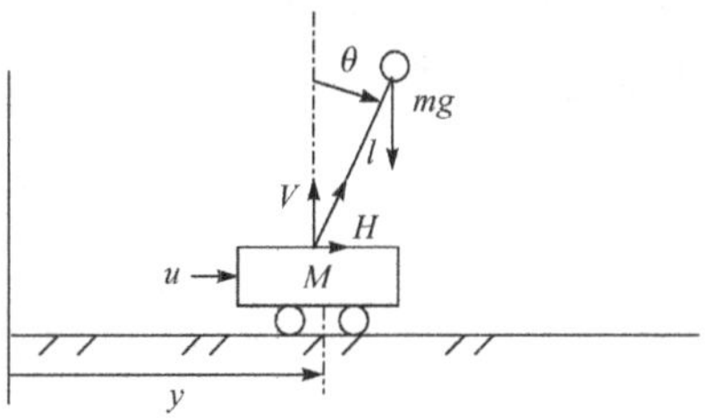

图 1.2.6 一级倒立摆系统

解 设 H 和 V 分别表示小车在水平和垂直方向给予摆杆的作用力，对小车应用牛顿第二定律，得

$$M\frac{\mathrm{d}^2y}{\mathrm{d}t^2}=u-H \tag{1.2.9}$$

对摆锤在水平方向的受力应用牛顿第二定律，可得

$$H=m\frac{\mathrm{d}^2}{\mathrm{d}t^2}(y+l\sin\theta)=m\ddot{y}+ml\cos\theta\cdot\ddot{\theta}-ml\sin\theta\cdot\dot{\theta}^2 \tag{1.2.10}$$

对摆锤在垂直方向的受力应用牛顿第二定律，可得

$$mg-V=m\frac{\mathrm{d}^2}{\mathrm{d}t^2}(l\cos\theta)=ml[-\sin\theta\cdot\ddot{\theta}-\cos\theta\cdot\dot{\theta}^2] \tag{1.2.11}$$

小车对摆锤的水平及垂直方向分力有如下关系：

$$\tan\theta=\frac{H}{V} \tag{1.2.12}$$

由式(1.2.12)可得

$$V\sin\theta=H\cos\theta \tag{1.2.13}$$

和

$$Vl\sin\theta=Hl\cos\theta \tag{1.2.14}$$

假设 θ 和 $\dot{\theta}$ 很小，有 $\sin\theta=\theta$ 和 $\cos\theta=1$，并且舍弃 θ^2、$\dot{\theta}^2$ 和 $\theta\ddot{\theta}$，由式(1.2.11)可得

$$mg-V=0 \tag{1.2.15}$$

由式(1.2.15)，有

$$mg\sin\theta-V\sin\theta=0 \tag{1.2.16}$$

由式(1.2.16)和式(1.2.13)，有

$$mg\sin\theta - H\cos\theta = 0 \tag{1.2.17}$$

考虑到$\cos\theta = 1$，由式(1.2.17)可得

$$H = mg\theta \tag{1.2.18}$$

将式(1.2.18)代入式(1.2.9)，可得

$$M\ddot{y} = u - mg\theta \tag{1.2.19}$$

将式(1.2.18)代入式(1.2.10)，可得

$$mg\theta = m\ddot{y} + ml\ddot{\theta} \tag{1.2.20}$$

将式(1.2.19)代入式(1.2.20)，可得

$$\ddot{\theta} = -\frac{\ddot{y}}{l} + \frac{mg\theta}{ml} = -\frac{1}{l}\left(-\frac{mg}{M}\theta + \frac{u}{M}\right) + \frac{g}{l}\theta = \frac{m+M}{lM}g\theta - \frac{1}{Ml}u \tag{1.2.21}$$

令$x_1 = \theta$，$x_2 = \dot{x}_1 = \dot{\theta}$，$x_3 = y$，$x_4 = \dot{x}_3 = \dot{y}$，由式(1.2.21)和式(1.2.19)可得一级倒立摆系统的状态空间描述为

$$\begin{bmatrix} \dot{x}_1 \\ \dot{x}_2 \\ \dot{x}_3 \\ \dot{x}_4 \end{bmatrix} = \begin{bmatrix} 0 & 1 & 0 & 0 \\ \frac{M+m}{Ml}g & 0 & 0 & 0 \\ 0 & 0 & 0 & 1 \\ -\frac{mg}{M} & 0 & 0 & 0 \end{bmatrix} \begin{bmatrix} x_1 \\ x_2 \\ x_3 \\ x_4 \end{bmatrix} + \begin{bmatrix} 0 \\ -\frac{1}{Ml} \\ 0 \\ \frac{1}{M} \end{bmatrix} u \tag{1.2.22}$$

$$y = [0 \quad 0 \quad 1 \quad 0]\boldsymbol{x}$$

例 1.2.5 建立如图 1.2.7 所示弹簧-质量-阻尼器组成的机械位移系统的状态空间描述。

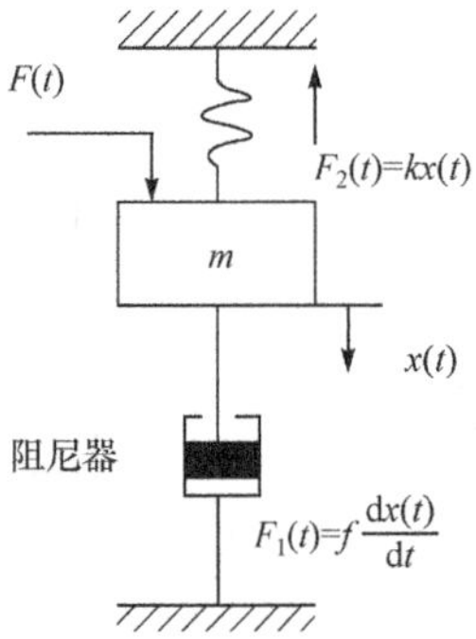

图 1.2.7 弹簧-质量-阻尼器系统

解 假设初始时刻，弹簧处于自然伸展状态，图 1.2.7 中，$F(t)$为外加力，方向向下；$F_1(t)$为阻尼器阻尼力，方向向上；$F_2(t)$为弹簧拉力，方向向上。

物体的位移为$x(t)$，物体m受到$F(t)$、$F_1(t)$、$F_2(t)$和重力的共同作用，由牛顿定律，有

$$F(t) + mg - F_1(t) - F_2(t) = m\frac{\mathrm{d}^2 x(t)}{\mathrm{d}t^2} \tag{1.2.23}$$

$$F(t) + mg - f\frac{\mathrm{d}x(t)}{\mathrm{d}t} - kx(t) = m\frac{\mathrm{d}^2 x(t)}{\mathrm{d}t^2} \tag{1.2.24}$$

选取状态变量$x_1 = x, x_2 = \dot{x}$，有

$$\begin{cases} \dot{x}_1 = x_2 \\ \dot{x}_2 = -\frac{k}{m}x_1 - \frac{f}{m}x_2 + \frac{F(t)}{m} + g \end{cases} \tag{1.2.25}$$

例 1.2.6 旋转式倒立摆系统建模。如图 1.2.8 所示，系统由计算机、DSP 控制器、直流力矩电机、旋臂和摆杆等组成。旋臂由转轴处的直流力矩电机驱动，可绕转轴在垂直于电机转轴的铅直平面内转动。旋臂和摆杆之间由电位器的活动转轴相连，摆杆可绕转轴在垂直于转轴的铅直平面内转动。由电位器测量得到 2 个角位移信号(旋臂与铅直线的夹角、摆杆和旋

臂之间的相对角度)。

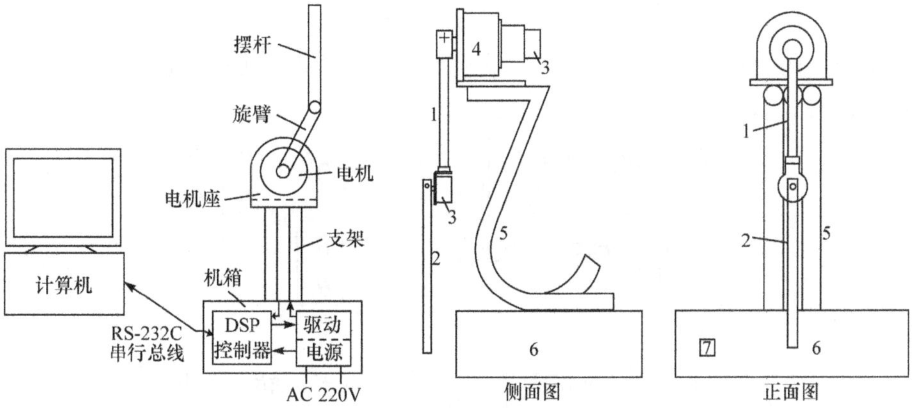

(a) 系统总体结构

(b) 系统机械结构(1. 旋臂；2. 摆杆；3. 电位器；4. 直流力矩电机；5. 支架；6. 机箱；7. 电源开关)

图 1.2.8　旋转式倒立摆系统

根据牛顿力学，在非惯性坐标系 S_2 中(图 1.2.9)，对摆杆，有

$$J_2\ddot{\theta}_2 + f_2\dot{\theta}_2 = M_{12} + m_2 g L_2 \sin\theta_2 \tag{1.2.26}$$

其中，M_{12} 为旋臂对摆杆的作用力矩，即

$$M_{12} = m_2 L_2 [R_1\dot{\theta}_1^2 \sin(\theta_1 - \theta_2) - R_1\ddot{\theta}_1 \cos(\theta_1 - \theta_2)] \tag{1.2.27}$$

在惯性坐标系 S_1 中，对旋臂，有

$$J_1\ddot{\theta}_1 + f_1\dot{\theta}_1 = M_0 + M_{21} + m_1 g L_1 \sin\theta_1 \tag{1.2.28}$$

其中，M_0 为电机输出转矩，

$$M_0 = K_m(u - K_e\dot{\theta}_1) \tag{1.2.29}$$

其中，u 为电机电枢电压。M_{21} 为摆杆对旋臂的作用力矩，利用反作用规律，有

$$\begin{aligned} M_{21} &= m_2\left[g + \frac{\mathrm{d}^2}{\mathrm{d}t^2}(R\cos\theta_1 + L_2\cos\theta_2)\right]\cdot R\sin\theta_1 \\ &\quad - m_2\left[\frac{\mathrm{d}^2}{\mathrm{d}t^2}(R\sin\theta_1 + L_2\sin\theta_2)\right]\cdot R\cos\theta_1 \\ &= m_2 g R\sin\theta_1 - m_2 R^2\ddot{\theta}_1 - m_2 R L_2\dot{\theta}_2^2\sin(\theta_1 - \theta_2) \\ &\quad - m_2 R L_2\ddot{\theta}_2\cos(\theta_1 - \theta_2) \end{aligned} \tag{1.2.30}$$

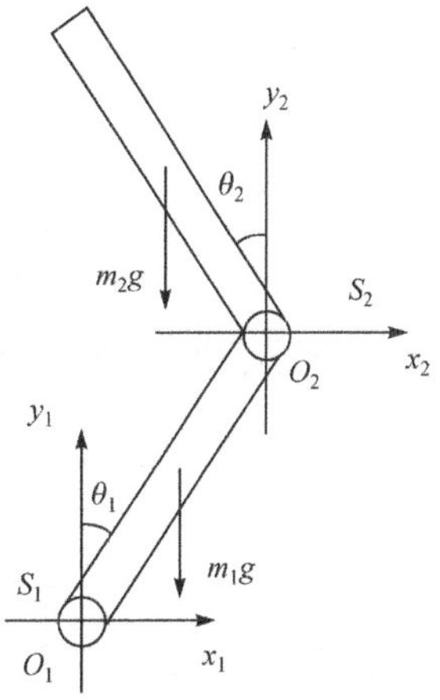

图 1.2.9　旋转式倒立摆数学建模

联立式(1.2.26)～式(1.2.30)，消去中间变量 M_{12} 和 M_{21} ，并将 M_0 代入，得矩阵形式的系统非线性数学模型：

$$\begin{bmatrix} J_1 + m_2R_1^2 & m_2R_1L_2\cos(\theta_1 - \theta_2) \\ m_2R_1L_2\cos(\theta_1 - \theta_2) & J_2 \end{bmatrix}\begin{bmatrix}\ddot{\theta}_1 \\ \ddot{\theta}_2\end{bmatrix}$$

$$+\begin{bmatrix} f_1 + K_mK_e & m_2R_1L_2\sin(\theta_1 - \theta_2)\dot{\theta}_2 \\ m_2R_1L_2\sin(\theta_2 - \theta_1)\dot{\theta}_1 & f_2 \end{bmatrix}\begin{bmatrix}\dot{\theta}_1 \\ \dot{\theta}_2\end{bmatrix}$$

$$
=\begin{bmatrix} K_m \\ 0 \end{bmatrix} u+\begin{bmatrix} m_1 g L_1 \sin\theta_1 + m_2 g R_1 \sin\theta_1 \\ m_2 g L_2 \sin\theta_2 \end{bmatrix} \tag{1.2.31}
$$

倒立摆控制的目的是使角度 θ_1 和 θ_2 都为零，在平衡点 (0,0) 附近将模型线性化。根据 $\sin\theta=\theta, \cos\theta=1$，有

$$
\begin{aligned}
&\begin{bmatrix} J_1+m_2R_1^2 & m_2R_1L_2 \\ m_2R_1L_2 & J_2 \end{bmatrix}\begin{bmatrix} \ddot{\theta}_1 \\ \ddot{\theta}_2 \end{bmatrix}+\begin{bmatrix} f_1+K_mK_e & 0 \\ 0 & f_2 \end{bmatrix}\begin{bmatrix} \dot{\theta}_1 \\ \dot{\theta}_2 \end{bmatrix} \\
&=\begin{bmatrix} K_m \\ 0 \end{bmatrix} u+\begin{bmatrix} m_1gL_1+m_2gR_1 & 0 \\ 0 & m_2gL_2 \end{bmatrix}\begin{bmatrix} \theta_1 \\ \theta_2 \end{bmatrix}
\end{aligned} \tag{1.2.32}
$$

令

$$
\begin{aligned}
&\boldsymbol{J}=\begin{bmatrix} J_1+m_2R_1^2 & m_2R_1L_2 \\ m_2R_1L_2 & J_2 \end{bmatrix}, \quad \boldsymbol{M}=\begin{bmatrix} m_1gL_1+m_2gR_1 & 0 \\ 0 & m_2gL_2 \end{bmatrix} \\
&\boldsymbol{F}=\begin{bmatrix} f_1+K_mK_e & 0 \\ 0 & f_2 \end{bmatrix}, \quad \boldsymbol{K}=\begin{bmatrix} K_m \\ 0 \end{bmatrix} \\
&\boldsymbol{x}=\begin{bmatrix} \theta_1 & \theta_2 & \dot{\theta}_1 & \dot{\theta}_2 \end{bmatrix}^{\mathrm{T}}, \quad \boldsymbol{y}=\begin{bmatrix} \theta_1 & \theta_2 \end{bmatrix}^{\mathrm{T}}
\end{aligned} \tag{1.2.33}
$$

得到线性化模型：

$$
\begin{cases} \dot{\boldsymbol{x}}=\boldsymbol{Ax}+\boldsymbol{Bu} \\ \boldsymbol{y}=\boldsymbol{Cx} \end{cases}
$$

其中

$$
\boldsymbol{A}=\begin{bmatrix} \boldsymbol{0}_{2\times2} & \boldsymbol{I}_{2\times2} \\ \boldsymbol{J}^{-1}\boldsymbol{M} & \boldsymbol{J}^{-1}\boldsymbol{F} \end{bmatrix}, \quad \boldsymbol{B}=\begin{bmatrix} \boldsymbol{0}_{2\times2} \\ \boldsymbol{J}^{-1}\boldsymbol{K} \end{bmatrix}, \quad \boldsymbol{C}=\begin{bmatrix} \boldsymbol{I}_{2\times2} & \boldsymbol{0}_{2\times2} \end{bmatrix} \tag{1.2.34}
$$

系统的主要机械参数及变量如表 1.2.1 所示。

表 1.2.1 机械参数及变量

变量	参数	变量	参数
旋臂质量 m_1	0.200kg	摆杆质量 m_2	0.052kg
旋臂长度 R_1	0.20m	摆杆长度 R_2	0.25m
旋臂质心到转轴距离 L_1	0.10m	摆杆质心到转轴距离 L_2	0.12m
电机力矩-电压比 K_m	0.0236N · m/V	电机反电势-转速比 K_e	0.2865V · s/m
旋臂绕轴转动摩擦力矩系数 f_1	0.01N · s	摆杆绕轴转动摩擦力矩系数 f_2	0.001N · s
旋臂绕轴转动惯量 J_1	0.004kg · m^2	摆杆绕轴转动惯量 J_2	0.001kg · m^2

继而，得到系统的最终模型：

$$
\begin{cases} \dot{\boldsymbol{x}}=\begin{bmatrix} 0 & 0 & 1 & 0 \\ 0 & 0 & 0 & 1 \\ 65.88 & -16.88 & -3.71 & 0.28 \\ -82.21 & 82.21 & 4.63 & -1.34 \end{bmatrix}\boldsymbol{x}+\begin{bmatrix} 0 \\ 0 \\ 5.22 \\ -6.51 \end{bmatrix}\boldsymbol{u} \\ \boldsymbol{y}=\begin{bmatrix} 1 & 0 & 0 & 0 \\ 0 & 1 & 0 & 0 \end{bmatrix}\boldsymbol{x} \end{cases} \tag{1.2.35}
$$

1.2.4 状态方程解的存在和唯一性条件

对任意的初始状态，只有当线性系统(1.2.1)的状态方程的解存在且唯一时，对系统的分析才有意义。从数学上看，这就要求状态方程中的系数矩阵和输入作用满足一定的假设，它们是保证状态方程的解存在且唯一所必需的。

对线性时变系统(1.2.1)，如果系统矩阵 $\boldsymbol{A}(t)$ 和 $\boldsymbol{B}(t)$ 的所有元在时间定义区间 $t\in[t_0,t_\alpha]$ 上均为 t 的实值连续函数，而输入 $\boldsymbol{u}(t)$ 的元在时间定义区间 $t\in[t_0,t_\alpha]$ 上是实值连续函数，则状态方程的解 $\boldsymbol{x}(t)$ 存在且唯一。通常，这些条件对于实际的物理系统总是能满足的。但此条件是充分性条件，条件约束太强，所以常将其进行如下减弱：

(1) $\boldsymbol{A}(t)$ 的各元在 $[t_0,t_\alpha]$ 上是绝对可积的，即

$$\int_{t_0}^{t_\alpha}|a_{ij}(t)|\mathrm{d}t<\infty,\quad i,j=1,2,\cdots,n \tag{1.2.36}$$

(2) 对于给定的输入 $\boldsymbol{u}(t)$，$\boldsymbol{B}(t)\boldsymbol{u}(t)$ 的元在 $[t_0,t_\alpha]$ 上是绝对可积的，即

$$\int_{t_0}^{t_\alpha}|\boldsymbol{B}(t)\boldsymbol{u}(t)|\mathrm{d}t<\infty$$

1.2.5 传递函数矩阵的状态参数矩阵表示

对于多输入-多输出线性定常系统，传递函数矩阵是表征系统输入-输出特性的最基本的形式。下面导出由状态空间描述的参数矩阵所表示的 $\boldsymbol{G}(s)$ 的关系式。

结论 1.2.1 对应于状态空间描述

$$\begin{aligned}&\dot{\boldsymbol{x}}=\boldsymbol{A}\boldsymbol{x}+\boldsymbol{B}\boldsymbol{u},\quad \boldsymbol{x}(0)=\boldsymbol{x}_0,\quad t\geqslant 0\\&\boldsymbol{y}=\boldsymbol{C}\boldsymbol{x}+\boldsymbol{D}\boldsymbol{u}\end{aligned} \tag{1.2.37}$$

的传递函数矩阵为

$$\boldsymbol{G}(s)=\boldsymbol{C}(s\boldsymbol{I}-\boldsymbol{A})^{-1}\boldsymbol{B}+\boldsymbol{D} \tag{1.2.38}$$

并且，当 $\boldsymbol{D}\neq\boldsymbol{0}$ 时，$\boldsymbol{G}(s)$ 为真的有理分式矩阵；当 $\boldsymbol{D}=\boldsymbol{0}$ 时，$\boldsymbol{G}(s)$ 为严格真的有理分式矩阵，且有

$$\lim_{s\to\infty}\boldsymbol{G}(s)=\boldsymbol{0} \tag{1.2.39}$$

证 对式(1.2.37)作拉氏变换，得

$$\begin{cases}s\boldsymbol{x}(s)-\boldsymbol{x}(0)=\boldsymbol{A}\boldsymbol{x}(s)+\boldsymbol{B}\boldsymbol{u}(s)\\\boldsymbol{y}(s)=\boldsymbol{C}\boldsymbol{x}(s)+\boldsymbol{D}\boldsymbol{u}(s)\end{cases} \tag{1.2.40}$$

这里，假定 $\boldsymbol{u}(0)=0$。进而，由式(1.2.40)的第一个关系式又可得到

$$(s\boldsymbol{I}-\boldsymbol{A})\boldsymbol{x}(s)=\boldsymbol{x}(0)+\boldsymbol{B}\boldsymbol{u}(s) \tag{1.2.41}$$

且考虑到 $s\boldsymbol{I}-\boldsymbol{A}$ 作为多项式矩阵总是非奇异的，因此式(1.2.41)可改写为

$$\boldsymbol{x}(s)=(s\boldsymbol{I}-\boldsymbol{A})^{-1}\boldsymbol{x}(0)+(s\boldsymbol{I}-\boldsymbol{A})^{-1}\boldsymbol{B}\boldsymbol{u}(s) \tag{1.2.42}$$

而把式(1.2.42)代入式(1.2.40)的第二个关系式，即得到

$$\boldsymbol{y}(s)=\boldsymbol{C}(s\boldsymbol{I}-\boldsymbol{A})^{-1}\boldsymbol{x}(0)+\boldsymbol{C}(s\boldsymbol{I}-\boldsymbol{A})^{-1}\boldsymbol{B}\boldsymbol{u}(s)+\boldsymbol{D}\boldsymbol{u}(s) \tag{1.2.43}$$

当系统的初始状态 $\boldsymbol{x}_0=\boldsymbol{0}$ 时，由式(1.2.43)得系统的传递函数矩阵为

$$G(s)=C(sI-A)^{-1}B+D \tag{1.2.44}$$

又由于

$$(sI-A)^{-1}=\frac{\operatorname{adj}(sI-A)}{\det(sI-A)} \tag{1.2.45}$$

且 $\operatorname{adj}(sI-A)$ 的每一个元多项式的最高幂次都小于 $\det(sI-A)$ 的幂次，所以必有

$$\lim_{s\to\infty}(sI-A)^{-1}=0 \tag{1.2.46}$$

于是，由式(1.2.46)和式(1.2.44)易知，当 $D\neq 0$ 时，$G(\infty)$ 为非零常阵，故由式(1.2.38)给出的 $G(s)$ 为真的有理分式矩阵；而当 $D=0$ 时，$G(\infty)$ 为零矩阵，所以相应的 $G(s)$ 为严格真的有理分式矩阵。至此，证明完成。

1.2.6　传递函数矩阵 $G(s)$ 的实用计算方法

当系统阶次较高时，由式(1.2.38)直接计算系统的传递函数矩阵 $G(s)$ 是很不方便的，下面给出适合于计算机进行计算的由 $\{A, B, C, D\}$ 计算 $G(s)$ 的实用算法。

定理 1.2.1　给定状态空间描述的系数矩阵 $\{A, B, C, D\}$，求出系统的特征多项式

$$\alpha(s)\triangleq\det(sI-A)=s^n+a_{n-1}s^{n-1}+\cdots+a_1s+a_0 \tag{1.2.47}$$

和

$$\begin{cases}E_{n-1}=CB\\ E_{n-2}=CAB+a_{n-1}CB\\ \quad\cdots\\ E_1=CA^{n-2}B+a_{n-1}CA^{n-3}B+\cdots+a_2CB\\ E_0=CA^{n-1}B+a_{n-1}CA^{n-2}B+\cdots+a_1CB\end{cases} \tag{1.2.48}$$

则相应的传递函数矩阵的计算公式如下：

$$G(s)=\frac{1}{\alpha(s)}(E_{n-1}s^{n-1}+E_{n-2}s^{n-2}+\cdots+E_1s+E_0)+D \tag{1.2.49}$$

证　首先计算 $(sI-A)^{-1}$：

$$\begin{aligned}(sI-A)^{-1}&=\frac{\operatorname{adj}(sI-A)}{\det(sI-A)}=\frac{R(s)}{\alpha(s)}\\ &=\frac{1}{\alpha(s)}(R_{n-1}s^{n-1}+R_{n-2}s^{n-2}+\cdots+R_1s+R_0)\end{aligned} \tag{1.2.50}$$

其中，$R_{n-1}, R_{n-2}, \cdots, R_0$ 为 $n\times n$ 矩阵，按如下方法计算：将式(1.2.50)等号两边右乘 $\alpha(s)(sI-A)$，可得

$$\alpha(s)I=(R_{n-1}s^{n-1}+R_{n-2}s^{n-2}+\cdots+R_1s+R_0)(sI-A) \tag{1.2.51}$$

将式(1.2.47)代入式(1.2.51)，可得

$$Is^n+a_{n-1}Is^{n-1}+\cdots+a_1Is+a_0I=R_{n-1}s^n+(R_{n-2}-R_{n-1}A)s^{n-1}+\cdots+(R_0-R_1A)s-R_0A \tag{1.2.52}$$

由式(1.2.52)等号两边 $s^i(i=1,2,\cdots,n)$ 的系数矩阵对应相等，有

$$\begin{cases} \boldsymbol{R}_{n-1} = \boldsymbol{I} \\ \boldsymbol{R}_{n-2} = \boldsymbol{R}_{n-1}\boldsymbol{A} + a_{n-1}\boldsymbol{I} \\ \cdots \\ \boldsymbol{R}_1 = \boldsymbol{R}_2\boldsymbol{A} + a_2\boldsymbol{I} \\ \boldsymbol{R}_0 = \boldsymbol{R}_1\boldsymbol{A} + a_1\boldsymbol{I} \end{cases} \tag{1.2.53}$$

在式(1.2.53)中，依次将上一个方程代入下一个方程，可得

$$\begin{cases} \boldsymbol{R}_{n-1} = \boldsymbol{I} \\ \boldsymbol{R}_{n-2} = \boldsymbol{A} + a_{n-1}\boldsymbol{I} \\ \boldsymbol{R}_{n-3} = \boldsymbol{R}_{n-2}\boldsymbol{A} + a_{n-2}\boldsymbol{I} = (\boldsymbol{A} + a_{n-1}\boldsymbol{I})\boldsymbol{A} + a_{n-2}\boldsymbol{I} = \boldsymbol{A}^2 + a_{n-1}\boldsymbol{A} + a_{n-2}\boldsymbol{I} \\ \cdots \\ \boldsymbol{R}_1 = \boldsymbol{A}^{n-2} + a_{n-1}\boldsymbol{A}^{n-3} + \cdots + a_2\boldsymbol{I} \\ \boldsymbol{R}_0 = \boldsymbol{A}^{n-1} + a_{n-1}\boldsymbol{A}^{n-2} + \cdots + a_1\boldsymbol{I} \end{cases} \tag{1.2.54}$$

因此，利用式(1.2.38)、式(1.2.50)和式(1.2.54)，可得

$$\begin{aligned} \boldsymbol{G}(s) &= \boldsymbol{C}(s\boldsymbol{I} - \boldsymbol{A})^{-1}\boldsymbol{B} + \boldsymbol{D} \\ &= \frac{1}{\alpha(s)}(\boldsymbol{C}\boldsymbol{R}_{n-1}\boldsymbol{B}s^{n-1} + \boldsymbol{C}\boldsymbol{R}_{n-2}\boldsymbol{B}s^{n-2} + \cdots + \boldsymbol{C}\boldsymbol{R}_1\boldsymbol{B}s + \boldsymbol{C}\boldsymbol{R}_0\boldsymbol{B}) + \boldsymbol{D} \\ &= \frac{1}{\alpha(s)}[\boldsymbol{C}\boldsymbol{B}s^{n-1} + \boldsymbol{C}(\boldsymbol{A} + a_{n-1}\boldsymbol{I})\boldsymbol{B}s^{n-2} + \cdots + \boldsymbol{C}(\boldsymbol{A}^{n-2} + \cdots + a_2\boldsymbol{I})\boldsymbol{B}s + \boldsymbol{C}(\boldsymbol{A}^{n-1} + \cdots + a_1\boldsymbol{I})\boldsymbol{B}] + \boldsymbol{D} \\ &= \frac{1}{\alpha(s)}[\boldsymbol{C}\boldsymbol{B}s^{n-1} + (\boldsymbol{C}\boldsymbol{A} + a_{n-1}\boldsymbol{C}\boldsymbol{B})s^{n-2} + \cdots + (\boldsymbol{C}\boldsymbol{A}^{n-2}\boldsymbol{B} + \cdots + a_2\boldsymbol{C}\boldsymbol{B})s + (\boldsymbol{C}\boldsymbol{A}^{n-1}\boldsymbol{B} + \cdots + a_1\boldsymbol{C}\boldsymbol{B})] + \boldsymbol{D} \\ &= \frac{1}{\alpha(s)}(\boldsymbol{E}_{n-1}s^{n-1} + \boldsymbol{E}_{n-2}s^{n-2} + \cdots + \boldsymbol{E}_1 s + \boldsymbol{E}_0) + \boldsymbol{D} \end{aligned}$$

至此，证明完成。

由上面的讨论可知，在由定理 1.2.1 计算传递函数矩阵时，假定矩阵 $\boldsymbol{A}$ 的特征多项式(式(1.2.47))中的系数 $a_0, a_1, \cdots, a_{n-1}$ 已经计算出来，但当系统阶次较高时，人工计算矩阵 $\boldsymbol{A}$ 的特征多项式往往是很困难的，下面，不加证明地给出特征多项式的算法。

定理 1.2.2 特征多项式的算法。

给定 $n\times n$ 常值矩阵 $\boldsymbol{A}$，其特征多项式可表示为

$$\alpha(s) = \det(s\boldsymbol{I} - \boldsymbol{A}) = s^n + a_{n-1}s^{n-1} + \cdots + a_1 s + a_0 \tag{1.2.55}$$

则其系数 $a_i (i = 0,1,\cdots,n-1)$ 可按如下的顺序递推计算得出

$$\begin{cases} \boldsymbol{R}_{n-1} = \boldsymbol{I}, & a_{n-1} = -\dfrac{\operatorname{tr}\boldsymbol{R}_{n-1}\boldsymbol{A}}{1} \\ \boldsymbol{R}_{n-2} = \boldsymbol{R}_{n-1}\boldsymbol{A} + a_{n-1}\boldsymbol{I}, & a_{n-2} = -\dfrac{\operatorname{tr}\boldsymbol{R}_{n-2}\boldsymbol{A}}{2} \\ \cdots \\ \boldsymbol{R}_1 = \boldsymbol{R}_2\boldsymbol{A} + a_2\boldsymbol{I}, & a_1 = -\dfrac{\operatorname{tr}\boldsymbol{R}_1\boldsymbol{A}}{n-1} \\ \boldsymbol{R}_0 = \boldsymbol{R}_1\boldsymbol{A} + a_1\boldsymbol{I}, & a_0 = -\dfrac{\operatorname{tr}\boldsymbol{R}_0\boldsymbol{A}}{n} \end{cases} \tag{1.2.56}$$

其中，$\operatorname{tr}\boldsymbol{A}$ 表示方阵 $\boldsymbol{A}$ 的迹，其值为 $\boldsymbol{A}$ 的所有对角线元素之和。

1.3 输入-输出描述到状态空间描述的转换

由输入-输出描述确定状态空间描述的问题称为实现(realization)问题。关于实现问题的一般理论和方法将在第 4 章中系统地讨论。本节只针对单输入-单输出线性定常系统，讨论系统的状态实现问题，即化输入-输出描述为状态空间描述。

1.3.1 由微分方程或传递函数导出状态空间描述

问题的提法 考虑一个单输入-单输出线性定常系统，令 y 和 u 分别为该系统的输出变量和输入变量，该系统输入-输出变量微分方程描述如下：

$$y^{(n)}+a_{n-1}y^{(n-1)}+\cdots+a_1y^{(1)}+a_0y=b_mu^{(m)}+b_{m-1}u^{(m-1)}+\cdots+b_2u^{(2)}+b_1u^{(1)}+b_0u \tag{1.3.1}$$

其中，$y^{(i)}\triangleq\dfrac{\mathrm{d}y^i}{\mathrm{d}t^i},u^{(i)}\triangleq\dfrac{\mathrm{d}u^i}{\mathrm{d}t^i},m\leqslant n$。另外，单输入-单输出线性定常系统的状态空间描述具有如下形式：

$$\begin{cases}\dot{\boldsymbol{x}}=\boldsymbol{A}\boldsymbol{x}+\boldsymbol{b}u\\ y=\boldsymbol{c}\boldsymbol{x}+du\end{cases} \tag{1.3.2}$$

其中，$\boldsymbol{A}$ 为 $n\times n$ 矩阵；$\boldsymbol{b}$ 为 $n\times 1$ 矩阵；$\boldsymbol{c}$ 为 $1\times n$ 矩阵；d 为标量。由输入-输出描述式(1.3.1)导出状态空间描述式(1.3.2)的问题，被归结为如何选取适当的状态变量组和确定各个系数矩阵 $(\boldsymbol{A},\boldsymbol{b},\boldsymbol{c},d)$。此外，随着状态向量选取的不同，状态空间描述中的系数矩阵组 $(\boldsymbol{A},\boldsymbol{b},\boldsymbol{c},d)$ 也将不同。其中，式(1.3.1)和式(1.3.2)满足 $g(s)=\boldsymbol{c}(s\boldsymbol{I}-\boldsymbol{A})^{-1}\boldsymbol{b}+d$。下面给出三种典型方法。

方法一：分两种情况加以讨论

情况 1 当 $m=0$ 时，即式(1.3.1)等式右边不含输入变量的导数项时，式(1.3.1)可改写为

$$y^{(n)}+a_{n-1}y^{(n-1)}+\cdots+a_1y^{(1)}+a_0y=b_0u \tag{1.3.3}$$

等号左边输出变量 y 关于时间 t 的最高阶导数为 n，因此，系统的阶数为 n，选取系统的 n 个状态变量为

$$\begin{cases}x_1=y\\ x_2=\dot{x}_1=y^{(1)}\\ x_3=\dot{x}_2=y^{(2)}\\ \quad\cdots\\ x_n=\dot{x}_{n-1}=y^{(n-1)}\end{cases} \tag{1.3.4}$$

将式(1.3.4)代入式(1.3.3)，可得

$$\begin{aligned}\dot{x}_n=y^{(n)}&=b_0u-a_{n-1}y^{(n-1)}-\cdots-a_1y^{(1)}-a_0y\\ &=b_0u-a_{n-1}x_n-\cdots-a_1x_2-a_0x_1\end{aligned} \tag{1.3.5}$$

令状态向量 $\boldsymbol{x}=[x_1\ x_2\cdots\ x_n]^{\mathrm{T}}$，并将上述方程写成向量方程的形式，即得到此种情况下的状态

空间描述为

$$\dot{\boldsymbol{x}}=\begin{bmatrix}\dot{x}_1\\ \vdots\\ \dot{x}_{n-1}\\ \dot{x}_n\end{bmatrix}=\left[\begin{array}{c|ccc}0 & 1 & \cdots & 0\\ \vdots & & \ddots & \\ 0 & & & 1\\ \hline -a_0 & -a_1 & \cdots & -a_{n-1}\end{array}\right]\begin{bmatrix}x_1\\ \vdots\\ x_{n-1}\\ x_n\end{bmatrix}+\begin{bmatrix}0\\ \vdots\\ 0\\ b_0\end{bmatrix}u$$

$$y=x_1=[1\quad 0\quad \cdots\quad 0]\begin{bmatrix}x_1\\ x_2\\ \vdots\\ x_n\end{bmatrix}=[1\quad 0\quad \cdots\quad 0]\,\boldsymbol{x} \tag{1.3.6}$$

情况 2　当 $m=n$ 时，或者当式(1.3.1)等式右边含输入变量的导数项时，式(1.3.1)可改写为

$$y^{(n)}+a_{n-1}y^{(n-1)}+\cdots+a_1y^{(1)}+a_0y=b_nu^{(n)}+b_{n-1}u^{(n-1)}+\cdots+b_2u^{(2)}+b_1u^{(1)}+b_0u \tag{1.3.7}$$

如果仍按上述方法选取状态变量组，即

$$\begin{cases}x_1=y\\ x_2=\dot{x}_1=y^{(1)}\\ x_3=\dot{x}_2=y^{(2)}\\ \quad\cdots\\ x_n=\dot{x}_{n-1}=y^{(n-1)}\end{cases}$$

有

$$\begin{cases}\dot{x}_1=x_2\\ \dot{x}_2=x_3\\ \quad\cdots\\ \dot{x}_{n-1}=x_n\\ \dot{x}_n=y^{(n)}=-a_{n-1}x_n-\cdots-a_1x_2-a_0x_1+b_nu^{(n)}+\cdots+b_0u\end{cases}$$

可见，状态方程的等号右边含有输入变量的导数项，这显然不满足状态方程的定义。因此，仍按上述方法选取状态变量组是不可行的。

通过按下面方法选取状态变量组使状态方程不含输入变量的导数项：

$$\begin{cases}x_1=y-\beta_0u\\ x_2=y^{(1)}-\beta_0u^{(1)}-\beta_1u\\ x_3=y^{(2)}-\beta_0u^{(2)}-\beta_1u^{(1)}-\beta_2u\\ \quad\cdots\\ x_n=y^{(n-1)}-\beta_0u^{(n-1)}-\beta_1u^{(n-2)}-\cdots-\beta_{n-2}u^{(1)}-\beta_{n-1}u\end{cases} \tag{1.3.8}$$

由式(1.3.8)，可得

$$
\begin{cases}
y = x_1 + \beta_0 u \\
y^{(1)} = x_2 + \beta_0 u^{(1)} + \beta_1 u \\
y^{(2)} = x_3 + \beta_0 u^{(2)} + \beta_1 u^{(1)} + \beta_2 u \\
\quad \cdots \\
y^{(n-1)} = x_n + \beta_0 u^{(n-1)} + \beta_1 u^{(n-2)} + \cdots + \beta_{n-2} u^{(1)} + \beta_{n-1} u
\end{cases}
\tag{1.3.9}
$$

对式(1.3.9)最后一个方程等号两边求关于时间 t 的一阶导数，可得

$$
y^{(n)} = \dot{x}_n + \beta_0 u^{(n)} + \beta_1 u^{(n-1)} + \cdots + \beta_{n-2} u^{(2)} + \beta_{n-1} u^{(1)} \tag{1.3.10}
$$

将式(1.3.10)代入式(1.3.7)，可得

$$
\begin{aligned}
&\dot{x}_n + \beta_0 u^{(n)} + \beta_1 u^{(n-1)} + \cdots + \beta_{n-2} u^{(2)} + \beta_{n-1} u^{(1)} \\
&+ a_{n-1}(x_n + \beta_0 u^{(n-1)} + \beta_1 u^{(n-2)} + \cdots + \beta_{n-2} u^{(1)} + \beta_{n-1} u) \\
&+ \cdots + a_1(x_2 + \beta_0 u^{(1)} + \beta_1 u) + a_0(x_1 + \beta_0 u) \\
= {}& b_n u^{(n)} + b_{n-1} u^{(n-1)} + \cdots + b_2 u^{(2)} + b_1 u^{(1)} + b_0 u
\end{aligned}
\tag{1.3.11}
$$

对式(1.3.11)进行合并同类项整理后，得

$$
\begin{aligned}
\dot{x}_n + a_{n-1} x_n + \cdots + a_1 x_2 + a_0 x_1 = {}& (b_n \beta_0) u^{(n)} + (b_{n-1} - \beta_1 - a_{n-1}\beta_0) u^{(n-1)} \\
&+ (b_{n-2} - \beta_2 - a_{n-1}\beta_1 - a_{n-2}\beta_0) u^{(n-2)} \\
&+ \cdots + (b_1 - \beta_{n-1} - a_{n-1}\beta_{n-2} - a_{n-2}\beta_{n-3} - \cdots - a_1\beta_0) u^{(1)} \\
&+ (b_0 - a_{n-1}\beta_{n-1} - a_{n-2}\beta_{n-2} - \cdots - a_1\beta_1 - a_0\beta_0) u
\end{aligned}
\tag{1.3.12}
$$

令

$$
\begin{cases}
b_n - \beta_0 = 0 \\
b_{n-1} - \beta_1 - a_{n-1}\beta_0 = 0 \\
b_{n-2} - \beta_2 - a_{n-1}\beta_1 - a_{n-2}\beta_0 = 0 \\
\quad \cdots \\
b_1 - \beta_{n-1} - a_{n-1}\beta_{n-2} - a_{n-2}\beta_{n-3} - \cdots - a_1\beta_0 = 0 \\
b_0 - a_{n-1}\beta_{n-1} - a_{n-2}\beta_{n-2} - \cdots - a_1\beta_1 - a_0\beta_0 = \beta_n
\end{cases}
\tag{1.3.13}
$$

即

$$
\begin{cases}
\beta_0 = b_n \\
\beta_1 = b_{n-1} - a_{n-1}\beta_0 \\
\beta_2 = b_{n-2} - a_{n-1}\beta_1 - a_{n-2}\beta_0 \\
\quad \cdots \\
\beta_{n-1} = b_1 - a_{n-1}\beta_{n-2} - a_{n-2}\beta_{n-3} - \cdots - a_1\beta_0 \\
\beta_n = b_0 - a_{n-1}\beta_{n-1} - a_{n-2}\beta_{n-2} - \cdots - a_1\beta_1 - a_0\beta_0
\end{cases}
\tag{1.3.14}
$$

将式(1.3.14)代入式(1.3.12)，可得

$$\dot{x}_n + a_{n-1}x_n + \cdots + a_1x_2 + a_0x_1 = \beta_n u$$
$$\dot{x}_n = -a_{n-1}x_n - \cdots - a_1x_2 - a_0x_1 + \beta_n u \tag{1.3.15}$$

依次对式(1.3.8)的各方程等号两边求关于时间 t 的一阶导数，再经过简单的变换，可得

$$\begin{cases} \dot{x}_1 = y^{(1)} - \beta_0 u^{(1)} = x_2 + \beta_1 u \\ \dot{x}_2 = y^{(2)} - \beta_0 u^{(2)} - \beta_1 u^{(1)} = x_3 + \beta_2 u \\ \cdots \\ \dot{x}_{n-1} = x_n + \beta_{n-1} u \end{cases} \tag{1.3.16}$$

由式(1.3.15)和式(1.3.16)，可得到系统的状态方程：

$$\begin{bmatrix} \dot{x}_1 \\ \vdots \\ \dot{x}_{n-1} \\ \dot{x}_n \end{bmatrix} = \left[\begin{array}{c|ccc} 0 & 1 & \cdots & 0 \\ \vdots & & \ddots & \\ 0 & & & 1 \\ \hline -a_0 & -a_1 & \cdots & -a_{n-1} \end{array}\right] \begin{bmatrix} x_1 \\ \vdots \\ x_{n-1} \\ x_n \end{bmatrix} + \begin{bmatrix} \beta_1 \\ \vdots \\ \beta_{n-1} \\ \beta_n \end{bmatrix} u \tag{1.3.17}$$

由式(1.3.9)的第一个方程，得系统的输出方程：

$$y = x_1 + \beta_0 u = \begin{bmatrix} 1 & 0 & \cdots & 0 \end{bmatrix} \begin{bmatrix} x_1 \\ x_2 \\ \vdots \\ x_n \end{bmatrix} + \beta_0 u \tag{1.3.18}$$

例 1.3.1 已知系统的外部描述为 $y^{(2)} + 3y^{(1)} + 2y = \dot{u} + 3u$，求系统的状态空间描述。

解 由系统的外部描述，知系统的阶次 $n = 2$。

$$\begin{cases} \beta_0 = b_2 = 0 \\ \beta_1 = b_1 - a_1\beta_0 = 1 - 3\times 0 = 1 \\ \beta_2 = b_0 - a_1\beta_1 - a_0\beta_0 = 3 - 3\times 1 - 2\times 0 = 0 \end{cases}$$

由式(1.3.17)和式(1.3.18)，得系统的状态空间描述为

$$\begin{cases} \begin{bmatrix} \dot{x}_1 \\ \dot{x}_2 \end{bmatrix} = \begin{bmatrix} 0 & 1 \\ -2 & -3 \end{bmatrix} \begin{bmatrix} x_1 \\ x_2 \end{bmatrix} + \begin{bmatrix} 1 \\ 0 \end{bmatrix} u \\ y = \begin{bmatrix} 1 & 0 \end{bmatrix} \begin{bmatrix} x_1 \\ x_2 \end{bmatrix} \end{cases}$$

方法二：中间变量法

不失一般性，令系统的输出变量和输入变量之间的微分方程为

$$y^{(n)} + a_{n-1}y^{(n-1)} + \cdots + a_1y^{(1)} + a_0y = b_nu^{(n)} + b_{n-1}u^{(n-1)} + \cdots + b_2u^{(2)} + b_1u^{(1)} + b_0u \tag{1.3.19}$$

令系统的初始条件为零以及 $u(t_0) = 0$，对式(1.3.19)等号两边求拉氏变换，可得

$$s^n y(s) + a_{n-1}s^{n-1}y(s) + \cdots + a_1sy(s) + a_0y(s) = b_ns^nu(s) + \cdots + b_1su(s) + b_0u(s)$$

继而，系统的传递函数为

$$g(s) = \frac{y(s)}{u(s)} = \frac{b_ns^n + \cdots + b_1s + b_0}{s^n + a_{n-1}s^{n-1} + \cdots + a_1s + a_0} \tag{1.3.20}$$

式(1.3.20)可表示为

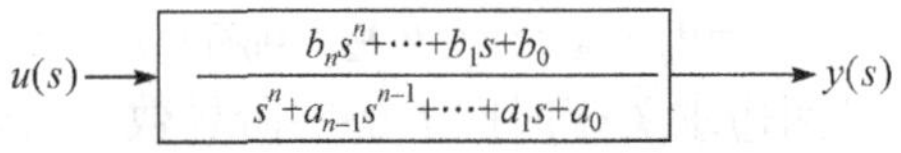

引入中间变量 $z(t)$，其拉氏变换为 $z(s)$，于是，式(1.3.20)可表示为

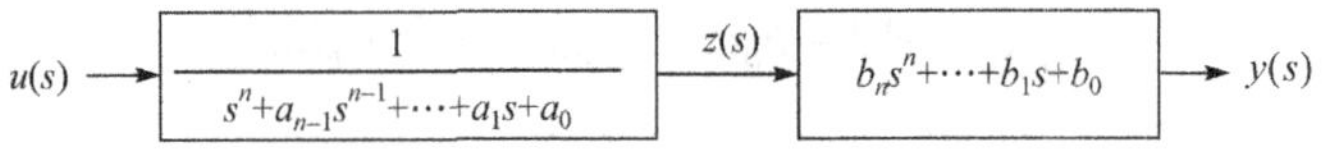

从而，有

$$\frac{z(s)}{u(s)}=\frac{1}{s^n+a_{n-1}s^{n-1}+\cdots+a_1s+a_0} \tag{1.3.21}$$

$$\frac{y(s)}{z(s)}=b_ns^n+\cdots+b_1s+b_0 \tag{1.3.22}$$

对式(1.3.21)和式(1.3.22)分别求拉氏逆变换，可得

$$z^{(n)}(t)+a_{n-1}z^{(n-1)}(t)+\cdots+a_1z^{(1)}(t)+a_0z(t)=u(t) \tag{1.3.23}$$

$$y(t)=b_nz^{(n)}(t)+b_{n-1}z^{(n-1)}(t)+\cdots+b_2z^{(2)}(t)+b_1z^{(1)}(t)+b_0z(t) \tag{1.3.24}$$

对式(1.3.23)所描述的子系统，按方法一选取状态变量，即

$$\begin{cases} x_1=z \\ x_2=\dot{x}_1=z^{(1)} \\ x_3=\dot{x}_2=z^{(2)} \\ \quad\cdots \\ x_n=\dot{x}_{n-1}=z^{(n-1)} \end{cases} \tag{1.3.25}$$

利用式(1.3.23)和式(1.3.25)，得

$$\dot{x}_n=z^{(n)}(t)=-a_{n-1}x_n-\cdots-a_1x_2-a_0x_1+u \tag{1.3.26}$$

从而，得到系统的状态方程为

$$\begin{bmatrix}\dot{x}_1\\ \vdots\\ \dot{x}_{n-1}\\ \dot{x}_n\end{bmatrix}=\left[\begin{array}{c|ccc} 0 & 1 & \cdots & 0\\ \vdots & & \ddots & \\ 0 & & & 1\\ \hline -a_0 & -a_1 & \cdots & -a_{n-1}\end{array}\right]\begin{bmatrix}x_1\\ \vdots\\ x_{n-1}\\ x_n\end{bmatrix}+\begin{bmatrix}0\\ \vdots\\ 0\\ 1\end{bmatrix}u \tag{1.3.27}$$

由式(1.3.24)和式(1.3.25)得到系统的输出方程为

$$\begin{aligned} y&=b_n\left(-a_0x_1-a_1x_2-\cdots-a_{n-1}x_n+u\right)+\begin{bmatrix}b_0 & b_1 & \cdots & b_{n-1}\end{bmatrix}\begin{bmatrix}x_1\\ x_2\\ \vdots\\ x_n\end{bmatrix}\\ &=b_nu+b_n\begin{bmatrix}-a_0 & -a_1 & \cdots & -a_{n-1}\end{bmatrix}\begin{bmatrix}x_1\\ x_2\\ \vdots\\ x_n\end{bmatrix}+\begin{bmatrix}b_0 & b_1 & \cdots & b_{n-1}\end{bmatrix}\begin{bmatrix}x_1\\ x_2\\ \vdots\\ x_n\end{bmatrix}\end{aligned} \tag{1.3.28}$$

例 1.3.2 已知系统的外部描述为 $y^{(3)}+3y^{(2)}+2y=u^{(3)}+2\dot{u}+3u$ ，求系统的状态空间描述。

解 根据中间变量法的结论，有

$$\begin{cases}\begin{bmatrix}\dot{x}_1\\ \dot{x}_2\\ \dot{x}_3\end{bmatrix}=\begin{bmatrix}0&1&0\\0&0&1\\-2&0&-3\end{bmatrix}\begin{bmatrix}x_1\\x_2\\x_3\end{bmatrix}+\begin{bmatrix}0\\0\\1\end{bmatrix}u\\ y=\begin{bmatrix}-2&0&-3\end{bmatrix}\begin{bmatrix}x_1\\x_2\\x_3\end{bmatrix}+\begin{bmatrix}3&2&0\end{bmatrix}\begin{bmatrix}x_1\\x_2\\x_3\end{bmatrix}+u=\begin{bmatrix}1&2&-3\end{bmatrix}\begin{bmatrix}x_1\\x_2\\x_3\end{bmatrix}+u\end{cases}$$

例 1.3.3 已知系统的外部描述为 $y^{(2)}+3y^{(1)}+2y=\dot{u}+3u$ ，求系统的状态空间描述。

解 根据中间变量法的结论，有

$$a_1=3,\quad a_0=2,\quad b_2=0,\quad b_1=1,\quad b_0=3$$

$$\begin{cases}\begin{bmatrix}\dot{x}_1\\ \dot{x}_2\end{bmatrix}=\begin{bmatrix}0&1\\-2&-3\end{bmatrix}\begin{bmatrix}x_1\\x_2\end{bmatrix}+\begin{bmatrix}0\\1\end{bmatrix}u\\ y=\begin{bmatrix}3&1\end{bmatrix}\begin{bmatrix}x_1\\x_2\end{bmatrix}\end{cases}$$

*方法三：*化成能观测规范形的方法

已知系统的输出变量和输入变量之间的微分方程为

$$y^{(n)}+a_{n-1}y^{(n-1)}+\cdots+a_1y^{(1)}+a_0y=b_nu^{(n)}+b_{n-1}u^{(n-1)}+\cdots+b_2u^{(2)}+b_1u^{(1)}+b_0u \tag{1.3.29}$$

令

$$\begin{cases}x_n(t)=y(t)-b_nu(t)\\ x_{n-1}(t)=y^{(1)}(t)-b_nu^{(1)}(t)+a_{n-1}y(t)-b_{n-1}u(t)\\ \quad\cdots\\ x_1(t)=y^{(n-1)}(t)-b_nu^{(n-1)}(t)+a_{n-1}y^{(n-2)}(t)-b_{n-1}u^{(n-2)}(t)+\cdots+a_1y(t)-b_1u(t)\end{cases} \tag{1.3.30}$$

对式(1.3.30)进行简单变换，可得

$$y(t)=x_n(t)+b_nu(t) \tag{1.3.31}$$

和

$$\begin{cases}x_{n-1}(t)=\dot{x}_n(t)+a_{n-1}(x_n(t)+b_nu(t))-b_{n-1}u(t)\\ x_{n-2}(t)=\dot{x}_{n-1}(t)+a_{n-2}(x_n(t)+b_nu(t))-b_{n-2}u(t)\\ \quad\cdots\\ x_1(t)=\dot{x}_2(t)+a_1(x_n(t)+b_nu(t))-b_1u(t)\end{cases} \tag{1.3.32}$$

对式(1.3.32)进行简单变换，可得

$$\begin{cases}\dot{x}_n(t)=x_{n-1}(t)-a_{n-1}(x_n(t)+b_nu(t))+b_{n-1}u(t)\\ \dot{x}_{n-1}(t)=x_{n-2}(t)-a_{n-2}(x_n(t)+b_nu(t))+b_{n-2}u(t)\\ \quad\cdots\\ \dot{x}_2(t)=x_1(t)-a_1(x_n(t)+b_nu(t))+b_1u(t)\end{cases} \tag{1.3.33}$$

对式(1.3.30)的最后一个方程的等号两边求关于时间 t 的一阶导数，可得

$$\dot{x}_1(t)=y^{(n)}(t)-b_nu^{(n)}(t)+a_{n-1}y^{(n-1)}(t)-b_{n-1}u^{(n-1)}(t)+\cdots+a_1y^{(1)}(t)-b_1u^{(1)}(t) \tag{1.3.34}$$

由式(1.3.29)和式(1.3.30)，可得

$$\dot{x}_1(t)=-a_0y(t)+b_0u(t)=-a_0(x_n(t)+b_nu(t))+b_0u(t) \tag{1.3.35}$$

综合式(1.3.33)、式(1.3.35)和式(1.3.31)，可得到系统的状态空间描述为

$$\begin{cases}\begin{bmatrix}\dot{x}_1\\ \vdots\\ \dot{x}_{n-1}\\ \dot{x}_n\end{bmatrix}=\begin{bmatrix}0&0&\cdots&0&-a_0\\1&0&\cdots&0&-a_1\\ &&\cdots&&\\0&0&\cdots&1&-a_{n-1}\end{bmatrix}\begin{bmatrix}x_1\\ \vdots\\ x_{n-1}\\ x_n\end{bmatrix}+\begin{bmatrix}-a_0b_n+b_0\\-a_1b_n+b_1\\ \vdots\\-a_{n-1}b_n+b_{n-1}\end{bmatrix}u\\ y=\begin{bmatrix}0&0&\cdots&1\end{bmatrix}\begin{bmatrix}x_1\\x_2\\ \vdots\\x_n\end{bmatrix}+b_nu\end{cases} \tag{1.3.36}$$

1.3.2 由方块图描述导出状态空间描述

基于传递函数的方块图是单输入-单输出线性定常系统的一类应用广泛的描述。直接和简便地由方块图描述导出状态空间描述是一个需要讨论的问题。本节结合图 1.3.1(a)所示线性定常系统的方块图来具体阐明由方块图导出状态空间描述的方法和步骤。

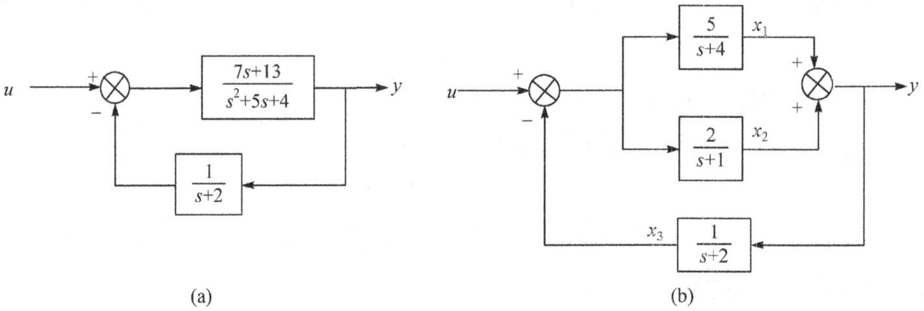

图 1.3.1 单输入-单输出线性定常系统的方块图

(1)化给定方块图为规范化方块图。称一个方块图为规范化方块图，当且仅当其各组成环节的传递函数只为一阶惯性环节 $\left(k_i/\left(s+s_i\right)\right)$ 和比例放大环节 k_{0j}。对图 1.3.1(a)所示方块图，通过将二阶惯性环节的传递函数化为 2 个一阶惯性环节之和，即

$$\frac{7s+13}{s^2+5s+4}=\frac{5}{s+4}+\frac{2}{s+1}$$

可导出图 1.3.1(b)所示的对应规范化方块图。

(2)对规范化方块图指定状态变量组。基本原则是只有一阶惯性环节的输出有资格取为状态变量。状态变量的序号除有特别规定外可自行指定。对图 1.3.1(b)所示规范化方块图，共有 3 个一阶惯性环节，基于此可指定 3 个状态变量。由于没有特别规定，可按图 1.3.1(b)所示任意指定为 x_1, x_2, x_3。

(3)列写变量间关系方程。基于规范化方块图，围绕一阶惯性环节和求和环节，根据输出-输入关系列写相应关系方程。对图 1.3.1(b)所示规范化方块图，从 3 个一阶惯性环节和 1 个求和环节的输出-输入关系，可容易列出其关系方程组为

$$x_1 = \frac{5}{s+4}(u - x_3)$$

$$x_2 = \frac{2}{s+1}(u - x_3)$$

$$x_3 = \frac{1}{s+2}(x_1 + x_2)$$

$$y = x_1 + x_2$$

其中，为书写简单起见，直接采用变量符号替代变量拉氏变换。

(4)导出变换域状态变量方程和输出变量方程。对图 1.3.1(b)所示方块图，通过对上述导出的关系方程的简单推演，就可定出如下的变换域状态变量方程：

$$sx_1 = -4x_1 - 5x_3 + 5u$$

$$sx_2 = -x_2 - 2x_3 + 2u$$

$$sx_3 = x_1 + x_2 - 2x_3$$

和变换域输出变量方程：

$$y = x_1 + x_2$$

(5)导出状态空间描述。首先利用拉氏逆变换关系，在频率域方程中用 $\mathrm{d}x_i/\mathrm{d}t$ 代替 sx_i，用时域变量代替其拉氏变换变量，以导出时间域方程；进而化时间域方程为向量方程，即导出状态空间描述。对图 1.3.1 所示方块图，由上述变换方程，可导出时间域方程为

$$\dot{x}_1 = -4x_1 - 5x_3 + 5u$$

$$\dot{x}_2 = -x_2 - 2x_3 + 2u$$

$$\dot{x}_3 = x_1 + x_2 - 2x_3$$

和

$$y = x_1 + x_2$$

再化上述时间域方程为向量方程，就得到图 1.3.1(a)所示方块图的状态空间描述为

$$\begin{bmatrix} \dot{x}_1 \\ \dot{x}_2 \\ \dot{x}_3 \end{bmatrix} = \begin{bmatrix} -4 & 0 & -5 \\ 0 & -1 & -2 \\ 1 & 1 & -2 \end{bmatrix} \begin{bmatrix} x_1 \\ x_2 \\ x_3 \end{bmatrix} + \begin{bmatrix} 5 \\ 2 \\ 0 \end{bmatrix} u$$

$$y = \begin{bmatrix} 1 & 1 & 0 \end{bmatrix} \begin{bmatrix} x_1 \\ x_2 \\ x_3 \end{bmatrix}$$

1.4 状态方程的对角线规范形和约当规范形

本节只限于讨论线性定常系统的规范形。在线性系统的分析和综合中，如果状态方程中

的系统矩阵 $\boldsymbol{A}$ 具有对角形或分块对角形的形式，那么会对问题的求解带来很多的方便。系统的状态方程可通过适当的线性非奇异变换而化为由特征值表征的规范形。当系统矩阵 $\boldsymbol{A}$ 满足化为对角线规范形的条件时，系统的状态方程可化为对角线规范形，否则，系统的状态方程只能化为约当规范形。

1.4.1　对角线规范形

已知 n 阶线性定常系统的状态方程为

$$\dot{\boldsymbol{x}} = \boldsymbol{A}\boldsymbol{x} + \boldsymbol{B}\boldsymbol{u} \tag{1.4.1}$$

系统的特征值定义为如下特征方程

$$\det(\lambda \boldsymbol{I} - \boldsymbol{A}) = 0 \tag{1.4.2}$$

的解。一个阶数为 n 的系统，有且只有 n 个特征值。对于矩阵 $\boldsymbol{A}$ 的第 i 个特征值 λ_i，如果存在一个非零向量 $\boldsymbol{v}_i$，使式(1.4.3)成立：

$$(\lambda_i \boldsymbol{I} - \boldsymbol{A})\boldsymbol{v}_i = \boldsymbol{0} \tag{1.4.3}$$

则称非零向量 $\boldsymbol{v}_i$ 为矩阵 $\boldsymbol{A}$ 的属于特征值 λ_i 的特征向量。特征向量不是唯一的。但是，当 n 个特征值 $\lambda_1, \lambda_2, \cdots, \lambda_n$ 两两互异时，任取的特征向量 $\boldsymbol{v}_1, \boldsymbol{v}_2, \cdots, \boldsymbol{v}_n$ 必是线性无关的。

1. 化为对角线规范形的条件

结论 1.4.1　当系统矩阵 $\boldsymbol{A}$ 的 n 个特征向量 $\boldsymbol{v}_1, \boldsymbol{v}_2, \cdots, \boldsymbol{v}_n$ 线性无关时，系统的状态方程(1.4.1)可以通过线性非奇异变换而化为对角线规范形。显然，当系统矩阵 $\boldsymbol{A}$ 的 n 个特征值 $\lambda_1, \lambda_2, \cdots, \lambda_n$ 两两互异时，其对应的 n 个特征向量是线性无关的，满足可化为对角线规范形的条件。

2. 化为对角线规范形的方法

(1)当矩阵 $\boldsymbol{A}$ 为一般形式时，有以下结论。

结论 1.4.2　设系统(1.4.1)满足化为对角线规范形的条件，那么系统的状态方程在变换 $\bar{\boldsymbol{x}} = \boldsymbol{P}^{-1}\boldsymbol{x}$ 下必可化为如下的对角线规范形：

$$\dot{\bar{\boldsymbol{x}}} = \begin{bmatrix} \lambda_1 & & & \\ & \lambda_2 & & \\ & & \ddots & \\ & & & \lambda_n \end{bmatrix} \boldsymbol{x} + \bar{\boldsymbol{B}}\boldsymbol{u}, \quad \bar{\boldsymbol{B}} \triangleq \boldsymbol{P}^{-1}\boldsymbol{B} \tag{1.4.4}$$

其中，$\lambda_1, \lambda_2, \cdots, \lambda_n$ 为系统矩阵 $\boldsymbol{A}$ 的 n 个特征值；$\boldsymbol{v}_1, \boldsymbol{v}_2, \cdots, \boldsymbol{v}_n$ 为 $\boldsymbol{A}$ 的 n 个特征向量；$\boldsymbol{P} = \begin{bmatrix} \boldsymbol{v}_1 & \boldsymbol{v}_2 & \cdots & \boldsymbol{v}_n \end{bmatrix}$。

证　因为 $\boldsymbol{A}$ 的 n 个特征向量 $\boldsymbol{v}_1, \boldsymbol{v}_2, \cdots, \boldsymbol{v}_n$ 线性无关，所以矩阵 $\boldsymbol{P}$ 的逆矩阵存在，由 $\bar{\boldsymbol{x}} = \boldsymbol{P}^{-1}\boldsymbol{x}$ 和式(1.4.1)，可得

$$\dot{\bar{\boldsymbol{x}}} = \boldsymbol{P}^{-1}\dot{\boldsymbol{x}} = \boldsymbol{P}^{-1}\boldsymbol{A}\boldsymbol{P}\boldsymbol{x} + \boldsymbol{P}^{-1}\boldsymbol{B}\boldsymbol{u} = \bar{\boldsymbol{A}}\bar{\boldsymbol{x}} + \bar{\boldsymbol{B}}\boldsymbol{u} \tag{1.4.5}$$

其中，$\bar{\boldsymbol{A}} = \boldsymbol{P}^{-1}\boldsymbol{A}\boldsymbol{P}$。再由 $\boldsymbol{P} = \begin{bmatrix} \boldsymbol{v}_1 & \boldsymbol{v}_2 & \cdots & \boldsymbol{v}_n \end{bmatrix}$ 和 $\boldsymbol{A}\boldsymbol{v}_i = \lambda_i \boldsymbol{v}_i$，可得

$$\boldsymbol{AP}=[\boldsymbol{A}\boldsymbol{v}_1\ \boldsymbol{A}\boldsymbol{v}_2\ \cdots\ \boldsymbol{A}\boldsymbol{v}_n]=[\lambda_1\boldsymbol{v}_1\ \lambda_2\boldsymbol{v}_2\ \cdots\ \lambda_n\boldsymbol{v}_n]$$

$$=[\boldsymbol{v}_1\ \ \boldsymbol{v}_2\ \ \cdots\ \ \boldsymbol{v}_n]\begin{bmatrix}\lambda_1 & & & \\ & \lambda_2 & & \\ & & \ddots & \\ & & & \lambda_n\end{bmatrix}=\boldsymbol{P}\begin{bmatrix}\lambda_1 & & & \\ & \lambda_2 & & \\ & & \ddots & \\ & & & \lambda_n\end{bmatrix} \tag{1.4.6}$$

将式(1.4.6)左乘 $\boldsymbol{P}^{-1}$，可得

$$\bar{\boldsymbol{A}}=\boldsymbol{P}^{-1}\boldsymbol{AP}=\begin{bmatrix}\lambda_1 & & & \\ & \lambda_2 & & \\ & & \ddots & \\ & & & \lambda_n\end{bmatrix} \tag{1.4.7}$$

把式(1.4.7)代入式(1.4.5)就可导出式(1.4.4)。证明完成。

由结论 1.4.2 可知，化状态方程为对角线规范形的变换矩阵 $\boldsymbol{P}$ 是由以矩阵 $\boldsymbol{A}$ 的 n 个线性无关的特征向量为列构成的方阵。

同时，由式(1.4.4)可以看出，在对角线规范形下，各个状态变量之间实现了完全解耦，可表示成 n 个独立的状态变量方程。

例 1.4.1 已知线性定常系统的状态方程为

$$\dot{\boldsymbol{x}}=\begin{bmatrix}0 & 1 & -1\\ -6 & -11 & 6\\ -6 & -11 & 5\end{bmatrix}\boldsymbol{x}+\begin{bmatrix}1\\ 2\\ 3\end{bmatrix}u$$

求该系统的对角线规范形。

解 系统的特征方程 $\det[s\boldsymbol{I}-\boldsymbol{A}]=0$，即

$$\begin{vmatrix}s & -1 & 1\\ 6 & s+11 & -6\\ 6 & 11 & s-5\end{vmatrix}=s^3+6s^2+11s+6=(s+1)(s+2)(s+3)=0$$

所以系统的 3 个特征根为

$$s_1=-1,\quad s_2=-2,\quad s_3=-3$$

与特征根 s_1 相对应的特征向量 $\boldsymbol{p}_1$ 由下式确定：

$$(s_1\boldsymbol{I}-\boldsymbol{A})\boldsymbol{p}_1=\boldsymbol{0}$$

$$\begin{bmatrix}-1 & -1 & 1\\ 6 & 10 & -6\\ 6 & 11 & -6\end{bmatrix}\begin{bmatrix}p_{11}\\ p_{21}\\ p_{31}\end{bmatrix}=\boldsymbol{0}$$

上式有无穷多解，设 $p_{11}=1$，有

$$\begin{cases}6+10p_{21}-6p_{31}=0\\ 6+11p_{21}-6p_{31}=0\end{cases},\quad 解得\begin{cases}p_{21}=0\\ p_{31}=1\end{cases}$$

所以

$$\boldsymbol{p}_1=\begin{bmatrix}1\\0\\1\end{bmatrix}$$

同理，采用同样方法可得，与特征根s_2、s_3相对应的特征向量$\boldsymbol{p}_2$、$\boldsymbol{p}_3$为

$$\boldsymbol{p}_2=\begin{bmatrix}1\\2\\4\end{bmatrix},\quad \boldsymbol{p}_3=\begin{bmatrix}1\\6\\9\end{bmatrix}$$

所以

$$\boldsymbol{P}=\begin{bmatrix}\boldsymbol{p}_1 & \boldsymbol{p}_2 & \boldsymbol{p}_3\end{bmatrix}=\begin{bmatrix}1 & 1 & 1\\0 & 2 & 6\\1 & 4 & 9\end{bmatrix},\quad \boldsymbol{P}^{-1}=\begin{bmatrix}3 & \frac{5}{2} & -2\\-3 & -4 & 3\\1 & \frac{3}{2} & -1\end{bmatrix}$$

$$\boldsymbol{P}^{-1}\boldsymbol{AP}=\begin{bmatrix}-1 & 0 & 0\\0 & -2 & 0\\0 & 0 & -3\end{bmatrix},\quad \boldsymbol{P}^{-1}\boldsymbol{B}=\begin{bmatrix}2\\-2\\1\end{bmatrix}$$

系统对角线标准形为

$$\dot{\bar{\boldsymbol{x}}}=\begin{bmatrix}-1 & 0 & 0\\0 & -2 & 0\\0 & 0 & -3\end{bmatrix}\bar{\boldsymbol{x}}+\begin{bmatrix}2\\-2\\1\end{bmatrix}u$$

(2)当$\boldsymbol{A}$为友矩阵时，即$\boldsymbol{A}$具有如下形式：

$$\boldsymbol{A}=\left[\begin{array}{c|cccc}0 & 1 & 0 & \cdots & 0\\0 & 0 & 1 & \cdots & 0\\\vdots & & & \ddots & \\0 & 0 & 0 & \cdots & 1\\\hline -a_0 & -a_1 & -a_2 & \cdots & -a_{n-1}\end{array}\right] \tag{1.4.8}$$

友矩阵$\boldsymbol{A}$的特征多项式为

$$\det[s\boldsymbol{I}-\boldsymbol{A}]=(s-s_1)(s-s_2)\cdots(s-s_n)=s^n+a_{n-1}s^{n-1}+\cdots+a_1s+a_0 \tag{1.4.9}$$

当友矩阵$\boldsymbol{A}$的n个特征根$s_1,s_2,\cdots,s_n$两两互异时，可化为对角线规范形，具体方法为

$$\boldsymbol{P}^{-1}\boldsymbol{AP}=\begin{bmatrix}s_1 & 0 & \cdots & 0\\0 & s_2 & \cdots & 0\\ & & \ddots & \\0 & 0 & \cdots & s_n\end{bmatrix} \tag{1.4.10}$$

矩阵$\boldsymbol{P}$按式(1.4.11)来构造：

$$\boldsymbol{P}=\begin{bmatrix}1 & 1 & \cdots & 1\\s_1 & s_2 & \cdots & s_n\\s_1^2 & s_2^2 & \cdots & s_n^2\\\vdots & \vdots & & \vdots\\s_1^{n-1} & s_2^{n-1} & \cdots & s_n^{n-1}\end{bmatrix} \tag{1.4.11}$$

称具有式(1.4.11)形式的矩阵为**范德蒙矩阵**。

证 设 $\boldsymbol{P}=[\boldsymbol{p}_1\ \boldsymbol{p}_2\ \cdots\ \boldsymbol{p}_n]$，其中，$\boldsymbol{p}_i(i=1,2,\cdots,n)$ 为矩阵的第 i 列。由式(1.4.10)，有

$$\boldsymbol{AP}=\boldsymbol{P}\begin{bmatrix} s_1 & 0 & \cdots & 0 \\ 0 & s_2 & \cdots & 0 \\ & & \ddots & \\ 0 & 0 & \cdots & s_n \end{bmatrix}$$

$$[\boldsymbol{Ap}_1\ \boldsymbol{Ap}_2\ \cdots\ \boldsymbol{Ap}_n]=[s_1\boldsymbol{p}_1\ s_2\boldsymbol{p}_2\ \cdots\ s_n\boldsymbol{p}_n]$$

所以 $s_i\boldsymbol{p}_i=\boldsymbol{Ap}_i$，$(s_i\boldsymbol{I}-\boldsymbol{A})\boldsymbol{p}_i=0$，$i=1,2,\cdots,n$。

$$\begin{bmatrix} s_i & -1 & 0 & \cdots & 0 & 0 \\ 0 & s_i & -1 & \cdots & 0 & 0 \\ & & & \ddots & & \\ 0 & 0 & 0 & \cdots & s_i & -1 \\ a_0 & a_1 & a_2 & \cdots & a_{n-2} & s_i+a_{n-1} \end{bmatrix}\begin{bmatrix} P_{1i} \\ P_{2i} \\ \\ \vdots \\ P_{ni} \end{bmatrix}=0$$

即

$$\begin{cases} s_iP_{1i}-P_{2i}=0 \\ s_iP_{2i}-P_{3i}=0 \\ \cdots \\ s_iP_{n-1,i}-P_{ni}=0 \end{cases} \tag{1.4.12}$$

由于 $\det[s_i\boldsymbol{I}-\boldsymbol{A}]=0$ 和 $\operatorname{rank}[s_i\boldsymbol{I}-\boldsymbol{A}]=n-1$，所以 $\boldsymbol{p}_i=\begin{bmatrix} P_{1i} \\ \vdots \\ P_{ni} \end{bmatrix}$ 有无穷多解，其中一个解可按如下方法获得。

令 $P_{1i}=1$，则由式(1.4.12)，有

$$\begin{cases} P_{2i}=s_i \\ P_{3i}=s_i^2 \\ \cdots \\ P_{ni}=s_i^{n-1} \end{cases}$$

所以

$$\boldsymbol{p}_i=\begin{bmatrix} 1 \\ s_i \\ \vdots \\ s_i^{n-1} \end{bmatrix},\quad i=1,2,\cdots,n$$

证明完成。

例 1.4.2 已知线性定常系统的状态方程为

$$\dot{\boldsymbol{x}}=\begin{bmatrix} 0 & 1 & 0 \\ 0 & 0 & 1 \\ -6 & -11 & -6 \end{bmatrix}\boldsymbol{x}+\begin{bmatrix} 1 \\ 2 \\ 3 \end{bmatrix}u$$

求系统的对角线规范形。

解 系统的特征方程为 $\det[s\boldsymbol{I}-\boldsymbol{A}]=s^3+6s^2+11s+6=(s+1)(s+2)(s+3)$，所以系统的特征根为 $s_1=-1,\quad s_2=-2,\quad s_3=-3$。

$$\boldsymbol{P}=\begin{bmatrix}1&1&1\\-1&-2&-3\\1&4&9\end{bmatrix},\quad \boldsymbol{P}^{-1}=\frac{1}{2}\begin{bmatrix}6&5&1\\-6&-8&-2\\2&3&1\end{bmatrix},\quad \boldsymbol{P}^{-1}\boldsymbol{A}\boldsymbol{P}=\begin{bmatrix}-1&0&0\\0&-2&0\\0&0&-3\end{bmatrix},\quad \boldsymbol{P}^{-1}\boldsymbol{B}=\begin{bmatrix}2\\-2\\1\end{bmatrix}$$

系统对角线标准形为

$$\dot{\overline{\boldsymbol{x}}}=\begin{bmatrix}-1&0&0\\0&-2&0\\0&0&-3\end{bmatrix}\overline{\boldsymbol{x}}+\begin{bmatrix}2\\-2\\1\end{bmatrix}u$$

1.4.2 约当规范形

对于矩阵 $\boldsymbol{A}$ 的 n 个特征值中有相同的情况，一般来说不一定能通过相似变换将 $\boldsymbol{A}$ 化成对角线规范形，但可以将 $\boldsymbol{A}$ 化成准对角线规范形，即约当(Jordan)规范形。下面详细讨论约当规范形的定义和化为约当规范形的方法等内容。

1. 化为约当规范形的条件

当矩阵 $\boldsymbol{A}_{n\times n}$ 有重特征根时，分两种情况：

(1)矩阵 $\boldsymbol{A}_{n\times n}$ 虽然有重特征根，但矩阵 $\boldsymbol{A}$ 有 n 个线性无关的特征向量，则矩阵 $\boldsymbol{A}$ 可化为对角线规范形；

(2)矩阵 $\boldsymbol{A}_{n\times n}$ 有重特征根，且矩阵 $\boldsymbol{A}$ 的线性无关的特征向量个数少于 n，则矩阵 $\boldsymbol{A}$ 可化为约当规范形。

2. 约当规范形的定义

对系统(1.4.1)，其满足化为约当规范形的条件，设其特征值为 $\lambda_1(\sigma_1$重$),\lambda_2(\sigma_2$重$),\cdots,\lambda_l(\sigma_l$重$)$，且 $\sigma_1+\sigma_2+\cdots+\sigma_l=n$，则存在可逆变换矩阵 $\boldsymbol{Q}$，通过引入变换 $\hat{\boldsymbol{x}}=\boldsymbol{Q}^{-1}\boldsymbol{x}$，可使状态方程(1.4.1)化为如下的约当规范形：

$$\dot{\hat{\boldsymbol{x}}}=\boldsymbol{Q}^{-1}\boldsymbol{A}\boldsymbol{Q}\hat{\boldsymbol{x}}+\boldsymbol{Q}^{-1}\boldsymbol{B}\boldsymbol{u}=\begin{bmatrix}\boldsymbol{J}_1&&&&\\&\ddots&&&\\&&\boldsymbol{J}_i&&\\&&&\ddots&\\&&&&\boldsymbol{J}_l\end{bmatrix}\hat{\boldsymbol{x}}+\hat{\boldsymbol{B}}\boldsymbol{u} \tag{1.4.13}$$

其中，$\boldsymbol{J}_i$ 为特征值 λ_i 对应的约当块，其维数为 $\sigma_i\times\sigma_i$，且具有如下形式：

$$\boldsymbol{J}_i=\begin{bmatrix}\boldsymbol{J}_{i1}&&\\&\ddots&\\&&\boldsymbol{J}_{i\alpha_i}\end{bmatrix} \tag{1.4.14}$$

其中，$\boldsymbol{J}_{ik}$ 为对应特征值 λ_i 的约当块 $\boldsymbol{J}_i$ 中的第 k 个约当小块，$k=1,\cdots,\alpha_i$，$\boldsymbol{J}_{ik}$ 的维数为

$\sigma_{ik} \times \sigma_{ik}$，且具有如下形式：

$$
\boldsymbol{J}_{ik} = \begin{bmatrix} \lambda_i & 1 & & & \\ & \lambda_i & 1 & & \\ & & \ddots & \ddots & \\ & & & \lambda_i & 1 \\ & & & & \lambda_i \end{bmatrix} \tag{1.4.15}
$$

且有

$$
\sigma_{i1} + \sigma_{i2} + \cdots + \sigma_{i\alpha_i} = \sigma_i \tag{1.4.16}
$$

3. 特征值的代数重数和几何重数

1) 代数重数

设 λ_i 为矩阵 $\boldsymbol{A}$ 的一个特征值，且有

$$
\begin{cases} \det(\lambda \boldsymbol{I} - \boldsymbol{A}) = (\lambda - \lambda_i)^{\sigma_i} \beta_i(\lambda) \\ \beta_i(\lambda_i) \neq 0 \end{cases} \tag{1.4.17}
$$

则称 σ_i 为特征值 λ_i 的代数重数。由式(1.4.17)可知，λ_i 的代数重数是指同为 λ_i 的特征值的个数，也为所有属于 λ_i 的约当小块的阶数之和。

2) 几何重数

λ_i 的几何重数 α_i 可由式(1.4.18)计算：

$$
\alpha_i = n - \text{rank}(\lambda_i \boldsymbol{I} - \boldsymbol{A}) \tag{1.4.18}
$$

λ_i 的几何重数 α_i 为在 λ_i 对应的约当块中约当小块的个数，也是 λ_i 对应的线性无关特征向量的个数。只有当所有特征值的代数重数等于其几何重数时，矩阵 $\boldsymbol{A}$ 可以化为对角线规范形。

4. 广义特征向量

一个非零向量 $\boldsymbol{v}_i$，当其满足

$$
\begin{cases} (\boldsymbol{A} - \lambda_i \boldsymbol{I})^k \boldsymbol{v}_i = \boldsymbol{0} \\ (\boldsymbol{A} - \lambda_i \boldsymbol{I})^{k-1} \boldsymbol{v}_i \neq \boldsymbol{0} \end{cases} \tag{1.4.19}
$$

时，称 $\boldsymbol{v}_i$ 是矩阵 $\boldsymbol{A}$ 的属于特征值 λ_i 的 k 级广义特征向量。广义特征向量有三个基本性质。

性质 1 设 $\boldsymbol{v}_i$ 是矩阵 $\boldsymbol{A}$ 的属于 λ_i 的 k 级广义特征向量，则如下定义的 k 个向量必是线性无关的：

$$
\begin{cases} \boldsymbol{v}_i^{(k)} \triangleq \boldsymbol{v}_i \\ \boldsymbol{v}_i^{(k-1)} \triangleq (\boldsymbol{A} - \lambda_i \boldsymbol{I}) \boldsymbol{v}_i \\ \qquad \cdots \\ \boldsymbol{v}_i^{(1)} \triangleq (\boldsymbol{A} - \lambda_i \boldsymbol{I})^{k-1} \boldsymbol{v}_i \end{cases} \tag{1.4.20}
$$

并称向量组 $\boldsymbol{v}_i^{(1)}, \cdots, \boldsymbol{v}_i^{(k)}$ 为长度为 k 的广义特征向量链。

证 只需证明使

$$\beta_1\boldsymbol{v}_i^{(1)}+\beta_2\boldsymbol{v}_i^{(2)}+\cdots+\beta_{k-1}\boldsymbol{v}_i^{(k-1)}+\beta_k\boldsymbol{v}_i^{(k)}=\boldsymbol{0} \tag{1.4.21}$$

成立的常数全为零，即 $\beta_1=\beta_2=\cdots=\beta_k=0$。为此，由式(1.4.20)，有

$$\begin{cases}(\lambda_i\boldsymbol{I}-\boldsymbol{A})^{k-1}\boldsymbol{v}_i^{(k-1)}=(\lambda_i\boldsymbol{I}-\boldsymbol{A})^k\boldsymbol{v}_i=\boldsymbol{0}\\(\lambda_i\boldsymbol{I}-\boldsymbol{A})^{k-1}\boldsymbol{v}_i^{(k-2)}=(\lambda_i\boldsymbol{I}-\boldsymbol{A})(\lambda_i\boldsymbol{I}-\boldsymbol{A})^k\boldsymbol{v}_i=\boldsymbol{0}\\\cdots\\(\lambda_i\boldsymbol{I}-\boldsymbol{A})^{k-1}\boldsymbol{v}_i^{(1)}=(\lambda_i\boldsymbol{I}-\boldsymbol{A})^{k-2}(\lambda_i\boldsymbol{I}-\boldsymbol{A})^k\boldsymbol{v}_i=\boldsymbol{0}\end{cases} \tag{1.4.22}$$

将式(1.4.21)等号两边乘以 $(\lambda_i\boldsymbol{I}-\boldsymbol{A})^{k-1}$，并由式(1.4.22)，可得

$$\beta_k(\lambda_i\boldsymbol{I}-\boldsymbol{A})^{k-1}\boldsymbol{v}_i^{(k)}=\boldsymbol{0}$$

再由式(1.4.20)，$\beta_k(\lambda_i\boldsymbol{I}-\boldsymbol{A})^{k-1}\boldsymbol{v}_i=\beta_k(\lambda_i\boldsymbol{I}-\boldsymbol{A})^{k-1}\boldsymbol{v}_i^{(k)}=\boldsymbol{0}$，而已知 $(\lambda_i\boldsymbol{I}-\boldsymbol{A})^{k-1}\boldsymbol{v}_i\neq\boldsymbol{0}$，有

$$\beta_k=0$$

按照同样的步骤，将式(1.4.21)等号两边乘以 $(\lambda_i\boldsymbol{I}-\boldsymbol{A})^{k-2}$，可以导出 $\beta_{k-1}=0$，按此，可以得到 $\beta_1=\beta_2=\cdots=\beta_k=0$。至此，证明完成。

性质 2 设 λ_i 为矩阵 $\boldsymbol{A}_{n\times n}$ 的代数重数为 σ_i 的特征值，计算秩

$$\gamma_m=n-\operatorname{rank}(\lambda_i\boldsymbol{I}-\boldsymbol{A})^m,\quad m=0,1,2,\cdots \tag{1.4.23}$$

直到 $m=m_0$，且 $\gamma_{m0}=\sigma_i$。再按如下方式生成广义特征向量链(见表 1.4.1)。假定 $n=10,\sigma_i=8,$ $m_0=4,\ \gamma_0=0,\gamma_1=3,\gamma_2=6,\gamma_3=7,\gamma_4=8$。

其中，$\boldsymbol{v}_{i1}$ 为满足

$$(\boldsymbol{A}-\lambda_i\boldsymbol{I})^4\boldsymbol{v}_{i1}=\boldsymbol{0}\quad 和 \quad (\boldsymbol{A}-\lambda_i\boldsymbol{I})^3\boldsymbol{v}_{i1}\neq\boldsymbol{0}$$

的非零列向量；$\boldsymbol{v}_{i2},\boldsymbol{v}_{i3}$ 为满足

$$\begin{cases}\left\{\boldsymbol{v}_{i1}^{(2)},\boldsymbol{v}_{i2},\boldsymbol{v}_{i3}\right\}\ 线性无关\\(\boldsymbol{A}-\lambda_i\boldsymbol{I})^2\boldsymbol{v}_{i2}=\boldsymbol{0}\quad 和\quad(\boldsymbol{A}-\lambda_i\boldsymbol{I})\boldsymbol{v}_{i2}\neq\boldsymbol{0}\\(\boldsymbol{A}-\lambda_i\boldsymbol{I})^2\boldsymbol{v}_{i3}=\boldsymbol{0}\quad 和\quad(\boldsymbol{A}-\lambda_i\boldsymbol{I})\boldsymbol{v}_{i3}\neq\boldsymbol{0}\end{cases}$$

的非零列向量，则如表 1.4.1 所示的 σ_i 个广义特征向量

$$\left\{\boldsymbol{v}_{i1}^{(k)},\quad k=1,2,3,4,\quad \boldsymbol{v}_{i2}^{(j)},\boldsymbol{v}_{i3}^{(j)},j=1,2\right\}$$

必是线性无关的。或推广为更一般的情况，σ_i 个广义特征向量

$$\left\{\boldsymbol{v}_{i1}^{(k)},k=1,2,\cdots,r_{i1};\boldsymbol{v}_{i2}^{(j)},j=1,2,\cdots,r_{i2};\boldsymbol{v}_{i\alpha_i}^{(\beta)},\beta=1,2,\cdots,r_{\alpha_i}\right\}$$

必是线性无关的，其中，$r_{i1}\geqslant r_{i2}\geqslant\cdots\geqslant r_{i\alpha_i}$，且 $r_{i1}+r_{i2}+\cdots+r_{i\alpha_i}=\sigma_i$。

证明略。

表 1.4.1

$\gamma_4-\gamma_3=1$	$\gamma_3-\gamma_2=1$	$\gamma_2-\gamma_1=3$	$\gamma_1-\gamma_0=3$
		$\boldsymbol{v}_{i3}^{(2)}\triangleq\boldsymbol{v}_{i3}$	$\boldsymbol{v}_{i3}^{(1)}\triangleq(\boldsymbol{A}-\lambda_i\boldsymbol{I})\boldsymbol{v}_{i3}$
		$\boldsymbol{v}_{i2}^{(2)}\triangleq\boldsymbol{v}_{i2}$	$\boldsymbol{v}_{i2}^{(1)}\triangleq(\boldsymbol{A}-\lambda_i\boldsymbol{I})\boldsymbol{v}_{i2}$
$\boldsymbol{v}_{i1}^{(4)}\triangleq\boldsymbol{v}_{i1}$	$\boldsymbol{v}_{i1}^{(3)}\triangleq(\boldsymbol{A}-\lambda_i\boldsymbol{I})\boldsymbol{v}_{i1}$	$\boldsymbol{v}_{i1}^{(2)}\triangleq(\boldsymbol{A}-\lambda_i\boldsymbol{I})^2\boldsymbol{v}_{i1}$	$\boldsymbol{v}_{i1}^{(1)}\triangleq(\boldsymbol{A}-\lambda_i\boldsymbol{I})^3\boldsymbol{v}_{i1}$

性质 3 矩阵 $\boldsymbol{A}$ 的属于不同特征值的广义特征向量之间必是线性无关的。

证明略。

5. 化为约当规范形的变换矩阵的组成

将状态方程化为约当规范形的变换矩阵 $\boldsymbol{Q}$ 可按如下方式组成：

$$\boldsymbol{Q}=\left[\boldsymbol{Q}_1 \mid \cdots \mid \boldsymbol{Q}_l\right]_{n\times n} \tag{1.4.24}$$

$$\boldsymbol{Q}_i=\left[\boldsymbol{Q}_{i1} \mid \boldsymbol{Q}_{i2} \mid \cdots \mid \boldsymbol{Q}_{i\alpha_i}\right]_{n\times\sigma_i} \tag{1.4.25}$$

$$\boldsymbol{Q}_{ik}=[\boldsymbol{v}_{ik}^{(1)}\ \boldsymbol{v}_{ik}^{(2)}\ \cdots\ \boldsymbol{v}_{ik}^{(r_{ik})}]_{n\times r_{ik}} \tag{1.4.26}$$

其中，$i=1,2,\cdots,l;\quad k=1,2,\cdots,\alpha_i$。

利用变换 $\hat{\boldsymbol{x}}=\boldsymbol{Q}^{-1}\boldsymbol{x}$，可得到约当规范形式(1.4.13)～式(1.4.16)。证明略。

例 1.4.3 已知线性定常系统的状态方程为

$$\dot{\boldsymbol{x}}=\boldsymbol{A}\boldsymbol{x}+\boldsymbol{B}\boldsymbol{u}$$

其中

$$\boldsymbol{A}=\begin{bmatrix}3&-1&1&1&0&0\\1&1&-1&-1&0&0\\0&0&2&0&1&1\\0&0&0&2&-1&-1\\0&0&0&0&1&1\\0&0&0&0&1&1\end{bmatrix},\quad \boldsymbol{B}=\begin{bmatrix}1&0\\-1&1\\2&1\\0&-1\\0&2\\1&0\end{bmatrix}$$

求系统的约当规范形。

解 (1)计算 $\boldsymbol{A}$ 的特征值。

$$\det(\lambda\boldsymbol{I}-\boldsymbol{A})=(\lambda-2)^5\lambda,\quad \lambda_1=2(\sigma_1=5)\text{ 和 }\lambda_2=0(\sigma_2=1)$$

(2)对 $\lambda_1=2$，计算 $\gamma_m=n-\operatorname{rank}(\lambda_1\boldsymbol{I}-\boldsymbol{A})^m,\quad m=0,1,2,\cdots$

$$(2\boldsymbol{I}-\boldsymbol{A})^0=\boldsymbol{I},\quad \gamma_0=0$$

$$(2\boldsymbol{I}-\boldsymbol{A})^1=\begin{bmatrix}-1&1&-1&-1&0&0\\-1&1&1&1&0&0\\0&0&0&0&-1&-1\\0&0&0&0&1&1\\0&0&0&0&1&-1\\0&0&0&0&-1&1\end{bmatrix},\quad \gamma_1=2$$

$$(2\boldsymbol{I}-\boldsymbol{A})^2=\begin{bmatrix}0&0&2&2&0&0\\0&0&2&2&0&0\\0&0&0&0&0&0\\0&0&0&0&0&0\\0&0&0&0&2&-2\\0&0&0&0&-2&2\end{bmatrix},\quad \gamma_2=4$$

$$(2I-A)^3=\begin{bmatrix}0&0&0&0&0&0\\0&0&0&0&0&0\\0&0&0&0&0&0\\0&0&0&0&0&0\\0&0&0&0&4&-4\\0&0&0&0&-4&4\end{bmatrix},\quad \gamma_3=5$$

因 $\gamma_3=\sigma_3=5$，计算停止。

(3)确定 $\boldsymbol{A}$ 的属于 $\lambda_1=2$ 的五个线性无关的广义特征向量。

首先，造表 1.4.2。

表 1.4.2

$\gamma_3-\gamma_2=1$	$\gamma_2-\gamma_1=2$	$\gamma_1-\gamma_0=2$
	$\boldsymbol{v}_{12}^{(2)}\triangleq\boldsymbol{v}_{12}$	$\boldsymbol{v}_{12}^{(1)}\triangleq(\boldsymbol{A}-2\boldsymbol{I})\boldsymbol{v}_{12}$
$\boldsymbol{v}_{11}^{(3)}\triangleq\boldsymbol{v}_{11}$	$\boldsymbol{v}_{11}^{(2)}\triangleq(\boldsymbol{A}-2\boldsymbol{I})\boldsymbol{v}_{11}$	$\boldsymbol{v}_{11}^{(1)}\triangleq(\boldsymbol{A}-2\boldsymbol{I})^2\boldsymbol{v}_{11}$

此外，由满足

$$(\boldsymbol{A}-2\boldsymbol{I})^3\boldsymbol{v}_{11}=\boldsymbol{0}\quad 和\quad (\boldsymbol{A}-2\boldsymbol{I})^2\boldsymbol{v}_{11}\neq\boldsymbol{0}$$

得 $\boldsymbol{v}_{11}=\begin{bmatrix}0&0&1&0&0&0\end{bmatrix}^{\mathrm{T}}$，有

$$\boldsymbol{v}_{11}^{(1)}=(\boldsymbol{A}-2\boldsymbol{I})^2\boldsymbol{v}_{11}=\begin{bmatrix}2\\2\\0\\0\\0\\0\end{bmatrix},\quad \boldsymbol{v}_{11}^{(2)}=(\boldsymbol{A}-2\boldsymbol{I})\boldsymbol{v}_{11}=\begin{bmatrix}1\\-1\\0\\0\\0\\0\end{bmatrix},\quad \boldsymbol{v}_{11}^{(3)}=\boldsymbol{v}_{11}=\begin{bmatrix}0\\0\\1\\0\\0\\0\end{bmatrix}$$

再由

$$\begin{cases}\left\{\boldsymbol{v}_{11}^{(2)},\boldsymbol{v}_{12}\right\} & 线性无关\\ (\boldsymbol{A}-2\boldsymbol{I})^2\boldsymbol{v}_{12}=\boldsymbol{0} & 和\quad (\boldsymbol{A}-2\boldsymbol{I})\boldsymbol{v}_{12}\neq\boldsymbol{0}\end{cases}$$

得 $\boldsymbol{v}_{12}=\begin{bmatrix}0&0&1&-1&1&1\end{bmatrix}^{\mathrm{T}}$，有

$$\boldsymbol{v}_{12}^{(1)}=(\boldsymbol{A}-2\boldsymbol{I})\boldsymbol{v}_{12}=\begin{bmatrix}0\\0\\2\\-2\\0\\0\end{bmatrix},\quad \boldsymbol{v}_{12}^{(2)}=\boldsymbol{v}_{12}=\begin{bmatrix}0\\0\\1\\-1\\1\\1\end{bmatrix}$$

(4)确定 $\boldsymbol{A}$ 的属于 $\lambda_2=0$ 的特征向量 $\boldsymbol{v}_2$。

由 $(\boldsymbol{A}-\lambda_2\boldsymbol{I})\boldsymbol{v}_2=\boldsymbol{0}$，得 $\boldsymbol{v}_2=\begin{bmatrix}0&0&0&0&1&-1\end{bmatrix}^{\mathrm{T}}$。

(5)组成$\boldsymbol{Q}$矩阵。

$$\boldsymbol{Q}=[\boldsymbol{v}_{11}^{(1)}\quad \boldsymbol{v}_{11}^{(2)}\quad \boldsymbol{v}_{11}^{(3)}\quad \boldsymbol{v}_{12}^{(1)}\quad \boldsymbol{v}_{12}^{(2)}\quad \boldsymbol{v}_{2}]=\begin{bmatrix}2&-1&0&0&0&0\\2&1&0&0&0&0\\0&0&1&2&1&0\\0&0&0&-2&-1&0\\0&0&0&0&1&1\\0&0&0&0&1&-1\end{bmatrix}$$

$\boldsymbol{Q}$矩阵的逆矩阵为

$$\boldsymbol{Q}^{-1}=\begin{bmatrix}\frac{1}{4}&\frac{1}{4}&0&0&0&0\\\frac{1}{2}&-\frac{1}{2}&0&0&0&0\\0&0&1&1&0&0\\0&0&0&-\frac{1}{2}&-\frac{1}{4}&-\frac{1}{4}\\0&0&0&0&\frac{1}{2}&\frac{1}{2}\\0&0&0&0&\frac{1}{2}&-\frac{1}{2}\end{bmatrix}$$

(6)状态方程的约当规范形。

$$\dot{\hat{\boldsymbol{x}}}=\boldsymbol{Q}^{-1}\boldsymbol{A}\boldsymbol{Q}\boldsymbol{x}+\boldsymbol{Q}^{-1}\boldsymbol{B}\boldsymbol{u}$$

$$=\left[\begin{array}{ccc|cc|c}2&1&0&0&0&0\\0&2&1&0&0&0\\0&0&2&0&0&0\\\hline 0&0&0&2&1&0\\0&0&0&0&2&0\\\hline 0&0&0&0&0&0\end{array}\right]\hat{\boldsymbol{x}}+\begin{bmatrix}0&\frac{1}{4}\\1&-\frac{1}{2}\\2&0\\-\frac{1}{4}&0\\\frac{1}{2}&1\\-\frac{1}{2}&1\end{bmatrix}\boldsymbol{u}$$

1.5 线性系统在坐标变换下的特性

坐标变换的基本含义，是把系统在状态空间的一个坐标系上的表征化为在另一个坐标系上的表征。由前面的讨论知道，系统状态变量的选取不是唯一的，这在数学上的表现是一个状态向量对于其所在状态空间中的不同坐标系有不同的表示，也有不同的坐标值。通过坐标变换，可建立起这些不同表示之间的联系。而这些不同的表示对于描述系统的动态行为来说是等价的。事实上，化状态方程为对角线规范形和约当规范形的变换，就是一种特定的坐标变换。通过坐标变换，可以突出表现系统在某一方面的特性，或者可以简化问题的分析和计算。因此，坐标变换是状态空间分析方法中广泛采用的一种手段。

1.5.1 坐标变换

设在线性空间中有一组线性无关向量，若在该线性空间中的任意一个向量均可唯一地由该组向量的线性组合表示，则称该组向量是该线性空间中的一个**基底**。一个基底确定了线性空间的一个坐标系，不同的基底确定了不同的坐标系。

坐标变换是把系统在状态空间的一个基底上的表征化为在另一个基底上的表征。坐标变换的实质是换基，即把状态空间的一个基底换成另一个基底。

定理 1.5.1 在 n 维向量空间中，任何 n 个线性无关向量均可作为基底。

证明略。

定理 1.5.2 坐标变换是一种线性非奇异变换。

证 设在 n 维状态空间中，状态在基底 $\{\boldsymbol{e}_1,\boldsymbol{e}_2,\cdots,\boldsymbol{e}_n\}$ 上的表征为

$$\boldsymbol{x}=[x_1\ x_2\ \cdots\ x_n]^{\mathrm{T}} \tag{1.5.1}$$

其在另一个基底 $\{\overline{\boldsymbol{e}}_1,\overline{\boldsymbol{e}}_2,\cdots,\overline{\boldsymbol{e}}_n\}$ 上的表征为

$$\overline{\boldsymbol{x}}=[\overline{x}_1\ \overline{x}_2\ \cdots\ \overline{x}_n]^{\mathrm{T}} \tag{1.5.2}$$

下面求 $\boldsymbol{x}$ 和 $\overline{\boldsymbol{x}}$ 的关系。

因为 $\{\overline{\boldsymbol{e}}_1,\overline{\boldsymbol{e}}_2,\cdots,\overline{\boldsymbol{e}}_n\}$ 是基底，所以其必是线性无关的，且有

$$\begin{cases}\boldsymbol{e}_1=p_{11}\overline{\boldsymbol{e}}_1+p_{21}\overline{\boldsymbol{e}}_2+\cdots+p_{n1}\overline{\boldsymbol{e}}_n\\ \boldsymbol{e}_2=p_{12}\overline{\boldsymbol{e}}_1+p_{22}\overline{\boldsymbol{e}}_2+\cdots+p_{n2}\overline{\boldsymbol{e}}_n\\ \quad\cdots\\ \boldsymbol{e}_n=p_{1n}\overline{\boldsymbol{e}}_1+p_{2n}\overline{\boldsymbol{e}}_2+\cdots+p_{nn}\overline{\boldsymbol{e}}_n\end{cases} \tag{1.5.3}$$

设

$$\boldsymbol{P}=\begin{bmatrix}p_{11} & p_{12} & \cdots & p_{1n}\\ \vdots & \vdots & & \vdots\\ p_{n1} & p_{n2} & \cdots & p_{nn}\end{bmatrix} \tag{1.5.4}$$

则式(1.5.3)可表示为

$$[\boldsymbol{e}_1\ \boldsymbol{e}_2\ \cdots\ \boldsymbol{e}_n]=[\overline{\boldsymbol{e}}_1\ \overline{\boldsymbol{e}}_2\ \cdots\ \overline{\boldsymbol{e}}_n]\boldsymbol{P} \tag{1.5.5}$$

进而，在两个基底下坐标 $\boldsymbol{x}$ 和 $\overline{\boldsymbol{x}}$ 表示同一状态向量，故有

$$[\overline{\boldsymbol{e}}_1\ \overline{\boldsymbol{e}}_2\ \cdots\ \overline{\boldsymbol{e}}_n]\begin{bmatrix}\overline{x}_1\\ \overline{x}_2\\ \vdots\\ \overline{x}_n\end{bmatrix}=[\boldsymbol{e}_1\ \boldsymbol{e}_2\ \cdots\ \boldsymbol{e}_n]\begin{bmatrix}x_1\\ x_2\\ \vdots\\ x_n\end{bmatrix} \tag{1.5.6}$$

将式(1.5.5)代入式(1.5.6)，有

$$[\bar{e}_1\ \bar{e}_2\ \cdots\ \bar{e}_n]\begin{bmatrix}\bar{x}_1\\ \bar{x}_2\\ \vdots\\ \bar{x}_n\end{bmatrix}=[\bar{e}_1\ \bar{e}_2\ \cdots\ \bar{e}_n]\boldsymbol{P}\begin{bmatrix}x_1\\ x_2\\ \vdots\\ x_n\end{bmatrix} \tag{1.5.7}$$

所以

$$\bar{\boldsymbol{x}}=\boldsymbol{P}\boldsymbol{x} \tag{1.5.8}$$

同理，按照上述方法可以得到

$$\boldsymbol{x}=\boldsymbol{Q}\bar{\boldsymbol{x}} \tag{1.5.9}$$

将式(1.5.8)代入式(1.5.9)，有

$$\boldsymbol{x}=\boldsymbol{Q}\boldsymbol{P}\boldsymbol{x} \tag{1.5.10}$$

将式(1.5.9)代入式(1.5.8)，有

$$\bar{\boldsymbol{x}}=\boldsymbol{Q}\boldsymbol{P}\bar{\boldsymbol{x}} \tag{1.5.11}$$

从而

$$\boldsymbol{Q}\boldsymbol{P}=\boldsymbol{P}\boldsymbol{Q}=\boldsymbol{I} \tag{1.5.12}$$

这说明，$\boldsymbol{P}^{-1}=\boldsymbol{Q}$，即 $\boldsymbol{x}$ 和 $\bar{\boldsymbol{x}}$ 之间为线性非奇异变换。证明完成。

定理 1.5.2 表明，考察系统在坐标变换下的特性归结为研究其在非奇异变换下的基本属性。

1.5.2 线性系统状态空间描述在坐标变换下的特性

结论 1.5.1 考虑 n 阶线性定常系统：

$$\begin{cases}\dot{\boldsymbol{x}}=\boldsymbol{A}\boldsymbol{x}+\boldsymbol{B}\boldsymbol{u}\\ \boldsymbol{y}=\boldsymbol{C}\boldsymbol{x}+\boldsymbol{D}\boldsymbol{u}\end{cases} \tag{1.5.13}$$

对状态向量 $\boldsymbol{x}$ 引入线性非奇异变换 $\bar{\boldsymbol{x}}=\boldsymbol{P}^{-1}\boldsymbol{x}$，令变换后的状态空间描述为

$$\begin{cases}\dot{\bar{\boldsymbol{x}}}=\bar{\boldsymbol{A}}\bar{\boldsymbol{x}}+\bar{\boldsymbol{B}}\boldsymbol{u}\\ \boldsymbol{y}=\bar{\boldsymbol{C}}\bar{\boldsymbol{x}}+\bar{\boldsymbol{D}}\boldsymbol{u}\end{cases} \tag{1.5.14}$$

则式(1.5.13)和式(1.5.14)中的四个参数矩阵有如下关系：

$$\bar{\boldsymbol{A}}=\boldsymbol{P}^{-1}\boldsymbol{A}\boldsymbol{P},\quad \bar{\boldsymbol{B}}=\boldsymbol{P}^{-1}\boldsymbol{B},\quad \bar{\boldsymbol{C}}=\boldsymbol{C}\boldsymbol{P},\quad \bar{\boldsymbol{D}}=\boldsymbol{D} \tag{1.5.15}$$

证 由 $\bar{\boldsymbol{x}}=\boldsymbol{P}^{-1}\boldsymbol{x}$，有

$$\dot{\bar{\boldsymbol{x}}}=\boldsymbol{P}^{-1}\dot{\boldsymbol{x}}=\boldsymbol{P}^{-1}(\boldsymbol{A}\boldsymbol{x}+\boldsymbol{B}\boldsymbol{u})=\boldsymbol{P}^{-1}\boldsymbol{A}\boldsymbol{P}\bar{\boldsymbol{x}}+\boldsymbol{P}^{-1}\boldsymbol{B}\boldsymbol{u}$$
$$\boldsymbol{y}=\boldsymbol{C}\boldsymbol{x}+\boldsymbol{D}\boldsymbol{u}=\boldsymbol{C}\boldsymbol{P}\bar{\boldsymbol{x}}+\boldsymbol{D}\boldsymbol{u}$$

于是，证明完成。

结论 1.5.2 对状态空间描述式(1.5.13)和式(1.5.14)，有

(1)它们的特征值相同，即

$$\lambda_i(\boldsymbol{A})=\lambda_i(\bar{\boldsymbol{A}}),\quad i=1,2,\cdots,n \tag{1.5.16}$$

(2)它们的传递函数矩阵相同。

证 (1)由 $\bar{\boldsymbol{A}}=\boldsymbol{P}^{-1}\boldsymbol{A}\boldsymbol{P}$，有

$$0=\det(\lambda_i \boldsymbol{I}-\bar{\boldsymbol{A}})=\det(\lambda_i \boldsymbol{I}-\boldsymbol{P}^{-1}\boldsymbol{A}\boldsymbol{P})=\det(\boldsymbol{P}^{-1}\lambda_i \boldsymbol{P}-\boldsymbol{P}^{-1}\boldsymbol{A}\boldsymbol{P})=\det[\boldsymbol{P}^{-1}(\lambda_i \boldsymbol{I}-\boldsymbol{A})\boldsymbol{P})]$$
$$=\det(\lambda_i \boldsymbol{I}-\boldsymbol{A})\det(\boldsymbol{P}^{-1})\det(\boldsymbol{P})=\det(\lambda_i \boldsymbol{I}-\boldsymbol{A})\det(\boldsymbol{P}^{-1}\boldsymbol{P})=\det(\lambda_i \boldsymbol{I}-\boldsymbol{A})$$

表明 λ_i 同时为 $\bar{\boldsymbol{A}}$ 和 $\boldsymbol{A}$ 的特征值，即式(1.5.16)成立。

(2)状态空间描述式(1.5.13)对应的传递函数矩阵为

$$\boldsymbol{G}(s)=\boldsymbol{C}(s\boldsymbol{I}-\boldsymbol{A})^{-1}\boldsymbol{B}+\boldsymbol{D}$$

状态空间描述式(1.5.14)对应的传递函数矩阵为

$$\bar{\boldsymbol{G}}(s)=\bar{\boldsymbol{C}}(s\boldsymbol{I}-\bar{\boldsymbol{A}})^{-1}\bar{\boldsymbol{B}}+\bar{\boldsymbol{D}}$$

且有

$$\bar{\boldsymbol{A}}=\boldsymbol{P}^{-1}\boldsymbol{A}\boldsymbol{P},\quad \bar{\boldsymbol{B}}=\boldsymbol{P}^{-1}\boldsymbol{B},\quad \bar{\boldsymbol{C}}=\boldsymbol{C}\boldsymbol{P},\quad \bar{\boldsymbol{D}}=\boldsymbol{D}$$

于是，可导出

$$\begin{aligned}\bar{\boldsymbol{G}}(s)&=\boldsymbol{C}\boldsymbol{P}(s\boldsymbol{I}-\boldsymbol{P}^{-1}\boldsymbol{A}\boldsymbol{P})^{-1}\boldsymbol{P}^{-1}\boldsymbol{B}+\boldsymbol{D}=\boldsymbol{C}\boldsymbol{P}(\boldsymbol{P}^{-1}s\boldsymbol{P}-\boldsymbol{P}^{-1}\boldsymbol{A}\boldsymbol{P})^{-1}\boldsymbol{P}^{-1}\boldsymbol{B}+\boldsymbol{D}\\&=\boldsymbol{C}\boldsymbol{P}[\boldsymbol{P}^{-1}(s\boldsymbol{I}-\boldsymbol{A})\boldsymbol{P}]^{-1}\boldsymbol{P}^{-1}\boldsymbol{B}+\boldsymbol{D}=\boldsymbol{C}\boldsymbol{P}[\boldsymbol{P}^{-1}(s\boldsymbol{I}-\boldsymbol{A})^{-1}\boldsymbol{P}]\boldsymbol{P}^{-1}\boldsymbol{B}+\boldsymbol{D}\\&=\boldsymbol{C}(s\boldsymbol{I}-\boldsymbol{A})^{-1}\boldsymbol{B}+\boldsymbol{D}\end{aligned}$$

证明完成。

结论 1.5.2 说明同一系统的不同的状态空间描述具有相同的输入-输出特性，$\boldsymbol{G}(s)$ 不由状态变量的选取决定，而由系统的故有特性决定。

结论 1.5.3 考虑线性时变系统：

$$\begin{cases}\dot{\boldsymbol{x}}=\boldsymbol{A}(t)\boldsymbol{x}+\boldsymbol{B}(t)\boldsymbol{u}\\ \boldsymbol{y}=\boldsymbol{C}(t)\boldsymbol{x}+\boldsymbol{D}(t)\boldsymbol{u}\end{cases}\tag{1.5.17}$$

对状态引入线性非奇异变换 $\bar{\boldsymbol{x}}=\boldsymbol{P}^{-1}(t)\boldsymbol{x}$，$\boldsymbol{P}(t)$ 可逆且连续可微，令变换后的状态空间描述为

$$\begin{cases}\dot{\bar{\boldsymbol{x}}}=\bar{\boldsymbol{A}}(t)\bar{\boldsymbol{x}}+\bar{\boldsymbol{B}}(t)\boldsymbol{u}\\ \boldsymbol{y}=\bar{\boldsymbol{C}}(t)\bar{\boldsymbol{x}}+\bar{\boldsymbol{D}}(t)\boldsymbol{u}\end{cases}\tag{1.5.18}$$

则式(1.5.17)和式(1.5.18)中的四个参数矩阵有如下关系：

$$\begin{aligned}&\bar{\boldsymbol{A}}(t)=-\boldsymbol{P}^{-1}(t)\dot{\boldsymbol{P}}(t)+\boldsymbol{P}^{-1}(t)\boldsymbol{A}(t)\boldsymbol{P}(t),\\&\bar{\boldsymbol{B}}(t)=\boldsymbol{P}^{-1}(t)\boldsymbol{B}(t),\quad \bar{\boldsymbol{C}}=\boldsymbol{C}(t)\boldsymbol{P}(t),\quad \bar{\boldsymbol{D}}=\boldsymbol{D}\end{aligned}\tag{1.5.19}$$

其中，$\dot{\boldsymbol{P}}(t)\triangleq\dfrac{\mathrm{d}\boldsymbol{P}(t)}{\mathrm{d}t}$。

证 由 $\boldsymbol{P}(t)\boldsymbol{P}^{-1}(t)=\boldsymbol{I}$，将等号两边对时间 t 求导，得

$$(\boldsymbol{P}^{-1}(t))'\boldsymbol{P}(t)+\boldsymbol{P}^{-1}(t)\dot{\boldsymbol{P}}(t)=\boldsymbol{0}$$

继而，有

$$(\boldsymbol{P}^{-1}(t))'=-\boldsymbol{P}^{-1}(t)\dot{\boldsymbol{P}}(t)\boldsymbol{P}^{-1}(t)\tag{1.5.20}$$

其中，$(\boldsymbol{P}^{-1}(t))'=\dfrac{\mathrm{d}\boldsymbol{P}^{-1}(t)}{\mathrm{d}t}$。

再利用 $\bar{\boldsymbol{x}}=\boldsymbol{P}^{-1}(t)\boldsymbol{x}$ 和 $\boldsymbol{x}=\boldsymbol{P}(t)\bar{\boldsymbol{x}}$，有

$$
\begin{aligned}
\dot{\bar{\boldsymbol{x}}} &= (\boldsymbol{P}^{-1}(t))'\boldsymbol{x} + \boldsymbol{P}^{-1}(t)\dot{\boldsymbol{x}} = -\boldsymbol{P}^{-1}(t)\dot{\boldsymbol{P}}(t)\boldsymbol{P}^{-1}(t)\boldsymbol{x} + \boldsymbol{P}^{-1}(t)(\boldsymbol{A}(t)\boldsymbol{x} + \boldsymbol{B}(t)\boldsymbol{u}) \\
&= -\boldsymbol{P}^{-1}(t)\dot{\boldsymbol{P}}(t)\boldsymbol{P}^{-1}(t)\boldsymbol{P}(t)\bar{\boldsymbol{x}} + \boldsymbol{P}^{-1}(t)\boldsymbol{A}(t)\boldsymbol{P}(t)\bar{\boldsymbol{x}} + \boldsymbol{P}^{-1}(t)\boldsymbol{B}(t)\boldsymbol{u} \\
&= (-\boldsymbol{P}^{-1}(t)\dot{\boldsymbol{P}}(t) + \boldsymbol{P}^{-1}(t)\boldsymbol{A}(t)\boldsymbol{P}(t))\bar{\boldsymbol{x}} + \boldsymbol{P}^{-1}(t)\boldsymbol{B}(t)\boldsymbol{u} \\
\boldsymbol{y} &= \boldsymbol{C}(t)\boldsymbol{P}(t)\bar{\boldsymbol{x}} + \boldsymbol{D}(t)\boldsymbol{u}
\end{aligned}
$$

于是，证明完成。

两个状态空间描述之间存在式(1.5.15)的关系，即 $\bar{\boldsymbol{x}} = \boldsymbol{P}^{-1}\boldsymbol{x}$，则称这两个状态空间描述之间是代数等价的。它们之间具有如下相同的一些代数特性。

性质 1 同一系统采用不同的状态变量组所导出的两个状态空间描述之间，必然是代数等价的。

对例 1.2.2 系统，分别选取状态向量为 $\boldsymbol{x} = [i(t)\ \ u_c(t)]^{\mathrm{T}}$ 和 $\bar{\boldsymbol{x}} = [u_c(t)\ \ \dot{u}_c(t)]^{\mathrm{T}}$，状态 $\boldsymbol{x}$ 和 $\bar{\boldsymbol{x}}$ 之间有如下的关系式：

$$
\begin{aligned}
\bar{\boldsymbol{x}}_1 &= \boldsymbol{x}_2 \\
\bar{\boldsymbol{x}}_2 &= \frac{\mathrm{d}u_c}{\mathrm{d}t} = \frac{1}{C}i(t) = \frac{1}{C}\boldsymbol{x}_1(t)
\end{aligned}
$$

所以

$$
\bar{\boldsymbol{x}} = \begin{bmatrix} 0 & 1 \\ \dfrac{1}{C} & 0 \end{bmatrix}\boldsymbol{x}
$$

这说明，同一系统采用不同的状态变量组所导出的两个状态空间描述之间是代数等价的。

性质 2 对于线性定常系统，两个代数等价的状态空间描述可以化为相同的对角线规范形或约当规范形。

需要说明的是系统的固有特性是由内部结构和参数决定的，与状态的选取无关。系统在不同坐标系下的特征值和传递函数矩阵保持不变就是一个佐证。

1.6 组合系统的状态空间描述

由两个或两个以上的子系统按一定方式连接构成的系统称为组合系统。组合系统的连接方式可分为并联、串联和反馈连接三种类型。一个比较复杂的实际系统常常就是包含几种连接方式的组合系统。本节仅就上述三种基本连接方式，分别讨论相应的组合系统的状态空间描述。

1.6.1 子系统并联

考虑由两个子系统

$$
S_i:\ \begin{cases} \dot{\boldsymbol{x}}_i = \boldsymbol{A}_i\boldsymbol{x}_i + \boldsymbol{B}_i\boldsymbol{u}_i \\ \boldsymbol{y}_i = \boldsymbol{C}_i\boldsymbol{x}_i + \boldsymbol{D}_i\boldsymbol{u}_i \end{cases},\qquad i = 1,2 \tag{1.6.1}
$$

经并联构成的组合系统，如图 1.6.1 所示。其中，$\boldsymbol{u}$ 和 $\boldsymbol{y}$ 分别为组合系统的输入和输出向量。

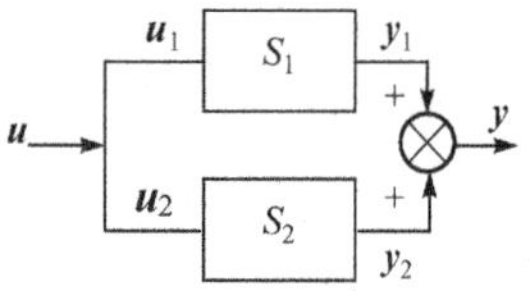

图 1.6.1　子系统并联

对于两个子系统，其状态空间描述如式(1.6.1)，根据其并联的连接方式(图 1.6.1)，两个子系统可实现并联的条件为

$$\begin{aligned}\dim(\boldsymbol{u}_1) = \dim(\boldsymbol{u}_2)\\ \dim(\boldsymbol{y}_1) = \dim(\boldsymbol{y}_2)\end{aligned} \tag{1.6.2}$$

其中，$\dim(\cdot)$ 为向量 $(\cdot)$ 的维数。

并联系统的特点是

$$\boldsymbol{u}_1 = \boldsymbol{u}_2 = \boldsymbol{u}, \quad \boldsymbol{y} = \boldsymbol{y}_1 + \boldsymbol{y}_2 \tag{1.6.3}$$

于是，对并联组合系统，由式(1.6.1)和式(1.6.3)，可得

$$\begin{cases}\dot{\boldsymbol{x}}_1 = \boldsymbol{A}_1\boldsymbol{x}_1 + \boldsymbol{B}_1\boldsymbol{u}\\ \dot{\boldsymbol{x}}_2 = \boldsymbol{A}_2\boldsymbol{x}_2 + \boldsymbol{B}_2\boldsymbol{u}\\ \boldsymbol{y} = \boldsymbol{y}_1 + \boldsymbol{y}_2 = \boldsymbol{C}_1\boldsymbol{x}_1 + \boldsymbol{C}_2\boldsymbol{x}_2 + \boldsymbol{D}_1\boldsymbol{u} + \boldsymbol{D}_2\boldsymbol{u}\end{cases} \tag{1.6.4}$$

或写成矩阵形式：

$$\begin{aligned}&\begin{bmatrix}\dot{\boldsymbol{x}}_1\\ \dot{\boldsymbol{x}}_2\end{bmatrix} = \begin{bmatrix}\boldsymbol{A}_1 & \boldsymbol{0}\\ \boldsymbol{0} & \boldsymbol{A}_2\end{bmatrix}\begin{bmatrix}\boldsymbol{x}_1\\ \boldsymbol{x}_2\end{bmatrix} + \begin{bmatrix}\boldsymbol{B}_1\\ \boldsymbol{B}_2\end{bmatrix}\boldsymbol{u}\\ &\boldsymbol{y} = \begin{bmatrix}\boldsymbol{C}_1 & \boldsymbol{C}_2\end{bmatrix}\begin{bmatrix}\boldsymbol{x}_1\\ \boldsymbol{x}_2\end{bmatrix} + \begin{bmatrix}\boldsymbol{D}_1 + \boldsymbol{D}_2\end{bmatrix}\boldsymbol{u}\end{aligned} \tag{1.6.5}$$

按上述方法可得到 N 个子系统并联的状态空间描述为

$$\begin{cases}\begin{bmatrix}\dot{\boldsymbol{x}}_1\\ \dot{\boldsymbol{x}}_2\\ \vdots\\ \dot{\boldsymbol{x}}_N\end{bmatrix} = \begin{bmatrix}\boldsymbol{A}_1 & & & \\ & \boldsymbol{A}_2 & & \\ & & \ddots & \\ & & & \boldsymbol{A}_N\end{bmatrix}\begin{bmatrix}\boldsymbol{x}_1\\ \boldsymbol{x}_2\\ \vdots\\ \boldsymbol{x}_N\end{bmatrix} + \begin{bmatrix}\boldsymbol{B}_1\\ \boldsymbol{B}_2\\ \vdots\\ \boldsymbol{B}_N\end{bmatrix}\boldsymbol{u}\\ \boldsymbol{y} = \begin{bmatrix}\boldsymbol{C}_1 & \boldsymbol{C}_2 & \cdots & \boldsymbol{C}_N\end{bmatrix}\begin{bmatrix}\boldsymbol{x}_1\\ \boldsymbol{x}_2\\ \vdots\\ \boldsymbol{x}_N\end{bmatrix} + \begin{bmatrix}\boldsymbol{D}_1 + \boldsymbol{D}_2 + \cdots + \boldsymbol{D}_N\end{bmatrix}\boldsymbol{u}\end{cases} \tag{1.6.6}$$

进而，求系统(1.6.6)的传递函数矩阵，这里，假设 $\boldsymbol{G}_i(s)$ 为第 i 个子系统的传递函数矩阵。组合系统输出向量的拉氏变换为

$$\boldsymbol{y}(s) = \boldsymbol{y}_1(s) + \boldsymbol{y}_2(s) + \cdots + \boldsymbol{y}_N(s) = \sum_{i=1}^{N}\left(\boldsymbol{G}_i(s)\boldsymbol{u}_i(s)\right) = \left(\sum_{i=1}^{N}\boldsymbol{G}_i(s)\right)\boldsymbol{u}(s)$$

可得到系统的传递函数矩阵为

$$\boldsymbol{G}(s) = \sum_{i=1}^{N}\boldsymbol{G}_i(s) \tag{1.6.7}$$

1.6.2　子系统串联

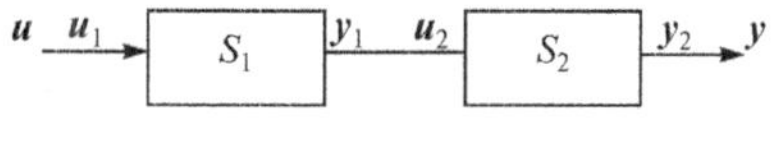

图 1.6.2　子系统串联

考虑两个子系统 S_1 和 S_2 按图 1.6.2 所示，经串联构成组合系统，其中子系统的状态空间描述如式(1.6.1)所示。

两个子系统可实现串联的条件为

$$\dim(\boldsymbol{y}_1)=\dim(\boldsymbol{u}_2) \tag{1.6.8}$$

串联系统的特点是

$$\boldsymbol{u}_1=\boldsymbol{u},\quad \boldsymbol{u}_2=\boldsymbol{y}_1,\quad \boldsymbol{y}=\boldsymbol{y}_2 \tag{1.6.9}$$

利用式(1.6.1)和式(1.6.9)，可得组合系统的状态空间描述为

$$\begin{aligned}
&\dot{\boldsymbol{x}}_1=\boldsymbol{A}_1\boldsymbol{x}_1+\boldsymbol{B}_1\boldsymbol{u}\\
&\dot{\boldsymbol{x}}_2=\boldsymbol{A}_2\boldsymbol{x}_2+\boldsymbol{B}_2\boldsymbol{u}_2=\boldsymbol{A}_2\boldsymbol{x}_2+\boldsymbol{B}_2(\boldsymbol{C}_1\boldsymbol{x}_1+\boldsymbol{D}_1\boldsymbol{u}_1)=\boldsymbol{A}_2\boldsymbol{x}_2+\boldsymbol{B}_2\boldsymbol{C}_1\boldsymbol{x}_1+\boldsymbol{B}_2\boldsymbol{D}_1\boldsymbol{u}\\
&\boldsymbol{y}=\boldsymbol{y}_2=\boldsymbol{C}_2\boldsymbol{x}_2+\boldsymbol{D}_2\boldsymbol{u}_2=\boldsymbol{C}_2\boldsymbol{x}_2+\boldsymbol{D}_2(\boldsymbol{C}_1\boldsymbol{x}_1+\boldsymbol{D}_1\boldsymbol{u}_1)=\boldsymbol{C}_2\boldsymbol{x}_2+\boldsymbol{D}_2\boldsymbol{C}_1\boldsymbol{x}_1+\boldsymbol{D}_2\boldsymbol{D}_1\boldsymbol{u}
\end{aligned}$$

写成标准形式为

$$\begin{aligned}
&\begin{bmatrix}\dot{\boldsymbol{x}}_1\\ \dot{\boldsymbol{x}}_2\end{bmatrix}=\begin{bmatrix}\boldsymbol{A}_1 & \boldsymbol{0}\\ \boldsymbol{B}_2\boldsymbol{C}_1 & \boldsymbol{A}_2\end{bmatrix}\begin{bmatrix}\boldsymbol{x}_1\\ \boldsymbol{x}_2\end{bmatrix}+\begin{bmatrix}\boldsymbol{B}_1\\ \boldsymbol{B}_2\boldsymbol{D}_1\end{bmatrix}\boldsymbol{u}\\
&\boldsymbol{y}=\begin{bmatrix}\boldsymbol{D}_2\boldsymbol{C}_1 & \boldsymbol{C}_2\end{bmatrix}\begin{bmatrix}\boldsymbol{x}_1\\ \boldsymbol{x}_2\end{bmatrix}+(\boldsymbol{D}_2\boldsymbol{D}_1)\boldsymbol{u}
\end{aligned} \tag{1.6.10}$$

进而，求 N 个子系统串联构成组合系统的传递函数矩阵。组合系统输出向量的拉氏变换为

$$\begin{aligned}
\boldsymbol{y}(s)&=\boldsymbol{y}_N(s)=\boldsymbol{G}_N(s)\boldsymbol{u}_N(s)=\boldsymbol{G}_N(s)\boldsymbol{y}_{N-1}(s)=\boldsymbol{G}_N(s)\boldsymbol{G}_{N-1}(s)\boldsymbol{u}_{N-1}(s)=\cdots\\
&=\boldsymbol{G}_N(s)\boldsymbol{G}_{N-1}(s)\cdots\boldsymbol{G}_1(s)\boldsymbol{u}_1(s)=\boldsymbol{G}_N(s)\boldsymbol{G}_{N-1}(s)\cdots\boldsymbol{G}_1(s)\boldsymbol{u}(s)
\end{aligned}$$

可得到系统的传递函数矩阵为

$$\boldsymbol{G}(s)=\boldsymbol{G}_N(s)\boldsymbol{G}_{N-1}(s)\cdots\boldsymbol{G}_1(s) \tag{1.6.11}$$

1.6.3 子系统反馈连接

考虑两个子系统 S_1 和 S_2 按图 1.6.3 经反馈连接构成的组合系统，其中子系统的状态空间描述如式(1.6.1)所示，为简化，令 $\boldsymbol{D}_i=\boldsymbol{0}$。

两个子系统可实现如图 1.6.3 所示反馈连接的条件为

$$\dim(\boldsymbol{u}_1)=\dim(\boldsymbol{y}_2),\quad \dim(\boldsymbol{u}_2)=\dim(\boldsymbol{y}_1) \tag{1.6.12}$$

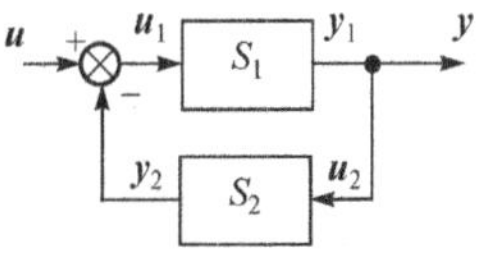

图 1.6.3 子系统反馈连接

反馈系统的特点是

$$\boldsymbol{u}_1=\boldsymbol{u}-\boldsymbol{y}_2,\quad \boldsymbol{y}_1=\boldsymbol{y}=\boldsymbol{u}_2 \tag{1.6.13}$$

利用式(1.6.1)(其中，令 $\boldsymbol{D}_i=\boldsymbol{0}$)和式(1.6.13)，可得组合系统的状态空间描述为

$$\begin{aligned}
\dot{\boldsymbol{x}}_1&=\boldsymbol{A}_1\boldsymbol{x}_1+\boldsymbol{B}_1\boldsymbol{u}_1=\boldsymbol{A}_1\boldsymbol{x}_1+\boldsymbol{B}_1(\boldsymbol{u}-\boldsymbol{y}_2)\\
&=\boldsymbol{A}_1\boldsymbol{x}_1+\boldsymbol{B}_1(\boldsymbol{u}-\boldsymbol{C}_2\boldsymbol{x}_2)=\boldsymbol{A}_1\boldsymbol{x}_1+\boldsymbol{B}_1\boldsymbol{u}-\boldsymbol{B}_1\boldsymbol{C}_2\boldsymbol{x}_2\\
\dot{\boldsymbol{x}}_2&=\boldsymbol{A}_2\boldsymbol{x}_2+\boldsymbol{B}_2\boldsymbol{u}_2=\boldsymbol{A}_2\boldsymbol{x}_2+\boldsymbol{B}_2\boldsymbol{y}_1=\boldsymbol{A}_2\boldsymbol{x}_2+\boldsymbol{B}_2\boldsymbol{C}_1\boldsymbol{x}_1\\
\boldsymbol{y}&=\boldsymbol{y}_1=\boldsymbol{C}_1\boldsymbol{x}_1
\end{aligned}$$

写成标准形式为

$$\begin{aligned}
\begin{bmatrix} \dot{\boldsymbol{x}}_1 \\ \dot{\boldsymbol{x}}_2 \end{bmatrix} &= \begin{bmatrix} \boldsymbol{A}_1 & -\boldsymbol{B}_1\boldsymbol{C}_2 \\ \boldsymbol{B}_2\boldsymbol{C}_1 & \boldsymbol{A}_2 \end{bmatrix} \begin{bmatrix} \boldsymbol{x}_1 \\ \boldsymbol{x}_2 \end{bmatrix} + \begin{bmatrix} \boldsymbol{B}_1 \\ \boldsymbol{0} \end{bmatrix} \boldsymbol{u} \\
\boldsymbol{y} &= \begin{bmatrix} \boldsymbol{C}_1 & \boldsymbol{0} \end{bmatrix} \begin{bmatrix} \boldsymbol{x}_1 \\ \boldsymbol{x}_2 \end{bmatrix}
\end{aligned} \tag{1.6.14}$$

下面求系统(1.6.14)的传递函数矩阵，组合系统输出向量的拉氏变换为

$$\begin{aligned}
\boldsymbol{y}(s) &= \boldsymbol{y}_1(s) = \boldsymbol{G}_1(s)\boldsymbol{u}_1(s) = \boldsymbol{G}_1(s)(\boldsymbol{u}(s) - \boldsymbol{y}_2(s)) = \boldsymbol{G}_1(s)(\boldsymbol{u}(s) - \boldsymbol{G}_2(s)\boldsymbol{u}_2(s)) \\
&= \boldsymbol{G}_1(s)(\boldsymbol{u}(s) - \boldsymbol{G}_2(s)\boldsymbol{y}(s)) = \boldsymbol{G}_1(s)\boldsymbol{u}(s) - \boldsymbol{G}_1(s)\boldsymbol{G}_2(s)\boldsymbol{y}(s)
\end{aligned}$$

继而，有

$$[\boldsymbol{I} + \boldsymbol{G}_1(s)\boldsymbol{G}_2(s)]\boldsymbol{y}(s) = \boldsymbol{G}_1(s)\boldsymbol{u}(s)$$

若 $\det(\boldsymbol{I} + \boldsymbol{G}_1(s)\boldsymbol{G}_2(s)) \neq 0$，将上式等号两边左乘 $[\boldsymbol{I} + \boldsymbol{G}_1(s)\boldsymbol{G}_2(s)]^{-1}$，可得

$$\boldsymbol{y}(s) = [\boldsymbol{I} + \boldsymbol{G}_1(s)\boldsymbol{G}_2(s)]^{-1}\boldsymbol{G}_1(s)\boldsymbol{u}(s)$$

因此，系统的传递函数矩阵为

$$\boldsymbol{G}(s) = [\boldsymbol{I} + \boldsymbol{G}_1(s)\boldsymbol{G}_2(s)]^{-1}\boldsymbol{G}_1(s) \tag{1.6.15}$$

类似地，根据式(1.6.13)，有

$$\begin{aligned}
\boldsymbol{u}_1(s) &= \boldsymbol{u}(s) - \boldsymbol{y}_2(s) = \boldsymbol{u}(s) - \boldsymbol{G}_2(s)\boldsymbol{u}_2(s) = \boldsymbol{u}(s) - \boldsymbol{G}_2(s)\boldsymbol{y}_1(s) \\
&= \boldsymbol{u}(s) - \boldsymbol{G}_2(s)\boldsymbol{G}_1(s)\boldsymbol{u}_1(s)
\end{aligned}$$

有

$$[\boldsymbol{I} + \boldsymbol{G}_2(s)\boldsymbol{G}_1(s)]\boldsymbol{u}_1(s) = \boldsymbol{u}(s)$$

若 $\det(\boldsymbol{I} + \boldsymbol{G}_2(s)\boldsymbol{G}_1(s)) \neq 0$，将上式等号两边左乘 $[\boldsymbol{I} + \boldsymbol{G}_2(s)\boldsymbol{G}_1(s)]^{-1}$，可得

$$\boldsymbol{u}_1(s) = [\boldsymbol{I} + \boldsymbol{G}_2(s)\boldsymbol{G}_1(s)]^{-1}\boldsymbol{u}(s)$$

又，组合系统输出向量的拉氏变换为

$$\boldsymbol{y}(s) = \boldsymbol{y}_1(s) = \boldsymbol{G}_1(s)\boldsymbol{u}_1(s) = \boldsymbol{G}_1(s)[\boldsymbol{I} + \boldsymbol{G}_2(s)\boldsymbol{G}_1(s)]^{-1}\boldsymbol{u}(s)$$

因此，系统的传递函数矩阵的另一种表达式为

$$\boldsymbol{G}(s) = \boldsymbol{G}_1(s)[\boldsymbol{I} + \boldsymbol{G}_2(s)\boldsymbol{G}_1(s)]^{-1} \tag{1.6.16}$$

习　题

1.1　列写出图题 1.1 的两个电路的状态方程和输出方程。其中，状态变量、输入变量和输出变量分别指定如下：

(1) $x_1 = u_c, x_2 = i, u = e(t), y = i$；

(2) $x_1 = u_{c1}, x_2 = u_{c2}, u = e(t), y = u_c$。

1.2　图题 1.2 为处于电枢控制的直流电动机，已知磁通 Φ 为常量，反电势的关系式为 $C_e\omega$，电磁力矩的关系式为 $C_M i_a$，其中 C_e 和 C_M 为常数。现规定状态变量 $x_1 = i_a$ 和 $x_2 = \omega$，输入变量 $u = e(t)$，列写出直流电机的状态方程。

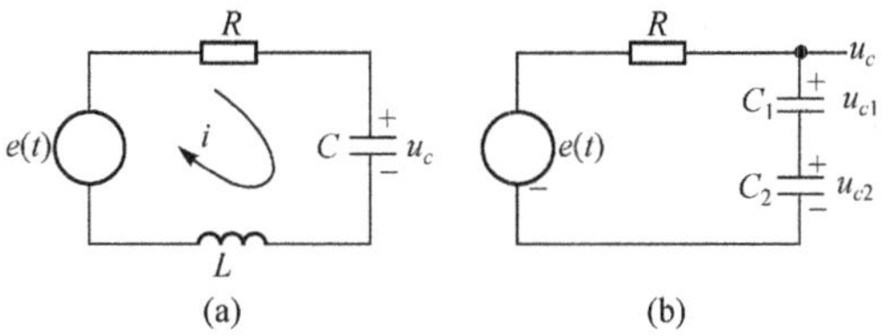

图题 1.1

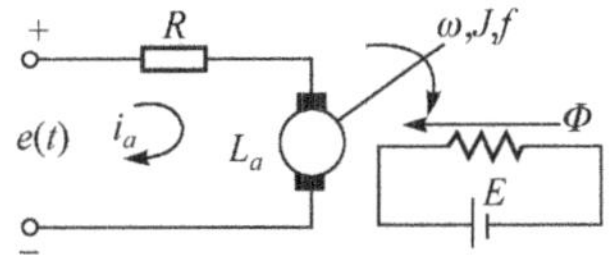

图题 1.2

1.3　图题 1.3 为登月舱在月球上软着陆时的示意图，其运动方程可表示为 $m\ddot{y}=k\dot{m}-mg$，其中 m 为登月舱质量，g 为月球表面的重力常数，k 为常数，$k\dot{m}$ 代表反向推力，y 为登月舱与月球表面的距离，向上为正。现规定状态变量为 $x_1=y, x_2=\dot{y}, x_3=m$，输入变量为 $u=\dot{m}$，列写出系统的状态方程。

1.4　图题 1.4 为某系统的方框图，其中 u 和 y 分别为输入变量和输出变量。现规定状态变量为 $x_1=y$ 和 $x_2=\dot{y}$，列写出系统的状态方程和输出方程。

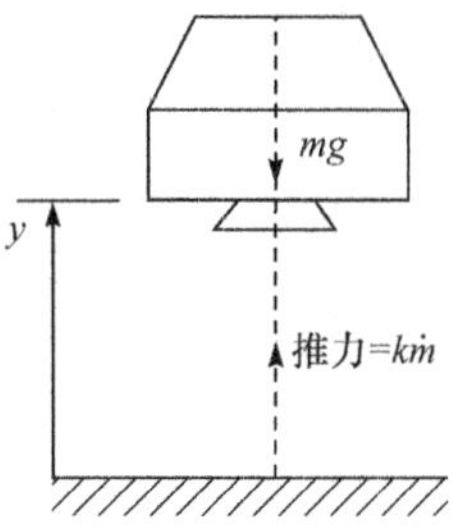

图题 1.3

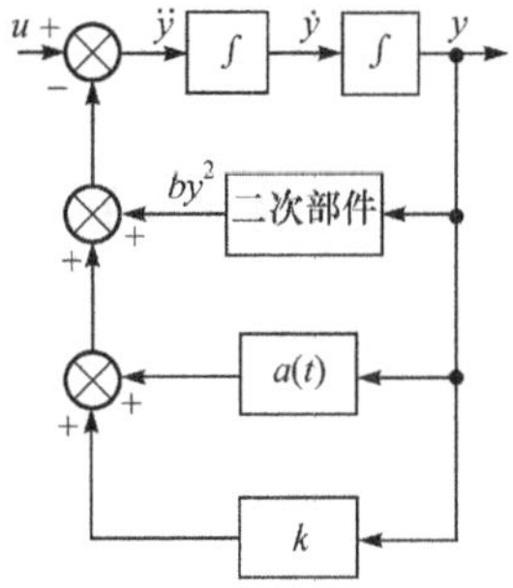

图题 1.4

1.5　采样两种方法，求出下列各输入-输出描述的状态空间描述：

(1) $y^{(3)}+2\ddot{y}+6\dot{y}+3y=5u$；(2) $y^{(3)}+2\ddot{y}+6\dot{y}+3y=7\dot{u}+5u$；

(3) $3y^{(3)}+6\ddot{y}+12\dot{y}+9y=6\dot{u}+3u$。

1.6　采样两种方法，求出下列各输入-输出描述的一个状态空间描述：

(1) $\dfrac{\hat{y}(s)}{\hat{u}(s)}=\dfrac{2s^2+18s+40}{s^3+6s^2+11s+6}$；(2) $\dfrac{\hat{y}(s)}{\hat{u}(s)}=\dfrac{3(s+5)}{(s+3)^2(s+1)}$。

1.7　图题 1.7 为某个系统的方块图，其中 y 和 u 分别为输出变量和输入变量，求出它的一个状态空间描述。

1.8　求出下列方阵 $\boldsymbol{A}$ 的特征方程和特征值：

(1) $\boldsymbol{A}=\begin{bmatrix}2 & 5\\ -2 & -3\end{bmatrix}$；(2) $\boldsymbol{A}=\begin{bmatrix}0 & 1 & 0\\ 0 & 0 & 1\\ 0 & -1 & -1\end{bmatrix}$。

1.9　设 $\boldsymbol{A}$ 和 $\boldsymbol{B}$ 为同维的非奇异方阵，证明 $\boldsymbol{AB}$ 的特征值必等于 $\boldsymbol{BA}$ 的特征值。

1.10　设 $\boldsymbol{A}$ 为 n 维非奇异常阵，且其特征值 $\{\lambda_1,\lambda_2,\cdots,\lambda_n\}$ 两两相异，证明 $\boldsymbol{A}^{-1}$ 的特征值为 $\{\lambda_1^{-1},\lambda_2^{-1},\cdots,\lambda_n^{-1}\}$。

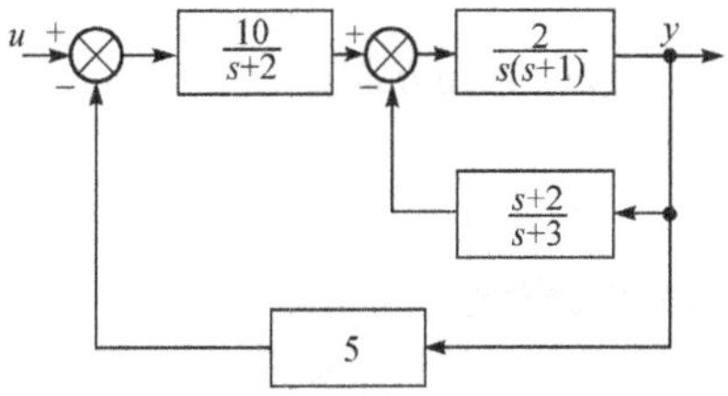

图题 1.7

1.11　将下列各状态方程化为对角线规范形或约当规范形：

(1) $\dot{\boldsymbol{x}}=\begin{bmatrix}8 & -8 & -2\\ 4 & -3 & -2\\ 3 & -4 & 1\end{bmatrix}\boldsymbol{x}+\begin{bmatrix}2 & 3\\ 1 & 5\\ 7 & 1\end{bmatrix}\boldsymbol{u}$；(2) $\dot{\boldsymbol{x}}=\begin{bmatrix}0 & 1\\ -9 & -6\end{bmatrix}\boldsymbol{x}+\begin{bmatrix}4\\ 2\end{bmatrix}u$。

1.12　计算下列状态空间描述的传递函数 $g(s)$：

$$\dot{\boldsymbol{x}}=\begin{bmatrix}-5 & -1\\ 3 & -1\end{bmatrix}\boldsymbol{x}+\begin{bmatrix}2\\ 5\end{bmatrix}u$$

$$y=\begin{bmatrix}1 & 2\end{bmatrix}\boldsymbol{x}+4u$$

1.13　给定系统的状态方程为

$$\begin{bmatrix}\dot{x}_1\\ \dot{x}_2\\ \dot{x}_3\end{bmatrix}=\begin{bmatrix}0 & 2 & 0\\ 0 & 0 & 2\\ 1 & -3 & 5\end{bmatrix}\begin{bmatrix}x_1\\ x_2\\ x_3\end{bmatrix}+\begin{bmatrix}2\\ 3\\ 5\end{bmatrix}u$$

现取 $y=2x_2+3x_3$，列写出相应的输入 y-输出 u 标量微分方程。

1.14　计算下列状态空间描述的传递函数矩阵 $\boldsymbol{G}(s)$：

$$\dot{\boldsymbol{x}}=\begin{bmatrix}0 & 1 & 0\\ 0 & 0 & 1\\ -3 & -1 & -2\end{bmatrix}\boldsymbol{x}+\begin{bmatrix}1 & 0\\ 0 & 1\\ 1 & 1\end{bmatrix}\boldsymbol{u}$$

$$y=\begin{bmatrix}1 & 0 & 1\end{bmatrix}\boldsymbol{x}$$

1.15　给定同维的方阵 $\boldsymbol{A}$ 和 $\tilde{\boldsymbol{A}}$ 为

$$\boldsymbol{A}=\left[\begin{array}{c|ccc}0 & 1 & & \\ \vdots & & \ddots & \\ 0 & & & 1\\ \hline a_0 & a_1 & \cdots & a_{n-1}\end{array}\right],\quad \tilde{\boldsymbol{A}}=\left[\begin{array}{ccc|c}0 & \cdots & 0 & a_0\\ \hline 1 & & & a_1\\ & \ddots & & \vdots\\ & & 1 & a_{n-1}\end{array}\right]$$

试确定一个变换阵 $\boldsymbol{P}$ 使 $\tilde{\boldsymbol{A}}=\boldsymbol{P}^{-1}\boldsymbol{A}\boldsymbol{P}$ 成立。

1.16　给定方常阵 $\boldsymbol{A}$ 为

$$\boldsymbol{A}=\begin{bmatrix}0 & 1 & 0\\ 0 & 0 & 1\\ -6 & -1 & 4\end{bmatrix}$$

试计算 $\boldsymbol{A}^{100}$。

1.17　设 $\boldsymbol{A}$ 为方常阵，定义以 $\boldsymbol{A}$ 为幂的矩阵指数函数为

$$\mathrm{e}^{\boldsymbol{A}}\triangleq\boldsymbol{I}+\boldsymbol{A}+\frac{1}{2!}\boldsymbol{A}^2+\cdots+\frac{1}{k!}\boldsymbol{A}^k+\cdots$$

现假定 $\boldsymbol{A}$ 的特征值 $\lambda_1,\lambda_2,\cdots,\lambda_n$ 两两相异，试证明 $\det[\mathrm{e}^{\boldsymbol{A}}]=\prod_{i=1}^{n}\mathrm{e}^{\lambda_i}$。

1.18　给定方常阵 $\boldsymbol{A}$ 为

$$\boldsymbol{A}=\begin{bmatrix}0 & 1\\ -2 & -3\end{bmatrix}$$

计算出 $\mathrm{e}^{\boldsymbol{A}}$ 的结果。

1.19　给定反馈系统如图题 1.19 所示，其中

$$\boldsymbol{G}_1(s)=\begin{bmatrix}\dfrac{1}{s+1} & \dfrac{1}{s+2}\\ 0 & \dfrac{s+1}{s+2}\end{bmatrix},\quad \boldsymbol{G}_2(s)=\begin{bmatrix}\dfrac{1}{s+3} & \dfrac{1}{s+4}\\ \dfrac{1}{s+1} & 0\end{bmatrix}$$

试确定反馈系统的传递函数矩阵 $\boldsymbol{G}(s)$。

1.20　给定图题 1.19 的反馈系统，其中

$$g_1(s)=\frac{2s+1}{s(s+1)(s+3)},\quad g_2(s)=\frac{s+2}{s+4}$$

试定出反馈系统的状态方程和输出方程。

1.21　求图题 1.21 并联系统的状态空间描述和传递函数。

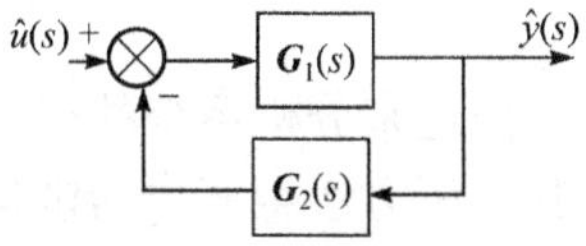

图题 1.19

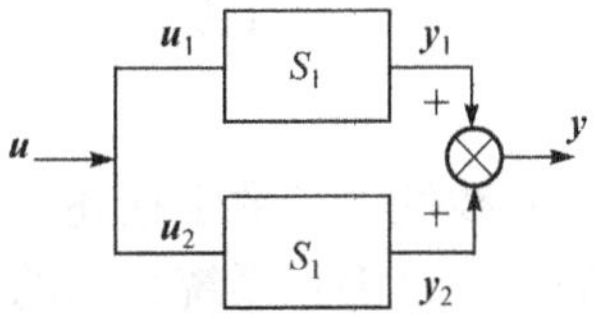

图题 1.21

其中，S_1：$\boldsymbol{A}_1=\begin{bmatrix}0 & 1\\ 1 & 2\end{bmatrix}$，$\boldsymbol{b}_1=\begin{bmatrix}1\\ 0\end{bmatrix}$，$\boldsymbol{c}_1=\begin{bmatrix}1 & 1\end{bmatrix}$；$S_2$：$\boldsymbol{A}_2=\begin{bmatrix}0 & 1\\ -2 & -3\end{bmatrix}$，$\boldsymbol{b}_2=\begin{bmatrix}1\\ 1\end{bmatrix}$，$\boldsymbol{c}_2=\begin{bmatrix}0 & 1\end{bmatrix}$。

1.22　求图题 1.22 反馈连接系统的状态空间描述和传递函数。

其中，S_1：$\boldsymbol{A}_1=\begin{bmatrix}0 & 1\\ -2 & -3\end{bmatrix}$，$\boldsymbol{b}_1=\begin{bmatrix}0\\ 1\end{bmatrix}$，$\boldsymbol{c}_1=\begin{bmatrix}1 & 0\end{bmatrix}$；$S_2$：$A_2=3$，$B_2=2$，$C_2=1$。

1.23　求图题 1.23 串联系统的状态空间描述和传递函数。其中，S_1：$A_1=-3$，$B_1=1$，$C_1=1$；S_2：$\boldsymbol{A}_2=\begin{bmatrix}0 & 1\\ -3 & 1\end{bmatrix}$，$\boldsymbol{b}_2=\begin{bmatrix}0\\ 1\end{bmatrix}$，$\boldsymbol{c}_2=\begin{bmatrix}3 & 1\end{bmatrix}$。

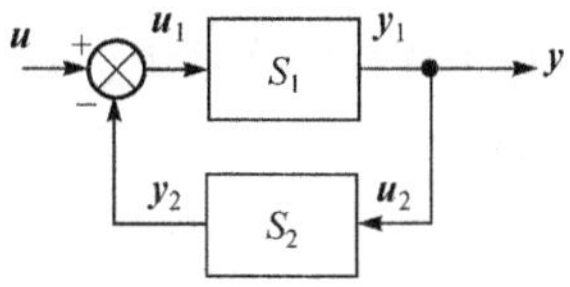

图题 1.22

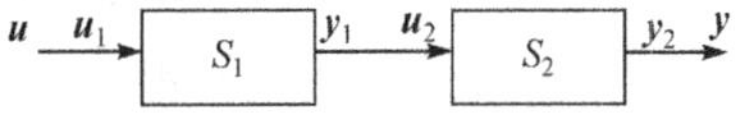

图题 1.23

第2章　线性系统的运动分析

在建立起线性系统数学描述之后，就可以利用系统数学描述来分析系统的行为。对系统进行分析的目的是揭示系统状态的运动规律和基本特性。其分析方法主要包括定量分析和定性分析两种。在定量分析中，对系统的运动规律进行精确的研究，即定量地确定系统在给定输入下的系统响应，其数学上体现为状态方程解析形式的解。在系统的定性分析中，讨论系统主要的和基本的性质，如能控性、能观测性和稳定性等。本章以线性系统为对象，讨论系统的定量分析问题，确定系统的运动规律，阐明系统的运动性质，介绍系统的分析方法。在后面章节将讨论线性系统定性分析的问题。

2.1　引　　言

2.1.1　运动分析实质

对于一个线性系统，其状态运动是由状态方程决定的。对于线性时变系统，其状态方程为

$$\dot{\boldsymbol{x}} = \boldsymbol{A}(t)\boldsymbol{x} + \boldsymbol{B}(t)\boldsymbol{u}, \quad \boldsymbol{x}(t_0) = \boldsymbol{x}_0, \quad t \in [t_0, t_\alpha] \tag{2.1.1}$$

对于线性定常系统，其状态方程为

$$\dot{\boldsymbol{x}} = \boldsymbol{A}\boldsymbol{x} + \boldsymbol{B}\boldsymbol{u}, \quad \boldsymbol{x}(0) = \boldsymbol{x}_0, \quad t \geqslant 0 \tag{2.1.2}$$

系统运动分析的目的，就是要从系统的数学模型出发，定量和精确地确定系统运动的变化规律。由方程(2.1.1)和方程(2.1.2)可以看出，对于给定的线性系统，其状态运动是由初始状态 $\boldsymbol{x}_0$ 和外界输入 $\boldsymbol{u}$ 决定的，求系统的状态运动 $\boldsymbol{x}(t)$，从数学上看，就是求解在给定的 $\boldsymbol{x}_0$ 和 $\boldsymbol{u}$ 作用下的向量微分方程(2.1.1)或方程(2.1.2)。在求得系统的状态运动 $\boldsymbol{x}(t)$ 后，将 $\boldsymbol{x}(t)$ 代入输出方程这一个代数方程，即可得到系统的输出 $\boldsymbol{y}(t)$。本章主要研究如何求解 $\boldsymbol{x}(t)$ 等相关问题。

尽管系统的状态运动是对初始状态 $\boldsymbol{x}_0$ 和外界输入 $\boldsymbol{u}$ 的响应，但系统状态的运动规律主要是由系统的结构和参数决定的，即是由 $(\boldsymbol{A}(t),\boldsymbol{B}(t))$ 或 $(\boldsymbol{A},\boldsymbol{B})$ 决定的。在给定的 $\boldsymbol{x}_0$ 和 $\boldsymbol{u}$ 作用下，具有不同结构和参数的系统的状态响应是不同的。

2.1.2　零输入响应和零状态响应

由于线性系统的输入 $\boldsymbol{u}(t)$ 和输出 $\boldsymbol{y}(t)$ 之间的映射满足叠加原理，而由1.2节的讨论可知，输出量是可以被选作状态变量的，故 $\boldsymbol{u}(t)$ 和状态 $\boldsymbol{x}(t)$ 之间也满足叠加原理。另外，由1.1节的讨论可知，非零初始条件 $\boldsymbol{x}_0$ 的作用可以等价为初始时刻在系统输入端加入一个脉冲输入，故可以将 $\boldsymbol{x}_0$ 看作一个输入，$\boldsymbol{u}(t)$ 和非零初始条件 $\boldsymbol{x}_0$ 与 $\boldsymbol{x}(t)$ 之间也满足叠加原理。因此，线性系统的状态运动响应 $\boldsymbol{x}(t)$ 等于在 $\boldsymbol{u}(t)$ 和 $\boldsymbol{x}_0$ 单独作用下的响应的代数和。

1. 零输入响应

零输入响应是指由初始状态向量 $\boldsymbol{x}_0$ 单独作用引起的响应。此时，系统的状态方程变为

$$\dot{\boldsymbol{x}}=\boldsymbol{A}(t)\boldsymbol{x},\quad \boldsymbol{x}(t_0)=\boldsymbol{x}_0,\quad t\in[t_0,t_\alpha] \tag{2.1.3}$$

它的解即系统的零状态响应，用符号表示为 $\phi(t;t_0,\boldsymbol{x}_0,\boldsymbol{0})$。

2. 零状态响应

零状态响应是指由外界输入向量 $\boldsymbol{u}(t)$ 单独作用引起的响应。此时，系统的状态方程为

$$\dot{\boldsymbol{x}}=\boldsymbol{A}(t)\boldsymbol{x}+\boldsymbol{B}(t)\boldsymbol{u},\quad \boldsymbol{x}(t_0)=\boldsymbol{0},\quad t\in[t_0,t_\alpha] \tag{2.1.4}$$

它的解即系统的零状态响应，用符号表示为 $\phi(t;t_0,\boldsymbol{0},\boldsymbol{u})$。

综合零输入响应和零状态响应，系统总的运动响应是在 $\boldsymbol{x}_0$ 和 $\boldsymbol{u}(t)$ 共同作用下的运动响应 $\phi(t;t_0,\boldsymbol{x}_0,\boldsymbol{u})$，是零输入响应和零状态响应的叠加，即

$$\phi(t;t_0,\boldsymbol{x}_0,\boldsymbol{u})=\phi(t;t_0,\boldsymbol{x}_0,\boldsymbol{0})+\phi(t;t_0,\boldsymbol{0},\boldsymbol{u}) \tag{2.1.5}$$

2.2 线性定常系统的运动分析

按照从简到难的原则，首先讨论线性定常系统的运动分析，然后讨论线性时变系统的运动分析。本节主要对线性定常系统的状态运动进行分析。由 2.1 节可知，系统的状态运动响应包括零输入响应和零状态响应。

2.2.1 零输入响应

令系统的外界输入 $\boldsymbol{u}=\boldsymbol{0}$，此时系统的状态方程变为

$$\dot{\boldsymbol{x}}=\boldsymbol{A}\boldsymbol{x},\quad \boldsymbol{x}(0)=\boldsymbol{x}_0,\quad t\geqslant 0 \tag{2.2.1}$$

其中，$\boldsymbol{x}$ 为 n 维状态向量；$\boldsymbol{A}$ 为 $n\times n$ 常值矩阵。

为了得到系统零输入响应的计算方法，首先引入矩阵指数函数的概念。

1. 矩阵指数函数

定义 $n\times n$ 的矩阵函数：

$$\mathrm{e}^{\boldsymbol{A}t}\triangleq \boldsymbol{I}+\boldsymbol{A}t+\frac{1}{2!}\boldsymbol{A}^2t^2+\frac{1}{3!}\boldsymbol{A}^3t^3+\cdots=\sum_{k=0}^{\infty}\frac{1}{k!}\boldsymbol{A}^kt^k \tag{2.2.2}$$

称为矩阵 $\boldsymbol{A}$ 的矩阵指数函数。

2. 线性定常系统的零输入响应

结论 2.2.1 由方程(2.2.1)所描述的线性定常系统的零输入响应的表达式为

$$\boldsymbol{x}(t)=\phi(t;0,\boldsymbol{x}_0,\boldsymbol{0})=\mathrm{e}^{\boldsymbol{A}t}\boldsymbol{x}_0,\quad t\geqslant 0 \tag{2.2.3}$$

证 令方程(2.2.1)的解为系数向量待定的一个幂级数，即

$$\boldsymbol{x}(t)=\boldsymbol{b}_0+\boldsymbol{b}_1t+\boldsymbol{b}_2t^2+\cdots=\sum_{k=0}^{\infty}\boldsymbol{b}_kt^k,\quad t\geqslant 0 \tag{2.2.4}$$

将方程(2.2.4)代入方程(2.2.1)，得

$$\boldsymbol{b}_1 + 2\boldsymbol{b}_2 t + 3\boldsymbol{b}_3 t^2 + \cdots = \boldsymbol{A}\boldsymbol{b}_0 + \boldsymbol{A}\boldsymbol{b}_1 t + \boldsymbol{A}\boldsymbol{b}_2 t^2 + \cdots \tag{2.2.5}$$

比较方程(2.2.5)等号两边$t^k (k = 0,1,\cdots)$的系数向量，有

$$\begin{cases} \boldsymbol{b}_1 = \boldsymbol{A}\boldsymbol{b}_0 \\ 2\boldsymbol{b}_2 = \boldsymbol{A}\boldsymbol{b}_1 \\ 3\boldsymbol{b}_3 = \boldsymbol{A}\boldsymbol{b}_2 \\ \quad\cdots \\ k\boldsymbol{b}_k = \boldsymbol{A}\boldsymbol{b}_{k-1} \\ \quad\cdots \end{cases} \tag{2.2.6}$$

因此，有

$$\begin{cases} \boldsymbol{b}_1 = \boldsymbol{A}\boldsymbol{b}_0 \\ \boldsymbol{b}_2 = \dfrac{1}{2}\boldsymbol{A}\boldsymbol{b}_1 = \dfrac{1}{2}\boldsymbol{A}^2\boldsymbol{b}_0 = \dfrac{1}{2!}\boldsymbol{A}^2\boldsymbol{b}_0 \\ \boldsymbol{b}_3 = \dfrac{1}{3}\boldsymbol{A}\boldsymbol{b}_2 = \dfrac{1}{3}\boldsymbol{A}\cdot\dfrac{1}{2!}\boldsymbol{A}^2\boldsymbol{b}_0 = \dfrac{1}{3!}\boldsymbol{A}^3\boldsymbol{b}_0 \\ \quad\cdots \\ \boldsymbol{b}_k = \dfrac{1}{k!}\boldsymbol{A}^k\boldsymbol{b}_0 \\ \quad\cdots \end{cases} \tag{2.2.7}$$

将式(2.2.7)代入式(2.2.4)，得

$$\boldsymbol{x}(t) = \left(\boldsymbol{I} + \boldsymbol{A}t + \frac{1}{2!}\boldsymbol{A}^2t^2 + \frac{1}{3!}\boldsymbol{A}^3t^3 + \cdots\right)\boldsymbol{b}_0, \quad t \geqslant 0 \tag{2.2.8}$$

令式(2.2.8)中$t = 0$，得

$$\boldsymbol{x}_0 = \boldsymbol{b}_0 \tag{2.2.9}$$

由式(2.2.2)、式(2.2.8)和式(2.2.9)，得

$$\boldsymbol{x}(t) = \mathrm{e}^{\boldsymbol{A}t}\boldsymbol{x}_0 \tag{2.2.10}$$

证明完成。

另外，当$t_0 \neq 0$时，采用类似的方法，同样可以证明线性定常系统的零输入响应为

$$\boldsymbol{x}(t) = \boldsymbol{\phi}(t;t_0,\boldsymbol{x}_0,\boldsymbol{0}) = \mathrm{e}^{\boldsymbol{A}(t-t_0)}\boldsymbol{x}_0, \quad t \geqslant t_0 \tag{2.2.11}$$

3. 矩阵指数函数$\mathrm{e}^{\boldsymbol{A}t}$的性质

从矩阵指数函数的定义式(2.2.2)出发，可导出$\mathrm{e}^{\boldsymbol{A}t}$具有如下一些基本性质。

(1) $\lim\limits_{t\to 0}\mathrm{e}^{\boldsymbol{A}t} = \boldsymbol{I}$。

(2) $(\mathrm{e}^{\boldsymbol{A}t})^{\mathrm{T}} = \mathrm{e}^{\boldsymbol{A}^{\mathrm{T}}t}$。

(3) 令t和τ为两个自变量，则必成立

$$\mathrm{e}^{\boldsymbol{A}(t+\tau)} = \mathrm{e}^{\boldsymbol{A}t}\cdot\mathrm{e}^{\boldsymbol{A}\tau} = \mathrm{e}^{\boldsymbol{A}\tau}\cdot\mathrm{e}^{\boldsymbol{A}t} \tag{2.2.12}$$

(4) e^{At} 总是非奇异的，且其逆为

$$(e^{At})^{-1} = e^{-At} \tag{2.2.13}$$

显然，在式(2.2.12)中取 $\tau = -t$，就得式(2.2.13)。

(5)设有 $n \times n$ 常阵 A 和 F，如果 A 和 F 是可交换的，即 $AF = FA$，则必成立

$$e^{(A+F)t} = e^{At} \cdot e^{Ft} = e^{Ft} \cdot e^{At} \tag{2.2.14}$$

(6) e^{At} 对 t 的导数为

$$\frac{d}{dt} e^{At} = A e^{At} = e^{At} A \tag{2.2.15}$$

(7)对给定方阵 A，必成立

$$(e^{At})^m = e^{A(mt)}, \quad m = 0,1,2,\cdots \tag{2.2.16}$$

4. 几种典型矩阵 A 的矩阵指数函数

(1)当矩阵 A 为对角矩阵，即 $A = \mathrm{diag}(\lambda_1, \lambda_2, \cdots, \lambda_n)$ 时，

$$\begin{aligned} e^{At} &= I + At + \frac{1}{2!}A^2t^2 + \frac{1}{3!}A^3t^3 + \cdots = I + \begin{bmatrix} \lambda_1 & & \\ & \ddots & \\ & & \lambda_n \end{bmatrix} t + \frac{1}{2!}\begin{bmatrix} \lambda_1^2 & & \\ & \ddots & \\ & & \lambda_n^2 \end{bmatrix} t^2 + \cdots \\ &= \begin{bmatrix} e^{\lambda_1 t} & & \\ & \ddots & \\ & & e^{\lambda_n t} \end{bmatrix} \end{aligned} \tag{2.2.17}$$

(2)当矩阵 A 为对角分块矩阵，即 $A = \mathrm{diag}(A_1, A_2, \cdots, A_l)$ 时，

$$e^{At} = \begin{bmatrix} e^{A_1 t} & & \\ & \ddots & \\ & & e^{A_l t} \end{bmatrix} \tag{2.2.18}$$

(3)当矩阵 A 具有如下形式时，

$$A = \begin{bmatrix} 0 & 1 & 0 \\ 0 & 0 & 1 \\ 0 & 0 & 0 \end{bmatrix}$$

矩阵 A 是幂零矩阵，即自乘若干次后化成零矩阵的矩阵，

$$A^2 = \begin{bmatrix} 0 & 0 & 1 \\ 0 & 0 & 0 \\ 0 & 0 & 0 \end{bmatrix}$$

$$A^k = \mathbf{0}_{k \times k}, \quad k = 3,4,\cdots$$

于是，应用 e^{At} 的定义式，可得

$$\mathrm{e}^{At} = \sum_{k=0}^{\infty}\frac{1}{k!}A^k t^k = \sum_{k=0}^{2}\frac{1}{k!}A^k t^k = \begin{bmatrix} 1 & t & \dfrac{t^2}{2} \\ 0 & 1 & t \\ 0 & 0 & 1 \end{bmatrix} \tag{2.2.19}$$

式(2.2.19)可推广到如下形式的 n 阶方阵：

$$A = \begin{bmatrix} 0 & 1 & 0 & & & \\ & 0 & 1 & 0 & & \\ & & 0 & \ddots & \ddots & \\ & & & \ddots & 1 & 0 \\ & & & & 0 & 1 \\ & & & & & 0 \end{bmatrix} \tag{2.2.20}$$

A 为仅右上方次对角线上元素为 1、其余元素均为零的矩阵，此时

$$\mathrm{e}^{At} = \begin{bmatrix} 1 & t & \dfrac{t^2}{2!} & \dfrac{t^3}{3!} & \cdots & \dfrac{t^{n-1}}{(n-1)!} \\ 0 & 1 & t & \dfrac{t^2}{2!} & \cdots & \dfrac{t^{n-2}}{(n-2)!} \\ 0 & 0 & 1 & t & \ddots & \vdots \\ & & 0 & \ddots & \ddots & \dfrac{t^2}{2!} \\ & & & \ddots & \ddots & t \\ & & & & 0 & 1 \end{bmatrix} \tag{2.2.21}$$

(4) 当矩阵 A 具有如下形式时：

$$A = \begin{bmatrix} \lambda & 1 & 0 & & & \\ & \lambda & 1 & & & \\ & & \lambda & 1 & & \\ & & & \ddots & \ddots & \\ & & & & \lambda & 1 \\ & & & & & \lambda \end{bmatrix} \tag{2.2.22}$$

A 可分解成下面两个矩阵之和的形式：

$$A = \begin{bmatrix} \lambda & & & & & \\ & \lambda & & & & \\ & & \lambda & & & \\ & & & \ddots & & \\ & & & & \lambda & \\ & & & & & \lambda \end{bmatrix} + \begin{bmatrix} 0 & 1 & & & & \\ & 0 & 1 & & & \\ & & 0 & 1 & & \\ & & & \ddots & \ddots & \\ & & & & 0 & 1 \\ & & & & & 0 \end{bmatrix} = A_1 + A_2$$

A_1 和 A_2 是可交换矩阵，即 $A_1 \cdot A_2 = A_2 \cdot A_1$，于是 $\mathrm{e}^{At} = \mathrm{e}^{A_1 t} \cdot \mathrm{e}^{A_2 t}$，由式(2.2.17)和式(2.2.21)可得

$$
e^{At}=\begin{bmatrix} e^{\lambda t} & te^{\lambda t} & \frac{t^2}{2!}e^{\lambda t} & \frac{t^3}{3!}e^{\lambda t} & \cdots & \frac{t^{n-1}}{(n-1)!}e^{\lambda t} \\ 0 & e^{\lambda t} & te^{\lambda t} & \frac{t^2}{2!}e^{\lambda t} & \cdots & \frac{t^{n-2}}{(n-2)!}e^{\lambda t} \\ 0 & 0 & e^{\lambda t} & te^{\lambda t} & \ddots & \vdots \\ & & & \ddots & \ddots & \frac{t^2}{2!}e^{\lambda t} \\ & & & & \ddots & te^{\lambda t} \\ & & & & & e^{\lambda t} \end{bmatrix} \tag{2.2.23}
$$

(5) 当矩阵 $\boldsymbol{A}$ 具有如下形式时：

$$
\boldsymbol{A}=\begin{bmatrix} 0 & \omega \\ -\omega & 0 \end{bmatrix} \tag{2.2.24}
$$

由矩阵指数函数定义式，有

$$
\begin{aligned} e^{At} &= \begin{bmatrix} 1 & 0 \\ 0 & 1 \end{bmatrix} + t\begin{bmatrix} 0 & \omega \\ -\omega & 0 \end{bmatrix} + \frac{t^2}{2!}\begin{bmatrix} -\omega^2 & 0 \\ 0 & -\omega^2 \end{bmatrix} + \frac{t^3}{3!}\begin{bmatrix} 0 & -\omega^3 \\ -\omega^3 & 0 \end{bmatrix} + \cdots \\ &= \begin{bmatrix} \cos(\omega t) & \sin(\omega t) \\ -\sin(\omega t) & \cos(\omega t) \end{bmatrix} \end{aligned} \tag{2.2.25}
$$

(6) 当矩阵 $\boldsymbol{A}$ 具有如下形式时：

$$
\boldsymbol{A}=\begin{bmatrix} \sigma & \omega \\ -\omega & \sigma \end{bmatrix} \tag{2.2.26}
$$

$\boldsymbol{A}$ 可分解成下面两个矩阵之和的形式：

$$
\boldsymbol{A}=\begin{bmatrix} \sigma & 0 \\ 0 & \sigma \end{bmatrix} + \begin{bmatrix} 0 & \omega \\ -\omega & 0 \end{bmatrix}
$$

类似于(4)，由式(2.2.17)和式(2.2.25)，可得

$$
e^{At}=\begin{bmatrix} e^{\sigma t}\cos(\omega t) & e^{\sigma t}\sin(\omega t) \\ -e^{\sigma t}\sin(\omega t) & e^{\sigma t}\cos(\omega t) \end{bmatrix} \tag{2.2.27}
$$

(7) 当矩阵 $\boldsymbol{A}$ 具有如下形式时：

$$
\boldsymbol{A}=\left[\begin{array}{cc:cc} \sigma & \omega & 1 & 0 \\ -\omega & \sigma & 0 & 1 \\ \hdashline 0 & 0 & \sigma & \omega \\ 0 & 0 & -\omega & \sigma \end{array}\right] = \begin{bmatrix} \boldsymbol{A}_1 & \boldsymbol{I} \\ \boldsymbol{0} & \boldsymbol{A}_1 \end{bmatrix}
$$

将 $\boldsymbol{A}$ 分解成

$$
\boldsymbol{A}=\begin{bmatrix} \boldsymbol{A}_1 & \boldsymbol{0} \\ \boldsymbol{0} & \boldsymbol{A}_1 \end{bmatrix} + \begin{bmatrix} \boldsymbol{0} & \boldsymbol{I} \\ \boldsymbol{0} & \boldsymbol{0} \end{bmatrix} = \boldsymbol{\alpha}+\boldsymbol{\beta}
$$

因为 $\boldsymbol{\alpha}\cdot\boldsymbol{\beta}=\boldsymbol{\beta}\cdot\boldsymbol{\alpha}$ ，利用 $e^{At}=e^{\alpha t}\cdot e^{\beta t}$ 以及式(2.2.17)、式(2.2.18)和式(2.2.27)，可得

$$
\mathrm{e}^{At}=\begin{bmatrix}\mathrm{e}^{A_1 t} & \mathbf{0}\\ \mathbf{0} & \mathrm{e}^{A_1 t}\end{bmatrix}\cdot\begin{bmatrix}\boldsymbol{I} & t\boldsymbol{I}\\ \mathbf{0} & \boldsymbol{I}\end{bmatrix}=\left[\begin{array}{cc:cc}\mathrm{e}^{\sigma t}\cos(\omega t) & \mathrm{e}^{\sigma t}\sin(\omega t) & t\mathrm{e}^{\sigma t}\cos(\omega t) & t\mathrm{e}^{\sigma t}\sin(\omega t)\\ -\mathrm{e}^{\sigma t}\sin(\omega t) & \mathrm{e}^{\sigma t}\cos(\omega t) & -t\mathrm{e}^{\sigma t}\sin(\omega t) & t\mathrm{e}^{\sigma t}\cos(\omega t)\\ \hdashline 0 & 0 & \mathrm{e}^{\sigma t}\cos(\omega t) & \mathrm{e}^{\sigma t}\sin(\omega t)\\ 0 & 0 & -\mathrm{e}^{\sigma t}\sin(\omega t) & \mathrm{e}^{\sigma t}\cos(\omega t)\end{array}\right] \tag{2.2.28}
$$

5. 矩阵指数函数的计算方法

下面介绍当矩阵 $\boldsymbol{A}$ 为一般形式时，e^{At} 的一些常用计算方法。

(1) 直接法。直接利用矩阵指数函数的定义式：

$$
\mathrm{e}^{At}=\boldsymbol{I}+\boldsymbol{A}t+\frac{1}{2!}\boldsymbol{A}^2t^2+\frac{1}{3!}\boldsymbol{A}^3t^3+\cdots \tag{2.2.29}
$$

通常，应用这一方法只能得到 e^{At} 的数值结果，一般难以获得封闭的解析表达式。当运用计算机进行计算时，这种方法具有编程方便和计算简单的特点。

(2) 基于标准形的方法。当 $\boldsymbol{A}$ 的 n 个特征值 $\lambda_1,\lambda_2,\cdots,\lambda_n$ 两两互异时，确定矩阵 $\boldsymbol{P}$，化 $\boldsymbol{A}$ 为对角线标准形：

$$
\boldsymbol{A}=\boldsymbol{P}\begin{bmatrix}\lambda_1 & & \\ & \ddots & \\ & & \lambda_n\end{bmatrix}\boldsymbol{P}^{-1} \tag{2.2.30}
$$

有

$$
\mathrm{e}^{At}=\boldsymbol{P}\begin{bmatrix}\mathrm{e}^{\lambda_1 t} & & \\ & \ddots & \\ & & \mathrm{e}^{\lambda_n t}\end{bmatrix}\boldsymbol{P}^{-1} \tag{2.2.31}
$$

证 由式(2.2.30)，有

$$
\boldsymbol{P}^{-1}\boldsymbol{A}\boldsymbol{P}=\begin{bmatrix}\lambda_1 & & \\ & \ddots & \\ & & \lambda_n\end{bmatrix}
$$

继而

$$
(\boldsymbol{P}^{-1}\boldsymbol{A}\boldsymbol{P})(\boldsymbol{P}^{-1}\boldsymbol{A}\boldsymbol{P})=\boldsymbol{P}^{-1}\boldsymbol{A}^2\boldsymbol{P}=\begin{bmatrix}\lambda_1^2 & & \\ & \ddots & \\ & & \lambda_n^2\end{bmatrix}
$$

因而

$$
\boldsymbol{A}^2=\boldsymbol{P}\begin{bmatrix}\lambda_1^2 & & \\ & \ddots & \\ & & \lambda_n^2\end{bmatrix}\boldsymbol{P}^{-1}
$$

同理，k 个 $\boldsymbol{P}^{-1}\boldsymbol{A}\boldsymbol{P}$ 相乘，

$$(P^{-1}AP)(P^{-1}AP)\cdots(P^{-1}AP)=P^{-1}A^kP=\begin{bmatrix}\lambda_1^k & & \\ & \ddots & \\ & & \lambda_n^k\end{bmatrix}$$

所以

$$A^k=P\begin{bmatrix}\lambda_1^k & & \\ & \ddots & \\ & & \lambda_n^k\end{bmatrix}P^{-1},\quad k=2,3,\cdots$$

由矩阵指数函数定义式：

$$\begin{aligned}
e^{At}&=I+At+\frac{1}{2!}A^2t^2+\frac{1}{3!}A^3t^3+\cdots\\
&=PP^{-1}+P\begin{bmatrix}\lambda_1 & & \\ & \ddots & \\ & & \lambda_n\end{bmatrix}P^{-1}t+\frac{1}{2!}P\begin{bmatrix}\lambda_1^2 & & \\ & \ddots & \\ & & \lambda_n^2\end{bmatrix}P^{-1}t^2+\frac{1}{3!}P\begin{bmatrix}\lambda_1^3 & & \\ & \ddots & \\ & & \lambda_n^3\end{bmatrix}P^{-1}t^3+\cdots\\
&=P\left[I+\begin{bmatrix}\lambda_1 & & \\ & \ddots & \\ & & \lambda_n\end{bmatrix}t+\frac{1}{2!}\begin{bmatrix}\lambda_1^2 & & \\ & \ddots & \\ & & \lambda_n^2\end{bmatrix}t^2+\frac{1}{3!}\begin{bmatrix}\lambda_1^3 & & \\ & \ddots & \\ & & \lambda_n^3\end{bmatrix}t^3+\cdots\right]P^{-1}\\
&=P\begin{bmatrix}e^{\lambda_1 t} & & \\ & \ddots & \\ & & e^{\lambda_n t}\end{bmatrix}P^{-1}
\end{aligned}$$

证明完成。

同理，当 A 有重特征值且不满足化对角线标准形的条件时，确定矩阵 Q，化 A 为约当标准形，为不致符号过于繁杂，不妨考虑一个具体的例子。设 A 具有相异特征值 λ_1（三重）和 λ_2（二重），且可找到变换阵 Q，使其化为约当标准形：

$$A=Q\begin{bmatrix}\lambda_1 & 1 & 0 & 0 & 0\\ 0 & \lambda_1 & 1 & 0 & 0\\ 0 & 0 & \lambda_1 & 0 & 0\\ 0 & 0 & 0 & \lambda_2 & 1\\ 0 & 0 & 0 & 0 & \lambda_2\end{bmatrix}Q^{-1} \tag{2.2.32}$$

则相应的矩阵指数函数为

$$e^{At}=Q\begin{bmatrix}e^{\lambda_1 t} & te^{\lambda_1 t} & \dfrac{t^2e^{\lambda_1 t}}{2!} & 0 & 0\\ 0 & e^{\lambda_1 t} & te^{\lambda_1 t} & 0 & 0\\ 0 & 0 & e^{\lambda_1 t} & 0 & 0\\ 0 & 0 & 0 & e^{\lambda_2 t} & te^{\lambda_2 t}\\ 0 & 0 & 0 & 0 & e^{\lambda_2 t}\end{bmatrix}Q^{-1} \tag{2.2.33}$$

证 令

$$\begin{bmatrix} \lambda_1 & 1 & 0 & 0 & 0 \\ 0 & \lambda_1 & 1 & 0 & 0 \\ 0 & 0 & \lambda_1 & 0 & 0 \\ 0 & 0 & 0 & \lambda_2 & 1 \\ 0 & 0 & 0 & 0 & \lambda_2 \end{bmatrix} = \begin{bmatrix} \boldsymbol{J}_1 & \\ & \boldsymbol{J}_2 \end{bmatrix}$$

仿照前面，

$$\boldsymbol{A}^k = \boldsymbol{Q}\begin{bmatrix} \boldsymbol{J}_1^k & \\ & \boldsymbol{J}_2^k \end{bmatrix}\boldsymbol{Q}^{-1}, \quad k = 2,3,\cdots$$

由矩阵指数函数定义式：

$$\begin{aligned} \mathrm{e}^{\boldsymbol{A}t} &= \boldsymbol{I} + \boldsymbol{A}t + \frac{1}{2!}\boldsymbol{A}^2t^2 + \frac{1}{3!}\boldsymbol{A}^3t^3 + \cdots \\ &= \boldsymbol{Q}\boldsymbol{Q}^{-1} + \boldsymbol{Q}\begin{bmatrix} \boldsymbol{J}_1 & \\ & \boldsymbol{J}_2 \end{bmatrix}\boldsymbol{Q}^{-1}t + \frac{1}{2!}\boldsymbol{Q}\begin{bmatrix} \boldsymbol{J}_1^2 & \\ & \boldsymbol{J}_2^2 \end{bmatrix}\boldsymbol{Q}^{-1}t^2 + \frac{1}{3!}\boldsymbol{Q}\begin{bmatrix} \boldsymbol{J}_1^3 & \\ & \boldsymbol{J}_2^3 \end{bmatrix}\boldsymbol{Q}^{-1}t^3 + \cdots \\ &= \boldsymbol{Q}\left[\boldsymbol{I} + \begin{bmatrix} \boldsymbol{J}_1 & \\ & \boldsymbol{J}_2 \end{bmatrix}t + \frac{1}{2!}\begin{bmatrix} \boldsymbol{J}_1^2 & \\ & \boldsymbol{J}_2^2 \end{bmatrix}t^2 + \frac{1}{3!}\begin{bmatrix} \boldsymbol{J}_1^3 & \\ & \boldsymbol{J}_2^3 \end{bmatrix}t^3 + \cdots\right]\boldsymbol{Q}^{-1} \\ &= \boldsymbol{Q}\begin{bmatrix} \mathrm{e}^{\boldsymbol{J}_1t} & \\ & \mathrm{e}^{\boldsymbol{J}_2t} \end{bmatrix}\boldsymbol{Q}^{-1} \end{aligned}$$

再由式(2.2.18)和式(2.2.23)，有

$$\mathrm{e}^{\boldsymbol{A}t} = \boldsymbol{Q}\begin{bmatrix} \mathrm{e}^{\lambda_1 t} & t\mathrm{e}^{\lambda_1 t} & \dfrac{t^2\mathrm{e}^{\lambda_1 t}}{2\,!} & 0 & 0 \\ 0 & \mathrm{e}^{\lambda_1 t} & t\mathrm{e}^{\lambda_1 t} & 0 & 0 \\ 0 & 0 & \mathrm{e}^{\lambda_1 t} & 0 & 0 \\ 0 & 0 & 0 & \mathrm{e}^{\lambda_2 t} & t\mathrm{e}^{\lambda_2 t} \\ 0 & 0 & 0 & 0 & \mathrm{e}^{\lambda_2 t} \end{bmatrix}\boldsymbol{Q}^{-1}$$

证明完成。

(3)拉普拉斯法。对给定 $n \times n$ 常阵 $\boldsymbol{A}$ ，有

$$\mathrm{e}^{\boldsymbol{A}t} = \mathscr{L}^{-1}(s\boldsymbol{I} - \boldsymbol{A})^{-1} \tag{2.2.34}$$

证 对向量方程

$$\dot{\boldsymbol{x}} = \boldsymbol{A}\boldsymbol{x} \tag{2.2.35}$$

等号两端求拉氏变换，有

$$s\boldsymbol{x}(s) - \boldsymbol{x}(0) = \boldsymbol{A}\boldsymbol{x}(s)$$

$$(s\boldsymbol{I} - \boldsymbol{A})\boldsymbol{x}(s) = \boldsymbol{x}(0) \tag{2.2.36}$$

当式(2.2.35)的解存在时， $s\boldsymbol{I} - \boldsymbol{A}$ 的逆矩阵存在，由式(2.2.36)，有

$$\boldsymbol{x}(s) = (s\boldsymbol{I} - \boldsymbol{A})^{-1}\boldsymbol{x}(0) \tag{2.2.37}$$

对式(2.2.37)求拉氏逆变换，有

$$\boldsymbol{x}(t)=\mathscr{L}^{-1}[(s\boldsymbol{I}-\boldsymbol{A})^{-1}]\boldsymbol{x}(0)$$

对比式(2.2.3)有 $\mathrm{e}^{\boldsymbol{A}t}=\mathscr{L}^{-1}(s\boldsymbol{I}-\boldsymbol{A})^{-1}$ 。证明完成。

(4)利用下面定理可以计算矩阵指数函数。

定理 2.2.1 对 $n\times n$ 矩阵 $\boldsymbol{A}$ ，其特征多项式为

$$\det(\lambda\boldsymbol{I}-\boldsymbol{A})=\prod_{i=1}^{m}(\lambda-\lambda_i)^{n_i} \tag{2.2.38}$$

对于任何多项式 $f(\lambda)$ ，有 $n-1$ 次多项式:

$$g(\lambda)=a_0+a_1\lambda+\cdots+a_{n-1}\lambda^{n-1} \tag{2.2.39}$$

使

$$f^{(l)}(\lambda_i)=g^{(l)}(\lambda_i),\quad i=1,2,\cdots,m;\quad l=0,1,2,\cdots,n_i-1 \tag{2.2.40}$$

其中

$$f^{(l)}(\lambda_i)\triangleq\left.\frac{\mathrm{d}^l f(\lambda)}{\mathrm{d}\lambda^l}\right|_{\lambda=\lambda_i},\quad g^{(l)}(\lambda_i)\triangleq\left.\frac{\mathrm{d}^l g(\lambda)}{\mathrm{d}\lambda^l}\right|_{\lambda=\lambda_i}$$

有

$$f(\boldsymbol{A})=g(\boldsymbol{A})=a_0\boldsymbol{I}+a_1\boldsymbol{A}+\cdots+a_{n-1}\boldsymbol{A}^{n-1} \tag{2.2.41}$$

利用定理 2.2.1，令 $f(\lambda)=\mathrm{e}^{\lambda t}$ ，利用式(2.2.39)和式(2.2.40)可求得 $a_0,a_1,\cdots,a_{n-1}$ ，将其代入式(2.2.41)即可得 $\mathrm{e}^{\boldsymbol{A}t}$ 。

例 2.2.1 已知 $\boldsymbol{A}=\begin{bmatrix}0&0&-2\\0&1&0\\1&0&3\end{bmatrix}$，试计算 $\mathrm{e}^{\boldsymbol{A}t}$ 。

解 令 $f(\lambda)=\mathrm{e}^{\lambda t}$ ， $\mathrm{e}^{\boldsymbol{A}t}=f(\boldsymbol{A})$ ， $\boldsymbol{A}$ 的特征多项式 $\det(\lambda\boldsymbol{I}-\boldsymbol{A})=(\lambda-1)^2(\lambda-2)$ ，所以 $\boldsymbol{A}$ 的特征值 $\lambda_1=1$ ， $\lambda_2=2$ 。

令 $g(\lambda)=a_0+a_1\lambda+a_2\lambda^2$ ，由式(2.2.40)，有

$$\begin{cases}f(\lambda_1)=g(\lambda_1)\\f'(\lambda_1)=g'(\lambda_1)\\f(\lambda_2)=g(\lambda_2)\end{cases}\Rightarrow\begin{cases}\mathrm{e}^t=a_0+a_1+a_2\\t\mathrm{e}^t=a_1+2a_2\\\mathrm{e}^{2t}=a_0+2a_1+4a_2\end{cases}$$

解该方程组得

$$\begin{cases}a_0=-2t\mathrm{e}^t+\mathrm{e}^{2t}\\a_1=3t\mathrm{e}^t+2\mathrm{e}^t-2\mathrm{e}^{2t}\\a_2=\mathrm{e}^{2t}-\mathrm{e}^t-t\mathrm{e}^t\end{cases}$$

$$\begin{aligned}\mathrm{e}^{\boldsymbol{A}t}&=f(\boldsymbol{A})=g(\boldsymbol{A})=a_0\boldsymbol{I}+a_1\boldsymbol{A}+a_2\boldsymbol{A}^2\\&=(-2t\mathrm{e}^t+\mathrm{e}^{2t})\boldsymbol{I}+(3t\mathrm{e}^t+2\mathrm{e}^t-2\mathrm{e}^{2t})\boldsymbol{A}+(\mathrm{e}^{2t}-\mathrm{e}^t-t\mathrm{e}^t)\boldsymbol{A}^2\\&=\begin{bmatrix}2\mathrm{e}^t-\mathrm{e}^{2t}&0&2\mathrm{e}^t-2\mathrm{e}^{2t}\\0&\mathrm{e}^t&0\\-\mathrm{e}^t+\mathrm{e}^{2t}&0&-\mathrm{e}^t+2\mathrm{e}^{2t}\end{bmatrix}\end{aligned}$$

2.2.2 零状态响应

给定初始状态为零的线性定常系统的状态方程为

$$\dot{\boldsymbol{x}}=\boldsymbol{A}\boldsymbol{x}+\boldsymbol{B}\boldsymbol{u},\quad \boldsymbol{x}(0)=\boldsymbol{0},\quad t\geqslant 0 \tag{2.2.42}$$

其中，$\boldsymbol{x}$为n维状态向量；$\boldsymbol{u}$为p维输入向量；$\boldsymbol{A}$和$\boldsymbol{B}$分别为$n\times n$和$n\times p$常阵。那么，对其零状态响应，可导出如下的结论。

结论 2.2.2 由式(2.2.42)所描述的线性定常系统的零状态响应的表达式为

$$\boldsymbol{x}(t)=\boldsymbol{\phi}(t;0,\boldsymbol{0},\boldsymbol{u})=\int_0^t \mathrm{e}^{\boldsymbol{A}(t-\tau)}\boldsymbol{B}\boldsymbol{u}(\tau)\mathrm{d}\tau,\quad t\geqslant 0 \tag{2.2.43}$$

证 考虑如下等式：

$$\frac{\mathrm{d}}{\mathrm{d}t}\mathrm{e}^{-\boldsymbol{A}t}\boldsymbol{x}=\left(\frac{\mathrm{d}}{\mathrm{d}t}\mathrm{e}^{-\boldsymbol{A}t}\right)\boldsymbol{x}+\mathrm{e}^{-\boldsymbol{A}t}\dot{\boldsymbol{x}}=\mathrm{e}^{-\boldsymbol{A}t}(-\boldsymbol{A})\boldsymbol{x}+\mathrm{e}^{-\boldsymbol{A}t}\boldsymbol{A}\boldsymbol{x}+\mathrm{e}^{-\boldsymbol{A}t}\boldsymbol{B}\boldsymbol{u}=\mathrm{e}^{-\boldsymbol{A}t}\boldsymbol{B}\boldsymbol{u}$$

对上式从 0 至t进行积分，得

$$\mathrm{e}^{-\boldsymbol{A}t}\boldsymbol{x}(t)-\boldsymbol{x}(0)=\int_0^t \mathrm{e}^{-\boldsymbol{A}\tau}\boldsymbol{B}\boldsymbol{u}(\tau)\mathrm{d}\tau \tag{2.2.44}$$

考虑到$\boldsymbol{x}(0)=\boldsymbol{0}$，并将式(2.2.44)等号两边左乘$\mathrm{e}^{\boldsymbol{A}t}$，可得

$$\boldsymbol{x}(t)=\boldsymbol{\phi}(t;0,\boldsymbol{0},\boldsymbol{u})=\int_0^t \mathrm{e}^{\boldsymbol{A}t}\mathrm{e}^{-\boldsymbol{A}\tau}\boldsymbol{B}\boldsymbol{u}(\tau)\mathrm{d}\tau=\int_0^t \mathrm{e}^{\boldsymbol{A}(t-\tau)}\boldsymbol{B}\boldsymbol{u}(\tau)\mathrm{d}\tau$$

证明完成。

对$t_0\neq 0$，线性定常系统的零状态响应的表达式为

$$\boldsymbol{x}(t)=\boldsymbol{\phi}(t;t_0,\boldsymbol{0},\boldsymbol{u})=\int_{t_0}^t \mathrm{e}^{\boldsymbol{A}(t-\tau)}\boldsymbol{B}\boldsymbol{u}(\tau)\mathrm{d}\tau,\quad t\geqslant t_0 \tag{2.2.45}$$

2.2.3 线性定常系统的状态运动规律

同时考虑初始状态$\boldsymbol{x}_0$和外界输入$\boldsymbol{u}$的作用下线性定常系统的状态运动规律，即状态方程的一般形式

$$\dot{\boldsymbol{x}}=\boldsymbol{A}\boldsymbol{x}+\boldsymbol{B}\boldsymbol{u},\quad \boldsymbol{x}(0)=\boldsymbol{x}_0,\quad t\geqslant 0 \tag{2.2.46}$$

的解的表达式，可由式(2.2.3)和式(2.2.43)叠加得出，即有下面的结论。

结论 2.2.3 线性定常系统在初始状态和外界输入作用下的状态运动的表达式为

$$\boldsymbol{x}(t)=\boldsymbol{\phi}(t;0,\boldsymbol{x}_0,\boldsymbol{u})=\mathrm{e}^{\boldsymbol{A}t}\boldsymbol{x}_0+\int_0^t \mathrm{e}^{\boldsymbol{A}(t-\tau)}\boldsymbol{B}\boldsymbol{u}(\tau)\mathrm{d}\tau,\quad t\geqslant 0 \tag{2.2.47}$$

对$t_0\neq 0$，线性定常系统的状态运动的表达式为

$$\boldsymbol{x}(t)=\boldsymbol{\phi}(t;t_0,\boldsymbol{x}_0,\boldsymbol{u})=\mathrm{e}^{\boldsymbol{A}(t-t_0)}\boldsymbol{x}_0+\int_{t_0}^t \mathrm{e}^{\boldsymbol{A}(t-\tau)}\boldsymbol{B}\boldsymbol{u}(\tau)\mathrm{d}\tau,\quad t\geqslant t_0 \tag{2.2.48}$$

结论 2.2.4 线性定常系统在初始状态和外界输入作用下的状态运动的表达式为

$$\boldsymbol{x}(t)=\boldsymbol{\phi}(t;t_0,\boldsymbol{x}_0,\boldsymbol{u})=\mathscr{L}^{-1}[(s\boldsymbol{I}-\boldsymbol{A})^{-1}]\boldsymbol{x}_0+\mathscr{L}^{-1}[(s\boldsymbol{I}-\boldsymbol{A})^{-1}\boldsymbol{B}\boldsymbol{u}(s)] \tag{2.2.49}$$

证 对式(2.2.46)等号两边求拉氏变换，得

$$s\boldsymbol{x}(s)-\boldsymbol{x}(0)=\boldsymbol{A}\boldsymbol{x}(s)+\boldsymbol{B}\boldsymbol{u}(s)$$

$$(s\boldsymbol{I}-\boldsymbol{A})\boldsymbol{x}(s)=\boldsymbol{x}(0)+\boldsymbol{B}\boldsymbol{u}(s) \tag{2.2.50}$$

当式(2.2.46)的解存在时，$s\boldsymbol{I}-\boldsymbol{A}$ 的逆矩阵存在，对式(2.2.50)等号两边左乘 $(s\boldsymbol{I}-\boldsymbol{A})^{-1}$，得

$$\boldsymbol{x}(s)=(s\boldsymbol{I}-\boldsymbol{A})^{-1}\boldsymbol{x}(0)+(s\boldsymbol{I}-\boldsymbol{A})^{-1}\boldsymbol{B}\boldsymbol{u}(s) \tag{2.2.51}$$

对式(2.2.51)等号两边求拉氏逆变换，得

$$\boldsymbol{x}(t)=\mathscr{L}^{-1}[(s\boldsymbol{I}-\boldsymbol{A})^{-1}]\boldsymbol{x}_0+\mathscr{L}^{-1}[(s\boldsymbol{I}-\boldsymbol{A})^{-1}\boldsymbol{B}\boldsymbol{u}(s)]$$

于是，证明完成。

例 2.2.2 已知线性定常系统为

$$\begin{bmatrix}\dot{x}_1\\ \dot{x}_2\end{bmatrix}=\begin{bmatrix}0 & 1\\ -2 & -3\end{bmatrix}\begin{bmatrix}x_1\\ x_2\end{bmatrix}+\begin{bmatrix}0\\ 1\end{bmatrix}u,\quad t\geqslant 0$$

$$y=[0\ \ 1]\begin{bmatrix}x_1\\ x_2\end{bmatrix}$$

其中，$x_1(0)=1, x_2(0)=0$；$u(t)$ 为单位阶跃函数 $1(t)$。求系统的输出 $y(t)$。

解 解法 1：按式(2.2.47)

$$\boldsymbol{x}(t)=\boldsymbol{\phi}(t;0,\boldsymbol{x}_0,\boldsymbol{u})=\mathrm{e}^{\boldsymbol{A}t}\boldsymbol{x}_0+\int_0^t \mathrm{e}^{\boldsymbol{A}(t-\tau)}\boldsymbol{B}\boldsymbol{u}(\tau)\mathrm{d}\tau,\quad t\geqslant 0$$

计算 $\boldsymbol{x}(t)$，然后将其代入输出方程，即可得 $y(t)$。因此，首先计算 $\mathrm{e}^{\boldsymbol{A}t}$。采用下述 3 种方法计算 $\mathrm{e}^{\boldsymbol{A}t}$。

(1)计算 $\mathrm{e}^{\boldsymbol{A}t}$ 的方法 1：对角线标准形法。

矩阵 $\boldsymbol{A}$ 的特征多项式 $\det(s\boldsymbol{I}-\boldsymbol{A})=s^2+3s+2$，所以其特征值 $s_1=-1, s_2=-2$。

确定 2×2 矩阵 $\boldsymbol{P}$，使 $\boldsymbol{P}^{-1}\boldsymbol{A}\boldsymbol{P}=\begin{bmatrix}s_1 & 0\\ 0 & s_2\end{bmatrix}=\begin{bmatrix}-1 & 0\\ 0 & -2\end{bmatrix}$，令 $\boldsymbol{P}=[\boldsymbol{p}_1\quad \boldsymbol{p}_2]$，其中 $\boldsymbol{p}_1$ 和 $\boldsymbol{p}_2$ 分别为矩阵 $\boldsymbol{A}$ 的特征值 s_1 和 s_2 对应的特征向量。

$$(s_1\boldsymbol{I}-\boldsymbol{A})\boldsymbol{p}_1=\boldsymbol{0},\quad \begin{bmatrix}-1 & -1\\ 2 & 2\end{bmatrix}\boldsymbol{p}_1=\boldsymbol{0},\quad \boldsymbol{p}_1=\begin{bmatrix}1\\ -1\end{bmatrix}$$

$$(s_2\boldsymbol{I}-\boldsymbol{A})\boldsymbol{p}_2=\boldsymbol{0},\quad \begin{bmatrix}-2 & -1\\ 2 & 1\end{bmatrix}\boldsymbol{p}_2=\boldsymbol{0},\quad \boldsymbol{p}_2=\begin{bmatrix}1\\ -2\end{bmatrix}$$

因此矩阵 $\boldsymbol{P}=\begin{bmatrix}1 & 1\\ -1 & -2\end{bmatrix}$，其逆矩阵为 $\boldsymbol{P}^{-1}=\begin{bmatrix}2 & 1\\ -1 & -1\end{bmatrix}$，所以

$$\begin{aligned}\mathrm{e}^{\boldsymbol{A}t}&=\boldsymbol{P}\begin{bmatrix}\mathrm{e}^{s_1t} & 0\\ 0 & \mathrm{e}^{s_2t}\end{bmatrix}\boldsymbol{P}^{-1}=\begin{bmatrix}1 & 1\\ -1 & -2\end{bmatrix}\begin{bmatrix}\mathrm{e}^{s_1t} & 0\\ 0 & \mathrm{e}^{s_2t}\end{bmatrix}\begin{bmatrix}2 & 1\\ -1 & -1\end{bmatrix}\\ &=\begin{bmatrix}2\mathrm{e}^{-t}-\mathrm{e}^{-2t} & \mathrm{e}^{-t}-\mathrm{e}^{-2t}\\ -2\mathrm{e}^{-t}+2\mathrm{e}^{-2t} & -\mathrm{e}^{-t}+2\mathrm{e}^{-2t}\end{bmatrix}\end{aligned}$$

(2)计算 $\mathrm{e}^{\boldsymbol{A}t}$ 的方法 2：拉普拉斯法。

$$(s\boldsymbol{I}-\boldsymbol{A})^{-1}=\begin{bmatrix} s & -1 \\ 2 & s+3 \end{bmatrix}^{-1}=\frac{1}{s^2+3s+2}\begin{bmatrix} s+3 & 1 \\ -2 & s \end{bmatrix}$$

$$=\begin{bmatrix} \dfrac{2}{s+1}+\dfrac{-1}{s+2} & \dfrac{1}{s+1}+\dfrac{-1}{s+2} \\ \dfrac{-2}{s+1}+\dfrac{2}{s+2} & \dfrac{-1}{s+1}+\dfrac{2}{s+2} \end{bmatrix}$$

对上式求拉氏逆变换，得

$$\mathrm{e}^{\boldsymbol{A}t}=\mathscr{L}^{-1}[(s\boldsymbol{I}-\boldsymbol{A})^{-1}]=\begin{bmatrix} 2\mathrm{e}^{-t}-\mathrm{e}^{-2t} & \mathrm{e}^{-t}-\mathrm{e}^{-2t} \\ -2\mathrm{e}^{-t}+2\mathrm{e}^{-2t} & -\mathrm{e}^{-t}+2\mathrm{e}^{-2t} \end{bmatrix}$$

(3)计算 $\mathrm{e}^{\boldsymbol{A}t}$ 的方法 3。

令 $f(\lambda)=\mathrm{e}^{\lambda t}$，$\mathrm{e}^{\boldsymbol{A}t}=f(\lambda)\big|_{\lambda=\boldsymbol{A}}=f(\boldsymbol{A})$，$\boldsymbol{A}$ 的特征多项式 $\det(\lambda\boldsymbol{I}-\boldsymbol{A})=\lambda^2+3\lambda+2$，所以 $\boldsymbol{A}$ 的特征值 $\lambda_1=-1,\lambda_2=-2$。

令 $g(\lambda)=a_0+a_1\lambda$，由式(2.2.40)，有

$$\begin{cases} f(\lambda_1)=g(\lambda_1) \\ f(\lambda_2)=g(\lambda_2) \end{cases} \Rightarrow \begin{cases} \mathrm{e}^{-t}=a_0-a_1 \\ \mathrm{e}^{-2t}=a_0-2a_1 \end{cases}$$

解该方程组得

$$\begin{cases} a_1=\mathrm{e}^{-t}-\mathrm{e}^{-2t} \\ a_0=2\mathrm{e}^{-t}-\mathrm{e}^{-2t} \end{cases}$$

$$\mathrm{e}^{\boldsymbol{A}t}=f(\boldsymbol{A})=g(\boldsymbol{A})=a_0\boldsymbol{I}+a_1\boldsymbol{A}=(2\mathrm{e}^{-t}-\mathrm{e}^{-2t})\boldsymbol{I}+(\mathrm{e}^{-t}-\mathrm{e}^{-2t})\boldsymbol{A}$$

$$=\begin{bmatrix} 2\mathrm{e}^{-t}-\mathrm{e}^{-2t} & 0 \\ 0 & 2\mathrm{e}^{-t}-\mathrm{e}^{-2t} \end{bmatrix}+\begin{bmatrix} 0 & \mathrm{e}^{-t}-\mathrm{e}^{-2t} \\ -2\mathrm{e}^{-t}+2\mathrm{e}^{-2t} & -3\mathrm{e}^{-t}+3\mathrm{e}^{-2t} \end{bmatrix}$$

$$=\begin{bmatrix} 2\mathrm{e}^{-t}-\mathrm{e}^{-2t} & \mathrm{e}^{-t}-\mathrm{e}^{-2t} \\ -2\mathrm{e}^{-t}+2\mathrm{e}^{-2t} & -\mathrm{e}^{-t}+2\mathrm{e}^{-2t} \end{bmatrix}$$

由式(2.2.47)得

$$\boldsymbol{x}(t)=\mathrm{e}^{\boldsymbol{A}t}\boldsymbol{x}_0+\int_0^t \mathrm{e}^{\boldsymbol{A}(t-\tau)}\boldsymbol{Bu}(\tau)\mathrm{d}\tau$$

$$=\begin{bmatrix} 2\mathrm{e}^{-t}-\mathrm{e}^{-2t} & \mathrm{e}^{-t}-\mathrm{e}^{-2t} \\ -2\mathrm{e}^{-t}+2\mathrm{e}^{-2t} & -\mathrm{e}^{-t}+2\mathrm{e}^{-2t} \end{bmatrix}\begin{bmatrix} 1 \\ 0 \end{bmatrix}+\int_0^t \begin{bmatrix} 2\mathrm{e}^{-t}-\mathrm{e}^{-2t} & \mathrm{e}^{-t}-\mathrm{e}^{-2t} \\ -2\mathrm{e}^{-t}+2\mathrm{e}^{-2t} & -\mathrm{e}^{-t}+2\mathrm{e}^{-2t} \end{bmatrix}\begin{bmatrix} 0 \\ 1 \end{bmatrix}\mathrm{d}\tau$$

$$=\begin{bmatrix} 2\mathrm{e}^{-t}-\mathrm{e}^{-2t} \\ -2\mathrm{e}^{-t}+2\mathrm{e}^{-2t} \end{bmatrix}+\int_0^t \begin{bmatrix} \mathrm{e}^{-t}-\mathrm{e}^{-2t} \\ -\mathrm{e}^{-t}+2\mathrm{e}^{-2t} \end{bmatrix}\mathrm{d}\tau=\begin{bmatrix} \dfrac{1}{2}+\mathrm{e}^{-t}-\dfrac{1}{2}\mathrm{e}^{-2t} \\ -\mathrm{e}^{-t}+\mathrm{e}^{-2t} \end{bmatrix}$$

$$y=[0\ \ 1]\begin{bmatrix} x_1 \\ x_2 \end{bmatrix}=-\mathrm{e}^{-t}+\mathrm{e}^{-2t}$$

解法 2：按式(2.2.49)

$$x(t)=\mathscr{L}^{-1}[(sI-A)^{-1}]x_0+\mathscr{L}^{-1}[(sI-A)^{-1}Bu(s)]$$

其中

$$\mathscr{L}^{-1}[(sI-A)^{-1}]x_0=\begin{bmatrix}2e^{-t}-e^{-2t}\\-2e^{-t}+2e^{-2t}\end{bmatrix}$$

$$\mathscr{L}^{-1}[(sI-A)^{-1}Bu(s)]=\mathscr{L}^{-1}\left(\begin{bmatrix}\frac{2}{s+1}+\frac{-1}{s+2} & \frac{1}{s+1}+\frac{-1}{s+2}\\ \frac{-2}{s+1}+\frac{2}{s+2} & \frac{-1}{s+1}+\frac{2}{s+2}\end{bmatrix}\begin{bmatrix}0\\1\end{bmatrix}\frac{1}{s}\right)$$

$$=\mathscr{L}^{-1}\begin{bmatrix}\frac{1/2}{s}-\frac{1}{s+1}+\frac{1/2}{s+2}\\ \frac{1}{s+1}-\frac{1}{s+2}\end{bmatrix}=\begin{bmatrix}\frac{1}{2}-e^{-t}+\frac{1}{2}e^{-2t}\\ e^{-t}-e^{-2t}\end{bmatrix}$$

$$x(t)=\begin{bmatrix}2e^{-t}-e^{-2t}\\-2e^{-t}+2e^{-2t}\end{bmatrix}+\begin{bmatrix}\frac{1}{2}-e^{-t}+\frac{1}{2}e^{-2t}\\ e^{-t}-e^{-2t}\end{bmatrix}=\begin{bmatrix}\frac{1}{2}+e^{-t}-\frac{1}{2}e^{-2t}\\ -e^{-t}+e^{-2t}\end{bmatrix}$$

$$y=[0\ \ 1]\begin{bmatrix}x_1\\x_2\end{bmatrix}=-e^{-t}+e^{-2t}$$

2.3 线性定常系统的状态转移矩阵

本节引入状态转移矩阵这一主要概念。x_0 和 $u(t)$ 引起的状态运动是一种状态转移，其形态可由状态转移矩阵表示。另外，利用状态转移矩阵，可对线性系统(线性定常系统和线性时变系统)的状态运动规律建立统一的解析表达式。

2.3.1 状态转移矩阵

1. 定义

对线性定常系统：

$$\dot{x}=Ax+Bu,\quad x(t_0)=x_0,\quad t\geqslant t_0 \tag{2.3.1}$$

其中，x 为 n 维状态向量，称满足如下的矩阵方程

$$\begin{cases}\dot{\Phi}(t-t_0)=A\Phi(t-t_0),\quad t\geqslant t_0\\ \Phi(0)=I\end{cases} \tag{2.3.2}$$

的 $n\times n$ 矩阵 $\Phi(t-t_0)$ 为系统的状态转移矩阵。

2. 线性定常系统状态转移矩阵的相关结论

线性定常系统状态转移矩阵为

$$\Phi(t-t_0)=e^{A(t-t_0)},\quad t\geqslant t_0 \tag{2.3.3}$$

或 $$\boldsymbol{\Phi}(t)=\mathrm{e}^{\boldsymbol{A}t},\quad t\geqslant 0 \tag{2.3.4}$$

证 由矩阵指数函数性质，可知式(2.3.3)和式(2.3.4)满足状态转移矩阵的定义式(2.3.2)。

定理 2.3.1 向量微分方程

$$\dot{\boldsymbol{x}}=\boldsymbol{A}(t)\boldsymbol{x} \tag{2.3.5}$$

全体解的集合形成实数域 $\mathscr{R}$ 上 n 维线性空间。其中，$\boldsymbol{A}(t)$ 为 $n\times n$ 矩阵。

证 设 $\boldsymbol{p}_1,\boldsymbol{p}_2$ 为向量微分方程(2.3.5)的任意两个解。易知，对任意两个实数 α_1 和 α_2，$\alpha_1\boldsymbol{p}_1+\alpha_2\boldsymbol{p}_2$ 也是向量微分方程(2.3.5)的一个解。这是因为

$$\frac{\mathrm{d}}{\mathrm{d}t}(\alpha_1\boldsymbol{p}_1+\alpha_2\boldsymbol{p}_2)=\alpha_1\frac{\mathrm{d}}{\mathrm{d}t}\boldsymbol{p}_1+\alpha_2\frac{\mathrm{d}}{\mathrm{d}t}\boldsymbol{p}_2=\alpha_1\boldsymbol{A}(t)\boldsymbol{p}_1+\alpha_2\boldsymbol{A}(t)\boldsymbol{p}_2=\boldsymbol{A}(t)(\alpha_1\boldsymbol{p}_1+\alpha_2\boldsymbol{p}_2)$$

所以，向量微分方程(2.3.5)的解空间是线性的。

再证向量微分方程(2.3.5)的解空间为 n 维的。令 $\boldsymbol{e}_1,\boldsymbol{e}_2,\cdots,\boldsymbol{e}_n$ 是 n 维向量空间 $(\mathscr{R},\mathscr{R}^n)$ 中的任意线性无关的向量，令 $\boldsymbol{p}_i$ 是向量微分方程(2.3.5)以 $\boldsymbol{p}_i(t_0)=\boldsymbol{e}_i\,(i=1,2,\cdots,n)$ 为初始条件的解。只要证 $\boldsymbol{p}_1(t),\boldsymbol{p}_2(t),\cdots,\boldsymbol{p}_n(t)$ 是线性无关的，且向量微分方程(2.3.5)的每一个解均能由 $\boldsymbol{p}_1(t),\boldsymbol{p}_2(t),\cdots,\boldsymbol{p}_n(t)$ 的线性组合表示，则解空间是 n 维的。

采用反证法证明 $\boldsymbol{p}_1(t),\boldsymbol{p}_2(t),\cdots,\boldsymbol{p}_n(t)$ 为线性无关。

设 $\boldsymbol{p}_1(t),\boldsymbol{p}_2(t),\cdots,\boldsymbol{p}_n(t)$ 为线性相关，则必存在 $\boldsymbol{\alpha}=\begin{bmatrix}\alpha_1\\ \vdots\\ \alpha_n\end{bmatrix}$，有

$$\left[\boldsymbol{p}_1(t),\boldsymbol{p}_2(t),\cdots,\boldsymbol{p}_n(t)\right]\boldsymbol{\alpha}=\boldsymbol{0},\quad \forall t\in(-\infty,+\infty)$$

现取 $t=t_0$，有 $\left[\boldsymbol{p}_1(t_0),\boldsymbol{p}_2(t_0),\cdots,\boldsymbol{p}_n(t_0)\right]\boldsymbol{\alpha}=\left[\boldsymbol{e}_1,\boldsymbol{e}_2,\cdots,\boldsymbol{e}_n\right]\boldsymbol{\alpha}=\boldsymbol{0}$。

这意味着 $\boldsymbol{e}_1,\boldsymbol{e}_2,\cdots,\boldsymbol{e}_n$ 线性相关，而这与假设 $\boldsymbol{e}_1,\boldsymbol{e}_2,\cdots,\boldsymbol{e}_n$ 线性无关矛盾，因此，$\boldsymbol{p}_1(t),\boldsymbol{p}_2(t),\cdots,\boldsymbol{p}_n(t)$ 在 $t\in(-\infty,+\infty)$ 上线性无关。

设 $\boldsymbol{p}(t)$ 为向量微分方程(2.3.5)的任意一个解，并令 $\boldsymbol{p}(t_0)=\boldsymbol{e}$。因为 $\boldsymbol{e}_1,\boldsymbol{e}_2,\cdots,\boldsymbol{e}_n$ 是 n 维向量空间 $(\mathscr{R},\mathscr{R}^n)$ 中的 n 个线性无关向量，所以 $\boldsymbol{e}$ 能唯一地由 $\boldsymbol{e}_1,\boldsymbol{e}_2,\cdots,\boldsymbol{e}_n$ 线性组合来表示，则 $\boldsymbol{e}=\sum_{i=1}^{n}\alpha_i\boldsymbol{e}_i$。

显然，$\sum_{i=1}^{n}\alpha_i\boldsymbol{p}_i(t)$ 为向量微分方程(2.3.5)的以 $\boldsymbol{e}=\sum_{i=1}^{n}\alpha_i\boldsymbol{p}_i(t_0)$ 为初始条件的一个解。由解的唯一性可得，$\boldsymbol{p}(t)=\sum_{i=1}^{n}\alpha_i\boldsymbol{p}_i(t)$，于是，证明完成。

3. 基本解矩阵 $\boldsymbol{\Psi}(t)_{n\times n}=\left[\boldsymbol{\psi}_1\ \boldsymbol{\psi}_2\ \cdots\ \boldsymbol{\psi}_n\right]$

由定理 2.3.1 可知，在向量微分方程 $\dot{\boldsymbol{x}}=\boldsymbol{A}(t)\boldsymbol{x}$ 的解空间中存在 n 个线性无关的解。当 $\boldsymbol{\psi}_1,\boldsymbol{\psi}_2,\cdots,\boldsymbol{\psi}_n$ 是 $\dot{\boldsymbol{x}}=\boldsymbol{A}(t)\boldsymbol{x}$ 的 n 个线性无关解时，称 $n\times n$ 的矩阵 $\boldsymbol{\Psi}(t)$ 为 $\dot{\boldsymbol{x}}=\boldsymbol{A}(t)\boldsymbol{x}$ 的基本解矩阵。这里 $\boldsymbol{\Psi}(t)=\left[\boldsymbol{\psi}_1\ \boldsymbol{\psi}_2\ \cdots\ \boldsymbol{\psi}_n\right]$。

基本解矩阵 $\boldsymbol{\Psi}(t)$ 具有以下性质：

$$\begin{cases}\dot{\boldsymbol{\Psi}}(t)=\boldsymbol{A}\boldsymbol{\Psi}(t), & t \geqslant t_0 \\ \boldsymbol{\Psi}(t_0)=\boldsymbol{H}\end{cases} \tag{2.3.6}$$

其中，$\boldsymbol{H}$ 为非奇异常值矩阵。

对于任何满足式(2.3.6)的 $n\times n$ 矩阵都是 $\dot{\boldsymbol{x}}=\boldsymbol{A}(t)\boldsymbol{x}$ 的基本解矩阵。

由式(2.3.2)和式(2.3.6)可得线性定常系统的状态转移矩阵由基本解矩阵 $\boldsymbol{\Psi}(t)$ 构造式：

$$\boldsymbol{\Phi}(t-t_0)=\boldsymbol{\Psi}(t)\boldsymbol{\Psi}^{-1}(t_0), \quad t \geqslant t_0 \tag{2.3.7}$$

这是因为 $\dot{\boldsymbol{\Phi}}(t-t_0)=\dot{\boldsymbol{\Psi}}(t)\boldsymbol{\Psi}^{-1}(t_0)=\boldsymbol{A}\boldsymbol{\Psi}(t)\boldsymbol{\Psi}^{-1}(t_0)=\boldsymbol{A}\boldsymbol{\Phi}(t-t_0)$，$\boldsymbol{\Phi}(0)=\boldsymbol{\Psi}(t_0)\boldsymbol{\Psi}^{-1}(t_0)=\boldsymbol{I}$，非奇异，所以式(2.3.7)满足线性定常系统的状态转移矩阵的定义。

又 $\dfrac{\mathrm{d}}{\mathrm{d}t}\mathrm{e}^{\boldsymbol{A}t}=\boldsymbol{A}\mathrm{e}^{\boldsymbol{A}t}$，$\mathrm{e}^{\boldsymbol{A}t_0}$ 为非奇异常值矩阵，所以 $\mathrm{e}^{\boldsymbol{A}t}$ 为 $\dot{\boldsymbol{x}}=\boldsymbol{A}(t)\boldsymbol{x}$ 的基本解矩阵。

$\boldsymbol{\Psi}(t)=\mathrm{e}^{\boldsymbol{A}t}$，$t \geqslant t_0$，所以由式(2.3.7)得

$$\boldsymbol{\Phi}(t-t_0)=\mathrm{e}^{\boldsymbol{A}t}(\mathrm{e}^{\boldsymbol{A}t_0})^{-1}=\mathrm{e}^{\boldsymbol{A}t}\mathrm{e}^{-\boldsymbol{A}t_0}=\mathrm{e}^{\boldsymbol{A}(t-t_0)}, \quad t \geqslant t_0$$

当 $t_0=0$ 时，$\boldsymbol{\Phi}(t)=\mathrm{e}^{\boldsymbol{A}t}$，$t \geqslant 0$。

2.3.2 系统状态运动规律的状态转移矩阵表示

根据式(2.3.3)和式(2.3.4)，可以把 2.2 节得到的线性定常系统运动规律的解析表达式，改写为以状态转移矩阵表示的形式：

$$\boldsymbol{\Phi}(t;t_0,\boldsymbol{x}_0,\boldsymbol{u})=\boldsymbol{\Phi}(t-t_0)\boldsymbol{x}_0+\int_{t_0}^{t}\boldsymbol{\Phi}(t-\tau)\boldsymbol{B}\boldsymbol{u}(\tau)\mathrm{d}\tau, \quad t \geqslant t_0 \tag{2.3.8}$$

和

$$\boldsymbol{\Phi}(t;0,\boldsymbol{x}_0,\boldsymbol{u})=\boldsymbol{\Phi}(t)\boldsymbol{x}_0+\int_{0}^{t}\boldsymbol{\Phi}(t-\tau)\boldsymbol{B}\boldsymbol{u}(\tau)\mathrm{d}\tau, \quad t \geqslant 0 \tag{2.3.9}$$

2.3.3 状态转移矩阵的性质

由式(2.3.7)可得状态转移矩阵的一些性质：

(1) $\boldsymbol{\Phi}(0)=\boldsymbol{\Psi}(t_0)\boldsymbol{\Psi}^{-1}(t_0)=\boldsymbol{I}$；

(2) $\boldsymbol{\Phi}^{-1}(t-t_0)=\boldsymbol{\Psi}(t_0)\boldsymbol{\Psi}^{-1}(t)=\boldsymbol{\Phi}(t_0-t)$；

(3) $\boldsymbol{\Phi}(t_2-t_0)=\boldsymbol{\Psi}(t_2)\boldsymbol{\Psi}^{-1}(t_0)=\boldsymbol{\Psi}(t_2)\boldsymbol{\Psi}^{-1}(t_1)\boldsymbol{\Psi}(t_1)\boldsymbol{\Psi}^{-1}(t_0)=\boldsymbol{\Phi}(t_2-t_1)\boldsymbol{\Phi}(t_1-t_0)$；

(4) $\boldsymbol{\Phi}(t_2+t_1)=\boldsymbol{\Phi}(t_2-(-t_1))=\boldsymbol{\Phi}(t_2-0)\boldsymbol{\Phi}(0-(-t_1))=\boldsymbol{\Phi}(t_2)\boldsymbol{\Phi}(t_1)$；

(5) $\boldsymbol{\Phi}(mt)=\boldsymbol{\Phi}(t+t+\cdots+t)=[\boldsymbol{\Phi}(t)]^m$；

(6) $\boldsymbol{\Phi}(t-t_0)$ 由 $\boldsymbol{A}$ 唯一确定，与基本解矩阵的选择无关。

证 设 $\boldsymbol{\Psi}_1(t)_{n\times n}$ 和 $\boldsymbol{\Psi}_2(t)_{n\times n}$ 是 $\dot{\boldsymbol{x}}=\boldsymbol{A}(t)\boldsymbol{x}$ 的基本解矩阵，则 $\boldsymbol{\Psi}_2(t)=\boldsymbol{\Psi}_1(t)\boldsymbol{P}_{n\times n}$，其中，$\boldsymbol{P}_{n\times n}$ 为非奇异常值常阵。

有 $\boldsymbol{\Phi}(t-t_0)=\boldsymbol{\Psi}_2(t)\boldsymbol{\Psi}_2^{-1}(t_0)=\boldsymbol{\Psi}_1(t)\boldsymbol{P}\boldsymbol{P}^{-1}\boldsymbol{\Psi}_1^{-1}(t_0)=\boldsymbol{\Psi}_1(t)\boldsymbol{\Psi}_1^{-1}(t_0)$。可见 $\boldsymbol{\Phi}(t-t_0)$ 是唯一的，不因基本解矩阵的选取而改变。由 $\dot{\boldsymbol{\Phi}}(t-t_0)=\boldsymbol{A}\boldsymbol{\Phi}(t-t_0)$ 可知，$\boldsymbol{\Phi}(t-t_0)$ 是由 $\boldsymbol{A}$ 唯一决定的。

2.4 线性时变系统的运动分析

线性时变系统状态运动表达式形式上与线性定常系统相同，但计算复杂，很难得到闭合形式的解，通常只能采用计算机来计算。本节对如下线性时变系统进行研究。

$$\begin{cases}\dot{\boldsymbol{x}}=\boldsymbol{A}(t)\boldsymbol{x}+\boldsymbol{B}(t)\boldsymbol{u}, \quad \boldsymbol{x}(t_0)=\boldsymbol{x}_0, \quad t\in[t_0,t_\alpha] \\ \boldsymbol{y}=\boldsymbol{C}(t)\boldsymbol{x}+\boldsymbol{D}(t)\boldsymbol{u}\end{cases} \tag{2.4.1}$$

其中，$\boldsymbol{x}$ 为 n 维状态向量；$\boldsymbol{u}$ 为 p 维输入向量；$\boldsymbol{y}$ 为 q 维输出向量；$\boldsymbol{A}(t)$、$\boldsymbol{B}(t)$、$\boldsymbol{C}(t)$ 和 $\boldsymbol{D}(t)$ 分别为 $n\times n$、$n\times p$、$q\times n$ 和 $q\times p$ 的时变实值矩阵。

2.4.1 线性时变系统的状态转移矩阵

1. 定义

称满足如下矩阵方程

$$\dot{\boldsymbol{\Phi}}(t,t_0)=\boldsymbol{A}\boldsymbol{\Phi}(t,t_0) \tag{2.4.2}$$

$$\boldsymbol{\Phi}(t_0,t_0)=\boldsymbol{I} \tag{2.4.3}$$

的 $n\times n$ 矩阵 $\boldsymbol{\Phi}(t,t_0)$ 为系统(2.4.1)的状态转移矩阵。

2. 状态转移矩阵的构造式

与线性定常系统类似，$\boldsymbol{\Phi}(t,t_0)$ 的构造式为

$$\boldsymbol{\Phi}(t,t_0)=\boldsymbol{\Psi}(t)\boldsymbol{\Psi}^{-1}(t_0), \quad t\geqslant t_0 \tag{2.4.4}$$

其中，$\boldsymbol{\Psi}(t)$ 为 $\dot{\boldsymbol{x}}=\boldsymbol{A}(t)\boldsymbol{x}$ 的任意基本解矩阵，它是由 $\dot{\boldsymbol{x}}=\boldsymbol{A}(t)\boldsymbol{x}$ 的 n 个线性无关的解为列所构成的矩阵。式(2.4.4)的正确性，可由验算其满足式(2.4.2)和式(2.4.3)而得到证实，其中还要用到关系式 $\dot{\boldsymbol{\Psi}}(t)=\boldsymbol{A}(t)\boldsymbol{\Psi}(t)$。

3. $\boldsymbol{\Phi}(t,t_0)$ 的计算

(1)若 $\boldsymbol{A}(t_1)\boldsymbol{A}(t_2)=\boldsymbol{A}(t_2)\boldsymbol{A}(t_1)$，则

$$\boldsymbol{\Phi}(t,t_0)=\mathrm{e}^{\int_{t_0}^{t}\boldsymbol{A}(\tau)\mathrm{d}\tau}=\boldsymbol{I}+\int_{t_0}^{t}\boldsymbol{A}(\tau)\mathrm{d}\tau+\frac{1}{2!}\left[\int_{t_0}^{t}\boldsymbol{A}(\tau)\mathrm{d}\tau\right]^2+\frac{1}{3!}\left[\int_{t_0}^{t}\boldsymbol{A}(\tau)\mathrm{d}\tau\right]^3+\cdots \tag{2.4.5}$$

(2)若 $\boldsymbol{A}(t_1)\boldsymbol{A}(t_2)\neq\boldsymbol{A}(t_2)\boldsymbol{A}(t_1)$，则

$$\boldsymbol{\Phi}(t,t_0)=\boldsymbol{I}+\int_{t_0}^{t}\boldsymbol{A}(\tau)\mathrm{d}\tau+\int_{t_0}^{t}\boldsymbol{A}(\tau_1)\int_{t_0}^{\tau_1}\boldsymbol{A}(\tau_2)\mathrm{d}\tau_2\mathrm{d}\tau_1+\cdots \tag{2.4.6}$$

4. $\boldsymbol{\Phi}(t,t_0)$ 的性质

(1) $\boldsymbol{\Phi}(t,t)=\boldsymbol{I}$；

(2) $\boldsymbol{\Phi}^{-1}(t,t_0)=\boldsymbol{\Psi}(t_0)\boldsymbol{\Psi}^{-1}(t)=\boldsymbol{\Phi}(t_0,t)$； (2.4.7)

(3) $\boldsymbol{\Phi}(t_2,t_0)=\boldsymbol{\Psi}(t_2)\boldsymbol{\Psi}^{-1}(t_0)=\boldsymbol{\Psi}(t_2)\boldsymbol{\Psi}^{-1}(t_1)\boldsymbol{\Psi}(t_1)\boldsymbol{\Psi}^{-1}(t_0)=\boldsymbol{\Phi}(t_2,t_1)\boldsymbol{\Phi}(t_1,t_0)$； (2.4.8)

(4) $\frac{\mathrm{d}}{\mathrm{d}t}\boldsymbol{\Phi}(t_0,t)=-\boldsymbol{\Phi}(t_0,t)\boldsymbol{A}(t)$。 (2.4.9)

证 $\boldsymbol{\Phi}(t_0,t)\boldsymbol{\Phi}^{-1}(t_0,t)=\boldsymbol{I}$，由式(2.4.7)，有

$$\boldsymbol{\Phi}(t_0,t)\boldsymbol{\Phi}(t,t_0)=\boldsymbol{I}$$

对上式等号两边求关于时间 t 的一阶导数，有

$$\frac{\mathrm{d}}{\mathrm{d}t}\boldsymbol{\Phi}(t_0,t)\cdot\boldsymbol{\Phi}(t,t_0)+\boldsymbol{\Phi}(t_0,t)\cdot\frac{\mathrm{d}}{\mathrm{d}t}\boldsymbol{\Phi}(t,t_0)=\mathbf{0}$$

$$\begin{aligned}\frac{\mathrm{d}}{\mathrm{d}t}\boldsymbol{\Phi}(t_0,t)&=-\boldsymbol{\Phi}(t_0,t)\cdot\frac{\mathrm{d}}{\mathrm{d}t}\boldsymbol{\Phi}(t,t_0)\cdot\boldsymbol{\Phi}^{-1}(t,t_0)\\&=-\boldsymbol{\Phi}(t_0,t)\cdot\boldsymbol{A}(t)\boldsymbol{\Phi}(t,t_0)\cdot\boldsymbol{\Phi}^{-1}(t,t_0)=-\boldsymbol{\Phi}(t_0,t)\cdot\boldsymbol{A}(t)\end{aligned}$$

于是，证明完成。

2.4.2 线性时变系统的运动规律

线性时变系统由初始状态和输入同时引起的状态运动规律表达式，即系统状态方程(2.4.1)在满足初始条件的解的表达式为

$$\boldsymbol{x}(t)=\boldsymbol{\Phi}(t,t_0)\boldsymbol{x}(t_0)+\int_{t_0}^{t}\boldsymbol{\Phi}(t,\tau)\boldsymbol{B}(\tau)\boldsymbol{u}(\tau)\mathrm{d}\tau \tag{2.4.10}$$

证 对式(2.4.10)的等号两边求关于时间 t 的一阶导数，得

$$\begin{aligned}\frac{\mathrm{d}}{\mathrm{d}t}\boldsymbol{x}(t)&=\frac{\partial}{\partial t}\boldsymbol{\Phi}(t,t_0)\boldsymbol{x}(t_0)+\frac{\partial}{\partial t}\int_{t_0}^{t}\boldsymbol{\Phi}(t,\tau)\boldsymbol{B}(\tau)\boldsymbol{u}(\tau)\mathrm{d}\tau\\&=\boldsymbol{A}(t)\boldsymbol{\Phi}(t,t_0)\boldsymbol{x}(t_0)+\boldsymbol{\Phi}(t,t)\boldsymbol{B}(t)\boldsymbol{u}(t)+\int_{t_0}^{t}\boldsymbol{A}(t)\boldsymbol{\Phi}(t,\tau)\boldsymbol{B}(\tau)\boldsymbol{u}(\tau)\mathrm{d}\tau\\&=\boldsymbol{A}(t)\left[\boldsymbol{\Phi}(t,t_0)\boldsymbol{x}(t_0)+\int_{t_0}^{t}\boldsymbol{\Phi}(t,\tau)\boldsymbol{B}(\tau)\boldsymbol{u}(\tau)\mathrm{d}\tau\right]+\boldsymbol{B}(t)\boldsymbol{u}(t)\\&=\boldsymbol{A}(t)\boldsymbol{x}(t)+\boldsymbol{B}(t)\boldsymbol{u}(t)\end{aligned}$$

注：$\frac{\partial}{\partial t}\int_{t_0}^{t}f(t,\tau)\mathrm{d}\tau=f(t,\tau)\big|_{\tau=t}+\int_{t_0}^{t}\frac{\partial}{\partial t}f(t,\tau)\mathrm{d}\tau$。

又因为，当 $t=t_0$ 时，

$$\boldsymbol{x}(t_0)=\boldsymbol{\Phi}(t_0,t_0)\boldsymbol{x}(t_0)+\int_{t_0}^{t_0}\boldsymbol{\Phi}(t_0,\tau)\boldsymbol{B}(\tau)\boldsymbol{u}(\tau)\mathrm{d}\tau=\boldsymbol{I}\times\boldsymbol{x}(t_0)+0=\boldsymbol{x}(t_0)$$

所以，式(2.4.10)是满足初始条件的状态方程(2.4.1)的解。于是，证明完成。

例 2.4.1 已知 $\dot{\boldsymbol{x}}=\boldsymbol{A}(t)\boldsymbol{x}$，$\boldsymbol{A}(t)=\begin{bmatrix}0 & \frac{1}{(t+1)^2}\\ 0 & 0\end{bmatrix}$，求 $\boldsymbol{\Phi}(t,t_0)$。

解 因为 $\boldsymbol{A}(t_1)\boldsymbol{A}(t_2)=\begin{bmatrix}0 & 0\\ 0 & 0\end{bmatrix}=\boldsymbol{A}(t_2)\boldsymbol{A}(t_1)$，所以

$$\boldsymbol{\Phi}(t,t_0)=\boldsymbol{I}+\int_{t_0}^{t}\begin{bmatrix}0 & \dfrac{1}{(\tau+1)^2}\\ 0 & 0\end{bmatrix}\mathrm{d}\tau+\frac{1}{2!}\left[\int_{t_0}^{t}\begin{bmatrix}0 & \dfrac{1}{(\tau+1)^2}\\ 0 & 0\end{bmatrix}\mathrm{d}\tau\right]^2+\cdots$$

$$=\begin{bmatrix}1 & 0\\ 0 & 1\end{bmatrix}+\begin{bmatrix}0 & \left.\dfrac{1}{\tau+1}\right|_{t}^{t_0}\\ 0 & 0\end{bmatrix}+0+0+\cdots=\begin{bmatrix}1 & \dfrac{t-t_0}{(t+1)(t_0+1)}\\ 0 & 1\end{bmatrix}$$

例 2.4.2 已知 $\dot{\boldsymbol{x}}(t)=\begin{bmatrix}0 & 0\\ t & 0\end{bmatrix}\boldsymbol{x}(t)+\begin{bmatrix}1\\ 1\end{bmatrix}u$，$u=1(t-1)$, $x_1(1)=1$, $x_2(1)=2$, $t_0=1$，求 $\boldsymbol{x}(t)$。

解 解向量微分方程 $\begin{cases}\dot{x}_1=0\\ \dot{x}_2=tx_1\end{cases}$，得

$$x_1(t)=x_1(t_0)$$

$$x_2(t)=\frac{1}{2}t^2x_1(t)-\frac{1}{2}{t_0}^2x_1(t)+x_2(t_0)$$

取 $\begin{cases}x_1(t_0)=0\\ x_2(t_0)=1\end{cases}$ 得上述向量微分方程的解为 $\boldsymbol{\psi}_1(t)=\begin{bmatrix}0\\ 1\end{bmatrix}$；

取 $\begin{cases}x_1(t_0)=2\\ x_2(t_0)=0\end{cases}$ 得上述向量微分方程的解为 $\boldsymbol{\psi}_2(t)=\begin{bmatrix}2\\ t^2-t_0^2\end{bmatrix}$。

所以，上述向量微分方程的基本解矩阵为

$$\boldsymbol{\psi}(t)=[\boldsymbol{\psi}_1(t)\quad \boldsymbol{\psi}_1(t)]=\begin{bmatrix}0 & 2\\ 1 & t^2-t_0^2\end{bmatrix}$$

系统的状态转移矩阵为

$$\boldsymbol{\Phi}(t,t_0)=\boldsymbol{\psi}(t)\boldsymbol{\psi}^{-1}(t_0)=\begin{bmatrix}0 & 2\\ 1 & t^2-t_0^2\end{bmatrix}\begin{bmatrix}0 & 2\\ 1 & 0\end{bmatrix}^{-1}=\begin{bmatrix}1 & 0\\ 0.5t^2-0.5t_0^2 & 1\end{bmatrix}$$

所以

$$\boldsymbol{x}(t)=\boldsymbol{\Phi}(t,t_0)\boldsymbol{x}(t_0)+\int_{t_0}^{t}\boldsymbol{\Phi}(t,\tau)\boldsymbol{B}(\tau)\boldsymbol{u}(\tau)\mathrm{d}\tau=\begin{bmatrix}t\\ \dfrac{1}{3}t^3+t+\dfrac{2}{3}\end{bmatrix}$$

2.4.3 线性时变系统的脉冲响应矩阵

令 $\boldsymbol{G}(t,\tau)$ 为线性时变系统(2.4.1)的单位脉冲响应矩阵，其和状态空间描述之间的关系式为

$$\boldsymbol{G}(t,\tau)=\boldsymbol{C}(t)\boldsymbol{\Phi}(t,\tau)\boldsymbol{B}(\tau)+\boldsymbol{D}(t)\delta(t-\tau)\tag{2.4.11}$$

证 系统(2.4.1)的输入-输出描述为

$$\boldsymbol{y}(t)=\int_{t_0}^{t}\boldsymbol{G}(t,\tau)\boldsymbol{u}(\tau)\mathrm{d}\tau\tag{2.4.12}$$

将式(2.4.10)代入式(2.4.1)的输出方程，得在 $\boldsymbol{x}(t_0)=\boldsymbol{0}$ 条件下的输出：

$$
\begin{aligned}
\boldsymbol{y}(t) &= \boldsymbol{C}(t)\int_{t_0}^{t} \boldsymbol{\Phi}(t,\tau)\boldsymbol{B}(\tau)\boldsymbol{u}(\tau)\mathrm{d}\tau + \boldsymbol{D}(t)\boldsymbol{u}(t) \\
&= \int_{t_0}^{t} [\boldsymbol{C}(t)\boldsymbol{\Phi}(t,\tau)\boldsymbol{B}(\tau) + \boldsymbol{D}(t)\delta(t-\tau)]\boldsymbol{u}(\tau)\mathrm{d}\tau
\end{aligned} \tag{2.4.13}
$$

对比式(2.4.12)和式(2.4.13)，有

$$
\boldsymbol{G}(t,\tau) = \boldsymbol{C}(t)\boldsymbol{\Phi}(t,\tau)\boldsymbol{B}(\tau) + \boldsymbol{D}(t)\delta(t-\tau)
$$

于是，证明完成。

2.5 线性连续系统的时间离散化

当利用数字计算机来控制连续时间的受控对象时，以及利用数字计算机分析连续时间系统时，都需要把连续时间系统化为等价的离散时间系统。

2.5.1 数字控制系统的基本形式

图 2.5.1 是数字控制系统的基本形式。受控对象是一个连续时间系统，其状态向量 $\boldsymbol{x}(t)$、输入向量 $\boldsymbol{u}(t)$ 和输出向量 $\boldsymbol{y}(t)$ 都是时间 t 的连续函数向量。受控对象在输入向量 $\boldsymbol{u}(t)$ 的作用下产生输出响应 $\boldsymbol{y}(t)$，经测量环节，反馈到系统的输入端，这里假定测量环节是一个比例系数为 1 的比例环节，即单位反馈。参考输入向量 $\boldsymbol{r}(t)$ 和受控对象输出向量 $\boldsymbol{y}(t)$ 经采样器采样变成只与采样时刻 k 有关的离散向量 $\boldsymbol{r}(k)$ 和 $\boldsymbol{y}(k)$，$k=0,1,2,\cdots$，然后送到模数转换器(A/D 转换器)。常用的采样器采用等周期的采样方法。A/D 转换器将模拟量转换成能被数字计算机接收和处理的数字量。数字计算机实现一定的控制器算法，并将控制器输出送给数模转换器(D/A 转换器)，D/A 转换器将数字量转换为模拟量 $\boldsymbol{u}(k)$。保持器的作用是把离散信号 $\boldsymbol{u}(k)$ 变换为连续信号 $\boldsymbol{u}(t)$，分为零阶保持器和一阶保持器等。如果把保持器-受控对象-采样器看成一个整体，并用 $\boldsymbol{x}(k)$ 表示其离散状态向量，那么它就组成分别以 $\boldsymbol{x}(k)$、$\boldsymbol{u}(k)$ 和 $\boldsymbol{y}(k)$ 为状态向量、输入向量和输出向量的离散时间系统，其状态空间描述即连续时间系统的时间离散化模型，其示意图如图 2.5.2 所示。

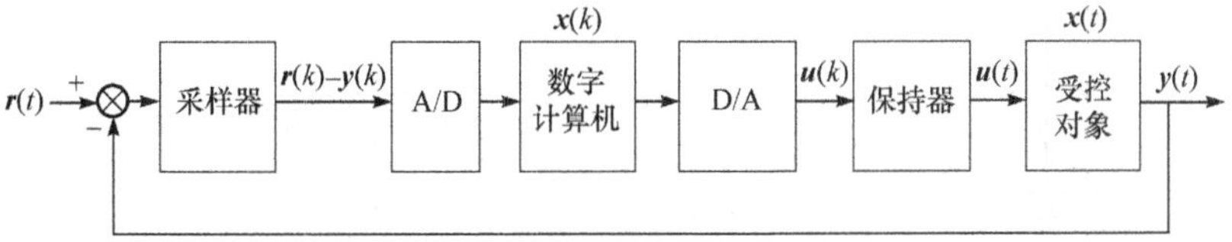

图 2.5.1 数字控制系统的基本形式

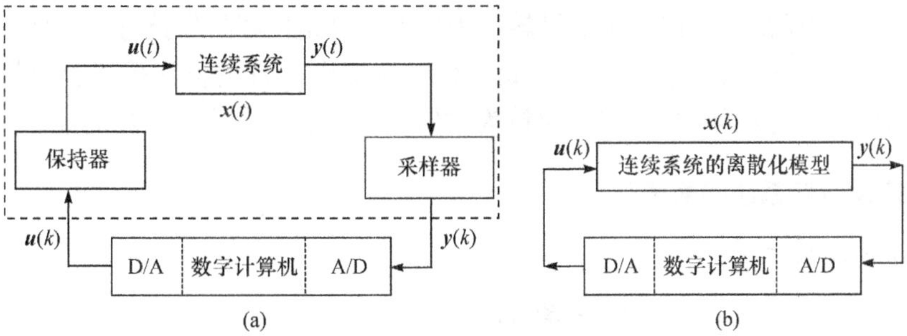

图 2.5.2 连续时间系统的离散化

连续时间系统的时间离散化的数学实质，就是在一定的采样方式和保持方式下，由系统的连续时间状态空间描述来导出其对应的离散时间状态空间描述，并建立起两者的系数矩阵间的关系式。

2.5.2 离散化的假设条件

在以下三个基本条件下，对连续时间系统进行时间离散化。

(1)采样器的采样方式取为以常数 T 为周期的等间隔采样。采样瞬时为 $t_k = kT$ ，$k = 0,1,2,\cdots$ 。采样时间宽度 $\varDelta$ 比采用周期 T 要小得多，即 $\varDelta \ll T$ ，因而可将其视为零。用 $\boldsymbol{y}(t)$ 和 $\boldsymbol{y}(k)$ 分别表示采样器的输入和输出信号，则在此假定下两者有如下的关系式：

$$\boldsymbol{y}(k)=\begin{cases}\boldsymbol{y}(t), & t=kT\\ 0, & t\neq kt\end{cases},\quad k=0,1,2,\cdots \tag{2.5.1}$$

这种采样方式的示意图如图 2.5.3 所示，$y_i(t)$ 和 $y_i(k)$ 分别为向量 $\boldsymbol{y}(t)$ 和 $\boldsymbol{y}(k)$ 的第 i 个分量，$i = 1,2,\cdots,q$ 。

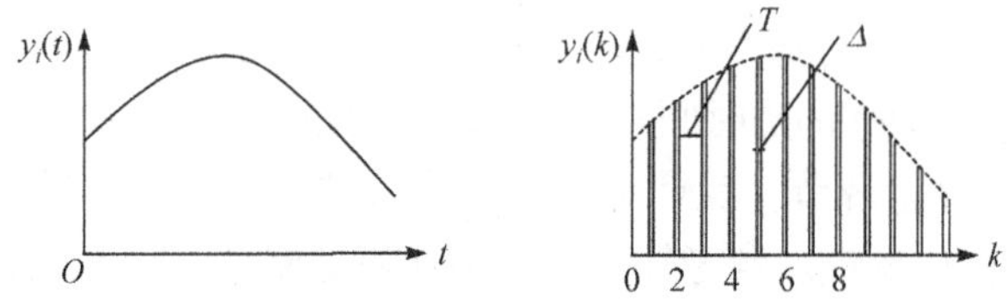

图 2.5.3 周期为 T 的等间隔采样示意图

(2)采样周期 T 满足香农采样定理，以保证圆满复原连续信号。设连续信号 $y_i(t)$ 的幅频谱 $|Y_i(\mathrm{j}\omega)|$ 如图 2.5.4 所示，它是对称于纵坐标的，ω_c 为其上限频率。香农采样定理指出：离散信号 $y_i(k)$ 可以圆满地复原连续信号 $y_i(t)$ 的条件为采样频率 ω_s 满足如下的不等式：

$$\omega_s > 2\omega_c \tag{2.5.2}$$

其中，$\omega_s = 2\pi / T$ ，则由式(2.5.2)，采样周期满足如下不等式：

$$T < \pi / \omega_c \tag{2.5.3}$$

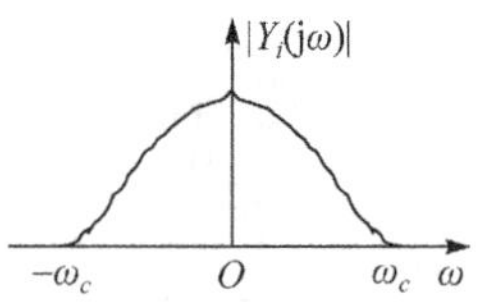

图 2.5.4 连续信号的幅频谱及其上限频率

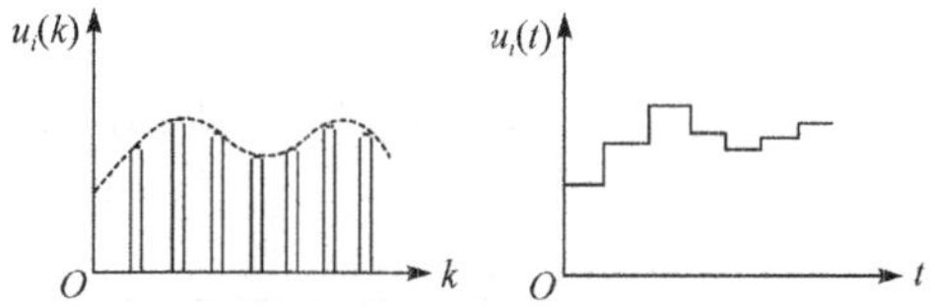

图 2.5.5 零阶保持器示意图

(3)保持器是零阶的，即把离散信号转换为连续信号是按零阶保持方式来实现的。零阶保持的示意图见图 2.5.5。零阶保持的特点是：保持器输出 $u_i(t)$ 的值在采样瞬时等于离散信号 $u_i(k)$ 的值，而在两个采样时刻之间则保持为常值且等于前一个采样时刻的值。

2.5.3 线性连续时变系统的离散化

对线性连续时变系统：

$$\begin{cases}\dot{\boldsymbol{x}} = \boldsymbol{A}(t)\boldsymbol{x} + \boldsymbol{B}(t)\boldsymbol{u}\\ \boldsymbol{y} = \boldsymbol{C}(t)\boldsymbol{x} + \boldsymbol{D}(t)\boldsymbol{u}, \quad \boldsymbol{x}(t_0) = \boldsymbol{x}_0, \quad t \in [t_0, t_\alpha]\end{cases} \tag{2.5.4}$$

在上述离散化假设条件下，则

$$\begin{cases}\boldsymbol{x}(k+1)=\boldsymbol{G}(k)\boldsymbol{x}(k)+\boldsymbol{H}(k)\boldsymbol{u}(k), \quad k=0,1,\cdots,l \\ \boldsymbol{y}(k)=\boldsymbol{C}(k)\boldsymbol{x}(k)+\boldsymbol{D}(k)\boldsymbol{u}(k), \quad \boldsymbol{x}(0)=\boldsymbol{x}_0\end{cases} \tag{2.5.5}$$

并且两者的系数矩阵间存在如下的关系式：

$$\begin{aligned}&\boldsymbol{G}(k)=\boldsymbol{\Phi}((k+1)T,kT)\triangleq\boldsymbol{\Phi}(k+1,k)\\&\boldsymbol{H}(k)=\int_{kT}^{(k+1)T}\boldsymbol{\Phi}((k+1)T,\tau)\boldsymbol{B}(\tau)\mathrm{d}\tau\\&\boldsymbol{C}(k)=\left[\boldsymbol{C}(t)\right]_{t=kT}\\&\boldsymbol{D}(k)=\left[\boldsymbol{D}(t)\right]_{t=kT}\end{aligned} \tag{2.5.6}$$

其中，$\boldsymbol{x}(k)=\left[\boldsymbol{x}(t)\right]_{t=kT}$；$\boldsymbol{y}(k)=\left[\boldsymbol{y}(t)\right]_{t=kT}$；$\boldsymbol{u}(k)=\left[\boldsymbol{u}(t)\right]_{t=kT}$；$l=\dfrac{t_\alpha-t_0}{T}$；$T$ 为采样周期；$\boldsymbol{\Phi}(t,t_0)$ 为连续系统的状态转移矩阵。

证 线性连续时变系统(2.5.4)的状态运动表达式为

$$\boldsymbol{x}(t)=\boldsymbol{\Phi}(t,t_0)\boldsymbol{x}(t_0)+\int_{t_0}^{t}\boldsymbol{\Phi}(t,\tau)\boldsymbol{B}(\tau)\boldsymbol{u}(\tau)\mathrm{d}\tau$$

令 $t=(k+1)T, t_0=0\cdot T=0$，可得

$$\begin{aligned}\boldsymbol{x}(k+1)&=\boldsymbol{\Phi}(k+1,0)\boldsymbol{x}_0+\int_0^{(k+1)T}\boldsymbol{\Phi}((k+1)T,\tau)\boldsymbol{B}(\tau)\boldsymbol{u}(\tau)\mathrm{d}\tau\\&=\boldsymbol{\Phi}(k+1,k)\boldsymbol{\Phi}(k,0)\boldsymbol{x}_0+\int_0^{(k+1)T}\boldsymbol{\Phi}((k+1)T,kT)\boldsymbol{\Phi}(kT,\tau)\boldsymbol{B}(\tau)\boldsymbol{u}(\tau)\mathrm{d}\tau\\&=\boldsymbol{\Phi}(k+1,k)\boldsymbol{\Phi}(k,0)\boldsymbol{x}_0+\int_0^{kT}\boldsymbol{\Phi}((k+1)T,kT)\boldsymbol{\Phi}(kT,\tau)\boldsymbol{B}(\tau)\boldsymbol{u}(\tau)\mathrm{d}\tau\\&\quad+\int_{kT}^{(k+1)T}\boldsymbol{\Phi}((k+1)T,\tau)\boldsymbol{B}(\tau)\boldsymbol{u}(\tau)\mathrm{d}\tau\\&\overset{\text{省略}T}{=}\boldsymbol{\Phi}(k+1,k)\left[\boldsymbol{\Phi}(k,0)\boldsymbol{x}_0+\int_0^{kT}\boldsymbol{\Phi}(kT,\tau)\boldsymbol{B}(\tau)\boldsymbol{u}(\tau)\mathrm{d}\tau\right]\\&\quad+\left[\int_{kT}^{(k+1)T}\boldsymbol{\Phi}((k+1)T,\tau)\boldsymbol{B}(\tau)\mathrm{d}\tau\right]\boldsymbol{u}(k)\\&=\boldsymbol{\Phi}(k+1,k)\boldsymbol{x}(k)+\boldsymbol{H}(k)\boldsymbol{u}(k)\end{aligned}$$

令 $t=kT$，得到输出方程的离散化模型：

$$\boldsymbol{y}(k)=\boldsymbol{C}(k)\boldsymbol{x}(k)+\boldsymbol{D}(k)\boldsymbol{u}(k)$$

于是，证明完成。

2.5.4 线性连续定常系统的离散化

对线性连续定常系统：

$$\begin{cases}\dot{\boldsymbol{x}}=\boldsymbol{A}\boldsymbol{x}+\boldsymbol{B}\boldsymbol{u}, \quad \boldsymbol{x}(t_0)=\boldsymbol{x}_0, \quad t\geqslant t_0\\ \boldsymbol{y}=\boldsymbol{C}\boldsymbol{x}+\boldsymbol{D}\boldsymbol{u}\end{cases} \tag{2.5.7}$$

则其在基本假设下的时间离散化模型为

$$\begin{cases}\boldsymbol{x}(k+1)=\boldsymbol{G}\boldsymbol{x}(k)+\boldsymbol{H}\boldsymbol{u}(k), & k=0,1,\cdots \\ \boldsymbol{y}(k)=\boldsymbol{C}\boldsymbol{x}(k)+\boldsymbol{D}\boldsymbol{u}(k), & \boldsymbol{x}(0)=\boldsymbol{x}_0\end{cases} \tag{2.5.8}$$

其中，系数矩阵为

$$\begin{aligned}\boldsymbol{G}&=\mathrm{e}^{\boldsymbol{A}T}\\ \boldsymbol{H}&=\left(\int_0^T \mathrm{e}^{\boldsymbol{A}T}\mathrm{d}t\right)\boldsymbol{B}\end{aligned} \tag{2.5.9}$$

证 因为定常系统是时变系统的特殊情况，所以由式(2.5.6)，有

$$\boldsymbol{G}(k)=\boldsymbol{\Phi}((k+1)T,kT)=\boldsymbol{\Phi}((k+1)T-kT)=\boldsymbol{\Phi}(T)=\mathrm{e}^{\boldsymbol{A}T}$$

和

$$\boldsymbol{H}=\int_{kT}^{(k+1)T}\boldsymbol{\Phi}((k+1)T,\tau)\boldsymbol{B}\mathrm{d}\tau=\int_{kT}^{(k+1)T}\boldsymbol{\Phi}((k+1)T-\tau)\boldsymbol{B}\mathrm{d}\tau$$

令 $(k+1)T-\tau=t$，$\mathrm{d}\tau=-\mathrm{d}t$，有

$$\boldsymbol{H}=\int_T^0\boldsymbol{\Phi}(t)\boldsymbol{B}(-\mathrm{d}t)=\int_0^T\boldsymbol{\Phi}(t)\boldsymbol{B}\mathrm{d}t=\left[\int_0^T\boldsymbol{\Phi}(t)\mathrm{d}t\right]\boldsymbol{B}$$

于是，证明完成。

2.5.5 结论

式(2.5.6)和式(2.5.9)给出了求解线性连续时间系统离散化问题的算法。由此还可导出如下结论。

(1)时间离散化不改变系统的时变性或定常性，即时变连续系统离散化后仍为时变系统，而定常连续系统离散化后仍为定常系统。

(2)连续系统离散化后，不管连续系统系数矩阵 $\boldsymbol{A}(t)$ 或 $\boldsymbol{A}$ 是否为非奇异，离散化后系统的矩阵 $\boldsymbol{G}(k)$ 或 $\boldsymbol{G}$ 必为非奇异的，这是因为状态转移矩阵 $\boldsymbol{\Phi}(t,t_0)$ 是非奇异的。

例 2.5.1 已知线性连续定常系统：

$$\begin{bmatrix}\dot{x}_1\\ \dot{x}_2\end{bmatrix}=\begin{bmatrix}0 & 1\\ 0 & -2\end{bmatrix}\begin{bmatrix}x_1\\ x_2\end{bmatrix}+\begin{bmatrix}0\\ 1\end{bmatrix}u,\quad t\geqslant 0$$

采样周期 $T=0.1\mathrm{s}$，求其时间离散化模型。

解 首先求给定连续定常系统的状态转移矩阵 $\mathrm{e}^{\boldsymbol{A}t}$：

$$\mathrm{e}^{\boldsymbol{A}t}=\mathscr{L}^{-1}\left[(s\boldsymbol{I}-\boldsymbol{A})^{-1}\right]=\mathscr{L}^{-1}\left(\begin{bmatrix}s & -1\\ 0 & s+2\end{bmatrix}^{-1}\right)=\mathscr{L}^{-1}\begin{bmatrix}\dfrac{1}{s} & \dfrac{1}{s(s+2)}\\ 0 & \dfrac{1}{s+2}\end{bmatrix}=\begin{bmatrix}1 & 0.5(1-\mathrm{e}^{-2t})\\ 0 & \mathrm{e}^{-2t}\end{bmatrix}$$

由式(2.5.9)，有

$$\boldsymbol{G}=\mathrm{e}^{\boldsymbol{A}T}=\begin{bmatrix}1 & 0.5(1-\mathrm{e}^{-2T})\\ 0 & \mathrm{e}^{-2T}\end{bmatrix}=\begin{bmatrix}1 & 0.091\\ 0 & 0.819\end{bmatrix}$$

$$\boldsymbol{H}=\left(\int_0^T \mathrm{e}^{AT}\mathrm{d}t\right)\boldsymbol{B}=\left(\int_0^T \begin{bmatrix}1 & 0.5(1-\mathrm{e}^{-2t})\\ 0 & \mathrm{e}^{-2t}\end{bmatrix}\mathrm{d}t\right)\begin{bmatrix}0\\1\end{bmatrix}$$

$$=\begin{bmatrix}* & 0.5T+0.25\mathrm{e}^{2T}-0.25\\ * & -0.5\mathrm{e}^{2T}+0.5\end{bmatrix}\begin{bmatrix}0\\1\end{bmatrix}$$

$$=\begin{bmatrix}0.5T+0.25\mathrm{e}^{2T}-0.25\\ -0.5\mathrm{e}^{2T}+0.5\end{bmatrix}=\begin{bmatrix}0.005\\0.091\end{bmatrix}$$

于是，给定的连续时间系统的离散化模型的状态空间描述为

$$\begin{bmatrix}x_1(k+1)\\x_2(k+1)\end{bmatrix}=\begin{bmatrix}1 & 0.091\\0 & 0.819\end{bmatrix}\begin{bmatrix}x_1(k)\\x_2(k)\end{bmatrix}+\begin{bmatrix}0.0005\\0.091\end{bmatrix}u(k)$$

2.6 线性离散系统的运动分析

考虑线性时变离散系统：

$$\begin{cases}\boldsymbol{x}(k+1)=\boldsymbol{G}(k)\boldsymbol{x}(k)+\boldsymbol{H}(k)\boldsymbol{u}(k), & k=0,1,2,\cdots\\ \boldsymbol{y}(k)=\boldsymbol{C}(k)\boldsymbol{x}(k)+\boldsymbol{D}(k)\boldsymbol{u}(k), & \boldsymbol{x}(0)=\boldsymbol{x}_0\end{cases} \tag{2.6.1}$$

其中，$\boldsymbol{x}$ 为 n 维状态向量；$\boldsymbol{u}$ 为 p 维输入向量；$\boldsymbol{y}$ 为 q 维输出向量；$\boldsymbol{G}(k)$、$\boldsymbol{H}(k)$、$\boldsymbol{C}(k)$ 和 $\boldsymbol{D}(k)$ 分别为 $n\times n$、$n\times p$、$q\times n$ 和 $q\times p$ 的矩阵，它们的元素随着采样时刻 k 的变化而发生变化。对离散系统既可导出状态转移矩阵 $\boldsymbol{\Phi}(k,k_0)$，也可将其状态运动响应分解为零输入响应和零状态响应之和。

2.6.1 迭代法求解线性离散系统的状态方程

给定系统的初始状态 $\boldsymbol{x}(0)=\boldsymbol{x}_0$，以及各采样时刻的输入 $\boldsymbol{u}(0),\boldsymbol{u}(1),\boldsymbol{u}(2),\cdots$，则系统的状态可按如下迭代地进行计算。

(1) 令 $k=0$，则由已知 $\boldsymbol{x}(0)$ 和 $\boldsymbol{u}(0)$，将其代入式(2.6.1)可得

$$\boldsymbol{x}(1)=\boldsymbol{G}(0)\boldsymbol{x}(0)+\boldsymbol{H}(0)\boldsymbol{u}(0)$$

(2) 令 $k=1$，由步骤(1)求得的 $\boldsymbol{x}(1)$ 和已知 $\boldsymbol{u}(1)$，将其代入式(2.6.1)可得

$$\boldsymbol{x}(2)=\boldsymbol{G}(1)\boldsymbol{x}(1)+\boldsymbol{H}(1)\boldsymbol{u}(1)$$

(3) 令 $k=2$，由步骤(2)求得的 $\boldsymbol{x}(2)$ 和已知 $\boldsymbol{u}(2)$，将其代入式(2.6.1)可得

$$\boldsymbol{x}(3)=\boldsymbol{G}(2)\boldsymbol{x}(2)+\boldsymbol{H}(2)\boldsymbol{u}(2)$$

(4) 令 $k=l-1$，其中 l 为给定问题的时间区间的末时刻，那么由上一步求得 $\boldsymbol{x}(l-1)$ 和已知 $\boldsymbol{u}(l-1)$ 可得

$$\boldsymbol{x}(l)=\boldsymbol{G}(l-1)\boldsymbol{x}(l-1)+\boldsymbol{H}(l-1)\boldsymbol{u}(l-1)$$

不难看出，这是一种递推算法，因此适合于在计算机上进行计算。但是，由于每一步的计算依赖于前一步的计算结果，计算过程中引入的误差会造成误差累积，这是迭代法的缺点。

2.6.2 线性离散时间系统的状态转移矩阵

同连续系统一样，离散系统的状态运动可以由其状态转移矩阵来描述，因此，在讨论线性离散系统状态运动规律之前，先介绍离散系统的状态转移矩阵。

对系统(2.6.1)，称满足

$$\begin{cases}\boldsymbol{\Phi}(k+1,m)=\boldsymbol{G}(k)\boldsymbol{\Phi}(k,m)\\ \boldsymbol{\Phi}(m,m)=\boldsymbol{I}, \quad k=0,1,2,\cdots; \quad m=0,1,2,\cdots,k\end{cases} \tag{2.6.2}$$

的 $n\times n$ 矩阵 $\boldsymbol{\Phi}(k,m)$ 为线性离散系统(2.6.1)的状态转移矩阵。

不难验证满足式(2.6.2)的 $\boldsymbol{\Phi}(k,m)$ 可表示为

$$\boldsymbol{\Phi}(k,m)=\boldsymbol{G}(k-1)\boldsymbol{G}(k-2)\cdots\boldsymbol{G}(m) \tag{2.6.3}$$

这是因为

$$\begin{aligned}\boldsymbol{\Phi}(k,m)&=\boldsymbol{G}(k-1)\boldsymbol{\Phi}(k-1,m)=\boldsymbol{G}(k-1)\boldsymbol{G}(k-2)\boldsymbol{\Phi}(k-2,m)\\&=\boldsymbol{G}(k-1)\boldsymbol{G}(k-2)\cdots\boldsymbol{G}(m)\boldsymbol{\Phi}(m,m)=\boldsymbol{G}(k-1)\boldsymbol{G}(k-2)\cdots\boldsymbol{G}(m)\end{aligned}$$

对线性定常离散系统：

$$\begin{cases}\boldsymbol{x}(k+1)=\boldsymbol{G}\boldsymbol{x}(k)+\boldsymbol{H}\boldsymbol{u}(k), \quad k=0,1,2,\cdots\\ \boldsymbol{y}(k)=\boldsymbol{C}\boldsymbol{x}(k)+\boldsymbol{D}\boldsymbol{u}(k)\end{cases} \tag{2.6.4}$$

其状态转移矩阵为

$$\boldsymbol{\Phi}(k,m)=\boldsymbol{G}^{k-m} \triangleq \boldsymbol{\Phi}(k-m) \tag{2.6.5}$$

这是因为由式(2.6.3)，有 $\boldsymbol{\Phi}(k,m)=\boldsymbol{G}\boldsymbol{G}\cdots\boldsymbol{G}=\boldsymbol{G}^{k-m}$。

从式(2.6.3)和式(2.6.5)可以看出，线性离散系统的状态转移矩阵与线性连续系统的一个重要区别为，$\boldsymbol{\Phi}(k,m)$ 或 $\boldsymbol{\Phi}(k-m)$ 并不总是非奇异的，其依赖于 $\boldsymbol{G}(k)$ 或 $\boldsymbol{G}$ 的非奇异性。但是，对于连续系统的时间离散化系统，其状态转移矩阵必是非奇异的。

2.6.3 线性离散时变系统的状态运动规律

对于线性离散时变系统(2.6.1)，其状态运动的一般表达式为

$$\boldsymbol{x}(k)=\boldsymbol{\Phi}(k,0)\boldsymbol{x}_0+\sum_{i=0}^{k-1}\boldsymbol{\Phi}(k,i+1)\boldsymbol{H}(i)\boldsymbol{u}(i) \tag{2.6.6}$$

其中，$\boldsymbol{\Phi}(k,m)\ (m=0,1,2,\cdots,k)$ 为线性离散系统的状态转移矩阵。

证 由式(2.6.1)和式(2.6.3)，有

$$\boldsymbol{x}(1)=\boldsymbol{G}(0)\boldsymbol{x}(0)+\boldsymbol{H}(0)\boldsymbol{u}(0)$$

$$\boldsymbol{x}(2)=\boldsymbol{G}(1)\boldsymbol{x}(1)+\boldsymbol{H}(1)\boldsymbol{u}(1)=\boldsymbol{G}(1)\boldsymbol{G}(0)\boldsymbol{x}(0)+\boldsymbol{G}(1)\boldsymbol{H}(0)\boldsymbol{u}(0)+\boldsymbol{H}(1)\boldsymbol{u}(1)$$

$$\boldsymbol{x}(3)=\boldsymbol{G}(2)\boldsymbol{G}(1)\boldsymbol{G}(0)\boldsymbol{x}(0)+\boldsymbol{G}(2)\boldsymbol{G}(1)\boldsymbol{H}(0)\boldsymbol{u}(0)+\boldsymbol{G}(2)\boldsymbol{H}(1)\boldsymbol{u}(1)+\boldsymbol{H}(2)\boldsymbol{u}(2)$$

$$\cdots$$

$$\begin{aligned}\boldsymbol{x}(k)=&\boldsymbol{G}(k-1)\boldsymbol{G}(k-2)\cdots\boldsymbol{G}(1)\boldsymbol{G}(0)\boldsymbol{x}(0)+\boldsymbol{G}(k-1)\boldsymbol{G}(k-2)\cdots\boldsymbol{G}(1)\boldsymbol{H}(0)\boldsymbol{u}(0)\\&+\boldsymbol{G}(k-1)\boldsymbol{G}(k-2)\cdots\boldsymbol{G}(2)\boldsymbol{H}(1)\boldsymbol{u}(1)+\cdots+\boldsymbol{G}(k-1)\boldsymbol{H}(k-2)\boldsymbol{u}(k-2)+\boldsymbol{H}(k-1)\boldsymbol{u}(k-1)\end{aligned} \tag{2.6.7}$$

由式(2.6.3)，得

$$\boldsymbol{x}(k)=\boldsymbol{\Phi}(k,0)\boldsymbol{x}_0+\boldsymbol{\Phi}(k,1)\boldsymbol{H}(0)\boldsymbol{u}(0)+\boldsymbol{\Phi}(k,2)\boldsymbol{H}(1)\boldsymbol{u}(1)+\cdots+\boldsymbol{\Phi}(k,k-1)\boldsymbol{H}(k-2)\boldsymbol{u}(k-2)$$
$$+\boldsymbol{\Phi}(k,k)\boldsymbol{H}(k-1)\boldsymbol{u}(k-1)=\boldsymbol{\Phi}(k,0)\boldsymbol{x}_0+\sum_{i=0}^{k-1}\boldsymbol{\Phi}(k,i+1)\boldsymbol{H}(i)\boldsymbol{u}(i)$$

于是，证明完成。

2.6.4 线性离散定常系统的状态运动规律

对于线性离散定常系统：

$$\begin{cases}\boldsymbol{x}(k+1)=\boldsymbol{G}\boldsymbol{x}(k)+\boldsymbol{H}\boldsymbol{u}(k)\\ \boldsymbol{y}(k)=\boldsymbol{C}\boldsymbol{x}(k)+\boldsymbol{D}\boldsymbol{u}(k),\quad \boldsymbol{x}(0)=\boldsymbol{x}_0,\quad k=0,1,2,\cdots\end{cases}\tag{2.6.8}$$

其状态运动的一般表达式为

$$\boldsymbol{x}(k)=\boldsymbol{G}^k\boldsymbol{x}_0+\sum_{i=0}^{k-1}\boldsymbol{G}^{k-i-1}\boldsymbol{H}\boldsymbol{u}(i)\tag{2.6.9}$$

证 对于定常系统，有

$$\boldsymbol{G}(0)=\boldsymbol{G}(1)=\cdots=\boldsymbol{G}(k)=\boldsymbol{G}\tag{2.6.10}$$
$$\boldsymbol{H}(0)=\boldsymbol{H}(1)=\cdots=\boldsymbol{H}(k)=\boldsymbol{H}\tag{2.6.11}$$

将式(2.6.10)和式(2.6.11)代入式(2.6.7)，得

$$\boldsymbol{x}(k)=\boldsymbol{G}^k\boldsymbol{x}_0+\boldsymbol{G}^{k-1}\boldsymbol{H}\boldsymbol{u}(0)+\boldsymbol{G}^{k-2}\boldsymbol{H}\boldsymbol{u}(1)+\cdots+\boldsymbol{G}\boldsymbol{H}\boldsymbol{u}(k-2)+\boldsymbol{H}\boldsymbol{u}(k-1)$$
$$=\boldsymbol{G}^k\boldsymbol{x}_0+\sum_{i=0}^{k-1}\boldsymbol{G}^{k-i-1}\boldsymbol{H}\boldsymbol{u}(i)$$

于是，证明完成。

习　题

2.1 对于下列给出的常阵 $\boldsymbol{A}$，计算它们的矩阵指数函数 $\mathrm{e}^{\boldsymbol{A}t}$：

(1) $\boldsymbol{A}=\begin{bmatrix}-2 & 0\\ 0 & -3\end{bmatrix}$；　(2) $\boldsymbol{A}=\begin{bmatrix}-2 & 1\\ 0 & -2\end{bmatrix}$；

(3) $\boldsymbol{A}=\begin{bmatrix}0 & 0\\ 1 & 0\end{bmatrix}$；　(4) $\boldsymbol{A}=\begin{bmatrix}0 & -1\\ 4 & 0\end{bmatrix}$。

2.2 用三种方法计算下列矩阵 $\boldsymbol{A}$ 的矩阵指数函数 $\mathrm{e}^{\boldsymbol{A}t}$：

(1) $\boldsymbol{A}=\begin{bmatrix}0 & 1\\ -2 & -3\end{bmatrix}$；　(2) $\boldsymbol{A}=\begin{bmatrix}0 & 1 & 0\\ 0 & 0 & 1\\ -6 & -11 & -6\end{bmatrix}$。

2.3 试求下列各系统的状态变量解 $x_1(t)$ 和 $x_2(t)$：

(1) $\begin{bmatrix}\dot{x}_1\\ \dot{x}_2\end{bmatrix}=\begin{bmatrix}0 & 1\\ -3 & -2\end{bmatrix}\begin{bmatrix}x_1\\ x_2\end{bmatrix}$，$\begin{bmatrix}x_1(0)\\ x_2(0)\end{bmatrix}=\begin{bmatrix}1\\ 1\end{bmatrix}$；

(2) $\begin{bmatrix}\dot{x}_1\\ \dot{x}_2\end{bmatrix}=\begin{bmatrix}0 & 1\\ -2 & -3\end{bmatrix}\begin{bmatrix}x_1\\ x_2\end{bmatrix}+\begin{bmatrix}2\\ 0\end{bmatrix}u$，$\begin{bmatrix}x_1(0)\\ x_2(0)\end{bmatrix}=\begin{bmatrix}0\\ 1\end{bmatrix}$，$u(t)=\mathrm{e}^{-t}$，$t\geqslant 0$。

2.4 对于给定的系统，已知

$$\boldsymbol{\Phi}(t)=\begin{bmatrix} e^{-t} & 0 \\ 0 & e^{-2t} \end{bmatrix},\quad \boldsymbol{b}=\begin{bmatrix} 1 \\ 1 \end{bmatrix},\quad \boldsymbol{x}(0)=\begin{bmatrix} 2 \\ 3 \end{bmatrix}$$

试定出相对于下列各个 $u(t)$ 时的状态响应 $\boldsymbol{x}(t)$：

(1) $u(t)=\delta(t)$（单位脉冲函数）；

(2) $u(t)=1(t)$（单位阶跃函数）；

(3) $u(t)=t$ ；

(4) $u(t)=\sin t$ 。

2.5 已知某线性定常系统的状态转移矩阵 $\boldsymbol{\Phi}(t)$ 为

$$\boldsymbol{\Phi}(t)=\begin{bmatrix} \frac{1}{2}(e^{-t}+e^{3t}) & \frac{1}{4}(-e^{-t}+e^{3t}) \\ -e^{-t}+e^{3t} & \frac{1}{2}(e^{-t}+e^{3t}) \end{bmatrix}$$

试定出其系统矩阵 $\boldsymbol{A}$ 。

2.6 利用拉普拉斯变换证明：线性定常系统 $\dot{\boldsymbol{x}}=\boldsymbol{A}\boldsymbol{x}+\boldsymbol{B}\boldsymbol{u},\quad \boldsymbol{x}(0)=\boldsymbol{x}_0$ 的状态运动的一般表达式为

$$\boldsymbol{x}(t)=e^{\boldsymbol{A}t}x_0+\int_0^t e^{\boldsymbol{A}(t-\tau)}\boldsymbol{B}\boldsymbol{u}(t)\mathrm{d}t$$

2.7 给定矩阵微分方程为

$$\dot{\boldsymbol{X}}=\boldsymbol{A}\boldsymbol{X}+\boldsymbol{X}\boldsymbol{A}^{\mathrm{T}},\quad \boldsymbol{X}(0)=\boldsymbol{P}_0$$

其中，$\boldsymbol{X}$ 为 $n\times n$ 变量阵，$\boldsymbol{A}$ 为常阵。试证明方程的解为

$$\boldsymbol{X}(t)=e^{\boldsymbol{A}t}\boldsymbol{P}_0e^{\boldsymbol{A}^{\mathrm{T}}t}$$

2.8 给定 $\dot{\boldsymbol{x}}=\boldsymbol{A}(t)\boldsymbol{x}$ 和其伴随方程 $\dot{\boldsymbol{z}}=-\boldsymbol{A}^{\mathrm{T}}(t)\boldsymbol{z}$ ，$\boldsymbol{\Phi}(t,t_0)$ 和 $\boldsymbol{\Phi}_z(t,t_0)$ 分别为它们的状态转移矩阵，证明 $\boldsymbol{\Phi}(t,t_0)\boldsymbol{\Phi}_z^{\mathrm{T}}(t,t_0)=\boldsymbol{I}$ 。

2.9 给定线性时变系统

$$\dot{\boldsymbol{x}}=\begin{bmatrix} \boldsymbol{A}_{11}(t) & \boldsymbol{A}_{12}(t) \\ \boldsymbol{A}_{21}(t) & \boldsymbol{A}_{22}(t) \end{bmatrix}\boldsymbol{x}+\begin{bmatrix} \boldsymbol{B}_1(t) \\ \boldsymbol{B}_2(t) \end{bmatrix}\boldsymbol{u},\quad t\geqslant t_0$$

设其状态转移矩阵为

$$\boldsymbol{\Phi}(t)=\begin{bmatrix} \boldsymbol{\Phi}_{11}(t,t_0) & \boldsymbol{\Phi}_{12}(t,t_0) \\ \boldsymbol{\Phi}_{21}(t,t_0) & \boldsymbol{\Phi}_{22}(t,t_0) \end{bmatrix}$$

试证明：当 $A_{21}(t)=0$ 时必有 $\boldsymbol{\Phi}_{21}(t,t_0)\equiv 0$ 。

2.10 给定二维线性定常系统

$$\dot{\boldsymbol{x}}=\boldsymbol{A}\boldsymbol{x},\quad t\geqslant 0$$

现知对应于两个不同初态时的状态响应为

$$\boldsymbol{x}(0)=\begin{bmatrix} 1 \\ -4 \end{bmatrix}\text{时},\quad \boldsymbol{x}(t)=\begin{bmatrix} e^{-3t} \\ -4e^{-3t} \end{bmatrix}$$

$$\boldsymbol{x}(0)=\begin{bmatrix} 2 \\ -1 \end{bmatrix}\text{时},\quad \boldsymbol{x}(t)=\begin{bmatrix} 2e^{-2t} \\ -e^{-2t} \end{bmatrix}$$

试据此定出系统的矩阵 $\boldsymbol{A}$ 。

2.11 设 $\boldsymbol{A}$ 为方常阵且其特征值两两相异，$\mathrm{tr}\boldsymbol{A}$ 表示 $\boldsymbol{A}$ 的迹，证明必成立：

$$\det(e^{\boldsymbol{A}t})=e^{(\mathrm{tr}\boldsymbol{A})t}$$

2.12 试求下列连续时间状态方程的离散化状态方程：

$$\begin{bmatrix}\dot{x}_1\\ \dot{x}_2\end{bmatrix}=\begin{bmatrix}0 & 1\\ 0 & 0\end{bmatrix}\begin{bmatrix}x_1\\ x_2\end{bmatrix}+\begin{bmatrix}0\\ 1\end{bmatrix}u$$

其中，采样周期取为 $T=2$。

2.13　给定人口流动的状态方程如下：

$$\begin{bmatrix}x_1(k+1)\\ x_2(k+1)\end{bmatrix}=\begin{bmatrix}1.01(1-0.04) & 1.01(0.02)\\ 1.01(0.04) & 1.01(1-0.02)\end{bmatrix}\begin{bmatrix}x_1(k)\\ x_2(k)\end{bmatrix}$$

$$x_1(0)=10^7,\quad x_2(0)=9\times 10^7$$

其中，x_1 为城市人口；x_2 为乡村人口；令 $k=0$ 为 1988 年，应用计算机分析 1988～2010 年城市人口和乡村人口的分布态势，并绘出相应的分布曲线。

2.14　给定离散系统如下：

$$\begin{bmatrix}x_1(k+1)\\ x_2(k+1)\end{bmatrix}=\begin{bmatrix}1 & 2\\ 1 & 0\end{bmatrix}\begin{bmatrix}x_1(k)\\ x_2(k)\end{bmatrix}+\begin{bmatrix}1\\ 2\end{bmatrix}u(k),\quad \begin{bmatrix}x_1(0)\\ x_2(0)\end{bmatrix}=\begin{bmatrix}1\\ 1\end{bmatrix}$$

再取控制 $u(k)$ 为 $u(k)=\begin{cases}1, & k=0,2,4,\cdots\\ 0, & k=1,3,5,\cdots\end{cases}$

计算 $x_1(k)$ 和 $x_2(k)$ 当 $k=1,2,\cdots,10$ 时的值(利用计算机进行计算)。

2.15　对于习题 2.14 的离散系统，计算 $k=10$ 时的状态转移矩阵 $\boldsymbol{\Phi}(k)$。

第 3 章　线性系统的能控性和能观测性

系统分析一般由定量分析和定性分析两部分组成。第 2 章介绍的是系统的定量分析，它精确地指明了系统在确定的输入和初始状态下，状态和输出是如何随着时间的推演而变化的。定性分析不求解系统的运动规律，而直接从系统的数学模型出发，确定系统的定性方面的规律，包括系统的能控性和能观测性，以及系统的稳定性等。能控性和能观测性是系统的两个基本结构特性，它们是由卡尔曼(R.E. Kalman)在 20 世纪 60 年代初首先提出来的。系统和控制理论的发展表明，这两个概念对于控制和估计问题的研究有着重要的意义。例如，一个系统如果具有能控性和能观测性，就可以对其实施最优控制，否则，只能对它求次优控制。本章主要讨论系统的能控性和能观测性定义及其判别准则、线性系统的能控规范形和能观测规范形、线性定常系统的结构分解等内容。

3.1　能控性和能观测性的定义

3.1.1　对能控性和能观测性的直观讨论

首先以一些物理系统为对象直观地讨论系统的能控性和能观测性的基本含义，这种直观的讨论对于理解能控性和能观测性的严格定义有很大帮助。

考虑系统的状态空间描述，输入和输出构成系统的外部变量，而状态为系统的内部变量。系统的能控性和能观测性，就是指系统的状态是否可以由输入影响和是否可由输出反映。如果系统的每一个状态变量的运动都可由输入来影响和控制，而由任意的起始点达到原点，那么就称系统是能控的，或者更确切地说是状态能控的。否则，就称系统是不完全能控的或不能控的。对应地，如果系统的所有状态变量的任意形式的运动均可由输出完全反映，则称系统的状态是能观测的，简称系统是能观测的。反之，则称系统是不完全能观测的或不能观测的。

例 3.1.1　考虑如图 3.1.1 所示的电路。系统的状态变量分别为两个电容两端的电压 x_1 和 x_2，输入为电流源 $u(t)$，输出为电压 y。

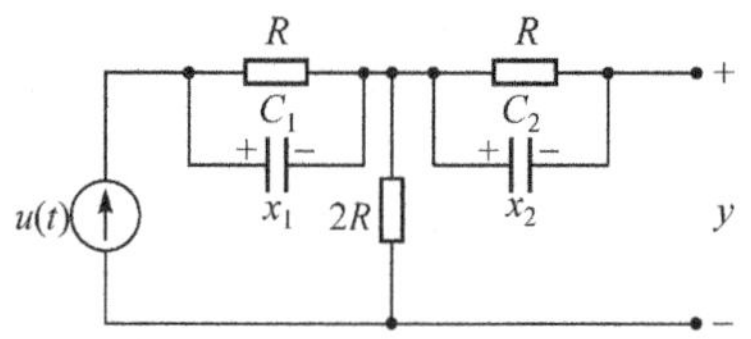

图 3.1.1　不完全能控和不完全能观电路

从电路可以看出，不管输入 $u(t)$ 如何改变，x_2 不受输入 $u(t)$ 的影响，因此，状态变量 x_2 是不能控的。而状态变量 x_1 可以被输入 $u(t)$ 所控制。考察系统的可观测性，由于能观测性反映输出 y 和状态之间的关系，故可令输入 $u(t)$ 为零，对于电流源，这相当于电流源所在支路开路。此时，不管状态变量 x_1 如何改变，输出 y 并不随之改变，因此，状态变量 x_1 是不能观测的。而状态变量 x_2 的变化影响输出 y，因此，状态变量 x_2 是能观测的。

例 3.1.2　考虑如图 3.1.2 所示的电路。系统的状态变量为电容两端的电压 x，输入为电压源 $u(t)$，输出为电压 y。

从电路可以看出，不管输入$u(t)$如何改变，输入$u(t)$引起的电容两端的电位相等，即$x(t)=0$。因此，状态变量x是不能控的。令$u(t)=0$，不管x_0为任何非零值，y恒等于零，因此，x_0引起的状态运动不能被y所反映，即状态变量x是不能观测的。

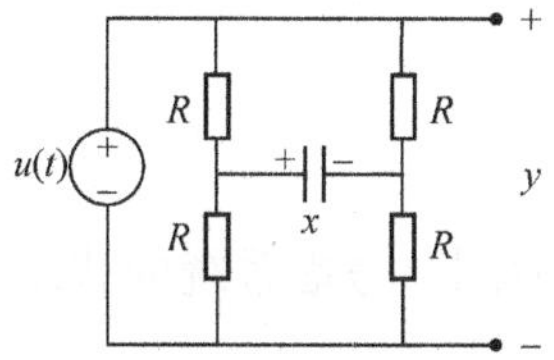

图 3.1.2　不能控和不能观测电路

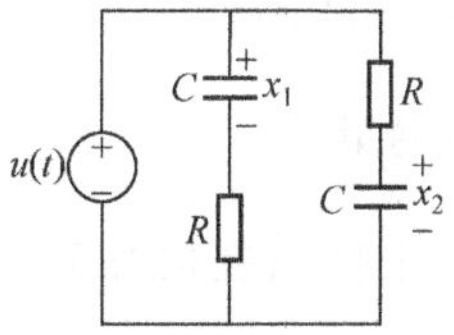

图 3.1.3　不完全能控电路

例 3.1.3　考虑如图 3.1.3 所示的电路。在电路中，两个状态变量分别为两个电容两端的电压x_1和x_2，输入为电压源$u(t)$。输入$u(t)$能够将x_1和x_2同时转移到任意目标值，但不能将x_1和x_2分别转移到不同的目标值，即无论$u(t)$如何改变，x_1始终等于x_2，因此，此系统是不完全能控的。

应当指出，上述对能控性和能观测性所进行的直观说明，只是对这两个概念的直觉的但不严密的描述，而且只能用来解释和判断非常直观与非常简单的系统的能控性和能观测性。为了揭示能控性和能观测性的本质属性，并用于分析和判断更为一般与较为复杂的系统，就有待于对这两个概念建立严格的定义，并在此基础上来导出相应的判别准则和基本属性。

3.1.2　能控性定义

考虑线性时变系统的状态方程：

$$\dot{\boldsymbol{x}}=\boldsymbol{A}(t)\boldsymbol{x}+\boldsymbol{B}(t)\boldsymbol{u},\quad \boldsymbol{x}(t_0)=\boldsymbol{x}_0,\quad t\in J \tag{3.1.1}$$

其中，$\boldsymbol{x}$为$n\times 1$状态向量；$\boldsymbol{u}$为$p\times 1$输入向量；$\boldsymbol{A}(t)$为$n\times n$连续函数矩阵；$\boldsymbol{B}(t)$为$n\times p$连续函数矩阵。

如果存在一个无约束的容许控制$\boldsymbol{u}$，能在一个有限的时间间隔内$[t_0,t_f]$，使得系统的状态$\boldsymbol{x}(t)=[x_1\ x_2\ \cdots\ x_n]^{\mathrm{T}}$由给定的非零的初始状态$\boldsymbol{x}_0$转移到$\boldsymbol{x}(t_f)=\boldsymbol{0}$，则称$\boldsymbol{x}_0$是完全能控的。否则，如果系统的一个状态和多个状态不满足上述条件，则称系统是不完全能控的。

对上述系统的能控性定义作如下解释。

(1) 对状态向量$\boldsymbol{x}(t)$中的每一个变量x_i都能单独从非零初始状态达到终态$x_i(t_f)=0$，才能称系统是状态完全能控的。

(2) 控制向量$\boldsymbol{u}(t)$无约束，是指对其各分量的幅值不加限制。容许控制表示输入向量$\boldsymbol{u}(t)$的每个分量均在J上平方可积，即$\int_0^t u_i^2(\tau)\mathrm{d}\tau,\quad \forall t<+\infty$积分存在。

(3) 只有当在有限时间$[t_0,t_f]$内，系统的状态向量$\boldsymbol{x}(t)$趋近于状态空间的原点，才能称系统是完全能控的。而如果当$t\to\infty$时，系统的状态才有$\boldsymbol{x}(t)\to\infty$，则不能称系统在$t_0$时刻是完全能控的。

(4) 对时变系统，系统在t_0时刻能控，并不意味着在$t=t_1$能控，线性定常系统能控与否与t_0的选取无关。

(5) 实际系统大部分是能控的。

(6)在定义中规定由非零的初始状态转移到状态空间原点，如果将其变更为由零状态运动到任意指定的非零状态，则称系统是状态能达的。对于连续的线性定常系统，能控性和能达性是等价的。对于离散系统和时变系统，两者严格地说是不等价的，可以出现系统不完全能控，但完全能达的情况。

3.1.3 能观测性定义

能观测性表征系统状态是否可由输出完全反映，所以应同时考虑系统的状态方程和输出方程：

$$\begin{cases}\dot{\boldsymbol{x}} = \boldsymbol{A}(t)\boldsymbol{x} + \boldsymbol{B}(t)\boldsymbol{u}, & \boldsymbol{x}(t_0) = \boldsymbol{x}_0 \\ \boldsymbol{y} = \boldsymbol{C}(t)\boldsymbol{x} + \boldsymbol{D}(t)\boldsymbol{u}, & t \in J\end{cases} \tag{3.1.2}$$

由第 2 章的讨论可知，系统的状态运动由非零的初始状态和外界输入引起，由参数矩阵 $\boldsymbol{A}(t)$ 和 $\boldsymbol{B}(t)$ 决定。而由输出方程可以看出，系统的输出与状态和输入有关，这种关系由参数矩阵 $\boldsymbol{C}(t)$ 和 $\boldsymbol{D}(t)$ 共同决定。又由于系统的状态能观测性是系统内部固有的属性，与外界输入无关，令 $\boldsymbol{u}(t)=\boldsymbol{0}$，此时系统的输出只与状态 $\boldsymbol{x}$ 有关，继而只与初始状态有关，而这种关系由参数矩阵 $\boldsymbol{A}(t)$ 和 $\boldsymbol{C}(t)$ 共同决定。此时，系统的状态空间描述变为

$$\begin{cases}\dot{\boldsymbol{x}} = \boldsymbol{A}(t)\boldsymbol{x}, & \boldsymbol{x}(t_0) = \boldsymbol{x}_0 \\ \boldsymbol{y} = \boldsymbol{C}(t)\boldsymbol{x}, & t_0, t \in J\end{cases} \tag{3.1.3}$$

下面从式(3.1.3)出发来给出系统能观测性的定义。

定义 3.1.1 如果在有限时间区间 $[t_0, t_f]$ 内，通过对输出向量 $\boldsymbol{y}(t)$ 的观察可以唯一地确定初始状态 $\boldsymbol{x}(t_0)$ 的值，则初始状态 $\boldsymbol{x}(t_0)$ 具有能观测性。对任意 t_0，系统状态能观测，则系统具有能观测性。

定义 3.1.2 如果对给定初始时刻 $t_0 \in J$ 的一个非零初始状态 $\boldsymbol{x}_0$，存在一个有限时刻 $t_1 \in J$，$t_1 > t_0$，使对所有 $t \in [t_0, t_1]$ 有 $\boldsymbol{y}(t)=\boldsymbol{0}$，则称此非零初始状态 $\boldsymbol{x}_0$ 在时刻 t_0 是不能观测的。

定义 3.1.3 对式(3.1.2)描述的线性时变系统，如果状态空间中的所有非零状态都不是时刻 $t_0(t_0 \in J)$ 的不能观测状态，则称系统(3.1.2)在时刻 t_0 是完全能观测的。

定义 3.1.4 对式(3.1.2)描述的线性时变系统，取定初始时刻 $t_0 \in J$，如果状态空间中存在一个或一些非零初始状态在时刻 t_0 是不能观测的，则称系统(3.1.2)在时刻 t_0 是不完全能观测的。

3.2 线性连续时间系统的能控性判据

由 3.1 节的讨论可知，线性系统的能控性只与系统的状态方程有关，即只与参数矩阵 $\boldsymbol{A}(t)$ 和 $\boldsymbol{B}(t)$ 有关，本节研究线性系统的能控性判别问题。首先讨论线性定常系统的能控性判据，然后讨论线性时变系统的能控性判据。

3.2.1 线性定常系统的能控性判据

对具有如下状态方程的线性定常系统：

$$\dot{\boldsymbol{x}} = \boldsymbol{A}\boldsymbol{x} + \boldsymbol{B}\boldsymbol{u}, \quad \boldsymbol{x}(0) = \boldsymbol{x}_0, \quad t \geqslant 0 \tag{3.2.1}$$

其中，$\boldsymbol{x}$ 为 n 维状态向量；$\boldsymbol{u}$ 为 p 维输入向量；$\boldsymbol{A}$ 和 $\boldsymbol{B}$ 分别为 $n\times n$ 和 $n\times p$ 常阵。下面给出该线性定常系统能控性的常用判据。

结论 3.2.1[格拉姆矩阵判据] 线性定常系统(3.2.1)为完全能控的充分必要条件是，存在时刻 t_1，使如下定义的格拉姆(Gram)矩阵

$$\boldsymbol{W}_c[0,t_1] \triangleq \int_0^{t_1} \mathrm{e}^{-\boldsymbol{A}t}\boldsymbol{B}\boldsymbol{B}^{\mathrm{T}}\mathrm{e}^{-\boldsymbol{A}^{\mathrm{T}}t}\mathrm{d}t \tag{3.2.2}$$

为非奇异。其中，$\boldsymbol{W}_c[0,t_1]$ 为 $n\times n$ 矩阵。

证 首先证明充分性：已知 $\boldsymbol{W}_c[0,t_1]$ 非奇异，欲证明系统为完全能控。

采用构造法证明 $\forall \boldsymbol{x}_0 \neq \boldsymbol{0}$，按如下方式构造一个输入 $\boldsymbol{u}(t)$：

$$\boldsymbol{u}(t) = -\boldsymbol{B}^{\mathrm{T}}\mathrm{e}^{-\boldsymbol{A}^{\mathrm{T}}t}\boldsymbol{W}_c^{-1}[0,t_1]\boldsymbol{x}_0,\quad t\in[t_0,t_1] \tag{3.2.3}$$

则在此输入作用下，t_1 时刻的状态 $\boldsymbol{x}(t_1)$ 为

$$\begin{aligned}
\boldsymbol{x}(t_1) &= \mathrm{e}^{\boldsymbol{A}t_1}\boldsymbol{x}_0 + \int_0^{t_1}\mathrm{e}^{\boldsymbol{A}(t_1-t)}\boldsymbol{B}\boldsymbol{u}(t)\mathrm{d}t \\
&= \mathrm{e}^{\boldsymbol{A}t_1}\boldsymbol{x}_0 - \int_0^{t_1}\mathrm{e}^{\boldsymbol{A}t_1}\mathrm{e}^{-\boldsymbol{A}t}\boldsymbol{B}\boldsymbol{B}^{\mathrm{T}}\mathrm{e}^{-\boldsymbol{A}^{\mathrm{T}}t}\boldsymbol{W}_c^{-1}[0,t_1]\boldsymbol{x}_0\mathrm{d}t \\
&= \mathrm{e}^{\boldsymbol{A}t_1}\boldsymbol{x}_0 - \mathrm{e}^{\boldsymbol{A}t_1}\cdot\int_0^{t_1}\mathrm{e}^{-\boldsymbol{A}t}\boldsymbol{B}\boldsymbol{B}^{\mathrm{T}}\mathrm{e}^{-\boldsymbol{A}^{\mathrm{T}}t}\mathrm{d}t\cdot\boldsymbol{W}_c^{-1}[0,t_1]\boldsymbol{x}_0 \\
&= \mathrm{e}^{\boldsymbol{A}t_1}\boldsymbol{x}_0 - \mathrm{e}^{\boldsymbol{A}t_1}\boldsymbol{W}_c[0,t_1]\boldsymbol{W}_c^{-1}[0,t_1]\boldsymbol{x}_0 \\
&= \boldsymbol{0}
\end{aligned}$$

所以，根据系统能控性定义，知系统完全能控。充分性得证。

然后证明必要性：已知系统为完全能控，欲证 $\boldsymbol{W}_c[0,t_1]$ 非奇异。

采用反证法。反设 $\boldsymbol{W}_c[0,t_1]$ 为奇异，即 $\exists\bar{\boldsymbol{x}}_0\in\mathscr{R}^n$，且 $\bar{\boldsymbol{x}}_0\neq\boldsymbol{0}$，使式(3.2.4)成立：

$$\bar{\boldsymbol{x}}_0^{\mathrm{T}}\boldsymbol{W}_c[0,t_1]\bar{\boldsymbol{x}}_0 = 0 \tag{3.2.4}$$

继而，由式(3.2.2)和式(3.2.4)，得

$$\begin{aligned}
0 = \bar{\boldsymbol{x}}_0^{\mathrm{T}}\boldsymbol{W}_c[0,t_1]\bar{\boldsymbol{x}}_0 &= \int_0^{t_1}\bar{\boldsymbol{x}}_0^{\mathrm{T}}\mathrm{e}^{-\boldsymbol{A}t}\boldsymbol{B}\boldsymbol{B}^{\mathrm{T}}\mathrm{e}^{-\boldsymbol{A}^{\mathrm{T}}t}\bar{\boldsymbol{x}}_0\mathrm{d}t \\
&= \int_0^{t_1}[\boldsymbol{B}^{\mathrm{T}}\mathrm{e}^{-\boldsymbol{A}^{\mathrm{T}}t}\bar{\boldsymbol{x}}_0]^{\mathrm{T}}[\boldsymbol{B}^{\mathrm{T}}\mathrm{e}^{-\boldsymbol{A}^{\mathrm{T}}t}\bar{\boldsymbol{x}}_0]\mathrm{d}t \\
&= \int_0^{t_1}\left\|\boldsymbol{B}^{\mathrm{T}}\mathrm{e}^{-\boldsymbol{A}^{\mathrm{T}}t}\bar{\boldsymbol{x}}_0\right\|^2\mathrm{d}t
\end{aligned}$$

所以，为了使上式成立，有

$$\boldsymbol{B}^{\mathrm{T}}\mathrm{e}^{-\boldsymbol{A}^{\mathrm{T}}t}\bar{\boldsymbol{x}}_0 = \boldsymbol{0},\quad \forall t\in[0,t_1] \tag{3.2.5}$$

又因为系统完全能控，所以对此非零的 $\bar{\boldsymbol{x}}_0$，应有

$$\boldsymbol{0} = \boldsymbol{x}(t_1) = \mathrm{e}^{\boldsymbol{A}t_1}\bar{\boldsymbol{x}}_0 + \int_0^{t_1}\mathrm{e}^{\boldsymbol{A}(t_1-t)}\boldsymbol{B}\boldsymbol{u}(t)\mathrm{d}t \tag{3.2.6}$$

继而，有

$$\mathrm{e}^{\boldsymbol{A}t_1}\bar{\boldsymbol{x}}_0 = -\int_0^{t_1}\mathrm{e}^{\boldsymbol{A}(t_1-t)}\boldsymbol{B}\boldsymbol{u}(t)\mathrm{d}t$$

$$\bar{\boldsymbol{x}}_0 = -\int_0^{t_1}\mathrm{e}^{-\boldsymbol{A}t}\boldsymbol{B}\boldsymbol{u}(t)\mathrm{d}t$$

$$\|\bar{\boldsymbol{x}}_0\|^2 = \bar{\boldsymbol{x}}_0^{\mathrm{T}}\bar{\boldsymbol{x}}_0 = \left[-\int_0^{t_1} \mathrm{e}^{-\boldsymbol{A}t}\boldsymbol{B}\boldsymbol{u}(t)\mathrm{d}t\right]^{\mathrm{T}} \bar{\boldsymbol{x}}_0 = -\int_0^{t_1} \boldsymbol{u}^{\mathrm{T}}(t)\boldsymbol{B}^{\mathrm{T}}\mathrm{e}^{-\boldsymbol{A}^{\mathrm{T}}t}\bar{\boldsymbol{x}}_0\mathrm{d}t \tag{3.2.7}$$

再利用式(3.2.5)和式(3.2.7)，有

$$\|\bar{\boldsymbol{x}}_0\|^2 = 0 \quad 即 \quad \bar{\boldsymbol{x}}_0 = \boldsymbol{0} \tag{3.2.8}$$

这与假设 $\bar{\boldsymbol{x}}_0 \neq \boldsymbol{0}$ 相矛盾。因此，反设不成立，即 $\boldsymbol{W}_c[0,t_1]$ 非奇异，必要性得证。至此，证明完成。

由于计算烦琐，格拉姆矩阵判据主要用于理论分析和推导其他能控性判据。

结论 3.2.2[秩判据] 线性定常系统(3.2.1)为完全能控的充分必要条件是

$$\mathrm{rank}[\boldsymbol{B} \mid \boldsymbol{AB} \mid \cdots \mid \boldsymbol{A}^{n-1}\boldsymbol{B}] = n \tag{3.2.9}$$

其中，n 为系统的阶次。$\boldsymbol{Q}_c \triangleq [\boldsymbol{B} \mid \boldsymbol{AB} \mid \cdots \mid \boldsymbol{A}^{n-1}\boldsymbol{B}]$，称为系统的能控性判别矩阵。

证 首先证明充分性：已知 $\mathrm{rank}\boldsymbol{Q}_c = n$，欲证系统为状态完全能控。

采用反证法。反设系统为不完全能控，则据格拉姆矩阵判据，知如下的格拉姆矩阵

$$\boldsymbol{W}_c[0,t_1] \triangleq \int_0^{t_1} \mathrm{e}^{-\boldsymbol{A}t}\boldsymbol{B}\boldsymbol{B}^{\mathrm{T}}\mathrm{e}^{-\boldsymbol{A}^{\mathrm{T}}t}\mathrm{d}t, \quad \forall t_1 > 0$$

为奇异，这意味着存在某个非零 n 维常向量 $\boldsymbol{\alpha}$，使下式成立

$$\begin{aligned} 0 = \boldsymbol{\alpha}^{\mathrm{T}}\boldsymbol{W}_c[0,t_1]\boldsymbol{\alpha} &= \int_0^{t_1} \boldsymbol{\alpha}^{\mathrm{T}}\mathrm{e}^{-\boldsymbol{A}t}\boldsymbol{B}\boldsymbol{B}^{\mathrm{T}}\mathrm{e}^{-\boldsymbol{A}^{\mathrm{T}}t}\boldsymbol{\alpha}\mathrm{d}t \\ &= \int_0^{t_1} [\boldsymbol{\alpha}^{\mathrm{T}}\mathrm{e}^{-\boldsymbol{A}t}\boldsymbol{B}][\boldsymbol{\alpha}^{\mathrm{T}}\mathrm{e}^{-\boldsymbol{A}t}\boldsymbol{B}]^{\mathrm{T}}\mathrm{d}t \end{aligned}$$

所以，有

$$\boldsymbol{\alpha}^{\mathrm{T}}\mathrm{e}^{-\boldsymbol{A}t}\boldsymbol{B} = \boldsymbol{0}, \quad \forall t \in [0,t_1] \tag{3.2.10}$$

将式(3.2.10)求导直至 $n-1$ 次，再在所得结果中令 $t=0$，可得

$$\boldsymbol{\alpha}^{\mathrm{T}}\boldsymbol{B} = \boldsymbol{0}, \quad \boldsymbol{\alpha}^{\mathrm{T}}\boldsymbol{AB} = \boldsymbol{0}, \quad \boldsymbol{\alpha}^{\mathrm{T}}\boldsymbol{A}^2\boldsymbol{B} = \boldsymbol{0}, \ \cdots, \quad \boldsymbol{\alpha}^{\mathrm{T}}\boldsymbol{A}^{n-1}\boldsymbol{B} = \boldsymbol{0} \tag{3.2.11}$$

进而，式(3.2.11)表示为

$$\boldsymbol{\alpha}^{\mathrm{T}}[\boldsymbol{B} \mid \boldsymbol{AB} \mid \cdots \mid \boldsymbol{A}^{n-1}\boldsymbol{B}] = \boldsymbol{\alpha}^{\mathrm{T}}\boldsymbol{Q}_c = \boldsymbol{0} \tag{3.2.12}$$

因为 $\boldsymbol{\alpha} \neq \boldsymbol{0}$，所以式(3.2.12)意味着 $\boldsymbol{Q}_c$ 中各行线性相关，即 $\mathrm{rank}\,\boldsymbol{Q}_c < n$。但这显然和已知 $\mathrm{rank}\boldsymbol{Q}_c = n$ 相矛盾。因此，反设不成立，系统为完全能控，充分性得证。

其次证必要性：已知系统完全能控，欲证 $\mathrm{rank}\boldsymbol{Q}_c = n$。

采用反证法。反设 $\mathrm{rank}\,\boldsymbol{Q}_c < n$，因此 $\boldsymbol{Q}_c$ 中各行线性相关，于是存在一个非零 n 维行向量 $\boldsymbol{\alpha}$ 使下式成立：

$$\boldsymbol{\alpha}^{\mathrm{T}}\boldsymbol{Q}_c = \boldsymbol{\alpha}^{\mathrm{T}}[\boldsymbol{B} \mid \boldsymbol{AB} \mid \cdots \mid \boldsymbol{A}^{n-1}\boldsymbol{B}] = \boldsymbol{0}$$

可导出

$$\boldsymbol{\alpha}^{\mathrm{T}}\boldsymbol{A}^i\boldsymbol{B} = \boldsymbol{0}, \quad i = 0,1,\cdots,n-1 \tag{3.2.13}$$

再根据凯莱-哈密顿定理，若矩阵 $\boldsymbol{A}$ 的特征多项式为

$$\det(s\boldsymbol{I} - \boldsymbol{A}) = s^n + a_{n-1}s^{n-1} + \cdots + a_1 s + a_0$$

则有如下关系式成立：

$$\boldsymbol{A}^n=-a_{n-1}\boldsymbol{A}^{n-1}-\cdots-a_1\boldsymbol{A}-a_0\boldsymbol{I} \tag{3.2.14}$$

式(3.2.14)表明 $\boldsymbol{A}^n$ 可表示为 $\boldsymbol{I},\boldsymbol{A},\boldsymbol{A}^2,\cdots,\boldsymbol{A}^{n-1}$ 的线性组合，再根据式(3.2.13)，有

$$\boldsymbol{\alpha}^{\mathrm{T}}\boldsymbol{A}^n\boldsymbol{B}=\boldsymbol{0} \tag{3.2.15}$$

由式(3.2.14)，$\boldsymbol{A}^{n+1}$ 可表示为 $\boldsymbol{A},\boldsymbol{A}^2,\cdots,\boldsymbol{A}^n$ 的线性组合，根据式(3.2.15)和式(3.2.13)，有

$$\boldsymbol{\alpha}^{\mathrm{T}}\boldsymbol{A}^{n+1}\boldsymbol{B}=\boldsymbol{0} \tag{3.2.16}$$

以此类推，得

$$\boldsymbol{\alpha}^{\mathrm{T}}\boldsymbol{A}^i\boldsymbol{B}=\boldsymbol{0},\quad i=0,1,2,\cdots \tag{3.2.17}$$

从而，可得到对任意 $t_1>0$，有

$$\pm\boldsymbol{\alpha}^{\mathrm{T}}\frac{\boldsymbol{A}^i t^i}{i!}\boldsymbol{B}=\boldsymbol{0},\quad \forall t\in[0,t_1],\quad i=0,1,2,\cdots \tag{3.2.18}$$

将式(3.2.18)各式相加，得

$$\boldsymbol{0}=\boldsymbol{\alpha}^{\mathrm{T}}\left[\boldsymbol{I}-\boldsymbol{A}t+\frac{1}{2!}\boldsymbol{A}^2t^2-\frac{1}{3!}\boldsymbol{A}^3t^3+\cdots\right]\boldsymbol{B}=\boldsymbol{\alpha}^{\mathrm{T}}\mathrm{e}^{-\boldsymbol{A}t}\boldsymbol{B},\quad \forall t\in[0,t_1] \tag{3.2.19}$$

继而有

$$\boldsymbol{\alpha}^{\mathrm{T}}\boldsymbol{W}_c[0,t_1]\boldsymbol{\alpha}=\boldsymbol{\alpha}^{\mathrm{T}}\int_0^{t_1}\mathrm{e}^{-\boldsymbol{A}t}\boldsymbol{B}\boldsymbol{B}^{\mathrm{T}}\mathrm{e}^{-\boldsymbol{A}^{\mathrm{T}}t}\mathrm{d}t\cdot\boldsymbol{\alpha}=\int_0^{t_1}[\boldsymbol{\alpha}^{\mathrm{T}}\mathrm{e}^{-\boldsymbol{A}t}\boldsymbol{B}][\boldsymbol{\alpha}^{\mathrm{T}}\mathrm{e}^{-\boldsymbol{A}t}\boldsymbol{B}]^{\mathrm{T}}\mathrm{d}t=\boldsymbol{0} \tag{3.2.20}$$

这表明格拉姆矩阵 $\boldsymbol{W}_c[0,t_1]$ 为奇异，根据结论 3.2.1 可知系统为不完全能控，这和已知条件相矛盾，所以反设不成立。于是有 $\mathrm{rank}\boldsymbol{Q}_c=n$，必要性得证。至此证明完成。

例 3.2.1 二阶系统如下：

$$\begin{bmatrix}\dot{x}_1\\ \dot{x}_2\end{bmatrix}=\begin{bmatrix}-2 & 1\\ 0 & -3\end{bmatrix}\begin{bmatrix}x_1\\ x_2\end{bmatrix}+\begin{bmatrix}0 & 1\\ 1 & -1\end{bmatrix}\begin{bmatrix}u_1\\ u_2\end{bmatrix}$$

判断该系统是否状态完全能控。

解 $\boldsymbol{Q}_c=[\boldsymbol{B}\mid\boldsymbol{AB}]=\begin{bmatrix}0 & 1 & 1 & -3\\ 1 & -1 & -3 & 3\end{bmatrix}$

$\mathrm{rank}\boldsymbol{Q}_c=2$，根据结论 3.2.2，该系统为状态完全能控。

例 3.2.2 判断例 1.2.6 中旋转式倒立摆系统的能控性。

解 $\boldsymbol{Q}_c=\begin{bmatrix}\boldsymbol{b} & \boldsymbol{Ab} & \boldsymbol{A}^2\boldsymbol{b} & \boldsymbol{A}^3\boldsymbol{b}\end{bmatrix}=\begin{bmatrix}0 & 5.2 & -21.2 & 541.6\\ 0 & -6.5 & 32.9 & -1106.5\\ 5.22 & -21.2 & 541.6 & -4270.3\\ -6.51 & 32.9 & -1106.5 & 8436.3\end{bmatrix}$

$\mathrm{rank}\boldsymbol{Q}_c=4$，根据结论 3.2.2，该系统为状态完全能控(可以利用 MATLAB 函数实现上述计算：rank(ctrb(A,b)))。

结论 3.2.3[PBH 秩判据] 线性定常系统(3.2.1)为完全能控的充分必要条件是，对矩阵 $\boldsymbol{A}$ 的所有特征值，使下式均成立：

$$\mathrm{rank}[\lambda_i\boldsymbol{I}-\boldsymbol{A},\boldsymbol{B}]=n,\quad i=1,2,\cdots,n \tag{3.2.21}$$

或

$$\text{rank}[s\boldsymbol{I}-\boldsymbol{A},\boldsymbol{B}]=n,\quad \forall s\in\text{复数} \tag{3.2.22}$$

证 对于式(3.2.22)，如果s不是$\boldsymbol{A}$的特征值，则有$\det(s\boldsymbol{I}-\boldsymbol{A})\neq\boldsymbol{0}$，即$\text{rank}(s\boldsymbol{I}-\boldsymbol{A})=n$，进而$\text{rank}[s\boldsymbol{I}-\boldsymbol{A},\boldsymbol{B}]=n$，所以只要证明式(3.2.21)成立。

首先证明必要性：已知系统完全能控，欲证式(3.2.21)成立。

采用反证法。反设对某个特征值λ_i，有$\text{rank}[\lambda_i\boldsymbol{I}-\boldsymbol{A},\boldsymbol{B}]<n$，这意味着$[\lambda_i\boldsymbol{I}-\boldsymbol{A},\boldsymbol{B}]$为行线性相关。由此，存在一个非零$n$维向量$\boldsymbol{\alpha}$，使式(3.2.23)成立：

$$\boldsymbol{\alpha}^{\mathrm{T}}[\lambda_i\boldsymbol{I}-\boldsymbol{A},\boldsymbol{B}]=\boldsymbol{0} \tag{3.2.23}$$

由式(3.2.23)得

$$\boldsymbol{\alpha}^{\mathrm{T}}\boldsymbol{A}=\lambda_i\boldsymbol{\alpha}^{\mathrm{T}},\quad \boldsymbol{\alpha}^{\mathrm{T}}\boldsymbol{B}=\boldsymbol{0} \tag{3.2.24}$$

进而，有

$$\boldsymbol{\alpha}^{\mathrm{T}}\boldsymbol{B}=\boldsymbol{0},\quad \boldsymbol{\alpha}^{\mathrm{T}}\boldsymbol{A}\boldsymbol{B}=\lambda_i\boldsymbol{\alpha}^{\mathrm{T}}\boldsymbol{B}=\boldsymbol{0},\quad \cdots,\quad \boldsymbol{\alpha}^{\mathrm{T}}\boldsymbol{A}^{n-1}\boldsymbol{B}=\boldsymbol{0} \tag{3.2.25}$$

根据式(3.2.24)，有

$$\boldsymbol{\alpha}^{\mathrm{T}}[\boldsymbol{B}\,\vdots\,\boldsymbol{A}\boldsymbol{B}\,\vdots\cdots\vdots\,\boldsymbol{A}^{n-1}\boldsymbol{B}]=\boldsymbol{\alpha}^{\mathrm{T}}\boldsymbol{Q}_c=\boldsymbol{0}$$

但已知$\boldsymbol{\alpha}\neq\boldsymbol{0}$，所以$\text{rank}\boldsymbol{Q}_c<n$，这意味着系统不完全能控，这和已知条件矛盾。因此，反设不成立，即式(3.2.21)成立。必要性得证。

其次证明充分性：已知式(3.2.21)成立，证明系统为完全能控。

采用反证法。设系统不完全能控，则有$\boldsymbol{Q}_c=[\boldsymbol{B}\,\vdots\,\boldsymbol{A}\boldsymbol{B}\,\vdots\cdots\vdots\,\boldsymbol{A}^{n-1}\boldsymbol{B}]$为行线性相关，存在一个非零$n$维向量$\boldsymbol{\alpha}$，使下式成立：

$$\boldsymbol{\alpha}^{\mathrm{T}}\boldsymbol{Q}_c=\boldsymbol{\alpha}^{\mathrm{T}}[\boldsymbol{B}\,\vdots\,\boldsymbol{A}\boldsymbol{B}\,\vdots\cdots\vdots\,\boldsymbol{A}^{n-1}\boldsymbol{B}]=\boldsymbol{0}$$

即

$$\boldsymbol{\alpha}^{\mathrm{T}}\boldsymbol{B}=\boldsymbol{0},\quad \boldsymbol{\alpha}^{\mathrm{T}}\boldsymbol{A}\boldsymbol{B}=\boldsymbol{0},\quad \cdots,\quad \boldsymbol{\alpha}^{\mathrm{T}}\boldsymbol{A}^{n-1}\boldsymbol{B}=\boldsymbol{0} \tag{3.2.26}$$

设λ_i是矩阵$\boldsymbol{A}$的特征值$(i=1,2,\cdots,n)$。由$\text{rank}[\lambda_1\boldsymbol{I}-\boldsymbol{A},\boldsymbol{B}]=n$和式(3.2.26)，有

$$\boldsymbol{\alpha}^{\mathrm{T}}[\lambda_1\boldsymbol{I}-\boldsymbol{A},\boldsymbol{B}]=[\boldsymbol{\alpha}^{\mathrm{T}}(\lambda_1\boldsymbol{I}-\boldsymbol{A}),\boldsymbol{0}]\neq\boldsymbol{0}$$

因此

$$\boldsymbol{\alpha}^{\mathrm{T}}(\lambda_1\boldsymbol{I}-\boldsymbol{A})\neq\boldsymbol{0} \tag{3.2.27}$$

同理，由$\text{rank}[\lambda_2\boldsymbol{I}-\boldsymbol{A},\boldsymbol{B}]=n$，可知矩阵$[\lambda_2\boldsymbol{I}-\boldsymbol{A},\boldsymbol{B}]$各行线性无关，所以，$\boldsymbol{\alpha}^{\mathrm{T}}(\lambda_1\boldsymbol{I}-\boldsymbol{A})[\lambda_2\boldsymbol{I}-\boldsymbol{A},\boldsymbol{B}]\neq\boldsymbol{0}$，又由式(3.2.26)，得

$$\boldsymbol{\alpha}^{\mathrm{T}}(\lambda_1\boldsymbol{I}-\boldsymbol{A})(\lambda_2\boldsymbol{I}-\boldsymbol{A})\neq\boldsymbol{0} \tag{3.2.28}$$

同理，可推得

$$\begin{gathered}\boldsymbol{\alpha}^{\mathrm{T}}(\lambda_1\boldsymbol{I}-\boldsymbol{A})(\lambda_2\boldsymbol{I}-\boldsymbol{A})(\lambda_3\boldsymbol{I}-\boldsymbol{A})\neq\boldsymbol{0}\\ \cdots\\ \boldsymbol{\alpha}^{\mathrm{T}}(\lambda_1\boldsymbol{I}-\boldsymbol{A})(\lambda_2\boldsymbol{I}-\boldsymbol{A})\cdots(\lambda_n\boldsymbol{I}-\boldsymbol{A})\neq\boldsymbol{0}\end{gathered} \tag{3.2.29}$$

因此有

$$(\lambda_1 \boldsymbol{I}-\boldsymbol{A})(\lambda_2 \boldsymbol{I}-\boldsymbol{A})\cdots(\lambda_n \boldsymbol{I}-\boldsymbol{A})\neq \boldsymbol{0} \tag{3.2.30}$$

而由凯莱-哈密顿定理，可得

$$\prod_{i=1}^{n}(\lambda_i \boldsymbol{I}-\boldsymbol{A})=\boldsymbol{0} \tag{3.2.31}$$

因此，式(3.2.31)和式(3.2.30)矛盾，所以反设不成立，充分性得证。至此证明完成。

结论 3.2.4[约当规范形判据]

(1)当矩阵 $\boldsymbol{A}$ 的特征值 $\lambda_1,\lambda_2,\cdots,\lambda_n$ 为两两相异时，由式(3.2.1)导出的其对角线规范形为

$$\dot{\bar{\boldsymbol{x}}}=\begin{bmatrix}\lambda_1 & & & \\ & \lambda_2 & & \\ & & \ddots & \\ & & & \lambda_n\end{bmatrix}\bar{\boldsymbol{x}}+\begin{bmatrix}\bar{\boldsymbol{b}}_1\\ \bar{\boldsymbol{b}}_2\\ \vdots\\ \bar{\boldsymbol{b}}_n\end{bmatrix}\boldsymbol{u} \tag{3.2.32}$$

线性定常系统(3.2.32)为完全能控的充分必要条件是：$\bar{\boldsymbol{b}}_1,\bar{\boldsymbol{b}}_2,\cdots,\bar{\boldsymbol{b}}_n$ 都为不包含元素全为零的行向量。

(2)当矩阵 $\boldsymbol{A}$ 的特征值为 $\lambda_1(\sigma_1重),\lambda_2(\sigma_2重),\cdots,\lambda_l(\sigma_l重)$，且 $\sigma_1+\sigma_2+\cdots+\sigma_l=n$ 时，由式(3.2.1)导出的其约当规范形为

$$\dot{\hat{\boldsymbol{x}}}=\hat{\boldsymbol{A}}\hat{\boldsymbol{x}}+\hat{\boldsymbol{B}}\boldsymbol{u} \tag{3.2.33}$$

其中

$$\hat{\boldsymbol{A}}_{n\times n}=\begin{bmatrix}\boldsymbol{J}_1 & & & & \\ & \ddots & & & \\ & & \boldsymbol{J}_i & & \\ & & & \ddots & \\ & & & & \boldsymbol{J}_l\end{bmatrix},\quad \hat{\boldsymbol{B}}_{n\times p}=\begin{bmatrix}\hat{\boldsymbol{B}}_1\\ \vdots\\ \hat{\boldsymbol{B}}_i\\ \vdots\\ \hat{\boldsymbol{B}}_l\end{bmatrix} \tag{3.2.34}$$

$$\underset{(\sigma_i\times\sigma_i)}{\boldsymbol{J}_i}=\begin{bmatrix}\boldsymbol{J}_{i1} & & & \\ & \boldsymbol{J}_{i2} & & \\ & & \ddots & \\ & & & \boldsymbol{J}_{i\alpha_i}\end{bmatrix},\quad \underset{(\sigma_i\times p)}{\hat{\boldsymbol{B}}_i}=\begin{bmatrix}\hat{\boldsymbol{B}}_{i1}\\ \hat{\boldsymbol{B}}_{i2}\\ \vdots\\ \hat{\boldsymbol{B}}_{i\alpha_i}\end{bmatrix} \tag{3.2.35}$$

$$\underset{(r_{ik}\times r_{ik})}{\boldsymbol{J}_{ik}}=\begin{bmatrix}\lambda_i & 1 & & & \\ & \lambda_i & 1 & & \\ & & \ddots & \ddots & \\ & & & \lambda_i & 1\\ & & & & \lambda_i\end{bmatrix},\quad \underset{(r_{ik}\times p)}{\hat{\boldsymbol{B}}_{ik}}=\begin{bmatrix}\hat{\boldsymbol{b}}_{1ik}\\ \hat{\boldsymbol{b}}_{2ik}\\ \vdots\\ \hat{\boldsymbol{b}}_{(r-1)ik}\\ \hat{\boldsymbol{b}}_{rik}\end{bmatrix} \tag{3.2.36}$$

$\boldsymbol{J}_{ik}$ 为对应特征值 λ_i 的约当块 $\boldsymbol{J}_i$ 中的第 k 个约当小块，$k=1,2,\cdots,\alpha_i$。$r_{i1}+r_{i2}+\cdots+r_{i\alpha_i}=\sigma_i$。

线性定常系统(3.2.33)为完全能控的充分必要条件是：由 $\hat{\boldsymbol{B}}_{ik}(k=1,2,\cdots,\alpha_i)$ 的最后一行所组成的矩阵

$$\begin{bmatrix} \hat{\boldsymbol{b}}_{ri1} \\ \hat{\boldsymbol{b}}_{ri2} \\ \vdots \\ \hat{\boldsymbol{b}}_{ri\alpha_i} \end{bmatrix} \tag{3.2.37}$$

均为行线性无关，其中，$i=1,2,\cdots,l$ 。

证 (1)由式(3.2.32)，有

$$\begin{aligned}
\operatorname{rank}\boldsymbol{Q}_c &= \operatorname{rank}[\overline{\boldsymbol{B}} \mid \overline{\boldsymbol{A}}\overline{\boldsymbol{B}} \mid \cdots \mid \overline{\boldsymbol{A}}^{n-1}\overline{\boldsymbol{B}}] \\
&= \operatorname{rank}\begin{bmatrix} \overline{\boldsymbol{b}}_1 & \lambda_1\overline{\boldsymbol{b}}_1 & \lambda_1^2\overline{\boldsymbol{b}}_1 & \cdots & \lambda_1^{n-1}\overline{\boldsymbol{b}}_1 \\ \vdots & \vdots & \vdots & & \vdots \\ \overline{\boldsymbol{b}}_n & \lambda_n\overline{\boldsymbol{b}}_n & \lambda_n^2\overline{\boldsymbol{b}}_n & \cdots & \lambda_n^{n-1}\overline{\boldsymbol{b}}_n \end{bmatrix} \\
&= \operatorname{rank}\begin{bmatrix} \overline{\boldsymbol{b}}_1 & & \\ & \ddots & \\ & & \overline{\boldsymbol{b}}_n \end{bmatrix}\begin{bmatrix} 1 & \lambda_1 & \lambda_1^2 & \cdots & \lambda_1^{n-1} \\ \vdots & \vdots & \vdots & & \vdots \\ 1 & \lambda_n & \lambda_n^2 & \cdots & \lambda_n^{n-1} \end{bmatrix} \\
&= \operatorname{rank}\begin{bmatrix} \overline{\boldsymbol{b}}_1 & & \\ & \ddots & \\ & & \overline{\boldsymbol{b}}_n \end{bmatrix}
\end{aligned} \tag{3.2.38}$$

由于 $\overline{\boldsymbol{b}}_i(i=1,2,\cdots,n)$ 为行向量，当且仅当 $\overline{\boldsymbol{b}}_i \neq 0(i=1,2,\cdots,n)$ 时，$\operatorname{rank}\boldsymbol{Q}_c = n$ 。

(2)证明略。

例 3.2.3 已知系统的状态方程为

$$\dot{\overline{\boldsymbol{x}}} = \begin{bmatrix} -7 & 0 & 0 \\ 0 & -2 & 0 \\ 0 & 0 & 1 \end{bmatrix}\overline{\boldsymbol{x}} + \begin{bmatrix} 0 & 2 \\ 4 & 0 \\ 0 & 1 \end{bmatrix}\boldsymbol{u}$$

判断系统的能控性。

解 因为系统的矩阵 $\overline{\boldsymbol{B}}$ 的各行都是不为零的行，所以系统状态完全能控。

例 3.2.4 已知的状态方程为

$$\dot{\hat{\boldsymbol{x}}} = \begin{bmatrix} -2 & 1 & & & & & \\ 0 & -2 & & & & & \\ & & -2 & & & & \\ & & & -2 & & & \\ & & & & 3 & 1 & \\ & & & & 0 & 3 & \\ & & & & & & 3 \end{bmatrix}\hat{\boldsymbol{x}} + \begin{bmatrix} 0 & 0 & 0 \\ 1 & 0 & 0 \\ 0 & 4 & 0 \\ 0 & 0 & 7 \\ 0 & 0 & 0 \\ 1 & 1 & 0 \\ 0 & 4 & 1 \end{bmatrix}\boldsymbol{u}$$

判断系统的能控性。

解 系统有两个特征值 $\lambda_1=-2$ 和 $\lambda_2=3$ 。对于 $\lambda_1=-2$ ，有

$$\begin{bmatrix} \hat{\boldsymbol{b}}_{r11} \\ \hat{\boldsymbol{b}}_{r12} \\ \hat{\boldsymbol{b}}_{r13} \end{bmatrix} = \begin{bmatrix} 1 & 0 & 0 \\ 0 & 4 & 0 \\ 0 & 0 & 7 \end{bmatrix}，为行线性无关$$

对于 $\lambda_2 = 3$，有

$$\begin{bmatrix} \hat{\boldsymbol{b}}_{r21} \\ \hat{\boldsymbol{b}}_{r22} \end{bmatrix} = \begin{bmatrix} 1 & 1 & 0 \\ 0 & 4 & 1 \end{bmatrix}，为行线性无关$$

所以，系统状态完全能控。

3.2.2 能控性指数

对线性定常系统(3.2.1)，其中，$\boldsymbol{A}$ 和 $\boldsymbol{B}$ 分别为 $n \times n$ 和 $n \times p$ 常阵。定义

$$\boldsymbol{U}_k \triangleq [\boldsymbol{B} \mid \boldsymbol{AB} \mid \cdots \mid \boldsymbol{A}^k \boldsymbol{B}], \quad k = 1,2,\cdots \tag{3.2.39}$$

为 $n \times (k+1)p$ 矩阵。如果系统状态完全能控，则有 $\text{rank}\boldsymbol{U}_{n-1} = n$，即在 $\boldsymbol{U}_{n-1}$ 的 $n \times p$ 个列中，有 n 个线性无关的列。为清晰地表达 $\boldsymbol{U}_k$ 的列结构，令 $\boldsymbol{b}_i$ 为矩阵 $\boldsymbol{B}$ 的第 i 列，则 $\boldsymbol{B}$ 可表示为

$$\boldsymbol{B} = [\boldsymbol{b}_1 \ \boldsymbol{b}_2 \ \cdots \ \boldsymbol{b}_p]$$

于是，矩阵 $\boldsymbol{U}_k$ 可写成

$$\boldsymbol{U}_k = [\boldsymbol{b}_1 \ \boldsymbol{b}_2 \ \cdots \ \boldsymbol{b}_P \mid \boldsymbol{Ab}_1 \ \boldsymbol{Ab}_2 \ \cdots \ \boldsymbol{Ab}_P \mid \cdots \mid \boldsymbol{A}^k\boldsymbol{b}_1 \ \boldsymbol{A}^k\boldsymbol{b}_2 \ \cdots \ \boldsymbol{A}^k\boldsymbol{b}_p] \tag{3.2.40}$$

引理 3.2.1 对矩阵 $\boldsymbol{U}_k$，若 $\boldsymbol{A}^j\boldsymbol{b}_i (j = 0,1,\cdots,k; i = 1,2,\cdots,p)$ 与其左边各列相关，则所有的列 $\boldsymbol{A}^{j_1}\boldsymbol{b}_i (j_1 > j)$ 均相关于各自左边的列。

证 若 $\boldsymbol{Ab}_i$ 相关于它的左边各列，则 $\boldsymbol{Ab}_i$ 可表示为其左边各列的线性组合，即

$$\boldsymbol{Ab}_i = \alpha_1\boldsymbol{b}_1 + \alpha_2\boldsymbol{b}_2 + \cdots + \alpha_p\boldsymbol{b}_p + \alpha_{p+1}\boldsymbol{Ab}_1 + \cdots + \alpha_{p+i-1}\boldsymbol{Ab}_{i-1}$$

$\alpha_1, \alpha_2, \cdots, \alpha_{p+i-1}$ 为不全为零的常数，有

$$\boldsymbol{A}^2\boldsymbol{b}_i = \boldsymbol{A}(\boldsymbol{Ab}_i) = \alpha_1\boldsymbol{Ab}_1 + \alpha_2\boldsymbol{Ab}_2 + \cdots + \alpha_p\boldsymbol{Ab}_p + \alpha_{p+1}\boldsymbol{A}^2\boldsymbol{b}_1 + \cdots + \alpha_{p+i-1}\boldsymbol{A}^2\boldsymbol{b}_{i-1}$$

上式表明 $\boldsymbol{A}^2\boldsymbol{b}_i$ 也可表示为其左边各列的线性组合，即 $\boldsymbol{A}^2\boldsymbol{b}_i$ 相关于其左方各列。重复上述过程，即可证明引理 3.2.1。证明完成。

设矩阵 $[\boldsymbol{A}^j\boldsymbol{b}_1 \ \boldsymbol{A}^j\boldsymbol{b}_2 \cdots \boldsymbol{A}^j\boldsymbol{b}_p] (j = 0,1,\cdots)$ 中线性相关列的个数为 r_j，则有

$$\begin{aligned} &\text{rank}\boldsymbol{B} = \text{rank}[\boldsymbol{b}_1 \ \boldsymbol{b}_2 \ \cdots \ \boldsymbol{b}_p] = p - r_0 \\ &\text{rank}\boldsymbol{AB} = \text{rank}[\boldsymbol{Ab}_1 \ \boldsymbol{Ab}_2 \ \cdots \ \boldsymbol{Ab}_p] = p - r_1 \\ &\cdots \end{aligned} \tag{3.2.41}$$

又因为

$$\text{rank}\boldsymbol{EF} \leqslant \min(\text{rank}\boldsymbol{E}, \text{rank}\boldsymbol{F}) \tag{3.2.42}$$

其中，$\boldsymbol{E}$ 和 $\boldsymbol{F}$ 为相应维数的矩阵。

由式(3.2.41)和式(3.2.42)，可得

$$0 \leqslant r_0 \leqslant r_1 \leqslant r_2 \leqslant \cdots \tag{3.2.43}$$

由式(3.2.42)和引理 3.2.1，有

$$\text{rank}\boldsymbol{U}_0 < \text{rank}\boldsymbol{U}_1 < \cdots < \text{rank}\boldsymbol{U}_{\mu-1} = \text{rank}\boldsymbol{U}_\mu = \text{rank}\boldsymbol{U}_{\mu+1} = \cdots \tag{3.2.44}$$

式(3.2.44)表明$\boldsymbol{U}_k$的秩随着k的增加单调增加，直至$k=\mu-1$。在$k \geqslant \mu$时，$\boldsymbol{A}^k\boldsymbol{B}$的全部$p$个列将线性相关于它的左边各列。因此，此时$\boldsymbol{U}_k$的秩不再增加，即

$$\operatorname{rank}[\boldsymbol{B}\ \boldsymbol{AB} \cdots \boldsymbol{A}^{\mu-1}\boldsymbol{B}] = \operatorname{rank}[\boldsymbol{B}\ \boldsymbol{AB} \cdots \boldsymbol{A}^{\mu-1}\boldsymbol{B}\ \boldsymbol{A}^{\mu}\boldsymbol{B}] = \cdots \leqslant n \tag{3.2.45}$$

称μ为系统的**能控性指数**(controllability index)。

例 3.2.5 求下面系统的能控性指数：

$$\dot{\boldsymbol{x}} = \begin{bmatrix} 2 & 1 & 0 \\ 0 & 2 & 0 \\ 0 & 0 & 2 \end{bmatrix}\boldsymbol{x} + \begin{bmatrix} 1 & 0 \\ 1 & 1 \\ 2 & 2 \end{bmatrix}\boldsymbol{u}$$

解 由于$\operatorname{rank}[\boldsymbol{B}\ \boldsymbol{AB} \cdots] = \operatorname{rank}\left[\begin{array}{cc|cc|c} 1 & 0 & 3 & 1 & \\ 1 & 1 & 2 & 2 & \cdots \\ 2 & 2 & 4 & 4 & \end{array}\right] = 2$，$\boldsymbol{AB}$的两列与其左侧的列线性相关，根据引理 3.2.1 可知，$\boldsymbol{A}^2\boldsymbol{B}$的各列也同样线性相关其左侧各列，所以$\boldsymbol{A}^2\boldsymbol{B}$的各列对系统判别矩阵秩的增加没有贡献，该系统的能控性指数为 1 。

关于完全能控系统，其能控性指数μ的取值范围有如下定理。

定理 3.2.1 对完全能控线性定常系统，其能控性指数满足

$$\frac{n}{p} \leqslant \mu \leqslant \min(\bar{n}, n-\bar{p}+1) \tag{3.2.46}$$

其中，$\bar{n}$为矩阵$\boldsymbol{A}$的最小多项式次数；$\bar{p} \triangleq \operatorname{rank}\boldsymbol{B}$；$n$为系统的阶次。

(注：最小多项式$\psi(\lambda) = \lambda^{\bar{n}} + a_{\bar{n}-1}\lambda^{\bar{n}} + \cdots + a_1\lambda + a_0$是满足$\psi(\boldsymbol{A}) = \boldsymbol{0}$的次数最低的首一多项式。)

证 由最小多项式定义，有

$$\boldsymbol{A}^{\bar{n}} = -a_{\bar{n}-1}\boldsymbol{A}^{\bar{n}-1} + \cdots + a_1\boldsymbol{A} + a_0\boldsymbol{I}$$

上式等号两边右乘$\boldsymbol{B}$，可得

$$\boldsymbol{A}^{\bar{n}}\boldsymbol{B} = -a_{\bar{n}-1}\boldsymbol{A}^{\bar{n}-1}\boldsymbol{B} + \cdots + a_1\boldsymbol{AB} + a_0\boldsymbol{B}$$

这表明$\boldsymbol{A}^{\bar{n}}\boldsymbol{B}$与$\boldsymbol{B}, \boldsymbol{AB}, \cdots, \boldsymbol{A}^{\bar{n}-1}\boldsymbol{B}$线性相关，有

$$\mu \leqslant \bar{n} \tag{3.2.47}$$

另外，对于矩阵$\boldsymbol{U}_k$，随着k增加 1，$\boldsymbol{U}_k$的秩至少增加 1，直到不再增加，有

$$\mu - 1 \leqslant n - \bar{p} \tag{3.2.48}$$

综合式(3.2.47)和式(3.2.48)，有

$$\mu \leqslant \min(\bar{n}, n-\bar{p}+1) \tag{3.2.49}$$

为使矩阵$\boldsymbol{U}_{\mu-1}$的秩为n，其列数不应小于其行数，即$\mu p \geqslant n$，所以

$$\mu \geqslant \frac{n}{p} \tag{3.2.50}$$

由式(3.2.49)和式(3.2.50)，可得

$$\frac{n}{p} \leqslant \mu \leqslant \min(\bar{n}, n-\bar{p}+1)$$

至此，证明完成。

根据上面的分析，可将结论 3.2.2 的秩判据改写为如下定理。

定理 3.2.2 线性定常系统(3.2.1)完全能控的充分必要条件是

$$\operatorname{rank}\boldsymbol{U}_{\bar{n}-1}=\operatorname{rank}[\boldsymbol{B}\ \boldsymbol{AB}\ \cdots\ \boldsymbol{A}^{\bar{n}-1}\boldsymbol{B}]=n \tag{3.2.51}$$

或

$$\operatorname{rank}\boldsymbol{U}_{n-\bar{p}}=\operatorname{rank}[\boldsymbol{B}\ \boldsymbol{AB}\ \cdots\ \boldsymbol{A}^{n-\bar{p}}\boldsymbol{B}]=n \tag{3.2.52}$$

关于系统的能控性指数还有如下定理。

定理 3.2.3 线性定常系统(3.2.1)的能控性指数在状态的非奇异变换下保持不变。

证 设 $\boldsymbol{P}$ 为 $n\times n$ 的非奇异矩阵，并使

$$\bar{\boldsymbol{A}}=\boldsymbol{PAP}^{-1},\quad \bar{\boldsymbol{B}}=\boldsymbol{PB} \tag{3.2.53}$$

令 $\bar{\boldsymbol{U}}_k=[\bar{\boldsymbol{B}}\ \bar{\boldsymbol{A}}\bar{\boldsymbol{B}}\ \cdots\ \bar{\boldsymbol{A}}^k\bar{\boldsymbol{B}}]$，将式(3.2.53)代入，可得

$$\bar{\boldsymbol{U}}_k=[\boldsymbol{PB}\ \boldsymbol{PAB}\ \cdots\ \boldsymbol{PA}^k\boldsymbol{B}]=\boldsymbol{PU}_k,\quad k=0,1,2,\cdots$$

又因为 $\operatorname{rank}\boldsymbol{P}=n$，所以

$$\operatorname{rank}\bar{\boldsymbol{U}}_k=\operatorname{rank}\boldsymbol{U}_k \tag{3.2.54}$$

式(3.2.54)表明系统的能控性指数在变换前后保持不变。证明完成。

3.2.3 线性时变系统的能控性判据

对线性时变系统：

$$\dot{\boldsymbol{x}}=\boldsymbol{A}(t)\boldsymbol{x}+\boldsymbol{B}(t)\boldsymbol{u},\quad \boldsymbol{x}(t_0)=\boldsymbol{x}_0,\quad t,t_0\in J \tag{3.2.55}$$

其中，$\boldsymbol{x}$ 为 n 维列向量；$\boldsymbol{u}$ 为 p 维列向量；J 为时间定义区间；$\boldsymbol{A}(t)$ 和 $\boldsymbol{B}(t)$ 分别为 $n\times n$ 和 $n\times p$ 时变矩阵且满足解的存在唯一性条件。

结论 3.2.5[格拉姆矩阵判据] 线性时变系统(3.2.55)在时刻 t_0 为完全能控的充分必要条件是，存在一个有限时刻 $t_1(t_1\in J,t_1>t_0)$，使如下定义的格拉姆矩阵

$$\boldsymbol{W}_c[t_0,t_1]\triangleq\int_{t_0}^{t_1}\boldsymbol{\Phi}(t_0,t)\boldsymbol{B}(t)\boldsymbol{B}^{\mathrm{T}}(t)\boldsymbol{\Phi}^{\mathrm{T}}(t_0,t)\mathrm{d}t \tag{3.2.56}$$

为非奇异，其中 $\boldsymbol{\Phi}(t,t_0)$ 为系统(3.2.55)的状态转移矩阵。

证 充分性。采用构造法。其中控制向量 $\boldsymbol{u}(t)$ 取为

$$\boldsymbol{u}(t)=-\boldsymbol{B}^{\mathrm{T}}(t)\boldsymbol{\Phi}^{\mathrm{T}}(t_0,t)\boldsymbol{W}_c^{-1}[t_0,t_1]\boldsymbol{x}_0 \tag{3.2.57}$$

系统在 t_1 时刻的状态运动解析表达式为

$$\begin{aligned}\boldsymbol{x}(t_1)&=\boldsymbol{\Phi}(t_1,t_0)\boldsymbol{x}_0+\int_{t_0}^{t_1}\boldsymbol{\Phi}(t_1,\tau)\boldsymbol{B}(\tau)\boldsymbol{u}(\tau)\mathrm{d}\tau\\&=\boldsymbol{\Phi}(t_1,t_0)\boldsymbol{x}_0-\int_{t_0}^{t_1}\boldsymbol{\Phi}(t_1,\tau)\boldsymbol{B}(\tau)\boldsymbol{B}^{\mathrm{T}}(\tau)\boldsymbol{\Phi}^{\mathrm{T}}(t_0,\tau)\boldsymbol{W}_c^{-1}[t_0,t_1]\boldsymbol{x}_0\mathrm{d}\tau\\&=\boldsymbol{\Phi}(t_1,t_0)\boldsymbol{x}_0-\int_{t_0}^{t_1}\boldsymbol{\Phi}(t_1,t_0)\boldsymbol{\Phi}(t_0,\tau)\boldsymbol{B}(\tau)\boldsymbol{B}^{\mathrm{T}}(\tau)\boldsymbol{\Phi}^{\mathrm{T}}(t_0,\tau)\mathrm{d}\tau\cdot\boldsymbol{W}_c^{-1}[t_0,t_1]\boldsymbol{x}_0\\&=\boldsymbol{\Phi}(t_1,t_0)\boldsymbol{x}_0-\boldsymbol{\Phi}(t_1,t_0)\int_{t_0}^{t_1}\boldsymbol{\Phi}(t_0,\tau)\boldsymbol{B}(\tau)\boldsymbol{B}^{\mathrm{T}}(\tau)\boldsymbol{\Phi}^{\mathrm{T}}(t_0,\tau)\mathrm{d}\tau\cdot\boldsymbol{W}_c^{-1}[t_0,t_1]\boldsymbol{x}_0\end{aligned}$$

$$
\begin{aligned}
&= \boldsymbol{\Phi}(t_1,t_0)\boldsymbol{x}_0 - \boldsymbol{\Phi}(t_1,t_0)\boldsymbol{W}_c[t_0,t_1]\boldsymbol{W}_c^{-1}[t_0,t_1]\boldsymbol{x}_0 \\
&= \boldsymbol{\Phi}(t_1,t_0)\boldsymbol{x}_0 - \boldsymbol{\Phi}(t_1,t_0)\boldsymbol{x}_0 \\
&= \boldsymbol{0}
\end{aligned}
$$

根据能控性定义，系统状态完全能控。充分性得证。

必要性。已知系统为状态完全能控，欲证 $\boldsymbol{W}_c[t_0,t_1]$ 为非奇异。

采用反证法。反设 $\boldsymbol{W}_c[t_0,t_1]$ 为奇异，即存在非零向量 $\boldsymbol{x}_0 \in \mathscr{R}^n$，使式(3.2.58)成立：

$$
\boldsymbol{x}_0^{\mathrm{T}}\boldsymbol{W}_c[t_0,t_1]\boldsymbol{x}_0 = 0 \tag{3.2.58}
$$

将式(3.2.56)代入式(3.2.58)，可得

$$
\begin{aligned}
0 &= \int_{t_0}^{t_1} \boldsymbol{x}_0^{\mathrm{T}}\boldsymbol{\Phi}(t_0,t)\boldsymbol{B}(t)\boldsymbol{B}^{\mathrm{T}}(t)\boldsymbol{\Phi}^{\mathrm{T}}(t_0,t)\boldsymbol{x}_0 \mathrm{d}t \\
&= \int_{t_0}^{t_1} [\boldsymbol{x}_0^{\mathrm{T}}\boldsymbol{\Phi}(t_0,t)\boldsymbol{B}(t)]\cdot[\boldsymbol{x}_0^{\mathrm{T}}\boldsymbol{\Phi}(t_0,t)\boldsymbol{B}(t)]^{\mathrm{T}} \mathrm{d}t \\
&= \int_{t_0}^{t_1} \left\| \boldsymbol{x}_0^{\mathrm{T}}\boldsymbol{\Phi}(t_0,t)\boldsymbol{B}(t) \right\|^2 \mathrm{d}t
\end{aligned}
$$

所以

$$
\boldsymbol{x}_0^{\mathrm{T}}\boldsymbol{\Phi}(t_0,t)\boldsymbol{B}(t) = \boldsymbol{0}, \quad t \in [t_0,t_1] \tag{3.2.59}
$$

另一方面，已知系统完全能控，存在 $\boldsymbol{u}(t)$，使以 $\boldsymbol{x}_0$ 为初始状态的状态运动满足下式：

$$
\boldsymbol{0} = \boldsymbol{x}(t_1) = \boldsymbol{\Phi}(t_1,t_0)\boldsymbol{x}_0 + \int_{t_0}^{t_1} \boldsymbol{\Phi}(t_1,t)\boldsymbol{B}(t)\boldsymbol{u}(t)\mathrm{d}t
$$

由上式，可得

$$
\begin{aligned}
\boldsymbol{x}_0 &= -\boldsymbol{\Phi}^{-1}(t_1,t_0)\int_{t_0}^{t_1} \boldsymbol{\Phi}(t_1,t)\boldsymbol{B}(t)\boldsymbol{u}(t)\mathrm{d}t \\
&= -\int_{t_0}^{t_1} \boldsymbol{\Phi}(t_0,t_1)\boldsymbol{\Phi}(t_1,t)\boldsymbol{B}(t)\boldsymbol{u}(t)\mathrm{d}t \\
&= -\int_{t_0}^{t_1} \boldsymbol{\Phi}(t_0,t)\boldsymbol{B}(t)\boldsymbol{u}(t)\mathrm{d}t
\end{aligned} \tag{3.2.60}
$$

$$
\left\|\boldsymbol{x}_0\right\|^2 = \boldsymbol{x}_0^{\mathrm{T}}\boldsymbol{x}_0 = -\boldsymbol{x}_0^{\mathrm{T}}\int_{t_0}^{t_1} \boldsymbol{\Phi}(t_0,t)\boldsymbol{B}(t)\boldsymbol{u}(t)\mathrm{d}t = -\int_{t_0}^{t_1} \boldsymbol{x}_0^{\mathrm{T}}\boldsymbol{\Phi}(t_0,t)\boldsymbol{B}(t)\boldsymbol{u}(t)\mathrm{d}t \tag{3.2.61}
$$

由式(3.2.59)和式(3.2.61)，可得 $\left\|\boldsymbol{x}_0\right\| = 0$ (即 $\boldsymbol{x}_0 = \boldsymbol{0}$)，这与假设相矛盾，所以反设不成立，$\boldsymbol{W}_c[t_0,t_1]$ 为非奇异。必要性得证。至此，证明完成。

应当指出，尽管格拉姆矩阵判据有着简单的形式，但因求解时变系统的状态转移矩阵十分困难，所以它在实际中很难应用，而只有理论上的意义。为了能直接根据 $\boldsymbol{A}(t)$ 和 $\boldsymbol{B}(t)$ 来判断系统的能控性，下面给出一个充分性判据定理。

结论 3.2.6[秩判据] 设 $\boldsymbol{A}(t)$ 和 $\boldsymbol{B}(t)$ 是 $n-1$ 阶连续可微的，则线性时变系统(3.2.55)在时刻 t_0 为完全能控的一个充分条件是，存在一个有限时刻 $t_1 \in J$，$t_1 > t_0$，使式(3.2.62)成立：

$$
\operatorname{rank}[\boldsymbol{M}_0(t_1) \mid \boldsymbol{M}_1(t_1) \mid \cdots \mid \boldsymbol{M}_{n-1}(t_1)] = n \tag{3.2.62}
$$

其中

$$\begin{cases} \boldsymbol{M}_0(t) = \boldsymbol{B}(t) \\ \boldsymbol{M}_1(t) = -\boldsymbol{A}(t)\boldsymbol{M}_0(t) + \dfrac{\mathrm{d}}{\mathrm{d}t}\boldsymbol{M}_0(t) \\ \boldsymbol{M}_2(t) = -\boldsymbol{A}(t)\boldsymbol{M}_1(t) + \dfrac{\mathrm{d}}{\mathrm{d}t}\boldsymbol{M}_1(t) \\ \qquad\cdots \\ \boldsymbol{M}_{n-1}(t) = -\boldsymbol{A}(t)\boldsymbol{M}_{n-2}(t) + \dfrac{\mathrm{d}}{\mathrm{d}t}\boldsymbol{M}_{n-2}(t) \end{cases} \tag{3.2.63}$$

证 (1)考虑到 $\boldsymbol{\Phi}(t_0,t_1)\boldsymbol{B}(t_1) = \boldsymbol{\Phi}(t_0,t_1)\boldsymbol{M}_0(t_1)$，且定义

$$\frac{\partial}{\partial t_1}[\boldsymbol{\Phi}(t_0,t_1)\boldsymbol{B}(t_1)] = \left[\frac{\partial}{\partial t}\boldsymbol{\Phi}(t_0,t)\boldsymbol{B}(t)\right]_{t=t_1}$$

则由式(2.4.9)，可得

$$\begin{aligned} &\left[\boldsymbol{\Phi}(t_0,t_1)\boldsymbol{B}(t_1) \;\vdots\; \frac{\partial}{\partial t_1}\boldsymbol{\Phi}(t_0,t_1)\boldsymbol{B}(t_1) \;\vdots\; \cdots \;\vdots\; \frac{\partial^{n-1}}{\partial t_1^{n-1}}\boldsymbol{\Phi}(t_0,t_1)\boldsymbol{B}(t_1)\right] \\ &= \boldsymbol{\Phi}(t_0,t_1)[\boldsymbol{M}_0(t_1) \;\vdots\; \boldsymbol{M}_1(t_1) \;\vdots\; \cdots \;\vdots\; \boldsymbol{M}_{n-1}(t_1)] \end{aligned} \tag{3.2.64}$$

由于 $\boldsymbol{\Phi}(t_0,t_1)$ 为非奇异，故由式(3.2.62)和式(3.2.64)，可得

$$\operatorname{rank}\left[\boldsymbol{\Phi}(t_0,t_1)\boldsymbol{B}(t_1) \;\vdots\; \frac{\partial}{\partial t_1}\boldsymbol{\Phi}(t_0,t_1)\boldsymbol{B}(t_1) \;\vdots\; \cdots \;\vdots\; \frac{\partial^{n-1}}{\partial t_1^{n-1}}\boldsymbol{\Phi}(t_0,t_1)\boldsymbol{B}(t_1)\right] = n \tag{3.2.65}$$

(2)进一步证明对 $t_1 > t_0$，$\boldsymbol{\Phi}(t_0,t)\boldsymbol{B}(t)$ 在 $[t_0,t_1]$ 上行线性无关。采用反证法。反设 $\boldsymbol{\Phi}(t_0,t)\boldsymbol{B}(t)$ 在 $[t_0,t_1]$ 上行线性相关，即 $\exists\boldsymbol{\alpha} \in \mathscr{R}^n$，且 $\boldsymbol{\alpha} \neq \boldsymbol{0}$，使式(3.2.66)成立：

$$\boldsymbol{\alpha}^{\mathrm{T}}\boldsymbol{\Phi}(t_0,t)\boldsymbol{B}(t) = \boldsymbol{0} \tag{3.2.66}$$

继而，对所有 $t \in [t_0,t_1]$ 和 $k = 1,2,\cdots,n-1$，有

$$\boldsymbol{\alpha}^{\mathrm{T}}\frac{\partial^k}{\partial t^k}\boldsymbol{\Phi}(t_0,t)\boldsymbol{B}(t) = \boldsymbol{0} \tag{3.2.67}$$

即对所有 $t \in [t_0,t_1]$，式(3.2.68)成立：

$$\boldsymbol{\alpha}^{\mathrm{T}}\left[\boldsymbol{\Phi}(t_0,t)\boldsymbol{B}(t) \;\vdots\; \frac{\partial}{\partial t}\boldsymbol{\Phi}(t_0,t)\boldsymbol{B}(t) \;\vdots\; \cdots \;\vdots\; \frac{\partial^{n-1}}{\partial t^{n-1}}\boldsymbol{\Phi}(t_0,t)\boldsymbol{B}(t)\right] = \boldsymbol{0} \tag{3.2.68}$$

上式表明

$$\left[\boldsymbol{\Phi}(t_0,t)\boldsymbol{B}(t) \;\vdots\; \frac{\partial}{\partial t}\boldsymbol{\Phi}(t_0,t)\boldsymbol{B}(t) \;\vdots\; \cdots \;\vdots\; \frac{\partial^{n-1}}{\partial t^{n-1}}\boldsymbol{\Phi}(t_0,t)\boldsymbol{B}(t)\right]$$

对所有 $t \in [t_0,t_1]$ 为行线性相关。这显然和式(3.2.65)矛盾。因此，反设不成立，即 $\boldsymbol{\Phi}(t_0,t)\boldsymbol{B}(t)$ 在 $[t_0,t_1]$ 上行线性无关。

(3) 由 $\boldsymbol{\Phi}(t_0,t)\boldsymbol{B}(t)$ 为在 $[t_0,t_1]$ 上行线性无关，证 $\boldsymbol{W}_c[t_0,t_1]$ 为非奇异。采用反证法，反设 $\boldsymbol{W}_c[t_0,t_1]$ 为奇异，于是存在一个 $1\times n$ 非零常向量 $\boldsymbol{\alpha}$，使式(3.2.69)成立：

$$0 = \boldsymbol{\alpha}\boldsymbol{W}_c[t_0,t_1]\boldsymbol{\alpha}^{\mathrm{T}} = \int_{t_0}^{t_1}[\boldsymbol{\alpha}\boldsymbol{\Phi}(t_0,t)\boldsymbol{B}(t)][\boldsymbol{\alpha}\boldsymbol{\Phi}(t_0,t)\boldsymbol{B}(t)]^{\mathrm{T}}\mathrm{d}t \tag{3.2.69}$$

由式(3.2.69)，可得

$$\boldsymbol{\alpha\Phi}(t_0,t)\boldsymbol{B}(t)=\boldsymbol{0},\quad t\in[t_0,t_1] \tag{3.2.70}$$

这和已知$\boldsymbol{\Phi}(t_0,t)\boldsymbol{B}(t)$为在$[t_0,t_1]$上行线性无关相矛盾，因此，反设不成立，$\boldsymbol{W}_c[t_0,t_1]$为非奇异。

(4)由于$\boldsymbol{W}_c[t_0,t_1]$非奇异，根据结论 3.2.5，可证得系统在$t_0$时刻为状态完全能控。至此，证明完成。

例 3.2.6 已知线性时变系统：

$$\dot{\boldsymbol{x}}=\begin{bmatrix} t & 1 & 0 \\ 0 & 0 & t \\ 0 & 0 & t^2 \end{bmatrix}\boldsymbol{x}+\begin{bmatrix} 0 \\ 1 \\ 1 \end{bmatrix}u,\quad t>0$$

判断该系统的能控性。

解
$$\boldsymbol{M}_0(t)=\boldsymbol{B}(t)=\begin{bmatrix} 0 \\ 1 \\ 1 \end{bmatrix}$$

$$\boldsymbol{M}_1(t)=-\boldsymbol{A}(t)\boldsymbol{M}_0(t)+\frac{\mathrm{d}}{\mathrm{d}t}\boldsymbol{M}_0(t)=\begin{bmatrix} -1 \\ -t \\ -t^2 \end{bmatrix}$$

$$\boldsymbol{M}_2(t)=-\boldsymbol{A}(t)\boldsymbol{M}_1(t)+\frac{\mathrm{d}}{\mathrm{d}t}\boldsymbol{M}_1(t)=\begin{bmatrix} 2t \\ t^2 \\ t^4 \end{bmatrix}+\begin{bmatrix} 0 \\ -1 \\ -2t \end{bmatrix}=\begin{bmatrix} 2t \\ t^2-1 \\ t^4-2t \end{bmatrix}$$

当$t>0$时，有

$$\operatorname{rank}[\boldsymbol{M}_0(t)\ \boldsymbol{M}_1(t)\ \boldsymbol{M}_2(t)]=\operatorname{rank}\begin{bmatrix} 0 & -1 & 2t \\ 1 & -t & t^2-1 \\ 1 & -t^2 & t^4-2t \end{bmatrix}=3$$

因此，系统在t_0时是完全能控的。

结论 3.2.7 系统(3.2.55)在t_0时刻状态完全能控的充分必要条件是存在有限的$t_1>t_0$，使$\boldsymbol{\Phi}(t_0,t)\boldsymbol{B}(t)$在$[t_0,t_1]$上行线性无关。

证 必要性：已知系统(3.2.55)在t_0时刻状态完全能控，证$\boldsymbol{\Phi}(t_0,t)\boldsymbol{B}(t)$在$[t_0,t_1]$上行线性无关。结论 3.2.6 的证明(1)和(2)完成了必要性的证明。

充分性：已知$\boldsymbol{\Phi}(t_0,t)\boldsymbol{B}(t)$在$[t_0,t_1]$上行线性无关，证明系统(3.2.55)在$t_0$时刻状态完全能控。因为$\boldsymbol{\Phi}(t_0,t)\boldsymbol{B}(t)$在$[t_0,t_1]$上行线性无关，所以格拉姆矩阵判据$\boldsymbol{W}_c[t_0,t_1]$为非奇异，由结论 3.2.6 可知，系统能控。充分性得证。至此，证明完成。

3.3 线性连续时间系统的能观测性判据

通常在输入$\boldsymbol{u}=\boldsymbol{0}$的条件下研究系统的能观测性。本节讨论线性定常系统和线性时变系统的能观测性判据问题。由于系统的能观测性和能控性在概念及其分析方法上具有一定的对偶形式，所以除个别结论外，大多数的结果都将只给出结论而不再提供证明过程。

3.3.1　线性定常系统的能观测性判据

考虑输入 $\boldsymbol{u}=\boldsymbol{0}$ 时系统的状态方程和输出方程：

$$\begin{cases}\dot{\boldsymbol{x}}=\boldsymbol{A}\boldsymbol{x}, \quad \boldsymbol{x}(0)=\boldsymbol{x}_0, \quad t\geqslant 0 \\ \boldsymbol{y}=\boldsymbol{C}\boldsymbol{x}\end{cases} \tag{3.3.1}$$

其中，$\boldsymbol{x}$ 为 n 维状态向量；$\boldsymbol{y}$ 为 q 维输出向量；$\boldsymbol{A}$ 和 $\boldsymbol{C}$ 分别为 $n\times n$ 和 $q\times n$ 常值矩阵。

结论 3.3.1[格拉姆矩阵判据]　线性定常系统(3.3.1)状态完全能观测的充分必要条件是，存在有限时刻 $t_1>0$，使如下定义的格拉姆矩阵

$$\boldsymbol{W}_o[0,t_1]\triangleq\int_0^{t_1}\mathrm{e}^{\boldsymbol{A}^{\mathrm{T}}t}\boldsymbol{C}^{\mathrm{T}}\boldsymbol{C}\mathrm{e}^{\boldsymbol{A}t}\mathrm{d}t \tag{3.3.2}$$

为非奇异。其中，$\boldsymbol{W}_o[0,t_1]$ 为 $n\times n$ 矩阵。

证　充分性：已知 $\boldsymbol{W}_o[0,t_1]$ 非奇异，欲证系统状态完全能观测。

采用构造法来证明。$\boldsymbol{W}_o[0,t_1]$ 非奇异意味着 $\boldsymbol{W}_o^{-1}$ 存在，故可用 $[0,t_1]$ 上已知的输出 $\boldsymbol{y}(t)$ 来构造

$$\begin{aligned}\boldsymbol{W}_o^{-1}[0,t_1]\int_0^{t_1}\mathrm{e}^{\boldsymbol{A}^{\mathrm{T}}t}\boldsymbol{C}^{\mathrm{T}}\boldsymbol{y}(t)\mathrm{d}t&=\boldsymbol{W}_o^{-1}[0,t_1]\int_0^{t_1}\mathrm{e}^{\boldsymbol{A}^{\mathrm{T}}t}\boldsymbol{C}^{\mathrm{T}}\boldsymbol{C}\mathrm{e}^{\boldsymbol{A}t}\mathrm{d}t\cdot\boldsymbol{x}_0\\&=\boldsymbol{W}_o^{-1}[0,t_1]\boldsymbol{W}_o[0,t_1]\boldsymbol{x}_0=\boldsymbol{x}_0\end{aligned} \tag{3.3.3}$$

这表明，在 $\boldsymbol{W}_o[0,t_1]$ 非奇异的条件下，总是可以根据 $[0,t_1]$ 上的输出 $\boldsymbol{y}(t)$ 来构造出任意的非零初态 $\boldsymbol{x}_0$。因此，系统完全能观测，充分性得证。

必要性：已知系统完全能观测，欲证 $\boldsymbol{W}_o[0,t_1]$ 为非奇异。

采用反证法。反设 $\boldsymbol{W}_o[0,t_1]$ 为奇异，即反设存在某个非零 $\bar{\boldsymbol{x}}_0\in\mathscr{R}^n$，使式(3.3.4)成立：

$$\begin{aligned}0=\bar{\boldsymbol{x}}_0^{\mathrm{T}}\boldsymbol{W}_o[0,t_1]\bar{\boldsymbol{x}}_0&=\int_0^{t_1}\bar{\boldsymbol{x}}_0^{\mathrm{T}}\mathrm{e}^{\boldsymbol{A}^{\mathrm{T}}t}\boldsymbol{C}^{\mathrm{T}}\boldsymbol{C}\mathrm{e}^{\boldsymbol{A}t}\bar{\boldsymbol{x}}_0\mathrm{d}t\\&=\int_0^{t_1}\boldsymbol{y}^{\mathrm{T}}(t)\boldsymbol{y}(t)\mathrm{d}t=\int_0^{t_1}\|\boldsymbol{y}(t)\|^2\mathrm{d}t\end{aligned} \tag{3.3.4}$$

而这意味着

$$\boldsymbol{y}(t)=\boldsymbol{C}\mathrm{e}^{\boldsymbol{A}t}\bar{\boldsymbol{x}}_0\equiv\boldsymbol{0}, \quad \forall t\in[0,t_1] \tag{3.3.5}$$

根据能观测性定义，$\bar{\boldsymbol{x}}_0$ 为状态空间中不能观测的状态。这和已知系统为状态完全能观测相矛盾，所以反设不成立，必要性得证。至此，证明完成。

由于计算格拉姆矩阵的秩时，需要计算矩阵指数 $\mathrm{e}^{\boldsymbol{A}t}$，而当系统维数较大时，计算量很大，因此，格拉姆矩阵判据主要用于理论分析和证明其他判据。

结论 3.3.2[秩判据]　线性定常系统(3.3.1)完全能观测的充分必要条件是

$$\operatorname{rank}\begin{bmatrix}\boldsymbol{C}\\\boldsymbol{C}\boldsymbol{A}\\\vdots\\\boldsymbol{C}\boldsymbol{A}^{n-1}\end{bmatrix}=n \tag{3.3.6}$$

其中，$Q_o=\begin{bmatrix} C \\ CA \\ \vdots \\ CA^{n-1} \end{bmatrix}$被称为系统的能观测性判别矩阵，将$(A,C)$称为能观测判别对。

例 3.3.1 判断例 1.2.6 中旋转式倒立摆系统的能观测性。

解

$$Q_o=\begin{bmatrix} c \\ cA \\ cA^2 \\ cA^3 \end{bmatrix}=\begin{bmatrix} 1 & 0 & 0 & 0 \\ 0 & 1 & 0 & 0 \\ 0 & 0 & 1 & 0 \\ 0 & 0 & 0 & 1 \\ 65.88 & -16.88 & -3.71 & 0.28 \\ -82.21 & 82.21 & 4.63 & -1.34 \\ -267.43 & 85.64 & 80.94 & -18.29 \\ 415.19 & -188.32 & -105.59 & 85.30 \end{bmatrix}$$

$\mathrm{rank}Q_o=4$，根据结论 3.3.2，该系统为状态完全能观(可以利用 MATLAB 函数实现上述计算：rank(obsv(A, c)))。

结论 3.3.3[PBH 判据] 线性定常系统(3.3.1)完全能观测的充分必要条件是：对矩阵A的所有特征值$\lambda_i(i=1,2,\cdots,n)$均成立：

$$\mathrm{rank}\begin{bmatrix} C \\ \lambda_i I-A \end{bmatrix}=n,\quad i=1,2,\cdots,n \tag{3.3.7}$$

或

$$\mathrm{rank}\begin{bmatrix} C \\ sI-A \end{bmatrix}=n,\quad \forall s\in 复数$$

结论 3.3.4[约当规范形判据]

(1)当矩阵A的特征值$\lambda_1,\lambda_2,\cdots,\lambda_n$为两两相异时，由式(3.3.1)导出的对角形规范形为

$$\begin{cases} \dot{\bar{x}}=\begin{bmatrix} \lambda_1 & & & \\ & \lambda_2 & & \\ & & \ddots & \\ & & & \lambda_n \end{bmatrix}\bar{x} \\ y=\bar{C}\bar{x} \end{cases}$$

线性定常系统(3.3.1)完全能观测的充分必要条件是：$\bar{C}$不包含全为零的列。

(2)当矩阵A的特征值为$\lambda_1(\sigma_1重),\lambda_2(\sigma_2重),\cdots,\lambda_l(\sigma_l重)$，且$\sigma_1+\sigma_2+\cdots+\sigma_l=n$时，由式(3.3.1)导出的其约当规范形为

$$\begin{cases} \dot{\hat{x}}=\hat{A}\hat{x} \\ y=\hat{C}\hat{x} \end{cases} \tag{3.3.8}$$

其中

$$\hat{A}_{n\times n}=\begin{bmatrix} J_1 & & & & \\ & \ddots & & & \\ & & J_i & & \\ & & & \ddots & \\ & & & & J_l \end{bmatrix},\quad \hat{C}_{q\times n}=[\hat{C}_1,\hat{C}_2,\cdots,\hat{C}_l] \tag{3.3.9}$$

$$\underset{(\sigma_i\times\sigma_i)}{J_i}=\begin{bmatrix} J_{i1} & & & \\ & J_{i2} & & \\ & & \ddots & \\ & & & J_{i\alpha_i} \end{bmatrix},\quad \underset{(q\times\sigma_i)}{\hat{C}_i}=[\hat{C}_{i1},\hat{C}_{i2},\cdots,\hat{C}_{i\alpha_i}] \tag{3.3.10}$$

$$\underset{(r_{ik}\times r_{ik})}{J_{ik}}=\begin{bmatrix} \lambda_i & 1 & & & \\ & \lambda_i & 1 & & \\ & & \ddots & \ddots & \\ & & & \lambda_i & 1 \\ & & & & \lambda_i \end{bmatrix},\quad \underset{(q\times r_{ik})}{\hat{C}_{ik}}=[\hat{c}_{1ik},\hat{c}_{2ik},\cdots,\hat{c}_{rik}] \tag{3.3.11}$$

J_{ik} 为对应特征值 λ_i 的约当块 J_i 中的第 k 个约当小块，$k=1,\cdots,\alpha_i$。$r_{i1}+r_{i2}+\cdots+r_{i\alpha_i}=\sigma_i$。线性定常系统(3.3.1)完全能观测的充分必要条件是：由 $\hat{C}_{ik}(k=1,2,\cdots,\alpha_i)$ 的第一列所组成的矩阵

$$[\hat{c}_{1i1},\hat{c}_{1i2},\cdots,\hat{c}_{1i\alpha_i}]$$

均为列线性无关，其中，$i=1,2,\cdots,l$。

例 3.3.2 已知系统的状态空间描述为

$$\dot{\bar{x}}=\begin{bmatrix} -1 & 0 & 0 \\ 0 & -2 & 0 \\ 0 & 0 & -3 \end{bmatrix}\bar{x}$$

$$y=\begin{bmatrix} 1 & 2 & 3 \\ 0 & 2 & 5 \end{bmatrix}\bar{x}$$

判断系统的能观测性。

解 因为系统的矩阵 $\bar{C}$ 的各列都是不为零的列，所以系统状态完全能观测。

例 3.3.3 已知系统的状态空间描述为

$$\dot{\hat{x}}=\left[\begin{array}{cc:c:c:ccc} \lambda_1 & 1 & & & & & \\ 0 & \lambda_1 & & & & & \\ \hdashline & & \lambda_1 & & & & \\ \hdashline & & & \lambda_1 & & & \\ \hdashline & & & & \lambda_2 & 1 & \\ & & & & & \lambda_2 & 1 \\ & & & & & & \lambda_2 \end{array}\right]\hat{x}$$

$$y=\left[\begin{array}{cc:c:c:ccc} 1 & 1 & 2 & 0 & 0 & 2 & 0 \\ 1 & 0 & 1 & 2 & 0 & 1 & 1 \\ 1 & 0 & 2 & 3 & 0 & 2 & 2 \end{array}\right]\hat{x}$$

这里，$\lambda_1 \neq \lambda_2$。判断系统的能观测性。

解 系统有两个特征值 λ_1 和 λ_2，对于 λ_1，有

$$[\hat{\boldsymbol{c}}_{111}\ \hat{\boldsymbol{c}}_{112}\ \hat{\boldsymbol{c}}_{113}] = \begin{bmatrix} 1 & 2 & 0 \\ 1 & 1 & 2 \\ 1 & 2 & 3 \end{bmatrix}，为列线性无关。$$

对于 λ_2，有

$$\hat{\boldsymbol{c}}_{121} = \begin{bmatrix} 0 \\ 0 \\ 0 \end{bmatrix}，所以，特征值\lambda_2对应的状态变量为不完全能观测。$$

因此，系统状态不完全能观测。

3.3.2 能观测性指数

对线性定常系统(3.3.1)，$\boldsymbol{A}$ 和 $\boldsymbol{C}$ 分别为 $n \times n$ 和 $q \times n$ 常值矩阵。定义：

$$\boldsymbol{V}_k \triangleq \begin{bmatrix} \boldsymbol{C} \\ \boldsymbol{CA} \\ \vdots \\ \boldsymbol{CA}^k \end{bmatrix}, \quad k = 1, 2, \cdots \tag{3.3.12}$$

其中，矩阵 $\boldsymbol{V}_k$ 为 $(k+1)q \times n$ 的矩阵。如果系统状态完全能观测，则

$$\text{rank}\boldsymbol{V}_{n-1} = n$$

即 $\boldsymbol{V}_{n-1}$ 的 $q \times n$ 行中有 n 个线性无关的行。将矩阵 $\boldsymbol{C}$ 表示为

$$\boldsymbol{C} = \begin{bmatrix} \boldsymbol{c}_1 \\ \boldsymbol{c}_2 \\ \vdots \\ \boldsymbol{c}_q \end{bmatrix} \tag{3.3.13}$$

其中，$\boldsymbol{c}_i (i = 1, 2, \cdots, q)$ 为 n 维的行向量。这样，$\boldsymbol{V}_k$ 可表示为

$$\boldsymbol{V}_k = \begin{bmatrix} \boldsymbol{c}_1 \\ \vdots \\ \boldsymbol{c}_q \\ \hdashline \boldsymbol{c}_1\boldsymbol{A} \\ \vdots \\ \boldsymbol{c}_q\boldsymbol{A} \\ \hdashline \vdots \\ \hdashline \boldsymbol{c}_1\boldsymbol{A}^k \\ \vdots \\ \boldsymbol{c}_q\boldsymbol{A}^k \end{bmatrix} \tag{3.3.14}$$

设 $cA_{q\times n}^{i}$ 中线性相关的行的个数为 $r_i(i=1,2,\cdots,n)$，类似系统能控性指数的分析，有

$$0<r_0\leqslant r_1\leqslant\cdots\leqslant q \tag{3.3.15}$$

由于 V_k 中最多有 n 个线性无关的行，故存在一个整数 υ，使得

$$0<r_0\leqslant r_1\leqslant\cdots\leqslant r_\upsilon=r_{\upsilon+1}=\cdots \tag{3.3.16}$$

或等价于

$$\operatorname{rank}\boldsymbol{V}_0<\operatorname{rank}\boldsymbol{V}_1<\cdots<\operatorname{rank}\boldsymbol{V}_{\upsilon-1}=\operatorname{rank}\boldsymbol{V}_\upsilon=\operatorname{rank}\boldsymbol{V}_{\upsilon+1}=\cdots \tag{3.3.17}$$

称 υ 为线性定常系统(3.3.1)的**能观测性指数**(observability index)。

定理 3.3.1 对完全能观测线性定常系统，其能观测性指数满足:

$$\frac{n}{q}\leqslant\upsilon\leqslant\min(\bar{n},n-\bar{q}+1) \tag{3.3.18}$$

其中，$\bar{n}$ 为矩阵 $\boldsymbol{A}$ 的最小多项式次数，$\bar{q}\triangleq\operatorname{rank}\boldsymbol{C}$。

证 $\boldsymbol{A}$ 的最小多项式为 $\psi(\lambda)=\lambda^{\bar{n}}+a_{\bar{n}-1}\lambda^{\bar{n}-1}+\cdots+a_1\lambda+a_0$，有

$$\boldsymbol{A}^{\bar{n}}=-a_{\bar{n}-1}\boldsymbol{A}^{\bar{n}-1}+\cdots+a_1\boldsymbol{A}+a_0\boldsymbol{I}$$

将上式左乘 $\boldsymbol{C}$，可得

$$\boldsymbol{CA}^{\bar{n}}=-a_{\bar{n}-1}\boldsymbol{CA}^{\bar{n}-1}+\cdots+a_1\boldsymbol{CA}+a_0\boldsymbol{C}$$

这说明 $\boldsymbol{CA}^{\bar{n}}$ 可由 $\boldsymbol{C},\boldsymbol{CA},\cdots,\boldsymbol{CA}^{\bar{n}-1}$ 线性组合表示，所以

$$\upsilon\leqslant\bar{n} \tag{3.3.19}$$

另外，对于矩阵 $\boldsymbol{V}_k$，随着 k 增加 1，$\boldsymbol{V}_k$ 的秩至少增加 1，直到不再增加，有

$$\upsilon-1\leqslant n-\bar{q} \tag{3.3.20}$$

综合式(3.3.19)和式(3.3.20)，有

$$\upsilon\leqslant\min(\bar{n},n-\bar{q}+1) \tag{3.3.21}$$

又为使 $\boldsymbol{V}_{\upsilon-1}$ 秩为 n，其行数应不小于列数 n，即 $\upsilon q\geqslant n$，所以

$$\upsilon\geqslant\frac{n}{q} \tag{3.3.22}$$

由式(3.3.21)和式(3.3.22)，可得

$$\frac{n}{q}\leqslant\upsilon\leqslant\min(\bar{n},n-\bar{q}+1)$$

至此，证明完成。

根据上面的分析，可将结论 3.3.2 的秩判据改写为如下定理。

定理 3.3.2 线性定常系统(3.3.1)为完全能观测的充分必要条件是

$$\operatorname{rank}\boldsymbol{V}_{\bar{n}-1}=\operatorname{rank}\begin{bmatrix}\boldsymbol{C}\\ \boldsymbol{CA}\\ \vdots\\ \boldsymbol{CA}^{\bar{n}-1}\end{bmatrix}=n \tag{3.3.23}$$

或

$$\operatorname{rank}\boldsymbol{V}_{n-\bar{q}}=\operatorname{rank}\begin{bmatrix}\boldsymbol{C}\\ \boldsymbol{CA}\\ \vdots\\ \boldsymbol{CA}^{n-\bar{q}}\end{bmatrix}=n \tag{3.3.24}$$

定理 3.3.3 线性定常系统(3.3.1)的能观测性指数在状态的非奇异变换下保持不变。

3.3.3 线性时变系统的能观测性判据

对线性时变系统：

$$\begin{cases}\dot{\boldsymbol{x}}=\boldsymbol{A}(t)\boldsymbol{x}, & \boldsymbol{x}(t_0)=\boldsymbol{x}_0\\ \boldsymbol{y}=\boldsymbol{C}(t)\boldsymbol{x}, & t,t_0\in J\end{cases} \tag{3.3.25}$$

其中，J 为时间定义区间；$\boldsymbol{A}(t)$ 和 $\boldsymbol{C}(t)$ 分别为 $n\times n$ 和 $q\times n$ 时变矩阵。

下面给出线性时变系统的能观测性判据。

结论 3.3.5[格拉姆矩阵判据] 线性时变系统(3.3.25)在 t_0 时刻完全能观测的充分必要条件是，存在一个有限时刻 $t_1\in J, t_1>t_0$，使如下定义的格拉姆矩阵

$$\boldsymbol{W}_o[t_0,t_1]\triangleq\int_{t_0}^{t_1}\boldsymbol{\Phi}^{\mathrm{T}}(t,t_0)\boldsymbol{C}^{\mathrm{T}}(t)\boldsymbol{C}(t)\boldsymbol{\Phi}(t,t_0)\mathrm{d}t \tag{3.3.26}$$

为非奇异。其中 $\boldsymbol{\Phi}(t,t_0)$ 为线性时变系统(3.3.25)的状态转移矩阵。

证 充分性：已知 $\boldsymbol{W}_o[t_0,t_1]$ 为非奇异，欲证系统在 t_0 时刻完全能观测。

对任意初始状态 $\boldsymbol{x}(t_0)=\boldsymbol{x}_0$，有

$$\boldsymbol{y}(t)=\boldsymbol{C}(t)\boldsymbol{\Phi}(t,t_0)\boldsymbol{x}_0$$

将上式等号两端左乘 $\boldsymbol{\Phi}^{\mathrm{T}}(t,t_0)\boldsymbol{C}^{\mathrm{T}}(t)$，然后积分，可得

$$\int_{t_0}^{t_1}\boldsymbol{\Phi}^{\mathrm{T}}(t,t_0)\boldsymbol{C}^{\mathrm{T}}(t)\boldsymbol{y}(t)\mathrm{d}t=\int_{t_0}^{t_1}\boldsymbol{\Phi}^{\mathrm{T}}(t,t_0)\boldsymbol{C}^{\mathrm{T}}(t)\boldsymbol{C}(t)\boldsymbol{\Phi}(t,t_0)\mathrm{d}t\cdot\boldsymbol{x}_0=\boldsymbol{W}_o[t_0,t_1]\boldsymbol{x}_0$$

由上式可得

$$\boldsymbol{x}_0=\boldsymbol{W}_o^{-1}[t_0,t_1]\int_{t_0}^{t_1}\boldsymbol{\Phi}^{\mathrm{T}}(t,t_0)\boldsymbol{C}^{\mathrm{T}}(t)\boldsymbol{y}(t)\mathrm{d}t$$

即 $\boldsymbol{x}_0$ 可由在 $[t_0,t_1]$ 上的 $\boldsymbol{y}(t)$ 唯一地确定。充分性得证。

必要性：已知系统在 t_0 时刻完全能观测，欲证 $\boldsymbol{W}_o[t_0,t_1]$ 为非奇异。

采用反证法，反设 $\boldsymbol{W}_o[t_0,t_1]$ 为奇异的，因此存在一个 n 维非零列向量 $\boldsymbol{\alpha}$，使得

$$\boldsymbol{\alpha}^{\mathrm{T}}\boldsymbol{W}_o[t_0,t_1]\boldsymbol{\alpha}=0$$

即

$$\int_{t_0}^{t_1}[\boldsymbol{\alpha}^{\mathrm{T}}\boldsymbol{\Phi}^{\mathrm{T}}(t,t_0)\boldsymbol{C}^{\mathrm{T}}(t)][\boldsymbol{\alpha}^{\mathrm{T}}\boldsymbol{\Phi}^{\mathrm{T}}(t,t_0)\boldsymbol{C}^{\mathrm{T}}(t)]^{\mathrm{T}}\mathrm{d}t=0$$

这说明

$$\boldsymbol{C}(t)\boldsymbol{\Phi}(t,t_0)\boldsymbol{\alpha}=\boldsymbol{0},\quad t\in[t_0,t_1]$$

若取 $\boldsymbol{\alpha}$ 为初始状态，即 $\boldsymbol{x}(t_0)=\boldsymbol{\alpha}$，则有

$$\boldsymbol{y}(t)=\boldsymbol{C}(t)\boldsymbol{\Phi}(t,t_0)\boldsymbol{x}_0=\boldsymbol{0}$$

这表明，系统不能观测，这与假设相矛盾，所以必要性得证。至此，证明完成。

结论 3.3.6[秩判据] 设 $\boldsymbol{A}(t)$ 和 $\boldsymbol{C}(t)$ 是 $n-1$ 阶连续可微的，则线性时变系统(3.3.25)在时刻 t_0 为完全能观测的一个充分条件是，存在一个有限时刻 $t_1 \in J, t_1 > t_0$，使式(3.3.27)成立：

$$\operatorname{rank}\begin{bmatrix} \boldsymbol{N}_0(t_1) \\ \boldsymbol{N}_2(t_1) \\ \vdots \\ \boldsymbol{N}_{n-1}(t_1) \end{bmatrix} = n \tag{3.3.27}$$

其中

$$\begin{cases} \boldsymbol{N}_0(t) = \boldsymbol{C}(t) \\ \boldsymbol{N}_1(t) = \boldsymbol{N}_0(t)\boldsymbol{A}(t) + \dfrac{\mathrm{d}}{\mathrm{d}t}\boldsymbol{N}_0(t) \\ \boldsymbol{N}_2(t) = \boldsymbol{N}_1(t)\boldsymbol{A}(t) + \dfrac{\mathrm{d}}{\mathrm{d}t}\boldsymbol{N}_1(t) \\ \qquad\cdots \\ \boldsymbol{N}_{n-1}(t) = \boldsymbol{N}_{n-2}(t)\boldsymbol{A}(t) + \dfrac{\mathrm{d}}{\mathrm{d}t}\boldsymbol{N}_{n-2}(t) \end{cases} \tag{3.3.28}$$

3.4 对偶性原理

从 3.1～3.3 节对系统能控性和能观测性的讨论中可以看出，能控性和能观测性在概念上与形式上都是对偶的。能控性和能观测性判据形式上的对偶，从本质上反映了系统的控制问题和估计问题的对偶性。本节讨论这种对偶关系的主要结论。

3.4.1 对偶系统

考虑线性时变系统 Σ：

$$\Sigma: \begin{cases} \dot{\boldsymbol{x}} = \boldsymbol{A}(t)\boldsymbol{x} + \boldsymbol{B}(t)\boldsymbol{u} \\ \boldsymbol{y} = \boldsymbol{C}(t)\boldsymbol{x} \end{cases} \tag{3.4.1}$$

其中，$\boldsymbol{x}$ 为 n 维列向量；$\boldsymbol{u}$ 为 p 维列向量；$\boldsymbol{y}$ 为 q 维列向量；$\boldsymbol{A}(t)$、$\boldsymbol{B}(t)$ 和 $\boldsymbol{C}(t)$ 分别为 $n\times n$、$n\times p$ 和 $q\times n$ 矩阵。

线性时变系统 Σ 的对偶系统 Σ_d 状态空间描述为

$$\Sigma_d: \begin{cases} \dot{\boldsymbol{\psi}}^{\mathrm{T}} = -\boldsymbol{A}^{\mathrm{T}}(t)\boldsymbol{\psi}^{\mathrm{T}} + \boldsymbol{C}^{\mathrm{T}}(t)\boldsymbol{\eta}^{\mathrm{T}} \\ \boldsymbol{\varphi}^{\mathrm{T}} = \boldsymbol{B}^{\mathrm{T}}(t)\boldsymbol{\psi}^{\mathrm{T}} \end{cases} \tag{3.4.2}$$

其中，$\boldsymbol{\psi}$ 为 n 维行向量，称为协状态；$\boldsymbol{\eta}$ 为输入，为 q 维行向量；$\boldsymbol{\varphi}$ 为输出，为 p 维行向量。

线性时变系统 Σ 和其对偶系统 Σ_d 之间有如下对应关系。

(1)令 $\boldsymbol{\Phi}(t,t_0)$ 为系统 Σ 的状态转移矩阵，$\boldsymbol{\Phi}_d(t,t_0)$ 为系统 Σ_d 的状态转移矩阵，则有式(3.4.3)成立：

$$\boldsymbol{\Phi}_d(t,t_0) = \boldsymbol{\Phi}^{\mathrm{T}}(t_0,t) \tag{3.4.3}$$

证 因为$\boldsymbol{\Phi}(t,t_0)\boldsymbol{\Phi}^{-1}(t,t_0)=\boldsymbol{I}$，将其对$t$求导，得

$$\begin{aligned}\boldsymbol{0}&=\frac{\mathrm{d}}{\mathrm{d}t}\left[\boldsymbol{\Phi}(t,t_0)\boldsymbol{\Phi}^{-1}(t,t_0)\right]=\frac{\mathrm{d}}{\mathrm{d}t}\left[\boldsymbol{\Phi}(t,t_0)\right]\cdot\boldsymbol{\Phi}^{-1}(t,t_0)+\boldsymbol{\Phi}(t,t_0)\frac{\mathrm{d}}{\mathrm{d}t}\left[\boldsymbol{\Phi}^{-1}(t,t_0)\right]\\&=\boldsymbol{A}(t)\boldsymbol{\Phi}(t,t_0)\boldsymbol{\Phi}^{-1}(t,t_0)+\boldsymbol{\Phi}(t,t_0)\dot{\boldsymbol{\Phi}}(t_0,t)\\&=\boldsymbol{A}(t)+\boldsymbol{\Phi}(t,t_0)\dot{\boldsymbol{\Phi}}(t_0,t)\end{aligned}$$

所以，由上式可得

$$\dot{\boldsymbol{\Phi}}(t_0,t)=-\boldsymbol{\Phi}^{-1}(t,t_0)\boldsymbol{A}(t)=-\boldsymbol{\Phi}(t_0,t)\boldsymbol{A}(t),\quad \boldsymbol{\Phi}(t_0,t_0)=\boldsymbol{I} \tag{3.4.4}$$

或

$$\dot{\boldsymbol{\Phi}}^{\mathrm{T}}(t_0,t)=-\boldsymbol{A}^{\mathrm{T}}(t)\boldsymbol{\Phi}^{\mathrm{T}}(t_0,t),\quad \boldsymbol{\Phi}(t_0,t_0)=\boldsymbol{I} \tag{3.4.5}$$

根据状态转移矩阵的定义，知式(3.4.3)成立。

(2)系统(3.4.1)和其对偶系统(3.4.2)的方块图是对偶的，如图3.4.1所示。

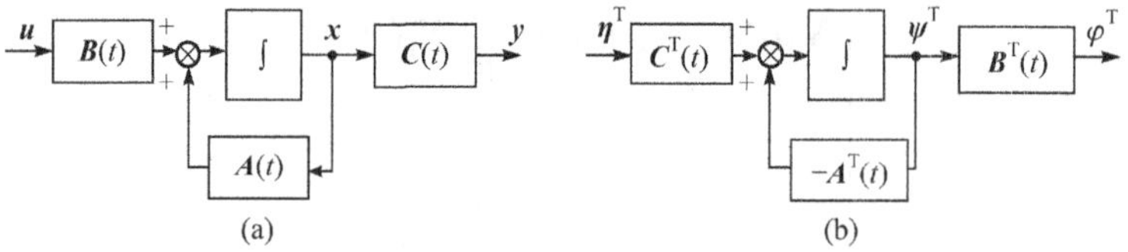

图3.4.1 线性时变系统(a)及其对偶系统(b)

3.4.2 线性系统对偶性原理

线性时变系统$\sum$的完全能控等同于其对偶系统$\sum_d$的完全能观测，线性时变系统$\sum$的完全能观测等同于其对偶系统$\sum_d$的完全能控。

证 设$\sum$在时刻t_0为完全能观测，则意味着存在有限时刻$t_1>t_0$，使下式成立：

$$\begin{aligned}n&=\mathrm{rank}\left[\int_{t_0}^{t_1}\boldsymbol{\Phi}^{\mathrm{T}}(t,t_0)\boldsymbol{C}^{\mathrm{T}}(t)\boldsymbol{C}(t)\boldsymbol{\Phi}(t,t_0)\mathrm{d}t\right]\\&=\mathrm{rank}\left[\int_{t_0}^{t_1}\boldsymbol{\Phi}_d(t_0,t)\boldsymbol{C}^{\mathrm{T}}(t)[\boldsymbol{C}^{\mathrm{T}}(t)]^{\mathrm{T}}\boldsymbol{\Phi}_d^{\mathrm{T}}(t_0,t)\mathrm{d}t\right]\end{aligned}$$

这表明它等同于$\sum_d$在时刻t_0为状态完全能控。利用类似的方法，还可以证明系统$\sum$的完全能控等同于其对偶系统$\sum_d$的完全能观测。

例3.4.1 判断下面系统的能观测性。

$$\dot{\boldsymbol{x}}=\begin{bmatrix}-3&0&0&0\\1&-3&0&0\\0&1&-3&0\\0&0&0&-3\end{bmatrix}\boldsymbol{x},\quad \boldsymbol{y}=\begin{bmatrix}0&1&1&2\\0&2&1&2\end{bmatrix}\boldsymbol{x}$$

解 由于$\mathrm{rank}[-\boldsymbol{A}^{\mathrm{T}},\boldsymbol{C}^{\mathrm{T}}]=\mathrm{rank}[\boldsymbol{A}^{\mathrm{T}},\boldsymbol{C}^{\mathrm{T}}]$，再由对偶性原理，$(\boldsymbol{A},\boldsymbol{C})$的能观测性等价于$(\boldsymbol{A}^{\mathrm{T}},\boldsymbol{C}^{\mathrm{T}})$的能控性，

$$\boldsymbol{A}^{\mathrm{T}}=\begin{bmatrix}-3&1&0&0\\0&-3&1&0\\0&0&-3&0\\0&0&0&-3\end{bmatrix},\quad \boldsymbol{C}^{\mathrm{T}}=\begin{bmatrix}0&0\\1&2\\1&1\\2&2\end{bmatrix}$$

A^{T} 的特征值–3 有 2 个约当小块，每个约当小块的最后一行对应的 C^{T} 行分别为[1 1]和[2 2]，其行线性相关，根据约当规范形判据，$(A^{\mathrm{T}},C^{\mathrm{T}})$ 不完全能控，故原系统 (A,C) 不完全能观测。

3.5 线性离散时间系统的能控性和能观测性

离散时间系统的能控性和能观测性的概念在本质上同连续时间系统的能控性和能观测性没有差别。本节讨论离散时间系统的能控性和能观测性及其判据。

3.5.1 离散时间系统的能控性和能达性

1. 能控性定义

线性离散时间系统

$$x(k+1)=G(k)x(k)+H(k)u(k),\quad k\in J_k \tag{3.5.1}$$

其中，x 为 $n\times 1$ 状态向量；u 为 $p\times 1$ 输入向量；$G(k)$ 为 $n\times n$ 矩阵；$H(k)$ 为 $n\times p$ 矩阵；J_k 为离散时间系统的定义区间。

如果对初始时刻 $h\in J_k$ 和状态空间中的所有非零状态 x_0，都存在有限时刻 $l\in J_k, l>h$ 和对应的控制 $u(k), k=1,2,\cdots,l-1$，使得 $x(l)=0$，则称系统在时刻 h 为完全能控。

2. 能达性定义

如果对初始时刻 $h\in J_k$ 和初始状态 $x(h)=0$，存在有限时刻 $l\in J_k, l>h$ 和相应的控制 $u(k)$，$k=1,2,\cdots,l-1$，使 $x(l)$ 可为状态空间中的任意非零状态，则称系统在时刻 h 为完全能达。

对于离散时间系统，不管是时变的还是定常的，其能控性和能达性只是在一定的条件下才是等价的。下面给出一些相关的结论。

结论 3.5.1 线性时变离散时间系统(3.5.1)的能控性和能达性为等价的充分必要条件是其系统矩阵 $G(k)$ 对所有 $k\in[h,l-1]$ 为非奇异。

证 由系统能控性，可知，存在 $u(k), k=1,2,\cdots,l-1$，使式(3.5.2)成立：

$$0=x(l)=\Phi(l,h)x_0+\sum_{k=h}^{l-1}\Phi(l,k+1)H(k)u(k) \tag{3.5.2}$$

由式(3.5.2)，可得

$$\Phi(l,h)x_0=-\sum_{k=h}^{l-1}\Phi(l,k+1)H(k)u(k) \tag{3.5.3}$$

由系统能达性可知，存在 $u(k), k=1,2,\cdots,l-1$，使式(3.5.4)成立：

$$x(l)=\sum_{k=h}^{l-1}\Phi(l,k+1)H(k)u(k) \tag{3.5.4}$$

系统的能控性和能达性等价，即存在 $u(k)$，使式(3.5.3)和式(3.5.4)同时成立，由此可得

$$x(l)=-\Phi(l,h)x_0 \tag{3.5.5}$$

又根据式(2.6.3)，有

$$\boldsymbol{\Phi}(l,h)=\boldsymbol{G}(l-1)\boldsymbol{G}(l-2)\cdots\boldsymbol{G}(h)=\prod_{k=h}^{l-1}\boldsymbol{G}(k) \tag{3.5.6}$$

所以，将式(3.5.6)代入式(3.5.5)，可得

$$\boldsymbol{x}(l)=-\left[\prod_{k=h}^{l-1}\boldsymbol{G}(k)\right]\boldsymbol{x}_0 \tag{3.5.7}$$

这表明，当且仅当$\boldsymbol{G}(k)$对所有$k\in[h,l-1]$为非奇异时，对任意能控的$\boldsymbol{x}_0$必对应于唯一的能达状态$\boldsymbol{x}(l)$，而对任意能达的$\boldsymbol{x}(l)$也必对应于唯一的能控状态$\boldsymbol{x}_0$，即系统的能控性和能达性等价。从而，结论 3.5.1 得证。

结论 3.5.2 对于线性定常时间离散系统：

$$\boldsymbol{x}(k+1)=\boldsymbol{G}\boldsymbol{x}(k)+\boldsymbol{H}\boldsymbol{u}(k),\quad k=0,1,2,\cdots \tag{3.5.8}$$

其能控性和能达性为等价的充分必要条件为系统矩阵$\boldsymbol{G}$为非奇异。

证 因为$\boldsymbol{G}$为常阵，故由结论 3.5.1，可导出结论 3.5.2。证明完成。

结论 3.5.3 如果离散时间系统(3.5.1)或系统(3.5.8)是相应的连续时间系统的时间离散化模型，则能控性和能达性必是等价的。

证 因为此时

$$\boldsymbol{G}(k)=\boldsymbol{\Phi}(k+1,k),\quad k\in J_k \quad (\text{时变系统})$$

和

$$\boldsymbol{G}=\mathrm{e}^{\boldsymbol{A}T} \quad (\text{定常系统})$$

其中，$\boldsymbol{\Phi}(\cdot,\cdot)$为连续时间系统的状态转移矩阵；$T$为采样周期。因为$\boldsymbol{\Phi}(t,t_0)$和$\mathrm{e}^{\boldsymbol{A}t}$必为非奇异，从而$\boldsymbol{G}(k)$和$\boldsymbol{G}$必为非奇异。由结论 3.5.1 和结论 3.5.2，结论 3.5.3 得证。

3.5.2 线性离散系统的能控性判据

离散系统的能控性判据，大多是由连续系统的能控性判据经稍加修改得到的。下面不加证明地给出离散系统的能控性判据。

结论 3.5.4[线性时变离散系统的格拉姆矩阵判据] 线性时变离散系统(3.5.1)在时刻$h\in J_k$为完全能控的充分必要条件是，存在有限时刻$l\in J_k, l>h$，使如下定义的格拉姆矩阵

$$\boldsymbol{W}_c[h,l]=\sum_{k=h}^{l-1}\boldsymbol{\Phi}(h,k+1)\boldsymbol{H}(k)\boldsymbol{H}^{\mathrm{T}}(k)\boldsymbol{\Phi}^{\mathrm{T}}(h,k+1) \tag{3.5.9}$$

为非奇异。

结论 3.5.5[线性定常离散系统的秩判据] 线性定常离散系统(3.5.8)为完全能控的充分必要条件是

$$\mathrm{rank}[\boldsymbol{H}\,\vdots\,\boldsymbol{G}\boldsymbol{H}\,\vdots\,\cdots\,\vdots\,\boldsymbol{G}^{n-1}\boldsymbol{H}]=n \tag{3.5.10}$$

其中，n为系统的维数。

由结论 3.5.5，还可以得出针对单输入线性定常离散系统的一个推论。

推论 3.5.1 对于单输入线性定常离散系统：

$$\boldsymbol{x}(k+1)=\boldsymbol{G}\boldsymbol{x}(k)+\boldsymbol{h}u(k),\quad k=0,1,2,\cdots \tag{3.5.11}$$

其中，$\boldsymbol{x}$为$n\times1$状态向量；u为1×1输入变量；假定$\boldsymbol{G}$为$n\times n$非奇异矩阵；$\boldsymbol{h}$为$n\times1$向量。当系统为完全能控时，可构造如下的控制：

$$\begin{bmatrix} u(0) \\ u(1) \\ \vdots \\ u(n-1) \end{bmatrix} = -[\boldsymbol{G}^{-1}\boldsymbol{h} \mid \boldsymbol{G}^{-2}\boldsymbol{h} \mid \cdots \mid \boldsymbol{G}^{-n}\boldsymbol{h}]^{-1}\boldsymbol{x}_0 \tag{3.5.12}$$

使在 n 步内将任意状态 $\boldsymbol{x}(0)=\boldsymbol{x}_0$ 转移到状态空间的原点。

证 由式(2.6.9)可得在 n 时刻系统的状态运动表达式：

$$\begin{aligned} \boldsymbol{x}(n) &= \boldsymbol{G}^n\boldsymbol{x}_0 + [\boldsymbol{G}^{n-1}\boldsymbol{h}u(0)+\cdots+\boldsymbol{G}\boldsymbol{h}u(n-2)+\boldsymbol{h}u(n-1)] \\ &= \boldsymbol{G}^n\boldsymbol{x}_0 + \boldsymbol{G}^n[\boldsymbol{G}^{-1}\boldsymbol{h}u(0)+\cdots+\boldsymbol{G}^{-(n-1)}\boldsymbol{h}u(n-2)+\boldsymbol{G}^{-n}\boldsymbol{h}u(n-1)] \\ &= \boldsymbol{G}^n\boldsymbol{x}_0 + \boldsymbol{G}^n[\boldsymbol{G}^{-1}\boldsymbol{h} \ \cdots \ \boldsymbol{G}^{-n}\boldsymbol{h}]\begin{bmatrix} u(0) \\ \vdots \\ u(n-1) \end{bmatrix} \end{aligned} \tag{3.5.13}$$

下面证 $[\boldsymbol{G}^{-1}\boldsymbol{h} \ \cdots \ \boldsymbol{G}^{-n}\boldsymbol{h}]$ 为非奇异矩阵。因为系统状态完全能控，所以 $[\boldsymbol{G}^{n-1}\boldsymbol{h} \mid \cdots \mid \boldsymbol{G}\boldsymbol{h} \mid \boldsymbol{h}]$ 为非奇异矩阵。又有

$$[\boldsymbol{G}^{n-1}\boldsymbol{h} \mid \cdots \mid \boldsymbol{G}\boldsymbol{h} \mid \boldsymbol{h}] = \boldsymbol{G}^n[\boldsymbol{G}^{-1}\boldsymbol{h} \ \cdots \ \boldsymbol{G}^{-n}\boldsymbol{h}] \tag{3.5.14}$$

因为已知 $\boldsymbol{G}$ 非奇异，所以 $[\boldsymbol{G}^{-1}\boldsymbol{h}\cdots\boldsymbol{G}^{-n}\boldsymbol{h}]$ 为非奇异。令 $\boldsymbol{x}(n)=\boldsymbol{0}$，代入式(3.5.13)，可得

$$[\boldsymbol{G}^{-1}\boldsymbol{h} \ \cdots \ \boldsymbol{G}^{-n}\boldsymbol{h}]\begin{bmatrix} u(0) \\ \vdots \\ u(n-1) \end{bmatrix} = -\boldsymbol{x}_0$$

将上式等号两边左乘 $[\boldsymbol{G}^{-1}\boldsymbol{h} \ \cdots \ \boldsymbol{G}^{-n}\boldsymbol{h}]^{-1}$，可得式(3.5.12)。至此，证明完成。

3.5.3 线性离散系统的能观测性及其判据

对线性时变离散时间系统：

$$\begin{cases} \boldsymbol{x}(k+1) = \boldsymbol{G}(k)\boldsymbol{x}(k), & k \in J_k \\ \boldsymbol{y}(k) = \boldsymbol{C}(k)\boldsymbol{x}(k) \end{cases} \tag{3.5.15}$$

如果对初始时刻 $h \in J_k$ 的任意非零状态 $\boldsymbol{x}_0$，都存在有限时刻 $l \in J_k, l > h$，且可由 $[h,l]$ 上的输出 $\boldsymbol{y}(k)(k=h+1,h+2,\cdots,l)$ 唯一确定初始状态 $\boldsymbol{x}_0$，则称系统在时刻 h 是完全能观测的。

利用能控性和能观测性的对偶性关系，可以直接得出离散系统的能观测性判据。

结论 3.5.6[线性时变离散系统的格拉姆矩阵判据] 线性时变离散系统(3.5.15)在时刻 h 为完全能观测的充分必要条件是，存在有限时刻 $l \in J_k, l > h$，使如下定义的格拉姆矩阵判据

$$\boldsymbol{W}_{\mathrm{o}}[h,l] = \sum_{k=h}^{l-1} \boldsymbol{\Phi}^{\mathrm{T}}(k,h)\boldsymbol{C}^{\mathrm{T}}(k)\boldsymbol{C}(k)\boldsymbol{\Phi}(k,h) \tag{3.5.16}$$

为非奇异。

结论 3.5.7[线性定常离散系统的秩判据] 线性定常离散系统

$$\begin{cases} \boldsymbol{x}(k+1) = \boldsymbol{G}\boldsymbol{x}(k), & k = 1,2,\cdots \\ \boldsymbol{y}(k) = \boldsymbol{C}\boldsymbol{x}(k) \end{cases} \tag{3.5.17}$$

为完全能观测的充分必要条件是

$$\operatorname{rank}\begin{bmatrix} \boldsymbol{C} \\ \boldsymbol{CG} \\ \vdots \\ \boldsymbol{CG}^{n-1} \end{bmatrix} = n \tag{3.5.18}$$

推论 3.5.2 对单输出线性定常离散系统：

$$\begin{cases} \boldsymbol{x}(k+1) = \boldsymbol{Gx}(k), \quad k = 1,2,\cdots \\ y(k) = \boldsymbol{cx}(k) \quad \boldsymbol{x}(0) = \boldsymbol{x}_0 \end{cases} \tag{3.5.19}$$

其中，$\boldsymbol{x}$ 为 n 维状态向量；y 为输出变量；$\boldsymbol{c}$ 为 n 维行向量。当系统为完全能观测时，可用 n 步内的输出值 $y(0),y(1),\cdots,y(n-1)$ 构造出任意的非零初始状态 $\boldsymbol{x}_0$：

$$\boldsymbol{x}_0 = \begin{bmatrix} \boldsymbol{c} \\ \boldsymbol{cG} \\ \vdots \\ \boldsymbol{cG}^{n-1} \end{bmatrix}^{-1} \begin{bmatrix} y(0) \\ y(1) \\ \vdots \\ y(n-1) \end{bmatrix} \tag{3.5.20}$$

证 由系统(3.5.19)的输出方程和状态方程可得

$$\begin{cases} y(0) = \boldsymbol{cx}(0) \\ y(1) = \boldsymbol{cx}(1) = \boldsymbol{cGx}(0) \\ \qquad \vdots \\ y(n-1) = \boldsymbol{cx}(n-1) = \boldsymbol{cG}^{n-1}\boldsymbol{x}(0) \end{cases}$$

将以上各式组成关于向量 $\boldsymbol{x}_0$ 线性方程：

$$\begin{bmatrix} \boldsymbol{c} \\ \boldsymbol{cG} \\ \vdots \\ \boldsymbol{cG}^{n-1} \end{bmatrix} \boldsymbol{x}_0 = \begin{bmatrix} y(0) \\ y(1) \\ \vdots \\ y(n-1) \end{bmatrix} \tag{3.5.21}$$

又因为系统(3.5.19)为完全能观测，所以矩阵

$$\begin{bmatrix} \boldsymbol{c} \\ \boldsymbol{cG} \\ \vdots \\ \boldsymbol{cG}^{n-1} \end{bmatrix} \tag{3.5.22}$$

的逆矩阵存在，将式(3.5.21)的等号两边左乘式(3.5.22)的逆矩阵，即可得式(3.5.20)。至此，证明完成。

3.6 单输入-单输出系统的能控规范形和能观测规范形

如果一个系统的状态空间描述具有能控规范形或能观测规范形的形式，则不使用能控性和能观测性判据，直接可以断定该系统是能控的或能观测的。对于完全能控或完全能观测的线性定常系统，可以通过对状态引入线性非奇异变换，将其转换成能控规范形和能观测规范

形。后面的章节将会看到，状态反馈和状态观测等综合系统需要在能控规范形或能观测规范形的基础上进行设计。本节对单输入-单输出系统的情况进行讨论，给出规范形的定义和具体转换方法。

3.6.1 能控规范形

对于单输入-单输出线性定常系统，如果其状态空间描述具有如下形式：

$$\begin{cases}\dot{\bar{\boldsymbol{x}}}=\boldsymbol{A}_c\bar{\boldsymbol{x}}+\boldsymbol{b}_c u\\ y=\boldsymbol{c}_c\bar{\boldsymbol{x}}\end{cases} \tag{3.6.1}$$

其中

$$\boldsymbol{A}_c=\left[\begin{array}{c|ccc}0 & 1 & & \\ \vdots & & \ddots & \\ 0 & 0 & & 1\\ \hline -a_0 & -a_1 & \cdots & -a_{n-1}\end{array}\right],\quad \boldsymbol{b}_c=\left[\begin{array}{c}0\\ \vdots\\ 0\\ \hline 1\end{array}\right] \tag{3.6.2}$$

则称此状态空间描述为能控规范形。

结论 3.6.1 若 $(\boldsymbol{A}_c,\boldsymbol{b}_c)$ 是能控规范形，则系统状态一定完全能控。

证 应用秩判据，有

$$\mathrm{rank}[\boldsymbol{b}_c \mid \boldsymbol{A}_c\boldsymbol{b}_c \mid \boldsymbol{A}_c^2\boldsymbol{b}_c \mid \cdots \mid \boldsymbol{A}_c^{n-1}\boldsymbol{b}_c]=\mathrm{rank}\begin{bmatrix}0 & 0 & \cdots & \cdots & 1\\ 0 & 0 & \cdots & \iddots & *\\ \vdots & \vdots & & & \vdots\\ 0 & 0 & 1 & \cdots & *\\ 0 & 1 & -a_{n-1} & \cdots & *\\ 1 & -a_{n-1} & \cdots & \cdots & *\end{bmatrix}=n$$

所以系统状态一定是完全能控的。证明完成。

结论 3.6.2 完全能控的单输入-单输出线性定常系统：

$$\begin{cases}\dot{\boldsymbol{x}}=\boldsymbol{A}\boldsymbol{x}+\boldsymbol{b}u\\ y=\boldsymbol{c}\boldsymbol{x}\end{cases} \tag{3.6.3}$$

引入线性非奇异变换 $\bar{\boldsymbol{x}}=\boldsymbol{P}^{-1}\boldsymbol{x}$，即可得到其能控规范形为

$$\begin{cases}\dot{\bar{\boldsymbol{x}}}=\boldsymbol{A}_c\bar{\boldsymbol{x}}+\boldsymbol{b}_c u\\ y=\boldsymbol{c}_c\bar{\boldsymbol{x}}\end{cases} \tag{3.6.4}$$

其中

$$\boldsymbol{A}_c=\boldsymbol{P}^{-1}\boldsymbol{A}\boldsymbol{P}=\left[\begin{array}{c|cccc}0 & 1 & 0 & \cdots & 0\\ 0 & 0 & 1 & \cdots & 0\\ & & & \ddots & \\ 0 & 0 & \cdots & & 1\\ \hline -a_0 & -a_1 & -a_2 & \cdots & -a_{n-1}\end{array}\right],\quad \boldsymbol{b}_c=\boldsymbol{P}^{-1}\boldsymbol{b}=\left[\begin{array}{c}0\\ 0\\ \vdots\\ 0\\ \hline 1\end{array}\right] \tag{3.6.5}$$

$$\boldsymbol{c}_c=\boldsymbol{c}\boldsymbol{P}=[\beta_0 \quad \beta_1 \quad \cdots \quad \beta_{n-1}]$$

根据式(3.6.2)可知，系统特征多项式为

$$\det(s\boldsymbol{I}-\boldsymbol{A})=\alpha(s)=s^n+a_{n-1}s^{n-1}+\cdots+a_1s+a_0 \tag{3.6.6}$$

则矩阵 $\boldsymbol{P}$ 可按式(3.6.7)计算：

$$\boldsymbol{P}=[\boldsymbol{e}_1\ \boldsymbol{e}_2\ \cdots\ \boldsymbol{e}_n]=[\boldsymbol{A}^{n-1}\boldsymbol{b}\ \cdots\ \boldsymbol{A}\boldsymbol{b}\ \ \boldsymbol{b}]\begin{bmatrix} 1 & & & & \\ a_{n-1} & 1 & & & \\ a_{n-2} & a_{n-1} & 1 & & \\ \vdots & & \ddots & \ddots & \\ a_1 & \cdots & & a_{n-1} & 1 \end{bmatrix} \tag{3.6.7}$$

证 (1)推导 $\boldsymbol{A}_c$。令 $\boldsymbol{P}=[\boldsymbol{e}_1\ \boldsymbol{e}_2\ \cdots\ \boldsymbol{e}_n]$，利用 $\boldsymbol{A}_c=\boldsymbol{P}^{-1}\boldsymbol{A}\boldsymbol{P}$，可得

$$\boldsymbol{P}\boldsymbol{A}_c=\boldsymbol{A}\boldsymbol{P}=[\boldsymbol{A}^n\boldsymbol{b}\ \cdots\ \boldsymbol{A}^2\boldsymbol{b}\ \boldsymbol{A}\boldsymbol{b}]\begin{bmatrix} 1 & & & & \\ a_{n-1} & 1 & & & \\ a_{n-2} & a_{n-1} & 1 & & \\ \vdots & & \ddots & \ddots & \\ a_1 & \cdots & & a_{n-1} & 1 \end{bmatrix} \tag{3.6.8}$$

由此，利用凯莱-哈密顿定理 $\alpha(\boldsymbol{A})=\boldsymbol{0}$ 和式(3.6.7)，可得

$$\begin{aligned} \boldsymbol{A}\boldsymbol{e}_1&=(\boldsymbol{A}^n\boldsymbol{b}+a_{n-1}\boldsymbol{A}^{n-1}\boldsymbol{b}+\cdots+a_1\boldsymbol{A}\boldsymbol{b}+a_0\boldsymbol{b})-a_0\boldsymbol{b}=-a_0\boldsymbol{e}_n \\ \boldsymbol{A}\boldsymbol{e}_2&=(\boldsymbol{A}^{n-1}\boldsymbol{b}+a_{n-1}\boldsymbol{A}^{n-1}\boldsymbol{b}+\cdots+a_2\boldsymbol{A}\boldsymbol{b}+a_1\boldsymbol{b})-a_1\boldsymbol{b}=\boldsymbol{e}_1-a_1\boldsymbol{e}_n \\ &\cdots \\ \boldsymbol{A}\boldsymbol{e}_{n-1}&=(\boldsymbol{A}^2\boldsymbol{b}+a_{n-1}\boldsymbol{A}\boldsymbol{b}+a_{n-2}\boldsymbol{b})-a_{n-2}\boldsymbol{b}=\boldsymbol{e}_{n-2}-a_{n-2}\boldsymbol{e}_n \\ \boldsymbol{A}\boldsymbol{e}_n&=(\boldsymbol{A}\boldsymbol{b}+a_{n-1}\boldsymbol{b})-a_{n-1}\boldsymbol{b}=\boldsymbol{e}_{n-1}-a_{n-1}\boldsymbol{e}_n \end{aligned} \tag{3.6.9}$$

将式(3.6.9)代入式(3.6.8)，可得

$$\begin{aligned} \boldsymbol{P}\boldsymbol{A}_c&=[-a_0\boldsymbol{e}_n\quad \boldsymbol{e}_1-a_1\boldsymbol{e}_n\quad \cdots\quad \boldsymbol{e}_{n-2}-a_{n-2}\boldsymbol{e}_n\quad \boldsymbol{e}_{n-1}-a_{n-1}\boldsymbol{e}_n] \\ &=[\boldsymbol{e}_1\ \boldsymbol{e}_2\ \cdots\ \boldsymbol{e}_n]\begin{bmatrix} 0 & 1 & & \\ \vdots & & \ddots & \\ 0 & & & 1 \\ -a_0 & -a_2 & \cdots & -a_{n-1} \end{bmatrix} \end{aligned}$$

考虑到 $\boldsymbol{P}=[\boldsymbol{e}_1\ \boldsymbol{e}_2\ \cdots\ \boldsymbol{e}_n]$，将上式左乘 $\boldsymbol{P}^{-1}$，即可得到 $\boldsymbol{A}_c$ 的表达式。

(2)推导 $\boldsymbol{b}_c$。利用 $\boldsymbol{b}_c=\boldsymbol{P}^{-1}\boldsymbol{b}$ 和式(3.6.7)，可得

$$\boldsymbol{P}\boldsymbol{b}_c=\boldsymbol{b}=[\boldsymbol{e}_1\ \boldsymbol{e}_2\ \cdots\ \boldsymbol{e}_n]\begin{bmatrix} 0 \\ \vdots \\ 0 \\ 1 \end{bmatrix}=\boldsymbol{P}\begin{bmatrix} 0 \\ \vdots \\ 0 \\ 1 \end{bmatrix}$$

将上式左乘 $\boldsymbol{P}^{-1}$，就得到 $\boldsymbol{b}_c$ 的表达式。

(3)推导 $\boldsymbol{c}_c$。利用 $\boldsymbol{c}_c=\boldsymbol{c}\boldsymbol{P}$ 和式(3.6.7)，可得

$$
\boldsymbol{cP}=\boldsymbol{c}[\boldsymbol{A}^{n-1}\boldsymbol{b}\ \cdots\ \boldsymbol{Ab}\ \ \boldsymbol{b}]\begin{bmatrix} 1 & & & & \\ a_{n-1} & 1 & & & \\ a_{n-2} & a_{n-1} & 1 & & \\ \vdots & & \ddots & \ddots & \\ a_1 & \cdots & & a_{n-1} & 1 \end{bmatrix}
$$

$$
=[\beta_0\quad \beta_1\quad \cdots\quad \beta_{n-1}]
$$

至此，证明完成。

例 3.6.1 求单输入-单输出线性定常系统

$$
\begin{cases} \dot{\boldsymbol{x}}=\begin{bmatrix} 1 & 2 & 0 \\ 3 & -1 & 1 \\ 0 & 2 & 0 \end{bmatrix}\boldsymbol{x}+\begin{bmatrix} 2 \\ 1 \\ 1 \end{bmatrix}u \\ y=[0\quad 1\quad 1]\boldsymbol{x} \end{cases}
$$

的能控规范形。

解 (1) $\operatorname{rank}[\boldsymbol{b}\ \ \boldsymbol{Ab}\ \ \boldsymbol{A}^2\boldsymbol{b}]=\operatorname{rank}\begin{bmatrix} 2 & 4 & 16 \\ 1 & 6 & 8 \\ 1 & 2 & 12 \end{bmatrix}=3$，所以系统状态完全能控。

(2) $\det[s\boldsymbol{I}-\boldsymbol{A}]=\det\begin{bmatrix} s-1 & -2 & 0 \\ -3 & s+1 & -1 \\ 0 & -2 & s \end{bmatrix}=s^3-9s+2$，所以$a_2=0, a_1=-9, a_0=2$。

矩阵 $\boldsymbol{P}$ 为

$$
\boldsymbol{P}=\left[\boldsymbol{A}^{n-1}\boldsymbol{b}\ \cdots\ \boldsymbol{Ab}\ \boldsymbol{b}\right]\begin{bmatrix} 1 & 0 & 0 \\ a_2 & 1 & 0 \\ a_1 & a_2 & 1 \end{bmatrix}=\begin{bmatrix} 16 & 4 & 2 \\ 8 & 6 & 1 \\ 12 & 2 & 1 \end{bmatrix}\begin{bmatrix} 1 & 0 & 0 \\ 0 & 1 & 0 \\ -9 & 0 & 1 \end{bmatrix}=\begin{bmatrix} -2 & 4 & 2 \\ -1 & 6 & 1 \\ 3 & 2 & 1 \end{bmatrix}
$$

引入 $\bar{\boldsymbol{x}}=\boldsymbol{P}^{-1}\boldsymbol{x}$，可得

$$
\boldsymbol{A}_c=\begin{bmatrix} 0 & 1 & 0 \\ 0 & 0 & 1 \\ -a_0 & -a_1 & -a_2 \end{bmatrix}=\begin{bmatrix} 0 & 1 & 0 \\ 0 & 0 & 1 \\ -2 & 9 & 0 \end{bmatrix},\quad \boldsymbol{b}_c=\begin{bmatrix} 0 \\ 0 \\ 1 \end{bmatrix},\quad \boldsymbol{c}_c=\boldsymbol{cP}=[0\quad 1\quad 1]\begin{bmatrix} -2 & 4 & 2 \\ -1 & 6 & 1 \\ 3 & 2 & 1 \end{bmatrix}=[2\quad 8\quad 2]
$$

3.6.2 能观测规范形

对于单输入-单输出线性定常系统，如果其状态空间描述具有如下形式：

$$
\begin{cases} \dot{\hat{\boldsymbol{x}}}=\boldsymbol{A}_o\hat{\boldsymbol{x}}+\boldsymbol{b}_o u \\ y=\boldsymbol{c}_o\hat{\boldsymbol{x}} \end{cases} \tag{3.6.10}
$$

其中

$$
\boldsymbol{A}_o=\begin{bmatrix} 0 & \cdots & 0 & -a_0 \\ 1 & & & -a_1 \\ & \ddots & & \vdots \\ & & 1 & -a_{n-1} \end{bmatrix},\quad \boldsymbol{c}_o=[0\quad \cdots\quad 0\quad 1] \tag{3.6.11}
$$

则称此状态空间描述为能观测规范形。

结论 3.6.3 若 (A_o, c_o) 是能观测标准形，则系统一定是能观测的。

证 系统(3.6.10)的对偶系统为

$$\begin{cases}\dot{\boldsymbol{\psi}}^{\mathrm{T}} = -\boldsymbol{A}_o^{\mathrm{T}}\boldsymbol{\psi}^{\mathrm{T}} + \boldsymbol{c}_o^{\mathrm{T}}\boldsymbol{\eta}^{\mathrm{T}} \\ \varphi^{\mathrm{T}} = \boldsymbol{b}_o^{\mathrm{T}}\boldsymbol{\psi}^{\mathrm{T}}\end{cases} \tag{3.6.12}$$

因为 $(\boldsymbol{A}_o^{\mathrm{T}}, \boldsymbol{c}_o^{\mathrm{T}})$ 为能控规范形，所以系统(3.6.12)能控，对偶系统(3.6.10)为能观测。

结论 3.6.4 对完全能观测的单输入-单输出线性定常系统(3.6.3)，引入线性非奇异变换 $\hat{\boldsymbol{x}} = \boldsymbol{Q}\boldsymbol{x}$，即可得到其能观测规范形式(3.6.10)，其中

$$\boldsymbol{A}_o = \boldsymbol{Q}\boldsymbol{A}\boldsymbol{Q}^{-1} = \begin{bmatrix} 0 & \cdots & 0 & -a_0 \\ 1 & & & -a_1 \\ & \ddots & & \vdots \\ & & 1 & -a_{n-1} \end{bmatrix},\quad \boldsymbol{b}_o = \boldsymbol{Q}\boldsymbol{b},\quad \boldsymbol{c}_o = \boldsymbol{c}\boldsymbol{Q}^{-1} = [0 \ \cdots \ 0 \ 1] \tag{3.6.13}$$

设系统特征多项式为式(3.6.6)，则矩阵 $\boldsymbol{Q}$ 可按式(3.6.14)计算：

$$\boldsymbol{Q} = \begin{bmatrix} 1 & a_{n-1} & \cdots & a_1 \\ & \ddots & \ddots & \vdots \\ & & & a_{n-1} \\ & & & 1 \end{bmatrix} \begin{bmatrix} \boldsymbol{c}\boldsymbol{A}^{n-1} \\ \vdots \\ \boldsymbol{c}\boldsymbol{A} \\ \boldsymbol{c} \end{bmatrix} \tag{3.6.14}$$

证明过程同能控规范形类似，故省略。

例 3.6.2 给定线性定常系统：

$$\dot{\boldsymbol{x}} = \begin{bmatrix} 1 & 0 & 2 \\ 2 & 1 & 1 \\ 1 & 0 & -2 \end{bmatrix}\boldsymbol{x} + \begin{bmatrix} 1 \\ 2 \\ 1 \end{bmatrix}u$$

$$y = \begin{bmatrix} 0 & 1 & 1 \end{bmatrix}\boldsymbol{x}$$

求其能观测规范形。

解 (1)判断系统状态完全能观测性。

$$\operatorname{rank}\begin{bmatrix} \boldsymbol{c} \\ \boldsymbol{c}\boldsymbol{A} \\ \boldsymbol{c}\boldsymbol{A}^2 \end{bmatrix} = \operatorname{rank}\begin{bmatrix} 0 & 1 & 1 \\ 3 & 1 & -1 \\ 4 & 1 & 9 \end{bmatrix} = 3$$，所以系统状态完全能观测。

(2)系统特征多项式为

$$\det[s\boldsymbol{I} - \boldsymbol{A}] = \det\begin{bmatrix} s-1 & 0 & -2 \\ -2 & s-1 & -1 \\ -1 & 0 & s+2 \end{bmatrix} = s^3 - 5s + 4$$

所以，矩阵 $\boldsymbol{Q}$ 为

$$\boldsymbol{Q} = \begin{bmatrix} 1 & a_2 & a_1 \\ 0 & 1 & a_2 \\ 0 & 0 & 1 \end{bmatrix}\begin{bmatrix} \boldsymbol{c}\boldsymbol{A}^2 \\ \boldsymbol{c}\boldsymbol{A} \\ \boldsymbol{c} \end{bmatrix} = \begin{bmatrix} 1 & 0 & -5 \\ 0 & 1 & 0 \\ 0 & 0 & 1 \end{bmatrix}\begin{bmatrix} 4 & 1 & 9 \\ 3 & 1 & -1 \\ 0 & 1 & 1 \end{bmatrix} = \begin{bmatrix} 4 & -4 & 4 \\ 3 & 1 & -1 \\ 0 & 1 & 1 \end{bmatrix}$$

$$b_o = Qb = \begin{bmatrix} 0 \\ 4 \\ 3 \end{bmatrix}, \quad c_o = cQ^{-1} = [0 \ \cdots \ 0 \ 1]$$

该系统能观测标准形为

$$\dot{\hat{x}} = \begin{bmatrix} 0 & 0 & -4 \\ 1 & 0 & 5 \\ 0 & 1 & 0 \end{bmatrix} \hat{x} + \begin{bmatrix} 0 \\ 4 \\ 3 \end{bmatrix} u$$

$$y = \begin{bmatrix} 0 & 0 & 1 \end{bmatrix} \hat{x}$$

对于前面讨论的能控规范形和能观测规范形，做以下几点讨论。

(1) 系统的能控规范形 (A_c, b_c) 和能观测规范形 (A_o, c_o)，由系统特征多项式的系数 $a_i (i = 1, 2, \cdots, n)$ 决定，反映系统固有特性。

(2) 代数等价的完全能控系统具有相同的能控规范形，代数等价的完全能观测系统具有相同的能观测规范形。

证 以状态完全能观测系统为例。需证明代数等价系统的 $\alpha(s)$ 和 $\beta_i (i = 0, 1, \cdots, n-1)$ 相同。设 (A, b, c) 和 $(\bar{A}, \bar{b}, \bar{c})$ 为代数等价系统，则

$$\bar{A} = TAT^{-1}, \quad \bar{b} = Tb, \quad \bar{c} = cT^{-1}$$

其中，T 为非奇异常值矩阵。系统特征多项式为

$$\bar{\alpha}(s) = \det(sI - \bar{A}) = \det(T(sI - A)T^{-1}) = \det(sI - A) = \alpha(s)$$

能观测规范形中的 b 矩阵为

$$b_s = Q\bar{b} = \begin{bmatrix} 1 & \bar{a}_{n-1} & \cdots & \bar{a}_1 \\ & \ddots & \ddots & \vdots \\ & & & \bar{a}_{n-1} \\ & & & 1 \end{bmatrix} \begin{bmatrix} \bar{c}\bar{A}^{n-1} \\ \vdots \\ \bar{c}\bar{A} \\ \bar{c} \end{bmatrix} \bar{b} = \begin{bmatrix} \bar{\beta}_0 \\ \bar{\beta}_1 \\ \vdots \\ \bar{\beta}_{n-1} \end{bmatrix}$$

其中

$$\begin{aligned} \bar{\beta}_{i-1} &= \overline{c}\overline{A}^{n-i}\bar{b} + \bar{a}_{n-1}\overline{c}\overline{A}^{n-i-1}\bar{b} + \cdots + \bar{a}_i \overline{c}\overline{b} \\ &= cT^{-1}TA^{n-i}T^{-1}Tb + a_{n-1}cT^{-1}TA^{n-i-1}T^{-1}Tb + \cdots + a_i cT^{-1}Tb \\ &= cA^{n-i}b + a_{n-1}cA^{n-i-1}b + \cdots + a_i cb \\ &= \beta_{i-1}, \quad i = 1, 2, \cdots, n \end{aligned}$$

证明完成。

3.7 多输入-多输出系统的能控规范形和能观测规范形

本节讨论多输入-多输出线性定常系统的能控规范形和能观测规范形。相对于单输入系统，无论从规范形的形式还是从构造方法看，多输入系统的规范形都要复杂。下面讨论应用较多的旺纳姆(Wonham)规范形和龙伯格(Luenberger)规范形。

3.7.1 搜索线性无关行或列的方案

对于多输入-多输出系统，无论构造何种规范形，都要面临一个共性问题，即找出能控性判别矩阵中n个线性无关列或能观测性判别矩阵中n个线性无关行。通常，这是一个搜索的过程。

考虑n维多输入-多输出系统线性定常系统：

$$\begin{cases}\dot{\boldsymbol{x}} = \boldsymbol{A}\boldsymbol{x} + \boldsymbol{B}\boldsymbol{u} \\ \boldsymbol{y} = \boldsymbol{C}\boldsymbol{x}\end{cases} \tag{3.7.1}$$

其中，$\boldsymbol{A}$为$n \times n$常阵；$\boldsymbol{B}$和$\boldsymbol{C}$分别为$n \times p$和$q \times n$常阵。其能控性判别阵$\boldsymbol{Q}_c$和能观测性判别阵$\boldsymbol{Q}_o$分别为

$$\boldsymbol{Q}_c = [\boldsymbol{B} \mid \boldsymbol{A}\boldsymbol{B} \mid \cdots \mid \boldsymbol{A}^{n-1}\boldsymbol{B}] \tag{3.7.2}$$

和

$$\boldsymbol{Q}_o = \begin{bmatrix} \boldsymbol{C} \\ \boldsymbol{C}\boldsymbol{A} \\ \vdots \\ \boldsymbol{C}\boldsymbol{A}^{n-1} \end{bmatrix} \tag{3.7.3}$$

显然，当系统为能控时，必有$\mathrm{rank}\boldsymbol{Q}_c = n$，即$n \times pn$的$\boldsymbol{Q}_c$中有且仅有$n$个线性无关的列；而当系统为能观测时，有$\mathrm{rank}\boldsymbol{Q}_o = n$，从而$qn \times n$的$\boldsymbol{Q}_o$中有且仅有$n$个线性无关的行。因此，为了确定能控规范形和能观测规范形，首先需要找出$\boldsymbol{Q}_c$和$\boldsymbol{Q}_o$中的n个线性无关的列和行，然后由此来构成相应的变换阵。下面以能控性判别矩阵$\boldsymbol{Q}_c$为例说明搜索$\boldsymbol{Q}_c$中n个线性无关列的步骤，搜索$\boldsymbol{Q}_o$中n个线性无关的行的步骤可按类似方法得到。

为使搜索$\boldsymbol{Q}_c$中n个线性无关的列向量更为形象直观，对给定$\{\boldsymbol{A}, \boldsymbol{B}\}$建立如图 3.7.1 和图 3.7.2 所示的栅格图。栅格图由若干行和若干列组成，栅格上方由左至右依次标为$\boldsymbol{B}$的各列$\boldsymbol{b}_1, \boldsymbol{b}_2, \cdots$，栅格左方由上至下依次标为$\boldsymbol{A}$的各次幂$\boldsymbol{A}^0, \boldsymbol{A}^1, \boldsymbol{A}^2, \cdots$，格$ji$代表由$\boldsymbol{A}^j$和$\boldsymbol{b}_i$乘积得到的列向量$\boldsymbol{A}^j\boldsymbol{b}_i$。随着对栅格图搜索方向的不同，可区分为列向搜索和行向搜索两种方案。

	$\boldsymbol{b}_1$	$\boldsymbol{b}_2$	$\boldsymbol{b}_3$	$\boldsymbol{b}_4$
$\boldsymbol{A}^0$	×	×	×	○
$\boldsymbol{A}^1$	×	×	○	
$\boldsymbol{A}^2$	×	○		
$\boldsymbol{A}^3$	○			
$\boldsymbol{A}^4$				
$\boldsymbol{A}^5$				

图 3.7.1　列向搜索方案的栅格图

	$\boldsymbol{b}_1$	$\boldsymbol{b}_2$	$\boldsymbol{b}_3$	$\boldsymbol{b}_4$
$\boldsymbol{A}^0$	×	×	×	○
$\boldsymbol{A}^1$	×	○	×	
$\boldsymbol{A}^2$	×		○	
$\boldsymbol{A}^3$	○			
$\boldsymbol{A}^4$				
$\boldsymbol{A}^5$				

图 3.7.2　行向搜索方案的栅格图

1. 搜索$\boldsymbol{Q}_c$中n个线性无关列向量的列向搜索方案

列向搜索的思路是，从栅格图最左上格即乘积$\boldsymbol{A}^0\boldsymbol{b}_1$格向下，顺序找出第 1 列中所有线性

无关列向量。随后，转入紧邻右列，从乘积 $\boldsymbol{A}^0\boldsymbol{b}_2$ 格向下，顺序找出该列中与已找到的所有线性无关列向量线性无关的全部列向量。依次类推，直到找到 n 个线性无关列向量。

下面给出列向搜索方案的搜索步骤。

第 1 步，对栅格图的左第 1 列，若 $\boldsymbol{b}_1$ 非零，在乘积 $\boldsymbol{A}^0\boldsymbol{b}_1$ 格内划×。转入下一格，若 $\boldsymbol{A}\boldsymbol{b}_1$ 和 $\boldsymbol{b}_1$ 线性无关，在其格内划×。再转入下一格，若 $\boldsymbol{A}^2\boldsymbol{b}_1$ 和 $\{\boldsymbol{b}_1,\boldsymbol{A}\boldsymbol{b}_1\}$ 线性无关，在其格内划×。如此继续，直到首次出现 $\boldsymbol{A}^{\gamma_1}\boldsymbol{b}_1$ 和 $\{\boldsymbol{b}_1,\boldsymbol{A}\boldsymbol{b}_1,\cdots,\boldsymbol{A}^{\gamma_1-1}\boldsymbol{b}_1\}$ 线性相关，在其格内划○，并停止第 1 列的搜索，得到一组线性无关的列向量为 $\boldsymbol{b}_1,\boldsymbol{A}\boldsymbol{b}_1,\cdots,\boldsymbol{A}^{\gamma_1-1}\boldsymbol{b}_1$，长度为 γ_1。

第 2 步，向右转入第 2 列，若 $\boldsymbol{b}_2$ 和 $\{\boldsymbol{b}_1,\boldsymbol{A}\boldsymbol{b}_1,\cdots,\boldsymbol{A}^{\gamma_1-1}\boldsymbol{b}_1\}$ 线性无关，在 $\boldsymbol{A}^0\boldsymbol{b}_2$ 格内划×。再转入下一格，若 $\boldsymbol{A}\boldsymbol{b}_2$ 和 $\{\boldsymbol{b}_1,\boldsymbol{A}\boldsymbol{b}_1,\cdots,\boldsymbol{A}^{\gamma_1-1}\boldsymbol{b}_1;\boldsymbol{b}_2\}$ 线性无关，在其格内划×。如此继续，直到首次出现 $\boldsymbol{A}^{\gamma_2}\boldsymbol{b}_2$ 和 $\{\boldsymbol{b}_1,\boldsymbol{A}\boldsymbol{b}_1,\cdots,\boldsymbol{A}^{\gamma_1-1}\boldsymbol{b}_1;\boldsymbol{b}_2,\boldsymbol{A}\boldsymbol{b}_2,\cdots,\boldsymbol{A}^{\gamma_2-1}\boldsymbol{b}_2\}$ 线性相关，在其格内划○，并停止第 2 列的搜索，得到一组线性无关的列向量为 $\boldsymbol{b}_2,\boldsymbol{A}\boldsymbol{b}_2,\cdots,\boldsymbol{A}^{\gamma_2-1}\boldsymbol{b}_2$，长度为 γ_2。

第 l 步，向右转入第 l 列，若 $\boldsymbol{b}_l$ 和 $\{\boldsymbol{b}_1,\boldsymbol{A}\boldsymbol{b}_1,\cdots,\boldsymbol{A}^{\gamma_1-1}\boldsymbol{b}_1;\boldsymbol{b}_2,\boldsymbol{A}\boldsymbol{b}_2,\cdots,\boldsymbol{A}^{\gamma_2-1}\boldsymbol{b}_2;\cdots;\boldsymbol{b}_{l-1},\boldsymbol{A}\boldsymbol{b}_{l-1},\cdots,\boldsymbol{A}^{\gamma_{l-1}-1}\boldsymbol{b}_{l-1}\}$ 线性无关，在 $\boldsymbol{A}^0\boldsymbol{b}_l$ 格内划×。再转入下一格，若 $\boldsymbol{A}\boldsymbol{b}_l$ 和 $\{\boldsymbol{b}_1,\boldsymbol{A}\boldsymbol{b}_1,\cdots,\boldsymbol{A}^{\gamma_1-1}\boldsymbol{b}_1;\cdots;\boldsymbol{b}_{l-1},\boldsymbol{A}\boldsymbol{b}_{l-1},\cdots,\boldsymbol{A}^{\gamma_{l-1}-1}\boldsymbol{b}_{l-1};\boldsymbol{b}_l\}$ 线性无关，在其格内划×。如此继续，直到首次出现 $\boldsymbol{A}^{\gamma_l}\boldsymbol{b}_l$ 和 $\{\boldsymbol{b}_1,\boldsymbol{A}\boldsymbol{b}_1,\cdots,\boldsymbol{A}^{\gamma_1-1}\boldsymbol{b}_1;\cdots;\boldsymbol{b}_{l-1},\boldsymbol{A}\boldsymbol{b}_{l-1},\cdots,\boldsymbol{A}^{\gamma_{l-1}-1}\boldsymbol{b}_{l-1};\boldsymbol{b}_l,\boldsymbol{A}\boldsymbol{b}_l,\cdots,\boldsymbol{A}^{\gamma_l-1}\boldsymbol{b}_l\}$ 线性相关，在其格内划○，并停止第 l 列的搜索，得到一组线性无关的列向量为 $\boldsymbol{b}_l,\boldsymbol{A}\boldsymbol{b}_l,\cdots,\boldsymbol{A}^{\gamma_l-1}\boldsymbol{b}_l$，长度为 γ_l。

第 $l+1$ 步，若 $\gamma_1+\gamma_2+\cdots+\gamma_l=n$，停止计算。此时，上述 l 组列向量即按列向搜索方案找到的全部 n 个线性无关的列向量。

对图 3.7.1 的情形，有 $n=6$ 和 $l=3$。$\boldsymbol{Q}_c$ 中的 6 个线性无关列向量为 $\boldsymbol{b}_1,\boldsymbol{A}\boldsymbol{b}_1,\boldsymbol{A}^2\boldsymbol{b}_1;\boldsymbol{b}_2,\boldsymbol{A}\boldsymbol{b}_2;\boldsymbol{b}_3$。

2. 搜索 $\boldsymbol{Q}_c$ 中 n 个线性无关列向量的行向搜索方案

行向搜索的思路是，从栅格图最左上格即乘积 $\boldsymbol{A}^0\boldsymbol{b}_1$ 格向右，顺序找出第 1 行中所有线性无关列向量。随后，转入紧邻下一行，从乘积 $\boldsymbol{A}\boldsymbol{b}_1$ 格向右，顺序找出该行中和已找到的所有线性无关列向量组成线性无关的全部列向量。依次类推，直到找到 n 个线性无关列向量。

下面给出行向搜索方案的搜索步骤。

第 1 步，$\text{rank}\boldsymbol{B}=r\leqslant p$，即 $\boldsymbol{B}$ 中有 r 个列是线性无关的。对栅格图的第 1 行，若 $\boldsymbol{b}_1$ 非零，在乘积 $\boldsymbol{A}^0\boldsymbol{b}_1$ 格内划×。由左至右找出 r 个线性无关列向量。不失普遍性，设 r 个线性无关列向量为 $\boldsymbol{b}_1,\boldsymbol{b}_2,\cdots,\boldsymbol{b}_r$，并在对应格内划×。如若不然，可通过交换 $\boldsymbol{B}$ 中列位置来实现这一点。

第 2 步，向下转入第 2 行，从 $\boldsymbol{A}\boldsymbol{b}_1$ 格到 $\boldsymbol{A}\boldsymbol{b}_r$ 格由左至右进行搜索。对每一格，判断其所属列向量和先前得到的线性无关列向量组是否线性相关，若线性相关，则在其格内划○，反之在其格内划×。此外，若某个格内已划○，则所在列中位于其下的所有列向量必和先前得到的线性无关列向量组线性相关，因此对相应列中的搜索无须继续进行。

第 l 步，向下转入第 l 行，从 $\boldsymbol{A}^l\boldsymbol{b}_1$ 格到 $\boldsymbol{A}^l\boldsymbol{b}_r$ 格由左至右进行搜索。对需要搜索的每一格，判断其所属列向量和先前得到的线性无关列向量组是否线性相关，若线性相关，则在其格内划○，反之在其格内划×。

第 $l+1$ 步，若至此找到 n 个线性无关列向量，则结束搜索。栅格图中划×格对应的列向量组就是按行向搜索方案得到的 $\boldsymbol{Q}_c$ 中 n 个线性无关列向量。

对图 3.7.2 的情形，有 $n=6$ 和 $l=3$ 。$\boldsymbol{Q}_c$ 中的 6 个线性无关列向量为 $\boldsymbol{b}_1,\boldsymbol{A}\boldsymbol{b}_1,\boldsymbol{A}^2\boldsymbol{b}_1;\boldsymbol{b}_2,\boldsymbol{b}_3,\boldsymbol{A}\boldsymbol{b}_3$ 。

3.7.2 旺纳姆能控规范形

考虑多输入-多输出的线性定常系统(3.7.1)，系统状态完全能控。首先找出 $\boldsymbol{Q}_c=[\boldsymbol{B}\,\vdots\,\boldsymbol{A}\boldsymbol{B}\,\vdots\,\cdots\,\vdots\,\boldsymbol{A}^{n-1}\boldsymbol{B}]$ 中 n 个线性无关的列向量。为此，设 $\boldsymbol{B}=[\boldsymbol{b}_1,\boldsymbol{b}_2,\cdots,\boldsymbol{b}_p]$ ，采用列向搜索方案，得到 n 个线性无关的列向量为

$$\boldsymbol{b}_1,\boldsymbol{A}\boldsymbol{b}_1,\cdots,\boldsymbol{A}^{v_1-1}\boldsymbol{b}_1;\boldsymbol{b}_2,\boldsymbol{A}\boldsymbol{b}_2,\cdots,\boldsymbol{A}^{v_2-1}\boldsymbol{b}_2;\cdots;\boldsymbol{b}_l,\boldsymbol{A}\boldsymbol{b}_l,\cdots,\boldsymbol{A}^{v_l-1}\boldsymbol{b}_l \tag{3.7.4}$$

其中，$v_1+v_2+\cdots+v_l=n$ ；$\boldsymbol{A}^{v_1}\boldsymbol{b}_1$ 可被表示为 $\{\boldsymbol{b}_1,\boldsymbol{A}\boldsymbol{b}_1,\cdots,\boldsymbol{A}^{v_1-1}\boldsymbol{b}_1\}$ 的线性组合；$\boldsymbol{A}^{v_2}\boldsymbol{b}_2$ 可被表示为 $\{\boldsymbol{b}_1,\boldsymbol{A}\boldsymbol{b}_1,\cdots,\boldsymbol{A}^{v_1-1}\boldsymbol{b}_1;\boldsymbol{b}_2,\boldsymbol{A}\boldsymbol{b}_2,\cdots,\boldsymbol{A}^{v_2-1}\boldsymbol{b}_2\}$ 的线性组合； $A^{v_l}b_l$ 则可被表示为 $\{\boldsymbol{b}_1,\boldsymbol{A}\boldsymbol{b}_1,\cdots,\boldsymbol{A}^{v_1-1}\boldsymbol{b}_1;\cdots;\boldsymbol{b}_l,\boldsymbol{A}\boldsymbol{b}_l,\cdots,\boldsymbol{A}^{v_l-1}\boldsymbol{b}_l\}$ 的线性组合。

于是，进一步可导出

$$\boldsymbol{A}^{v_1}\boldsymbol{b}_1=-\sum_{j=0}^{v_1-1}\alpha_{1j}\boldsymbol{A}^j\boldsymbol{b}_1 \tag{3.7.5}$$

基此，定义相应的基组为

$$\begin{cases}\boldsymbol{e}_{11}\triangleq\boldsymbol{A}^{v_1-1}\boldsymbol{b}_1+\alpha_{1,v_1-1}\boldsymbol{A}^{v_1-2}\boldsymbol{b}_1+\cdots+\alpha_{11}\boldsymbol{b}_1\\ \boldsymbol{e}_{12}\triangleq\boldsymbol{A}^{v_1-2}\boldsymbol{b}_1+\alpha_{1,v_1-1}\boldsymbol{A}^{v_1-3}\boldsymbol{b}_1+\cdots+\alpha_{12}\boldsymbol{b}_1\\ \qquad\cdots\\ \boldsymbol{e}_{1v_1}\triangleq\boldsymbol{b}_1\end{cases} \tag{3.7.6}$$

表

$$\boldsymbol{A}^{v_2}\boldsymbol{b}_2=-\sum_{j=0}^{v_2-1}\alpha_{2j}\boldsymbol{A}^j\boldsymbol{b}_2+\sum_{i=1}^{1}\sum_{j=1}^{v_i}\gamma_{2ji}\boldsymbol{e}_{ij} \tag{3.7.7}$$

其中，已把对 $\{\boldsymbol{b}_1,\boldsymbol{A}\boldsymbol{b}_1,\cdots,\boldsymbol{A}^{v_1-1}\boldsymbol{b}_1\}$ 线性组合关系等价变换为对 $\{\boldsymbol{e}_{11},\boldsymbol{e}_{12},\cdots,\boldsymbol{e}_{1v_1}\}$ 线性组合关系。基此，定义相应的基组为

$$\begin{cases}\boldsymbol{e}_{21}\triangleq\boldsymbol{A}^{v_2-1}\boldsymbol{b}_2+\alpha_{2,v_2-1}\boldsymbol{A}^{v_2-2}\boldsymbol{b}_2+\cdots+\alpha_{21}\boldsymbol{b}_2\\ \boldsymbol{e}_{22}\triangleq\boldsymbol{A}^{v_2-2}\boldsymbol{b}_2+\alpha_{2,v_2-1}\boldsymbol{A}^{v_2-3}\boldsymbol{b}_2+\cdots+\alpha_{22}\boldsymbol{b}_2\\ \qquad\cdots\\ \boldsymbol{e}_{2v_2}\triangleq\boldsymbol{b}_2\end{cases} \tag{3.7.8}$$

表

$$\boldsymbol{A}^{v_3}\boldsymbol{b}_3=-\sum_{j=0}^{v_3-1}\alpha_{3j}\boldsymbol{A}^j\boldsymbol{b}_3+\sum_{i=1}^{2}\sum_{j=1}^{v_i}\gamma_{3ji}\boldsymbol{e}_{ij} \tag{3.7.9}$$

其中，已把对 $\{\boldsymbol{b}_1,\boldsymbol{A}\boldsymbol{b}_1,\cdots,\boldsymbol{A}^{v_1-1}\boldsymbol{b}_1;\boldsymbol{b}_2,\boldsymbol{A}\boldsymbol{b}_2,\cdots,\boldsymbol{A}^{v_2-1}\boldsymbol{b}_2\}$ 线性组合关系等价变换为对 $\{\boldsymbol{e}_{11},\boldsymbol{e}_{12},\cdots,\boldsymbol{e}_{1v_1};\boldsymbol{e}_{21},\boldsymbol{e}_{22},\cdots,\boldsymbol{e}_{2v_2}\}$ 线性组合关系。基此，定义相应的基组为

$$\begin{cases} \boldsymbol{e}_{31} \triangleq \boldsymbol{A}^{\nu_3-1}\boldsymbol{b}_3 + \alpha_{3,\nu_3-1}\boldsymbol{A}^{\nu_3-2}\boldsymbol{b}_3 + \cdots + \alpha_{31}\boldsymbol{b}_3 \\ \boldsymbol{e}_{32} \triangleq \boldsymbol{A}^{\nu_3-2}\boldsymbol{b}_3 + \alpha_{3,\nu_3-1}\boldsymbol{A}^{\nu_3-3}\boldsymbol{b}_3 + \cdots + \alpha_{32}\boldsymbol{b}_3 \\ \cdots \\ \boldsymbol{e}_{3\nu_3} \triangleq \boldsymbol{b}_3 \end{cases} \tag{3.7.10}$$

表

$$\boldsymbol{A}^{\nu_l}\boldsymbol{b}_l = -\sum_{j=0}^{\nu_l-1}\alpha_{lj}\boldsymbol{A}^j\boldsymbol{b}_l + \sum_{i=1}^{l-1}\sum_{j=1}^{\nu_i}\gamma_{lji}\boldsymbol{e}_{ij} \tag{3.7.11}$$

其中，已把对$\{\boldsymbol{b}_1,\boldsymbol{A}\boldsymbol{b}_1,\cdots,\boldsymbol{A}^{\nu_1-1}\boldsymbol{b}_1;\cdots;\boldsymbol{b}_{l-1},\boldsymbol{A}\boldsymbol{b}_{l-1},\cdots,\boldsymbol{A}^{\nu_{l-1}-1}\boldsymbol{b}_{l-1}\}$线性组合关系等价变换为对$\{\boldsymbol{e}_{11},\boldsymbol{e}_{12},\cdots,\boldsymbol{e}_{1\nu_1};\cdots;\boldsymbol{e}_{l-1,1},\boldsymbol{e}_{l-1,2},\cdots,\boldsymbol{e}_{l-1,\nu_{l-1}}\}$线性组合关系。基此，定义相应的基组为

$$\begin{cases} \boldsymbol{e}_{l1} \triangleq \boldsymbol{A}^{\nu_l-1}\boldsymbol{b}_l + \alpha_{l,\nu_l-1}\boldsymbol{A}^{\nu_l-2}\boldsymbol{b}_l + \cdots + \alpha_{l1}\boldsymbol{b}_l \\ \boldsymbol{e}_{l2} \triangleq \boldsymbol{A}^{\nu_l-2}\boldsymbol{b}_l + \alpha_{l,\nu_l-1}\boldsymbol{A}^{\nu_l-3}\boldsymbol{b}_l + \cdots + \alpha_{l2}\boldsymbol{b}_l \\ \cdots \\ \boldsymbol{e}_{l\nu_l} \triangleq \boldsymbol{b}_l \end{cases} \tag{3.7.12}$$

在所导出的各个基组的基础上，组成如下的非奇异变换矩阵：

$$\boldsymbol{T} = [\boldsymbol{e}_{11},\boldsymbol{e}_{12},\cdots,\boldsymbol{e}_{1\nu_1};\ \cdots;\ \boldsymbol{e}_{l1},\boldsymbol{e}_{l2},\cdots,\boldsymbol{e}_{l\nu_l}] \tag{3.7.13}$$

并得到如下的结论。

结论 3.7.1 对完全能控的多输入-多输出线性定常系统(3.7.1)，引入线性非奇异变换$\bar{\boldsymbol{x}} = \boldsymbol{T}^{-1}\boldsymbol{x}$，可导出系统的旺纳姆能控规范形为

$$\begin{cases} \dot{\bar{\boldsymbol{x}}} = \bar{\boldsymbol{A}}_c\bar{\boldsymbol{x}} + \bar{\boldsymbol{B}}_c\boldsymbol{u} \\ \boldsymbol{y} = \bar{\boldsymbol{C}}_c\bar{\boldsymbol{x}} \end{cases} \tag{3.7.14}$$

其中

$$\bar{\boldsymbol{A}}_c = \boldsymbol{T}^{-1}\boldsymbol{A}\boldsymbol{T} = \begin{bmatrix} \bar{\boldsymbol{A}}_{11} & \bar{\boldsymbol{A}}_{12} & \cdots & \bar{\boldsymbol{A}}_{1l} \\ & \bar{\boldsymbol{A}}_{22} & & \bar{\boldsymbol{A}}_{2l} \\ & & \ddots & \vdots \\ & & & \bar{\boldsymbol{A}}_{ll} \end{bmatrix} \tag{3.7.15}$$

$$\underset{(\nu_i\times\nu_i)}{\bar{\boldsymbol{A}}_{ii}} = \left[\begin{array}{c|ccc} 0 & 1 & & \\ \vdots & & \ddots & \\ 0 & & & 1 \\ \hline -a_{i0} & a_{i1} & \cdots & a_{i,\nu_i-1} \end{array}\right],\quad i=1,2,\cdots,l \tag{3.7.16}$$

$$\underset{(\nu_i\times\nu_i)}{\bar{\boldsymbol{A}}_{ii}} = \begin{bmatrix} \gamma_{j1i} & 0 & \cdots & 0 \\ \vdots & \vdots & & \vdots \\ \gamma_{j\nu_i i} & 0 & \cdots & 0 \end{bmatrix},\quad j=i+1,i+2,\cdots,l \tag{3.7.17}$$

$$\underset{(n\times p)}{\bar{\boldsymbol{B}}_c}=\boldsymbol{T}^{-1}\boldsymbol{B}=\left[\begin{array}{c:c:c:ccc} 0 & & & * & & * \\ \vdots & & & & & \\ 0 & & & & & \\ 1 & & & & & \\ \hdashline & \ddots & & \vdots & & \vdots \\ \hdashline & & 0 & & & \\ & & \vdots & & & \\ & & 0 & & & \\ & & 1 & * & \cdots & * \end{array}\right]\begin{array}{l} \left.\begin{array}{c} \\ \\ \\ \\ \end{array}\right\} v_1 \\ \quad\vdots \\ \left.\begin{array}{c} \\ \\ \\ \\ \end{array}\right\} v_l \end{array} \tag{3.7.18}$$

$$\qquad\qquad\qquad\qquad\underbrace{\qquad\qquad}_{l}\quad\underbrace{\qquad\quad}_{p-l}$$

$$\underset{(q\times n)}{\bar{\boldsymbol{C}}_c}=\boldsymbol{CT}\qquad \text{(无特殊形式)} \tag{3.7.19}$$

式(3.7.18)中用“*”表示的元为可能的非零元。

证明略。

例 3.7.1 已知状态完全能控的线性定常系统：

$$\dot{\boldsymbol{x}}=\begin{bmatrix}-1 & -4 & -2\\ 0 & 6 & -1\\ 1 & 7 & -1\end{bmatrix}\boldsymbol{x}+\begin{bmatrix}2 & 0\\ 0 & 0\\ 1 & 1\end{bmatrix}\boldsymbol{u}$$

求其旺纳姆能控规范形。

解 首先，按列向搜索方案，找出能控性判别矩阵

$$\boldsymbol{Q}_c=[\boldsymbol{B} \mid \boldsymbol{AB} \mid \boldsymbol{A}^2\boldsymbol{B}]=\begin{bmatrix}2 & 0 & -4 & -2 & 6 & 8\\ 0 & 0 & -1 & -1 & -7 & -5\\ 1 & 1 & 1 & -1 & -12 & -8\end{bmatrix}$$

的 3 个线性无关的列：

$$\boldsymbol{b}_1=\begin{bmatrix}2\\0\\1\end{bmatrix},\quad \boldsymbol{Ab}_1=\begin{bmatrix}-4\\-1\\1\end{bmatrix},\quad \boldsymbol{A}^2\boldsymbol{b}_1=\begin{bmatrix}6\\-7\\-12\end{bmatrix}$$

进而，由线性组合表示

$$\begin{bmatrix}46\\-30\\-31\end{bmatrix}=\boldsymbol{A}^3\boldsymbol{b}_1=-(a_{12}\boldsymbol{A}^2\boldsymbol{b}_1+a_{11}\boldsymbol{Ab}_1+a_{10}\boldsymbol{b}_1)=-a_{12}\begin{bmatrix}6\\-7\\-12\end{bmatrix}-a_{11}\begin{bmatrix}-4\\-1\\1\end{bmatrix}-a_{10}\begin{bmatrix}2\\0\\1\end{bmatrix}$$

导出

$$\begin{bmatrix}6 & -4 & 2\\ -7 & -1 & 0\\ -12 & 1 & 1\end{bmatrix}\begin{bmatrix}a_{12}\\ a_{11}\\ a_{10}\end{bmatrix}=-\begin{bmatrix}46\\-30\\-31\end{bmatrix}$$

求解上述向量方程，得

$$\begin{bmatrix} a_{12} \\ a_{11} \\ a_{10} \end{bmatrix} = -\begin{bmatrix} 6 & -4 & 2 \\ -7 & -1 & 0 \\ -12 & 1 & 1 \end{bmatrix}^{-1} \begin{bmatrix} 46 \\ -30 \\ -31 \end{bmatrix} = -\left(-\frac{1}{72}\right)\begin{bmatrix} -1 & 6 & 2 \\ 7 & 30 & -14 \\ -19 & 42 & -34 \end{bmatrix}\begin{bmatrix} 46 \\ -30 \\ -31 \end{bmatrix} = \begin{bmatrix} -4 \\ -2 \\ -15 \end{bmatrix}$$

基此，定出

$$\boldsymbol{e}_{11} = \boldsymbol{A}^2\boldsymbol{b}_1 + a_{12}\boldsymbol{A}\boldsymbol{b}_1 + a_{11}\boldsymbol{b}_1 = \begin{bmatrix} 18 \\ -3 \\ -18 \end{bmatrix}$$

$$\boldsymbol{e}_{12} = \boldsymbol{A}\boldsymbol{b}_1 + a_{12}\boldsymbol{b}_1 = \begin{bmatrix} -12 \\ -1 \\ -18 \end{bmatrix}$$

$$\boldsymbol{e}_{13} = \boldsymbol{b}_1 = \begin{bmatrix} 2 \\ 0 \\ 1 \end{bmatrix}$$

和

$$\boldsymbol{T} = [\boldsymbol{e}_{11}\ \boldsymbol{e}_{12}\ \boldsymbol{e}_{13}] = \begin{bmatrix} 18 & -12 & 2 \\ -3 & -1 & 0 \\ -18 & -3 & 1 \end{bmatrix}, \quad \boldsymbol{T}^{-1} = \left(-\frac{1}{72}\right)\begin{bmatrix} -1 & 6 & 2 \\ 3 & 54 & -6 \\ -9 & 270 & -54 \end{bmatrix}$$

从而，利用结论 3.7.1 给出的变换关系式，即可求得

$$\bar{\boldsymbol{A}}_c = \boldsymbol{T}^{-1}\boldsymbol{A}\boldsymbol{T} = \begin{bmatrix} 0 & 1 & 0 \\ 0 & 0 & 1 \\ 15 & 2 & 4 \end{bmatrix}, \quad \bar{\boldsymbol{B}}_c = \boldsymbol{T}^{-1}\boldsymbol{B} = \begin{bmatrix} 0 & -\dfrac{1}{36} \\ 0 & \dfrac{1}{12} \\ 1 & \dfrac{3}{4} \end{bmatrix}$$

对应地，系统状态方程的旺纳姆能控规范形为

$$\dot{\bar{\boldsymbol{x}}} = \begin{bmatrix} 0 & 1 & 0 \\ 0 & 0 & 1 \\ 15 & 2 & 4 \end{bmatrix}\bar{\boldsymbol{x}} + \begin{bmatrix} 0 & -\dfrac{1}{36} \\ 0 & \dfrac{1}{12} \\ 1 & \dfrac{3}{4} \end{bmatrix}\boldsymbol{u}$$

3.7.3 旺纳姆能观测规范形

考虑到能控性和能观测性间的对偶关系，利用对偶性原理，可由旺纳姆能控规范形导出旺纳姆能观测规范形的相应结论。

结论 3.7.2 考虑完全能观测的多输入-多输出线性定常系统(3.7.1)，利用对偶性原理，可

导出则其旺纳姆能观测规范形为

$$\begin{cases}\dot{\tilde{\boldsymbol{x}}}=\tilde{\boldsymbol{A}}_o\tilde{\boldsymbol{x}}+\tilde{\boldsymbol{B}}_o\boldsymbol{u}\\ \boldsymbol{y}=\tilde{\boldsymbol{C}}_o\tilde{\boldsymbol{x}}\end{cases}\tag{3.7.20}$$

其中

$$\tilde{\boldsymbol{A}}_o=\begin{bmatrix}\tilde{\boldsymbol{A}}_{11} & & & \\ \tilde{\boldsymbol{A}}_{21} & \tilde{\boldsymbol{A}}_{22} & & \\ \vdots & \vdots & \ddots & \\ \tilde{\boldsymbol{A}}_{m1} & \tilde{\boldsymbol{A}}_{m2} & \cdots & \tilde{\boldsymbol{A}}_{mm}\end{bmatrix}\tag{3.7.21}$$

$$\tilde{\boldsymbol{A}}_{ii}=\left[\begin{array}{ccc:c}0 & \cdots & 0 & -\beta_{i0}\\ \hdashline 1 & & & -\beta_{i1}\\ & \ddots & & \vdots\\ & & 1 & -\beta_{i,\zeta_i-1}\end{array}\right],\quad i=1,2,\cdots,m\tag{3.7.22}$$

$$\tilde{\boldsymbol{A}}_{ij}=\begin{bmatrix}\rho_{i1j} & \cdots & \rho_{i\zeta_i j}\\ 0 & \cdots & 0\\ \vdots & & \vdots\\ 0 & \cdots & 0\end{bmatrix},\quad j=1,2,\cdots,i-1\tag{3.7.23}$$

$$\tilde{\boldsymbol{C}}_o=\left[\begin{array}{cccc:c:cccc}0 & \cdots & 0 & 1 & & & & & \\ \hdashline & & & & \ddots & & & & \\ \hdashline & & & & & 0 & \cdots & 0 & 1\\ \hdashline * & & & & \cdots & \cdots & & & *\\ \vdots & & & & & & & & \vdots\\ * & & & & \cdots & \cdots & & & *\end{array}\right]\tag{3.7.24}$$

$$\tilde{\boldsymbol{B}}_o\text{ 无特殊形式}\tag{3.7.25}$$

式(3.7.24)中用“*”表示的元为可能的非零元。

3.7.4 龙伯格能控规范形

龙伯格能控规范形在系统极点配置综合问题中有着广泛的用途。考虑多输入-多输出的线性定常系统(3.7.1)，系统状态完全能控。首先找出 $\boldsymbol{Q}_c=[\boldsymbol{B}\,\vdots\,\boldsymbol{AB}\,\vdots\,\cdots\,\vdots\,\boldsymbol{A}^{n-1}\boldsymbol{B}]$ 中 n 个线性无关的列向量。为此，设 $\boldsymbol{B}=[\boldsymbol{b}_1,\boldsymbol{b}_2,\cdots,\boldsymbol{b}_p]$，并且 $\text{rank}\boldsymbol{B}=r$，采用行向搜索方案，得到 n 个线性无关的列向量，并组成非奇异矩阵：

$$\boldsymbol{P}^{-1}=[\boldsymbol{b}_1,\boldsymbol{A}\boldsymbol{b}_1,\cdots,\boldsymbol{A}^{\mu_1-1}\boldsymbol{b}_1;\boldsymbol{b}_2,\boldsymbol{A}\boldsymbol{b}_2,\cdots,\boldsymbol{A}^{\mu_2-1}\boldsymbol{b}_2;\cdots;\boldsymbol{b}_r,\boldsymbol{A}\boldsymbol{b}_r,\cdots,\boldsymbol{A}^{\mu_r-1}\boldsymbol{b}_r]\tag{3.7.26}$$

其中

$$\mu_1+\mu_2+\cdots+\mu_r=n$$

构造变换矩阵。为此，令

$$
\boldsymbol{P}=(\boldsymbol{P}^{-1})^{-1}=\begin{bmatrix}\boldsymbol{e}_{11}^{\mathrm{T}}\\ \vdots\\ \boldsymbol{e}_{1\mu_1}^{\mathrm{T}}\\ \hdashline \vdots\\ \hdashline \boldsymbol{e}_{r1}^{\mathrm{T}}\\ \vdots\\ \boldsymbol{e}_{r\mu_r}^{\mathrm{T}}\end{bmatrix} \tag{3.7.27}
$$

其中，每个块矩阵的行数为 μ_i， $i=1,2,\cdots,r$ 。进而取 $\boldsymbol{P}$ 的每个块阵中的末行 $\boldsymbol{e}_{1\mu_1}^{\mathrm{T}},\boldsymbol{e}_{2\mu_2}^{\mathrm{T}},\cdots,\boldsymbol{e}_{r\mu_r}^{\mathrm{T}}$ 来构成变换矩阵 $\boldsymbol{S}$：

$$
\boldsymbol{S}^{-1}=\begin{bmatrix}\boldsymbol{e}_{1\mu_1}^{\mathrm{T}}\\ \boldsymbol{e}_{1\mu_1}^{\mathrm{T}}\boldsymbol{A}\\ \vdots\\ \boldsymbol{e}_{1\mu_1}^{\mathrm{T}}\boldsymbol{A}^{\mu_1-1}\\ \hdashline \vdots\\ \hdashline \boldsymbol{e}_{r\mu_r}^{\mathrm{T}}\\ \boldsymbol{e}_{r\mu_r}^{\mathrm{T}}\boldsymbol{A}\\ \vdots\\ \boldsymbol{e}_{r\mu_r}^{\mathrm{T}}\boldsymbol{A}^{\mu_r-1}\end{bmatrix} \tag{3.7.28}
$$

在此基础上，给出如下结论。

结论 3.7.3 对状态完全能控的多输入-多输出的线性定常系统(3.7.1)，基于线性非奇异变换 $\hat{\boldsymbol{x}}=\boldsymbol{S}^{-1}\boldsymbol{x}$ ，即可导出系统的龙伯格能控规范形为

$$
\begin{cases}\dot{\hat{\boldsymbol{x}}}=\hat{\boldsymbol{A}}_c\hat{\boldsymbol{x}}+\hat{\boldsymbol{B}}_c\boldsymbol{u}\\ \boldsymbol{y}=\hat{\boldsymbol{C}}_c\hat{\boldsymbol{x}}\end{cases} \tag{3.7.29}
$$

其中

$$
\underset{(n\times n)}{\hat{\boldsymbol{A}}_c}=\begin{bmatrix}\hat{\boldsymbol{A}}_{11} & \cdots & \hat{\boldsymbol{A}}_{1r}\\ \vdots & & \vdots\\ \hat{\boldsymbol{A}}_{r1} & \cdots & \hat{\boldsymbol{A}}_{rr}\end{bmatrix} \tag{3.7.30}
$$

$$
\underset{(\mu_i\times\mu_i)}{\hat{\boldsymbol{A}}_{ii}}=\left[\begin{array}{c:ccc}0 & 1 & & \\ \vdots & & \ddots & \\ 0 & & & 1\\ \hdashline * & * & \cdots & *\end{array}\right],\quad i=1,2,\cdots,r \tag{3.7.31}
$$

$$
\underset{(\mu_i\times\mu_j)}{\hat{\boldsymbol{A}}_{ij}}=\begin{bmatrix}0 & \cdots & 0\\ \vdots & & \vdots\\ 0 & \cdots & 0\\ * & \cdots & *\end{bmatrix},\quad i\neq j \tag{3.7.32}
$$

$$\underset{(n\times p)}{\hat{\boldsymbol{B}}_c}=\boldsymbol{S}^{-1}\boldsymbol{B}=\left[\begin{array}{c:c:c:ccc} 0 & & & * & \cdots & * \\ \vdots & & & & & \\ 0 & & & & & \\ 1 & * & & \vdots & & \vdots \\ \hdashline & \ddots & & \vdots & & \vdots \\ \hdashline & & 0 & \vdots & & \vdots \\ & & \vdots & & & \\ & & 0 & & & \\ & & 1 & * & \cdots & * \end{array}\right] \tag{3.7.33}$$

$$\underset{(q\times n)}{\hat{\boldsymbol{C}}_c}=\boldsymbol{CS}\ (\text{无特殊形式}) \tag{3.7.34}$$

上述关系式中，用“*”表示的元为可能的非零元。

证明略。

例 3.7.2 已知状态完全能控的线性定常系统：

$$\dot{\boldsymbol{x}}=\begin{bmatrix}-1 & -4 & -2\\ 0 & 6 & -1\\ 1 & 7 & -1\end{bmatrix}\boldsymbol{x}+\begin{bmatrix}2 & 0\\ 0 & 0\\ 1 & 1\end{bmatrix}\boldsymbol{u}$$

求其龙伯格能控规范形。

解 首先，按行向搜索方案，找出能控性判别矩阵

$$\boldsymbol{Q}_c=[\boldsymbol{B}\ \vdots\ \boldsymbol{AB}\ \vdots\ \boldsymbol{A}^2\boldsymbol{B}]=\begin{bmatrix}2 & 0 & -4 & -2 & 6 & 8\\ 0 & 0 & -1 & -1 & -7 & -5\\ 1 & 1 & 1 & -1 & -12 & -8\end{bmatrix}$$

的 3 个线性无关的列：

$$\boldsymbol{b}_1=\begin{bmatrix}2\\0\\1\end{bmatrix},\quad \boldsymbol{b}_2=\begin{bmatrix}0\\0\\1\end{bmatrix},\quad \boldsymbol{Ab}_1=\begin{bmatrix}-4\\-1\\1\end{bmatrix}$$

其次，组成预备性变换矩阵 $\boldsymbol{P}^{-1}$：

$$\boldsymbol{P}^{-1}=[\boldsymbol{b}_1\quad \boldsymbol{Ab}_1\quad \boldsymbol{b}_2]=\begin{bmatrix}2 & -4 & 0\\ 0 & -1 & 0\\ 1 & 1 & 1\end{bmatrix}$$

$$\boldsymbol{P}=(\boldsymbol{P}^{-1})^{-1}=\begin{bmatrix}2 & -4 & 0\\ 0 & -1 & 0\\ 1 & 1 & 1\end{bmatrix}^{-1}=\begin{bmatrix}0.5 & -2 & 0\\ 0 & -1 & 0\\ -0.5 & 3 & 1\end{bmatrix}$$

且将 $\boldsymbol{P}$ 分为两个块阵，第一个块阵的行数为 2，第二个块阵的行数为 1。根据式(3.7.28)，有

$$\boldsymbol{S}^{-1}=\begin{bmatrix}\boldsymbol{e}_{12}^{\mathrm{T}}\\ \boldsymbol{e}_{12}^{\mathrm{T}}\boldsymbol{A}\\ \boldsymbol{e}_{21}^{\mathrm{T}}\end{bmatrix}=\begin{bmatrix}0 & -1 & 0\\ 0 & -6 & 1\\ -0.5 & 3 & 1\end{bmatrix}$$

$$S=(S^{-1})^{-1}=\begin{bmatrix}0 & -1 & 0\\ 0 & -6 & 1\\ -0.5 & 3 & 1\end{bmatrix}^{-1}=\begin{bmatrix}-18 & 2 & -2\\ -1 & 0 & 0\\ -6 & 1 & 0\end{bmatrix}$$

从而，利用结论 3.7.3 给出的变换关系式，即可求得

$$\hat{A}_c=S^{-1}AS=\begin{bmatrix}0 & -1 & 0\\ 0 & -6 & 1\\ -0.5 & 3 & 1\end{bmatrix}\begin{bmatrix}-1 & -4 & -2\\ 0 & 6 & -1\\ 1 & 7 & -1\end{bmatrix}\begin{bmatrix}-18 & 2 & -2\\ -1 & 0 & 0\\ -6 & 1 & 0\end{bmatrix}=\begin{bmatrix}0 & 1 & 0\\ -19 & 7 & -2\\ -36 & 0 & -3\end{bmatrix}$$

$$\hat{B}_c=S^{-1}B=\begin{bmatrix}0 & -1 & 0\\ 0 & -6 & 1\\ -0.5 & 3 & 1\end{bmatrix}\begin{bmatrix}2 & 0\\ 0 & 0\\ 1 & 1\end{bmatrix}=\begin{bmatrix}0 & 0\\ 1 & 1\\ 0 & 1\end{bmatrix}$$

对应地，系统状态方程的龙伯格能控规范形为

$$\dot{\hat{x}}=\begin{bmatrix}0 & 1 & 0\\ -19 & 7 & -2\\ -36 & 0 & -3\end{bmatrix}\hat{x}+\begin{bmatrix}0 & 0\\ 1 & 1\\ 0 & 1\end{bmatrix}u$$

3.7.5 龙伯格能观测规范形

龙伯格能观测规范形和龙伯格能控规范形具有对偶关系。下面，基于对偶性原理，直接给出龙伯格能观测规范形的相应结论。

结论 3.7.4 对完全能观测的多输入-多输出线性定常系统(3.7.1)，$\operatorname{rank}C=k$，则其龙伯格能观测规范形为

$$\begin{cases}\dot{\breve{x}}=\breve{A}_o\breve{x}+\breve{B}_o u\\ y=\breve{C}_o\breve{x}\end{cases}\tag{3.7.35}$$

其中

$$\breve{A}_o=\begin{bmatrix}\breve{A}_{11} & \cdots & \breve{A}_{1k}\\ \vdots & & \vdots\\ \breve{A}_{k1} & \cdots & \breve{A}_{kk}\end{bmatrix}\tag{3.7.36}$$

$$\breve{A}_{ii}=\left[\begin{array}{ccc|c}0 & \cdots & 0 & *\\ \hline 1 & & & *\\ & \ddots & & \vdots\\ & & 1 & *\end{array}\right],\quad i=1,2,\cdots,k\tag{3.7.37}$$

$$\breve{A}_{ij}=\begin{bmatrix}0 & \cdots & 0 & *\\ \vdots & & \vdots & \vdots\\ 0 & \cdots & 0 & *\end{bmatrix},\quad i\neq j\tag{3.7.38}$$

$$\breve{C}_o = \left[\begin{array}{cccc:c:cccc} 0 & \cdots & 0 & 1 & & & & & \\ \hdashline & & & * & \ddots & & & & \\ \hdashline & & & & & 0 & \cdots & 0 & 1 \\ \hdashline * & & & & \cdots & \cdots & & & * \\ \vdots & & & & & & & & \vdots \\ * & & & & \cdots & \cdots & & & * \end{array}\right] \tag{3.7.39}$$

$$\breve{B}_o \text{ 无特殊形式} \tag{3.7.40}$$

上述关系式中用“*”表示的元为可能的非零元。

3.8 线性系统的结构分解

对线性系统(定常或时变)做线性非奇异变换后，系统的能控性和能观测性保持不变，也不改变其不完全能控和不完全能观测性的程度。线性系统的结构分解，就是对线性系统的状态引入线性非奇异变换，使隐含不能控和不能观测的状态变量显露出来，同时，对于不完全能控且不完全能观测的系统，系统最多可分解为能控能观测、能控不能观测、不能控能观测和不能控不能观测四个子系统，如图 3.8.1 所示。另外，通过系统的结构分解，还可以得到系统状态空间描述和输入-输出描述本质差别的一个重要结论。

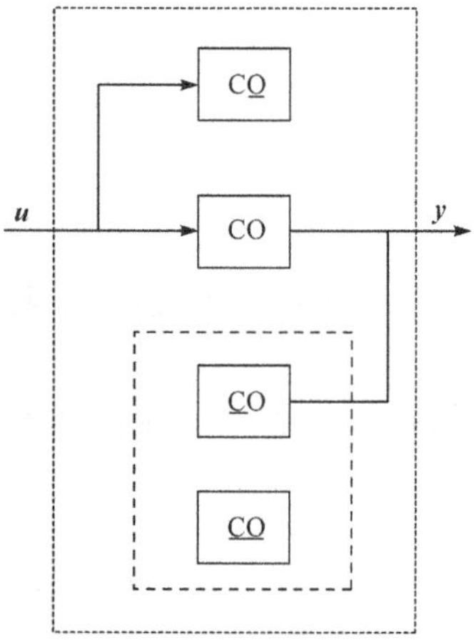

图 3.8.1 不完全能控且不完全能观测系统分解成的四个子系统

3.8.1 能控性和能观测性在线性非奇异变换下的特性

线性系统的结构分解，就是通过对状态引入线性非奇异变换来实现的。因此，首先对能控性和能观测性在线性非奇异变换下的特性进行讨论。

结论 3.8.1 对于线性定常系统，线性非奇异变换不改变系统的能控性和能观测性。

证 设$(\bar{A},\bar{B},\bar{C})$是对$(A,B,C)$进行线性非奇异变换所导出的结果，则由式(1.5.15)，有

$$\bar{A}=P^{-1}AP,\quad \bar{B}=P^{-1}B,\quad \bar{C}=CP \tag{3.8.1}$$

因此，可得

$$\bar{Q}_c=[\bar{B} \mid \bar{A}\bar{B} \mid \cdots \mid \bar{A}^{n-1}\bar{B}]=[PB \mid PAB \mid \cdots \mid PA^{n-1}B]=PQ_c \tag{3.8.2}$$

其中，Q_c和$\bar{Q}_c$分别为相应的能控性判别矩阵。因为$\text{rank}\,P=n$和$\text{rank}\,Q_c \leqslant n$，可得

$$\text{rank}\,\bar{Q}_c \leqslant \min\{\text{rank}\,P, \text{rank}\,Q_c\}=\text{rank}\,Q_c \tag{3.8.3}$$

又因为矩阵P为非奇异，由式(3.8.2)可得

$$Q_c=P^{-1}\bar{Q}_c \tag{3.8.4}$$

由式(3.8.4)同样可得

$$\text{rank}\,Q_c \leqslant \min\{\text{rank}\,P^{-1}, \text{rank}\,\bar{Q}_c\}=\text{rank}\,\bar{Q}_c \tag{3.8.5}$$

综合式(3.8.3)和式(3.8.5)，可得

$$\operatorname{rank} \boldsymbol{Q}_c = \operatorname{rank} \bar{\boldsymbol{Q}}_c \tag{3.8.6}$$

因此，能控性保持不变得证。按照类似的方法，可以证得能观测性保持不变。至此，证明完成。

结论 3.8.2 对于线性时变系统 $\dot{\boldsymbol{x}} = \boldsymbol{A}(t)\boldsymbol{x} + \boldsymbol{B}(t)\boldsymbol{u}, \boldsymbol{y} = \boldsymbol{C}(t)\boldsymbol{x}, t \in J$，做可微线性非奇异变换 $\hat{\boldsymbol{x}} = \boldsymbol{R}^{-1}(t)\boldsymbol{x}$，其中，$\boldsymbol{R}(t)$ 的元是对 t 的绝对连续函数，则系统的能控性和能观测性保持不变。

证 令系统在变换后的状态空间描述为

$$\begin{cases} \dot{\hat{\boldsymbol{x}}} = \hat{\boldsymbol{A}}(t)\hat{\boldsymbol{x}} + \hat{\boldsymbol{B}}(t)\boldsymbol{u} \\ \boldsymbol{y} = \hat{\boldsymbol{C}}(t)\hat{\boldsymbol{x}} \end{cases} \tag{3.8.7}$$

由式(1.5.19)，有

$$\begin{aligned} &\hat{\boldsymbol{A}}(t) = -\boldsymbol{R}^{-1}(t)\dot{\boldsymbol{R}}(t) + \boldsymbol{R}^{-1}(t)\boldsymbol{A}(t)\boldsymbol{R}(t) \\ &\hat{\boldsymbol{B}}(t) = \boldsymbol{R}^{-1}(t)\boldsymbol{B}(t), \quad \hat{\boldsymbol{C}} = \boldsymbol{C}(t)\boldsymbol{R}(t) \end{aligned} \tag{3.8.8}$$

考虑到 $\hat{\boldsymbol{x}} = \boldsymbol{R}^{-1}(t)\boldsymbol{x}$，并利用状态运动的表达式，有

$$\begin{aligned} \hat{\boldsymbol{x}}(t) = \boldsymbol{R}^{-1}(t)\boldsymbol{x} &= \boldsymbol{R}^{-1}(t)\boldsymbol{\varPhi}(t,t_0)\boldsymbol{x}(t_0) + \int_{t_0}^{t} \boldsymbol{R}^{-1}(t)\boldsymbol{\varPhi}(t,\tau)\boldsymbol{B}(\tau)\boldsymbol{u}(\tau)\mathrm{d}\tau \\ &= \boldsymbol{R}^{-1}(t)\boldsymbol{\varPhi}(t,t_0)\boldsymbol{R}(t_0)\hat{\boldsymbol{x}}(t_0) + \int_{t_0}^{t} \boldsymbol{R}^{-1}(t)\boldsymbol{\varPhi}(t,\tau)\boldsymbol{R}(\tau)\boldsymbol{B}(\tau)\boldsymbol{u}(\tau)\mathrm{d}\tau \end{aligned} \tag{3.8.9}$$

因此，可得到

$$\hat{\boldsymbol{\varPhi}}(t,\tau) = \boldsymbol{R}^{-1}(t)\boldsymbol{\varPhi}(t,\tau)\boldsymbol{R}(\tau) \tag{3.8.10}$$

格拉姆矩阵 $\hat{\boldsymbol{W}}_c[t_0,t_1]$ 为

$$\begin{aligned} \hat{\boldsymbol{W}}_c[t_0,t_1] &= \int_{t_0}^{t_1} \hat{\boldsymbol{\varPhi}}(t_0,\tau)\hat{\boldsymbol{B}}(\tau)\hat{\boldsymbol{B}}^{\mathrm{T}}(\tau)\hat{\boldsymbol{\varPhi}}^{\mathrm{T}}(t_0,\tau)\mathrm{d}\tau \\ &= \int_{t_0}^{t_1} \boldsymbol{R}^{-1}(t_0)\boldsymbol{\varPhi}(t_0,\tau)\boldsymbol{R}(\tau)\boldsymbol{R}^{-1}(\tau)\boldsymbol{B}(\tau)\boldsymbol{B}^{\mathrm{T}}(\tau)[\boldsymbol{R}^{-1}(\tau)]^{\mathrm{T}}[\boldsymbol{R}(\tau)]^{\mathrm{T}}[\boldsymbol{\varPhi}(t_0,\tau)]^{\mathrm{T}}[\boldsymbol{R}^{-1}(t_0)]^{\mathrm{T}}\mathrm{d}\tau \\ &= \int_{t_0}^{t_1} \boldsymbol{R}^{-1}(t_0)\boldsymbol{\varPhi}(t_0,\tau)\boldsymbol{B}(\tau)\boldsymbol{B}^{\mathrm{T}}(\tau)[\boldsymbol{\varPhi}(t_0,\tau)]^{\mathrm{T}}[\boldsymbol{R}^{-1}(t_0)]^{\mathrm{T}}\mathrm{d}\tau \\ &= \boldsymbol{R}^{-1}(t_0)\boldsymbol{W}_c[t_0,t_1][\boldsymbol{R}^{-1}(t_0)]^{\mathrm{T}} \end{aligned} \tag{3.8.11}$$

因为 $\operatorname{rank}\boldsymbol{R}(t_0) = n$ 和 $\operatorname{rank}\boldsymbol{W}_c[t_0,t_1] \leqslant n$，所以

$$\operatorname{rank}\hat{\boldsymbol{W}}_c[t_0,t_1] \leqslant \min\{\operatorname{rank}\boldsymbol{R}^{-1}(t_0), \operatorname{rank}\boldsymbol{W}_c[t_0,t_1]\} = \operatorname{rank}\boldsymbol{W}_c[t_0,t_1] \tag{3.8.12}$$

又由式(3.8.11)，可得

$$\boldsymbol{W}_c[t_0,t_1] = \boldsymbol{R}(t_0)\hat{\boldsymbol{W}}_c[t_0,t_1][\boldsymbol{R}(t_0)]^{\mathrm{T}}$$

由上式可得

$$\operatorname{rank}\boldsymbol{W}_c[t_0,t_1] \leqslant \operatorname{rank}\hat{\boldsymbol{W}}_c[t_0,t_1] \tag{3.8.13}$$

综合式(3.8.12)和式(3.8.13)，可得

$$\operatorname{rank}\boldsymbol{W}_c[t_0,t_1] = \operatorname{rank}\hat{\boldsymbol{W}}_c[t_0,t_1] \tag{3.8.14}$$

式(3.8.14)说明，线性非奇异变换不影响系统的能控性。同理，可证线性非奇异变换不影响系统的能观测性。至此，证明完成。

3.8.2 线性定常系统按能控性的结构分解

对多输入-多输出线性定常系统：

$$\begin{cases}\dot{\boldsymbol{x}}=\boldsymbol{A}\boldsymbol{x}+\boldsymbol{B}\boldsymbol{u}\\ \boldsymbol{y}=\boldsymbol{C}\boldsymbol{x}\end{cases}\tag{3.8.15}$$

其中，$\boldsymbol{x}$ 为 $n\times1$ 的状态向量；$\boldsymbol{u}$ 为 $p\times1$ 的输入向量；$\boldsymbol{y}$ 为 $q\times1$ 的输出向量。假设系统的状态不完全能控，有

$$\operatorname{rank}\boldsymbol{Q}_c=\operatorname{rank}[\boldsymbol{B}\ \boldsymbol{AB}\cdots\boldsymbol{A}^{n-1}\boldsymbol{B}]=k<n\tag{3.8.16}$$

从 $\boldsymbol{Q}_c$ 中任意选取 k 个线性无关的列，记为 $\boldsymbol{q}_1,\boldsymbol{q}_2,\cdots,\boldsymbol{q}_k$。又在 n 维向量空间 $\mathscr{R}^n$ 中任意选取 $n-k$ 个列向量，记为 $\boldsymbol{q}_{k+1},\boldsymbol{q}_{k+2},\cdots,\boldsymbol{q}_n$，使它们和 $\boldsymbol{q}_1,\boldsymbol{q}_2,\cdots,\boldsymbol{q}_k$ 为线性无关，组成变换矩阵

$$\boldsymbol{P}^{-1}\triangleq\boldsymbol{Q}=\left[\boldsymbol{q}_1,\cdots,\boldsymbol{q}_k\ \vdots\ \boldsymbol{q}_{k+1},\cdots,\boldsymbol{q}_n\right]\tag{3.8.17}$$

结论 3.8.3 对不完全能控的系统(3.8.15)引入线性非奇异变换 $\bar{\boldsymbol{x}}=\boldsymbol{P}\boldsymbol{x}$，即可导出系统按能控性结构分解的规范表达式：

$$\begin{cases}\begin{bmatrix}\dot{\bar{\boldsymbol{x}}}_c\\ \dot{\bar{\boldsymbol{x}}}_{\bar{c}}\end{bmatrix}=\begin{bmatrix}\bar{\boldsymbol{A}}_c & \bar{\boldsymbol{A}}_{12}\\ \boldsymbol{0} & \bar{\boldsymbol{A}}_{\bar{c}}\end{bmatrix}\begin{bmatrix}\bar{\boldsymbol{x}}_c\\ \bar{\boldsymbol{x}}_{\bar{c}}\end{bmatrix}+\begin{bmatrix}\bar{\boldsymbol{B}}_c\\ \boldsymbol{0}\end{bmatrix}\boldsymbol{u}\\ \boldsymbol{y}=\begin{bmatrix}\bar{\boldsymbol{C}}_c & \bar{\boldsymbol{C}}_{\bar{c}}\end{bmatrix}\begin{bmatrix}\bar{\boldsymbol{x}}_c\\ \bar{\boldsymbol{x}}_{\bar{c}}\end{bmatrix}\end{cases}\tag{3.8.18}$$

其中，$\bar{\boldsymbol{x}}_c$ 为 $k\times1$ 的能控部分状态向量；$\bar{\boldsymbol{x}}_{\bar{c}}$ 为 $(n-k)\times1$ 不能控部分状态向量；$k=\operatorname{rank}\boldsymbol{Q}_c$。

证 设

$$\boldsymbol{P}=\boldsymbol{Q}^{-1}=\begin{bmatrix}\boldsymbol{p}_1^{\mathrm{T}}\\ \vdots\\ \boldsymbol{p}_n^{\mathrm{T}}\end{bmatrix},\quad \boldsymbol{Q}=\begin{bmatrix}\boldsymbol{q}_1 & \boldsymbol{q}_2 & \cdots & \boldsymbol{q}_n\end{bmatrix}\tag{3.8.19}$$

由 $\boldsymbol{PQ}=\boldsymbol{I}$，可导出

$$\boldsymbol{p}_i^{\mathrm{T}}\boldsymbol{q}_j=0,\quad \forall i\neq j,\quad i,j=1,2,\cdots,n\tag{3.8.20}$$

又若 $\boldsymbol{q}_i\in\{\boldsymbol{q}_1,\boldsymbol{q}_2,\cdots,\boldsymbol{q}_k\}$ 所张成的向量空间，对 $\boldsymbol{q}_i$ 作线性变换 $\boldsymbol{A}\boldsymbol{q}_i$（$\boldsymbol{A}\boldsymbol{q}_i$ 为 $n\times1$ 向量），也在这个空间里，因此有

$$\begin{aligned}\boldsymbol{A}\boldsymbol{q}_1&=a_1^1\boldsymbol{q}_1+\cdots+a_k^1\boldsymbol{q}_k\\ &\cdots\\ \boldsymbol{A}\boldsymbol{q}_k&=a_1^k\boldsymbol{q}_1+\cdots+a_k^k\boldsymbol{q}_k\end{aligned}\tag{3.8.21}$$

由式(3.8.20)和式(3.8.21)，可得

$$\boldsymbol{p}_i^{\mathrm{T}}\boldsymbol{A}\boldsymbol{q}_j=0,\quad i=k+1,\cdots,n,\quad j=1,2,\cdots,k\tag{3.8.22}$$

因此，有

$$\overline{A}=PAP^{-1}=\left[\begin{array}{ccc:ccc} p_1^{\mathrm{T}}Aq_1 & \cdots & p_1^{\mathrm{T}}Aq_k & p_1^{\mathrm{T}}Aq_{k+1} & \cdots & p_1^{\mathrm{T}}Aq_n \\ \vdots & & \vdots & \vdots & & \vdots \\ p_k^{\mathrm{T}}Aq_1 & \cdots & p_k^{\mathrm{T}}Aq_k & p_k^{\mathrm{T}}Aq_{k+1} & \cdots & p_k^{\mathrm{T}}Aq_n \\ \hdashline p_{k+1}^{\mathrm{T}}Aq_1 & \cdots & p_{k+1}^{\mathrm{T}}Aq_k & p_{k+1}^{\mathrm{T}}Aq_{k+1} & \cdots & p_{k+1}^{\mathrm{T}}Aq_n \\ \vdots & & \vdots & \vdots & & \vdots \\ p_n^{\mathrm{T}}Aq_1 & \cdots & p_n^{\mathrm{T}}Aq_k & p_n^{\mathrm{T}}Aq_{k+1} & \cdots & p_n^{\mathrm{T}}Aq_n \end{array}\right]=\begin{bmatrix} \overline{A}_c & \overline{A}_{12} \\ 0 & \overline{A}_{\bar{c}} \end{bmatrix} \tag{3.8.23}$$

同样，B 的各列所组成的向量也在$\{q_1,q_2,\cdots,q_k\}$所张成的空间内，所以 B 的第 i 列为

$$b_i=a_1^i q_1+\cdots+a_k^i q_k,\quad i=1,\cdots,p \tag{3.8.24}$$

由式(3.8.20)和式(3.8.24)，可得

$$\overline{B}=PB=\left[\begin{array}{c} p_1^{\mathrm{T}}B \\ \vdots \\ p_k^{\mathrm{T}}B \\ \hdashline p_{k+1}^{\mathrm{T}}B \\ \vdots \\ p_n^{\mathrm{T}}B \end{array}\right]=\begin{bmatrix} \overline{B}_c \\ 0 \end{bmatrix} \tag{3.8.25}$$

因此，式(3.8.18)得证。另外，有

$$\begin{aligned} k&=\mathrm{rank}Q_c=\mathrm{rank}\overline{Q}_c=\mathrm{rank}[\overline{B}\,\vdots\,\overline{AB}\,\vdots\,\cdots\,\vdots\,\overline{A}^{n-1}\overline{B}] \\ &=\mathrm{rank}\left[\begin{array}{c:c:c:c} \overline{B}_c & \overline{A}_c\overline{B}_c & \cdots & \overline{A}_c^{n-1}\overline{B}_c \\ 0 & 0 & \cdots & 0 \end{array}\right] \\ &=\mathrm{rank}\left[\overline{B}_c\,\vdots\,\overline{A}_c\overline{B}_c\,\vdots\,\cdots\,\vdots\,\overline{A}_c^{n-1}\overline{B}_c\right] \end{aligned} \tag{3.8.26}$$

因为 $\overline{A}_c$ 为 $k\times k$ 矩阵，由凯莱-哈密顿定理，$\overline{A}_c^k\overline{B}_c,\cdots,\overline{A}_c^{n-1}\overline{B}_c$ 均可由 $\overline{B}_c,\overline{A}_c\overline{B}_c,\cdots,\overline{A}_c^{k-1}\overline{B}_c$ 线性组合描述，所以，由式(3.8.26)可得

$$\mathrm{rank}\left[\overline{B}_c\,\vdots\,\overline{A}_c\overline{B}_c\,\vdots\,\cdots\,\vdots\,\overline{A}_c^{k-1}\overline{B}_c\right]=k \tag{3.8.27}$$

这表明$(\overline{A}_c,\overline{B}_c)$为能控，即 $\overline{x}_c$ 为能控部分状态。至此，证明完成。

对线性定常系统按能控性结构分解做以下讨论。

(1)系统被明显分为能控部分和不能控部分两个子系统。k 维能控子系统的状态空间描述为

$$\begin{cases} \dot{\overline{x}}_c=\overline{A}_c\overline{x}_c+\overline{A}_{12}\overline{x}_{\bar{c}}+\overline{B}_c u \\ y_1=\overline{C}_c\overline{x}_c \end{cases} \tag{3.8.28}$$

$n-k$ 维不能控子系统的状态空间描述为

$$\begin{cases} \dot{\overline{x}}_{\bar{c}}=\overline{A}_{\bar{c}}\overline{x}_{\bar{c}} \\ y_2=\overline{C}_{\bar{c}}\overline{x}_{\bar{c}} \end{cases} \tag{3.8.29}$$

而 $y=y_1+y_2$。

(2)按能控性结构分解后的系统方块图如图 3.8.2 所示。

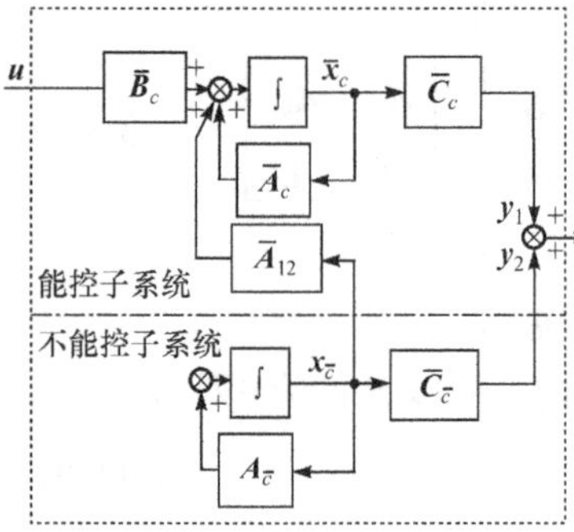

图 3.8.2　按能控性结构分解后的系统方块图

(3)从图 3.8.2 可以看出，不能控子系统的状态 $\bar{x}_{\bar{c}}$ 不能受输入 $\boldsymbol{u}$ 影响。

(4)由于 $\boldsymbol{q}_1,\cdots,\boldsymbol{q}_k$ 和 $\boldsymbol{q}_{k+1},\cdots,\boldsymbol{q}_n$ 选取的不同，式(3.8.18)规范形式不变，但各分块矩阵中元素的值可能不同。

例 3.8.1　将下列系统按能控性进行结构分解：

$$\dot{\boldsymbol{x}}=\begin{bmatrix}1&1&1\\0&1&0\\1&1&1\end{bmatrix}\boldsymbol{x}+\begin{bmatrix}0&1\\1&0\\0&1\end{bmatrix}u$$

$$y=[1\quad 0\quad 1]\boldsymbol{x}$$

解　$\operatorname{rank}[\boldsymbol{B}\mid\boldsymbol{AB}\mid\boldsymbol{A}^2\boldsymbol{B}]=\operatorname{rank}\begin{bmatrix}0&1&1&2&\\1&0&1&0&\cdots\\0&1&1&2&\end{bmatrix}=2<n=3$，所以系统不完全能控。

取

$$\boldsymbol{P}^{-1}=\boldsymbol{Q}=\begin{bmatrix}0&1&1\\1&0&0\\0&1&0\end{bmatrix},\quad \boldsymbol{P}=\begin{bmatrix}0&1&0\\0&0&1\\1&0&-1\end{bmatrix}$$

$$\bar{\boldsymbol{A}}=\boldsymbol{PAP}^{-1}=\begin{bmatrix}0&1&0\\0&0&1\\1&0&-1\end{bmatrix}\begin{bmatrix}1&1&1\\0&1&0\\1&1&1\end{bmatrix}\begin{bmatrix}0&1&1\\1&0&0\\0&1&0\end{bmatrix}=\left[\begin{array}{cc|c}1&0&0\\1&2&1\\\hline 0&0&0\end{array}\right]$$

$$\bar{\boldsymbol{B}}=\boldsymbol{PB}=\begin{bmatrix}0&1&0\\0&0&1\\1&0&-1\end{bmatrix}\begin{bmatrix}0&1\\1&0\\0&1\end{bmatrix}=\left[\begin{array}{cc}1&0\\0&1\\\hline 0&0\end{array}\right]$$

$$\boldsymbol{C}=\boldsymbol{CP}^{-1}=[1\quad 0\quad 1]\begin{bmatrix}0&1&1\\1&0&0\\0&1&0\end{bmatrix}=[0\quad 2\quad 1]$$

所以上述系统按能控性分解后的状态空间描述为

$$\begin{bmatrix}\dot{\bar{\boldsymbol{x}}}_c\\\dot{\bar{\boldsymbol{x}}}_{\bar{c}}\end{bmatrix}=\left[\begin{array}{cc|c}1&0&0\\1&2&1\\\hline 0&0&0\end{array}\right]\begin{bmatrix}\bar{\boldsymbol{x}}_c\\\bar{\boldsymbol{x}}_{\bar{c}}\end{bmatrix}+\left[\begin{array}{cc}1&0\\0&1\\\hline 0&0\end{array}\right]\boldsymbol{u}$$

$$\boldsymbol{y}=[0\quad 2\quad 1]\begin{bmatrix}\bar{\boldsymbol{x}}_c\\\bar{\boldsymbol{x}}_{\bar{c}}\end{bmatrix}$$

3.8.3　线性定常系统按能观测性的结构分解

对多输入-多输出线性定常系统：

$$\begin{cases}\dot{\boldsymbol{x}}=\boldsymbol{Ax}+\boldsymbol{Bu}\\\boldsymbol{y}=\boldsymbol{Cx}\end{cases}\tag{3.8.30}$$

其中，$\boldsymbol{x}$ 为 $n\times1$ 的状态向量；$\boldsymbol{u}$ 为 $p\times1$ 的输入向量；$\boldsymbol{y}$ 为 $q\times1$ 的输出向量。假设系统的状态不完全能观测，有

$$\operatorname{rank}\boldsymbol{Q}_o=\operatorname{rank}\begin{bmatrix}\boldsymbol{C}\\ \boldsymbol{CA}\\ \vdots\\ \boldsymbol{CA}^{n-1}\end{bmatrix}=m<n \tag{3.8.31}$$

通过线性变换 $\hat{\boldsymbol{x}}=\boldsymbol{Fx}$，可以把能观测部分与不能观测部分清晰直观地划分出来，但并不改变系统能观测与不能观测状态变量的个数，得到的按能观测性结构分解后的状态空间描述为

$$\begin{cases}\begin{bmatrix}\dot{\hat{\boldsymbol{x}}}_{\mathrm{o}}\\ \dot{\hat{\boldsymbol{x}}}_{\bar{\mathrm{o}}}\end{bmatrix}=\begin{bmatrix}\hat{\boldsymbol{A}}_{\mathrm{o}} & \boldsymbol{0}\\ \hat{\boldsymbol{A}}_{21} & \hat{\boldsymbol{A}}_{\bar{\mathrm{o}}}\end{bmatrix}\begin{bmatrix}\hat{\boldsymbol{x}}_{\mathrm{o}}\\ \hat{\boldsymbol{x}}_{\bar{\mathrm{o}}}\end{bmatrix}+\begin{bmatrix}\hat{\boldsymbol{B}}_{\mathrm{o}}\\ \hat{\boldsymbol{B}}_{\bar{\mathrm{o}}}\end{bmatrix}\boldsymbol{u}\\ \boldsymbol{y}=\begin{bmatrix}\hat{\boldsymbol{C}}_{\mathrm{o}} & \boldsymbol{0}\end{bmatrix}\begin{bmatrix}\hat{\boldsymbol{x}}_{\mathrm{o}}\\ \hat{\boldsymbol{x}}_{\bar{\mathrm{o}}}\end{bmatrix}\end{cases} \tag{3.8.32}$$

其中，$\hat{\boldsymbol{x}}_{\mathrm{o}}$ 为 $m\times1$ 能观测部分状态向量；$\hat{\boldsymbol{x}}_{\bar{\mathrm{o}}}$ 为 $(n-m)\times1$ 不能观测部分状态向量；$m=\operatorname{rank}\boldsymbol{Q}_o$。$\boldsymbol{F}$ 矩阵的构成如下：

$$\boldsymbol{F}=\begin{bmatrix}\boldsymbol{h}_1\\ \vdots\\ \boldsymbol{h}_m\\ \hdashline \boldsymbol{h}_{m+1}\\ \vdots\\ \boldsymbol{h}_n\end{bmatrix} \tag{3.8.33}$$

其中，$\boldsymbol{h}_1,\cdots,\boldsymbol{h}_m$ 为从 $\boldsymbol{Q}_o$ 中任意选取的 m 个线性无关的行向量；$\boldsymbol{h}_{m+1},\cdots,\boldsymbol{h}_n$ 为任意选取 $n-m$ 个与 $\boldsymbol{h}_1,\cdots,\boldsymbol{h}_m$ 线性无关的行向量。

从式(3.8.32)可得 m 维能观测子系统的状态空间描述为

$$\begin{cases}\dot{\hat{\boldsymbol{x}}}_{\mathrm{o}}=\hat{\boldsymbol{A}}_{\mathrm{o}}\hat{\boldsymbol{x}}_{\mathrm{o}}+\hat{\boldsymbol{B}}_{\mathrm{o}}\boldsymbol{u}\\ \boldsymbol{y}_1=\hat{\boldsymbol{C}}_{\mathrm{o}}\hat{\boldsymbol{x}}_{\mathrm{o}}\end{cases}$$

$n-m$ 维不能观测子系统的状态空间描述为

$$\begin{cases}\dot{\hat{\boldsymbol{x}}}_{\bar{\mathrm{o}}}=\hat{\boldsymbol{A}}_{21}\hat{\boldsymbol{x}}_{\mathrm{o}}+\hat{\boldsymbol{A}}_{\bar{\mathrm{o}}}\hat{\boldsymbol{x}}_{\bar{\mathrm{o}}}+\hat{\boldsymbol{B}}_{\bar{\mathrm{o}}}\boldsymbol{u}\\ \boldsymbol{y}_2=\boldsymbol{0}\end{cases}$$

分解后的系统方块图见图 3.8.3。

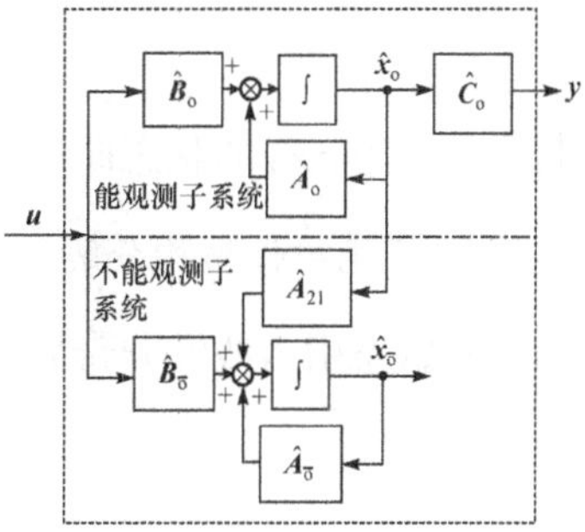

图 3.8.3　按能观测性结构分解后的系统方块图

例 3.8.2　将下列系统按能观测性进行结构分解

$$\dot{\boldsymbol{x}}=\begin{bmatrix}0 & 0 & -1\\ 1 & 0 & -3\\ 0 & 1 & -3\end{bmatrix}\boldsymbol{x}+\begin{bmatrix}1\\ 1\\ 0\end{bmatrix}u$$

$$y=\begin{bmatrix}0 & 1 & -2\end{bmatrix}\boldsymbol{x}$$

解 $\mathrm{rank}\begin{bmatrix} c \\ cA \\ cA^2 \end{bmatrix} = \mathrm{rank}\begin{bmatrix} 0 & 1 & -2 \\ 1 & -2 & 3 \\ -2 & 3 & -4 \end{bmatrix} = 2 < n = 3$，所以系统不完全能观测。

取

$$F = \begin{bmatrix} 0 & 1 & -2 \\ 1 & -2 & 3 \\ 0 & 0 & 1 \end{bmatrix}, \quad F^{-1} = \begin{bmatrix} 2 & 1 & 1 \\ 1 & 0 & 2 \\ 0 & 0 & 1 \end{bmatrix}$$

有

$$\hat{A}_o = FAF^{-1} = \begin{bmatrix} 0 & 1 & 0 \\ -1 & -2 & 0 \\ \hdashline 1 & 0 & 1 \end{bmatrix}, \quad \hat{B}_o = FB = \begin{bmatrix} 1 \\ -1 \\ \hdashline 0 \end{bmatrix} = \begin{bmatrix} \hat{B}_o \\ \hat{B}_{\bar{o}} \end{bmatrix}, \quad \hat{C}_o = CF^{-1} = [1 \quad 0 \mid 0] = [\hat{C}_o \mid 0]$$

所以，上述系统按能观测性分解后的状态空间描述为

$$\begin{cases} \begin{bmatrix} \dot{\hat{x}}_o \\ \dot{\hat{x}}_{\bar{o}} \end{bmatrix} = \begin{bmatrix} 0 & 1 & 0 \\ -1 & -2 & 0 \\ \hdashline 1 & 0 & 1 \end{bmatrix} \begin{bmatrix} \hat{x}_o \\ \hat{x}_{\bar{o}} \end{bmatrix} + \begin{bmatrix} 1 \\ -1 \\ \hdashline 0 \end{bmatrix} u \\ y = [1 \quad 0 \mid 0] \begin{bmatrix} \hat{x}_o \\ \hat{x}_{\bar{o}} \end{bmatrix} \end{cases}$$

3.8.4 线性定常系统结构的规范分解

在系统按能控性分解和能观测性分解的基础上，讨论不完全能控不完全能观测线性定常系统的结构的规范分解，即通过对状态引入最多三次线性非奇异变换，将系统状态分为能控能观测、能控不能观测、不能控能观测和不能控不能观测四组状态。可以采用下面两种方法。方法 1：首先，按能控性对系统进行结构分解，将系统分解为能控子系统和不能控子系统两部分；然后，分别对这两个子系统按能观测性进行结构分解，最后得到四个子系统。方法 2：首先，按能观测性对系统进行结构分解，将系统分解为能观测子系统和不能观测子系统两部分；然后，分别对这两个子系统按能控性进行结构分解，最后得到四个子系统。下面以方法 1 为例，详细介绍系统结构的规范分解方法。

对多输入-多输出线性定常系统：

$$\begin{cases} \dot{x} = Ax + Bu \\ y = Cx \end{cases} \tag{3.8.34}$$

其中，x 为 $n \times 1$ 的状态向量。假定系统既不完全能控又不完全能观测。

1. 按能控性结构分解

对状态引入线性非奇异变换 $\bar{x} = Px$，得到分解后的状态空间描述为

$$\begin{cases} \begin{bmatrix} \dot{\bar{x}}_c \\ \dot{\bar{x}}_{\bar{c}} \end{bmatrix} = \begin{bmatrix} \bar{A}_c & \bar{A}_{12} \\ 0 & \bar{A}_{\bar{c}} \end{bmatrix} \begin{bmatrix} \bar{x}_c \\ \bar{x}_{\bar{c}} \end{bmatrix} + \begin{bmatrix} \bar{B}_c \\ 0 \end{bmatrix} u \\ y = \begin{bmatrix} \bar{C}_c & \bar{C}_{\bar{c}} \end{bmatrix} \begin{bmatrix} \bar{x}_c \\ \bar{x}_{\bar{c}} \end{bmatrix} \end{cases} \tag{3.8.35}$$

由式(3.8.35)，可以得到能控子系统：

$$\begin{cases}\dot{\overline{\boldsymbol{x}}}_c=\overline{\boldsymbol{A}}_c\overline{\boldsymbol{x}}_c+\overline{\boldsymbol{A}}_{12}\overline{\boldsymbol{x}}_{\overline{c}}+\overline{\boldsymbol{B}}_c\boldsymbol{u}\\ \boldsymbol{y}_1=\overline{\boldsymbol{C}}_c\overline{\boldsymbol{x}}_c\end{cases}\tag{3.8.36}$$

和不能控子系统：

$$\begin{cases}\dot{\overline{\boldsymbol{x}}}_{\overline{c}}=\overline{\boldsymbol{A}}_{\overline{c}}\overline{\boldsymbol{x}}_{\overline{c}}\\ \boldsymbol{y}_2=\overline{\boldsymbol{C}}_{\overline{c}}\overline{\boldsymbol{x}}_{\overline{c}}\end{cases}\tag{3.8.37}$$

而 $\boldsymbol{y}=\boldsymbol{y}_1+\boldsymbol{y}_2$。

2. 按能观测性结构分解

(1)假定能控子系统(3.8.36)状态不完全能观测，按能观测性对其进行结构分解。引入线性非奇异变换 $\tilde{\boldsymbol{x}}_c=\boldsymbol{F}_c\overline{\boldsymbol{x}}_c$，得到分解后的状态空间描述为

$$\begin{cases}\dot{\tilde{\boldsymbol{x}}}_c=\begin{bmatrix}\dot{\tilde{\boldsymbol{x}}}_{co}\\ \dot{\tilde{\boldsymbol{x}}}_{c\overline{o}}\end{bmatrix}=\begin{bmatrix}\tilde{\boldsymbol{A}}_{co} & \boldsymbol{0}\\ \tilde{\boldsymbol{A}}_{21} & \tilde{\boldsymbol{A}}_{c\overline{o}}\end{bmatrix}\begin{bmatrix}\tilde{\boldsymbol{x}}_{co}\\ \tilde{\boldsymbol{x}}_{c\overline{o}}\end{bmatrix}+\begin{bmatrix}\tilde{\boldsymbol{B}}_{co}\\ \tilde{\boldsymbol{B}}_{c\overline{o}}\end{bmatrix}\boldsymbol{u}+\boldsymbol{F}_c\overline{\boldsymbol{A}}_{12}\overline{\boldsymbol{x}}_{\overline{c}}\\ \boldsymbol{y}_c=\begin{bmatrix}\tilde{\boldsymbol{C}}_{co} & \boldsymbol{0}\end{bmatrix}\begin{bmatrix}\tilde{\boldsymbol{x}}_{co}\\ \tilde{\boldsymbol{x}}_{c\overline{o}}\end{bmatrix}\end{cases}\tag{3.8.38}$$

(2)假定不能控子系统(3.8.37)状态不完全能观测，按能观测性对其进行结构分解。引入线性非奇异变换 $\tilde{\boldsymbol{x}}_{\overline{c}}=\boldsymbol{F}_{\overline{c}}\overline{\boldsymbol{x}}_{\overline{c}}$，得到分解后的状态空间描述为

$$\begin{cases}\dot{\tilde{\boldsymbol{x}}}_{\overline{c}}=\begin{bmatrix}\dot{\tilde{\boldsymbol{x}}}_{\overline{c}o}\\ \dot{\tilde{\boldsymbol{x}}}_{\overline{c}\,\overline{o}}\end{bmatrix}=\begin{bmatrix}\tilde{\boldsymbol{A}}_{\overline{c}o} & \boldsymbol{0}\\ \tilde{\boldsymbol{A}}_{43} & \tilde{\boldsymbol{A}}_{\overline{c}\,\overline{o}}\end{bmatrix}\begin{bmatrix}\tilde{\boldsymbol{x}}_{\overline{c}o}\\ \tilde{\boldsymbol{x}}_{\overline{c}\,\overline{o}}\end{bmatrix}\\ \boldsymbol{y}_{\overline{c}}=\begin{bmatrix}\tilde{\boldsymbol{C}}_{\overline{c}o} & \boldsymbol{0}\end{bmatrix}\begin{bmatrix}\tilde{\boldsymbol{x}}_{\overline{c}o}\\ \tilde{\boldsymbol{x}}_{\overline{c}\,\overline{o}}\end{bmatrix}\end{cases}\tag{3.8.39}$$

将 $\overline{\boldsymbol{x}}_{\overline{c}}=\boldsymbol{F}_{\overline{c}}^{-1}\tilde{\boldsymbol{x}}_{\overline{c}}$ 代入式(3.8.38)，并综合式(3.8.39)，可得

$$\begin{cases}\begin{bmatrix}\dot{\tilde{\boldsymbol{x}}}_{co}\\ \dot{\tilde{\boldsymbol{x}}}_{c\overline{o}}\\ \dot{\tilde{\boldsymbol{x}}}_{\overline{c}o}\\ \dot{\tilde{\boldsymbol{x}}}_{\overline{c}\,\overline{o}}\end{bmatrix}=\left[\begin{array}{cc:cc}\tilde{\boldsymbol{A}}_{co} & \boldsymbol{0} & \tilde{\boldsymbol{A}}_{13} & \boldsymbol{0}\\ \tilde{\boldsymbol{A}}_{21} & \tilde{\boldsymbol{A}}_{c\overline{o}} & \tilde{\boldsymbol{A}}_{23} & \tilde{\boldsymbol{A}}_{24}\\ \hdashline \boldsymbol{0} & \boldsymbol{0} & \tilde{\boldsymbol{A}}_{\overline{c}o} & \boldsymbol{0}\\ \boldsymbol{0} & \boldsymbol{0} & \tilde{\boldsymbol{A}}_{43} & \tilde{\boldsymbol{A}}_{\overline{c}\,\overline{o}}\end{array}\right]\begin{bmatrix}\tilde{\boldsymbol{x}}_{co}\\ \tilde{\boldsymbol{x}}_{c\overline{o}}\\ \tilde{\boldsymbol{x}}_{\overline{c}o}\\ \tilde{\boldsymbol{x}}_{\overline{c}\,\overline{o}}\end{bmatrix}+\left[\begin{array}{c}\tilde{\boldsymbol{B}}_{co}\\ \tilde{\boldsymbol{B}}_{c\overline{o}}\\ \hdashline \boldsymbol{0}\\ \boldsymbol{0}\end{array}\right]\boldsymbol{u}\\ \boldsymbol{y}=\left[\begin{array}{cc:cc}\tilde{\boldsymbol{C}}_{co} & \boldsymbol{0} & \tilde{\boldsymbol{C}}_{\overline{c}o} & \boldsymbol{0}\end{array}\right]\tilde{\boldsymbol{x}}\end{cases}\tag{3.8.40}$$

由系统状态的能控性和能观测性的定义，也可对式(3.8.40)进行验证。例如，如果矩阵 $\tilde{\boldsymbol{A}}$ 中第 1 行第 4 列的子矩阵不是相应维数的零矩阵，则不能控不能观测的状态 $\tilde{\boldsymbol{x}}_{\overline{c}\,\overline{o}}$ 将影响 $\dot{\tilde{\boldsymbol{x}}}_{co}$，继而影响 $\tilde{\boldsymbol{x}}_{co}$，由输出方程 $\tilde{\boldsymbol{x}}_{co}$ 影响输出 $\boldsymbol{y}$，这说明 $\tilde{\boldsymbol{x}}_{\overline{c}\,\overline{o}}$ 与输出 $\boldsymbol{y}$ 有联系，这与 $\tilde{\boldsymbol{x}}_{\overline{c}\,\overline{o}}$ 为不能观测的状态相矛盾。因此矩阵 $\tilde{\boldsymbol{A}}$ 中第 1 行第 4 列的子矩阵应该是相应维数的零矩阵。

例 3.8.3 对下列系统进行结构规范分解：

$$\dot{\boldsymbol{x}}=\begin{bmatrix}1 & 0 & 1\\ 0 & 2 & 0\\ 0 & 0 & 3\end{bmatrix}\boldsymbol{x}+\begin{bmatrix}1\\ 1\\ 0\end{bmatrix}u$$

$$y=[1\quad 0\quad 1]\boldsymbol{x}$$

解 (1)对系统按能控性进行结构分解。

$\mathrm{rank}[\boldsymbol{b} \mid \boldsymbol{Ab} \mid \boldsymbol{A}^2\boldsymbol{b}] = \mathrm{rank}\begin{bmatrix}1 & 1 & 1\\ 1 & 2 & 4\\ 0 & 0 & 0\end{bmatrix} = 2 < n = 3$，所以，系统不完全能控。引入线性非奇异变换 $\bar{\boldsymbol{x}} = \boldsymbol{Px}$。

取

$$\boldsymbol{P}^{-1} = \boldsymbol{Q} = \begin{bmatrix}1 & 1 & 0\\ 1 & 2 & 0\\ 0 & 0 & 1\end{bmatrix}，\text{则 } \boldsymbol{P} = \begin{bmatrix}2 & -1 & 0\\ -1 & 1 & 0\\ 0 & 0 & 1\end{bmatrix}$$

$$\bar{\boldsymbol{A}} = \boldsymbol{PAP}^{-1} = \begin{bmatrix}2 & -1 & 0\\ -1 & 1 & 0\\ 0 & 0 & 1\end{bmatrix}\begin{bmatrix}1 & 0 & 1\\ 0 & 2 & 0\\ 0 & 0 & 3\end{bmatrix}\begin{bmatrix}1 & 1 & 0\\ 1 & 2 & 0\\ 0 & 0 & 1\end{bmatrix} = \left[\begin{array}{cc:c}0 & -2 & 2\\ 1 & 3 & -1\\ \hdashline 0 & 0 & 3\end{array}\right]$$

$$\bar{\boldsymbol{b}} = \boldsymbol{Pb} = \begin{bmatrix}2 & -1 & 0\\ -1 & 1 & 0\\ 0 & 0 & 1\end{bmatrix}\begin{bmatrix}1\\ 1\\ 0\end{bmatrix} = \left[\begin{array}{c}1\\ 0\\ \hdashline 0\end{array}\right]$$

$$\bar{\boldsymbol{c}} = \boldsymbol{cP}^{-1} = \begin{bmatrix}1 & 0 & 1\end{bmatrix}\begin{bmatrix}1 & 1 & 0\\ 1 & 2 & 0\\ 0 & 0 & 1\end{bmatrix} = \left[\begin{array}{cc:c}1 & 1 & 1\end{array}\right]$$

得到的能控子系统为

$$\begin{aligned}\dot{\bar{\boldsymbol{x}}}_c &= \begin{bmatrix}0 & -2\\ 1 & 3\end{bmatrix}\bar{\boldsymbol{x}}_c + \begin{bmatrix}2\\ -1\end{bmatrix}\bar{\boldsymbol{x}}_{\bar{c}} + \begin{bmatrix}1\\ 0\end{bmatrix}u\\ y_c &= \begin{bmatrix}1 & 1\end{bmatrix}\bar{\boldsymbol{x}}_c\end{aligned} \tag{3.8.41}$$

其中

$$\bar{\boldsymbol{A}}_c = \begin{bmatrix}0 & -2\\ 1 & 3\end{bmatrix},\quad \bar{\boldsymbol{b}}_c = \begin{bmatrix}1\\ 0\end{bmatrix},\quad \bar{\boldsymbol{A}}_{12} = \begin{bmatrix}2\\ -1\end{bmatrix},\quad \bar{\boldsymbol{c}}_c = \begin{bmatrix}1 & 1\end{bmatrix}$$

得到的不能控子系统为

$$\begin{aligned}\dot{\bar{x}}_{\bar{c}} &= 3\bar{x}_{\bar{c}}\\ \bar{y}_{\bar{c}} &= \bar{x}_{\bar{c}}\end{aligned} \tag{3.8.42}$$

(2)对子系统(3.8.41)按能观测性进行结构分解：

$$\mathrm{rank}\begin{bmatrix}\bar{\boldsymbol{c}}_c\\ \bar{\boldsymbol{c}}_c\bar{\boldsymbol{A}}_c\end{bmatrix} = \mathrm{rank}\begin{bmatrix}1 & 1\\ 1 & 1\end{bmatrix} = 1 < 2$$

所以，子系统(3.8.41)状态不完全能观测。引入线性非奇异变换 $\tilde{\boldsymbol{x}}_c = \boldsymbol{F}\bar{\boldsymbol{x}}_c$。

取

$$\boldsymbol{F} = \begin{bmatrix}1 & 1\\ 0 & 1\end{bmatrix}，\text{有 } \boldsymbol{F}^{-1} = \begin{bmatrix}1 & -1\\ 0 & 1\end{bmatrix}$$

$$\tilde{A}_c = F\bar{A}_c F^{-1} = \begin{bmatrix} 1 & 1 \\ 0 & 1 \end{bmatrix}\begin{bmatrix} 0 & -2 \\ 1 & 3 \end{bmatrix}\begin{bmatrix} 1 & -1 \\ 0 & 1 \end{bmatrix} = \begin{bmatrix} 1 & 0 \\ 1 & 2 \end{bmatrix}$$

$$\tilde{b}_c = F\bar{b}_c = \begin{bmatrix} 1 & 1 \\ 0 & 1 \end{bmatrix}\begin{bmatrix} 1 \\ 0 \end{bmatrix} = \begin{bmatrix} 1 \\ 0 \end{bmatrix}$$

$$\hat{c}_c = \bar{c}_c F^{-1} = \begin{bmatrix} 1 & 1 \end{bmatrix}\begin{bmatrix} 1 & -1 \\ 0 & 1 \end{bmatrix} = \begin{bmatrix} 1 & 0 \end{bmatrix}$$

$$F\bar{A}_{12} = \begin{bmatrix} 1 & 1 \\ 0 & 1 \end{bmatrix}\begin{bmatrix} 2 \\ -1 \end{bmatrix} = \begin{bmatrix} 1 \\ -1 \end{bmatrix}$$

分解后的状态空间描述为

$$\begin{aligned} \dot{\tilde{x}}_c &= \begin{bmatrix} 1 & 0 \\ 1 & 2 \end{bmatrix}\tilde{x}_c + \begin{bmatrix} 1 \\ -1 \end{bmatrix}\bar{x}_{\bar{c}} + \begin{bmatrix} 1 \\ 0 \end{bmatrix}u \\ \tilde{y}_c &= \begin{bmatrix} 1 & 0 \end{bmatrix}\tilde{x}_c \end{aligned} \tag{3.8.43}$$

综合式(3.8.42)和式(3.8.43)，得到最后结果为

$$\begin{cases} \begin{bmatrix} \dot{\tilde{x}}_{co} \\ \dot{\tilde{x}}_{c\bar{o}} \\ \dot{\tilde{x}}_{\bar{c}o} \end{bmatrix} = \left[\begin{array}{cc:c} 1 & 2 & 1 \\ 1 & 0 & -1 \\ \hdashline 0 & 0 & 3 \end{array}\right]\begin{bmatrix} \tilde{x}_{co} \\ \tilde{x}_{c\bar{o}} \\ \tilde{x}_{\bar{c}o} \end{bmatrix} + \left[\begin{array}{c} 1 \\ 0 \\ \hdashline 0 \end{array}\right]u \\ y = \begin{bmatrix} 1 & 0 & 1 \end{bmatrix}\begin{bmatrix} \tilde{x}_{co} \\ \tilde{x}_{c\bar{o}} \\ \tilde{x}_{\bar{c}o} \end{bmatrix} \end{cases}$$

由系统结构的规范分解，可以得到关于系统内部描述和外部描述的区别的一个重要结论。

结论 3.8.4 对不完全能控和不完全能观测的线性定常系统(3.8.34)，其输入-输出描述(如传递函数矩阵)只能反映系统中能控能观测部分，即成立：

$$G(s) = C(sI - A)^{-1}B = \tilde{C}_{co}(sI - \tilde{A}_{co})^{-1}\tilde{B}_{co} \tag{3.8.44}$$

证 由 1.5 节内容可知，线性非奇异变换不改变系统的传递函数矩阵，所以系统(3.8.34)的传递函数矩阵 $G(s)$ 可以由式(3.8.40)获得

$$G(s) = \begin{bmatrix} \tilde{C}_{co} & 0 & \tilde{C}_{\bar{c}o} & 0 \end{bmatrix}\begin{bmatrix} sI - \tilde{A} \end{bmatrix}^{-1}\begin{bmatrix} \tilde{B}_{co} \\ \tilde{B}_{c\bar{o}} \\ 0 \\ 0 \end{bmatrix} \tag{3.8.45}$$

关于分块矩阵的逆矩阵如下：

$$\begin{bmatrix} A_1 & 0 \\ A_2 & A_3 \end{bmatrix}^{-1} = \begin{bmatrix} A_1^{-1} & 0 \\ -A_3^{-1}A_2A_1^{-1} & A_3^{-1} \end{bmatrix}, \quad \begin{bmatrix} A_1 & A_2 \\ 0 & A_3 \end{bmatrix}^{-1} = \begin{bmatrix} A_1^{-1} & A_1^{-1}A_2A_3^{-1} \\ 0 & A_3^{-1} \end{bmatrix} \tag{3.8.46}$$

由式(3.8.40)和式(3.8.46)，可得

$$
\left[sI-\tilde{A}\right]^{-1}=\left[\begin{array}{cc:cc} sI-\tilde{A}_{co} & 0 & -\tilde{A}_{13} & 0 \\ -\tilde{A}_{21} & sI-\tilde{A}_{c\bar{o}} & -\tilde{A}_{23} & -\tilde{A}_{24} \\ \hdashline 0 & 0 & sI-\tilde{A}_{\bar{c}o} & 0 \\ 0 & 0 & -\tilde{A}_{43} & sI-\tilde{A}_{\bar{c}\bar{o}} \end{array}\right]^{-1}
$$

$$
=\left[\begin{array}{c:c} \begin{bmatrix} sI-\tilde{A}_{co} & 0 \\ -\tilde{A}_{21} & sI-\tilde{A}_{c\bar{o}} \end{bmatrix}^{-1} & * \\ \hdashline 0 & * \end{array}\right]
$$

$$
=\left[\begin{array}{cc:c} (sI-\tilde{A}_{co})^{-1} & 0 & * \\ * & * & \\ \hdashline \multicolumn{2}{c:}{0} & * \end{array}\right]
$$

将上式代入式(3.8.45)，可得

$$
G(s)=\begin{bmatrix}\tilde{C}_{co} & 0 & \tilde{C}_{\bar{c}o} & 0\end{bmatrix}\begin{bmatrix}(sI-\tilde{A}_{co})^{-1}\tilde{B}_{co} \\ * \\ 0 \\ 0\end{bmatrix}=\tilde{C}_{co}(sI-\tilde{A}_{co})^{-1}\tilde{B}_{co}
$$

证明完成。

可见，以传递函数矩阵为代表的系统输入-输出描述，是对系统的不完全描述，它只体现了系统既能控又能观测部分。只有系统是既能控又能观测时，系统输入-输出描述才与系统的状态空间描述等价。

3.8.5 线性时变系统结构的规范分解

对于不完全能控和不完全能观测的线性时变系统，通过引入适当的可微非奇异变换，同样可将系统进行结构的规范分解，各表达式在形式上类同于线性定常系统的情况，其差别仅在于表达式中的分块矩阵为时变矩阵。此外，线性时变系统结构的规范分解的计算过程要远复杂于定常情况。鉴于此，将不再对时变系统的结构分解做更详细的介绍。

习　题

3.1 判断下列线性定常系统是否状态完全能控：

(1) $\dot{x}=\begin{bmatrix}0 & 1 & 0\\ 0 & 0 & 1\\ -2 & -4 & -3\end{bmatrix}x+\begin{bmatrix}1 & 0\\ 0 & 1\\ -1 & 1\end{bmatrix}u$；　(2) $\dot{x}=\begin{bmatrix}0 & 4 & 3\\ 0 & 20 & 21\\ 0 & -25 & -20\end{bmatrix}x+\begin{bmatrix}-1\\ 3\\ 0\end{bmatrix}u$；

(3) $\dot{x}=\begin{bmatrix}2 & 0 & 0 & 0\\ 0 & 3 & 0 & 0\\ 0 & 0 & 4 & 1\\ 0 & 0 & 0 & 4\end{bmatrix}x+\begin{bmatrix}2 & 0\\ 4 & 1\\ 0 & 0\\ 1 & 0\end{bmatrix}u$；　(4) $\dot{x}=\begin{bmatrix}4 & 1 & 0 & 0\\ 0 & 4 & 0 & 0\\ 0 & 0 & 4 & 1\\ 0 & 0 & 0 & 4\end{bmatrix}x+\begin{bmatrix}0 & 0\\ 1 & 2\\ 0 & 0\\ 2 & 1\end{bmatrix}u$；

(5) $\dot{\boldsymbol{x}}=\begin{bmatrix}-1 & 0 & 0\\ 0 & -1 & 0\\ 0 & 0 & -1\end{bmatrix}\boldsymbol{x}+\begin{bmatrix}1 & 1 & 1\\ 2 & 2 & 2\\ 1 & 2 & 3\end{bmatrix}\boldsymbol{u}$。

3.2 确定使下列线性定常系统为完全能控时待定参数的取值范围：

(1) $\dot{\boldsymbol{x}}=\begin{bmatrix}-2 & 0 & 0\\ 0 & -2 & 0\\ 0 & 0 & -2\end{bmatrix}\boldsymbol{x}+\begin{bmatrix}a & 1\\ 2 & 4\\ b & 1\end{bmatrix}\boldsymbol{u}$； (2) $\dot{\boldsymbol{x}}=\begin{bmatrix}0 & a\\ b & c\end{bmatrix}\boldsymbol{x}+\begin{bmatrix}1\\ 0\end{bmatrix}u$。

3.3 判断下列线性定常系统是否状态完全能观测：

(1) $\dot{\boldsymbol{x}}=\begin{bmatrix}0 & 1 & 0\\ 0 & 0 & 1\\ -2 & -4 & -3\end{bmatrix}\boldsymbol{x},\quad y=\begin{bmatrix}1 & 4 & 2\end{bmatrix}\boldsymbol{x}$； (2) $\dot{\boldsymbol{x}}=\begin{bmatrix}-2 & 1 & 0\\ 0 & -2 & 0\\ 0 & 0 & -2\end{bmatrix}\boldsymbol{x},\quad \boldsymbol{y}=\begin{bmatrix}1 & 0 & 4\\ 2 & 0 & 8\end{bmatrix}\boldsymbol{x}$；

(3) $\dot{\boldsymbol{x}}=\begin{bmatrix}1 & 3 & 2\\ 1 & 4 & 6\\ 2 & 1 & 7\end{bmatrix}\boldsymbol{x},\quad \boldsymbol{y}=\begin{bmatrix}1 & 0 & 0\\ 2 & 1 & 0\end{bmatrix}\boldsymbol{x}$。

3.4 确定使下列线性定常系统为完全能观测时待定参数的取值范围：

(1) $\dot{\boldsymbol{x}}=\begin{bmatrix}a & b\\ c & 0\end{bmatrix}\boldsymbol{x},\quad y=\begin{bmatrix}1 & 0\end{bmatrix}\boldsymbol{x}$； (2) $\dot{\boldsymbol{x}}=\begin{bmatrix}-2 & 0 & 0\\ 1 & -2 & 0\\ 0 & 0 & -2\end{bmatrix}\boldsymbol{x},\quad \boldsymbol{y}=\begin{bmatrix}1 & a & b\\ 4 & 0 & 4\end{bmatrix}\boldsymbol{x}$。

3.5 确定使下列线性定常系统同时为完全能控和完全能观测时待定参数的取值范围：

(1) $\dot{\boldsymbol{x}}=\begin{bmatrix}-1 & 1 & a\\ 0 & -2 & 1\\ 0 & 0 & -3\end{bmatrix}\boldsymbol{x}+\begin{bmatrix}0\\ 0\\ 1\end{bmatrix}u,\quad y=\begin{bmatrix}0 & 0 & 1\end{bmatrix}\boldsymbol{x}$；

(2) $\dot{\boldsymbol{x}}=\begin{bmatrix}0 & 0 & 1\\ 0 & 1 & 0\\ -2 & -3 & -5\end{bmatrix}\boldsymbol{x}+\begin{bmatrix}0\\ 1\\ a\end{bmatrix}u,\quad y=\begin{bmatrix}0 & 1 & b\end{bmatrix}\boldsymbol{x}$。

3.6 计算下列线性定常系统的能控性指数和能观测性指数：

$$\dot{\boldsymbol{x}}=\begin{bmatrix}0 & 1 & 0\\ 0 & 0 & 1\\ 0 & 3 & -1\end{bmatrix}\boldsymbol{x}+\begin{bmatrix}0 & 1\\ 1 & 0\\ 0 & 0\end{bmatrix}\boldsymbol{u}$$

$$\boldsymbol{y}=\begin{bmatrix}1 & 0 & 1\\ 0 & 1 & 0\end{bmatrix}\boldsymbol{x}$$

3.7 设线性时变系统 $\dot{\boldsymbol{x}}=\boldsymbol{A}(t)\boldsymbol{x}+\boldsymbol{B}(t)\boldsymbol{u}$ 在 t_0 时刻为完全能控，现知 $t_1>t_0$ 和 $t_2<t_0$，试论证此系统在 t_1 和 t_2 时刻是否也一定是完全能控的。

3.8 判断下列线性时变系统是否状态完全能控：

(1) $\dot{\boldsymbol{x}}=\begin{bmatrix}0 & 1\\ 0 & t\end{bmatrix}\boldsymbol{x}+\begin{bmatrix}0\\ 1\end{bmatrix}u,\quad t\geqslant 0$； (2) $\dot{\boldsymbol{x}}=\begin{bmatrix}0 & 0\\ 0 & 1\end{bmatrix}\boldsymbol{x}+\begin{bmatrix}1\\ \mathrm{e}^{-2t}\end{bmatrix}u,\quad t\geqslant 0$；

(3) $\dot{\boldsymbol{x}}=\begin{bmatrix}t & 1 & 0\\ 0 & t & 0\\ 0 & 0 & t^2\end{bmatrix}\boldsymbol{x}+\begin{bmatrix}0\\ 1\\ 1\end{bmatrix}u,\quad t\in[0,2]$。

3.9 给定线性定常离散时间系统为

$$\begin{bmatrix}x_1(k+1)\\ x_2(k+1)\end{bmatrix}=\begin{bmatrix}1 & 1-\mathrm{e}^{-T}\\ 0 & \mathrm{e}^{-T}\end{bmatrix}\begin{bmatrix}x_1(k)\\ x_2(k)\end{bmatrix}+\begin{bmatrix}\mathrm{e}^{-T}+T-1\\ 1-\mathrm{e}^{-T}\end{bmatrix}u(k)$$

其中，$T\neq 0$，试论证：此系统有无可能在不超过 $2T$ 的时间内使任意的一个非零初态转移到原点。

3.10　给定如图题 3.10 所示的并联系统，试证明：并联系统 $\sum P$ 为完全能控(完全能观测)的必要条件是子系统 $\sum 1$ 和 $\sum 2$ 均为完全能控(完全能观测)。

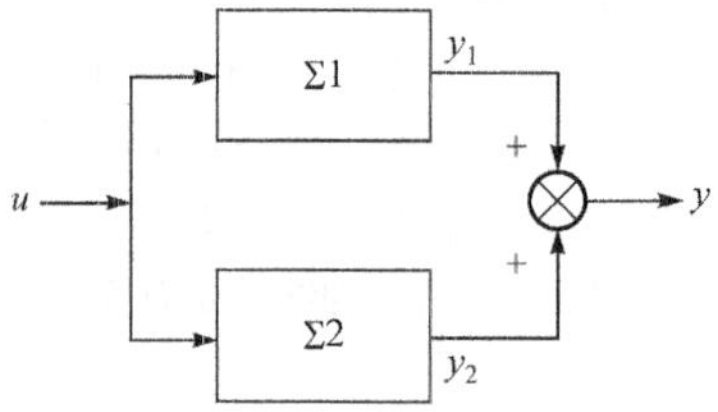

图题 3.10

3.11　设有能控和能观测的线性定常单变量系统：

$$\dot{\boldsymbol{x}}=\begin{bmatrix}-1 & -2 & -2\\ 0 & -1 & 1\\ 1 & 0 & 1\end{bmatrix}\boldsymbol{x}+\begin{bmatrix}2\\0\\1\end{bmatrix}u$$

$$y=\begin{bmatrix}1 & 1 & 0\end{bmatrix}\boldsymbol{x}$$

(1)求出系统的能控规范形和变换阵。

(2)求出系统的能观测规范形和变换阵。

3.12　给定能控的单输入定常系统：

$$\dot{\boldsymbol{x}}=\boldsymbol{A}\boldsymbol{x}+\boldsymbol{b}u$$

其中，$\boldsymbol{A}$ 为 $n\times n$ 常阵；$\boldsymbol{b}$ 为 $n\times 1$ 常阵。现取线性非奇异变换 $\overline{\boldsymbol{x}}=\boldsymbol{P}\boldsymbol{x}$，其中 $\boldsymbol{P}^{-1}=[\boldsymbol{b}\quad \boldsymbol{A}\boldsymbol{b}\quad \cdots\quad \boldsymbol{A}^{n-1}\boldsymbol{b}]$，试定出变换后的系统状态方程，并论证变换后系统是否仍为状态完全能控。

3.13　给定能控定常系统为

$$\dot{\boldsymbol{x}}=\begin{bmatrix}1 & 0 & 1\\ 0 & 1 & 0\\ 1 & 1 & 0\end{bmatrix}\boldsymbol{x}+\begin{bmatrix}1 & 0\\ 0 & 1\\ 1 & 0\end{bmatrix}\boldsymbol{u}$$

求出其能控规范形。

3.14　求出下列线性定常系统按能控性分解的规范形：

$$\dot{\boldsymbol{x}}=\begin{bmatrix}-1 & 1\\ 0 & 0\end{bmatrix}\boldsymbol{x}+\begin{bmatrix}1\\1\end{bmatrix}u$$

3.15　求出下列线性定常系统的能控和观测子系统：

$$\dot{\boldsymbol{x}}=\begin{bmatrix}\lambda_1 & 1 & 0 & 0 & 0\\ 0 & \lambda_1 & 1 & 0 & 0\\ 0 & 0 & \lambda_1 & 0 & 0\\ 0 & 0 & 0 & \lambda_2 & 1\\ 0 & 0 & 0 & 0 & \lambda_2\end{bmatrix}\boldsymbol{x}+\begin{bmatrix}0\\1\\0\\0\\1\end{bmatrix}u$$

$$y=\begin{bmatrix}0 & 1 & 1 & 0 & 1\end{bmatrix}\boldsymbol{x}$$

其中，$\lambda_1\neq\lambda_2$。

3.16　设有单输入输出定常系统：

$$\dot{\boldsymbol{x}}=\boldsymbol{A}\boldsymbol{x}+\boldsymbol{b}u,\quad y=\boldsymbol{c}\boldsymbol{x}+du$$

其中，$\boldsymbol{A},\boldsymbol{b},\boldsymbol{c}$ 均为非零常阵，$\dim\boldsymbol{A}=n$，且成立：

$$\boldsymbol{c}\boldsymbol{b}=0,\quad \boldsymbol{c}\boldsymbol{A}\boldsymbol{b}=0,\quad \cdots,\quad \boldsymbol{c}\boldsymbol{A}^{n-1}\boldsymbol{b}=0$$

试论证此系统是否是状态完全能控且状态完全能观测的。

3.17　求出习题 3.16 中给出的系统的传递函数 $g(s)$。

3.18　设有单输入-单输出线性定常系统：

$$\dot{\boldsymbol{x}}=\boldsymbol{A}\boldsymbol{x}+\boldsymbol{b}u,\quad y=\boldsymbol{c}\boldsymbol{x}$$

已知 $\{\boldsymbol{A},\boldsymbol{b}\}$ 为状态完全能控，试问是否存在 $\boldsymbol{c}$ 使得 $\{\boldsymbol{A},\boldsymbol{c}\}$ 状态完全能观测。请加以论证，并举一个例子来支持你的论证。

第 4 章　传递函数矩阵的状态空间实现

状态空间实现简称实现(realization)。本章以线性定常连续系统为对象研究系统的实现问题。实现是得到与外部描述(如传递函数矩阵描述)等价的内部描述(即状态空间描述)的过程。在不了解系统内部结构的条件下，无法直接建立系统的状态空间模型；即使已经知道复杂系统的内部结构，依靠支配系统物理过程的各种物理定律和数学手段直接推导系统的动态方程并不是万能的，有时并不能奏效。通过实验手段，系统无论简单还是复杂，总能够得到系统的输入-输出模型，如系统的传递函数矩阵(包括单变量系统的传递函数)。为了充分利用众多建立在状态空间描述基础上的分析设计方法，需要由给定的传递函数矩阵找出相应的状态空间描述。第 1 章曾指出状态变换不改变系统的传递函数矩阵，所以给定的传递函数矩阵 $\boldsymbol{G}(s)$ 的实现有无数个，而不是唯一的。每一种实现的系统矩阵 $\boldsymbol{A}$ 的阶次，也就是相应状态空间的维数，标志着实现的规模和结构的复杂程度，在所有的实现中维数最低的实现称为传递函数矩阵的最小实现。最小实现也不是唯一的，但所有最小实现的维数彼此相等。

4.1　实现和最小实现

1. 实现

假设已知线性定常连续系统的传递函数矩阵 $\boldsymbol{G}(s)$，若找到状态空间模型 $\{\boldsymbol{A},\boldsymbol{B},\boldsymbol{C},\boldsymbol{D}\}$，使得

$$\boldsymbol{G}(s)=\boldsymbol{C}(s\boldsymbol{I}-\boldsymbol{A})^{-1}\boldsymbol{B}+\boldsymbol{D} \tag{4.1.1}$$

成立，则称此状态空间模型 $\{\boldsymbol{A},\boldsymbol{B},\boldsymbol{C},\boldsymbol{D}\}$ 为已知的传递函数矩阵 $\boldsymbol{G}(s)$ 的一个状态空间实现，简称为实现。

正如第 1 章指出的，状态变换不改变状态空间描述所具有的传递函数矩阵，因此给定的传递函数矩阵的实现有无穷多个。在所有的实现中，系统矩阵 $\boldsymbol{A}$ 的阶次最低即相应状态空间维数最低的实现称为**最小实现**(minimal realization)。可以证明最小实现也不是唯一的，不同的最小实现间彼此是代数等价的；还可以证明最小实现的状态空间描述代表着既完全能控又完全能观测的子系统，由此又称最小实现为**不可约实现**(irreducible realization)。实现所代表的是一种虚拟系统。这种虚拟系统和实际系统在初始条件为零的条件下具有相同的外部特性，所以可以认为两者是零状态外部等价。若实际系统本身既完全能控又完全能观测，则其最小实现所代表的虚拟系统与真实系统具有相同的外部待性和内部待性，两者完全等价或者严格等价。这也表明既完全能控又完全能观测的动态系统完全被它的传递函数矩阵所表征。这种系统的动态方程和它的传递函数矩阵严格等价。反过来，若实际系统并不是既完全能控又完全能观测，最小实现或者传递函数矩阵只是与实际系统的既能控又能观测的子系统严格等价，只能表征真实系统的外部特性和行为。

由实现的定义可看出，当 $\boldsymbol{G}(s)$ 是真有理函数矩阵时，

$$\boldsymbol{D}=\lim_{s\to\infty}\boldsymbol{G}(s) \tag{4.1.2}$$

其中，矩阵 $\boldsymbol{D}$ 为非零常值矩阵。当 $\boldsymbol{G}(s)$ 是严格真有理函数矩阵时，$\boldsymbol{D}=\boldsymbol{0}$。前者的实现由 $\{\boldsymbol{A},\boldsymbol{B},\boldsymbol{C},\boldsymbol{D}\}$ 描述，后者的实现由 $\{\boldsymbol{A},\boldsymbol{B},\boldsymbol{C}\}$ 描述。可见寻找严格真有理函数矩阵的实现关键在于找出 $\{\boldsymbol{A},\boldsymbol{B},\boldsymbol{C}\}$，今后主要讨论严格真有理函数矩阵的实现和最小实现。

定理 4.1.1 设严格真有理函数矩阵 $\boldsymbol{G}(s)$ 的实现为 $\{\boldsymbol{A},\boldsymbol{B},\boldsymbol{C}\}$，它为最小实现的充要条件是 $\{\boldsymbol{A},\boldsymbol{B},\boldsymbol{C}\}$ 既完全能控又完全能观测。

证 首先用反证法证明必要性。假设 $\{\boldsymbol{A},\boldsymbol{B},\boldsymbol{C}\}$ 不是既能控又能观测，则必可应用 3.8 节系统结构分解定理，找出既能控又能观测的子系统 $\{\tilde{\boldsymbol{A}}_{co},\tilde{\boldsymbol{B}}_{co},\tilde{\boldsymbol{C}}_{co}\}$，且有

$$\tilde{\boldsymbol{C}}_{co}(s\boldsymbol{I}-\tilde{\boldsymbol{A}}_{co})^{-1}\tilde{\boldsymbol{B}}_{co}=\boldsymbol{G}(s)$$

$$\dim\boldsymbol{A}>\dim\tilde{\boldsymbol{A}}_{co}$$

这表明 $\{\boldsymbol{A},\boldsymbol{B},\boldsymbol{C}\}$ 不是 $\boldsymbol{G}(s)$ 的最小实现，与假设矛盾。必要性得证。

再用反证法证明充分性。假设 $\{\boldsymbol{A},\boldsymbol{B},\boldsymbol{C}\}$ 既能控又能观测，但不是最小实现。因此应有最小实现 $\{\bar{\boldsymbol{A}},\bar{\boldsymbol{B}},\bar{\boldsymbol{C}}\}$，且有

$$\dim\boldsymbol{A}\triangleq n>\bar{n}=\dim\bar{\boldsymbol{A}} \tag{4.1.3}$$

$$\boldsymbol{C}(s\boldsymbol{I}-\boldsymbol{A})^{-1}\boldsymbol{B}=\bar{\boldsymbol{C}}(s\boldsymbol{I}-\bar{\boldsymbol{A}})^{-1}\bar{\boldsymbol{B}}=\boldsymbol{G}(s) \tag{4.1.4}$$

对式(4.1.4)等号两边取拉氏反变换，有

$$\boldsymbol{G}(t)=\boldsymbol{C}\mathrm{e}^{\boldsymbol{A}t}\boldsymbol{B}=\bar{\boldsymbol{C}}\mathrm{e}^{\bar{\boldsymbol{A}}t}\bar{\boldsymbol{B}}=\bar{\boldsymbol{G}}(t),\quad t\geqslant 0 \tag{4.1.5}$$

对式(4.1.5)中 $\boldsymbol{G}(t)$ 和 $\bar{\boldsymbol{G}}(t)$ 关于 t 求微分，直到求出第 $2n-2$ 阶导数，定义

$$\boldsymbol{G}_k(t)=\frac{\mathrm{d}^k}{\mathrm{d}t^k}\boldsymbol{G}(t)=\boldsymbol{C}\boldsymbol{A}^k\mathrm{e}^{\boldsymbol{A}t}\boldsymbol{B}=\boldsymbol{C}\mathrm{e}^{\boldsymbol{A}t}\boldsymbol{A}^k\boldsymbol{B},\quad k=0,1,\cdots,2n-2 \tag{4.1.6}$$

$$\bar{\boldsymbol{G}}_k(t)=\frac{\mathrm{d}^k}{\mathrm{d}t^k}\bar{\boldsymbol{G}}(t)=\overline{\boldsymbol{C}\boldsymbol{A}}^k\mathrm{e}^{\bar{\boldsymbol{A}}t}\boldsymbol{B}=\bar{\boldsymbol{C}}\mathrm{e}^{\bar{\boldsymbol{A}}t}\bar{\boldsymbol{A}}^k\bar{\boldsymbol{B}},\quad k=0,1,\cdots,2n-2 \tag{4.1.7}$$

将 $\boldsymbol{G}_k(t),k=0,1,\cdots,2n-2$ 摆列成式，得

$$\begin{aligned}\boldsymbol{H}_n(t)&=\begin{bmatrix}\boldsymbol{G}_0(t)&\boldsymbol{G}_1(t)&\cdots&\boldsymbol{G}_{n-1}(t)\\\boldsymbol{G}_1(t)&\boldsymbol{G}_2(t)&\cdots&\boldsymbol{G}_n(t)\\\vdots&\vdots&&\vdots\\\boldsymbol{G}_{n-1}(t)&\boldsymbol{G}_n(t)&\cdots&\boldsymbol{G}_{2n-2}(t)\end{bmatrix}\\&=\begin{bmatrix}\boldsymbol{C}\mathrm{e}^{\boldsymbol{A}t}\boldsymbol{B}&\boldsymbol{C}\mathrm{e}^{\boldsymbol{A}t}\boldsymbol{A}\boldsymbol{B}&\cdots&\boldsymbol{C}\mathrm{e}^{\boldsymbol{A}t}\boldsymbol{A}^{n-1}\boldsymbol{B}\\\boldsymbol{C}\boldsymbol{A}\mathrm{e}^{\boldsymbol{A}t}\boldsymbol{B}&\boldsymbol{C}\boldsymbol{A}\mathrm{e}^{\boldsymbol{A}t}\boldsymbol{A}\boldsymbol{B}&\cdots&\boldsymbol{C}\boldsymbol{A}\mathrm{e}^{\boldsymbol{A}t}\boldsymbol{A}^{n-1}\boldsymbol{B}\\\vdots&\vdots&&\vdots\\\boldsymbol{C}\boldsymbol{A}^{n-1}\mathrm{e}^{\boldsymbol{A}t}\boldsymbol{B}&\boldsymbol{C}\boldsymbol{A}^{n-1}\mathrm{e}^{\boldsymbol{A}t}\boldsymbol{A}\boldsymbol{B}&\cdots&\boldsymbol{C}\boldsymbol{A}^{n-1}\mathrm{e}^{\boldsymbol{A}t}\boldsymbol{A}^{n-1}\boldsymbol{B}\end{bmatrix}\\&=\begin{bmatrix}\boldsymbol{C}\\\boldsymbol{C}\boldsymbol{A}\\\vdots\\\boldsymbol{C}\boldsymbol{A}^{n-1}\end{bmatrix}\mathrm{e}^{\boldsymbol{A}t}\begin{bmatrix}\boldsymbol{B}&\boldsymbol{A}\boldsymbol{B}&\cdots&\boldsymbol{A}^{n-1}\boldsymbol{B}\end{bmatrix}\\&=\boldsymbol{Q}_o\mathrm{e}^{\boldsymbol{A}t}\boldsymbol{Q}_c,\quad t\geqslant 0\end{aligned} \tag{4.1.8}$$

类似地，将$\bar{G}_k(t)$，$k=0,1,\cdots,2n-2$按式(4.1.8)排列，有

$$\overline{H_n}(t)=\bar{Q}_o e^{\bar{A}t}\bar{Q}_c,\quad t\geqslant 0$$

考虑到式(4.1.5)，有$H_n(t)=\bar{H}_n(t)$，$t\geqslant 0$，取$t=0$，得

$$Q_oQ_c=\bar{Q}_o\bar{Q}_c \tag{4.1.9}$$

因为已经假设$\{A,B,C\}$既能控又能观测，有

$$\operatorname{rank}(Q_oQ_c)=\operatorname{rank}(\bar{Q}_o\bar{Q}_c)=n$$

由上式，有

$$\operatorname{rank}\bar{Q}_o\geqslant n>\bar{n}\text{ 和 }\operatorname{rank}\bar{Q}_c\geqslant n>\bar{n} \tag{4.1.10}$$

而$\{\bar{A},\bar{B},\bar{C}\}$是最小实现，必要性证明已指明它一定既能控又能观测，即

$$\operatorname{rank}\bar{Q}_o=\operatorname{rank}\bar{Q}_c=\bar{n}<n \tag{4.1.11}$$

式(4.1.10)与式(4.1.11)矛盾，说明$\{A,B,C\}$即能控又能观测但并非最小实现的假设不成立。充分性得证。

当$G(\infty)\neq 0$时，实现为$\{A,B,C,D=G(\infty)\}$，实现维数$\dim A$不受D影响，定理4.1.1仍成立。

定理 4.1.2 对给定的传递函数矩阵$G(s)$，其最小实现不是唯一的，但所有最小实现都是代数等价的。

证 设$\{A,B,C\}$和$\{\bar{A},\bar{B},\bar{C}\}$均是$G(s)$的最小实现，则$\dim A=\dim\bar{A}=n$，由定理4.1.1可知，$Q_cQ_c^{\mathrm{T}}$与$Q_o^{\mathrm{T}}Q_o$皆是$n$阶非奇异方阵，进一步可断定$\bar{Q}_c\bar{Q}_c^{\mathrm{T}}$，$\bar{Q}_o^{\mathrm{T}}\bar{Q}_o$，$\bar{Q}_o^{\mathrm{T}}Q_o$，$Q_c\bar{Q}_c^{\mathrm{T}}$亦然。令

$$T=(\bar{Q}_o^{\mathrm{T}}\bar{Q}_o)^{-1}(\bar{Q}_o^{\mathrm{T}}Q_o) \tag{4.1.12}$$

$$T'=(Q_c\bar{Q}_c^{\mathrm{T}})(\bar{Q}_c\bar{Q}_c^{\mathrm{T}})^{-1} \tag{4.1.13}$$

T和T'皆为n阶非奇异方程，考虑到$Q_oQ_c=\bar{Q}_o\bar{Q}_c$，有

$$TT'=(\bar{Q}_o^{\mathrm{T}}\bar{Q}_o)^{-1}(\bar{Q}_o^{\mathrm{T}}Q_o)(Q_c\bar{Q}_c^{\mathrm{T}})(\bar{Q}_c\bar{Q}_c^{\mathrm{T}})^{-1}=I_n \tag{4.1.14}$$

即

$$T^{-1}=T'$$

因为

$$TQ_c=(\bar{Q}_o^{\mathrm{T}}\bar{Q}_o)^{-1}(\bar{Q}_o^{\mathrm{T}}Q_o)Q_c=\bar{Q}_c$$

$$Q_oT^{-1}=Q_o(Q_c\bar{Q}_c^{\mathrm{T}})(\bar{Q}_c\bar{Q}_c^{\mathrm{T}})^{-1}=\bar{Q}_o$$

即

$$T[B\quad AB\quad\cdots\quad A^{n-1}B]=[\bar{B}\quad\bar{A}\bar{B}\quad\cdots\quad\bar{A}^{n-1}\bar{B}] \tag{4.1.15}$$

$$\begin{bmatrix}CT^{-1}\\CAT^{-1}\\\vdots\\CA^{n-1}T^{-1}\end{bmatrix}=\begin{bmatrix}\bar{C}\\\overline{CA}\\\vdots\\\overline{CA}^{n-1}\end{bmatrix} \tag{4.1.16}$$

由式(4.1.15)等号两边第一列分别相等，得

$$TB = \bar{B} \tag{4.1.17}$$

类似地由式(4.1.16)得

$$CT^{-1} = \bar{C} \tag{4.1.18}$$

式(4.1.6)中 $G_k(t=0) = CA^k B,\quad k=0,1,2,\cdots$ ，这里记作

$$G_k = CA^k B,\quad k=0,1,2,\cdots$$

并称 G_k 为马尔可夫矩阵。由式(4.1.5)～式(4.1.7)，可知 $CA^k B = \overline{CA}^k \bar{B}$ 。因此类似式(4.1.9)，得

$$Q_o A Q_c = \bar{Q}_o \overline{AQ}_c \tag{4.1.19}$$

将式(4.1.19)等号两边分别右乘 $\bar{Q}_c^{\mathrm{T}}$ 和左乘 $\bar{Q}_o^{\mathrm{T}}$ 可导出

$$\begin{aligned} \bar{Q}_o^{\mathrm{T}} Q_o A Q_c \bar{Q}_c^{\mathrm{T}} &= \bar{Q}_o^{\mathrm{T}} \bar{Q}_o \bar{A} \bar{Q}_c \bar{Q}_c^{\mathrm{T}} \\ TAT^{-1} &= \bar{A} \end{aligned} \tag{4.1.20}$$

式(4.1.17)、式(4.1.18)和式(4.1.20)说明两个最小实现之间存在代数等价关系。定理 4.1.2 证明完成。

将马尔可夫矩阵 G_k 按式(4.1.21)排列所得到的矩阵称为 p 阶汉克尔(Hankel)矩阵。

$$H_p = \begin{bmatrix} G_0 & G_1 & \cdots & G_{p-1} \\ G_1 & G_2 & \cdots & G_p \\ \vdots & \vdots & & \vdots \\ G_{p-1} & G_p & \cdots & G_{2p-2} \end{bmatrix},\quad p=1,2,\cdots \tag{4.1.21}$$

又由于

$$(sI - A)^{-1} = \mathscr{L}(\mathrm{e}^{At}) = \mathscr{L}\left(I + At + \frac{1}{2!}A^2 t + \cdots\right) = \sum_{k=0}^{\infty} A^k s^{-(k+1)}$$

所以

$$G(s) = C(sI - A)^{-1}B = \sum_{k=0}^{\infty} CA^k B s^{-(k+1)} = \sum_{k=0}^{\infty} G_k s^{-(k+1)} \tag{4.1.22}$$

式(4.1.22)说明在寻求 $G(s)$ 的实现之前，可由 $G(s)$ 在 $s=\infty$ 处的幂级数展开式中求出马尔可夫矩阵，然后根据定理 4.1.3 确定最小实现维数 n_m 。

定理 4.1.3 设给定的传递函数矩阵 $G(s)$ 是严格真的有理分式矩阵，$G(s)$ 的最小实现维数 n_m 等于 $k(\geqslant n_m)$ 阶汉克尔矩阵的秩。

证 假设 $\{A,B,C\}$ 是 $G(s)$ 的维数为 n_m 的最小实现，则 $\mathrm{rank}Q_c = \mathrm{rank}Q_o$ ，

$$\begin{aligned} H_{n_m} &= \begin{bmatrix} G_0 & G_1 & \cdots & G_{n_m-1} \\ G_1 & G_2 & \cdots & G_{n_m} \\ \vdots & \vdots & & \vdots \\ G_{n_m-1} & G_{n_m} & \cdots & G_{2n_m-2} \end{bmatrix} \\ &= \begin{bmatrix} CB & CAB & \cdots & CA^{n_m-1}B \\ CAB & CA^2B & \cdots & CA^{n_m}B \\ \vdots & \vdots & & \vdots \\ CA^{n_m-1}B & CA^{n_m}B & \cdots & CA^{2n_m-2}B \end{bmatrix} = Q_o Q_c \end{aligned} \tag{4.1.23}$$

所以

$$\operatorname{rank}\boldsymbol{H}_{n_m} \leqslant n_m \tag{4.1.24}$$

由 $\boldsymbol{Q}_o^{\mathrm{T}}\boldsymbol{Q}_o$ 为 n_m 阶非奇异方阵和 $\boldsymbol{Q}_o^{\mathrm{T}}\boldsymbol{H}_{n_m} = \boldsymbol{Q}_o^{\mathrm{T}}\boldsymbol{Q}_o\boldsymbol{Q}_c$ 导出

$$(\boldsymbol{Q}_o^{\mathrm{T}}\boldsymbol{Q}_o)^{-1}\boldsymbol{Q}_o^{\mathrm{T}}\boldsymbol{H}_{n_m} = \boldsymbol{Q}_c$$

故又有

$$\operatorname{rank}\boldsymbol{Q}_c = n_m \leqslant \min\{\operatorname{rank}(\boldsymbol{Q}_o^{\mathrm{T}}\boldsymbol{Q}_o)^{-1}, \operatorname{rank}\boldsymbol{Q}_o^{\mathrm{T}}, \operatorname{rank}\boldsymbol{H}_{n_m}\}$$

或

$$n_m \leqslant \min\{n_m, n_m, \operatorname{rank}\boldsymbol{H}_{n_m}\} \tag{4.1.25}$$

式(4.1.25)意味着 $\operatorname{rank}\boldsymbol{H}_{n_m} \geqslant n_m$，结合式(4.1.24)得

$$\operatorname{rank}\boldsymbol{H}_{n_m} = n_m$$

另外由凯莱-哈密顿定理可知，若 $k > n_m$，仍有

$$\operatorname{rank}\boldsymbol{H}_k = \operatorname{rank}\boldsymbol{H}_{n_m} = n_m$$

定理 4.1.3 证明完成。

例 4.1.1 确定下面传递函数 $g(s)$ 和传递函数矩阵 $\boldsymbol{G}(s)$ 的最小实现维数：

$$g(s) = \frac{1}{(s+1)(s+2)}, \quad \boldsymbol{G}(s) = \frac{1}{(s-1)(s-4)}\begin{bmatrix} 2 & s-4 \\ s-4 & 0 \end{bmatrix}$$

解 (1)

$$g(s) = \frac{1}{s^2+3s+2}$$

应用长除法将 $g(s)$ 在 $s=\infty$ 处展开：

$$\begin{array}{r|l}
 & s^{-2} - 3s^{-3} + 7s^{-4} - 15s^{-5} + 31s^{-6} - 63s^{-7} \\ \hline
s^2+3s+2 & 1 \\
 & \underline{1 + 3s^{-1} + 2s^{-2}} \\
 & -3s^{-1} - 2s^{-2} \\
 & \underline{-3s^{-1} - 9s^{-2} - 6s^{-3}} \\
 & 7s^{-2} + 6s^{-3} \\
 & \underline{7s^{-2} + 21s^{-3} + 14s^{-4}} \\
 & -15s^{-3} - 14s^{-4} \\
 & \underline{-15s^{-3} - 14s^{-4} - 30s^{-5}} \\
 & 31s^{-4} + 30s^{-5} \\
 & \underline{31s^{-4} + 93s^{-5} + 62s^{-6}} \\
 & -63s^{-5} - 62s^{-6} \\
 & \underline{-63s^{-5} - 189s^{-6} - 126s^{-7}} \\
 & 127s^{-6} + 126s^{-7}
\end{array}$$

得

$$\begin{aligned}
g(s) &= 0s^{-1} + 1s^{-2} - 3s^{-3} + 7s^{-4} - 15s^{-5} + 31s^{-6} - 63s^{-7} + \cdots \\
&= g_0 s^{-1} + g_1 s^{-2} + g_2 s^{-3} + g_3 s^{-4} + g_4 s^{-5} + g_5 s^{-6} + g_6 s^{-7} + \cdots
\end{aligned}$$

由 $g_k, k=0,1,2,\cdots,7$ 组成的汉克尔矩阵如下：

$$H_1=0,\quad \boldsymbol{H}_2=\begin{bmatrix}0&1\\1&-3\end{bmatrix},\quad \boldsymbol{H}_3=\begin{bmatrix}0&1&-3\\1&-3&7\\-3&7&-15\end{bmatrix},$$

$$\boldsymbol{H}_4=\begin{bmatrix}0&1&-3&7\\1&-3&7&-15\\-3&7&-15&31\\7&-15&31&-63\end{bmatrix},\quad\cdots$$

可以验证，$\mathrm{rank}\boldsymbol{H}_2=\mathrm{rank}\boldsymbol{H}_3=\mathrm{rank}\boldsymbol{H}_4=\cdots=2$，所以 $\boldsymbol{G}(s)$ 的最小实现维数 $n_m=2$。

(2)将 $\boldsymbol{G}(s)$ 的每个元素应用长除法在 $s=\infty$ 处展开，得

$$\boldsymbol{G}(s)=\begin{bmatrix}0s^{-1}+2s^{-2}+10s^{-3}+42s^{-4}+170s^{-5}+\cdots & s^{-1}+s^{-2}+s^{-3}+s^{-4}+s^{-5}+\cdots\\ s^{-1}+s^{-2}+s^{-3}+s^{-4}+s^{-5}+\cdots & 0\end{bmatrix}$$

$$\boldsymbol{G}_1=\begin{bmatrix}0&1\\1&0\end{bmatrix},\quad \boldsymbol{G}_2=\begin{bmatrix}2&1\\1&0\end{bmatrix},\quad \boldsymbol{G}_3=\begin{bmatrix}10&1\\1&0\end{bmatrix}$$

$$\boldsymbol{G}_4=\begin{bmatrix}42&1\\1&0\end{bmatrix},\quad \boldsymbol{G}_5=\begin{bmatrix}170&1\\1&0\end{bmatrix},\quad\cdots$$

由 $\boldsymbol{G}_k, k=0,1,2,3,4,5$ 组成的汉克尔矩阵如下：

$$\boldsymbol{H}_1=\begin{bmatrix}0&1\\1&0\end{bmatrix},\quad \boldsymbol{H}_2=\begin{bmatrix}0&1&2&1\\1&0&1&0\\2&1&10&1\\1&0&1&0\end{bmatrix},$$

$$\boldsymbol{H}_3=\begin{bmatrix}0&1&2&1&10&1\\1&0&1&0&1&0\\2&1&10&1&42&1\\1&0&1&0&1&0\\10&1&42&1&170&1\\1&0&1&0&1&0\end{bmatrix},\quad\cdots$$

$\mathrm{rank}\boldsymbol{H}_1=2, \mathrm{rank}\boldsymbol{H}_2=\mathrm{rank}\boldsymbol{H}_3=\mathrm{rank}\boldsymbol{H}_4=\cdots=3$，所以 $\boldsymbol{G}(s)$ 的最小实现维数 $n_m=3$。

对于单变量系统，其最小实现有如下定理。

定理 4.1.4 设真有理分式 $g(s)$ 的实现为 $\{\boldsymbol{A},\boldsymbol{b},\boldsymbol{c},d\}$，当且仅当

$$\dim\boldsymbol{A}=\deg g(s) \tag{4.1.26}$$

实现 $\{\boldsymbol{A},\boldsymbol{b},\boldsymbol{c},d\}$ 便是 $g(s)$ 的最小实现，其中，$\deg g(s)$ 为 $g(s)$ 的阶次或次数，也是 $g(s)$ 的极点数。

证 令

$$\boldsymbol{c}(s\boldsymbol{I}-\boldsymbol{A})^{-1}\boldsymbol{b}=\frac{n_1(s)}{\Delta(s)}$$

其中，$\Delta(s)=\det(s\boldsymbol{I}-\boldsymbol{A})$。首先证明 $\boldsymbol{c}(s\boldsymbol{I}-\boldsymbol{A})^{-1}\boldsymbol{b}$ 是 $g_1(s)=g(s)-g(\infty)$ 最小实现的充要条件是 $n_1(s)$ 和 $\Delta(s)$ 没有零极点相消，或者说 $n_1(s)$ 和 $\Delta(s)$ 互质，如果 $n_1(s)$ 与 $\Delta(s)$ 并非互质，表明

$\{\boldsymbol{A},\boldsymbol{b},\boldsymbol{c}\}$不是既能控又能观测，定理 4.1.1 指明它不是最小实现。反过来若 $n_1(s)$ 与 $\Delta(s)$ 互质，而 $\{\boldsymbol{A},\boldsymbol{b},\boldsymbol{c}\}$ 并非是 $g(s)$ 的最小实现，则应有最小实现 $\{\bar{\boldsymbol{A}},\bar{\boldsymbol{b}},\bar{\boldsymbol{c}}\}$, $\dim\bar{\boldsymbol{A}}<\dim\boldsymbol{A}$，且

$$\bar{\boldsymbol{c}}(s\boldsymbol{I}-\bar{\boldsymbol{A}})^{-1}\bar{\boldsymbol{b}}=\frac{\bar{n}_1(s)}{\bar{\Delta}(s)}=\boldsymbol{c}(s\boldsymbol{I}-\boldsymbol{A})^{-1}\boldsymbol{b}=\frac{n_1(s)}{\Delta(s)}$$

则

$$\deg\bar{\Delta}(s)=\dim\bar{\boldsymbol{A}}<\dim\boldsymbol{A}=\deg\Delta(s)$$

表明 $n_1(s)$ 和 $\Delta(s)$ 间并非互质，所以 $\{\boldsymbol{A},\boldsymbol{b},\boldsymbol{c}\}$ 是 $g(s)$ 的最小实现与 $n_1(s)$ 和 $\Delta(s)$ 互质等价。再讨论 $g(s)$ 和它的最小实现 $\{\boldsymbol{A},\boldsymbol{b},\boldsymbol{c},\boldsymbol{d}\}$ 间关系。

$$g(s)=\boldsymbol{c}(s\boldsymbol{I}-\boldsymbol{A})^{-1}\boldsymbol{b}+d=\frac{n_1(s)+d\Delta(s)}{\Delta(s)}$$

显然，$\Delta(s)$ 与 $n_1(s)$ 互质等价于 $\Delta(s)$ 与 $n_1(s)+d\Delta(s)$ 互质。于是得出结论是 $g(s)$ 的最小实现等价于 $\dim\boldsymbol{A}=\deg g(s)$。

定理 4.1.4 说明当传递函数 $g(s)$ 的分子多项式和分母多项式互质时，$g(s)$ 的最小实现维数等于 $g(s)$ 的阶次或 $g(s)$ 的极点数。定理 4.1.4 对多变量系统也成立。只是传递函数矩阵的极点是通过下面真有理矩阵的特征多项式的零点给出定义的。

为求传递函数 $g(s)$ 的最小实现，可以首先将 $g(s)$ 的分子和分母的公因子对消掉，将其分子和分母变为互质的；然后对化简后的传递函数 $g_c(s)$ 按 1.3 节的方法处理，得到的 $\{\boldsymbol{A},\boldsymbol{b},\boldsymbol{c},\boldsymbol{d}\}$ 即 $g(s)$ 的一个最小实现，且 $\dim\boldsymbol{A}=g_c(s)$ 的分母阶次。

例 4.1.2 求解下面传递函数的一个最小实现：

$$g(s)=\frac{3(s+1)}{(s-1)(s+1)(s+2)}$$

解 化简 $g(s)$ 为

$$g_c(s)=\frac{3}{(s-1)(s+2)}=\frac{3}{s^2+s-2}$$

根据 1.3 节方法二，$g(s)$ 的一个最小实现为

$$\begin{cases}\dot{\boldsymbol{x}}=\begin{bmatrix}0 & 1\\ 2 & -1\end{bmatrix}\boldsymbol{x}+\begin{bmatrix}0\\ 1\end{bmatrix}u\\ y=\begin{bmatrix}3 & 0\end{bmatrix}\boldsymbol{x}\end{cases}$$

2. 真有理分式矩阵 $\boldsymbol{G}(s)$ 的特征多项式和极点

有理矩阵 $\boldsymbol{G}(s)$ 的特征多项式定义为 $\boldsymbol{G}(s)$ 的所有各阶非零子式分母的最小公倍式，记以 $\Delta\boldsymbol{G}(s)$。$\boldsymbol{G}(s)$ 的特征多项式 $\Delta\boldsymbol{G}(s)$ 的零点定义为 $\boldsymbol{G}(s)$ 的极点，$\Delta\boldsymbol{G}(s)$ 的阶次称为 $\boldsymbol{G}(s)$ 的阶次，记以 $\delta\boldsymbol{G}(s)$，它也就是 $\boldsymbol{G}(s)$ 的极点数。

例 4.1.3 确定下面有理矩阵的特征多项式和极点：

$$\boldsymbol{G}_1(s)=\begin{bmatrix}\dfrac{1}{s+1} & \dfrac{1}{s+1}\\ \dfrac{1}{s+1} & \dfrac{1}{s+1}\end{bmatrix},\quad \boldsymbol{G}_2(s)=\begin{bmatrix}\dfrac{2}{s+1} & \dfrac{1}{s+1}\\ \dfrac{1}{s+1} & \dfrac{1}{s+1}\end{bmatrix}$$

$$G_3(s)=\frac{1}{(s-1)(s-4)}\begin{bmatrix}2 & s-4\\ s-4 & 0\end{bmatrix}$$

$$G_4(s)=\begin{bmatrix}\dfrac{s}{s+1} & \dfrac{1}{(s+1)(s+2)} & \dfrac{1}{s+3}\\ \dfrac{-1}{s+1} & \dfrac{1}{(s+1)(s+2)} & \dfrac{1}{s}\end{bmatrix}$$

解 $G_1(s)$的二阶子式为零，由一阶子式判定

$$\Delta G_1(s)=(s+1)\text{，极点：}-1$$

$G_2(s)$的二阶子式为$1/(s+1)^2$，4 个一阶子式的分母均为$s+1$，所以

$$\Delta G_2(s)=(s+1)^2\text{，极点：}-1\text{，}-1$$

$G_3(s)$的一阶子式最小公分母为$(s-1)(s-4)$，二阶子式的分母为$(s-1)^2$，所以

$$\Delta G_3(s)=(s-1)^2(s-4)\text{，极点：}1\text{，}1\text{，}4$$

$G_4(s)$的一阶子式最小公分母为$s(s+1)(s+2)(s+3)$，它的二阶子式有 3 个，分别为

$$\frac{s}{(s+1)^2(s+2)}+\frac{1}{(s+1)^2(s+2)}=\frac{1}{(s+1)(s+2)}$$

$$\frac{s}{(s+1)}\cdot\frac{1}{s}+\frac{1}{(s+1)(s+3)}=\frac{s+4}{(s+1)(s+3)}$$

$$\frac{1}{s(s+1)(s+2)}-\frac{1}{(s+1)(s+2)(s+3)}=\frac{3}{s(s+1)(s+2)(s+3)}$$

所以

$$\Delta G_4(s)=s(s+1)(s+2)(s+3)\text{，极点：}0\text{，}-1\text{，}-2\text{，}-3$$

注意，在计算有理矩阵的特征多项式时，每一个子式都必须化简成不可约形式。$G(s)$的每个极点必是$G(s)$某个元素的极点，$G(s)$每个元素的每个极点又必是$G(s)$的极点。

定理 4.1.5 设真有理函数矩阵$G(s)$的实现为$\{A,B,C,D\}$，当且仅当

$$\dim A=\delta G(s) \tag{4.1.27}$$

时，实现$\{A,B,C,D\}$是$G(s)$的最小实现，或者说是$G(s)$的不可约实现。

证明略。

4.2 传递函数向量的实现

对单输入-单输出线性定常系统，其传递函数矩阵为1×1的标量形式。标量传递函数的实现包括能控规范形实现和能观测规范形实现两种形式，具体实现过程见 1.3 节。本节主要讨论传递函数向量的实现。传递函数向量是指$1\times p$的传递函数矩阵或$q\times1$的传递函数矩阵，它们分别为多输入-单输出系统和单输入-多输出系统的外部描述。

4.2.1 单输入-多输出系统的传递函数向量的实现

考虑$q\times1$真有理函数矩阵：

$$
\boldsymbol{g}(s)=\begin{bmatrix} g_1(s) \\ g_2(s) \\ \vdots \\ g_q(s) \end{bmatrix} \tag{4.2.1}
$$

假设 $g_i(s)(i=1,2,\cdots,q)$ 是不可简约的。将 $\boldsymbol{g}(s)$ 变换成如下形式：

$$
\boldsymbol{g}(s)=\begin{bmatrix} e_1 \\ e_2 \\ \vdots \\ e_q \end{bmatrix}+\begin{bmatrix} g_1'(s) \\ g_2'(s) \\ \vdots \\ g_q'(s) \end{bmatrix} \tag{4.2.2}
$$

其中，$e_i=g_i(\infty)$；$g_i'(s)=g_i(s)-e_i$，$i=1,2,\cdots,q$，$g_i'(s)$ 为严格真有理分式。令 $d(s)=s^n+a_1s^{n-1}+\cdots+a_{n-1}s+a_n$ 为 $g_i'(s)(i=1,2,\cdots,q)$ 的最小公分母，则式(4.2.2)可写成

$$
\boldsymbol{g}(s)=\begin{bmatrix} e_1 \\ e_2 \\ \vdots \\ e_q \end{bmatrix}+\frac{1}{s^n+a_1s^{n-1}+\cdots+a_{n-1}s+a_n}\begin{bmatrix} \beta_{11}s^{n-1}+\cdots+\beta_{1n} \\ \beta_{21}s^{n-1}+\cdots+\beta_{2n} \\ \vdots \\ \beta_{q1}s^{n-1}+\cdots+\beta_{qn} \end{bmatrix} \tag{4.2.3}
$$

对应的状态空间描述为

$$
\dot{\boldsymbol{x}}=\left[\begin{array}{c|ccc} 0 & 1 & \cdots & 0 \\ \vdots & & \ddots & \\ 0 & 0 & \cdots & 1 \\ \hline -a_n & -a_{n-1} & \cdots & -a_1 \end{array}\right]\boldsymbol{x}+\begin{bmatrix} 0 \\ \vdots \\ 0 \\ 1 \end{bmatrix}u \tag{4.2.4a}
$$

$$
\begin{bmatrix} y_1 \\ y_2 \\ \vdots \\ y_q \end{bmatrix}=\begin{bmatrix} \beta_{1n} & \beta_{1(n-1)} & \cdots & \beta_{11} \\ \beta_{2n} & \beta_{2(n-1)} & \cdots & \beta_{21} \\ \vdots & \vdots & & \vdots \\ \beta_{qn} & \beta_{q(n-1)} & \cdots & \beta_{qn} \end{bmatrix}\boldsymbol{x}+\begin{bmatrix} e_1 \\ e_2 \\ \vdots \\ e_q \end{bmatrix}u \tag{4.2.4b}
$$

由式(4.2.4)可以看出从 u 到 y_i 的传递函数为

$$
e_i+\frac{\beta_{i1}s^{n-1}+\cdots+\beta_{in}}{s^n+a_1s^{n-1}+\cdots+a_{n-1}s+a_n}
$$

它是 $\boldsymbol{g}(s)$ 的第 i 个分量。

由于假设 $g_i(s)(i=1,2,\cdots,q)$ 是互质的，所以 $\boldsymbol{g}(s)$ 的次数为 n，状态方程(4.2.4)的维数也是 n。因此，式(4.2.4)确是 $\boldsymbol{g}(s)$ 的最小实现。

对于单输入-单输出系统的传递函数，有能控规范形和能观测规范形两种实现，但对于传递函数列向量不可能有能观测规范形实现。

例 4.2.1 求传递函数向量

$$
\boldsymbol{g}(s)=\begin{bmatrix} \dfrac{s+3}{(s+1)(s+2)} \\ \dfrac{s+4}{s+3} \end{bmatrix}
$$

的能控规范形实现。

解

$$\boldsymbol{g}(s)=\begin{bmatrix}0\\1\end{bmatrix}+\begin{bmatrix}\dfrac{s+3}{(s+1)(s+2)}\\ \dfrac{1}{s+3}\end{bmatrix}=\begin{bmatrix}0\\1\end{bmatrix}+\frac{1}{(s+1)(s+2)(s+3)}\begin{bmatrix}(s+3)^2\\(s+1)(s+2)\end{bmatrix}$$

$$=\begin{bmatrix}0\\1\end{bmatrix}+\frac{1}{s^3+6s^2+11s+6}\begin{bmatrix}s^2+6s+9\\s^2+3s+2\end{bmatrix}$$

因此，$\boldsymbol{g}(s)$的能控规范形实现为

$$\begin{bmatrix}\dot{x}_1\\\dot{x}_2\\\dot{x}_3\end{bmatrix}=\begin{bmatrix}0&1&0\\0&0&1\\-6&-11&-6\end{bmatrix}\begin{bmatrix}x_1\\x_2\\x_3\end{bmatrix}+\begin{bmatrix}0\\0\\1\end{bmatrix}u$$

$$\boldsymbol{y}=\begin{bmatrix}9&6&1\\2&3&1\end{bmatrix}\begin{bmatrix}x_1\\x_2\\x_3\end{bmatrix}+\begin{bmatrix}0\\1\end{bmatrix}u$$

4.2.2 多输入-单输出系统的传递函数向量的实现

考虑$1\times p$真有理函数矩阵：

$$\boldsymbol{g}(s)=\begin{bmatrix}g_1(s)&g_2(s)&\cdots&g_p(s)\end{bmatrix}\tag{4.2.5}$$

假设$g_i(s)(i=1,2,\cdots,p)$是不可简约的。将$\boldsymbol{g}(s)$变换成如下形式：

$$\boldsymbol{g}(s)=\begin{bmatrix}e_1&e_2&\cdots&e_q\end{bmatrix}+\begin{bmatrix}g_1'(s)&g_2'(s)&\cdots&g_p'(s)\end{bmatrix}\tag{4.2.6}$$

其中，$e_i=g_i(\infty)$；$g_i'(s)=g_i(s)-e_i,\ i=1,2,\cdots,p$，$g_i'(s)$为严格真有理分式。令$d(s)=s^n+a_1s^{n-1}+\cdots+a_{n-1}s+a_n$为$g_i'(s)(i=1,2,\cdots,p)$的最小公分母，则式(4.2.6)可写成

$$\boldsymbol{g}(s)=\begin{bmatrix}e_1&e_2&\cdots&e_q\end{bmatrix}+\frac{1}{s^n+a_1s^{n-1}+\cdots+a_{n-1}s+a_n}\begin{bmatrix}\beta_{11}s^{n-1}+\cdots+\beta_{1n}\\\beta_{21}s^{n-1}+\cdots+\beta_{2n}\\\vdots\\\beta_{p1}s^{n-1}+\cdots+\beta_{pn}\end{bmatrix}^{\mathrm{T}}\tag{4.2.7}$$

对应的状态空间描述为

$$\dot{\boldsymbol{x}}=\left[\begin{array}{ccc|c}0&0&\cdots&-a_n\\\hline 1&0&\cdots&-a_{n-1}\\&\ddots&&\vdots\\0&\cdots&1&-a_1\end{array}\right]\boldsymbol{x}+\begin{bmatrix}\beta_{1n}&\beta_{2n}&\cdots&\beta_{pn}\\\beta_{1(n-1)}&\beta_{2(n-1)}&\cdots&\beta_{p(n-1)}\\\vdots&\vdots&&\vdots\\\beta_{11}&\beta_{21}&\cdots&\beta_{p1}\end{bmatrix}\boldsymbol{u}\tag{4.2.8a}$$

$$y=\begin{bmatrix}0&\cdots&0&1\end{bmatrix}\boldsymbol{x}+\begin{bmatrix}e_1&e_2&\cdots&e_p\end{bmatrix}\boldsymbol{u}\tag{4.2.8b}$$

由式(4.2.8)可以看出从u_i到y的传递函数为

$$e_i+\frac{\beta_{i1}s^{n-1}+\cdots+\beta_{in}}{s^n+a_1s^{n-1}+\cdots+a_{n-1}s+a_n}$$

它是 $\boldsymbol{g}(s)$ 的第 i 个分量。

因为假设 $g_i(s)(i=1,2,\cdots,q)$ 是互质的，所以 $\boldsymbol{g}(s)$ 的次数为 n，状态方程(4.2.8)的维数也是 n。因此，式(4.2.8)确是 $\boldsymbol{g}(s)$ 的最小实现，并且具有能观测规范形的形式。

例 4.2.2 求传递函数向量

$$\boldsymbol{g}(s)=\begin{bmatrix}\dfrac{s+3}{(s+1)(s+2)} & \dfrac{s+4}{(s+1)^2}\end{bmatrix}$$

的能观测规范形实现。

解

$$\begin{aligned}\boldsymbol{g}(s)&=\frac{1}{(s+1)^2(s+2)}\begin{bmatrix}(s+1)(s+3) & (s+2)(s+4)\end{bmatrix}\\&=\frac{1}{s^3+4s^2+5s+2}\begin{bmatrix}s^2+4s+3 & s^2+6s+8\end{bmatrix}\end{aligned}$$

因此，$\boldsymbol{g}(s)$ 的能观测规范形实现为

$$\begin{bmatrix}\dot{x}_1\\\dot{x}_2\\\dot{x}_3\end{bmatrix}=\begin{bmatrix}0&0&-2\\1&0&-5\\0&1&-4\end{bmatrix}\begin{bmatrix}x_1\\x_2\\x_3\end{bmatrix}+\begin{bmatrix}3&8\\4&6\\1&1\end{bmatrix}\boldsymbol{u}$$

$$\boldsymbol{y}=\begin{bmatrix}0&0&1\end{bmatrix}\begin{bmatrix}x_1\\x_2\\x_3\end{bmatrix}$$

4.3 基于矩阵分式描述的实现

矩阵分式描述是线性定常系统在复频率域的基本描述。本节讨论以矩阵分式描述给出的传递函数矩阵的两类典型实现：控制器形实现和观测器形实现。对传递函数矩阵以右 MFD 表示的情形，给出构造其控制器形实现的办法；对传递函数矩阵以左 MFD 表示的情形，给出构造其观测器形实现的办法。

4.3.1 基于右 MFD 的控制器形实现

不失一般性，考虑真 $q\times p$ 右 MFD $\bar{\boldsymbol{N}}(s)\boldsymbol{D}^{-1}(s)$，其中 $\bar{\boldsymbol{N}}(s)$ 和 $\boldsymbol{D}(s)$ 为 $q\times p$ 和 $p\times p$ 的多项式矩阵，设 $\boldsymbol{D}(s)$ 为列既约。首先，对真 $\bar{\boldsymbol{N}}(s)\boldsymbol{D}^{-1}(s)$ 导出其严真右 MFD。为此，通过矩阵除法，可得

$$\bar{\boldsymbol{N}}(s)=\boldsymbol{E}\boldsymbol{D}(s)+\boldsymbol{N}(s) \tag{4.3.1}$$

其中，$q\times p$ 常阵 $\boldsymbol{E}$ 为“商阵”；$q\times p$ 多项式矩阵 $\boldsymbol{N}(s)$ 为“余式阵”。基此，将式(4.3.1)右乘 $\boldsymbol{D}^{-1}(s)$，可以导出

$$\bar{\boldsymbol{N}}(s)\boldsymbol{D}^{-1}(s)=\boldsymbol{E}+\boldsymbol{N}(s)\boldsymbol{D}^{-1}(s) \tag{4.3.2}$$

其中，$\boldsymbol{N}(s)\boldsymbol{D}^{-1}(s)$为严真右MFD。下面的问题就是，对$q\times p$严真右MFD：

$$\boldsymbol{N}(s)\boldsymbol{D}^{-1}(s),\quad \boldsymbol{D}(s)\text{列既约} \tag{4.3.3}$$

构造其控制器形实现。

1. 控制器形实现的定义

定义 4.3.1[控制器形实现] 对$q\times p$严真右 MFD $\boldsymbol{N}(s)\boldsymbol{D}^{-1}(s)$，$\boldsymbol{D}(s)$列既约，设列次数$\delta_{ci}\boldsymbol{D}(s)=k_{ci}, i=1,2,\cdots,p$，称一个状态空间描述

$$\begin{cases}\dot{\boldsymbol{x}}=\boldsymbol{A}_c\boldsymbol{x}+\boldsymbol{B}_c\boldsymbol{u}\\ \boldsymbol{y}=\boldsymbol{C}_c\boldsymbol{x}\end{cases} \tag{4.3.4}$$

为其控制器形实现，其中

$$\dim\boldsymbol{A}_c=\sum_{i=1}^{p}k_{ci}=n \tag{4.3.5}$$

如果满足

$$\boldsymbol{C}_c(s\boldsymbol{I}-\boldsymbol{A}_c)^{-1}\boldsymbol{B}_c=\boldsymbol{N}(s)\boldsymbol{D}^{-1}(s) \tag{4.3.6}$$

$$(\boldsymbol{A}_c,\boldsymbol{B}_c)\text{为完全能控且具有特定形式} \tag{4.3.7}$$

2. 构造控制器形实现$(\boldsymbol{A}_c,\boldsymbol{B}_c,\boldsymbol{C}_c)$的结构图和思路

作为构造控制器形实现$(\boldsymbol{A}_c,\boldsymbol{B}_c,\boldsymbol{C}_c)$的基础，先来导出构造$(\boldsymbol{A}_c,\boldsymbol{B}_c,\boldsymbol{C}_c)$所需要的结构图，以及在此基础上形成的构造$(\boldsymbol{A}_c,\boldsymbol{B}_c,\boldsymbol{C}_c)$的思路。

结论 4.3.1[构造$(\boldsymbol{A}_c,\boldsymbol{B}_c,\boldsymbol{C}_c)$的结构图] 对$q\times p$严真右 MFD $\boldsymbol{N}(s)\boldsymbol{D}^{-1}(s)$，$\boldsymbol{D}(s)$列既约，设列次数$\delta_{ci}\boldsymbol{D}(s)=k_{ci}, i=1,2,\cdots,p$，再引入列次表达式：

$$\boldsymbol{D}(s)=\boldsymbol{D}_{hc}\boldsymbol{S}_c(s)+\boldsymbol{D}_{lc}\boldsymbol{\varPsi}_c(s) \tag{4.3.8}$$

$$\boldsymbol{N}(s)=\boldsymbol{N}_{lc}\boldsymbol{\varPsi}_c(s) \tag{4.3.9}$$

其中

$$\boldsymbol{S}_c(s)=\begin{bmatrix} s^{k_{c1}} & & \\ & \ddots & \\ & & s^{k_{cp}}\end{bmatrix} \tag{4.3.10}$$

$$\boldsymbol{\varPsi}_c(s)=\begin{bmatrix} \begin{matrix} s^{k_{c1}-1}\\ \vdots \\ s \\ 1\end{matrix} & & \\ & \ddots & \\ & & \begin{matrix} s^{k_{cp}-1}\\ \vdots \\ s \\ 1\end{matrix}\end{bmatrix} \tag{4.3.11}$$

$$\boldsymbol{D}_{hc}\text{ 为 }\boldsymbol{D}(s)\text{ 的列次系数阵，且 }\det\boldsymbol{D}_{hc}\neq 0 \tag{4.3.12}$$

$$\boldsymbol{D}_{lc}\text{ 为 }\boldsymbol{D}(s)\text{ 的低次系数阵} \tag{4.3.13}$$

$$\boldsymbol{N}_{lc}\text{ 为 }\boldsymbol{N}(s)\text{ 的低次系数阵} \tag{4.3.14}$$

$$\sum_{i=1}^{p}k_{ci}=n \tag{4.3.15}$$

那么，基于此可导出构造 $(\boldsymbol{A}_c,\boldsymbol{B}_c,\boldsymbol{C}_c)$ 的结构图，如图 4.3.1 所示。其中，称 $\boldsymbol{\Psi}_c(s)\boldsymbol{S}_c^{-1}(s)$ 为核心右 MFD 。

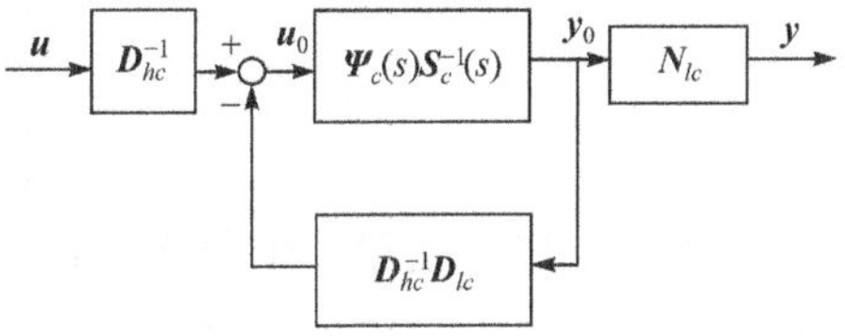

图 4.3.1 构造 $(\boldsymbol{A}_c,\boldsymbol{B}_c,\boldsymbol{C}_c)$ 的结构图

证 对 $\boldsymbol{N}(s)\boldsymbol{D}^{-1}(s)$ 描述的系统，设 $\hat{\boldsymbol{u}}(s)$ 和 $\hat{\boldsymbol{y}}(s)$ 为输出和输入的拉氏变换，有

$$\hat{\boldsymbol{y}}(s)=\boldsymbol{N}(s)\boldsymbol{D}^{-1}(s)\hat{\boldsymbol{u}}(s) \tag{4.3.16}$$

进而，定义 $p\times 1$ 的 $\hat{\boldsymbol{\xi}}(s)=\boldsymbol{D}^{-1}(s)\hat{\boldsymbol{u}}(s)$ 为系统的部分状态的拉氏变换。基于此，并利用式(4.3.16)，可以导出

$$\begin{cases}\boldsymbol{D}(s)\hat{\boldsymbol{\xi}}(s)=\hat{\boldsymbol{u}}(s)\\ \hat{\boldsymbol{y}}(s)=\boldsymbol{N}(s)\hat{\boldsymbol{\xi}}(s)\end{cases} \tag{4.3.17}$$

将式(4.3.8)和式(4.3.9)代入式(4.3.17)，可得

$$\begin{cases}[\boldsymbol{D}_{hc}\boldsymbol{S}_c(s)+\boldsymbol{D}_{lc}\boldsymbol{\Psi}_c(s)]\hat{\boldsymbol{\xi}}(s)=\hat{\boldsymbol{u}}(s)\\ \hat{\boldsymbol{y}}(s)=\boldsymbol{N}_{lc}\boldsymbol{\Psi}_c(s)\hat{\boldsymbol{\xi}}(s)\end{cases} \tag{4.3.18}$$

将式(4.3.18)加以整理，有

$$\begin{cases}\boldsymbol{S}_c(s)\hat{\boldsymbol{\xi}}(s)=-\boldsymbol{D}_{hc}^{-1}\boldsymbol{D}_{lc}\boldsymbol{\Psi}_c(s)\hat{\boldsymbol{\xi}}(s)+\boldsymbol{D}_{hc}^{-1}\hat{\boldsymbol{u}}(s)\\ \hat{\boldsymbol{y}}(s)=\boldsymbol{N}_{lc}\boldsymbol{\Psi}_c(s)\hat{\boldsymbol{\xi}}(s)\end{cases} \tag{4.3.19}$$

再令

$$\begin{cases}\hat{\boldsymbol{y}}_0(s)=\boldsymbol{\Psi}_c(s)\hat{\boldsymbol{\xi}}(s)\\ \hat{\boldsymbol{u}}_0(s)=-\boldsymbol{D}_{hc}^{-1}\boldsymbol{D}_{lc}\boldsymbol{\Psi}_c(s)\hat{\boldsymbol{\xi}}(s)+\boldsymbol{D}_{hc}^{-1}\hat{\boldsymbol{u}}(s)\end{cases} \tag{4.3.20}$$

基于此，可将式(4.3.19)表示为两个部分，即核心部分

$$\begin{cases}\boldsymbol{S}_c(s)\hat{\boldsymbol{\xi}}(s)=\hat{\boldsymbol{u}}_0(s)\\ \hat{\boldsymbol{y}}_0(s)=\boldsymbol{\Psi}_c(s)\hat{\boldsymbol{\xi}}(s)\end{cases} \tag{4.3.21}$$

和外围部分

$$\begin{cases}\hat{\boldsymbol{u}}_0(s)=-\boldsymbol{D}_{hc}^{-1}\boldsymbol{D}_{lc}\hat{\boldsymbol{y}}_0(s)+\boldsymbol{D}_{hc}^{-1}\hat{\boldsymbol{u}}(s)\\ \hat{\boldsymbol{y}}(s)=\boldsymbol{N}_{lc}\hat{\boldsymbol{y}}_0(s)\end{cases} \tag{4.3.22}$$

其中，核心部分的右 MFD 为 $\boldsymbol{\Psi}_c(s)\boldsymbol{S}_c^{-1}(s)$ 。于是，基于式(4.3.21)和式(4.3.22)，即可导出如图 4.3.1 所示构造 $(\boldsymbol{A}_c,\boldsymbol{B}_c,\boldsymbol{C}_c)$ 的结构图。证明完成。

结论 4.3.2[构造 $(\boldsymbol{A}_c,\boldsymbol{B}_c,\boldsymbol{C}_c)$ 的思路] 给定 $q\times p$ 严真右 MFD $\boldsymbol{N}(s)\boldsymbol{D}^{-1}(s)$ ，$\boldsymbol{D}(s)$ 列既约，则在图 4.3.1 所示构造 $(\boldsymbol{A}_c,\boldsymbol{B}_c,\boldsymbol{C}_c)$ 的结构图基础上，对 $(\boldsymbol{A}_c,\boldsymbol{B}_c,\boldsymbol{C}_c)$ 的构造可分为两步进行：首

先，对核心部分式(4.3.21)即核心 MFD $\boldsymbol{\Psi}_c(s)\boldsymbol{S}_c^{-1}(s)$ 构造实现 $(\boldsymbol{A}_c^o,\boldsymbol{B}_c^o,\boldsymbol{C}_c^o)$，称为 $\boldsymbol{N}(s)\boldsymbol{D}^{-1}(s)$ 的核实现；进而，用核实现 $(\boldsymbol{A}_c^o,\boldsymbol{B}_c^o,\boldsymbol{C}_c^o)$ 置换图 4.3.1 所示结构图中的核心 MFD $\boldsymbol{\Psi}_c(s)\boldsymbol{S}_c^{-1}(s)$，再通过结构图化简导出 $\boldsymbol{N}(s)\boldsymbol{D}^{-1}(s)$ 的控制器形实现。

3. 核实现 $(\boldsymbol{A}_c^o,\boldsymbol{B}_c^o,\boldsymbol{C}_c^o)$ 的构造

由式(4.3.21)的第一个公式，有

$$\begin{bmatrix} s^{k_{c1}} & & \\ & \ddots & \\ & & s^{k_{cp}} \end{bmatrix}\begin{bmatrix} \hat{\xi}_1(s) \\ \vdots \\ \hat{\xi}_p(s) \end{bmatrix} = \hat{\boldsymbol{u}}_0(s) \Rightarrow \begin{bmatrix} s^{k_{c1}}\hat{\xi}_1(s) \\ \vdots \\ s^{k_{cp}}\hat{\xi}_p(s) \end{bmatrix} = \hat{\boldsymbol{u}}_0(s) \tag{4.3.23}$$

由式(4.3.21)的第二个公式，有

$$\hat{\boldsymbol{y}}_0(s) = \begin{bmatrix} s^{k_{c1}-1} & & \\ \vdots & & \\ s & & \\ 1 & & \\ & \ddots & \\ & & s^{k_{cp}-1} \\ & & \vdots \\ & & s \\ & & 1 \end{bmatrix}\begin{bmatrix} \hat{\xi}_1(s) \\ \hat{\xi}_2(s) \\ \vdots \\ \hat{\xi}_p(s) \end{bmatrix} = \begin{bmatrix} s^{k_{c1}-1}\hat{\xi}_1(s) \\ s^{k_{c2}-1}\hat{\xi}_2(s) \\ \vdots \\ \hat{\xi}_1(s) \\ \hline \vdots \\ \hline s^{k_{cp}-1}\hat{\xi}_p(s) \\ \vdots \\ \hat{\xi}_p(s) \end{bmatrix} \tag{4.3.24}$$

对式(4.3.23)等号两边取拉氏逆变换，得

$$\boldsymbol{u}_0 = \begin{bmatrix} \xi_1^{(k_{c1})} \\ \xi_2^{(k_{c2})} \\ \vdots \\ \xi_p^{(k_{cp})} \end{bmatrix} \tag{4.3.25}$$

其中，$\xi_i^{(k_{ci})} = \dfrac{\mathrm{d}^{k_{ci}}\xi_i(t)}{\mathrm{d}t^{k_{ci}}}$，$\xi_i$ 为系统的状态 ξ 的第 i 个分量，$i=1,2,\cdots,p$。

对式(4.3.24)等号两边取拉氏逆变换，得

$$\boldsymbol{y}_0(t) = \begin{bmatrix} \hat{\xi}_1^{(k_{c1}-1)} \\ \vdots \\ \hat{\xi}_1 \\ \vdots \\ \hat{\xi}_p^{(k_{cp}-1)} \\ \vdots \\ \hat{\xi}_p \end{bmatrix} \triangleq \boldsymbol{x}^o(t), \quad \boldsymbol{y}_0(t) = \boldsymbol{I}_n\boldsymbol{x}^o(t) = \boldsymbol{C}_c^o\boldsymbol{x}^o(t) \tag{4.3.26}$$

其中，$\sum_{i=1}^{p}k_{ci}=n$。对式(4.3.26)求导，得

$$\dot{\boldsymbol{x}}^{o}=\begin{bmatrix}\hat{\xi}_1^{(k_{c1})}\\ \vdots\\ \hat{\xi}_1^{(1)}\\ \vdots\\ \hat{\xi}_p^{(k_{cp})}\\ \vdots\\ \hat{\xi}_p^{(1)}\end{bmatrix}=\overbrace{\begin{bmatrix}\begin{matrix}0&&&\\1&0&&\\&\ddots&\ddots&\\&&1&0\end{matrix}&&\\&\ddots&\\&&\begin{matrix}0&&&\\1&0&&\\&\ddots&\ddots&\\&&1&0\end{matrix}\end{bmatrix}}^{k_{c1}\ \cdots\ k_{cp}}\begin{bmatrix}\hat{\xi}_1^{(k_{c1}-1)}\\ \vdots\\ \hat{\xi}_1\\ \vdots\\ \hat{\xi}_p^{(k_{cp}-1)}\\ \vdots\\ \hat{\xi}_p\end{bmatrix}+\begin{bmatrix}\begin{matrix}1\\0\\ \vdots\\0\end{matrix}&&\\&\ddots&\\&&\begin{matrix}1\\0\\ \vdots\\0\end{matrix}\end{bmatrix}\begin{bmatrix}\xi_1^{(k_{c1})}\\ \xi_2^{(k_{c2})}\\ \vdots\\ \xi_p^{(k_{cp})}\end{bmatrix}$$

即

$$\dot{\boldsymbol{x}}^{o}=\boldsymbol{A}_c^{o}\boldsymbol{x}^{o}+\boldsymbol{B}_c^{o}\boldsymbol{u}_0 \tag{4.3.27}$$

$$\boldsymbol{y}_0=\boldsymbol{I}_n\boldsymbol{x}^{o}=\boldsymbol{C}_c^{o}\boldsymbol{x}^{o} \tag{4.3.28}$$

并且，根据秩判据，$\{\boldsymbol{A}_c^o,\boldsymbol{B}_c^o\}$必为完全能控。

将图 4.3.1 中核系统用刚刚得到的核实现替换，得到图 4.3.2。

对图 4.3.2 进行变换，得到最终的控制器形实现，见图 4.3.3。

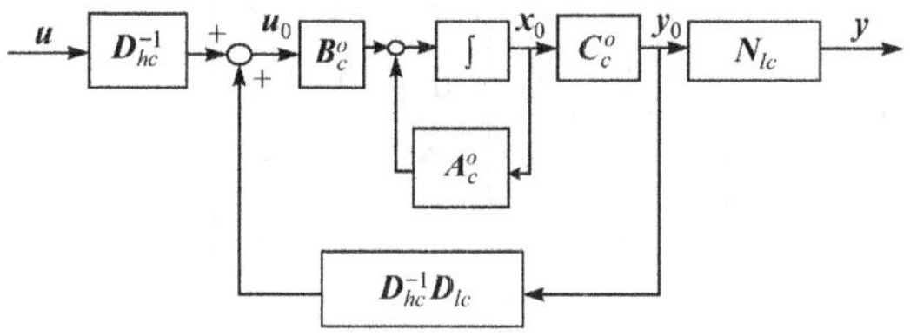

图 4.3.2　构造控制器形实现的时间域结构图

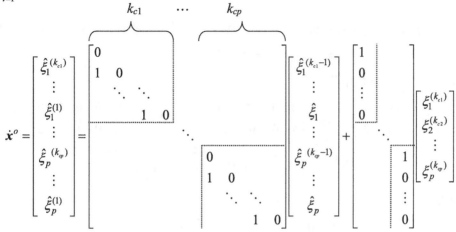

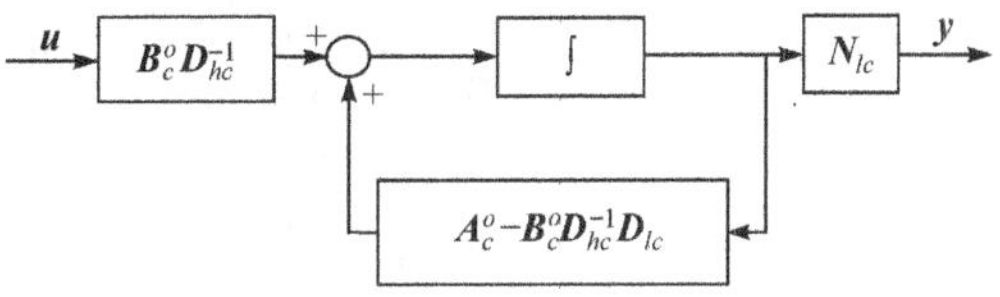

图 4.3.3　控制器形实现的结构图

结论 4.3.3[控制器形实现]　对真 $q\times p$ 右 MFD $\bar{\boldsymbol{N}}(s)\boldsymbol{D}^{-1}(s)$，其严真右 MFD 为 $\boldsymbol{N}(s)\boldsymbol{D}^{-1}(s)$，$\boldsymbol{D}(s)$列既约，列次数 $\delta_{ci}\boldsymbol{D}(s)=k_{ci},i=1,2,\cdots,p$，再引入列次表达式：

$$\boldsymbol{D}(s)=\boldsymbol{D}_{hc}\boldsymbol{S}(s)+\boldsymbol{D}_{lc}\boldsymbol{\Psi}_c(s) \tag{4.3.29}$$

$$\boldsymbol{N}(s)=\boldsymbol{N}_{lc}\boldsymbol{\Psi}_c(s) \tag{4.3.30}$$

且知核心 MFD $\boldsymbol{\Psi}_c(s)\boldsymbol{S}_c^{-1}(s)$ 的实现为 $(\boldsymbol{A}_c^o,\boldsymbol{B}_c^o,\boldsymbol{C}_c^o)$，则严真 $\boldsymbol{N}(s)\boldsymbol{D}^{-1}(s)$ 的控制器形实现 $(\boldsymbol{A}_c,\boldsymbol{B}_c,\boldsymbol{C}_c)$ 的系数矩阵为

$$\boldsymbol{A}_c=\boldsymbol{A}_c^o-\boldsymbol{B}_c^o\boldsymbol{D}_{hc}^{-1}\boldsymbol{D}_{lc}\quad \boldsymbol{B}_c=\boldsymbol{B}_c^o\boldsymbol{D}_{hc}^{-1}\quad \boldsymbol{C}_c=\boldsymbol{N}_{lc} \tag{4.3.31}$$

而真 $\bar{\boldsymbol{N}}(s)\boldsymbol{D}^{-1}(s)$ 的控制器形实现为 $(\boldsymbol{A}_c,\boldsymbol{B}_c,\boldsymbol{C}_c,\boldsymbol{E})$。

例 4.3.1　求出 2×2 右 MFD $\boldsymbol{N}(s)\boldsymbol{D}^{-1}(s)$ 的控制器形实现 $(\boldsymbol{A}_c,\boldsymbol{B}_c,\boldsymbol{C}_c)$，其中

$$\boldsymbol{N}(s)=\begin{bmatrix} s & 0 \\ -s & s^2 \end{bmatrix}, \quad \boldsymbol{D}(s)=\begin{bmatrix} 0 & -(s^3+4s^2+5s+2) \\ (s+2)^2 & s+2 \end{bmatrix}$$

解 容易判断，$\boldsymbol{D}(s)$为列既约，且$\boldsymbol{N}(s)\boldsymbol{D}^{-1}(s)$为严真。进而，定义$\boldsymbol{D}(s)$的列次数

$$k_{c1}=\delta_{c1}\boldsymbol{D}(s)=2, \quad k_{c2}=\delta_{c2}\boldsymbol{D}(s)=3$$

和列次表达式的各个系数矩阵

$$\boldsymbol{D}_{hc}=\begin{bmatrix} 0 & -1 \\ 1 & 0 \end{bmatrix}, \quad \boldsymbol{D}_{lc}=\begin{bmatrix} 0 & 0 & -4 & -5 & -2 \\ 4 & 4 & 0 & 1 & 2 \end{bmatrix}, \quad \boldsymbol{N}_{lc}=\begin{bmatrix} 1 & 0 & 0 & 0 & 0 \\ -1 & 0 & 1 & 0 & 0 \end{bmatrix}$$

$$\boldsymbol{D}_{hc}^{-1}=\begin{bmatrix} 0 & 1 \\ -1 & 0 \end{bmatrix}, \quad \boldsymbol{D}_{hc}^{-1}\boldsymbol{D}_{lc}=\begin{bmatrix} 4 & 4 & 0 & 1 & 2 \\ 0 & 0 & 4 & 5 & 2 \end{bmatrix}$$

其核实现为

$$\boldsymbol{A}_c^o=\begin{bmatrix} 0 & 0 & & & \\ 1 & 0 & & & \\ & & 0 & 0 & 0 \\ & & 1 & 0 & 0 \\ & & 0 & 1 & 0 \end{bmatrix}, \quad \boldsymbol{B}_c^o=\begin{bmatrix} 1 & \\ 0 & \\ & 1 \\ & 0 \\ & 0 \end{bmatrix}, \quad \boldsymbol{C}_c^o=\boldsymbol{I}_5$$

于是，利用式(4.3.31)，就可导出控制器形实现$(\boldsymbol{A}_c,\boldsymbol{B}_c,\boldsymbol{C}_c)$为

$$\begin{aligned}\boldsymbol{A}_c&=\boldsymbol{A}_c^o-\boldsymbol{B}_c^o\boldsymbol{D}_{hc}^{-1}\boldsymbol{D}_{lc}\\ &=\begin{bmatrix} 0 & 0 & & & \\ 1 & 0 & & & \\ & & 0 & 0 & 0 \\ & & 1 & 0 & 0 \\ & & 0 & 1 & 0 \end{bmatrix}-\begin{bmatrix} 1 & \\ 0 & \\ & 1 \\ & 0 \\ & 0 \end{bmatrix}\begin{bmatrix} 4 & 4 & 0 & 1 & 2 \\ 0 & 0 & 4 & 5 & 2 \end{bmatrix}=\left[\begin{array}{cc:ccc} -4 & -4 & 0 & -1 & 2 \\ 1 & 0 & 0 & 0 & 0 \\ \hdashline 0 & 0 & -4 & -5 & -2 \\ 0 & 0 & 1 & 0 & 0 \\ 0 & 0 & 0 & 1 & 0 \end{array}\right]\end{aligned}$$

$$\boldsymbol{B}_c=\boldsymbol{B}_c^o\boldsymbol{D}_{hc}^{-1}=\begin{bmatrix} 1 & \\ 0 & \\ & 1 \\ & 0 \\ & 0 \end{bmatrix}\begin{bmatrix} 0 & 1 \\ -1 & 0 \end{bmatrix}=\left[\begin{array}{cc} 0 & 1 \\ 0 & 0 \\ \hdashline -1 & 0 \\ 0 & 0 \\ 0 & 0 \end{array}\right], \quad \boldsymbol{C}_c=\boldsymbol{N}_{lc}=\begin{bmatrix} 1 & 0 & 0 & 0 & 0 \\ -1 & 0 & 1 & 0 & 0 \end{bmatrix}$$

4. 控制器形实现的性质

下面，给出“$q\times p$严真右 MFD $\boldsymbol{N}(s)\boldsymbol{D}^{-1}(s)$，$\boldsymbol{D}(s)$列既约”的控制器形实现$(\boldsymbol{A}_c,\boldsymbol{B}_c,\boldsymbol{C}_c)$的一些基本性质。

(1)控制器形实现的形式。

结论 4.3.4[控制器形实现] 对严真右 MFD $\boldsymbol{N}(s)\boldsymbol{D}^{-1}(s)$，$\boldsymbol{D}(s)$为列既约，由核实现$(\boldsymbol{A}_c^o,\boldsymbol{B}_c^o,\boldsymbol{C}_c^o)$的结构所决定，其控制器形实现$(\boldsymbol{A}_c,\boldsymbol{B}_c,\boldsymbol{C}_c)$具有如下形式：

$$
A_c=\left[\begin{array}{cccc|cccc|c|cccc}
* & \cdots & \cdots & * & * & \cdots & \cdots & * & \cdots & & & & \\
1 & 0 & & & 0 & \cdots & \cdots & 0 & & & & & \\
 & \ddots & \ddots & \vdots & \vdots & & & & & & & & \\
 & & 1 & 0 & 0 & & \cdots & 0 & & & & & \\
\hline
* & \cdots & \cdots & * & & & & & & & & & \\
0 & \cdots & \cdots & 0 & & & & & & & & & \\
\vdots & & & & & & \ddots & & & & & & \\
0 & & \cdots & 0 & & & & & & & & & \\
\hline
 & & & & & & & & & * & \cdots & \cdots & * \\
 & \vdots & & & & & & & & 1 & 0 & & \\
 & & & & & & & & & & \ddots & \ddots & \\
 & & & & & & & & & & & 1 & 0
\end{array}\right]
\begin{array}{l}
\left.\vphantom{\begin{array}{c}1\\1\\1\\1\end{array}}\right\}k_{c1}\\
\vdots\\
\left.\vphantom{\begin{array}{c}1\\1\\1\\1\end{array}}\right\}k_{cp}
\end{array}
$$

$$
\underbrace{\qquad\qquad}_{k_{c1}}\quad\cdots\quad\underbrace{\qquad\qquad}_{k_{cp}}
$$

$$
B_c=\underbrace{\left[\begin{array}{ccc}
* & \cdots & * \\
0 & \cdots & 0 \\
\vdots & & \\
0 & \cdots & 0 \\
\hline
 & \vdots & \\
\hline
* & \cdots & * \\
0 & \cdots & 0 \\
 & & \vdots \\
0 & \cdots & 0
\end{array}\right]}_{p}
\begin{array}{l}
\left.\vphantom{\begin{array}{c}1\\1\\1\\1\end{array}}\right\}k_{c1}\\
\vdots\\
\left.\vphantom{\begin{array}{c}1\\1\\1\\1\end{array}}\right\}k_{cp}
\end{array}
\tag{4.3.32}
$$

$$C_c=N_{lc}\text{无特殊形式}$$

其中，$*$表示可能的非零元。

(2)控制器形实现和列次表达式在系数阵间的对应关系。

结论 4.3.5[对应关系] 对严真右 MFD $N(s)D^{-1}(s)$ ，$D(s)$为列既约，由式(4.3.31)和核实现(A_c^o,B_c^o,C_c^o)结构所决定，控制器形实现系数阵(A_c,B_c,C_c)和$D(s)$列次表达式系数阵之间具有直观关系：

$$A_c\text{的第}\,i\,\text{个}*\text{行}=-D_{hc}^{-1}D_{lc}\text{的第}\,i\,\text{行} \tag{4.3.33}$$

$$B_c\text{的第}\,i\,\text{个}*\text{行}=D_{hc}^{-1}\text{的第}\,i\,\text{行} \tag{4.3.34}$$

其中，$i=1,2,\cdots,p$ 。

注：上述直观对应关系为由$N(s)D^{-1}(s)$直接计算其控制器形实现(A_c,B_c,C_c)提供了简便途径。

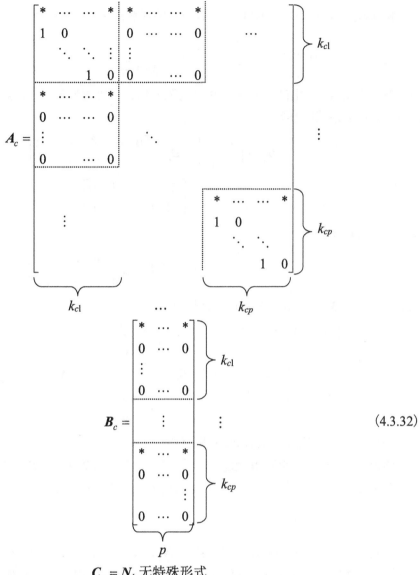

例 4.3.2 求出 2×2 右 MFD $\boldsymbol{N}(s)\boldsymbol{D}^{-1}(s)$ 的控制器形实现 $(\boldsymbol{A}_c,\boldsymbol{B}_c,\boldsymbol{C}_c)$，其中

$$\boldsymbol{N}(s)=\begin{bmatrix} s & 0 \\ -s & s^2 \end{bmatrix},\quad \boldsymbol{D}(s)=\begin{bmatrix} 0 & -(s^3+4s^2+5s+2) \\ (s+2)^2 & s+2 \end{bmatrix}$$

解 在例 4.3.1 中已经定出，$\boldsymbol{D}(s)$ 为列既约，列次数为 $k_{c1}=2$ 和 $k_{c2}=3$，$\boldsymbol{N}(s)\boldsymbol{D}^{-1}(s)$ 为严真，列次表达式的系数矩阵为

$$\boldsymbol{D}_{hc}=\begin{bmatrix} 0 & -1 \\ 1 & 0 \end{bmatrix},\quad \boldsymbol{D}_{lc}=\begin{bmatrix} 0 & 0 & -4 & -5 & -2 \\ 4 & 4 & 0 & 1 & 2 \end{bmatrix},$$

$$\boldsymbol{N}_{lc}=\begin{bmatrix} 1 & 0 & 0 & 0 & 0 \\ -1 & 0 & 1 & 0 & 0 \end{bmatrix}$$

基于此，可以得到

$$\boldsymbol{D}_{hc}^{-1}=\begin{bmatrix} 0 & 1 \\ -1 & 0 \end{bmatrix},\quad \boldsymbol{D}_{hc}^{-1}\boldsymbol{D}_{lc}=\begin{bmatrix} 4 & 4 & 0 & 1 & 2 \\ 0 & 0 & 4 & 5 & 2 \end{bmatrix}$$

从而利用式(4.3.33)和式(4.3.34)，就可以直接导出

$$\boldsymbol{A}_c=\left[\begin{array}{cc:ccc} -4 & -4 & 0 & -1 & 2 \\ 1 & 0 & 0 & 0 & 0 \\ \hdashline 0 & 0 & -4 & -5 & -2 \\ 0 & 0 & 1 & 0 & 0 \\ 0 & 0 & 0 & 1 & 0 \end{array}\right],\quad \boldsymbol{B}_c=\left[\begin{array}{cc} 0 & 1 \\ 0 & 0 \\ \hdashline -1 & 0 \\ 0 & 0 \\ 0 & 0 \end{array}\right],\quad \boldsymbol{C}_c=\boldsymbol{N}_{lc}=\begin{bmatrix} 1 & 0 & 0 & 0 & 0 \\ -1 & 0 & 1 & 0 & 0 \end{bmatrix}$$

(3) 控制器形实现的不完全能观测属性。

结论 4.3.6[不完全能观测属性] 对严真右 MFD $\boldsymbol{N}(s)\boldsymbol{D}^{-1}(s)$，$\boldsymbol{D}(s)$ 列既约的控制器形实现 $(\boldsymbol{A}_c,\boldsymbol{B}_c,\boldsymbol{C}_c)$，$(\boldsymbol{A}_c,\boldsymbol{B}_c)$ 为完全能控，但 $(\boldsymbol{A}_c,\boldsymbol{C}_c)$ 一般为不完全能观测。

4.3.2 基于左 MFD 的观测器形实现

考虑真 $q\times p$ 左 MFD $\boldsymbol{D}_L^{-1}(s)\bar{\boldsymbol{N}}_L(s)$，$\bar{\boldsymbol{N}}_L(s)$ 和 $\boldsymbol{D}_L(s)$ 为 $q\times p$ 和 $q\times q$ 的多项式矩阵，设 $\boldsymbol{D}_L(s)$ 为行既约。为对真 $\boldsymbol{D}_L^{-1}(s)\bar{\boldsymbol{N}}_L(s)$ 导出严真左 MFD，引入矩阵左除法可得

$$\bar{\boldsymbol{N}}_L(s)=\boldsymbol{D}_L(s)\boldsymbol{E}_L+\boldsymbol{N}_L(s) \tag{4.3.35}$$

其中，$q\times p$ 的常阵 $\boldsymbol{E}_L$ 为“商阵”；$q\times p$ 多项式矩阵 $\boldsymbol{N}_L(s)$ 为“余式阵”。进而，将式(4.3.35)左乘 $\boldsymbol{D}_L^{-1}(s)$，可以导出

$$\boldsymbol{D}_L^{-1}(s)\bar{\boldsymbol{N}}_L(s)=\boldsymbol{E}_L+\boldsymbol{D}_L^{-1}(s)\boldsymbol{N}_L(s) \tag{4.3.36}$$

其中，$\boldsymbol{D}_L^{-1}(s)\boldsymbol{N}_L(s)$ 为严真左 MFD。下面的问题就是，对 $q\times p$ 严真左 MFD：

$$\boldsymbol{D}_L^{-1}(s)\boldsymbol{N}_L(s),\quad \boldsymbol{D}_L(s)\text{ 行既约} \tag{4.3.37}$$

构造观测器形实现，并且，考虑到右 MFD 的控制器形实现和左 MFD 的观测器形实现在形式上的对偶性，下面基于对偶原理，直接由控制器形实现不加证明地给出对应结果。

1. 观测器形实现的定义

定义 4.3.2[观测器形实现] 对 $q\times p$ 严真左 MFD $\boldsymbol{D}_L^{-1}(s)\boldsymbol{N}_L(s)$，$\boldsymbol{D}_L(s)$ 行既约，设行次数 $\delta_{rj}\boldsymbol{D}_L(s)=k_{rj}, j=1,2,\cdots,q$，则称一个状态空间描述

$$\begin{cases}\dot{\boldsymbol{x}}=\boldsymbol{A}_o x+\boldsymbol{B}_o u\\ \boldsymbol{y}=\boldsymbol{C}_o x\end{cases} \tag{4.3.38}$$

为其观测器形实现，其中

$$\dim \boldsymbol{A}_o=\sum_{j=1}^{q}k_{rj}=n_L \tag{4.3.39}$$

如果满足

$$\boldsymbol{C}_o(sI-\boldsymbol{A}_o)^{-1}\boldsymbol{B}_o=\boldsymbol{D}_L^{-1}(s)\boldsymbol{N}_L(s) \tag{4.3.40}$$

$$(\boldsymbol{A}_o,\boldsymbol{B}_o)\text{ 为完全能观测且具有特定形式} \tag{4.3.41}$$

2. 核实现 $(\boldsymbol{A}_o^o,\boldsymbol{B}_o^o,\boldsymbol{C}_o^o)$

对严真 $\boldsymbol{D}_L^{-1}(s)\boldsymbol{N}_L(s)$，行次数 $\delta_{rj}\boldsymbol{D}(s)=k_{rj}, j=1,2,\cdots,q$，引入行次表达式：

$$\boldsymbol{D}_L(s)=\boldsymbol{S}_r(s)\boldsymbol{D}_{hr}+\boldsymbol{\Psi}_r(s)\boldsymbol{D}_{lr} \tag{4.3.42}$$

$$\boldsymbol{N}_L(s)=\boldsymbol{\Psi}_r(s)\boldsymbol{N}_{lr} \tag{4.3.43}$$

其中

$$\boldsymbol{S}_r(s)=\begin{bmatrix}s^{k_{r1}} & & \\ & \ddots & \\ & & s^{k_{rq}}\end{bmatrix} \tag{4.3.44}$$

$$\boldsymbol{\Psi}_r(s)=\begin{bmatrix}s^{k_{r1}-1} \ \cdots \ s \ \ 1 & & \\ & \ddots & \\ & & s^{k_{rq}-1} \ \cdots \ s \ \ 1\end{bmatrix} \tag{4.3.45}$$

$$\boldsymbol{D}_{hr}\text{ 为 }\boldsymbol{D}_L(s)\text{ 的行次系数阵，且 }\det\boldsymbol{D}_{hr}\neq 0 \tag{4.3.46}$$

$$\boldsymbol{D}_{lr}\text{ 为 }\boldsymbol{D}_L(s)\text{ 的低次系数阵} \tag{4.3.47}$$

$$\boldsymbol{N}_{lr}\text{ 为 }\boldsymbol{N}_L(s)\text{ 的低次系数阵} \tag{4.3.48}$$

结论 4.3.7[核实现] 对 $q\times p$ 左 MFD $\boldsymbol{D}_L^{-1}(s)\boldsymbol{N}_L(s)$，其核心 MFD $\boldsymbol{S}_r^{-1}(s)\boldsymbol{\Psi}_r(s)$ 的实现即 $\boldsymbol{D}_L^{-1}(s)\boldsymbol{N}_L(s)$ 的核实现为

$$\begin{cases}\dot{\boldsymbol{x}}_o=\boldsymbol{A}_o^o\boldsymbol{x}_o+\boldsymbol{B}_o^o\boldsymbol{u}_o\\ \boldsymbol{y}_o=\boldsymbol{C}_o^o\boldsymbol{x}_o\end{cases} \tag{4.3.49}$$

其中，$\{\boldsymbol{A}_o^o,\boldsymbol{B}_o^o,\boldsymbol{C}_o^o\}$ 为

$$
\boldsymbol{A}_o^o = \begin{bmatrix} \overbrace{\begin{matrix}0&1&&\\&0&\ddots&\\&&\ddots&1\\&&&0\end{matrix}}^{k_{r1}} & & \\ & \ddots & \\ & & \overbrace{\begin{matrix}0&1&&\\&0&\ddots&\\&&\ddots&1\\&&&0\end{matrix}}^{k_{rq}} \end{bmatrix}\begin{matrix} \}k_{r1} \\ \vdots \\ \}k_{rq} \end{matrix}
$$

$$
\boldsymbol{B}_o^o = \boldsymbol{I}_{n_L}
$$

$$
\boldsymbol{C}_o^o = \begin{bmatrix} \overbrace{\begin{matrix}1&0&\cdots&0\end{matrix}}^{k_{r1}} & & \\ & \ddots & \\ & & \overbrace{\begin{matrix}1&0&\cdots&0\end{matrix}}^{k_{rq}} \end{bmatrix} \qquad (4.3.50)
$$

3. 观测器形实现

结论 4.3.8[观测器形实现] 对真 $q \times p$ 左 MFD $\boldsymbol{D}_L^{-1}(s)\bar{\boldsymbol{N}}_L(s)$，其严真左 MFD 为 $\boldsymbol{D}_L^{-1}(s)\boldsymbol{N}_L(s)$，$\boldsymbol{D}_L(s)$ 行既约，行次数 $\delta_{rj}\boldsymbol{D}(s) = k_{rj}, j = 1,2,\cdots,q$，$\boldsymbol{S}_r^{-1}(s)\boldsymbol{\Psi}_r(s)$ 的实现即核实现 $(\boldsymbol{A}_o^o, \boldsymbol{B}_o^o, \boldsymbol{C}_o^o)$ 如式(4.3.50)所示，则严真 $\boldsymbol{D}_L^{-1}(s)\boldsymbol{N}_L(s)$ 的观测器形实现 $(\boldsymbol{A}_o, \boldsymbol{B}_o, \boldsymbol{C}_o)$ 的系数矩阵关系式为

$$
\begin{aligned}
\boldsymbol{A}_o &= \boldsymbol{A}_o^o - \boldsymbol{D}_{lr}\boldsymbol{D}_{hr}^{-1}\boldsymbol{C}_o^o \\
\boldsymbol{B}_o &= \boldsymbol{N}_{lr} \\
\boldsymbol{C}_o &= \boldsymbol{D}_{hr}^{-1}C_o^o
\end{aligned} \qquad (4.3.51)
$$

而真 $\boldsymbol{D}_L^{-1}(s)\bar{\boldsymbol{N}}_L(s)$ 的控制器形实现为 $(\boldsymbol{A}_o, \boldsymbol{B}_o, \boldsymbol{C}_o, \boldsymbol{E}_L)$。

4. 观测器形实现的性质

同样，基于右 MFD 的控制器形实现和左 MFD 的观测器形实现的对偶性，可直接给出“$q \times p$ 严真左 MFD $\boldsymbol{D}_L^{-1}(s)\boldsymbol{N}_L(s)$，$\boldsymbol{D}_L(s)$ 行既约”的观测器形实现 $(\boldsymbol{A}_o, \boldsymbol{B}_o, \boldsymbol{C}_o)$ 的基本性质。

(1) 观测器形实现的形式。

结论 4.3.9[观测器形实现] 对严真左 MFD $\boldsymbol{D}_L^{-1}(s)\boldsymbol{N}_L(s)$，$\boldsymbol{D}_L(s)$ 行既约，由核实现 $(\boldsymbol{A}_o^o, \boldsymbol{B}_o^o, \boldsymbol{C}_o^o)$ 的结构所决定，其观测器形实现 $(\boldsymbol{A}_o, \boldsymbol{B}_o, \boldsymbol{C}_o)$ 具有如下形式：

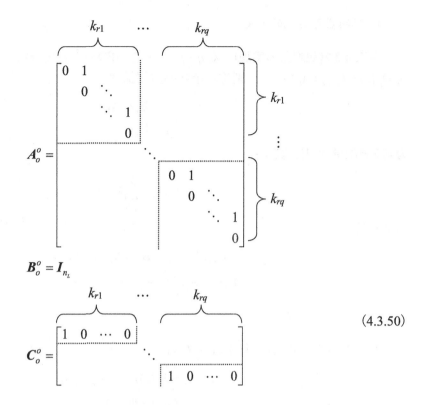

$$
A_o=\left[\begin{array}{cccc:cccc:c}
* & 1 & & & * & 0 & \cdots & 0 & \\
\vdots & 0 & \ddots & & & & \cdots & & \cdots \\
 & & \ddots & 1 & \vdots & & & & \\
* & & & 0 & * & 0 & \cdots & 0 & \\ \hdashline
* & 0 & \cdots & 0 & & & & & \\
\vdots & \vdots & & \vdots & & \ddots & & & \vdots \\
* & 0 & \cdots & 0 & & & & & \\ \hdashline
 & & & & & & & & * \quad 1 \\
 & \vdots & & & & & & & \vdots \quad 0 \quad \ddots \\
 & & & & & & & & \ddots \quad 1 \\
 & & & & & & & & * \qquad 0
\end{array}\right]
\begin{array}{l}\left.\vphantom{\begin{array}{c}1\\1\\1\\1\end{array}}\right\}k_{r1}\\ \\ \vdots \\ \\ \left.\vphantom{\begin{array}{c}1\\1\\1\\1\end{array}}\right\}k_{rq}\end{array}
$$

$$
\qquad\underbrace{\qquad\qquad}_{k_{r1}}\qquad\cdots\qquad\underbrace{\qquad\qquad}_{k_{rq}}
$$

$$
C_o=\Bigg[\underbrace{\begin{array}{cccc}* & 0 & \cdots & 0\\ \vdots & \vdots & & \vdots\\ * & 0 & \cdots & 0\end{array}}_{k_{r1}}\Bigg\vdots\ \cdots\ \Bigg\vdots\underbrace{\begin{array}{cccc}* & 0 & \cdots & 0\\ \vdots & \vdots & & \vdots\\ * & 0 & \cdots & 0\end{array}}_{k_{rq}}\Bigg]
$$

$$
B_o=N_{lr}\text{ 无特殊形式} \tag{4.3.52}
$$

其中，*表示可能的非零元。

(2) 观测器形实现和行次表达式在系数阵间对应关系。

结论 4.3.10[对应关系] 对严真左 MFD $D_L^{-1}(s)N_L(s)$，$D_L(s)$ 行既约，由式(4.3.51)和核实现 (A_o^o,B_o^o,C_o^o) 结构所决定，观测器形实现 (A_o,B_o,C_o) 系数阵和 $D_L(s)$ 列次表达式系数阵之间具有直观关系：

$$
A_o\text{ 的第 }j\text{ 个*列}=-D_{lr}D_{hr}^{-1}\text{ 的第 }j\text{ 列} \tag{4.3.53}
$$

$$
C_o\text{ 的第 }j\text{ 个*列}=D_{hr}^{-1}\text{ 的第 }j\text{ 列} \tag{4.3.54}
$$

其中，$j=1,2,\cdots,q$。

(3) 观测器形实现的不完全能控属性。

结论 4.3.11[不完全能控属性] 对严真左 MFD $D_L^{-1}(s)N_L(s)$，$D_L(s)$ 行既约，则其观测器形实现 (A_o,B_o,C_o) 中，(A_o,C_o) 为完全能观测，(A_o,B_o) 一般为不完全能控。

习　题

4.1 确定下列传递函数的最小实现维数：

(1) $g(s)=\dfrac{s^4+1}{4s^4+2s^3+2s+1}$；(2) $g(s)=\dfrac{s^2-s+1}{s^5-s^4+s^3-s^2+s-1}$；

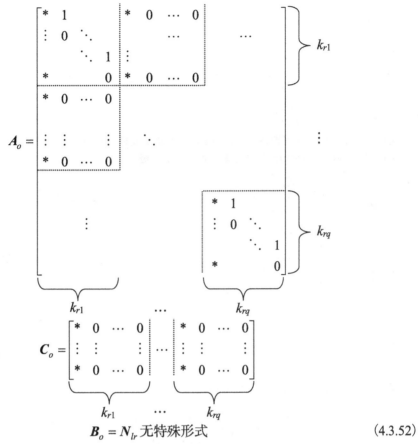

(3) $g(s)=\dfrac{s^2+1}{s^2+2s+2}$。

4.2 求下列传递函数的能控形实现、能观测形实现和最小实现：

(1) $g(s)=\dfrac{s^2+1}{(s+1)(s+2)(s+3)}$；(2) $g(s)=\dfrac{s^2+1}{(s+1)^2(s+2)^3}$；

(3) $g(s)=\dfrac{s^2+1}{(s+1)(s^2+2s+2)}$。

4.3 写出图题 4.3 中反馈系统的传递函数，并求出其最小实现。

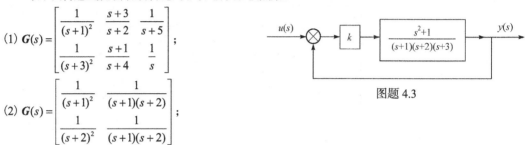

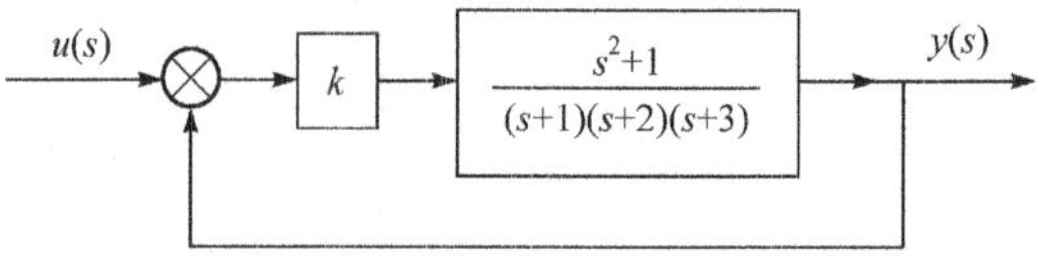

图题 4.3

4.4 求下面传递函数矩阵的特征多项式、阶次和极点集：

(1) $G(s)=\begin{bmatrix}\dfrac{1}{(s+1)^2} & \dfrac{s+3}{s+2} & \dfrac{1}{s+5}\\ \dfrac{1}{(s+3)^2} & \dfrac{s+1}{s+4} & \dfrac{1}{s}\end{bmatrix}$；

(2) $G(s)=\begin{bmatrix}\dfrac{1}{(s+1)^2} & \dfrac{1}{(s+1)(s+2)}\\ \dfrac{1}{(s+2)^2} & \dfrac{1}{(s+1)(s+2)}\end{bmatrix}$；

(3) $G(s)=\begin{bmatrix}\dfrac{1}{s} & \dfrac{s+3}{s+1}\\ \dfrac{1}{s+3} & \dfrac{s}{s+1}\end{bmatrix}$。

4.5 求下面两个传递函数矩阵的最小实现：

(1) $G(s)=\begin{bmatrix}\dfrac{s+2}{s+1} & \dfrac{1}{s+3}\\ \dfrac{s}{s+1} & \dfrac{s+1}{s+2}\end{bmatrix}$；(2) $G(s)=\begin{bmatrix}\dfrac{1}{s^3} & \dfrac{2s+1}{s^2}\\ \dfrac{s+3}{s^2} & \dfrac{2}{s}\end{bmatrix}$。

4.6 求下面传递函数矩阵的能控形实现和能观测形实现：

(1) $g(s)=\begin{bmatrix}\dfrac{2s}{(s+1)(s+2)(s+3)}\\ \dfrac{s^2+2s+2}{s(s+1)^2(s+4)}\end{bmatrix}$；(2) $g(s)=\begin{bmatrix}\dfrac{2s+3}{(s+1)^2(s+2)} & \dfrac{s^2+2s+2}{s(s+1)^3}\end{bmatrix}$。

第 5 章 系统运动的稳定性

稳定性是系统的重要特性，分析系统首先要分析系统的稳定性，不稳定的系统显然是不能付诸工程实施的。描述系统的稳定性有两种方法：一种方法是外部稳定性，它通过系统的输入-输出关系来描述系统的稳定性；另一种方法是内部稳定性，它通过零输入下的状态运动响应来描述系统的稳定性。本章主要研究线性系统的内部稳定性和应用非常广泛的李雅普诺夫稳定性判别方法。李雅普诺夫于 1892 年在他的博士学位论文《运动稳定性的一般问题》中借助平衡状态稳定与否的特征对系统或系统运动稳定性给出了精确定义，提出了解决稳定性问题的一般理论。由于计算和应用方面的困难与当时计算工具的落后，以及语言的障碍，大约半个世纪之后具有普遍意义的李雅普诺夫稳定性理论才被西方以致整个世界所重视。在之后的半个世纪内，李雅普诺夫稳定性理论对应用数学、力学、系统理论等诸多学科的影响证明它是现代稳定理论的基础。本章的研究范围包括线性系统和非线性系统的稳定性、定常系统和时变系统的稳定性、连续系统和离散系统的稳定性。

5.1 外部稳定性和内部稳定性

5.1.1 外部稳定性

定义 5.1.1 对于一个因果系统，假定系统的初始条件为零，如果对于一个有界的 p 维输入 $\boldsymbol{u}(t)$，即满足条件

$$\|\boldsymbol{u}(t)\| \leqslant k_1 < \infty, \quad \forall t \in [t_0, \infty) \tag{5.1.1}$$

所产生的 q 维输出 $\boldsymbol{y}(t)$ 也是有界的，即

$$\|\boldsymbol{y}(t)\| \leqslant k_2 < \infty, \quad \forall t \in [t_0, \infty) \tag{5.1.2}$$

则称此系统是**外部稳定**的。外部稳定也称为**有界输入-有界输出稳定**(boundary input-boundary output stability)，简写为 **BIBO 稳定**。

应当指出，在讨论外部稳定性时，必须假定系统的初始条件为零，这是因为只有在这种假定下，系统的输入-输出关系才是唯一和有意义的。下面给出一些常用的判别系统外部稳定性的方法。

结论 5.1.1[线性时变系统 BIBO 稳定判据] 对于零初始条件的线性时变系统(2.4.1)，设 $\boldsymbol{G}(t,\tau)$ 为其脉冲响应矩阵，则系统为BIBO稳定的充分必要条件为，存在一个有限常数k，使对于一切 $t \in [t_0, \infty)$，$\boldsymbol{G}(t,\tau)$ 的每一个元 $g_{i,j}(t,\tau)(i=1,2,\cdots,q; j=1,2,\cdots,p)$ 均满足如下关系式：

$$\int_{t_0}^{t} \left| g_{i,j}(t,\tau) \right| \mathrm{d}\tau \leqslant k < \infty \tag{5.1.3}$$

证 分两步来证明。

首先，考虑 p=q=1，即单输入-单输出情况。

证充分性：已知

$$\int_{t_0}^{t}\left|g(t,\tau)\right|\mathrm{d}\tau \leqslant k < \infty \tag{5.1.4}$$

且对任意输入 $u(t)$，满足 $|u(t)|\leqslant k_1<\infty, t\in[t_0,\infty)$，则由系统的输出 $y(t)$ 和脉冲响应函数之间的表达式(1.1.33)，可得

$$|y(t)|=\left|\int_{-\infty}^{+\infty}g(t,\tau)u(\tau)\mathrm{d}\tau\right|\leqslant\int_{-\infty}^{+\infty}|g(t,\tau)||u(\tau)|\mathrm{d}\tau\leqslant k_1\int_{-\infty}^{+\infty}|g(t,\tau)|\mathrm{d}\tau\leqslant k_1k\leqslant\infty$$

所以由外部稳定性定义，系统为 BIBO 稳定。

证必要性：已知系统为 BIBO 稳定，证式(5.1.4)成立。采用反证法，设存在某个 $t_1\in[t_0,\infty)$，使

$$\int_{t_0}^{t}|g(t,\tau)|\mathrm{d}\tau=\infty$$

定义一个有界输入 $u(t)$，满足：

$$u(t)=\operatorname{sgn}g(t_1,t)=\begin{cases}1, & g(t_1,t)>0\\ 0, & g(t_1,t)=0\\ -1, & g(t_1,t)<0\end{cases} \tag{5.1.5}$$

由该输入产生的系统在 t_1 时刻的输出为

$$y(t_1)=\int_{t_0}^{t_1}g(t,\tau)u(\tau)\mathrm{d}\tau=\int_{t_0}^{t_1}|g(t,\tau)|\mathrm{d}\tau=\infty \tag{5.1.6}$$

式(5.1.6)说明输出 $y(t)$ 无界，这与系统为 BIBO 稳定相矛盾。因此，反设不成立，必要性得证。

其次，考虑多输入-多输出情况。由于系统输出 $\boldsymbol{y}(t)$ 的每个分量 $y_i(t)$ 满足如下关系式：

$$\begin{aligned}|y_i(t)|&=\left|\int_{t_0}^{t}g_{i,1}(t,\tau)u_1(\tau)\mathrm{d}\tau+\int_{t_0}^{t}g_{i,2}(t,\tau)u_2(\tau)\mathrm{d}\tau+\cdots+\int_{t_0}^{t}g_{i,p}(t,\tau)u_p(\tau)\mathrm{d}\tau\right|\\&\leqslant\left|\int_{t_0}^{t}g_{i,1}(t,\tau)u_p(\tau)\mathrm{d}\tau\right|+\left|\int_{t_0}^{t}g_{i,2}(t,\tau)u_p(\tau)\mathrm{d}\tau\right|+\cdots+\left|\int_{t_0}^{t}g_{i,p}(t,\tau)u_p(\tau)\mathrm{d}\tau\right|,\quad i=1,2,\cdots,q\end{aligned}$$

根据有限个有界函数之和仍为有界，并利用单输入-单输出结论，即可得到多输入-多输出情况的结论。至此，证明完成。

根据结论 5.1.1，可以得到定常系统的外部稳定性判据。

结论 5.1.2[线性定常系统 BIBO 稳定判据] 对于零初始条件的线性定常系统，设初始时刻 t_0=0，$\boldsymbol{G}(t)$ 为其脉冲响应矩阵，$\hat{\boldsymbol{G}}(s)$ 为其传递函数矩阵，则系统为BIBO稳定的充分必要条件是，存在一个有限常数 k，$\boldsymbol{G}(t)$ 的每一个元 $g_{i,j}(t)(i=1,2,\cdots,q;j=1,2,\cdots,p)$ 均满足：

$$\int_{0}^{\infty}\left|g_{i,j}(t)\right|\mathrm{d}t\leqslant k<\infty \tag{5.1.7}$$

或等价地，当 $\hat{\boldsymbol{G}}(s)$ 为真的有理分式函数矩阵时，$\hat{\boldsymbol{G}}(s)$ 的每一个非零元的传递函数 $\hat{g}_{i,j}(s)$ 的所有极点均具有负实部。

证 由结论 5.1.1，可以直接得出结论 5.1.2 的第一部分。下面证结论 5.1.2 的第二部分。当 $\hat{g}_{i,j}(s)$ 为真有理分式时，将展开为如下的部分分式之和的形式：

$$\hat{g}_{i,j}(s)=\sum_{l=1}^{m}\frac{\beta_l}{(s-\lambda_l)^{\alpha_l}}+d_{ij} \tag{5.1.8}$$

其中，α_l 为正整数，β_l 和 d_{ij} 为非零常数，λ_l 为 $\hat{g}_{i,j}(s)$ 的极点。对 $\hat{g}_{i,j}(s)$ 实行拉氏逆变换，可得

$$g_{i,j}(t)=L^{-1}(\hat{g}_{i,j}(s))=\sum_{l=1}^{m}\frac{\beta_l}{(\alpha_l-1)!}t^{\alpha_l-1}\mathrm{e}^{\lambda_l t}+d_{ij}\delta(t) \tag{5.1.9}$$

当 λ_l 具有负实部时，令 $\lambda_l=-a_l+b_l\mathrm{j},\ a_l>0$，则有 $\mathrm{e}^{\lambda_l t}=\mathrm{e}^{(-a_l+b_l\mathrm{j})t}$，代入式(5.1.9)可得

$$\begin{aligned}g_{i,j}(t)&=\sum_{l=1}^{m}\frac{\beta_l}{(\alpha_l-1)!}t^{\alpha_l-1}\mathrm{e}^{(-a_l+b_l\mathrm{j})t}=\sum_{l=1}^{m}\frac{\beta_l}{(\alpha_l-1)!}\frac{t^{\alpha_l-1}}{\mathrm{e}^{a_l t}}\mathrm{e}^{b_l\mathrm{j}t}+d_{ij}\delta(t)\\&=\sum_{l=1}^{m}\frac{\beta_l}{(\alpha_l-1)!}\frac{t^{\alpha_l-1}}{\mathrm{e}^{a_l t}}(\cos b_l t+\mathrm{j}\sin b_l t)+d_{ij}\delta(t)\end{aligned} \tag{5.1.10}$$

其中，$(-\sin b_l t+\mathrm{j}\cos b_l t)$ 为有界量，$\lim\limits_{t\to\infty}\frac{t^{\alpha_l-1}}{\mathrm{e}^{\alpha_l t}}=0$，因此

$$\lim_{t\to\infty}\sum_{l=1}^{m}\frac{\beta_l}{(\alpha_l-1)!}\frac{t^{\alpha_l-1}}{\mathrm{e}^{a_l t}}(\cos b_l t+\mathrm{j}\sin b_l t)=0 \tag{5.1.11}$$

由式(5.1.11)可得式(5.1.7)成立。至此，证明完成。

5.1.2 内部稳定性

定义 5.1.2 对线性系统：

$$\begin{cases}\dot{\boldsymbol{x}}=\boldsymbol{A}(t)\boldsymbol{x}+\boldsymbol{B}(t)\boldsymbol{u}, & \boldsymbol{x}(t_0)=\boldsymbol{x}_0, \quad t\in[t_0,t_\alpha]\\ \boldsymbol{y}=\boldsymbol{C}(t)\boldsymbol{x}+\boldsymbol{D}(t)\boldsymbol{u}\end{cases}$$

令外界输入 $\boldsymbol{u}=\boldsymbol{0}$，初始状态 $\boldsymbol{x}_0$ 为任意，如果由 $\boldsymbol{x}_0$ 引起的零输入响应 $\boldsymbol{\Phi}(t;0,\boldsymbol{x}_0,\boldsymbol{0})$ 满足：

$$\lim_{t\to\infty}\boldsymbol{\Phi}(t;0,\boldsymbol{x}_0,\boldsymbol{0})=\boldsymbol{0} \tag{5.1.12}$$

则称该系统为内部稳定的，或称系统为渐进稳定的。

内部稳定是指系统状态自由运动的稳定，即李雅普诺夫意义下的渐进稳定，它是由系统的结构和参数决定的。关于李雅普诺夫意义下的稳定的相关内容，将在后面各节加以讨论。

5.1.3 线性定常系统内部稳定性和外部稳定性之间的关系

结论 5.1.3 如果线性定常系统

$$\begin{cases}\dot{\boldsymbol{x}}=\boldsymbol{A}\boldsymbol{x}+\boldsymbol{B}\boldsymbol{u}, & \boldsymbol{x}(0)=\boldsymbol{x}_0, \quad t\geqslant 0\\ \boldsymbol{y}=\boldsymbol{C}\boldsymbol{x}+\boldsymbol{D}\boldsymbol{u}\end{cases} \tag{5.1.13}$$

是内部稳定的，则其必是 BIBO 稳定的。

证 已知系统(5.1.13)的传递函数矩阵为

$$G(s) = C(sI - A)^{-1}B + D$$

对上式求拉氏逆变换，得系统的脉冲响应矩阵为

$$\begin{aligned} G(t) &= \mathscr{L}^{-1}(G(s)) = \mathscr{L}^{-1}(C(sI - A)^{-1}B + D) \\ &= C\mathscr{L}^{-1}((sI - A)^{-1})B + \mathscr{L}^{-1}(D) \\ &= C\mathrm{e}^{At}B + D\delta(t) \end{aligned} \tag{5.1.14}$$

因为系统为内部稳定的，所以对任意初始状态 x_0 ，有 $\lim\limits_{t\to\infty} \mathrm{e}^{At}x_0 = 0$ ，可得

$$\lim_{t\to\infty} \mathrm{e}^{At} = 0 \tag{5.1.15}$$

所以，由式(5.1.14)和式(5.1.15)可知，矩阵 $G(t)$ 的每一个元 $g_{i,j}(t)(i=1,2,\cdots,q; j=1,2,\cdots,p)$，均满足：

$$\int_0^{\infty} \left|g_{i,j}(t)\right| \mathrm{d}t \leqslant k < \infty$$

所以，系统为 BIBO 稳定的。至此，证明完成。

结论 5.1.4 若线性定常系统(5.1.13)是 BIBO 稳定，则不能保证该系统必是渐进稳定的。

证 因为线性变换不改变系统的稳定性(稳定性是系统固有特性)，于是通过引入线性非奇异变换，可将系统分解为能控能观测、能控不能观测、不能控能观测和不能控不能观测四个部分。由 BIBO 稳定只能推出能控能观测部分的状态的稳定性，而不能推出其余三组状态的稳定性，从而不能保证系统具有内部稳定性。

结论 5.1.5 如果线性定常系统为既能控又能观测，则其内部稳定性和外部稳定性必是等价的。

证 由结论 5.1.3 可知，如果系统具有内部稳定性，则系统必为具有外部稳定性的系统。由结论 5.1.4 的证明可知，当系统既能控又能观测时，由外部稳定性可以推出内部稳定性。至此，证明完成。

5.2 李雅普诺夫意义下运动稳定性的一些基本概念

在详细讨论李雅普诺夫稳定性判别方法之前，首先介绍与此相关的一些基本概念。

5.2.1 平衡状态

在研究系统 $\dot{x} = f(x,t) + u(x,t)$ 内部稳定性时，通常令其外输入向量 $u(x,t) = 0$ ，此时，系统的状态方程变为

$$\dot{x} = f(x,t) \tag{5.2.1}$$

其中，x 为 n 维状态向量；$f(\cdot,\cdot)$ 为关于状态向量 x 和时间 t 的 n 维向量函数，其可以是线性的，也可以是非线性的。通常称系统(5.2.1)为**自治系统**。如果存在某个状态 x_e ，使式(5.2.2)成立：

$$\dot{x}_e = f(x_e,t) = 0, \quad \forall t \geqslant t_0 \tag{5.2.2}$$

则称 x_e 为该系统的一个**平衡状态**(equilibrium)。

从物理意义上说，因为 $\dot{x}_e = 0$ ，所以当系统状态轨迹运动到平衡状态，且不施以外输入时，系统状态运动轨迹将永远停留在平衡状态上。

在大多数情况下，$\boldsymbol{x}_e = \boldsymbol{0}$ 即状态空间的原点为系统的一个平衡状态，除此之外，系统也可以有非零的平衡状态，如对线性定常系统 $\dot{\boldsymbol{x}} = \boldsymbol{A}\boldsymbol{x}$，当矩阵 $\boldsymbol{A}$ 为奇异方阵时，系统有无穷多个非零的平衡状态。如果系统的平衡状态在状态空间中呈现为彼此孤立点，则称为孤立平衡状态。对于孤立平衡状态，总是可以通过移动坐标系而将其转换为状态空间的原点，所以在下面的讨论中，常常假定平衡状态为原点。

例 5.2.1 假设一个单位输出反馈转角控制系统的状态方程为

$$\begin{cases}\dot{x}_1(t) = x_2(t)\\ \dot{x}_2(t) = -k\sin x_1(t) - ax_2(t)\end{cases}$$

求其平衡状态。

解 由

$$\dot{x}_{1e} = x_{2e} = 0$$
$$\dot{x}_{2e} = -k\sin x_{1e} = 0$$

可得该非线性时变系统的平衡状态为

$$\begin{bmatrix} x_{1e}\\ x_{2e}\end{bmatrix} = \begin{bmatrix} k\pi\\ 0\end{bmatrix},\quad k = 0, \pm 1, \pm 2, \cdots$$

可见，系统有无穷多个平衡状态，且这些平衡状态是孤立的、不连续的。系统的状态运动轨迹见图 5.2.1。

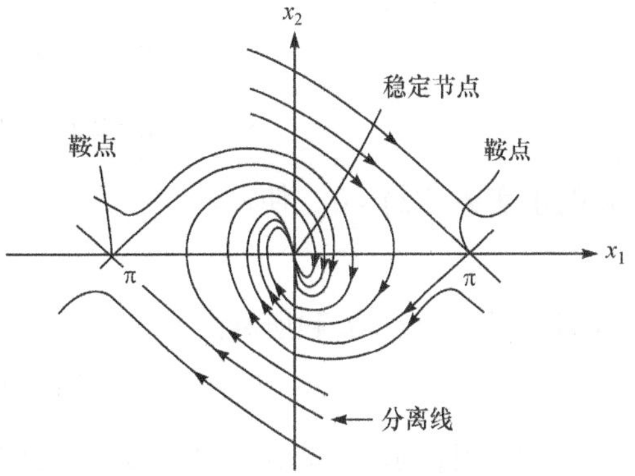

图 5.2.1 系统的状态运动轨迹

研究系统运动的稳定性就是研究其平衡状态的稳定性，即偏离平衡状态的受扰运动能否只依靠系统内部的结构因素而返回平衡状态，或者限制在它的一个有限的邻域内。

5.2.2 李雅普诺夫意义下的稳定

对于系统(5.2.1)，一个平衡状态 $\boldsymbol{x}_e$ 称为李雅普诺夫意义下稳定的，当且仅当对于每个 $\varepsilon > 0$，存在一个依赖于 ε 和 t_0 的正实数 $\delta(\varepsilon, t_0) > 0$，使得若

$$\|\boldsymbol{x}_0 - \boldsymbol{x}_e\| \leqslant \delta(\varepsilon, t_0) \tag{5.2.3}$$

则对于所有的 $t \geqslant t_0$，以 $\boldsymbol{x}_0$ 为系统初始状态的状态运动满足：

$$\|\boldsymbol{\Phi}(t; t_0, \boldsymbol{x}_0, \boldsymbol{0}) - \boldsymbol{x}_e\| \leqslant \varepsilon \tag{5.2.4}$$

这个定义的几何解释是以平衡状态 $\boldsymbol{x}_e$ 为球心、以 ε 为半径做一个 n 维超球，记为 $S(\varepsilon)$。以平衡状态 $\boldsymbol{x}_e$ 为球心、以 $\delta(\varepsilon, t_0)$ 为半径做另一个 n 维超球，记为 $S(\delta)$。当 $\boldsymbol{x}_e$ 为李雅普诺夫意义下稳定的平衡状态时，则所有处于超球 $S(\delta)$ 内的初始状态 $\boldsymbol{x}_0$ 引起的状态运动轨迹均处于超球 $S(\varepsilon)$ 内。图 5.2.2(a)展示了二维状态空间的情况，平衡状态 $\boldsymbol{x}_e = \boldsymbol{0}$ 是李雅普诺夫意义下稳定的平衡状态。

粗略地讲，对于自治系统，若以充分接近于 $\boldsymbol{x}_0$ 的任意处为初始状态的状态响应能够不远离平衡状态 $\boldsymbol{x}_e$，则称 $\boldsymbol{x}_e$ 是李雅普诺夫意义下的稳定平衡状态。李雅普诺夫意义下的稳定平衡状态实际上是工程上的临界稳定状态。

下面给出李雅普诺夫意义下的一致稳定性定义。对系统(5.2.1)，一个平衡状态 $\boldsymbol{x}_e$ 称为李雅普诺夫意义下的一致稳定的，当且仅当对于每个 $\varepsilon > 0$，存在一个依赖于 ε，但不依赖于

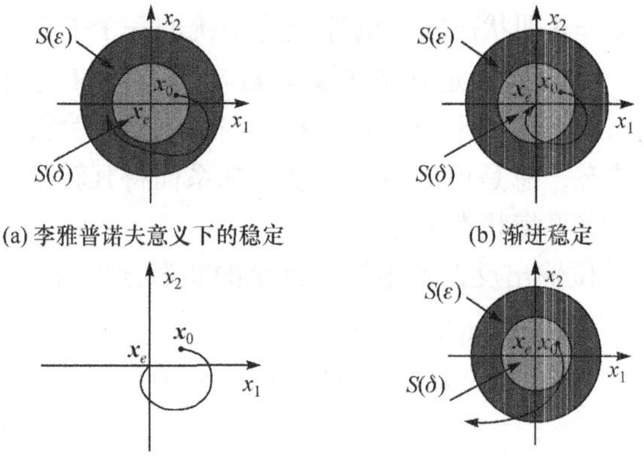

(a) 李雅普诺夫意义下的稳定　(b) 渐进稳定

(c) 全局渐进稳定　(d) 不稳定

图 5.2.2　平衡状态稳定性的几何解释

t_0 的正实数 $\delta(\varepsilon)>0$，使得若

$$\|\boldsymbol{x}_0-\boldsymbol{x}_e\|\leqslant\delta(\varepsilon) \tag{5.2.5}$$

则对于任何的 $t_1>t_0$ 和所有的 $t>t_1$，有式(5.2.6)成立：

$$\|\boldsymbol{\Phi}(t;t_1,\boldsymbol{x}_0,\boldsymbol{0})-\boldsymbol{x}_e\|\leqslant\varepsilon \tag{5.2.6}$$

对于定常系统，稳定性和一致稳定性没有区别。

例 5.2.2　已知如图 5.2.3 所示单摆系统，摆长为 l，小球质量为 m，在不考虑摆杆质量和阻尼的情况下，求其平衡状态，并判断其稳定性。

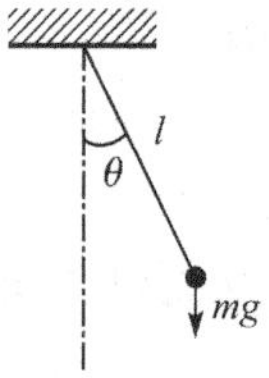

图 5.2.3　单摆系统

解　摆在不受外力情况下自由运动的动力学方程为

$$-mg\sin\theta=ml\ddot{\theta}$$

令 $x_1=\theta,\quad x_2=\dot{\theta}$，系统的状态方程为

$$\begin{cases}\dot{x}_1=x_2\\ \dot{x}_2=(-g/l)\sin x_1\end{cases}$$

令 $\dot{x}_1=0$ 和 $\dot{x}_2=0$，可得其平衡状态为

$$\begin{bmatrix}x_{1e}\\ x_{2e}\end{bmatrix}=\begin{bmatrix}k\pi\\ 0\end{bmatrix},\quad k=0,\pm1,\pm2,\cdots$$

在平衡状态 $\boldsymbol{x}_e$ 处，对状态方程进行线性化

$$\begin{cases}\dot{x}_1=x_2\\ \dot{x}_2=(-g/l)\sin x_1\big|_{x_1=k\pi}+(-g/l)\left.\dfrac{\partial\sin x_1}{\partial x_1}\right|_{x_1=k\pi}(x_1-k\pi)=(-g/l)\cos x_1\big|_{x_1=k\pi}(x_1-k\pi)\end{cases}$$

令 $\bar{x}_1=x_1-k\pi$，$\bar{x}_2=x_2$，则单摆系统线性化后的状态方程为

$$\begin{cases}\dot{\bar{x}}_1=\bar{x}_2\\ \dot{\bar{x}}_2=(-g/l)\bar{x}_1,\quad k=0,\pm2,\pm4,\cdots\end{cases} \tag{5.2.7}$$

和

$$\begin{cases}\dot{\bar{x}}_1 = \bar{x}_2 \\ \dot{\bar{x}}_2 = (g/l)\bar{x}_1, \quad k = \pm 1, \pm 3, \cdots\end{cases} \tag{5.2.8}$$

参照后面讨论可知，平衡状态

$$\boldsymbol{x}_e = \begin{bmatrix} k\pi \\ 0 \end{bmatrix}, \quad k = 0, \pm 2, \pm 4, \cdots$$

对应的状态方程为 $\dot{\boldsymbol{x}} = \begin{bmatrix} 0 & 1 \\ -g/l & 0 \end{bmatrix}$，系统矩阵的特征值为 $\pm\sqrt{g/l}\mathrm{j}$，是李雅普诺夫意义下稳定的平衡状态，而平衡状态

$$\boldsymbol{x}_e = \begin{bmatrix} k\pi \\ 0 \end{bmatrix}, \quad k = \pm 1, \pm 3, \cdots$$

对应的状态方程为 $\dot{\boldsymbol{x}} = \begin{bmatrix} 0 & 1 \\ g/l & 0 \end{bmatrix}$，系统矩阵对应的特征值为 $\pm\sqrt{g/l}$，是李雅普诺夫意义下不稳定的平衡状态。

5.2.3 渐进稳定

若平衡状态 $\boldsymbol{x}_e$ 在时刻 t_0 是：①李雅普诺夫意义下稳定的；②在充分接近 $\boldsymbol{x}_e$ 处起始的每一状态运动，当 $t \to \infty$ 时收敛于 $\boldsymbol{x}_e$，则称此平衡状态 $\boldsymbol{x}_e$ 在时刻 t_0 为渐进稳定的。用数学语言表达为：存在某一个 $\gamma > 0$，使得若 $\|\boldsymbol{x}_0 - \boldsymbol{x}_e\| \leqslant \gamma$，则对于任意 $\bar{\varepsilon} > 0$，存在一个依赖于 $\bar{\varepsilon}$、γ 和 t_0 的正实数 T，对于所有的 $t \geqslant t_0 + T(\bar{\varepsilon}, \gamma, t_0)$，有式(5.2.9)成立：

$$\|\boldsymbol{\Phi}(t; t_0, \boldsymbol{x}_0, \boldsymbol{0}) - \boldsymbol{x}_e\| \leqslant \bar{\varepsilon}, \quad \forall t \geqslant t_0 + T(\bar{\varepsilon}, \gamma, t_0) \tag{5.2.9}$$

关于渐进稳定的几何解释见图 5.2.2(b)。

下面给出一致渐进稳定的定义。若平衡状态 $\boldsymbol{x}_e$ 在 $[t, \infty)$ 内是李雅普诺夫意义下渐进稳定的，且若 T 不依赖于 t_0，则称此平衡状态 $\boldsymbol{x}_e$ 在 $[t, \infty)$ 内为一致渐进稳定。

渐进稳定是工程意义下的稳定，李雅普诺夫意义下稳定则是工程意义下的临界稳定。

5.2.4 大范围渐进稳定

大范围渐进稳定也称为全局渐进稳定，它是指如果由状态空间的任意有限非零初始状态 $\boldsymbol{x}_0$ 引起的零输入响应 $\boldsymbol{\Phi}(t; t_0, \boldsymbol{x}_0, \boldsymbol{0})$ 都是有界的，且式(5.2.10)成立：

$$\lim_{t \to \infty} \boldsymbol{\Phi}(t; t_0, \boldsymbol{x}_0, \boldsymbol{0}) = \boldsymbol{x}_e \tag{5.2.10}$$

则称平衡状态 $\boldsymbol{x}_e$ 是大范围渐进稳定的。

结论 5.2.1 如果线性系统是渐进稳定的，则它必是全局渐进稳定的或大范围渐进稳定的。

证 对于线性系统，如果 $\boldsymbol{x}_e = \boldsymbol{0}$ 是渐进稳定的，则以充分接近 $\boldsymbol{x}_e$ 的初始状态 $\boldsymbol{x}_0$ 引起的状态运动 $\boldsymbol{x}(t)$ 应满足：

$$\lim_{t \to \infty} \boldsymbol{x}(t) = \lim_{t \to \infty} \boldsymbol{\Phi}(t, t_0)\boldsymbol{x}_0 = \boldsymbol{x}_e = \boldsymbol{0}$$

对于其他的初始状态 $\boldsymbol{x}_0'(\boldsymbol{x}_0' = a\boldsymbol{x}_0)$ 引起的状态运动，也应满足：

$$\lim_{t\to\infty}\boldsymbol{x}(t)=\lim_{t\to\infty}\boldsymbol{\Phi}(t,t_0)\boldsymbol{x}_0'=\lim_{t\to\infty}\boldsymbol{\Phi}(t,t_0)a\boldsymbol{x}_0=a\lim_{t\to\infty}\boldsymbol{\Phi}(t,t_0)\boldsymbol{x}_0=\boldsymbol{0}$$

其中，a 为任意有限实数。对于非零的平衡状态，可以通过坐标变换，将其转移到原点，继而仿照前面加以证明。至此，证明完成。

关于全局渐进稳定的几何解释见图 5.2.2(c)。

5.2.5 不稳定平衡状态

对于任意给定的一个正数 $\varepsilon>0$，无论选取怎样小的 $\delta>0$，在所有 $\|\boldsymbol{x}_0-\boldsymbol{x}_e\|<\delta$ 的初态 $\boldsymbol{x}_0$ 中，至少有一个 $\boldsymbol{x}_0$ 引起的运动使

$$\|\boldsymbol{x}(t)-\boldsymbol{x}_e\|>\varepsilon,\quad t\geqslant t_0+T \tag{5.2.11}$$

则称平衡状态 $\boldsymbol{x}_e$ 为不稳定平衡状态。

关于不稳定平衡状态的几何解释见图 5.2.2(d)。

5.3 李雅普诺夫第二方法的主要定理

李雅普诺夫于 1892 年介绍了分析由常微分方程组所描述的动力学系统的稳定性的两种方法，称为李雅普诺夫第一方法和李雅普诺夫第二方法。李雅普诺夫第一方法也称为间接法，它是对系统 $\dot{\boldsymbol{x}}=\boldsymbol{f}(\boldsymbol{x},t)$ 在平衡状态附近进行一次近似的线性化，分析得到的线性化方程的稳定性，从而得到原非线性系统在平衡状态附近小范围的稳定性。李雅普诺夫第二方法也称为直接法，它是通过构造类似于“系统能量”的李雅普诺夫函数，并分析它和其一次导数的正定性，而得到系统是否稳定。本节主要讨论应用日趋广泛的李雅普诺夫第二方法。

对连续时间的非线性时变自治系统：

$$\dot{\boldsymbol{x}}=\boldsymbol{f}(\boldsymbol{x},t),\qquad t\geqslant t_0 \tag{5.3.1}$$

其中，对一切 t 均有 $\boldsymbol{f}(\boldsymbol{0},t)=\boldsymbol{0}$，即状态空间的原点是系统的平衡状态。下面给出原点平衡状态为大范围渐进稳定的判别定理。

5.3.1 大范围渐进稳定的判别定理

结论 5.3.1[时变系统大范围一致渐进稳定判别定理] 对系统(5.3.1)，如果存在一个对状态 $\boldsymbol{x}$ 和时间 t 具有连续一阶偏导数的标量函数 $V(\boldsymbol{x},t)$, $V(\boldsymbol{0},t)=0$，且对状态空间中的所有非零状态 $\boldsymbol{x}$，满足如下条件：

(1) $V(\boldsymbol{x},t)$ 正定且有界，即存在两个连续的非减标量函数 $\alpha(\|\boldsymbol{x}\|)$ 和 $\beta(\|\boldsymbol{x}\|)$，其中 $\alpha(0)=0$，$\beta(0)=0$，使对一切 $t\geqslant t_0$，式(5.3.2)成立：

$$\beta(\|\boldsymbol{x}\|)\geqslant V(\boldsymbol{x},t)\geqslant\alpha(\|\boldsymbol{x}\|)>0 \tag{5.3.2}$$

(2) $V(\boldsymbol{x},t)$ 对时间 t 的导数 $\dot{V}(\boldsymbol{x},t)$ 负定且有界，即存在一个连续的非减的标量函数 $\gamma(\|\boldsymbol{x}\|)$，其中 $\gamma(0)=0$，使对一切 $t\geqslant t_0$，式(5.3.3)成立：

$$\dot{V}(\boldsymbol{x},t)\leqslant-\gamma(\|\boldsymbol{x}\|)<0 \tag{5.3.3}$$

其中，$\dot{V}(\boldsymbol{x},t)\Big|_{\dot{\boldsymbol{x}}=\boldsymbol{f}(\boldsymbol{x},t)}=\dfrac{\partial V}{\partial t}+\dfrac{\partial V}{\partial \boldsymbol{x}}\boldsymbol{f}(\boldsymbol{x},t)$。

(3) 当$\|\boldsymbol{x}\|\to\infty$时，有$\alpha(\|\boldsymbol{x}\|)\to\infty$，即$V(\boldsymbol{x},t)\to\infty$。
则系统原点平衡状态为大范围一致渐进稳定的平衡状态。

这里需要说明一点：结论 5.3.1 是保证系统平衡状态为大范围一致渐进稳定的**充分条件**，而不是必要条件，即如果找不到满足结论 5.3.1 中条件的$V(\boldsymbol{x},t)$，也不能说明系统的平衡状态不是大范围一致渐进稳定的。

通过图 5.3.1 可以对结论 5.3.1 有一个直观理解。

对于一个二阶系统，状态变量分别为 x_1 和 x_2，因为$V(\boldsymbol{x},t)$是正定函数，所以$V(\boldsymbol{x},t)=c$（c为常数）的等高面形成了以原点为中心的封闭曲面族，如$V(\boldsymbol{x},t)=x_1^2+x_2^2=c$。当$\dot{V}(\boldsymbol{x},t)$为负定时，系统(5.3.1)的解曲线的行进方向是从封闭曲面的外侧向内侧，当$t\to\infty$时，收敛至原点。

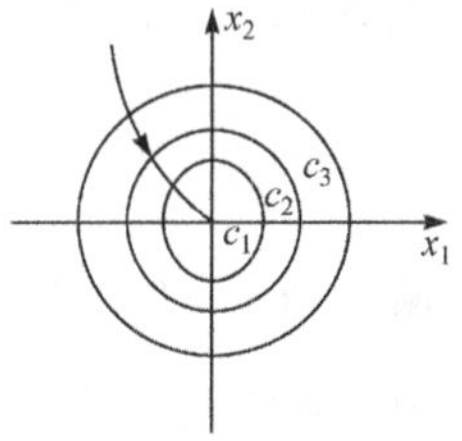

图 5.3.1 结论 5.3.1 的直观理解

结论 5.3.2[定常系统的大范围渐进稳定判别定理] 对系统$\dot{\boldsymbol{x}}=\boldsymbol{f}(\boldsymbol{x}),\quad t\geqslant 0$，如果存在一个具有连续一阶偏导数的标量函数$V(\boldsymbol{x}),V(\boldsymbol{0})=0$，并且对状态空间中的一切非零$\boldsymbol{x}$满足如下的条件：

(1) $V(\boldsymbol{x})$正定，即$V(\boldsymbol{x})>0$；

(2) $V(\boldsymbol{x})$对时间 t 的导数$\dot{V}(\boldsymbol{x})\triangleq\dfrac{\mathrm{d}V(\boldsymbol{x})}{\mathrm{d}t}$为负定，即$\dot{V}(\boldsymbol{x})<0$；

(3) 当$\|\boldsymbol{x}\|\to\infty$时，有$V(\boldsymbol{x})\to\infty$。

则系统的原点平衡状态为大范围渐进稳定的。

例 5.3.1 分析如下系统关于原点平衡状态的稳定性：

$$\begin{cases}\dot{x}_1=x_2-x_1(x_1^2+x_2^2)\\ \dot{x}_2=-x_1-x_2(x_1^2+x_2^2)\end{cases}$$

解 由$\dot{x}_1=0$和$\dot{x}_2=0$，可知$x_1=0$和$x_2=0$，即原点为该系统唯一的平衡状态。

取$V(\boldsymbol{x})=x_1^2+x_2^2$，有

(1) $V(\boldsymbol{x})>0,\quad\forall\boldsymbol{x}\neq\boldsymbol{0}$；

(2) $V(\boldsymbol{x})$对时间t的一阶导数为

$$\begin{aligned}\dot{V}(\boldsymbol{x})&=\frac{\partial V(\boldsymbol{x})}{\partial x_1}\cdot\frac{\mathrm{d}x_1}{\mathrm{d}t}+\frac{\partial V(\boldsymbol{x})}{\partial x_2}\cdot\frac{\mathrm{d}x_2}{\mathrm{d}t}\\&=2x_1\cdot\dot{x}_1+2x_2\cdot\dot{x}_2\\&=-2(x_1^2+x_2^2)\end{aligned}$$

所以，$\dot{V}(\boldsymbol{x},t)<0,\quad\forall\boldsymbol{x}\neq\boldsymbol{0}$；

(3) 当$\|\boldsymbol{x}\|\to\infty$时，有$V(\boldsymbol{x})\to\infty$。

由结论 5.3.2，该系统的原点平衡状态是大范围渐进稳定的。

放宽对结论 5.3.2 中$\dot{V}(\boldsymbol{x})$负定的限制，可以得出结论 5.3.3。

结论 5.3.3[定常系统的大范围渐进稳定判别定理] 对系统$\dot{\boldsymbol{x}}=\boldsymbol{f}(\boldsymbol{x}),\quad t\geqslant 0$，如果存在一个具有连续一阶偏导数的标量函数$V(\boldsymbol{x}),V(\boldsymbol{0})=0$，并且对状态空间中的一切非零点$\boldsymbol{x}$满足如下的条件：

(1) $V(\boldsymbol{x})$ 正定，即 $V(\boldsymbol{x})>0$；

(2) $V(\boldsymbol{x})$ 对时间 t 的导数 $\dot{V}(\boldsymbol{x})$ 为负半定，即 $\dot{V}(\boldsymbol{x})\leqslant 0$；

(3) 对任意状态空间中的非零点 $\boldsymbol{x}_0$，有 $\dot{V}(\boldsymbol{\Phi}(t;0,\boldsymbol{x}_0,\boldsymbol{0}))$ 不恒等于零；

(4) 当 $\|\boldsymbol{x}\|\to\infty$ 时，有 $V(\boldsymbol{x})\to\infty$。

则系统的原点平衡状态为大范围渐进稳定的。

例 5.3.2 判断下面系统关于原点平衡状态的稳定性：

$$\begin{cases}\dot{x}_1 = x_2\\ \dot{x}_2 = -x_1-(1+x_2)^2x_2\end{cases}$$

解 由 $\dot{x}_1=0$ 和 $\dot{x}_2=0$，可知 $x_1=0$ 和 $x_2=0$，即原点为该系统唯一的平衡状态。

取 $V(\boldsymbol{x})=x_1^2+x_2^2$，有

(1) $V(\boldsymbol{x})>0,\quad \forall\boldsymbol{x}\neq\boldsymbol{0}$；

(2) $V(\boldsymbol{x})$ 对时间 t 的一阶导数为

$$\begin{aligned}\dot{V}(\boldsymbol{x})&=\frac{\partial V(\boldsymbol{x})}{\partial x_1}\cdot\frac{\mathrm{d}x_1}{\mathrm{d}t}+\frac{\partial V(\boldsymbol{x})}{\partial x_2}\cdot\frac{\mathrm{d}x_2}{\mathrm{d}t}\\&=2x_1\cdot\dot{x}_1+2x_2\cdot\dot{x}_2=2x_1x_2+2x_2[-x_1-(1+x_2)^2x_2]\\&=-2x_2^2(1+x_2)^2\end{aligned}$$

因此，当 (a) $x_2=0$；(b) $x_2=-1$ 时，$\dot{V}(\boldsymbol{x})=0$。除上述两种情况之外，$\dot{V}(\boldsymbol{x})<0$，所以 $\dot{V}(\boldsymbol{x})$ 为负半定。

(3) 检查对情况 (a) 和 (b)，$\dot{V}(\boldsymbol{\Phi}(t;0,\boldsymbol{x}_0,\boldsymbol{0}))$ 是否恒等于零。

对情况 (a)：$x_2=0$，此时，系统状态方程变为

$$\begin{cases}\dot{x}_1(t)=x_2(t)=0\\ \dot{x}_2=-x_1(t)\end{cases}$$

上述状态方程无解。这表明，除点 $(x_1=0,x_2=0)$ 外，$\begin{bmatrix}x_1(t) & 0\end{bmatrix}^{\mathrm{T}}$ 不是该系统的解。

对情况 (b)：$x_2=-1$，此时，系统状态方程变为

$$\begin{cases}\dot{x}_1(t)=x_2(t)=-1\\ \dot{x}_2=-x_1(t)\end{cases}$$

上述状态方程无解。这表明，除点 $(x_1=0,x_2=0)$ 外，$\begin{bmatrix}x_1(t) & -1\end{bmatrix}^{\mathrm{T}}$ 也不是该系统的解。

(4) 当 $\|\boldsymbol{x}\|\to\infty$ 时，有 $V(\boldsymbol{x})\to\infty$。

由结论 5.3.3 可知，该系统的原点平衡状态是大范围渐进稳定的。

5.3.2 李雅普诺夫意义下稳定的判别定理

结论 5.3.4[时变系统李雅普诺夫意义下一致稳定的判别定理] 对系统 (5.3.1)，如果存在一个对状态 $\boldsymbol{x}$ 和时间 t 具有连续一阶偏导数的标量函数 $V(\boldsymbol{x},t)$, $V(\boldsymbol{0},t)=0$，和围绕原点的一个吸引区域 Ω，使对于一切非零状态 $\boldsymbol{x}\in\Omega$ 和一切 $t\geqslant t_0$ 满足如下条件：

(1) $V(\boldsymbol{x},t)$ 正定且有界；

(2) $V(\boldsymbol{x},t)$ 对时间 t 的导数 $\dot{V}(\boldsymbol{x},t)$ 负半定且有界，
则系统原点平衡状态为在 Ω 域内一致稳定。

结论 5.3.5[定常系统李雅普诺夫意义下稳定的判别定理] 对定常系统 $\dot{\boldsymbol{x}}=\boldsymbol{f}(\boldsymbol{x})$，如果存在一个具有连续一阶导数的标量函数 $V(\boldsymbol{x})$, $V(\boldsymbol{0})=0$，和围绕原点的一个吸引区域 Ω，使对于一切非零状态 $\boldsymbol{x}\in\Omega$ 和一切 $t\geqslant 0$ 满足如下条件：

(1) $V(\boldsymbol{x})$ 正定；

(2) $V(\boldsymbol{x})$ 对时间 t 的导数 $\dot{V}(\boldsymbol{x})$ 为负半定。

则系统原点平衡状态为 Ω 域内李雅普诺夫意义下稳定的平衡状态。

5.3.3 不稳定的判别定理

稳定判别定理只能判别系统的稳定性，不能判别系统是不稳定的。当多次选取 $V(\boldsymbol{x},t)$ 都得不到确定答案时，就要考虑该系统为不稳定的可能。下面是系统不稳定的判别定理。

结论 5.3.6 对于时变系统 $\dot{\boldsymbol{x}}=\boldsymbol{f}(\boldsymbol{x},t)$ 或定常系统 $\dot{\boldsymbol{x}}=\boldsymbol{f}(\boldsymbol{x})$，如果存在一个具有连续一阶导数的标量函数 $V(\boldsymbol{x},t)$ 或 $V(\boldsymbol{x})$，$V(\boldsymbol{0},t)=0$ 或 $V(\boldsymbol{0})=0$，和围绕原点的一个吸引区域 Ω，对一切非零状态 $\boldsymbol{x}\in\Omega$ 和一切 $t\geqslant t_0$，满足如下条件：

(1) $V(\boldsymbol{x},t)$ 正定且有界或 $V(\boldsymbol{x})$ 为正定；

(2) $\dot{V}(\boldsymbol{x},t)$ 也为正定且有界或 $\dot{V}(\boldsymbol{x})$ 也为正定。

则系统的原点平衡状态为不稳定的平衡状态。

5.4 李雅普诺夫函数的常用构造方法

李雅普诺夫第二方法是判定系统平衡状态是否稳定的有效方法，适合于最广泛的非线性时变系统。目前，该方法广泛应用于设计神经网络自适应稳定控制等领域。应用该方法最大的困难在于没有一个通用方法构造出适合非线性系统的李雅普诺夫函数。现在对线性定常系统已经有成熟的理论，对非线性定常系统也有一些有效的方法。本节介绍两种常用的构造李雅普诺夫函数的方法。

5.4.1 变量梯度法

变量梯度法适合于针对非线性定常系统构造李雅普诺夫函数。对非线性定常系统：

$$\dot{\boldsymbol{x}}=\boldsymbol{f}(\boldsymbol{x}) \tag{5.4.1}$$

选取候选李雅普诺夫函数 $V(\boldsymbol{x})$ 的梯度 $\nabla V(\boldsymbol{x})$ 为

$$\nabla V(\boldsymbol{x})=\begin{bmatrix} a_{11}x_1+a_{12}x_2+\cdots+a_{1n}x_n \\ \vdots \\ a_{n1}x_1+a_{n2}x_2+\cdots+a_{nn}x_n \end{bmatrix} \tag{5.4.2}$$

其中，a_{ij} 为常数或关于向量 $\boldsymbol{x}$ 的函数；$\boldsymbol{x}=[x_1\ \ x_2\ \ \cdots\ \ x_n]^{\mathrm{T}}$，函数梯度定义为

$$\nabla V(\boldsymbol{x}) \triangleq \frac{\partial V(\boldsymbol{x})}{\partial \boldsymbol{x}} \triangleq \begin{bmatrix} \dfrac{\partial V(\boldsymbol{x})}{\partial x_1} \\ \vdots \\ \dfrac{\partial V(\boldsymbol{x})}{\partial x_n} \end{bmatrix} = \begin{bmatrix} \nabla V_1(\boldsymbol{x}) \\ \vdots \\ \nabla V_n(\boldsymbol{x}) \end{bmatrix} \tag{5.4.3}$$

根据稳定性结论给出的条件得到对$\nabla V(\boldsymbol{x})$的限制。由$\dot{V}(\boldsymbol{x})<0$，可得

$$0 > \frac{\mathrm{d}V(\boldsymbol{x})}{\mathrm{d}t} = \frac{\partial V(\boldsymbol{x})}{\partial x_1}\cdot\frac{\mathrm{d}x_1}{\mathrm{d}t} + \cdots + \frac{\partial V(\boldsymbol{x})}{\partial x_n}\cdot\frac{\mathrm{d}x_n}{\mathrm{d}t} = \begin{bmatrix} \dfrac{\partial V(\boldsymbol{x})}{\partial x_1} & \cdots & \dfrac{\partial V(\boldsymbol{x})}{\partial x_n} \end{bmatrix} \begin{bmatrix} \dot{x}_1 \\ \vdots \\ \dot{x}_n \end{bmatrix} = [\nabla V(\boldsymbol{x})]^{\mathrm{T}} \dot{\boldsymbol{x}}$$

因此

$$[\nabla V(\boldsymbol{x})]^{\mathrm{T}} \dot{\boldsymbol{x}} < 0 \tag{5.4.4}$$

再根据向量分析中场论知识，有

$$\frac{\partial \nabla V_j(\boldsymbol{x})}{\partial x_i} = \frac{\partial \nabla V_i(\boldsymbol{x})}{\partial x_j}, \quad \forall i \neq j \tag{5.4.5}$$

根据式(5.4.4)和式(5.4.5)即可求出式(5.4.2)中的a_{ij}。

在求得$\nabla V(\boldsymbol{x})$后，根据$\nabla V(\boldsymbol{x})$，求候选李雅普诺夫函数$V(\boldsymbol{x})$：

$$\begin{aligned} V(\boldsymbol{x}) &= \int_0^{V(\boldsymbol{x})} \mathrm{d}V(\boldsymbol{x}) = \int_0^t \frac{\mathrm{d}V(\boldsymbol{x})}{\mathrm{d}t}\mathrm{d}t = \int_0^t [\nabla V(\boldsymbol{x})]^{\mathrm{T}} \dot{\boldsymbol{x}}\mathrm{d}t = \int_0^{\boldsymbol{x}} [\nabla V(\boldsymbol{x})]^{\mathrm{T}} \mathrm{d}\boldsymbol{x} \\ &= \int_0^{\boldsymbol{x}} [\nabla V_1(\boldsymbol{x}) \quad \cdots \quad \nabla V_n(\boldsymbol{x})] \begin{bmatrix} \mathrm{d}x_1 \\ \vdots \\ \mathrm{d}x_n \end{bmatrix} \end{aligned} \tag{5.4.6}$$

根据有势场的相关特性，上述积分结果与积分路径无关，因此按如下方式选取积分路径：

令$x_2 = \cdots = x_n = 0$，取$x_1: 0 \to x_1$；

固定x_1，取$x_3 = \cdots = x_n = 0$，取$x_2: 0 \to x_2$；

…

固定$x_1, x_2, \cdots, x_{n-2}$，取$x_n = 0$，取$x_{n-1}: 0 \to x_{n-1}$；

固定$x_1, x_2, \cdots, x_{n-1}$，取$x_n: 0 \to x_n$。

因此，式(5.4.6)变为

$$\begin{aligned} V(\boldsymbol{x}) &= \int_0^{x_1 (x_2 = \cdots = x_n = 0)} \nabla V_1(\boldsymbol{x})\mathrm{d}x_1 + \int_0^{x_2 (x_1 = x_1, x_3 = \cdots = x_n = 0)} \nabla V_2(\boldsymbol{x})\mathrm{d}x_2 \\ &\quad + \cdots + \int_0^{x_n (x_1 = x_1, \cdots, x_{n-1} = x_{n-1})} \nabla V_n(\boldsymbol{x})\mathrm{d}x_n \end{aligned} \tag{5.4.7}$$

判断$V(\boldsymbol{x})$的正定性。当$V(\boldsymbol{x})>0$时，得到的$V(\boldsymbol{x})$是李雅普诺夫函数，表明系统是稳定的。当$V(\boldsymbol{x})<0$时，表明变量梯度法对此系统不成功，但这并不意味着李雅普诺夫函数不存在，可选用其他方法来构造李雅普诺夫函数。

例 5.4.1 已知系统：

$$\begin{cases}\dot{x}_1 = x_2 \\ \dot{x}_2 = -x_1^3 - x_2\end{cases}$$

试用变量梯度法判断系统的内部稳定性。

解 由 $\dot{x}_1 = 0$ 和 $\dot{x}_2 = 0$，可知 $x_1 = 0$ 和 $x_2 = 0$，即原点为该系统唯一的平衡状态。系统阶次 $n = 2$，李雅普诺夫函数 $V(\boldsymbol{x})$ 的梯度 $\nabla V(\boldsymbol{x})$ 为

$$\nabla V(\boldsymbol{x}) = \begin{bmatrix}\nabla V_1(\boldsymbol{x}) \\ \nabla V_2(\boldsymbol{x})\end{bmatrix} = \begin{bmatrix}a_{11}x_1 + a_{12}x_2 \\ a_{21}x_1 + a_{22}x_2\end{bmatrix}$$

取 $a_{22} = 2$，由

$$\frac{\partial \nabla V_1(\boldsymbol{x})}{\partial x_2} = \frac{\partial \nabla V_2(\boldsymbol{x})}{\partial x_1}$$

可得

$$a_{12} = a_{21} \tag{5.4.8}$$

再由 $[\nabla V(\boldsymbol{x})]^{\mathrm{T}} \dot{\boldsymbol{x}} < 0$，可得

$$\begin{bmatrix}a_{11}x_1 + a_{12}x_2 & a_{21}x_1 + a_{22}x_2\end{bmatrix}\begin{bmatrix}x_2 \\ -x_1^3 - x_2\end{bmatrix} = (a_{11} - a_{21} - 2x_1^2)x_1x_2 + (a_{12} - 2)x_2^2 - a_{21}x_1^4 < 0 \tag{5.4.9}$$

取

$$\begin{cases}a_{12} = a_{21} \\ a_{11} = a_{21} + 2x_1^2 \\ 0 < a_{12} < 2\end{cases}$$

使式(5.4.8)和式(5.4.9)成立。因此

$$\nabla V(\boldsymbol{x}) = \begin{bmatrix}(a_{21} + 2x_1^2)x_1 + a_{21}x_2 \\ a_{21}x_1 + 2x_2\end{bmatrix} \tag{5.4.10}$$

由式(5.4.7)和式(5.4.10)，可得

$$\begin{aligned}V(\boldsymbol{x}) &= \int_0^{x_1(x_2=0)} (a_{21} + 2x_1^2)x_1 \mathrm{d}x_1 + \int_0^{x_2(x_1=x_1)} (a_{21}x_1 + 2x_2)\mathrm{d}x_2 \\ &= \frac{1}{2}x_1^4 + \frac{1}{2}a_{21}x_1^2 + a_{21}x_1x_2 + x_2^2 \\ &= \frac{1}{2}x_1^4 + \begin{bmatrix}x_1 & x_2\end{bmatrix}\begin{bmatrix}\dfrac{a_{21}}{2} & \dfrac{a_{21}}{2} \\ \dfrac{a_{21}}{2} & 1\end{bmatrix}\begin{bmatrix}x_1 \\ x_2\end{bmatrix}\end{aligned}$$

判断得到的 $V(\boldsymbol{x})$ 的正定性：

由 $0 < a_{12} < 2$，可得

$$\det \frac{a_{21}}{2} > 0 \quad 和 \quad \det\begin{bmatrix}\dfrac{a_{21}}{2} & \dfrac{a_{21}}{2} \\ \dfrac{a_{21}}{2} & 1\end{bmatrix} = \frac{a_{21}}{2}\left(1 - \frac{a_{21}}{2}\right) > 0$$

因此，$\forall \boldsymbol{x} \neq \mathbf{0}$，$V(\boldsymbol{x})>0$，即$V(\boldsymbol{x})$为正定。此外，当$\|\boldsymbol{x}\| \to \infty$时，$V(\boldsymbol{x}) \to \infty$。因此，$V(\boldsymbol{x})$为满足李雅普诺夫第二方法的$V(\boldsymbol{x})$，$\boldsymbol{x}_e=\mathbf{0}$为大范围渐进稳定的平衡状态。

5.4.2 克拉索夫斯基方法

对于非线性定常系统：

$$\dot{\boldsymbol{x}}=\boldsymbol{f}(\boldsymbol{x}), \quad t \geqslant 0 \tag{5.4.11}$$

其中，$\boldsymbol{f}(\mathbf{0})=\mathbf{0}$，即$\boldsymbol{x}_e=\mathbf{0}$是系统的唯一的平衡状态；

$$\boldsymbol{x}=\begin{bmatrix} x_1 & \cdots & x_n \end{bmatrix}^{\mathrm{T}}, \quad \boldsymbol{f}(\boldsymbol{x})=\begin{bmatrix} f_1(\boldsymbol{x}) \\ \vdots \\ f_n(\boldsymbol{x}) \end{bmatrix} \tag{5.4.12}$$

系统(5.4.11)的雅可比矩阵$\boldsymbol{F}(\boldsymbol{x})$：

$$\boldsymbol{F}(\boldsymbol{x}) \triangleq \frac{\partial \boldsymbol{f}(\boldsymbol{x})}{\partial \boldsymbol{x}^{\mathrm{T}}}=\begin{bmatrix} \dfrac{\partial f_1(\boldsymbol{x})}{\partial x_1} & \cdots & \dfrac{\partial f_1(\boldsymbol{x})}{\partial x_n} \\ \vdots & & \vdots \\ \dfrac{\partial f_n(\boldsymbol{x})}{\partial x_1} & \cdots & \dfrac{\partial f_n(\boldsymbol{x})}{\partial x_n} \end{bmatrix} \tag{5.4.13}$$

命题 5.4.1 对连续非线性定常系统(5.4.11)和围绕原点平衡状态的一个域$\Omega \subset \mathscr{R}^n$，若

$$\boldsymbol{F}^{\mathrm{T}}(\boldsymbol{x})+\boldsymbol{F}(\boldsymbol{x})<0, \quad \forall \boldsymbol{x} \neq \mathbf{0} \tag{5.4.14}$$

即矩阵$\boldsymbol{F}^{\mathrm{T}}(\boldsymbol{x})+\boldsymbol{F}(\boldsymbol{x})$负定，则

$$\dot{V}(\boldsymbol{x})<0 \tag{5.4.15}$$

即$\dot{V}(\boldsymbol{x})$负定。其中，$V(\boldsymbol{x})=\boldsymbol{f}^{\mathrm{T}}(\boldsymbol{x})\boldsymbol{f}(\boldsymbol{x})$。

证 因为

$$\begin{aligned} \frac{\mathrm{d}V(\boldsymbol{x})}{\mathrm{d}t} &= \frac{\mathrm{d}}{\mathrm{d}t}[\boldsymbol{f}^{\mathrm{T}}(\boldsymbol{x})\boldsymbol{f}(\boldsymbol{x})] \\ &= \frac{\mathrm{d}\boldsymbol{f}^{\mathrm{T}}(\boldsymbol{x})}{\mathrm{d}t} \cdot \boldsymbol{f}(\boldsymbol{x})+\boldsymbol{f}^{\mathrm{T}}(\boldsymbol{x}) \cdot \frac{\mathrm{d}\boldsymbol{f}(\boldsymbol{x})}{\mathrm{d}t} \\ &= \left[\frac{\partial \boldsymbol{f}(\boldsymbol{x})}{\partial \boldsymbol{x}^{\mathrm{T}}} \cdot \frac{\mathrm{d}\boldsymbol{x}}{\mathrm{d}t}\right]^{\mathrm{T}} \boldsymbol{f}(\boldsymbol{x})+\boldsymbol{f}^{\mathrm{T}}(\boldsymbol{x})\left[\frac{\partial \boldsymbol{f}(\boldsymbol{x})}{\partial \boldsymbol{x}^{\mathrm{T}}} \cdot \frac{\mathrm{d}\boldsymbol{x}}{\mathrm{d}t}\right] \\ &= \boldsymbol{f}^{\mathrm{T}}(\boldsymbol{x})[\boldsymbol{F}^{\mathrm{T}}(\boldsymbol{x})+\boldsymbol{F}(\boldsymbol{x})]\boldsymbol{f}(\boldsymbol{x}) \end{aligned}$$

由式(5.4.14)，可知$\dfrac{\mathrm{d}V(\boldsymbol{x})}{\mathrm{d}t}<0, \quad \forall \boldsymbol{x} \neq \mathbf{0}$，至此，命题得证。

结论 5.4.1[克拉索夫斯基方法] 对系统(5.4.11)和围绕原点平衡状态的一个域$\Omega \subset \mathscr{R}^n$，原点$\boldsymbol{x}=\mathbf{0}$为域$\Omega$内唯一平衡状态，若

$$\boldsymbol{F}^{\mathrm{T}}(\boldsymbol{x})+\boldsymbol{F}(\boldsymbol{x})<0, \quad \forall \boldsymbol{x} \neq \mathbf{0} \tag{5.4.16}$$

则系统平衡状态$\boldsymbol{x}=\mathbf{0}$为域$\Omega$内渐进稳定平衡状态，而且$V(\boldsymbol{x})=\boldsymbol{f}^{\mathrm{T}}(\boldsymbol{x})\boldsymbol{f}(\boldsymbol{x})$为一个李雅普诺夫函数。另外，如果$\boldsymbol{x}=\mathbf{0}$为状态空间内的唯一平衡状态，且当$\|\boldsymbol{x}\| \to \infty$时，有$\boldsymbol{f}^{\mathrm{T}}(\boldsymbol{x})\boldsymbol{f}(\boldsymbol{x}) \to \infty$，则

系统平衡状态 $\boldsymbol{x}=\mathbf{0}$ 为大范围渐进稳定的平衡状态。

证 利用命题 5.4.1 和李雅普诺夫第二稳定性判据相关结论，即可完成证明。

结论 5.4.2 对线性定常系统 $\dot{\boldsymbol{x}}=\boldsymbol{A}\boldsymbol{x}$ ，$\boldsymbol{A}$ 为非奇异矩阵，若

$$\boldsymbol{A}+\boldsymbol{A}^{\mathrm{T}}<0 \tag{5.4.17}$$

则 $\boldsymbol{x}=\mathbf{0}$ 为大范围渐进稳定平衡状态。

证 注意到 $\boldsymbol{F}(\boldsymbol{x})=\boldsymbol{A}$ ，利用结论 5.4.1，可证得结论 5.4.2。

例 5.4.2 已知系统：

$$\begin{cases}\dot{x}_1=-3x_1+x_2\\ \dot{x}_2=2x_1-x_2-x_2^3\end{cases}$$

试用克拉索夫斯基方法判断系统的内部稳定性。

解 由 $\dot{x}_1=0$ 和 $\dot{x}_2=0$ ，可知 $x_1=0$ 和 $x_2=0$ ，即原点为该系统唯一的平衡状态：

$$\boldsymbol{F}(\boldsymbol{x})=\frac{\partial \boldsymbol{f}(\boldsymbol{x})}{\partial \boldsymbol{x}^{\mathrm{T}}}=\begin{bmatrix}\dfrac{\partial f_1(\boldsymbol{x})}{\partial x_1} & \dfrac{\partial f_1(\boldsymbol{x})}{\partial x_2}\\ \dfrac{\partial f_2(\boldsymbol{x})}{\partial x_1} & \dfrac{\partial f_2(\boldsymbol{x})}{\partial x_2}\end{bmatrix}=\begin{bmatrix}-3 & 1\\ 2 & -1-3x_2^2\end{bmatrix}$$

$$\boldsymbol{F}^{\mathrm{T}}(\boldsymbol{x})+\boldsymbol{F}(\boldsymbol{x})=-\begin{bmatrix}6 & -3\\ -3 & 2+6x_2^2\end{bmatrix}$$

因为 $6>0$ ，$\det\begin{bmatrix}6 & -3\\ -3 & 2+6x_2^2\end{bmatrix}=36x_2^2+3>0$ ，所以 $\boldsymbol{F}^{\mathrm{T}}(\boldsymbol{x})+\boldsymbol{F}(\boldsymbol{x})<0,\quad \forall \boldsymbol{x}\neq\mathbf{0}$ 。

又因为当 $\|\boldsymbol{x}\|\to\infty$ 时， $V(\boldsymbol{x})\to\infty$ ，所以由结论 5.4.1 可知， $\boldsymbol{x}_e=\mathbf{0}$ 为大范围渐进稳定的平衡状态。

5.5 线性系统的状态运动稳定性判据

利用李雅普诺夫稳定性的概念和李雅普诺夫第二方法的有关定理，可以得到线性系统状态运动稳定性的判据。本节分别讨论线性定常系统和线性时变系统的状态运动稳定性判据。

5.5.1 线性定常系统状态运动的稳定性判据

考虑无外输入的线性定常系统：

$$\dot{\boldsymbol{x}}=\boldsymbol{A}\boldsymbol{x},\quad \boldsymbol{x}(0)=\boldsymbol{x}_0,\ t\geqslant 0 \tag{5.5.1}$$

系统阶次为 n 。 $\boldsymbol{x}_e=\mathbf{0}$ 是它的一个平衡状态，其原点平衡状态的稳定性完全由系统矩阵 $\boldsymbol{A}$ 来决定，根据矩阵 $\boldsymbol{A}$ 的特征根的分布可以判断该系统的稳定性。

结论 5.5.1[特征值判据] 对线性定常系统(5.5.1)，有

(1) 系统的每一平衡状态是李雅普诺夫意义下稳定的充分必要条件为：系统矩阵 $\boldsymbol{A}$ 的所有特征值均具有非正(负或零)实部，且具有零实部的特征值为 $\boldsymbol{A}$ 的最小多项式的单根。

(2) 系统的唯一平衡状态 $\boldsymbol{x}_e=\mathbf{0}$ 是渐进稳定的充分必要条件是，系统矩阵 $\boldsymbol{A}$ 的所有特征值均具有负实部。

证 (1)由李雅普诺夫稳定性定义证明结论的第一部分。设 $\boldsymbol{x}_e$ 为系统(5.5.1)的平衡状态，由平衡状态的定义，以 $\boldsymbol{x}_e$ 为初始状态的状态运动响应为 $\boldsymbol{x}(t)=\boldsymbol{x}_e=\mathrm{e}^{\boldsymbol{A}t}\boldsymbol{x}_e$。对任意 $\varepsilon>0$，如果 $\|\boldsymbol{x}_0-\boldsymbol{x}_e\|<\delta(\varepsilon)$，则

$$\|\boldsymbol{\varPhi}(t;0,\boldsymbol{x}_0,\boldsymbol{0})-\boldsymbol{x}_e\|=\|\mathrm{e}^{\boldsymbol{A}t}\boldsymbol{x}_0-\boldsymbol{x}_e\|=\|\mathrm{e}^{\boldsymbol{A}t}\boldsymbol{x}_0-\mathrm{e}^{\boldsymbol{A}t}\boldsymbol{x}_e\|=\|\mathrm{e}^{\boldsymbol{A}t}(\boldsymbol{x}_0-\boldsymbol{x}_e)\|\leqslant\|\mathrm{e}^{\boldsymbol{A}t}\|\cdot\|(\boldsymbol{x}_0-\boldsymbol{x}_e)\|$$

所以，只要 $\|\mathrm{e}^{\boldsymbol{A}t}\|<k<\infty$，则令 $\delta(\varepsilon)=\dfrac{\varepsilon}{k}$，有

$$\|\boldsymbol{\varPhi}(t;0,\boldsymbol{x}_0,\boldsymbol{0})-\boldsymbol{x}_e\|\leqslant k\cdot\delta(\varepsilon)=k\cdot\frac{\varepsilon}{k}=\varepsilon$$

此时，系统为李雅普诺夫意义稳定。

因此只要证 $\|\mathrm{e}^{\boldsymbol{A}t}\|$ 有界，则系统为李雅普诺夫意义稳定。根据第 1 章内容，引入非奇异变换矩阵 $\boldsymbol{P}$，将系统矩阵 $\boldsymbol{A}$ 变换为约当标准形，即 $\hat{\boldsymbol{A}}=\boldsymbol{P}^{-1}\boldsymbol{A}\boldsymbol{P}$，有

$$\|\mathrm{e}^{\boldsymbol{A}t}\|\leqslant\|\boldsymbol{P}\|\cdot\|\mathrm{e}^{\hat{\boldsymbol{A}}t}\|\cdot\|\boldsymbol{P}^{-1}\|$$

因此，$\|\mathrm{e}^{\boldsymbol{A}t}\|$ 有界等价于 $\|\mathrm{e}^{\hat{\boldsymbol{A}}t}\|$ 有界。而

$$\hat{\boldsymbol{A}}=\begin{bmatrix}\boldsymbol{J}_1 & & \\ & \ddots & \\ & & \boldsymbol{J}_m\end{bmatrix}=\begin{bmatrix}\boldsymbol{J}_{11} & & & & & & \\ & \ddots & & & & & \\ & & \boldsymbol{J}_{1\alpha_1} & & & & \\ & & & \ddots & & & \\ & & & & \boldsymbol{J}_{m1} & & \\ & & & & & \ddots & \\ & & & & & & \boldsymbol{J}_{m\alpha_m}\end{bmatrix}$$

其中，约当小块的形式，以 J_{11} 为例，表示如下：

$$\boldsymbol{J}_{11}=\begin{bmatrix}\lambda_1 & 1 & & & \\ & \lambda_1 & 1 & & \\ & & \ddots & \ddots & \\ & & & \lambda_1 & 1 \\ & & & & \lambda_1\end{bmatrix}_{k\times k}$$

J_{11} 为第一个特征值对应的约当块中的第一个约当小块。

$$\mathrm{e}^{\hat{\boldsymbol{A}}t}==\begin{bmatrix}\mathrm{e}^{\boldsymbol{J}_{11}t} & & & & & & \\ & \ddots & & & & & \\ & & \mathrm{e}^{\boldsymbol{J}_{1\alpha_1}t} & & & & \\ & & & \ddots & & & \\ & & & & \mathrm{e}^{\boldsymbol{J}_{m1}t} & & \\ & & & & & \ddots & \\ & & & & & & \mathrm{e}^{\boldsymbol{J}_{m\alpha_m}t}\end{bmatrix}$$

$$
e^{J_{11}t}=\begin{bmatrix} e^{\lambda_1 t} & te^{\lambda_1 t} & \dfrac{t^2 e^{\lambda_1 t}}{2!} & \cdots & \dfrac{t^{k-1}e^{\lambda_1 t}}{(k-1)!} \\ 0 & e^{\lambda_1 t} & te^{\lambda_1 t} & \cdots & \dfrac{t^{k-2}e^{\lambda_1 t}}{(k-2)!} \\ & & \cdots & & \\ 0 & 0 & 0 & \cdots & e^{\lambda_1 t} \end{bmatrix}
$$

因此，只有当 J_{ij} 中的每一个元素有界时，$\left\|e^{\hat{A}t}\right\|$ 有界。$e^{\hat{A}t}$ 的每一个非零元素形式为

$$
\frac{1}{(p-1)!}t^{p-1}e^{\lambda_i t}, \quad p=1,\cdots,k_{im}
$$

其中，λ_i 为系统矩阵 $\boldsymbol{A}$ 的第 i 个特征根；k_{im} 为与第 i 个特征根相对应的约当块中的第 m 个约当小块的阶数。令 $\lambda_i=\alpha_i+\omega_i\mathrm{j}$，则 $e^{\hat{A}t}$ 的元素形式改写为

$$
\frac{1}{(p-1)!}t^{p-1}e^{\alpha_i t}\cdot e^{\omega_i \mathrm{j}t}, \quad p=1,\cdots,k_{im}
$$

因此，当 λ_i 的实部 α_i 小于零时，有

$$
\lim_{t\to+\infty}\frac{1}{(p-1)!}\cdot\frac{t^{p-1}}{e^{|\alpha_i|t}}\cdot e^{\omega_i \mathrm{j}t}=0
$$

这说明，当系统矩阵 $\boldsymbol{A}$ 的所有特征值均具有负实部时，系统是渐进稳定的。

当 λ_i 的实部 α_i 等于零时，有

$$
\frac{1}{(p-1)!}t^{p-1}e^{\omega_i \mathrm{j}t}, \quad p=1,\cdots,k_{i,m}
$$

若使随着 $t\to\infty$ 上式有界，则要求 p=1，即要求实部为零的特征根所对应的约当小块的阶数的最大值为 1，也即实部为零的特征根为系统矩阵 $\boldsymbol{A}$ 的最小多项式的单根。因此，结论 5.5.1 的第一部分得证。

(2) 根据结论 5.5.1 第一部分的证明过程可知系统的唯一平衡状态 $\boldsymbol{x}_e=0$ 是渐进稳定的充分必要条件是，系统矩阵 $\boldsymbol{A}$ 的所有特征值均具有负实部。至此，证明完成。

例 5.5.1 判断下列系统的内部稳定性：

(1) $\dot{\boldsymbol{x}}=\begin{bmatrix} -2 & 0 & 0 \\ 0 & 0 & 0 \\ 0 & 0 & 0 \end{bmatrix}\boldsymbol{x}$；(2) $\dot{\boldsymbol{x}}=\begin{bmatrix} -2 & 0 & 0 \\ 0 & 0 & 1 \\ 0 & 0 & 0 \end{bmatrix}\boldsymbol{x}$。

解 系统(1)和(2)的特征值都为−2、0 和 0。但 0 是系统(1)的最小多项式的单根，而不是系统(2)的最小多项式的单根，因此，由结论 5.5.1，系统(1)具有李雅普诺夫意义的稳定性，而系统(2)不具有李雅普诺夫意义的稳定性。

结论 5.5.2[线性定常系统渐进稳定的劳斯稳定判据] 由结论 5.5.1 可知，对线性定常系统(5.5.1)，平衡状态 $\boldsymbol{x}_e=\boldsymbol{0}$ 是渐进稳定的充分必要条件是系统的特征值均具有负实部。由自控原理的内容可知，利用劳斯稳定判据，不用求系统的特征值，利用系统的特征多项式，构造

劳斯表，如果劳斯表的第 1 列的系数全大于 0，则可断定系统的特征值的实部小于零，即系统具有渐进稳定性。劳斯表的构造见例 5.5.2。

例 5.5.2 已知系统的特征多项式为

$$f(s)=s^4+a_1s^3+a_2s^2+a_3s+a_4$$

试构造劳斯表。

解 构造劳斯表如下：

$$\begin{array}{ccc}
1 & a_2 & a_4 \\
a_1 & a_3 & 0 \\
\dfrac{a_1a_2-a_3}{a_1} & \dfrac{a_1a_4-1\times 0}{a_1}=a_4 & \\
\dfrac{\dfrac{a_1a_2-a_3}{a_1}\times a_3-a_1a_4}{\dfrac{a_1a_2-a_3}{a_1}} & 0 &
\end{array}$$

$$\dfrac{\dfrac{\dfrac{a_1a_2-a_3}{a_1}\times a_3-a_1a_4}{\dfrac{a_1a_2-a_3}{a_1}}\times a_4-\dfrac{a_1a_2-a_3}{a_1}\times 0}{\dfrac{\dfrac{a_1a_2-a_3}{a_1}\times a_3-a_1a_4}{\dfrac{a_1a_2-a_3}{a_1}}}=a_4$$

结论 5.5.3[李雅普诺夫判据] 线性定常系统(5.5.1)，平衡状态 $\boldsymbol{x}_e=\boldsymbol{0}$ 是渐进稳定的充分必要条件是，对任意给定的一个正定对称矩阵 $\boldsymbol{Q}$，如下形式的李雅普诺夫矩阵方程

$$\boldsymbol{A}^{\mathrm{T}}\boldsymbol{P}+\boldsymbol{P}\boldsymbol{A}=-\boldsymbol{Q} \tag{5.5.2}$$

有唯一正定对称解矩阵 $\boldsymbol{P}$。其中，$\boldsymbol{P}$ 为 $n\times n$ 矩阵。

证 首先证充分性：已知矩阵 $\boldsymbol{P}$ 是满足式(5.5.2)的正定对称矩阵，欲证平衡状态 $\boldsymbol{x}_e=\boldsymbol{0}$ 是渐进稳定的。

取 $V(\boldsymbol{x})=\boldsymbol{x}^{\mathrm{T}}\boldsymbol{P}\boldsymbol{x}$，因为 $\boldsymbol{P}=\boldsymbol{P}^{\mathrm{T}}>0$，所以 $V(\boldsymbol{x})$ 正定。

$$\dot{V}(\boldsymbol{x})=\dot{\boldsymbol{x}}^{\mathrm{T}}\boldsymbol{P}\boldsymbol{x}+\boldsymbol{x}^{\mathrm{T}}\boldsymbol{P}\dot{\boldsymbol{x}}=(\boldsymbol{A}\boldsymbol{x})^{\mathrm{T}}\boldsymbol{P}\boldsymbol{x}+\boldsymbol{x}^{\mathrm{T}}\boldsymbol{P}\boldsymbol{A}\boldsymbol{x}=\boldsymbol{x}^{\mathrm{T}}(\boldsymbol{A}\boldsymbol{P}+\boldsymbol{P}\boldsymbol{A})\boldsymbol{x}=-\boldsymbol{x}^{\mathrm{T}}\boldsymbol{Q}\boldsymbol{x}$$

因为 $\boldsymbol{Q}=\boldsymbol{Q}^{\mathrm{T}}>0$，所以 $\dot{V}(\boldsymbol{x})$ 为负定，$\boldsymbol{x}_e$ 为渐进稳定的平衡状态。

其次证必要性：已知 $\boldsymbol{x}_e=\boldsymbol{0}$ 为渐进稳定的平衡状态，欲证矩阵 $\boldsymbol{P}$ 为唯一正定对称矩阵。

考虑如下的矩阵方程：

$$\dot{\boldsymbol{X}}=\boldsymbol{A}^{\mathrm{T}}\boldsymbol{X}+\boldsymbol{X}\boldsymbol{A},\quad \boldsymbol{X}(0)=\boldsymbol{Q},\quad t\geqslant 0 \tag{5.5.3}$$

其中，$\boldsymbol{X}$ 为 $n\times n$ 矩阵。

因为

$$\dot{X}(t)=\frac{\mathrm{d}}{\mathrm{d}t}(\mathrm{e}^{A^{\mathrm{T}}t}Q\mathrm{e}^{At})=A^{\mathrm{T}}\mathrm{e}^{A^{\mathrm{T}}t}Q\mathrm{e}^{At}+\mathrm{e}^{A^{\mathrm{T}}t}Q\mathrm{e}^{At}A=A^{\mathrm{T}}(\mathrm{e}^{A^{\mathrm{T}}t}Q\mathrm{e}^{At})+(\mathrm{e}^{A^{\mathrm{T}}t}Q\mathrm{e}^{At})A$$

所以矩阵方程(5.5.3)的解为

$$X(t)=\mathrm{e}^{A^{\mathrm{T}}t}Q\mathrm{e}^{At} \tag{5.5.4}$$

对式(5.5.3)由$t=0$至$t=\infty$求取积分，可得

$$X(\infty)-X(0)=A^{\mathrm{T}}\left(\int_0^{\infty}X(t)\mathrm{d}t\right)+\left(\int_0^{\infty}X(t)\mathrm{d}t\right)A \tag{5.5.5}$$

因为线性定常系统为渐进稳定，所以知当$t\to\infty$时，$\mathrm{e}^{At}\to\mathbf{0}$，由式(5.5.4)，可得

$$X(\infty)=\lim_{t\to\infty}\mathrm{e}^{A^{\mathrm{T}}t}Q\mathrm{e}^{At}=\mathbf{0}$$

令$P=\int_0^{\infty}X(t)\mathrm{d}t$，式(5.5.5)可表示为

$$A^{\mathrm{T}}P+PA=-Q$$

这表明$P=\int_0^{\infty}X(t)\mathrm{d}t$为李雅普诺夫矩阵方程(5.5.3)的解矩阵。进一步，由$X(t)$存在且唯一和$X(\infty)=\mathbf{0}$，可知$P=\int_0^{\infty}X(t)\mathrm{d}t$存在且唯一。

又因为

$$P^{\mathrm{T}}=\int_0^{\infty}X^{\mathrm{T}}(t)\mathrm{d}t=\int_0^{\infty}(\mathrm{e}^{A^{\mathrm{T}}t}Q\mathrm{e}^{At})^{\mathrm{T}}\mathrm{d}t=\int_0^{\infty}\mathrm{e}^{A^{\mathrm{T}}t}Q\mathrm{e}^{At}\mathrm{d}t=P$$

所以$P=\int_0^{\infty}X(t)\mathrm{d}t$为对称矩阵。

对任意不为零的$n\times1$向量x_0，有

$$x_0{}^{\mathrm{T}}Px_0=x_0{}^{\mathrm{T}}\left(\int_0^{\infty}X(t)\mathrm{d}t\right)x_0=x_0{}^{\mathrm{T}}\int_0^{\infty}(\mathrm{e}^{A^{\mathrm{T}}t}Q\mathrm{e}^{At}\mathrm{d}t)x_0=\int_0^{\infty}(\mathrm{e}^{At}x_0)^{\mathrm{T}}Q(\mathrm{e}^{At}x_0)\mathrm{d}t$$

由于Q为正定，故可将其设为$Q=N^{\mathrm{T}}N$，其中N为非奇异矩阵。

于是上式可表示为

$$x_0{}^{\mathrm{T}}Px_0=\int_0^{\infty}(\mathrm{e}^{At}x_0)^{\mathrm{T}}N^{\mathrm{T}}N(\mathrm{e}^{At}x_0)\mathrm{d}t=\int_0^{\infty}(N\mathrm{e}^{At}x_0)^{\mathrm{T}}(N\mathrm{e}^{At}x_0)\mathrm{d}t=\int_0^{\infty}\left\|N\mathrm{e}^{At}x_0\right\|^2\mathrm{d}t>0$$

所以P为正定矩阵。至此，证明完成。

例 5.5.3 根据李雅普诺夫判据，判断下列系统的稳定性：

$$\begin{cases}\dot{x}_1=-x_1+x_2\\ \dot{x}_2=x_1+5x_2\end{cases}$$

解 $A=\begin{bmatrix}-1&1\\1&5\end{bmatrix}$，取$Q=I$，并令$P=P^{\mathrm{T}}=\begin{bmatrix}p_{11}&p_{12}\\p_{12}&p_{22}\end{bmatrix}$

李雅普诺夫方程：

$$A^{\mathrm{T}}P+PA=-Q=-I$$

$$\begin{bmatrix}-1 & 1\\ 1 & 5\end{bmatrix}^{\mathrm{T}}\cdot\begin{bmatrix}p_{11} & p_{12}\\ p_{12} & p_{22}\end{bmatrix}+\begin{bmatrix}p_{11} & p_{12}\\ p_{12} & p_{22}\end{bmatrix}\cdot\begin{bmatrix}-1 & 1\\ 1 & 5\end{bmatrix}=\begin{bmatrix}-1 & 0\\ 0 & -1\end{bmatrix}$$

$$\begin{bmatrix}p_{12}-2\mathrm{p}_{11}+p_{12} & p_{11}+4p_{12}+p_{22}\\ p_{11}+4p_{12}+p_{22} & 2p_{12}+10p_{22}\end{bmatrix}=\begin{bmatrix}-1 & 0\\ 0 & -1\end{bmatrix}$$

矩阵元素对应相等，得

$$\begin{cases}p_{12}-2\mathrm{p}_{11}+p_{12}=-1\\ p_{11}+4p_{12}+p_{22}=0\\ 2p_{21}+10p_{22}=-1\end{cases}$$

解上述方程组，得

$$\begin{cases}p_{11}=\dfrac{5}{12}\\ p_{12}=-\dfrac{1}{12}\\ p_{22}=-\dfrac{1}{12}\end{cases},\quad \boldsymbol{P}=\begin{bmatrix}\dfrac{5}{12} & -\dfrac{1}{12}\\ -\dfrac{1}{12} & -\dfrac{1}{12}\end{bmatrix}$$

可以利用 MATLAB 的函数 lyap $(\boldsymbol{A}^{\mathrm{T}},[1\ 0;\ 0\ 1])$ 来求解上述李雅普诺夫方程，得到矩阵 $\boldsymbol{P}$。因为 $\boldsymbol{P}$ 的 1 阶、2 阶主子式分别为 5/12, −0.0417，矩阵 $\boldsymbol{P}$ 不是正定的，所以系统是不稳定的。

5.5.2 线性时变系统平衡状态的稳定性判据

对无外输入的线性时变系统：

$$\dot{\boldsymbol{x}}=\boldsymbol{A}(t)\boldsymbol{x},\quad \boldsymbol{x}(t_0)=\boldsymbol{x}_0,\quad t\geqslant t_0 \tag{5.5.6}$$

平衡状态 $\boldsymbol{x}_e$ 的稳定性判据如下。

结论 5.5.4[状态转移矩阵判据] 对于线性时变系统(5.5.6)，有

(1) 系统的每一平衡状态在 t_0 时刻是李雅普诺夫意义下稳定的充分必要条件是存在一个依赖于 t_0 的常数 $k(t_0)$，使式(5.5.7)成立：

$$\|\boldsymbol{\Phi}(t,t_0)\|\leqslant k(t_0)<\infty,\quad \forall t\geqslant t_0 \tag{5.5.7}$$

其中，$\boldsymbol{\Phi}(t,t_0)$ 为系统的状态转移矩阵。

进一步，若对一切 t_0，存在不依赖于 t_0 的常数 k，使式(5.5.7)成立，即

$$\|\boldsymbol{\Phi}(t,t_0)\|\leqslant k<\infty,\quad \forall t\geqslant t_0$$

则系统的每一平衡状态是李雅普诺夫意义下一致稳定的。

(2) 系统的平衡状态在 t_0 时刻是渐进稳定的充分必要条件是，满足：

$$\begin{cases}\|\boldsymbol{\Phi}(t,t_0)\|\leqslant k(t_0)<\infty,\quad \forall t\geqslant t_0\\ \lim\limits_{t\to\infty}\|\boldsymbol{\Phi}(t,t_0)\|=\boldsymbol{0}\end{cases} \tag{5.5.8}$$

平衡状态 $\boldsymbol{x}_e$ 在区间 $[0,\infty)$ 上为一致渐进稳定的充分必要条件是，存在不依赖于 t_0 的正数 k_1 和 k_2 和所有 $t\geqslant t_0$，使式(5.5.9)成立：

$$\|\boldsymbol{\Phi}(t,t_0)\|\leqslant k_1\mathrm{e}^{-k_2(t-t_0)} \tag{5.5.9}$$

证明略。

结论 5.5.5[李雅普诺夫判据] 对于线性时变系统(5.5.6)，$\boldsymbol{x}_e=\boldsymbol{0}$ 为其唯一的平衡状态，$\boldsymbol{A}(t)$ 的元均为分段连续的一致有界的实函数，则原点平衡状态为一致渐进稳定的充分必要条件，是对任意给定的一个实对称、一致有界和一致正定的时变矩阵 $\boldsymbol{Q}(t)$，即存在正实数 $\beta_2>\beta_1>0$，使式(5.5.10)成立：

$$0<\beta_1\boldsymbol{I}\leqslant\boldsymbol{Q}(t)\leqslant\beta_2\boldsymbol{I},\quad \forall t\geqslant t_0 \tag{5.5.10}$$

如下形式的李雅普诺夫方程

$$-\dot{\boldsymbol{P}}(t)=\boldsymbol{P}(t)\boldsymbol{A}(t)+\boldsymbol{A}^{\mathrm{T}}(t)\boldsymbol{P}(t)+\boldsymbol{Q}(t),\quad \forall t\geqslant t_0 \tag{5.5.11}$$

有唯一的实对称、一致有界和一致正定的矩阵解 $\boldsymbol{P}(t)$，即存在正实数 $a_2>a_1>0$ 使式(5.5.12)成立：

$$0<a_1\boldsymbol{I}\leqslant\boldsymbol{P}(t)\leqslant a_2\boldsymbol{I},\quad \forall t\geqslant t_0 \tag{5.5.12}$$

证明略。

5.6 离散时间系统的状态运动稳定性判据

前面针对连续时间系统讨论了系统自由运动时的状态运动稳定性，本节将相应的方法推广到离散时间系统中。本节只讨论定常离散系统的状态运动稳定性，包括非线性定常系统和线性定常系统。

5.6.1 离散时间系统的李雅普诺夫主稳定性定理

对于非线性定常离散系统：

$$\boldsymbol{x}(k+1)=\boldsymbol{f}(\boldsymbol{x}(k)),\quad k=0,1,2,\cdots \tag{5.6.1}$$

且设 $\boldsymbol{f}(\boldsymbol{0})=\boldsymbol{0}$，即 $\boldsymbol{x}=\boldsymbol{0}$ 为其平衡状态。类似于连续时间系统，可给出离散时间系统的李雅普诺夫主稳定性定理。

结论 5.6.1[离散时间系统的大范围渐进稳定判据] 对系统(5.6.1)，如果存在一个相对于离散状态 $\boldsymbol{x}(k)$ 的标量函数 $V(\boldsymbol{x}(k))$，且对任意离散状态 $\boldsymbol{x}(k)\neq\boldsymbol{0}$，满足：

(1) $V(\boldsymbol{x}(k))$ 为正定，即 $V(\boldsymbol{x}(k))>0$；

(2) 设 $\Delta V(\boldsymbol{x}(k))=V(\boldsymbol{x}(k+1))-V(\boldsymbol{x}(k))$，$\Delta V(\boldsymbol{x}(k))$ 为负定，即 $\Delta V(\boldsymbol{x}(k))<0$；

(3) 当 $\|\boldsymbol{x}(k)\|\to\infty$ 时，有 $V(\boldsymbol{x}(k))\to\infty$。

则原点平衡状态 $\boldsymbol{x}=\boldsymbol{0}$ 为大范围渐进稳定的平衡状态。

减小对条件(2)的限制，有如下结论。

结论 5.6.2[离散时间系统的大范围渐进稳定判据] 对系统(5.6.1)，如果存在一个相对于离散状态 $\boldsymbol{x}(k)$ 的标量函数 $V(\boldsymbol{x}(k))$，且对任意离散状态 $\boldsymbol{x}(k)\neq\boldsymbol{0}$，满足：

(1) $V(\boldsymbol{x}(k))$ 为正定；

(2) $\Delta V(\boldsymbol{x}(k))$ 为负半定，即 $\Delta V(\boldsymbol{x}(k))\leqslant 0$；

(3) 对由任意初态 $\boldsymbol{x}(0)$ 所确定的系统(5.6.1)的解 $\boldsymbol{x}(k)$ 的轨线，$\Delta V(\boldsymbol{x}(k))$ 不恒为零；

(4) 当 $\|\boldsymbol{x}(k)\|\to\infty$ 时，有 $V(\boldsymbol{x}(k))\to\infty$。

则原点平衡状态 $\boldsymbol{x}=\boldsymbol{0}$ 为大范围渐进稳定的平衡状态。

针对离散系统的特点，由李雅普诺夫稳定性判据，还可以得到以下稳定性判据。

结论 5.6.3 对系统(5.6.1)，当 $\boldsymbol{f}(\boldsymbol{x}(k))$ 收敛，即对所有离散状态 $\boldsymbol{x}(k)\neq\boldsymbol{0}$，当

$$\|\boldsymbol{f}(\boldsymbol{x}(k))\|<\|\boldsymbol{x}(k)\| \tag{5.6.2}$$

时，系统的原点平衡状态 $\boldsymbol{x}=\boldsymbol{0}$ 为大范围渐进稳定的平衡状态。

证 取 $V(\boldsymbol{x}(k))=\|\boldsymbol{x}(k)\|$，易知对所有 $\boldsymbol{x}(k)\neq\boldsymbol{0}$，$V(\boldsymbol{x}(k))$ 为正定。又因为

$$\Delta V(\boldsymbol{x}(k))=V(\boldsymbol{x}(k+1))-V(\boldsymbol{x}(k))=\|\boldsymbol{x}(k+1)\|-\|\boldsymbol{x}(k)\|=\|\boldsymbol{f}(\boldsymbol{x}(k))\|-\|\boldsymbol{x}(k)\| \tag{5.6.3}$$

由式(5.6.2)和式(5.6.3)知，对任何 $\boldsymbol{x}(k)\neq\boldsymbol{0}$，$\Delta V(\boldsymbol{x}(k))<0$。此外，当 $\|\boldsymbol{x}(k)\|\to\infty$ 时，有 $V(\boldsymbol{x}(k))\to\infty$。因此，根据结论5.6.1，原点平衡状态 $\boldsymbol{x}=\boldsymbol{0}$ 为大范围渐进稳定的平衡状态。至此，证明完成。

5.6.2 线性定常离散时间系统的稳定性判据

对线性定常离散时间系统：

$$\boldsymbol{x}(k+1)=\boldsymbol{G}\boldsymbol{x}(k),\quad \boldsymbol{x}(0)=\boldsymbol{x}_0,\quad k=0,1,2,\cdots \tag{5.6.4}$$

称 $\boldsymbol{G}\boldsymbol{x}=\boldsymbol{0}$ 的解状态 $\boldsymbol{x}_e$ 为系统的平衡状态。当 $\boldsymbol{G}$ 为奇异时，系统也可有非零的平衡状态。

结论 5.6.4[特征值判据] 对于线性定常离散系统(5.6.4)，有

(1) 其每一个平衡状态 $\boldsymbol{x}_e$ 是李雅普诺夫意义下稳定的充分必要条件是，$\boldsymbol{G}$ 的全部特征值 $\lambda_i(\boldsymbol{G})(i=1,2,\cdots,n)$ 的幅值均等于或小于1，且幅值等于1的特征值是 $\boldsymbol{G}$ 的最小多项式的单根；

(2) 其唯一平衡状态 $\boldsymbol{x}_e=\boldsymbol{0}$ 是渐进稳定的充分必要条件是 $\boldsymbol{G}$ 的全部特征值 $\lambda_i(\boldsymbol{G})(i=1,2,\cdots,n)$ 的幅值均小于1。

类似于连续系统，同样可以不求出 $\boldsymbol{G}$ 的特征值，而直接由 $\boldsymbol{G}$ 的特征多项式，通过构造一个表格，判断该表第一列系数的符号，即可得出 $\boldsymbol{G}$ 的全部特征值 $\lambda_i(\boldsymbol{G})(i=1,2,\cdots,n)$ 的幅值是否均小于1。下面给出其判据。

结论 5.6.5[朱莱判据] 对于线性定常离散系统(5.6.4)，设矩阵 $\boldsymbol{G}$ 的特征多项式为

$$g(\lambda)=a_0\lambda^n+a_1\lambda^{n-1}+\cdots+a_n$$

按如下方式造一个表格：

$$\begin{array}{cccccc}
a_0 & a_1 & \cdots & a_{n-1} & a_n & \\
a_n & a_{n-1} & \cdots & a_1 & a_0 & \alpha_n=\dfrac{a_n}{a_0} \\
\hline
a_0^{n-1} & a_1^{n-1} & \cdots & a_{n-1}^{n-1} & & \\
a_{n-1}^{n-1} & a_1^{n-1} & \cdots & a_0^{n-1} & & \alpha_{n-1}=\dfrac{a_{n-1}^{n-1}}{a_0^{n-1}} \\
\hline
\vdots & & & & & \\
\hline
a_0^0 & & & & &
\end{array}$$

其中

$$a_i^{k-1}=a_i^k-\alpha_k a_{k-i}^k,\quad k=0,1,\cdots,n-1$$

$$\alpha_k=\frac{a_k^k}{a_0^k},\qquad i=0,1,\cdots,n-1$$

即第 1 行是 $\boldsymbol{G}(\lambda)$ 系数的顺序排列，第 2 行是 $\boldsymbol{G}(\lambda)$ 系数的逆序排列，第 3 行是第 1 行减去 $\alpha_n\times$ 第 2 行，最后一个元素为 0，第 4 行是第 3 行逆续排列，按以上步骤重复进行，最后一行只有一个元素非零。

如果 $a_0>0$，当且仅当 $a_0^k,k=0,1,\cdots,n-1$ 都是正的，则系统(5.6.4)的全部特征值都在单位圆内，因此系统是渐进稳定的。如果没有等于零的 $a_0^k,k=0,1,\cdots,n-1$，那么负的 a_0^k 个数等于处于单位圆外的特征值的个数。

例 5.6.1 已知系统：

$$\boldsymbol{x}(k+1)=\boldsymbol{G}\boldsymbol{x}(k)=\begin{bmatrix}0 & 1\\ -a_2 & -a_1\end{bmatrix}\boldsymbol{x}(k)$$

求使系统渐进稳定的 a_1,a_2 应满足的条件。

解 矩阵 $\boldsymbol{G}$ 的特征多项式为

$$g(\lambda)=\det(\lambda\boldsymbol{I}-\boldsymbol{G})=\lambda^2+a_1\lambda+a_2$$

使用朱莱判据。构造表格：

$$\begin{array}{llll}
1 & a_1 & a_2 & \\
a_2 & a_1 & 1 & \alpha_2=a_2\\
\hline
1-a_2^2 & a_1-a_1a_2 & & \\
a_1-a_1a_2 & 1-a_2^2 & & \alpha_1=\dfrac{a_1}{1+a_2}\\
\hline
1-a_2^2-\dfrac{a_1^2(1-a_2)}{1+a_2} & & &
\end{array}$$

若系统平衡状态为渐进稳定，则应满足：

$$\begin{cases}1-a_2^2>0\\ 1-a_2^2-\dfrac{a_1^2(1-a_2)}{1+a_2}>0\end{cases}$$

由上式，可得

$$\begin{cases}-1<a_2<1\\ \dfrac{1-a_2}{1+a_2}[(1+a_2)^2-a_1^2]>0\end{cases}$$

考虑到

$$\frac{1-a_2}{1+a_2}>0$$

所以 a_1,a_2 应满足：

$$\begin{cases}-1<a_2<1\\ 1+a_2>a_1, & a_1>0\\ 1+a_2>-a_1, & a_1<0\end{cases}$$

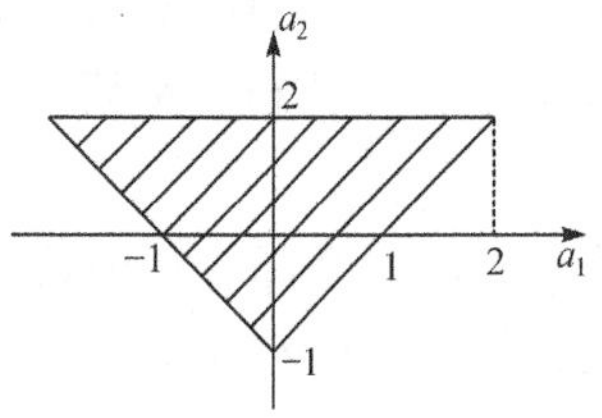

图 5.6.1　a_1,a_2 的取值范围的几何显示

a_1,a_2 的取值范围的几何显示见图 5.6.1。

结论 5.6.6[李雅普诺夫判据]　平衡状态 $\boldsymbol{x}_e=\boldsymbol{0}$ 为渐进稳定的充分必要条件是，对于任意给定的正定对称矩阵 $\boldsymbol{Q}$，如下的离散型李雅普诺夫方程

$$\boldsymbol{G}^{\mathrm{T}}\boldsymbol{P}\boldsymbol{G}-\boldsymbol{P}=-\boldsymbol{Q} \tag{5.6.5}$$

有唯一正定对称解矩阵 $\boldsymbol{P}$。

证　首先证充分性：已知 $\boldsymbol{P}$ 满足式(5.6.5)，证 $\boldsymbol{x}_e=\boldsymbol{0}$ 为渐进稳定。

构造李雅普诺夫函数 $V(\boldsymbol{x}(k))=\boldsymbol{x}^{\mathrm{T}}(k)\boldsymbol{P}\boldsymbol{x}(k)$。

$$\begin{aligned}\Delta V(\boldsymbol{x}(k))&=V(\boldsymbol{x}(k+1))-V(\boldsymbol{x}(k))\\&=(\boldsymbol{G}\boldsymbol{x}(k))^{\mathrm{T}}\boldsymbol{P}(\boldsymbol{G}\boldsymbol{x}(k))-\boldsymbol{x}^{\mathrm{T}}(k)\boldsymbol{P}\boldsymbol{x}(k)\\&=\boldsymbol{x}^{\mathrm{T}}(k)(\boldsymbol{G}^{\mathrm{T}}\boldsymbol{P}\boldsymbol{G}-\boldsymbol{P})\boldsymbol{x}(k)\end{aligned} \tag{5.6.6}$$

由式(5.6.5)和式(5.6.6)，对所有 $\boldsymbol{x}(k)\neq\boldsymbol{0}$，$\Delta V(\boldsymbol{x}(k))$ 为负定。根据结论 5.6.1，充分性得证。

其次证必要性：已知 $\boldsymbol{x}_e=\boldsymbol{0}$ 为渐进稳定，证满足式(5.6.5)的矩阵 $\boldsymbol{P}$ 正定对称。

由式(5.6.5)，有 $(\boldsymbol{G}^{\mathrm{T}}\boldsymbol{P}\boldsymbol{G}-\boldsymbol{P})^{\mathrm{T}}=\boldsymbol{G}^{\mathrm{T}}\boldsymbol{P}\boldsymbol{G}-\boldsymbol{P}$，即 $\boldsymbol{G}^{\mathrm{T}}\boldsymbol{P}^{\mathrm{T}}\boldsymbol{G}-\boldsymbol{P}^{\mathrm{T}}=\boldsymbol{G}^{\mathrm{T}}\boldsymbol{P}\boldsymbol{G}-\boldsymbol{P}$，为使等式成立，要求 $\boldsymbol{P}^{\mathrm{T}}=\boldsymbol{P}$。这说明矩阵 $\boldsymbol{P}$ 为对称矩阵。又由式(5.6.5)，得

$$\begin{aligned}&\boldsymbol{x}^{\mathrm{T}}(k)(\boldsymbol{G}^{\mathrm{T}}\boldsymbol{P}\boldsymbol{G}-\boldsymbol{P})\boldsymbol{x}(k)<0\\&\boldsymbol{x}^{\mathrm{T}}(k)\boldsymbol{G}^{\mathrm{T}}\boldsymbol{P}\boldsymbol{G}\boldsymbol{x}(k)-\boldsymbol{x}^{\mathrm{T}}(k)\boldsymbol{P}\boldsymbol{x}(k)<0\\&(\boldsymbol{G}\boldsymbol{x}(k))^{\mathrm{T}}\boldsymbol{P}(\boldsymbol{G}\boldsymbol{x}(k))-\boldsymbol{x}^{\mathrm{T}}(k)\boldsymbol{P}\boldsymbol{x}(k)<0\end{aligned} \tag{5.6.7}$$

又因为 $\boldsymbol{x}_e=\boldsymbol{0}$ 为渐进稳定，所以当 $k\to\infty$ 时，

$$\boldsymbol{G}\boldsymbol{x}(k)\to\boldsymbol{0} \tag{5.6.8}$$

由式(5.6.7)和式(5.6.8)，得

$$\boldsymbol{x}^{\mathrm{T}}(k)\boldsymbol{P}\boldsymbol{x}(k)>0$$

这说明，矩阵 $\boldsymbol{P}$ 正定。至此，证明完成。

习　　题

5.1　已知单变量线性定常系统：

$$\dot{\boldsymbol{x}}=\begin{bmatrix}0&1&0\\0&0&1\\250&0&-5\end{bmatrix}\boldsymbol{x}+\begin{bmatrix}0\\0\\10\end{bmatrix}u$$
$$y=[-25\quad 5\quad 0]u$$

(1)判断该系统是否为渐进稳定；

(2)判断该系统是否为 BIBO 稳定。

5.2　判断下列系统的原点平衡状态 $\boldsymbol{x}_e=\boldsymbol{0}$ 是否为大范围渐进稳定：

$$\begin{cases}\dot{x}_1=x_2\\\dot{x}_2=-x_1-x_1^2x_2\end{cases}$$

5.3　判断下列系统的原点平衡状态 $\boldsymbol{x}_e=\mathbf{0}$ 是否为大范围渐进稳定：

$$\begin{cases}\dot{x}_1=x_2\\ \dot{x}_2=-x_1^3-x_2\end{cases}$$

5.4　已知线性时变系统：

$$\dot{\boldsymbol{x}}=\begin{bmatrix}0 & 1\\ -\dfrac{1}{t+1} & -10\end{bmatrix}\boldsymbol{x},\quad t\geqslant 0$$

判断其原点平衡状态是否为大范围渐进稳定(提示：取 $V(\boldsymbol{x},t)=\dfrac{1}{2}[x_1^2+(t+1)x_2^2]$)。

5.5　利用克拉索夫斯基方法判断下列系统是否为大范围渐进稳定：

$$\begin{cases}\dot{x}_1=-3x_1+x_2\\ \dot{x}_2=x_1-x_2-x_2^3\end{cases}$$

5.6　已知二阶线性定常系统：

$$\dot{\boldsymbol{x}}=\begin{bmatrix}a_{11} & a_{12}\\ a_{21} & a_{22}\end{bmatrix}\boldsymbol{x}\triangleq\boldsymbol{A}\boldsymbol{x}$$

利用李雅普诺夫方程法证明：此系统的原点平衡状态 $\boldsymbol{x}_e=\mathbf{0}$ 为大范围渐进稳定的条件是

$$\det\boldsymbol{A}>0,\qquad a_{11}+a_{22}<0$$

(提示：李雅普诺夫方程中取 $\boldsymbol{Q}=\boldsymbol{I}$ 。)

5.7　利用李雅普诺夫方法判断下列系统是否为大范围渐进稳定：

$$\dot{\boldsymbol{x}}=\begin{bmatrix}-1 & 1\\ 2 & -3\end{bmatrix}\boldsymbol{x},\quad \boldsymbol{Q}=\boldsymbol{I}$$

5.8　已知渐进稳定的单输入-单输出线性定常系统：

$$\dot{\boldsymbol{x}}=\boldsymbol{A}\boldsymbol{x}+\boldsymbol{b}u,\quad y=\boldsymbol{c}\boldsymbol{x},\quad \boldsymbol{x}(0)=\boldsymbol{x}_0$$

其中，$u\equiv 0$ 。再设 $\boldsymbol{P}$ 是下列李雅普诺夫方程

$$\boldsymbol{P}\boldsymbol{A}+\boldsymbol{A}^{\mathrm{T}}\boldsymbol{P}=-\boldsymbol{c}^{\mathrm{T}}\boldsymbol{c}$$

的正定对称解阵。试证明：

$$\int_0^{\infty}y^2(t)\mathrm{d}t=\boldsymbol{x}_0^{\mathrm{T}}\boldsymbol{P}\boldsymbol{x}_0$$

5.9　已知完全能控的线性定常系统：

$$\dot{\boldsymbol{x}}=\boldsymbol{A}\boldsymbol{x}+\boldsymbol{B}\boldsymbol{u}$$

其中，取 $\boldsymbol{u}=-\boldsymbol{B}^{\mathrm{T}}\mathrm{e}^{-\boldsymbol{A}^{\mathrm{T}}t}\boldsymbol{W}^{-1}(0,T)\boldsymbol{x}_0$ ，而

$$\boldsymbol{W}(0,T)=\int_0^T\mathrm{e}^{-\boldsymbol{A}t}\boldsymbol{B}\boldsymbol{B}^{\mathrm{T}}\mathrm{e}^{-\boldsymbol{A}^{\mathrm{T}}t}\mathrm{d}t,\quad T>0$$

试证明所构成的闭环系统是渐进稳定的。

5.10　已知离散时间系统：

$$\boldsymbol{x}(k+1)=\begin{bmatrix}1 & 4 & 0\\ -3 & -2 & -3\\ 2 & 0 & 0\end{bmatrix}\boldsymbol{x}(k)$$

用两种方法判定系统是否为渐进稳定的。

第 6 章　线性系统的状态反馈与状态观测器

前面各章的讨论包括系统定量分析和定性分析的内容。系统定量分析包括系统状态运动分析，系统定性分析包括系统的状态能控性和能观测性分析，以及系统的稳定性分析等。本章主要论述系统综合方面的内容。在定性分析的基础上，如果系统是不稳定的，通过引入状态反馈等系统综合方法，在满足一定条件下，可以重新配置系统的特征值，使不稳定的系统变为稳定系统，并且能改变系统的动态品质。系统的综合是指在系统的结构和参数已知或部分已知的条件下，设计一个控制规律 $\boldsymbol{u}$，使系统在其作用下的行为满足所给出的期望的性能指标。综合问题的性能指标可分为非优化型性能指标和优化型性能指标。如果以渐进稳定为性能指标，则相应的综合问题称为**镇定问题**。如果以一组期望的闭环系统极点作为性能指标，则相应的综合问题称为**极点配置问题**。如果以使一个多输入-多输出系统实现一个输入只控制一个输出作为性能指标，则相应的综合问题称为**解耦控制问题**。如果以使系统的输出 $\boldsymbol{y}$ 无静差地跟踪一个外部信号 $\boldsymbol{r}(t)$ 作为性能指标，则相应的综合问题称为**跟踪问题**。以上选取的性能指标均为非优化型性能指标。如果以一个相对于状态 $\boldsymbol{x}$ 和控制 $\boldsymbol{u}$ 的二次型积分作为性能指标，确定一个控制规律使这种优化型性能指标取极小值，这种综合问题称为**最优控制**。以上的系统综合问题都可以通过状态反馈的方式来实现。除状态反馈外，还有单位反馈串联校正的综合问题等方法。本章主要内容包括线性系统的状态反馈，包括多输入系统状态反馈和单输入系统状态反馈，以及状态反馈对系统能控性、能观测性和传递函数矩阵的影响，状态反馈的镇定，解耦控制，线性二次型最优控制，状态观测器，引入观测器的状态反馈系统的特性等。

6.1　状态反馈与输出反馈

6.1.1　状态反馈与输出反馈的定义

1. 状态反馈的数学模型

针对 n 阶线性定常系统：

$$\begin{cases}\dot{\boldsymbol{x}}=\boldsymbol{A}\boldsymbol{x}+\boldsymbol{B}\boldsymbol{u}\\ \boldsymbol{y}=\boldsymbol{C}\boldsymbol{x}\end{cases} \tag{6.1.1}$$

按如下方式选取状态反馈控制规律：

$$\boldsymbol{u}=-\boldsymbol{K}\boldsymbol{x}+\boldsymbol{v} \tag{6.1.2}$$

其中，$\boldsymbol{v}$ 为 $p\times 1$ 参考输入，p 为输入变量个数，在调节问题中 $\boldsymbol{v}=\boldsymbol{0}$，而在跟踪问题中 $\boldsymbol{v}$ 为非零的确定性的向量函数；$\boldsymbol{K}$ 为 $p\times n$ 状态反馈增益矩阵。引入状态反馈之后的系统称为闭环系统，将式(6.1.2)代入式(6.1.1)得到闭环系统的状态空间描述为

$$\begin{cases}\dot{\boldsymbol{x}}=(\boldsymbol{A}-\boldsymbol{B}\boldsymbol{K})\boldsymbol{x}+\boldsymbol{B}\boldsymbol{v}\\ \boldsymbol{y}=\boldsymbol{C}\boldsymbol{x}\end{cases} \tag{6.1.3}$$

闭环系统的结构框图见图 6.1.1。闭环系统的传递函数矩阵为

$$G_K(s)=\boldsymbol{C}(s\boldsymbol{I}-\boldsymbol{A}+\boldsymbol{BK})^{-1}\boldsymbol{B} \tag{6.1.4}$$

2. 输出反馈的数学模型

对线性定常系统(6.1.1)，按如下方式选取状态反馈控制规律：

$$\boldsymbol{u}=-\boldsymbol{Fy}+\boldsymbol{v} \tag{6.1.5}$$

其中，$\boldsymbol{v}$ 为参考输入；$\boldsymbol{F}$ 为 $p\times q$ 输出反馈增益矩阵，q 为输出变量个数。引入输出反馈之后的系统称为闭环系统，将式(6.1.5)代入式(6.1.1)得到闭环系统的状态空间描述为

$$\begin{cases}\dot{\boldsymbol{x}}=(\boldsymbol{A}-\boldsymbol{BFC})\boldsymbol{x}+\boldsymbol{Bv}\\ \boldsymbol{y}=\boldsymbol{Cx}\end{cases} \tag{6.1.6}$$

闭环系统的结构框图见图 6.1.2。闭环系统的传递函数矩阵为

$$G_F(s)=\boldsymbol{C}(s\boldsymbol{I}-\boldsymbol{A}+\boldsymbol{BFC})^{-1}\boldsymbol{B} \tag{6.1.7}$$

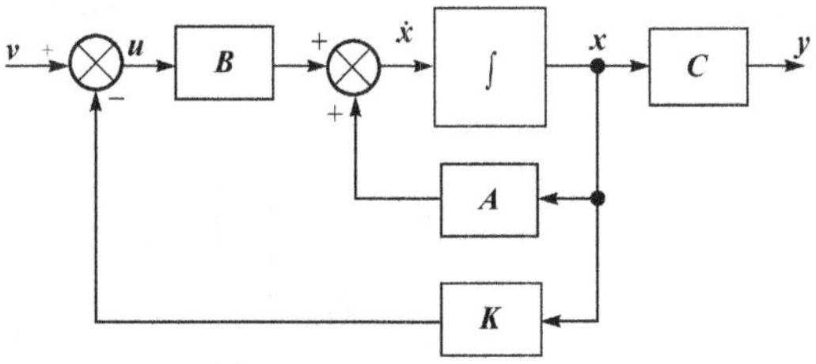

图 6.1.1　状态反馈

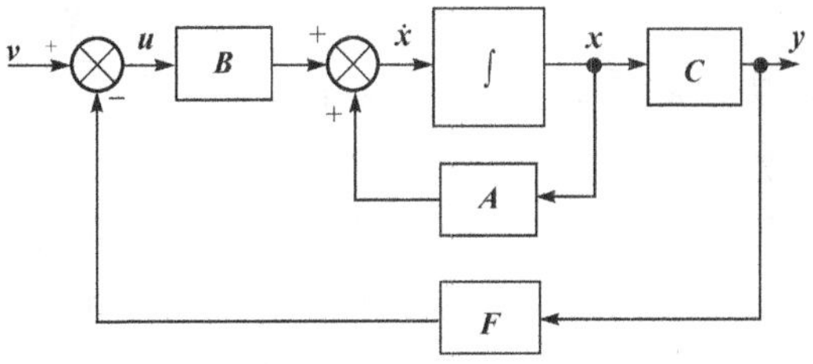

图 6.1.2　输出反馈

6.1.2　状态反馈和输出反馈的比较

在改变系统结构属性和实现性能指标方面，状态反馈比输出反馈要好。从式(6.1.3)和式(6.1.6)可知，状态反馈和输出反馈有如下关系：

$$\boldsymbol{FC}=\boldsymbol{K} \tag{6.1.8}$$

式(6.1.8)表明：一个输出反馈系统可以达到的要求，必可以找到相应的一个状态反馈系统来获得；但已知 $\boldsymbol{K}$，$\boldsymbol{FC}=\boldsymbol{K}$ 的解 $\boldsymbol{F}$ 通常不存在，即一个状态反馈系统可以达到的要求，输出反馈系统一般不可能达到。

6.2　状态反馈和输出反馈对系统能控性与能观测性的影响

本节讨论状态反馈和输出反馈的引入，使得到的闭环系统的能控性和能观测性与原有开环系统相比带来的变化。为了加深理解，首先从单输入系统出发，讨论此问题。

6.2.1　对单输入线性定常系统，状态反馈不改变系统的能控性

分三种情况讨论。

(1) 原系统状态完全能控，引入状态反馈 $\boldsymbol{k}$ 后，闭环系统 $(\boldsymbol{A}_k,\boldsymbol{b}_k)$ 仍为能控。

证　令单输入系统的状态空间描述为

$$\dot{\boldsymbol{x}} = \boldsymbol{A}\boldsymbol{x} + \boldsymbol{b}u \tag{6.2.1}$$

其中，$\boldsymbol{x}$ 为 n 维状态向量；u 为1维输入变量。由3.8节可知，线性非奇异变换不改变系统的能控性和能观测性，因此，如果系统状态完全能控，系统能控性判别矩阵 $\boldsymbol{Q}_c$ 的秩为 n，即 $\text{rank}\boldsymbol{Q}_c = n$。为了方便，不妨令

$$\boldsymbol{A} = \left[\begin{array}{c|cccc} 0 & 1 & 0 & \cdots & 0 \\ 0 & 0 & 1 & \cdots & 0 \\ \vdots & 0 & \ddots & \ddots & 0 \\ 0 & 0 & \cdots & 0 & 1 \\ \hline -a_0 & -a_1 & -a_2 & \cdots & -a_{n-1} \end{array}\right], \quad \boldsymbol{b} = \begin{bmatrix} 0 \\ 0 \\ \vdots \\ 0 \\ 1 \end{bmatrix} \tag{6.2.2}$$

即 $(\boldsymbol{A}, \boldsymbol{b})$ 为能控标准形。若矩阵 $(\boldsymbol{A}, \boldsymbol{b})$ 不是能控标准形，可以通过线性非奇异变换，将系统变换成上述能控标准形，根据结论3.8.1，这种变换不改变系统的能控性。

引入状态反馈 $\boldsymbol{k}$ 后，闭环系统状态方程为

$$\dot{\boldsymbol{x}} = \boldsymbol{A}_k\boldsymbol{x} + \boldsymbol{b}_k u \tag{6.2.3}$$

其中，$\boldsymbol{k} = \begin{bmatrix} k_1 & k_2 & \cdots & k_n \end{bmatrix}$。

$$\boldsymbol{A}_k = \boldsymbol{A} - \boldsymbol{b}\boldsymbol{k} = \begin{bmatrix} 0 & 1 & 0 & \cdots & 0 \\ 0 & 0 & 1 & \cdots & 0 \\ \vdots & 0 & \ddots & \ddots & 0 \\ 0 & 0 & \cdots & 0 & 1 \\ -k_1 - a_0 & -k_2 - a_1 & -k_3 - a_2 & \cdots & -k_n - a_{n-1} \end{bmatrix}, \quad \boldsymbol{b}_k = \begin{bmatrix} 0 \\ 0 \\ \vdots \\ 0 \\ 1 \end{bmatrix} \tag{6.2.4}$$

因为 $(\boldsymbol{A}_k, \boldsymbol{b}_k)$ 为能控标准形，所以引入状态反馈 $\boldsymbol{k}$ 后的闭环系统仍为状态完全能控的。证明完成。

(2) 原系统状态完全不能控，引入状态反馈 $\boldsymbol{k}$ 后，闭环系统 $(\boldsymbol{A}_k, \boldsymbol{b}_k)$ 状态仍为完全不能控。

证 令此时系统的状态空间描述为

$$\begin{aligned} \dot{\boldsymbol{x}}_{\bar{c}} &= \boldsymbol{A}_{\bar{c}}\boldsymbol{x}_{\bar{c}} \\ \boldsymbol{y} &= \boldsymbol{C}_{\bar{c}}\boldsymbol{x}_{\bar{c}} \end{aligned} \tag{6.2.5}$$

若矩阵 $(\boldsymbol{A}_{\bar{c}}, \boldsymbol{b}_{\bar{c}})$ 不是上述形式，可以通过线性非奇异变换，将系统变换成上述形式，根据结论3.8.1，这种变换不改变系统的能控性。

引入状态反馈 $\boldsymbol{k}$ 后，闭环系统状态方程仍为

$$\dot{\boldsymbol{x}}_{\bar{c}} = \boldsymbol{A}_{\bar{c}}\boldsymbol{x}_{\bar{c}} \tag{6.2.6}$$

因此引入状态反馈 $\boldsymbol{k}$ 后的闭环系统状态仍为完全不能控的。证明完成。

(3) 原系统状态不完全能控，引入状态反馈 $\boldsymbol{k}$ 后，闭环系统 $(\boldsymbol{A}_k, \boldsymbol{b}_k)$ 仍为不完全能控。

证 令此时系统的状态空间描述为

$$\begin{cases} \dot{\boldsymbol{x}} = \boldsymbol{A}\boldsymbol{x} + \boldsymbol{b}u \\ \boldsymbol{y} = \boldsymbol{C}\boldsymbol{x} \end{cases} \tag{6.2.7}$$

对状态引入线性非奇异变换 $\bar{\boldsymbol{x}} = \boldsymbol{P}\boldsymbol{x}$，将系统按能控性进行结构分解，得到状态空间描述为

$$\begin{bmatrix} \dot{\bar{\boldsymbol{x}}}_c \\ \dot{\bar{\boldsymbol{x}}}_{\bar{c}} \end{bmatrix} = \begin{bmatrix} \bar{\boldsymbol{A}}_c & \bar{\boldsymbol{A}}_{12} \\ \boldsymbol{0} & \bar{\boldsymbol{A}}_{\bar{c}} \end{bmatrix} \begin{bmatrix} \bar{\boldsymbol{x}}_c \\ \bar{\boldsymbol{x}}_{\bar{c}} \end{bmatrix} + \begin{bmatrix} \bar{\boldsymbol{b}}_c \\ \boldsymbol{0} \end{bmatrix} \boldsymbol{u}$$

$$\boldsymbol{y} = \begin{bmatrix} \bar{\boldsymbol{C}}_c & \bar{\boldsymbol{C}}_{\bar{c}} \end{bmatrix} \begin{bmatrix} \bar{\boldsymbol{x}}_c \\ \bar{\boldsymbol{x}}_{\bar{c}} \end{bmatrix} \tag{6.2.8}$$

根据结论 3.8.1，这种变换不改变系统的能控性。因此，对上述模型引入状态反馈 $\boldsymbol{k}$ 后的闭环系统，分析其能控性。上述模型分为能控子系统和不能控子系统。能控子系统状态空间描述为

$$\begin{cases} \dot{\bar{\boldsymbol{x}}}_c = \bar{\boldsymbol{A}}_c \bar{\boldsymbol{x}}_c + \bar{\boldsymbol{A}}_{12} \bar{\boldsymbol{x}}_{\bar{c}} + \bar{\boldsymbol{b}}_c u \\ y_1 = \bar{\boldsymbol{C}}_c \bar{\boldsymbol{x}}_c \end{cases} \tag{6.2.9}$$

不能控子系统状态空间描述为

$$\begin{cases} \dot{\bar{\boldsymbol{x}}}_{\bar{c}} = \bar{\boldsymbol{A}}_{\bar{c}} \bar{\boldsymbol{x}}_{\bar{c}} \\ y_2 = \bar{\boldsymbol{C}}_{\bar{c}} \bar{\boldsymbol{x}}_{\bar{c}} \end{cases} \tag{6.2.10}$$

仿照前面的证明，对能控子系统引入状态反馈后，闭环系统仍为能控的。对状态完全不能控子系统引入状态反馈后，闭环系统仍为状态完全不能控的。至此，证明完成。引入状态反馈后的闭环系统结构框图见图 6.2.1。

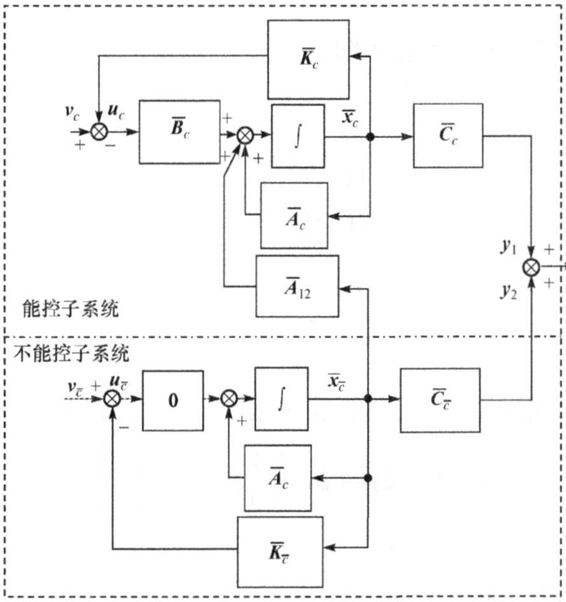

图 6.2.1　状态反馈闭环系统结构框图

通过此结论的证明，可以对系统的结构分解的内容有更深入的理解。对状态完全不能控的子系统，状态反馈不能改变相应子系统的特征矩阵。下面针对多输入的情况，给出状态反馈不影响系统的能控性的证明。

6.2.2　对多输入线性定常系统，状态反馈不改变系统的能控性

结论 6.2.1　对线性定常系统：

$$\begin{cases}\dot{\boldsymbol{x}} = \boldsymbol{Ax} + \boldsymbol{Bu} \\ \boldsymbol{y} = \boldsymbol{Cx}\end{cases} \tag{6.2.11}$$

其中，$\boldsymbol{x}$ 为 $n\times 1$ 向量；$\boldsymbol{u}$ 为 $p\times 1$ 向量；$\boldsymbol{y}$ 为 $q\times 1$ 向量。

引入状态反馈 $\boldsymbol{K}$，闭环系统的能控性不发生变化。

证 引入状态反馈 $\boldsymbol{K}$，闭环系统的状态方程为

$$\dot{\boldsymbol{x}} = \boldsymbol{A}_k\boldsymbol{x} + \boldsymbol{B}_k\boldsymbol{u} \tag{6.2.12}$$

其中，$\boldsymbol{A}_k = \boldsymbol{A} - \boldsymbol{BK}$，$\boldsymbol{B}_k = \boldsymbol{B}$。因为

$$[s\boldsymbol{I} - \boldsymbol{A} \mid \boldsymbol{B}] = [s\boldsymbol{I} - \boldsymbol{A} + \boldsymbol{BK} \mid \boldsymbol{B}]\begin{bmatrix}\boldsymbol{I}_{n\times n} & \boldsymbol{0} \\ -\boldsymbol{K} & \boldsymbol{I}_{p\times p}\end{bmatrix}$$

对于任意的 $\boldsymbol{K}$ 阵和所有的 s，有

$$\text{rank}[s\boldsymbol{I} - \boldsymbol{A} \mid \boldsymbol{B}] = \text{rank}[s\boldsymbol{I} - \boldsymbol{A} + \boldsymbol{BK} \mid \boldsymbol{B}]\begin{bmatrix}\boldsymbol{I}_{n\times n} & \boldsymbol{0} \\ -\boldsymbol{K} & \boldsymbol{I}_{p\times p}\end{bmatrix} = \text{rank}[s\boldsymbol{I} - \boldsymbol{A} + \boldsymbol{BK} \mid \boldsymbol{B}]$$

因此，由系统能控性的 PBH 秩判据可知，无论单输入系统还是多输入系统，状态反馈不改变系统的能控性。证明完成。

6.2.3 状态反馈对系统能观测性的影响

结论 6.2.2 状态反馈的引入使系统的能观测性可能发生变化。

证 举例加以说明。例如，系统：

$$\dot{\boldsymbol{x}} = \begin{bmatrix}1 & 2 \\ 0 & 3\end{bmatrix}\boldsymbol{x} + \begin{bmatrix}0 \\ 1\end{bmatrix}u$$

$$\boldsymbol{y} = \begin{bmatrix}1 & 1\end{bmatrix}\boldsymbol{x}$$

由其能观测性判别矩阵的秩

$$\text{rank}\boldsymbol{Q}_o = \text{rank}\begin{bmatrix}\boldsymbol{c} \\ \boldsymbol{cA}\end{bmatrix} = \begin{bmatrix}1 & 1 \\ 1 & 5\end{bmatrix} = 2 = n$$

可知，该系统为状态完全能观测。引入状态反馈 $\boldsymbol{k} = [0 \quad 4]$，则闭环系统的状态空间描述为

$$\dot{\boldsymbol{x}} = (\boldsymbol{A} - \boldsymbol{bk})\boldsymbol{x} + \boldsymbol{b}v = \begin{bmatrix}1 & 2 \\ 0 & -1\end{bmatrix}\boldsymbol{x} + \begin{bmatrix}0 \\ 1\end{bmatrix}v$$

$$\boldsymbol{y} = \begin{bmatrix}1 & 1\end{bmatrix}\boldsymbol{x}$$

闭环系统的能观测性判别矩阵的秩：

$$\text{rank}\boldsymbol{Q}_{ko} = \text{rank}\begin{bmatrix}\boldsymbol{c} \\ \boldsymbol{c}(\boldsymbol{A} - \boldsymbol{bk})\end{bmatrix} = \begin{bmatrix}1 & 1 \\ 1 & 1\end{bmatrix} = 1 < n$$

显然，闭环系统是不能观测的。这说明，状态反馈可能使系统的能观测性发生变化。至此，证明完成。

6.2.4 输出反馈对系统能控性和能观测性的影响

结论 6.2.3 输出反馈不改变系统的能控性和能观测性。

证 (1)因为输出反馈可由状态反馈代替，而状态反馈不改变系统的能控性，所以输出反馈不改变系统的能控性。另外，由于

$$\begin{bmatrix}(sI-A) & B\end{bmatrix} = \begin{bmatrix}(sI-A+BFC) & B\end{bmatrix}\begin{bmatrix}I_n & 0\\ -FC & I_p\end{bmatrix}$$

$$\mathrm{rank}\begin{bmatrix}(sI-A+BFC) & B\end{bmatrix} = \mathrm{rank}\begin{bmatrix}(sI-A) & B\end{bmatrix}, \quad \forall s\in C$$

根据系统能控性的 PBH 秩判据可知，输出反馈不改变系统的能控性。

(2)证输出反馈不改变系统的能观测性。由于

$$\mathrm{rank}\begin{bmatrix}C\\ sI-A\end{bmatrix} = \mathrm{rank}\begin{bmatrix}I_{q\times q} & 0\\ -BF & I_{n\times n}\end{bmatrix}\begin{bmatrix}C\\ sI-A+BFC\end{bmatrix} = \mathrm{rank}\begin{bmatrix}C\\ sI-A+BFC\end{bmatrix}, \quad \forall s\in C$$

因此，由系统能观测性的 PBH 秩判据可知，输出反馈不改变系统的能观测性。至此，证明完成。

6.3 单输入系统的状态反馈极点配置

通过 6.1 节的讨论可以知道，通过引入状态反馈可以改变系统的系统矩阵 A，从而改变闭环系统的特征值，由式(6.1.4)可知，此时闭环系统的传递函数矩阵的极点也发生变化，当系统为状态完全能观测且状态完全能控时，系统的特征值和传递函数矩阵的极点是相同的，这个结论在后面的讨论中会加以证明。因此，在这种条件下，状态反馈在改变系统的特征值和极点方面作用是相同的。习惯上，人们通常也将状态反馈特征值配置称为状态反馈极点配置。通过状态反馈，可以使闭环系统的极点配置在期望的位置上，从而改善系统的稳定性、动态性能和稳态精度。期望闭环极点的选取由性能指标，如时域的过渡过程时间、超调量、稳态误差等和频域的幅值稳定裕度、相角稳定裕度等决定。

本节讨论利用状态反馈对单输入系统的极点进行配置的问题。

6.3.1 极点的作用

极点的取值，即极点在 s 平面的位置影响系统的稳定性以及动态和静态品质。图 6.3.1 通过具有不同极点的单输入线性定常系统的单位阶跃响应展示了极点位置对系统性能的影响。

在图 6.3.1(a)中，极点具有正实部，系统不稳定。图 6.3.1(b)系统，所有极点具有负实部，且系统性能由主导极点 $\lambda_{1,2}=-1\pm 2\mathrm{j}$ 决定。由 $\lambda_{1,2}$ 决定的系统阻尼比较小，系统出现超调。图 6.3.1(c)系统，所有极点具有负实部，系统稳定。系统性能主要由极点 $\lambda_1=-1$ 决定，其对应的系统阻尼比为 1，因此，系统无超调。

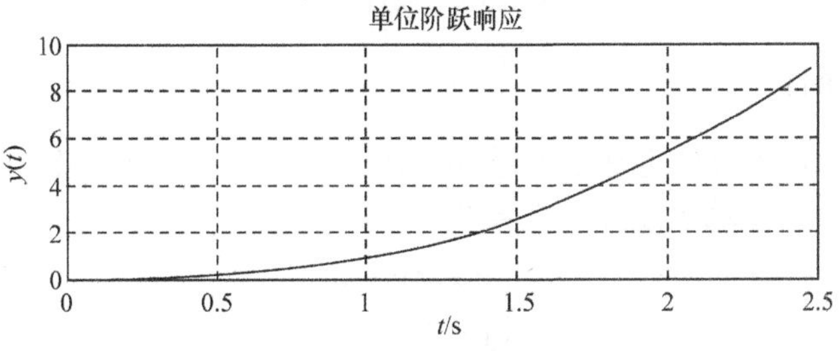

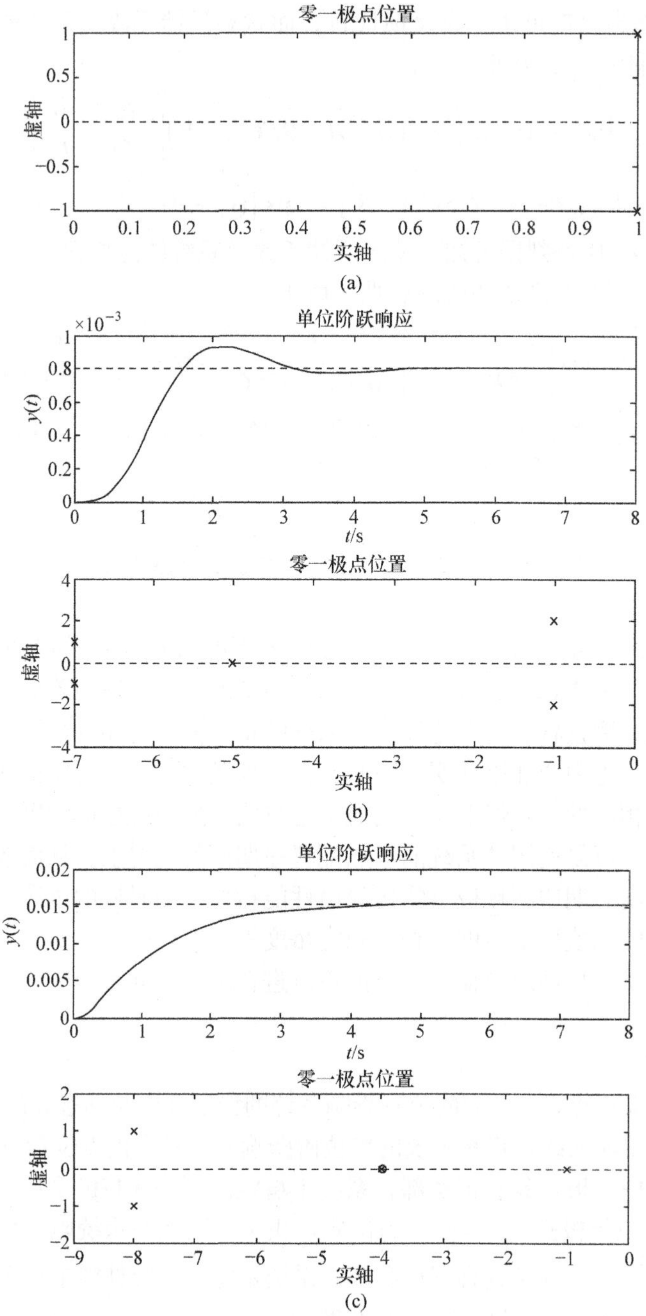

图 6.3.1　极点的作用

6.3.2　极点可配置条件

下面讨论针对单输入线性定常系统通过状态反馈配置全部闭环极点的条件。

结论 6.3.1　对 n 阶单输入线性定常系统：

$$\begin{cases}\dot{\boldsymbol{x}} = \boldsymbol{A}\boldsymbol{x} + \boldsymbol{b}u \\ \boldsymbol{y} = \boldsymbol{C}\boldsymbol{x}\end{cases} \tag{6.3.1}$$

通过状态反馈，实现系统全部n个极点任意配置的充分必要条件是系统状态完全能控。

证 充分性：已知系统完全能控，欲证闭环极点可任意配置。

因为系统能控，通过状态非奇异变换$\bar{\boldsymbol{x}}=\boldsymbol{P}^{-1}\boldsymbol{x}$，将$(\boldsymbol{A},\boldsymbol{b})$化为能控规范形：

$$\boldsymbol{A}_c=\boldsymbol{P}^{-1}\boldsymbol{A}\boldsymbol{P}=\begin{bmatrix}0 & 1 & 0 & \cdots & 0\\ 0 & 0 & 1 & & 0\\ & & & \ddots & \\ 0 & 0 & \cdots & & 1\\ -a_0 & -a_1 & -a_2 & \cdots & -a_{n-1}\end{bmatrix},\quad \boldsymbol{b}_c=\boldsymbol{P}^{-1}\boldsymbol{b}=\begin{bmatrix}0\\0\\ \vdots\\0\\1\end{bmatrix} \tag{6.3.2}$$

矩阵$\boldsymbol{A}_c$各非零元素$a_i(i=0,1,\cdots,n-1)$由$\boldsymbol{A}_c$的特征多项式决定。设矩阵$\boldsymbol{A}_c$的特征多项式：

$$\det[s\boldsymbol{I}-\boldsymbol{A}_c]=\det[s\boldsymbol{I}-\boldsymbol{A}]=s^n+a_{n-1}s^{n-1}+\cdots+a_1s+a_0 \tag{6.3.3}$$

令状态反馈矩阵$\boldsymbol{k}_c=[k_{c1}\ k_{c2}\ \cdots\ k_{cn}]$，引入状态反馈后，闭环系统状态方程为

$$\dot{\boldsymbol{x}}=\boldsymbol{A}_{ck}\boldsymbol{x}+\boldsymbol{b}_{ck}v \tag{6.3.4}$$

其中

$$\boldsymbol{A}_{ck}=\boldsymbol{A}_c-\boldsymbol{b}_c\boldsymbol{k}_c=\begin{bmatrix}0 & 1 & 0 & \cdots & 0\\ 0 & 0 & 1 & \cdots & 0\\ & & \cdots & & \\ -a_0-k_{c1} & -a_1-k_{c2} & -a_2-k_{c3} & \cdots & -a_{n-1}-k_{cn}\end{bmatrix},\quad \boldsymbol{b}_{ck}=\boldsymbol{b}_c=\begin{bmatrix}0\\ \vdots\\0\\1\end{bmatrix} \tag{6.3.5}$$

闭环系统特征矩阵$\boldsymbol{A}_{ck}$的特征多项式为

$$\det[s\boldsymbol{I}-\boldsymbol{A}_{ck}]=s^n+(a_{n-1}+k_{cn})s^{n-1}+\cdots+(a_1+k_{c2})s+(a_0+k_{c1}) \tag{6.3.6}$$

设期望的闭环系统特征值为$\lambda_1^*,\lambda_2^*,\cdots,\lambda_n^*$，则由这$n$个期望的特征值确定的闭环系统期望的特征多项式为

$$D(s)=(s-\lambda_1^*)(s-\lambda_2^*)\cdots(s-\lambda_n^*)=s^n+a_{n-1}^*s^{n-1}+\cdots+a_1^*s+a_0^* \tag{6.3.7}$$

比较式(6.3.6)和式(6.3.7)中，$s^i(i=0,1,\cdots,n-1)$前面的系数，有

$$\begin{cases}a_{n-1}+k_{cn}=a_{n-1}^*\\ \cdots\\ a_1+k_{c2}=a_1^*\\ a_0+k_{c1}=a_0^*\end{cases}\quad\Rightarrow\quad\begin{cases}k_{cn}=a_{n-1}^*-a_{n-1}\\ \cdots\\ k_{c2}=a_1^*-a_1\\ k_{c1}=a_0^*-a_0\end{cases}$$

即状态反馈矩阵为

$$\boldsymbol{k}_c=[a_0^*-a_0\quad a_1^*-a_1\quad\cdots\quad a_{n-1}^*-a_{n-1}] \tag{6.3.8}$$

针对原有系统(6.3.1)使闭环极点配置在$\lambda_1^*,\lambda_2^*,\cdots,\lambda_n^*$上的状态反馈矩阵$\boldsymbol{k}$：

$$\boldsymbol{k}=\boldsymbol{k}_c\boldsymbol{P}^{-1} \tag{6.3.9}$$

这是因为

$$
\begin{aligned}
\det[sI - A_c + b_c k_c] &= \det[sI - P^{-1}AP + P^{-1}bkP] \\
&= \det P^{-1}\det[sI - A + bk]\det P \\
&= \det[sI - A + bk] \\
&= (s-\lambda_1^*)(s-\lambda_2^*)\cdots(s-\lambda_n^*) = s^n + a_{n-1}^* s^{n-1} + \cdots + a_1^* s + a_0^*
\end{aligned} \tag{6.3.10}
$$

这表明，按式(6.3.9)得到的状态反馈矩阵 $\boldsymbol{k}$，可以使系统(6.3.1)的闭环极点配置在任意期望位置 $\lambda_1^*,\lambda_2^*,\cdots,\lambda_n^*$。充分性得证。

必要性：已知极点可任意配置，欲证系统(6.3.1)的状态完全能控。

采用反证法。反设系统不完全能控，则通过线性非奇异变换 $\bar{\boldsymbol{x}} = \boldsymbol{P}\boldsymbol{x}$，对系统(6.3.1)按能控性进行结构分解，可得

$$
\begin{aligned}
\begin{bmatrix} \dot{\bar{x}}_c \\ \dot{\bar{x}}_{\bar{c}} \end{bmatrix} &= \begin{bmatrix} \bar{A}_c & \bar{A}_{12} \\ 0 & \bar{A}_{\bar{c}} \end{bmatrix}\begin{bmatrix} \bar{x}_c \\ \bar{x}_{\bar{c}} \end{bmatrix} + \begin{bmatrix} \bar{b}_c \\ 0 \end{bmatrix} u \\
y &= \begin{bmatrix} \bar{C}_c & \bar{C}_{\bar{c}} \end{bmatrix}\begin{bmatrix} \bar{x}_c \\ \bar{x}_{\bar{c}} \end{bmatrix}
\end{aligned} \tag{6.3.11}
$$

对式(6.3.11)引入状态反馈 $\bar{\boldsymbol{k}} = [\bar{\boldsymbol{k}}_c \quad \bar{\boldsymbol{k}}_{\bar{c}}]$，可得

$$
\det\begin{bmatrix} \lambda I - \bar{A}_c + \bar{b}_c\bar{k}_c & -\bar{A}_{12} + \bar{b}_c\bar{k}_{\bar{c}} \\ 0 & \lambda I - \bar{A}_{\bar{c}} \end{bmatrix} = \det(\lambda I - \bar{A}_c + \bar{b}_c\bar{k}_c)\det(\lambda I - \bar{A}_{\bar{c}}) \tag{6.3.12}
$$

式(6.3.12)表明状态反馈不能改变系统的全部特征值，不能控子系统的特征值是不能改变的。又由充分性的证明可知，对原有系统(6.3.1)引入状态反馈 $\boldsymbol{k} = \bar{\boldsymbol{k}}\boldsymbol{P}$，得到的闭环系统的特征多项式仍为 $\det(\lambda I - \bar{A}_c + \bar{b}_c\bar{k}_c)\det(\lambda I - \bar{A}_{\bar{c}})$。因此，状态反馈不能改变系统(6.3.1)的全部极点，这与已知系统可以被任意配置极点相矛盾。必要性得证。至此，证明完成。

结论 6.3.1 的充分性的证明过程也是状态反馈增益矩阵的求解过程。下面给出求解单输入线性定常系统状态反馈向量的算法。

6.3.3 单输入系统状态反馈算法

算法 6.3.1[极点配置算法] 针对 n 维状态完全能控的单输入线性定常系统 $\{\boldsymbol{A},\boldsymbol{b}\}$ 和给定的一组期望的闭环系统特征值 $\{\lambda_1^*,\lambda_2^*,\cdots,\lambda_n^*\}$，要确定 $1\times n$ 的状态反馈增益矩阵 $\boldsymbol{k}$，使成立 $\lambda_i(\boldsymbol{A}-\boldsymbol{Bk}) = \lambda_i^*$，$i=1,2,\cdots,n$。(这里 $\lambda_i^*(i=1,2,\cdots,n)$ 是 n 个期望的特征值。)

(1)计算矩阵 $\boldsymbol{A}$ 的特征多项式 $\alpha(s)$：

$$
\alpha(s) = \det(sI - A) = s^n + a_{n-1}s^{n-1} + \cdots + a_1 s + a_0 \tag{6.3.13}
$$

(2)对状态引入线性非奇异变换 $\bar{\boldsymbol{x}} = \boldsymbol{P}^{-1}\boldsymbol{x}$，化系统 $\{\boldsymbol{A},\boldsymbol{b}\}$ 为能控规范形 $\{\bar{\boldsymbol{A}},\bar{\boldsymbol{b}}\}$。其中矩阵 $\boldsymbol{P}$ 计算如下：

$$
P = [A^{n-1}b \ \cdots \ Ab \ \ b]\begin{bmatrix} 1 & & & & \\ a_{n-1} & 1 & & & \\ a_{n-2} & a_{n-1} & 1 & & \\ \vdots & & \ddots & \ddots & \\ a_1 & \cdots & & a_{n-1} & 1 \end{bmatrix} \tag{6.3.14}
$$

(3) 计算由期望的闭环系统特征值 $\{\lambda_1^*, \lambda_2^*, \cdots, \lambda_n^*\}$ 所决定的闭环系统期望的特征多项式 $\alpha^*(s)$：

$$\alpha^*(s) = \prod_{i=1}^{n}(s-\lambda_i^*) = s^n + a_{n-1}^* s^{n-1} + \cdots + a_1^* s + a_0^* \tag{6.3.15}$$

(4) 由式(6.3.13)和式(6.3.15)，计算针对能控规范形 $\{\bar{\boldsymbol{A}}, \bar{\boldsymbol{b}}\}$ 的状态转移矩阵 $\bar{\boldsymbol{k}}$：

$$\bar{\boldsymbol{k}} = [a_0^* - a_0 \quad a_1^* - a_1 \quad \cdots \quad a_{n-1}^* - a_{n-1}] \tag{6.3.16}$$

原因见式(6.3.2)～式(6.3.8)。

(5) 计算针对系统 $\{\boldsymbol{A}, \boldsymbol{b}\}$ 的状态转移矩阵 $\boldsymbol{k}$：

$$\boldsymbol{k} = \bar{\boldsymbol{k}}\boldsymbol{P}^{-1} \tag{6.3.17}$$

例 6.3.1 已知系统：

$$\dot{\boldsymbol{x}} = \begin{bmatrix} 0 & 1 & 0 \\ 0 & 0 & 1 \\ 0 & -2 & -3 \end{bmatrix}\boldsymbol{x} + \begin{bmatrix} 0 \\ 0 \\ 1 \end{bmatrix}u$$

试确定状态反馈增益矩阵 $\boldsymbol{k} = [k_1 \quad k_2 \quad k_3]$，以保证闭环系统的特征值配置在 $s_1^* = -2$，$s_{2,3}^* = -1 \pm \mathrm{j}$，并画出系统状态变量图。

解 (1) 判断系统的能控性。因为系统的状态方程为能控标准形，所以系统状态完全能控。

(2) 闭环系统的期望特征多项式：

$$D(s) = (s+2)(s+1+\mathrm{j})(s+1-\mathrm{j}) = s^3 + 4s^2 + 6s + 4 \tag{6.3.18}$$

(3) 闭环系统实际特征多项式：

$$\det[s\boldsymbol{I} - \boldsymbol{A}_k] = \det(s\boldsymbol{I} - \boldsymbol{A} + \boldsymbol{b}\boldsymbol{k}) = s^3 + (3+k_3)s^2 + (2+k_2)s + (0+k_1) \tag{6.3.19}$$

(4) 比较式(6.3.18)和式(6.3.19)中 $s^i (i=0,1,2)$ 前面的系数，有

$$\begin{cases} k_1 = 4 \\ k_2 = 6 - 2 = 4 \\ k_3 = 4 - 3 = 1 \end{cases}$$

所以状态反馈增益矩阵为 $\boldsymbol{k} = [\,4 \;\; 4 \;\; 1]$。

(5) 画闭环系统状态变量图，见图 6.3.2。

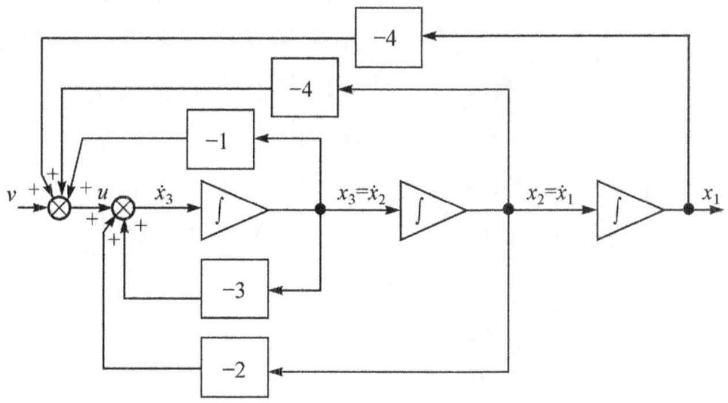

图 6.3.2 闭环系统状态变量图

例 6.3.2 已知系统的传递函数为

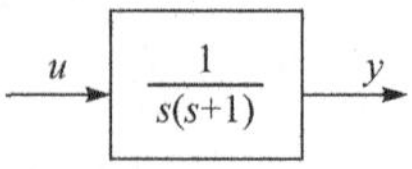

试求状态反馈增益矩阵 $\boldsymbol{k}$，使闭环系统达到如下性能指标：超调量 $\sigma_p = 0.0432$，过渡过程时间 $t_s = 4\text{s}$。

解 开环系统的状态空间描述为

$$\dot{\boldsymbol{x}} = \begin{bmatrix} 0 & 1 \\ 0 & -1 \end{bmatrix}\boldsymbol{x} + \begin{bmatrix} 0 \\ 1 \end{bmatrix}u$$

由于上述系统为能控规范形，所以系统状态完全能控，可以通过状态反馈，实现极点的任意配置。

设状态反馈增益矩阵 $\boldsymbol{k} = [k_1 \quad k_2]$，闭环系统的特征矩阵 $\boldsymbol{A}_k$：

$$\boldsymbol{A}_k = \boldsymbol{A} - \boldsymbol{bk} = \begin{bmatrix} 0 & 1 \\ -k_1 & -(k_2+1) \end{bmatrix}$$

闭环系统实际特征多项式为

$$\det[s\boldsymbol{I} - \boldsymbol{A}_k] = s^2 + (1+k_2)s + k_1 \tag{6.3.20}$$

由 $\sigma_p = \mathrm{e}^{-\frac{\pi\zeta}{\sqrt{1-\zeta^2}}} = 0.0432$，可得系统阻尼比 $\zeta = \dfrac{1}{\sqrt{2}} = 0.707$。由 $t_s = \dfrac{4}{\zeta\omega_n} = 4$，得系统的无阻尼振荡频率 $\omega_n = \sqrt{2} = 1.414$，因此，期望的系统闭环特征多项式为

$$\alpha^*(s) = s^2 + 2\zeta\omega_n s + \omega_n^2 \tag{6.3.21}$$

由式(6.3.20)和式(6.3.21)，可得

$$\begin{cases} k_1 = 2 \\ k_2 = 1 \end{cases}$$

因此，所求的状态反馈矩阵 $\boldsymbol{k} = [k_1 \quad k_2] = [2 \quad 1]$。

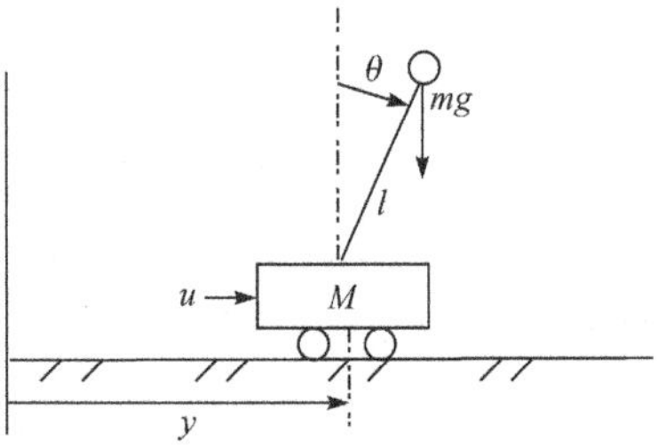

图 6.3.3 一级倒立摆系统状态反馈

例 6.3.3 一级倒立摆系统的极点配置。对如图 6.3.3 所示的一级倒立摆系统，利用状态反馈方法实现小车运动到指定位置并使摆角 θ 为零的控制。其中，小车质量为 $M = 2\text{kg}$，摆长为 $l = 0.5\text{m}$，摆锤质量为 $m = 0.1\text{kg}$。

解 首先，建立倒立摆系统的数学模型。根据 1.2 节的内容，系统的状态空间描述为

$$\begin{bmatrix} \dot{x}_1 \\ \dot{x}_2 \\ \dot{x}_3 \\ \dot{x}_4 \end{bmatrix} = \begin{bmatrix} 0 & 1 & 0 & 0 \\ \dfrac{M+m}{Ml}g & 0 & 0 & 0 \\ 0 & 0 & 0 & 1 \\ -\dfrac{mg}{M} & 0 & 0 & 0 \end{bmatrix}\begin{bmatrix} x_1 \\ x_2 \\ x_3 \\ x_4 \end{bmatrix} + \begin{bmatrix} 0 \\ -\dfrac{1}{Ml} \\ 0 \\ \dfrac{1}{M} \end{bmatrix}u \tag{6.3.22}$$

$$y = [0 \quad 0 \quad 1 \quad 0]\boldsymbol{x}$$

其中，$x_1=\theta$，$x_2=\dot{x}_1=\dot{\theta}$，$x_3=y$，$x_4=\dot{x}_3=\dot{y}$。

其次，判断系统的状态能控性。因为

$$\operatorname{rank}[\boldsymbol{b} \quad \boldsymbol{Ab} \quad \boldsymbol{A}^2\boldsymbol{b} \quad \boldsymbol{A}^3\boldsymbol{b}]=4$$

所以倒立摆系统为状态完全能控系统，可以通过状态反馈实现极点的任意配置。通过选择适当的期望闭环极点可以实现例 6.3.3 的控制要求。

令 $\dot{\boldsymbol{x}}=\boldsymbol{0}$，可以得到系统(6.3.22)的平衡状态为 $\theta=0, y=$ 任意值。为了使小车移动到期望的位置上，引入一个新的状态变量

$$\dot{x}_5=v-y \tag{6.3.23}$$

其中，v 为小车的期望位置。记

$$\boldsymbol{e}=\begin{bmatrix} x_1(t)-x_1(\infty) \\ x_2(t)-x_2(\infty) \\ x_3(t)-x_3(\infty) \\ x_4(t)-x_4(\infty) \\ x_5(t)-x_5(\infty) \end{bmatrix}$$

可得

$$\dot{\boldsymbol{e}}=\hat{\boldsymbol{A}}\boldsymbol{e}+\hat{\boldsymbol{b}}u_e \tag{6.3.24}$$

其中

$$\hat{\boldsymbol{A}}=\begin{bmatrix} 0 & 1 & 0 & 0 & 0 \\ \dfrac{M+m}{Ml}g & 0 & 0 & 0 & 0 \\ 0 & 0 & 0 & 1 & 0 \\ -\dfrac{mg}{M} & 0 & 0 & 0 & 0 \\ 0 & 0 & 1 & 0 & 0 \end{bmatrix},\quad \hat{\boldsymbol{b}}=\begin{bmatrix} 0 \\ -\dfrac{1}{Ml} \\ 0 \\ 1 \\ 0 \end{bmatrix}$$

对系统(6.3.24)实施状态反馈，及令

$$u_e(t)=-[k_1 \quad k_2 \quad k_3 \quad k_4 \quad k_5]\boldsymbol{e}=-\boldsymbol{ke}$$

则闭环系统的状态方程变为

$$\dot{\boldsymbol{e}}=(\hat{\boldsymbol{A}}-\hat{\boldsymbol{b}}\boldsymbol{k})\boldsymbol{e} \tag{6.3.25}$$

令 $\dot{\boldsymbol{e}}=\boldsymbol{0}$，可知 $\theta=0, y=v$ 是系统(6.3.25)的一个平衡状态，根据性能指标要求，合理选择状态反馈矩阵 $\boldsymbol{k}$，使 $\hat{\boldsymbol{A}}-\hat{\boldsymbol{b}}\boldsymbol{k}$ 的特征值配置在 s 平面左半面的某位置，这样 $\boldsymbol{e}(t)$ 以合理的方式指数趋进平衡状态 $\theta=0, y=v$。选择闭环系统(6.3.25)的期望的特征值为 $-2\pm \mathrm{j}\sqrt{3},-6,-6,-6$，按照单输入系统的状态反馈极点配置算法，可得反馈矩阵 $\boldsymbol{k}$：

$$\boldsymbol{k}=[-214.88 \quad -48.32 \quad -104.59 \quad -58.64 \quad 89.29]$$

在状态反馈控制器的作用下，系统的响应曲线见图 6.3.4。

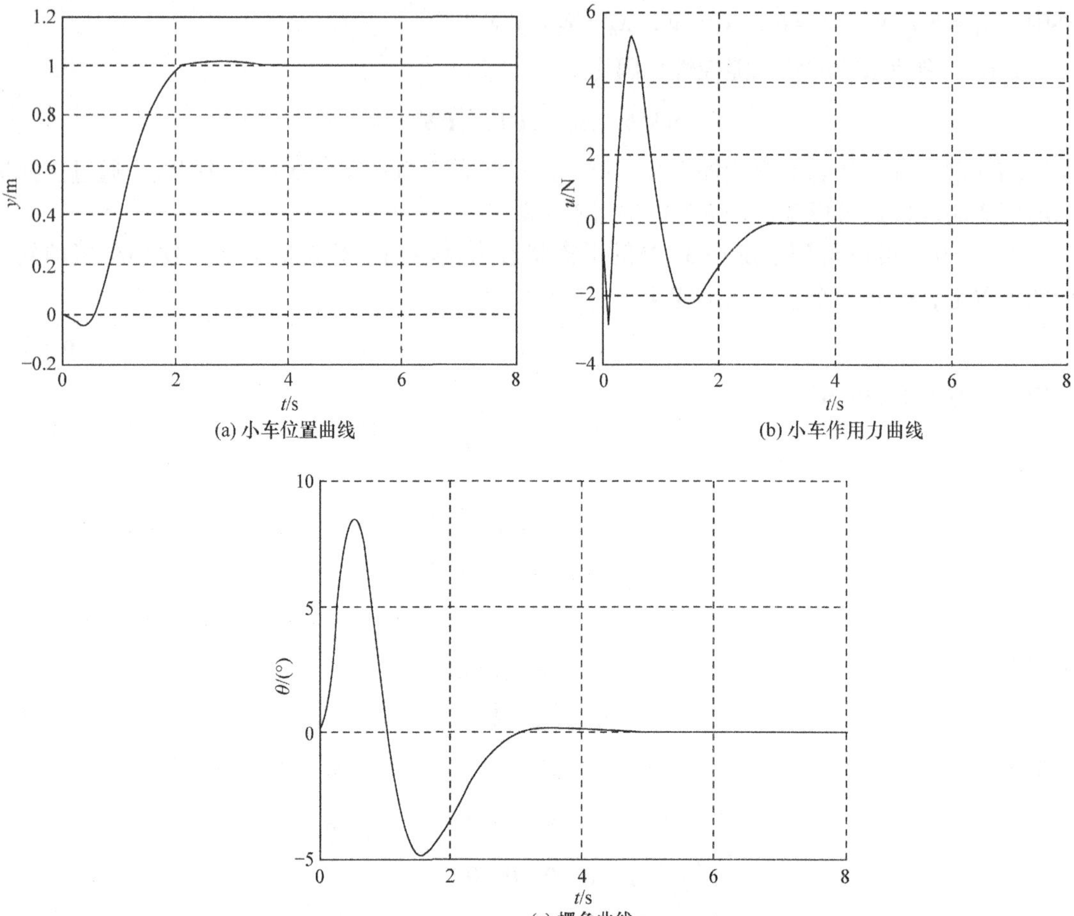

(a) 小车位置曲线　(b) 小车作用力曲线　(c) 摆角曲线

图 6.3.4　一级倒立摆响应曲线

例 6.3.4　旋转式倒立摆的状态反馈极点配置 MATLAB 实现。对例 1.2.6 的旋转式倒立摆系统设计状态反馈控制器，使闭环极点配置在−4±3i, −30±6i。

解 A=[0 0 1 0; 0 0 0 1; 65.8751 −16.8751 −3.7062 0.2760; −82.2122 82.2122 4.6254 −1.3444];

```
b=[0;0;5.2184; −6.5125];
C=[1,0,0,0;0,1,0,0];
p=[−4+3i,−4−3i,−30−6i,−30+6i];
K=place(A,b,p);
```

矩阵 $\boldsymbol{K}$=[−60.699 −316.175 −30.075 −33.764]即所求的状态反馈增益矩阵。

6.4　多输入系统的状态反馈极点配置

本节讨论多输入系统的状态反馈极点配置算法。主要介绍三种极点配置算法：循环矩阵法、李雅普诺夫方程法和能控规范形法三种方法。与单输入系统类似，多输入-多输出线性定常系统可通过状态反馈任意配置其全部极点的充分必要条件是，系统为状态完全能控。这个结论的证明将利用循环矩阵法完成。

6.4.1 循环矩阵法

循环矩阵法的基本思想是将一个多输入系统的极点配置问题转化为一个单输入系统的极点配置问题。为此，首先介绍循环矩阵的概念。

定义 6.4.1[循环矩阵] 当矩阵 $\boldsymbol{A}$ 的特征多项式等于它的最小多项式时，称矩阵 $\boldsymbol{A}$ 为循环矩阵。

循环矩阵 $\boldsymbol{A}$ 有如下性质：

性质 1 当且仅当矩阵 $\boldsymbol{A}$ 的约当标准形中相应于每个不同的特征值仅有一个约当小块时，矩阵 $\boldsymbol{A}$ 为循环矩阵。

证 设矩阵 $\boldsymbol{A}$ 的特征值为 $\lambda_1(\sigma_1\text{重}),\lambda_2(\sigma_2\text{重}),\cdots,\lambda_l(\sigma_1\text{重})$，且 $\sigma_1+\sigma_2+\cdots+\sigma_l=n$，存在可逆变换矩阵 $\boldsymbol{Q}$，通过引入变换 $\hat{\boldsymbol{x}}=\boldsymbol{Q}^{-1}\boldsymbol{x}$，使矩阵 $\boldsymbol{A}$ 化为如下的约当规范形：

$$\hat{\boldsymbol{A}}=\boldsymbol{Q}^{-1}\boldsymbol{A}\boldsymbol{Q}=\begin{bmatrix}\boldsymbol{J}_1 & & & & \\ & \ddots & & & \\ & & \boldsymbol{J}_i & & \\ & & & \ddots & \\ & & & & \boldsymbol{J}_l\end{bmatrix} \tag{6.4.1}$$

其中，$\boldsymbol{J}_i$ 为对应特征值 λ_i 对应的约当块，维数为 $\sigma_i\times\sigma_i$，具有如下形式：

$$\boldsymbol{J}_i=\begin{bmatrix}\boldsymbol{J}_{i1} & & \\ & \ddots & \\ & & \boldsymbol{J}_{i\alpha_i}\end{bmatrix} \tag{6.4.2}$$

其中，$\boldsymbol{J}_{ik}$ 为对应特征值 λ_i 的约当块 $\boldsymbol{J}_i$ 中的第 k 个约当小块，$k=1,2,\cdots,\alpha_i$，$\boldsymbol{J}_{ik}$ 的维数为 $\sigma_{ik}\times\sigma_{ik}$，且具有如下形式：

$$\boldsymbol{J}_{ik}=\begin{bmatrix}\lambda_i & 1 & & & \\ & \lambda_i & 1 & & \\ & & \ddots & \ddots & \\ & & & \lambda_i & 1 \\ & & & & \lambda_i\end{bmatrix} \tag{6.4.3}$$

且有

$$\sigma_{i1}+\sigma_{i2}+\cdots+\sigma_{i\alpha_i}=\sigma_i \tag{6.4.4}$$

令

$$\bar{\sigma}_i=\max\{\sigma_{i1},\sigma_{i2},\cdots,\sigma_{i\alpha_i}\} \tag{6.4.5}$$

由矩阵理论可知，矩阵 $\hat{\boldsymbol{A}}$ 即矩阵 $\boldsymbol{A}$ 的最小多项式为

$$\varPhi(s)=\prod_{i=1}^{l}(s-\lambda_i)^{\bar{\sigma}_i} \tag{6.4.6}$$

矩阵 $\hat{\boldsymbol{A}}$ 即矩阵 $\boldsymbol{A}$ 的特征多项式为

$$\det(s\boldsymbol{I}-\boldsymbol{A})=\prod_{i=1}^{l}(s-\lambda_i)^{\sigma_i} \tag{6.4.7}$$

由式(6.4.6)和式(6.4.7)可知，只有当

$$\bar{\sigma}_i=\sigma_i \tag{6.4.8}$$

时，即矩阵 $\boldsymbol{A}$ 的约当规范形对应于每个不同的特征值仅有一个约当小块时，矩阵 $\boldsymbol{A}$ 为循环矩阵。至此，证明完成。

性质 2　若矩阵 $\boldsymbol{A}$ 为循环矩阵，则存在一个向量 $\boldsymbol{b}$，使向量组 $\boldsymbol{b},\boldsymbol{Ab},\cdots,\boldsymbol{A}^{n-1}\boldsymbol{b}$ 能张成 n 维实空间，或等价为 $\{\boldsymbol{A},\boldsymbol{b}\}$ 可控。

性质 3　若矩阵 $\boldsymbol{A}$ 的 n 个特征根两两互异，则矩阵 $\boldsymbol{A}$ 为循环矩阵。

证　因为矩阵 $\boldsymbol{A}$ 的 n 个特征根两两互异，所以矩阵 $\boldsymbol{A}$ 可以化成对角线规范形，即特殊的约当规范形，该约当规范形中对应每一个特征值仅有一个约当小块，根据性质 1，矩阵 $\boldsymbol{A}$ 为循环矩阵。证明完成。

结论 6.4.1　若系统 $\{\boldsymbol{A}_{n\times n},\boldsymbol{B}_{n\times p}\}$ 状态完全能控，且矩阵 $\boldsymbol{A}$ 为循环矩阵，则几乎对任意的实向量 $\boldsymbol{\rho}_{p\times 1}$，单输入系统 $\{\boldsymbol{A},\boldsymbol{B\rho}\}$ 状态完全能控。

下面举一个例子来说明此结论的基本思想。设

$$\boldsymbol{A}=\left[\begin{array}{ccc:cc}5&1&0&0&0\\0&5&1&0&0\\0&0&5&0&0\\\hdashline 0&0&0&1&1\\0&0&0&0&1\end{array}\right],\quad \boldsymbol{B}=\left[\begin{array}{cc}0&1\\1&1\\1&3\\\hdashline 0&0\\0&1\end{array}\right]$$

$$\boldsymbol{B\rho}=\boldsymbol{B}\begin{bmatrix}\rho_1\\\rho_2\end{bmatrix}=\left[\begin{array}{c}*\\ *\\ \rho_1+3\rho_2\\\hdashline *\\ \rho_2\end{array}\right]$$

因为矩阵 $\boldsymbol{A}$ 的不同特征值仅有一个约当小块与之对应，所以 $\boldsymbol{A}$ 为循环矩阵。根据能控性约当规范形判据，可知 $\{\boldsymbol{A},\boldsymbol{B\rho}\}$ 为状态完全能控的充要条件是：矩阵 $\boldsymbol{B\rho}$ 中与每一个约当块对应的最后一行不为零，即

$$\rho_1+3\rho_2\neq 0 \quad 且 \quad \rho_2\neq 0$$

因此，除 $\rho_2=0$ 和 $\rho_1/\rho_2=-3$ 以外的几乎任何的 $\boldsymbol{\rho}$ 都将使单输入系统 $\{\boldsymbol{A},\boldsymbol{B\rho}\}$ 状态完全能控。

结论 6.4.2[非循环矩阵的循环化]　若矩阵 $\boldsymbol{A}$ 不是循环矩阵，且系统 $\{\boldsymbol{A}_{n\times n},\boldsymbol{B}_{n\times p}\}$ 状态完全能控，则几乎对任意的矩阵 $\boldsymbol{K}_{p\times n}$，矩阵 $\boldsymbol{A}-\boldsymbol{BK}$ 的全部特征值均不相同，因而 $\boldsymbol{A}-\boldsymbol{BK}$ 是循环矩阵。

证　令

$$\boldsymbol{K}=[k_{ij}]_{p\times n},\quad i=1,2,\cdots,p;\ j=1,2,\cdots,n$$

并设 $\boldsymbol{A}-\boldsymbol{BK}$ 的特征多项式为

$$\alpha(s)=\det(s\boldsymbol{I}-\boldsymbol{A}+\boldsymbol{BK})=s^n+a_{n-1}s^{n-1}+\cdots+a_1s+a_0$$

其中，$a_i(i=1,2,\cdots,n-1)$ 为矩阵 $\boldsymbol{K}$ 的元 k_{ij} 的函数。继而，求 $\alpha(s)$ 对 s 的导数：

$$\frac{\mathrm{d}\alpha(s)}{\mathrm{d}s}=ns^{n-1}+(n-1)a_{n-1}s^{n-2}+\cdots+a_1$$

如果 $\alpha(s)$ 包含重根，才有可能出现 $\boldsymbol{A}-\boldsymbol{BK}$ 为非循环矩阵的情况。根据矩阵理论可知，当 $\alpha(s)$ 包含重根时，$\alpha(s)$ 和 $\dfrac{\mathrm{d}\alpha(s)}{\mathrm{d}s}$ 为非互质，即

$$\det\begin{bmatrix} a_0 & a_1 & \cdots & a_{n-1} & 1 & 0 & \cdots & 0 \\ 0 & a_0 & \cdots & a_{n-2} & a_{n-1} & 1 & \cdots & 0 \\ & & & \cdots & & & & \\ 0 & 0 & \cdots & a_0 & a_1 & a_2 & \cdots & 1 \\ \hdashline a_1 & 2a_2 & \cdots & n & 0 & 0 & \cdots & 0 \\ 0 & a_1 & \cdots & (n-1)a_{n-1} & n & 0 & \cdots & 0 \\ & & & \cdots & & & & \\ 0 & 0 & \cdots & 0 & a_1 & 2a_2 & \cdots & n \end{bmatrix} \triangleq \gamma(k_{ij})=0 \tag{6.4.9}$$

注意到 $\boldsymbol{K}$ 中共有 $p\times n$ 个元 k_{ij}，当 k_{ij} 任意取值时，$\{k_{ij}\}$ 构成一个 $p\times n$ 实向量空间 $\mathscr{R}^{p\times n}$，而满足式(6.4.9)的解 $\{k_{ij}\}$ 只是 $\mathscr{R}^{p\times n}$ 中的一个低维子空间。这表明，对几乎所有的 $\boldsymbol{K}$，可有 $\gamma(k_{ij})\neq 0$，即 $\alpha(s)=0$ 的所有根为两两互异。因此，几乎对所有的 $\boldsymbol{K}$，$\boldsymbol{A}-\boldsymbol{BK}$ 为循环矩阵。证明完成。

在循环矩阵的基础上，可得到多输入系统通过状态反馈实现极点配置的条件。对多输入线性定常系统：

$$\begin{cases}\dot{\boldsymbol{x}}=\boldsymbol{Ax}+\boldsymbol{Bu}\\ \boldsymbol{y}=\boldsymbol{Cx}+\boldsymbol{Du}\end{cases} \tag{6.4.10}$$

其中，$\boldsymbol{x}$ 为 n 维状态向量；$\boldsymbol{u}$ 为 p 维输入向量；$\boldsymbol{y}$ 为 q 维输出向量；$\boldsymbol{A}$ 和 $\boldsymbol{B}$ 分别为 $n\times n$ 和 $n\times p$ 常阵；$\boldsymbol{C}$ 和 $\boldsymbol{D}$ 分别为 $q\times n$ 和 $q\times p$ 常阵。有以下结论成立。

结论 6.4.3[多输入系统的极点配置条件] 对系统(6.4.10)，通过状态反馈实现极点任意配置的充分必要条件为其状态完全能控。

证 必要性证明与单输入系统情况相同。现证充分性：已知系统(6.4.10)状态完全能控，欲证可通过状态反馈实现极点的任意配置。

首先，使系统矩阵 $\boldsymbol{A}$ 循环化。若 $\boldsymbol{A}$ 为循环矩阵，设 $\bar{\boldsymbol{A}}=\boldsymbol{A}$；若 $\boldsymbol{A}$ 不是循环矩阵，则选取一个 $p\times n$ 的常值矩阵 $\boldsymbol{K}_1$，使 $\bar{\boldsymbol{A}}=\boldsymbol{A}-\boldsymbol{BK}_1$ 为循环矩阵。由结论 6.4.2 可知，矩阵 $\boldsymbol{K}_1$ 的选取几乎是任意的。对循环矩阵 $\bar{\boldsymbol{A}}$，选取 $p\times 1$ 实常向量 $\boldsymbol{\rho}$，使单输入系统 $\{\boldsymbol{A},\boldsymbol{B\rho}\}$ 为状态完全能控。由结论 6.4.1 可知，$\boldsymbol{\rho}$ 的选取几乎是任意的。对单输入完全能控系统 $\{\boldsymbol{A},\boldsymbol{B\rho}\}$ 引入状态反馈 $u=-\boldsymbol{kx}+\bar{v}$，根据结论 6.3.1 可知，可以实现极点的任意配置。而此时，闭环系统的状态方程为

$$\dot{\boldsymbol{x}}=(\bar{\boldsymbol{A}}-\boldsymbol{B\rho k})\boldsymbol{x}+\boldsymbol{B\rho}\bar{v} \tag{6.4.11}$$

这里，分以下两种情况讨论。

(1)当 $\boldsymbol{A}$ 为循环矩阵时，$\bar{\boldsymbol{A}}=\boldsymbol{A}$，因此，

$$\det(s\boldsymbol{I}-\bar{\boldsymbol{A}}+\boldsymbol{B}\boldsymbol{\rho}\boldsymbol{k})=\det(s\boldsymbol{I}-\boldsymbol{A}+\boldsymbol{B}\boldsymbol{K}) \tag{6.4.12}$$

其中

$$\boldsymbol{K}=\boldsymbol{\rho}\boldsymbol{k} \tag{6.4.13}$$

为针对多输入系统(6.4.10)的状态反馈矩阵。

(2)当 $\boldsymbol{A}$ 为非循环矩阵时，$\bar{\boldsymbol{A}}=\boldsymbol{A}-\boldsymbol{B}\boldsymbol{K}_1$，因此，

$$\begin{aligned}\det(s\boldsymbol{I}-\bar{\boldsymbol{A}}+\boldsymbol{B}\boldsymbol{\rho}\boldsymbol{k})&=\det(s\boldsymbol{I}-\boldsymbol{A}+\boldsymbol{B}\boldsymbol{K}_1+\boldsymbol{B}\boldsymbol{\rho}\boldsymbol{k})\\&=\det(s\boldsymbol{I}-(\boldsymbol{A}-\boldsymbol{B}(\boldsymbol{K}_1+\boldsymbol{\rho}\boldsymbol{k})))=\det(s\boldsymbol{I}-\boldsymbol{A}+\boldsymbol{B}\boldsymbol{K})\end{aligned} \tag{6.4.14}$$

其中

$$\boldsymbol{K}=\boldsymbol{K}_1+\boldsymbol{\rho}\boldsymbol{k} \tag{6.4.15}$$

为针对多输入系统(6.4.10)的状态反馈矩阵。

因为针对单输入系统的状态反馈 $u=-\boldsymbol{k}\boldsymbol{x}+\bar{v}$，可以实现极点的任意配置，由式(6.4.12)和式(6.4.13)或式(6.4.14)和式(6.4.15)决定的多输入系统(6.4.10)的状态反馈也可以实现极点的任意配置。至此，证明完成。

实际上,结论6.4.3充分性的证明过程即多输入系统(6.4.10)状态反馈矩阵 $\boldsymbol{K}$ 的求解过程。因此，将多输入系统的极点配置算法总结如下。

算法 6.4.1[多输入系统极点配置算法——循环矩阵法] 给定完全能控的多输入线性定常系统(6.4.10)和一组任意的期望闭环特征值 $\lambda_1^*,\lambda_2^*,\cdots,\lambda_n^*$，要求通过状态反馈 $\boldsymbol{u}=-\boldsymbol{K}\boldsymbol{x}+\boldsymbol{v}$（$\boldsymbol{K}$ 是 $p\times n$ 常阵，$\boldsymbol{v}$ 是 $p\times 1$ 参考输入)，即确定状态反馈矩阵 $\boldsymbol{K}$，使闭环系统

$$\begin{cases}\dot{\boldsymbol{x}}=(\boldsymbol{A}-\boldsymbol{B}\boldsymbol{K})\boldsymbol{x}+\boldsymbol{B}\boldsymbol{v}\\\boldsymbol{y}=(\boldsymbol{C}-\boldsymbol{D}\boldsymbol{K})\boldsymbol{x}+\boldsymbol{D}\boldsymbol{v}\end{cases} \tag{6.4.16}$$

的特征值满足 $\lambda_i(\boldsymbol{A}-\boldsymbol{B}\boldsymbol{K})=\lambda_i^*,\quad i=1,2,\cdots,n$。

(1)判断矩阵 $\boldsymbol{A}$ 是否为循环矩阵。若否，引入状态反馈：

$$\boldsymbol{u}=\boldsymbol{w}-\boldsymbol{K}_1\boldsymbol{x} \tag{6.4.17}$$

其中，$\boldsymbol{K}_1$ 为几乎任意选取的 $p\times n$ 的常值矩阵，使得系统

$$\dot{\boldsymbol{x}}=(\boldsymbol{A}-\boldsymbol{B}\boldsymbol{K}_1)\boldsymbol{x}+\boldsymbol{B}\boldsymbol{w} \tag{6.4.18}$$

的系统矩阵 $\boldsymbol{A}-\boldsymbol{B}\boldsymbol{K}_1$ 为循环矩阵，并设

$$\bar{\boldsymbol{A}}=\begin{cases}\boldsymbol{A}-\boldsymbol{B}\boldsymbol{K}_1, & \boldsymbol{A}\text{不是循环矩阵}\\\boldsymbol{A}, & \boldsymbol{A}\text{是循环矩阵}\end{cases} \tag{6.4.19}$$

(2)对循环矩阵 $\bar{\boldsymbol{A}}$，通过适当选取实常向量 $\boldsymbol{\rho}_{p\times 1}$，设

$$\boldsymbol{b}_{n\times 1}=\boldsymbol{B}_{n\times p}\boldsymbol{\rho}_{p\times 1} \tag{6.4.20}$$

且使 $\{\bar{\boldsymbol{A}},\boldsymbol{b}\}$ 为状态完全能控。

(3)对于等价单输入系统 $\{\bar{\boldsymbol{A}},\boldsymbol{b}\}$，利用单输入极点配置问题的算法，求出状态增益向量 $\boldsymbol{k}_{1\times n}$。

(4) 当 $\boldsymbol{A}$ 为循环矩阵时，所求的增益矩阵为

$$\boldsymbol{K}_{p\times n}=\boldsymbol{\rho}_{p\times 1}\cdot\boldsymbol{k}_{1\times n} \tag{6.4.21}$$

当 $\boldsymbol{A}$ 为非循环矩阵时，所求的增益矩阵为

$$\boldsymbol{K}_{p\times n}=\boldsymbol{\rho}_{p\times 1}\cdot\boldsymbol{k}_{1\times n}+\boldsymbol{K}_1 \tag{6.4.22}$$

从上述算法可以看出，由于 $\boldsymbol{\rho}$ 和 $\boldsymbol{K}_1$ 的选取不唯一，而由式(6.2.21)和式(6.4.22)可知，状态反馈矩阵 $\boldsymbol{K}$ 的结果不是唯一的。在系统实际运行中，通常选取适当的 $\boldsymbol{\rho}$ 和 $\boldsymbol{K}_1$，使 $\boldsymbol{K}$ 的各元素的绝对值尽可能小。

多输入系统状态反馈极点配置结构图见图 6.4.1。

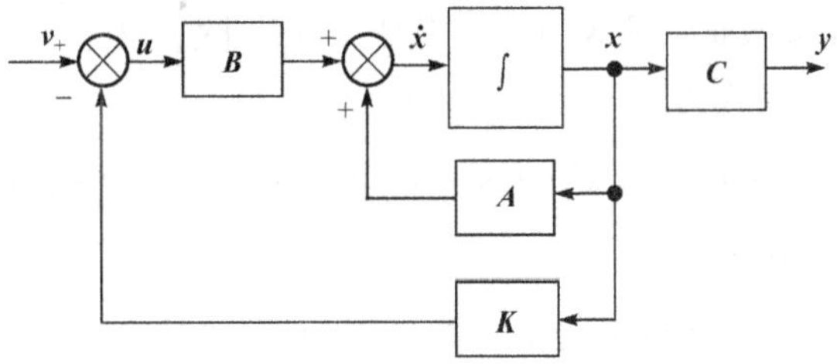

图 6.4.1　多输入系统状态反馈极点配置结构图

例 6.4.1　已知二输入线性定常系统：

$$\dot{\boldsymbol{x}}=\begin{bmatrix}3&1&0\\0&3&0\\0&0&2\end{bmatrix}\boldsymbol{x}+\begin{bmatrix}0&0\\1&0\\0&1\end{bmatrix}\boldsymbol{u}$$

要求确定状态反馈增益矩阵 $\boldsymbol{K}$，使闭环系统的特征值配置在−1,−2,−3。

解　由约当规范形能控性判据可知，本系统状态完全能控，因此，可以通过状态反馈实现极点的任意配置。由于矩阵 $\boldsymbol{A}$ 的不同的特征值对应一个约当块，$\boldsymbol{A}$ 为循环矩阵。令

$$\boldsymbol{\rho}=\begin{bmatrix}1\\1\end{bmatrix}$$

则

$$\boldsymbol{B\rho}=\begin{bmatrix}0&0\\1&0\\0&1\end{bmatrix}\begin{bmatrix}1\\1\end{bmatrix}=\begin{bmatrix}0\\1\\1\end{bmatrix}=\boldsymbol{b}$$

又因为

$$\mathrm{rank}[\boldsymbol{b}\quad \boldsymbol{Ab}\quad \boldsymbol{A}^2\boldsymbol{b}]=\mathrm{rank}\begin{bmatrix}0&1&6\\1&3&9\\1&2&4\end{bmatrix}=3$$

所以系统 $\{\boldsymbol{A},\boldsymbol{b}\}$ 为状态完全能控。下面针对单输入系统 $\{\boldsymbol{A},\boldsymbol{b}\}$，设计状态反馈控制器，使相应的闭环系统的特征值配置在−1,−2,−3。

首先化 $\{\boldsymbol{A},\boldsymbol{b}\}$ 为能控规范形。矩阵 $\boldsymbol{A}$ 的特征多项式为

$$\det(sI-A)=(s-3)^2(s-2)=s^3-8s^2+21s-18$$

引入线性非奇异变换 $\bar{x}=P^{-1}x$ ，将系统 $\{A,b\}$ 化为能控规范形：

$$A_c=P^{-1}AP=\begin{bmatrix}0 & 1 & 0\\0 & 0 & 1\\18 & -21 & 8\end{bmatrix},\quad b_c=\begin{bmatrix}0\\0\\1\end{bmatrix}$$

$$P=[A^2b\quad Ab\quad b]\begin{bmatrix}1 & 0 & 0\\-8 & 1 & 0\\21 & -8 & 1\end{bmatrix}=\begin{bmatrix}6 & 1 & 0\\9 & 3 & 1\\4 & 2 & 1\end{bmatrix}\begin{bmatrix}1 & 0 & 0\\-8 & 1 & 0\\21 & -8 & 1\end{bmatrix}=\begin{bmatrix}-2 & 1 & 0\\6 & -5 & 1\\9 & -6 & 1\end{bmatrix}$$

对 $\{A_c,b_c\}$ 实施状态反馈 $u=-k_cx_c+\bar{v}$ ，其中， $k_c=[k_{c1}\quad k_{c2}\quad k_{c3}]$。

闭环系统实际特征多项式为

$$\det(sI-A_c+b_ck_c)=s^3+(-8+k_{c3})s^2+(21+k_{c2})s+(-18+k_{c1})\tag{6.4.23}$$

闭环系统期望的特征多项式为

$$(s+1)(s+2)(s+3)=s^3+6s^2+11s+6\tag{6.4.24}$$

比较式(6.4.23)和式(6.4.24)，得

$$\begin{cases}-8+k_{c3}=6\\21+k_{c2}=11\\-18+k_{c1}=6\end{cases}\Rightarrow\begin{cases}k_{c1}=24\\k_{c2}=-10\\k_{c3}=14\end{cases}$$

因此， $k_c=[24\quad -10\quad 14]$，而原系统 $\{A,b\}$ 的状态反馈矩阵 k ：

$$k=k_c\cdot P^{-1}=[24\quad -10\quad 14]\begin{bmatrix}1 & -1 & 1\\3 & -2 & 2\\9 & -3 & 4\end{bmatrix}=[120\quad -46\quad 60]$$

多输入系统 $\{A,B\}$ 的状态反馈矩阵 K ：

$$K=\rho k=\begin{bmatrix}1\\1\end{bmatrix}\cdot[120\quad -46\quad 60]=\begin{bmatrix}120 & -46 & 60\\120 & -46 & 60\end{bmatrix}$$

因此，闭环系统的状态方程为

$$\dot{x}=(A-BK)x+Bv=\begin{bmatrix}3 & 1 & 0\\-120 & 49 & -60\\-120 & 46 & -58\end{bmatrix}x+\begin{bmatrix}0 & 0\\1 & 0\\0 & 1\end{bmatrix}v$$

6.4.2 李雅普诺夫方程法

下面介绍利用李雅普诺夫方程法确定状态反馈矩阵 K 。此方法适用于系统期望的特征值与 A 的特征值互不相同的情况。

算法 6.4.2[多输入系统极点配置算法——李雅普诺夫方程法] 给定完全能控的多输入线性定常系统(6.4.10)和一组任意的期望闭环特征值 $\lambda_1^*,\lambda_2^*,\cdots,\lambda_n^*$ ，要求通过状态反馈 $u=-Kx+v$（K 是 $p\times n$ 常阵，v 是 $p\times 1$ 参考输入），即确定状态反馈矩阵 K ，使闭环系统的特

征值 $\lambda_i(\boldsymbol{A}-\boldsymbol{BK})=\lambda_i^*$， $i=1,2,\cdots,n$ 。同时要求系统满足以下条件：

$$\lambda_i(\boldsymbol{A})\neq\lambda_i^*,\quad i=1,2,\cdots,n \tag{6.4.25}$$

(1) 任选 $n\times n$ 的矩阵 $\boldsymbol{F}$ ，要求 $\boldsymbol{F}$ 的特征值为期望的特征值，即

$$\lambda_i(\boldsymbol{F})=\lambda_i^*,\quad i=1,2,\cdots,n \tag{6.4.26}$$

(2) 选取一个 $p\times n$ 实数常值矩阵 $\bar{\boldsymbol{K}}$ ，使 $\{\boldsymbol{F},\bar{\boldsymbol{K}}\}$ 为状态完全能观测。一般来说，任意选取 $\bar{\boldsymbol{K}}$ ，使 $\{\boldsymbol{F},\bar{\boldsymbol{K}}\}$ 为状态完全能观测的概率几乎等于 1。

(3) 对给定矩阵 $\boldsymbol{A},\boldsymbol{B},\boldsymbol{F},\bar{\boldsymbol{K}}$ ，解李雅普诺夫方程：

$$\boldsymbol{AT}-\boldsymbol{TF}=\boldsymbol{B}\bar{\boldsymbol{K}} \tag{6.4.27}$$

确定出唯一 $n\times n$ 的解矩阵 $\boldsymbol{T}$ 。

(4) 若 $\boldsymbol{T}$ 为非奇异的，则所确定的状态反馈矩阵 $\boldsymbol{K}$ 为

$$\boldsymbol{K}=\bar{\boldsymbol{K}}\boldsymbol{T}^{-1} \tag{6.4.28}$$

若 $\boldsymbol{T}$ 为奇异矩阵，则返回 (2) 重新选择 $\bar{\boldsymbol{K}}$ ，重复以上过程。

下面验证此算法的正确性。如果矩阵 $\boldsymbol{T}$ 非奇异，则由式 (6.4.27) 和式 (6.4.28)，可得

$$\boldsymbol{A}-\boldsymbol{BK}=\boldsymbol{A}-\boldsymbol{B}\bar{\boldsymbol{K}}\boldsymbol{T}^{-1}=(\boldsymbol{AT}-\boldsymbol{B}\bar{\boldsymbol{K}})\boldsymbol{T}^{-1}=\boldsymbol{TFT}^{-1} \tag{6.4.29}$$

由式 (6.4.29) 可知，矩阵 $\boldsymbol{A}-\boldsymbol{BK}$ 的特征值与矩阵 $\boldsymbol{F}$ 的特征值相同。

关于李雅普诺夫方程 (6.4.27) 有以下两个结论。

结论 6.4.4 李雅普诺夫方程 (6.4.27) 存在唯一解 $\boldsymbol{T}$ 的条件是矩阵 $\boldsymbol{F}$ 和 $\boldsymbol{A}$ 没有公共特征值。

结论 6.4.5 李雅普诺夫方程 (6.4.27) 的解 $\boldsymbol{T}$ 为非奇异的必要条件是 $\{\boldsymbol{A},\boldsymbol{B}\}$ 能控且 $\{\boldsymbol{F},\bar{\boldsymbol{K}}\}$ 能观测。对单输入系统，此条件为充分必要条件。

例 6.4.2 已知二输入线性定常系统：

$$\dot{\boldsymbol{x}}=\begin{bmatrix}-1&0&0\\0&0&1\\2&0&3\end{bmatrix}\boldsymbol{x}+\begin{bmatrix}1&0\\0&0\\0&1\end{bmatrix}\boldsymbol{u}$$

要求确定状态反馈增益矩阵 $\boldsymbol{K}$ ，使闭环系统的特征值配置在−3,−4,−5。

解 解法 1：根据系统的期望特征值，得到其闭环特征多项式：

$$\alpha^*(s)=(s+3)(s+4)(s+5)=s^3+12s^2+47s+60$$

选取具有特征值−3,−4,−5 的矩阵 $\boldsymbol{F}$ 为

$$\boldsymbol{F}=\begin{bmatrix}0&1&0\\0&0&1\\-60&-47&-12\end{bmatrix}$$

选取矩阵 $\bar{\boldsymbol{K}}$ ，使 $\{\boldsymbol{F},\bar{\boldsymbol{K}}\}$ 能观测：

$$\bar{\boldsymbol{K}}=\begin{bmatrix}0&0&1\\1&0&0\end{bmatrix}$$

因为

$$\operatorname{rank}\begin{bmatrix}\bar{\boldsymbol{K}}\\ \bar{\boldsymbol{K}}\boldsymbol{F}\\ \bar{\boldsymbol{K}}\boldsymbol{F}^2\end{bmatrix}=\operatorname{rank}\begin{bmatrix}0&0&1\\1&0&0\\-60&-47&-12\\ *&*&*\\ *&*&*\\ *&*&*\end{bmatrix}=3$$

所以选取的 $\bar{\boldsymbol{K}}$ 使 $\{\boldsymbol{F},\bar{\boldsymbol{K}}\}$ 能观测。设

$$\boldsymbol{T}=\begin{bmatrix}t_{11}&t_{12}&t_{13}\\t_{21}&t_{22}&t_{23}\\t_{31}&t_{32}&t_{33}\end{bmatrix}$$

解李雅普诺夫方程：

$$\boldsymbol{AT}-\boldsymbol{TF}=\boldsymbol{B}\bar{\boldsymbol{K}}$$

$$\boldsymbol{T}=\begin{bmatrix}2.5000&-0.5417&0.0417\\0.9909&0.2443&0.0207\\-1.2440&0.0164&-0.0045\end{bmatrix}$$

因为矩阵 $\boldsymbol{T}$ 为非奇异，所以由式(6.4.28)，所求的状态反馈增益矩阵 $\boldsymbol{K}$ 为

$$\boldsymbol{K}=\bar{\boldsymbol{K}}\boldsymbol{T}^{-1}=\begin{bmatrix}0&0&1\\1&0&0\end{bmatrix}\begin{bmatrix}-0.0670&-0.0813&-1.0033\\-1.0014&1.9059&-0.4943\\15.0033&29.6572&53.7718\end{bmatrix}=\begin{bmatrix}15.0033&29.6572&53.7718\\-0.0670&-0.0813&-1.0033\end{bmatrix}$$

解法 2：根据系统的期望特征值，得到其闭环特征多项式：

$$\alpha^*(s)=(s+3)(s+4)(s+5)=s^3+12s^2+47s+60$$

构造一个具有以 $\alpha^*(s)$ 为特征多项式的矩阵，使

$$\boldsymbol{A}-\boldsymbol{BK}=\begin{bmatrix}0&1&0\\0&0&1\\-60&-47&-12\end{bmatrix}$$

有

$$\boldsymbol{BK}=\boldsymbol{A}-(\boldsymbol{A}-\boldsymbol{BK})=\begin{bmatrix}-1&0&0\\0&0&1\\2&0&3\end{bmatrix}-\begin{bmatrix}0&1&0\\0&0&1\\-60&-47&-12\end{bmatrix}=\begin{bmatrix}-1&-1&0\\0&0&0\\62&47&15\end{bmatrix}$$

设

$$\boldsymbol{K}=\begin{bmatrix}k_{11}&k_{12}&k_{13}\\k_{21}&k_{22}&k_{23}\end{bmatrix}$$

则有

$$\boldsymbol{BK}=\begin{bmatrix}k_{11}&k_{12}&k_{13}\\0&0&0\\k_{21}&k_{22}&k_{23}\end{bmatrix}=\begin{bmatrix}-1&-1&0\\0&0&0\\62&47&15\end{bmatrix}$$

由此，可得出状态反馈增益矩阵：

$$K=\begin{bmatrix}-1 & -1 & 0\\ 62 & 47 & 15\end{bmatrix}$$

6.4.3 能控规范形法

下面介绍求解多输入系统状态反馈的第三种方法——能控规范形法。这种方法是在龙伯格能控规范形基础上进行的。

算法 6.4.3[多输入系统极点配置算法——能控规范形法] 给定完全能控的多输入线性定常系统(6.4.10)和一组任意的期望闭环特征值 $\lambda_1^*,\lambda_2^*,\cdots,\lambda_n^*$，要求通过状态反馈 $\boldsymbol{u}=-\boldsymbol{Kx}+\boldsymbol{v}$（$\boldsymbol{K}$ 是 $p\times n$ 常阵，$\boldsymbol{v}$ 是 $p\times 1$ 参考输入），即确定状态反馈矩阵 $\boldsymbol{K}$，使闭环系统的特征值 $\lambda_i(\boldsymbol{A}-\boldsymbol{BK})=\lambda_i^*$，$i=1,2,\cdots,n$。为叙述方便，下面以 $n=9$ 和 $p=3$ 的一般性例子说明算法的步骤。

(1)将系统 $\{\boldsymbol{A},\boldsymbol{B}\}$ 化为龙伯格能控规范形。对所讨论的例子，有

$$\bar{\boldsymbol{A}}=\boldsymbol{S}^{-1}\boldsymbol{AS}=\left[\begin{array}{ccc:cc:cccc}0 & 1 & 0 & 0 & 0 & 0 & 0 & 0 & 0\\ 0 & 0 & 1 & 0 & 0 & 0 & 0 & 0 & 0\\ -a_{10} & -a_{11} & -a_{12} & \beta_{14} & \beta_{15} & \beta_{16} & \beta_{17} & \beta_{18} & \beta_{19}\\ \hdashline 0 & 0 & 0 & 0 & 1 & 0 & 0 & 0 & 0\\ \beta_{21} & \beta_{22} & \beta_{23} & -a_{20} & -a_{21} & \beta_{26} & \beta_{27} & \beta_{28} & \beta_{29}\\ \hdashline 0 & 0 & 0 & 0 & 0 & 0 & 1 & 0 & 0\\ 0 & 0 & 0 & 0 & 0 & 0 & 0 & 1 & 0\\ 0 & 0 & 0 & 0 & 0 & 0 & 0 & 0 & 1\\ \beta_{31} & \beta_{32} & \beta_{32} & \beta_{34} & \beta_{35} & -a_{30} & -a_{31} & -a_{32} & -a_{33}\end{array}\right]$$

$$\bar{\boldsymbol{B}}=\boldsymbol{S}^{-1}\boldsymbol{B}=\left[\begin{array}{ccc}0 & 0 & 0\\ 0 & 0 & 0\\ 1 & \gamma & 0\\ \hdashline 0 & 0 & 0\\ 0 & 1 & 0\\ \hdashline 0 & 0 & 0\\ 0 & 0 & 0\\ 0 & 0 & 0\\ 0 & 0 & 1\end{array}\right]$$

(2)将期望的闭环特征值按龙伯格能控规范形 $\bar{\boldsymbol{A}}$ 对角块个数和维数分组；并计算每组对应多项式。对所讨论例子，将 $\lambda_1^*,\lambda_2^*,\cdots,\lambda_9^*$ 分成 3 组，计算：

$$\alpha_1^*(s)=(s-\lambda_1^*)(s-\lambda_2^*)(s-\lambda_3^*)=s^3+a_{12}^*s^2+a_{11}^*s+a_{10}^*$$

$$\alpha_2^*(s)=(s-\lambda_4^*)(s-\lambda_5^*)=s^2+a_{21}^*s+a_{20}^*$$

$$\alpha_3^*(s)=(s-\lambda_6^*)(s-\lambda_7^*)(s-\lambda_8^*)(s-\lambda_9^*)=s^4+a_{33}^*s^3+a_{32}^*s^2+a_{31}^*s+a_{30}^*$$

(3) 对龙伯格能控规范形 $\{\bar{\boldsymbol{A}},\bar{\boldsymbol{B}}\}$，按如下形式选取 $p\times n$ 状态反馈矩阵 $\bar{\boldsymbol{K}}$，对所讨论例子为

$$\bar{\boldsymbol{K}}=\left[\begin{array}{ccc:cc:cccc}a_{10}^*-a_{10} & a_{11}^*-a_{11} & a_{12}^*-a_{12} & \beta_{14}-\gamma(a_{20}^*-a_{20}) & \beta_{15}-\gamma(a_{21}^*-a_{21}) & \beta_{16}-\gamma\beta_{26} & \beta_{17}-\gamma\beta_{27} & \beta_{18}-\gamma\beta_{28} & \beta_{19}-\gamma\beta_{29}\\ 0 & 0 & 0 & a_{20}^*-a_{20} & a_{21}^*-a_{21} & \beta_{26} & \beta_{27} & \beta_{28} & \beta_{29}\\ 0 & 0 & 0 & 0 & 0 & a_{30}^*-a_{30} & a_{31}^*-a_{31} & a_{32}^*-a_{32} & a_{33}^*-a_{33}\end{array}\right] \tag{6.4.30}$$

(4) 计算所求状态反馈增益矩阵 $\boldsymbol{K}$：

$$\boldsymbol{K}=\bar{\boldsymbol{K}}\boldsymbol{S}^{-1}$$

下面以所讨论的例子为例，证明算法的正确性。在算法给出的状态反馈矩阵 $\bar{\boldsymbol{K}}$ 中，有

$$\bar{\boldsymbol{A}}-\bar{\boldsymbol{B}}\bar{\boldsymbol{K}}=\left[\begin{array}{ccc:cc:cccc}0 & 1 & 0 & & & & & & \\ 0 & 0 & 1 & & & & & & \\ -a_{10}^* & -a_{11}^* & -a_{12}^* & & & & & & \\ \hdashline 0 & 0 & 0 & 0 & 1 & & & & \\ \beta_{21} & \beta_{22} & \beta_{23} & -a_{20}^* & -a_{21}^* & & & & \\ \hdashline & & & & & 0 & 1 & 0 & 0\\ & & & & & 0 & 0 & 1 & 0\\ & & & & & 0 & 0 & 0 & 1\\ \beta_{31} & \beta_{32} & \beta_{33} & \beta_{34} & \beta_{35} & -a_{30}^* & -a_{31}^* & -a_{32}^* & -a_{33}^*\end{array}\right]$$

由上式可知，矩阵 $\bar{\boldsymbol{A}}-\bar{\boldsymbol{B}}\bar{\boldsymbol{K}}$ 的特征值为 $\lambda_1^*,\lambda_2^*,\cdots,\lambda_n^*$。又由于

$$\boldsymbol{A}-\boldsymbol{B}\boldsymbol{K}=\boldsymbol{S}\bar{\boldsymbol{A}}\boldsymbol{S}^{-1}-\boldsymbol{S}\bar{\boldsymbol{B}}\bar{\boldsymbol{K}}\boldsymbol{S}^{-1}=\boldsymbol{S}(\bar{\boldsymbol{A}}-\bar{\boldsymbol{B}}\bar{\boldsymbol{K}})\boldsymbol{S}^{-1}$$

根据结论 1.5.2 可知，闭环系统即 $\boldsymbol{A}-\boldsymbol{B}\boldsymbol{K}$ 的特征值与 $\bar{\boldsymbol{A}}-\bar{\boldsymbol{B}}\bar{\boldsymbol{K}}$ 的相同，为 $\lambda_1^*,\lambda_2^*,\cdots,\lambda_n^*$。证明完成。

算法 6.4.3 有两个优点：一是计算过程规范化，主要计算工作为计算变换矩阵 $\boldsymbol{S}^{-1}$ 和导出龙伯格能控规范形 $\{\bar{\boldsymbol{A}},\bar{\boldsymbol{B}}\}$；二是得到的状态反馈矩阵 $\boldsymbol{K}$ 的元比算法 6.4.1 和算法 6.4.2 的结果小得多。一般来说，龙伯格能控规范形 $\bar{\boldsymbol{A}}$ 中对角线块阵个数越多和每个块阵维数越小，$\boldsymbol{K}$ 的结果的元也越小。

例 6.4.3 已知多输入线性定常系统的龙伯格能控规范形如下：

$$\dot{\boldsymbol{x}}=\left[\begin{array}{ccc:cc}0 & 1 & 0 & 0 & 0\\ 0 & 0 & 1 & 0 & 0\\ 3 & 1 & 0 & 1 & 2\\ \hdashline 0 & 0 & 0 & 0 & 1\\ 4 & 3 & 1 & -1 & -4\end{array}\right]\boldsymbol{x}+\left[\begin{array}{cc}0 & 0\\ 0 & 0\\ 1 & 2\\ \hdashline 0 & 0\\ 0 & 1\end{array}\right]\boldsymbol{u}$$

要求确定状态反馈增益矩阵 $\boldsymbol{K}_{2\times5}$，使闭环系统的特征值配置在 $\lambda_1^*=-1,\lambda_{2,3}^*=-2\pm \mathrm{j}$，$\lambda_{4,5}^*=-1\pm 2\mathrm{j}$。

解 将期望的特征值分为 $\{\lambda_1^*,\lambda_2^*,\lambda_3^*\}$ 和 $\{\lambda_4^*,\lambda_5^*\}$ 两组，并导出相应的特征多项式：

$$\alpha_1^*(s)=(s+1)(s+2-\mathrm{j})(s+2+\mathrm{j})=s^3+5s^2+9s+5$$

$$\alpha_2^*(s)=(s+1)(s+1-2\mathrm{j})(s+1+2\mathrm{j})=s^2+2s+5$$

根据式(6.4.30)，得状态反馈矩阵 $\boldsymbol{K}$：

$$\boldsymbol{K}=\begin{bmatrix} a_{10}^*-a_{10} & a_{11}^*-a_{11} & a_{12}^*-a_{12} & \beta_{14}-\gamma(a_{20}^*-a_{20}) & \beta_{15}-\gamma(a_{21}^*-a_{21}) \\ 0 & 0 & 0 & a_{20}^*-a_{20} & a_{21}^*-a_{21} \end{bmatrix}$$

$$=\left[\begin{array}{cc:ccc} 8 & 10 & 5 & -7 & 6 \\ 0 & 0 & 0 & 4 & -2 \end{array}\right]$$

状态反馈闭环系统的状态方程为

$$\dot{\boldsymbol{x}}=\left[\begin{array}{ccc:cc} 0 & 1 & 0 & 0 & 0 \\ 0 & 0 & 1 & 0 & 0 \\ -5 & -9 & -5 & 0 & 0 \\ \hdashline 0 & 0 & 0 & 0 & 1 \\ 4 & 3 & 1 & -5 & -2 \end{array}\right]\boldsymbol{x}+\left[\begin{array}{cc} 0 & 0 \\ 0 & 0 \\ 1 & 2 \\ \hdashline 0 & 0 \\ 0 & 1 \end{array}\right]\boldsymbol{v}$$

6.5 状态反馈对传递函数矩阵的影响

本节讨论状态反馈对传递函数矩阵的影响，分单输入情况和多输入情况加以讨论。

6.5.1 单输入-单输出线性定常系统情况

对状态完全能控的单输入-单输出的线性定常系统：

$$\begin{cases} \dot{\boldsymbol{x}}=\boldsymbol{A}\boldsymbol{x}+\boldsymbol{b}u \\ y=\boldsymbol{c}\boldsymbol{x} \end{cases} \tag{6.5.1}$$

其中，$\boldsymbol{x}$ 为 n 维状态向量；u 为标量输入；y 为标量输出。此时系统传递函数矩阵退化为一个关于 s 的标量函数 $g(s)$，关于状态反馈对传递函数的影响有以下结论。

结论 6.5.1 对状态完全能控单输入-单输出线性定常系统(6.5.1)，引入 $1\times n$ 的状态反馈矩阵 $\boldsymbol{k}$ 后，闭环系统传递函数的零点不发生改变，极点可以发生改变。

证 对状态完全能控的单输入-单输出线性定常系统(6.5.1)引入非奇异状态变换 $\bar{\boldsymbol{x}}=\boldsymbol{P}^{-1}\boldsymbol{x}$，化系统(6.5.1)为能控规范形：

$$\bar{\boldsymbol{A}}=\left[\begin{array}{c:cccc} 0 & 1 & 0 & \cdots & 0 \\ 0 & 0 & 1 & & 0 \\ & & & \ddots & \\ 0 & 0 & \cdots & & 1 \\ \hdashline -a_0 & -a_1 & -a_2 & \cdots & -a_{n-1} \end{array}\right],\quad \bar{\boldsymbol{b}}=\left[\begin{array}{c} 0 \\ \vdots \\ 0 \\ \hline 1 \end{array}\right],\quad \bar{\boldsymbol{c}}=[\bar{c}_0\ \bar{c}_1\ \cdots\ \bar{c}_{n-1}] \tag{6.5.2}$$

开环系统(6.5.2)的传递函数为

$$\bar{g}(s)=\bar{\boldsymbol{c}}(s\boldsymbol{I}-\bar{\boldsymbol{A}})^{-1}\bar{\boldsymbol{b}}=\bar{\boldsymbol{c}}\begin{bmatrix} s & -1 & 0 & \cdots & 0 \\ 0 & s & -1 & \cdots & 0 \\ & & \cdots & & \\ 0 & 0 & 0 & \cdots & -1 \\ a_0 & a_1 & a_2 & \cdots & s+a_{n-1} \end{bmatrix}^{-1}\bar{\boldsymbol{b}}$$

其中

$$(s\boldsymbol{I}-\bar{\boldsymbol{A}})^{-1}=\frac{\operatorname{adj}(s\boldsymbol{I}-\bar{\boldsymbol{A}})}{\det(s\boldsymbol{I}-\bar{\boldsymbol{A}})}=\frac{\begin{bmatrix} * & \cdots & * & 1 \\ * & \cdots & * & s \\ & \cdots & & \\ * & \cdots & * & s^{n-1} \end{bmatrix}}{s^n+a_{n-1}s^{n-1}+\cdots+a_1s+a_0}$$

因此，开环系统(6.5.2)的传递函数为

$$\bar{g}(s)=\bar{\boldsymbol{c}}(s\boldsymbol{I}-\bar{\boldsymbol{A}})^{-1}\bar{\boldsymbol{b}}=[\bar{c}_0\ \bar{c}_1\ \cdots\ \bar{c}_{n-1}]\frac{\begin{bmatrix} * & \cdots & * & 1 \\ * & \cdots & * & s \\ & \cdots & & \\ * & \cdots & * & s^{n-1} \end{bmatrix}}{s^n+a_{n-1}s^{n-1}+\cdots+a_1s+a_0}\cdot\begin{bmatrix} 0 \\ \vdots \\ 0 \\ 1 \end{bmatrix}$$

$$=[\bar{c}_0\ \bar{c}_1\ \cdots\ \bar{c}_{n-1}]\frac{\begin{bmatrix} 1 \\ s \\ \vdots \\ s^{n-1} \end{bmatrix}}{s^n+a_{n-1}s^{n-1}+\cdots+a_1s+a_0}$$

$$=\frac{\bar{c}_{n-1}s^{n-1}+\bar{c}_{n-2}s^{n-2}+\cdots+\bar{c}_1s+\bar{c}_0}{s^n+a_{n-1}s^{n-1}+\cdots+a_1s+a_0}$$

根据结论 1.5.2 可知，系统(6.5.1)的传递函数也为

$$g(s)=\frac{\bar{c}_{n-1}s^{n-1}+\bar{c}_{n-2}s^{n-2}+\cdots+\bar{c}_1s+\bar{c}_0}{s^n+a_{n-1}s^{n-1}+\cdots+a_1s+a_0} \tag{6.5.3}$$

对系统(6.5.2)引入状态反馈 $\bar{\boldsymbol{k}}$ 后，闭环系统为

$$\begin{aligned} \dot{\bar{\boldsymbol{x}}}&=(\bar{\boldsymbol{A}}-\bar{\boldsymbol{b}}\bar{\boldsymbol{k}})\bar{\boldsymbol{x}}+\bar{\boldsymbol{b}}v=\bar{\boldsymbol{A}}_k\boldsymbol{x}+\bar{\boldsymbol{b}}v \\ y&=\bar{\boldsymbol{c}}\bar{\boldsymbol{x}} \end{aligned} \tag{6.5.4}$$

其中

$$\bar{\boldsymbol{k}}=[\bar{k}_1\ \bar{k}_2\ \cdots \bar{k}_n]$$

$$\bar{\boldsymbol{A}}_k=\bar{\boldsymbol{A}}-\bar{\boldsymbol{b}}\bar{\boldsymbol{k}}=\begin{bmatrix} 0 & 1 & 0 & \cdots & 0 \\ 0 & 0 & 1 & \cdots & 0 \\ & & \cdots & & \\ -a_0-\bar{k}_1 & -a_1-\bar{k}_2 & -a_2-\bar{k}_3 & \cdots & -a_{n-1}-\bar{k}_n \end{bmatrix}$$

$$(s\boldsymbol{I}-\bar{\boldsymbol{A}}_k)^{-1}=\frac{\operatorname{adj}(s\boldsymbol{I}-\bar{\boldsymbol{A}}_k)}{\det(s\boldsymbol{I}-\bar{\boldsymbol{A}}_k)}=\frac{\begin{bmatrix} * & \cdots & * & 1 \\ * & \cdots & * & s \\ & \cdots & & \\ * & \cdots & * & s^{n-1} \end{bmatrix}}{s^n+(a_{n-1}+k_n)s^{n-1}+\cdots+(a_1+k_2)s+(a_0+k_1)}$$

闭环系统(6.5.4)的传递函数为

$$\bar{g}_k(s)=\bar{\boldsymbol{c}}(s\boldsymbol{I}-\bar{\boldsymbol{A}}_k)^{-1}\bar{\boldsymbol{b}}=[\bar{c}_0\ \bar{c}_1\ \cdots\ \bar{c}_{n-1}]\frac{\begin{bmatrix} * & \cdots & * & 1 \\ * & \cdots & * & s \\ & \cdots & & \\ * & \cdots & * & s^{n-1} \end{bmatrix}}{s^n+(a_{n-1}+\bar{k}_n)s^{n-1}+\cdots+(a_1+\bar{k}_2)s+(a_0+\bar{k}_1)}\begin{bmatrix} 0 \\ \vdots \\ 0 \\ 1 \end{bmatrix}$$

$$=[\bar{c}_0\ \bar{c}_1\ \cdots\ \bar{c}_{n-1}]\frac{\begin{bmatrix} 1 \\ s \\ \vdots \\ s^{n-1} \end{bmatrix}}{s^n+(a_{n-1}+\bar{k}_n)s^{n-1}+\cdots+(a_1+\bar{k}_2)s+(a_0+\bar{k}_1)} \tag{6.5.5}$$

$$=\frac{\bar{c}_{n-1}s^{n-1}+\bar{c}_{n-2}s^{n-2}+\cdots+\bar{c}_1 s+\bar{c}_0}{s^n+(a_{n-1}+\bar{k}_n)s^{n-1}+\cdots+(a_1+\bar{k}_2)s+(a_0+\bar{k}_1)}$$

又由式(3.6.5)和式(6.3.17)，可得

$$\bar{g}_k(s)=\bar{\boldsymbol{c}}(s\boldsymbol{I}-\bar{\boldsymbol{A}}_k)^{-1}\bar{\boldsymbol{b}}=\boldsymbol{cP}(s\boldsymbol{I}-\boldsymbol{P}^{-1}\boldsymbol{AP}+\boldsymbol{P}^{-1}\boldsymbol{bkP})^{-1}\boldsymbol{P}^{-1}\boldsymbol{b}=\boldsymbol{c}(s\boldsymbol{I}-\boldsymbol{A}_k)^{-1}\boldsymbol{b}=g_k(s) \tag{6.5.6}$$

因此，由式(6.5.5)和式(6.5.6)，针对系统(6.5.1)引入状态反馈 $\boldsymbol{k}$ 后，闭环系统的传递函数为

$$g_k(s)=\frac{\bar{c}_{n-1}s^{n-1}+\bar{c}_{n-2}s^{n-2}+\cdots+\bar{c}_1 s+\bar{c}_0}{s^n+(a_{n-1}+\bar{k}_n)s^{n-1}+\cdots+(a_1+\bar{k}_2)s+(a_0+\bar{k}_1)} \tag{6.5.7}$$

由式(6.5.3)和式(6.5.7)可知，对单输入-单输出线性定常系统，状态反馈只改变传递函数矩阵的极点，而不改变传递函数矩阵的零点。至此，证明完成。

例 6.5.1 已知系统的传递函数为

$$g(s)=\frac{(s+2)(s+3)}{(s+1)(s-2)(s+4)}$$

试问：是否存在状态反馈矩阵 $\boldsymbol{k}$，使闭环系统的传递函数矩阵为

$$g_k(s)=\frac{s+3}{(s+2)(s+4)}$$

如果存在，求出此状态反馈矩阵 $\boldsymbol{k}$。

解 系统的传递函数化简为

$$g(s)=\frac{s^2+5s+6}{s^3+3s^2-6s-8}$$

由上式得到系统的状态空间描述为

$$\dot{\boldsymbol{x}}=\begin{bmatrix}0 & 1 & 0\\0 & 0 & 1\\8 & 6 & -3\end{bmatrix}\boldsymbol{x}+\begin{bmatrix}0\\0\\1\end{bmatrix}u$$

$$y=\begin{bmatrix}6 & 5 & 1\end{bmatrix}\boldsymbol{x}$$

判断系统的能控性。因为

$$\operatorname{rank}[\boldsymbol{b}\ \ \boldsymbol{Ab}\ \ \boldsymbol{A}^2\boldsymbol{b}]=\operatorname{rank}\begin{bmatrix}0 & 0 & 1\\0 & 1 & -3\\1 & -3 & -3\end{bmatrix}=3$$

所以系统状态完全能控，可以通过状态反馈实现极点的任意配置。根据结论 6.5.1，状态反馈不改变系统传递函数的零点，期望的闭环系统的传递函数为

$$g_k(s)=\frac{(s+2)(s+3)}{(s+2)(s+4)(s+2)}$$

因此，闭环系统期望的特征多项式为

$$\alpha^*(s)=(s+2)(s+4)(s+2)=s^3+8s^2+20s+16 \tag{6.5.8}$$

引入状态反馈 $\boldsymbol{k}=[k_1\quad k_2\quad k_3]$后，得到的闭环系统实际的特征多项式为

$$\det[s\boldsymbol{I}-\boldsymbol{A}+\boldsymbol{bk}]=s^3+(3+k_3)s^2+(-6+k_2)s+(-8+k_1) \tag{6.5.9}$$

比较式(6.5.8)和式(6.5.9)，可得

$$\begin{cases}-8+k_1=16\\-6+k_2=20\\3+k_3=8\end{cases}\quad\Rightarrow\quad\begin{cases}k_1=24\\k_2=26\\k_3=5\end{cases}$$

所以所求的状态反馈增益矩阵 $\boldsymbol{k}=\begin{bmatrix}24 & 26 & 6\end{bmatrix}$。

6.5.2 多输入-多输出线性定常系统情况

考虑多输入-多输出线性定常系统：

$$\begin{cases}\dot{\boldsymbol{x}}=\boldsymbol{Ax}+\boldsymbol{Bu}\\\boldsymbol{y}=\boldsymbol{Cx}\end{cases} \tag{6.5.10}$$

其中，$\boldsymbol{x}$ 为 $n\times1$ 的状态向量；$\boldsymbol{u}$ 为 $p\times1$ 的输入向量；$\boldsymbol{y}$ 为 $q\times1$ 的输出向量。其传递函数矩阵为

$$\boldsymbol{G}(s)=\boldsymbol{C}(s\boldsymbol{I}-\boldsymbol{A})^{-1}\boldsymbol{B} \tag{6.5.11}$$

通常，$\boldsymbol{G}(s)$ 的零点有多种定义形式，下面给出当系统完全能控且完全能观测时系统零点的定义：使

$$\operatorname{rank}\begin{bmatrix}s\boldsymbol{I}-\boldsymbol{A} & \boldsymbol{B}\\-\boldsymbol{C} & \boldsymbol{0}\end{bmatrix}<n+\min(p,q) \tag{6.5.12}$$

的所有 s 的值。

结论 6.5.2 完全能控的 n 维多输入-多输出连续时间线性定常系统(6.5.10)，状态反馈在

配置传递函数矩阵 $\boldsymbol{G}(s)$ 全部 n 个极点的同时一般不影响 $\boldsymbol{G}(s)$ 的零点。

证明略。

这里需要指出，上述结论并不意味着矩阵 $\boldsymbol{G}(s)$ 每个元传递函数的分子多项式不受状态反馈的影响。下面举例说明这一点。

例 6.5.2 考虑一个双输入-双输出连续时间线性定常系统，状态空间描述 $\{\boldsymbol{A},\boldsymbol{B},\boldsymbol{C}\}$ 为

$$\boldsymbol{A}=\begin{bmatrix}1&0&0\\0&2&0\\0&0&3\end{bmatrix},\quad \boldsymbol{B}=\begin{bmatrix}1&0\\0&1\\1&1\end{bmatrix},\quad \boldsymbol{C}=\begin{bmatrix}1&0&2\\2&1&0\end{bmatrix}$$

系统的传递函数矩阵 $\boldsymbol{G}(s)$ 为

$$\boldsymbol{G}(s)=\begin{bmatrix}\dfrac{3s-5}{(s-3)(s-1)}&\dfrac{2}{s-3}\\ \dfrac{2}{s-1}&\dfrac{1}{s-2}\end{bmatrix}$$

$\boldsymbol{G}(s)$ 的极点为 $\lambda_1=1,\lambda_2=2,\lambda_3=3$ 。引入状态反馈，取状态反馈矩阵为

$$\boldsymbol{K}=\begin{bmatrix}-6&-15&15\\0&3&0\end{bmatrix}$$

得到的闭环系统的参数矩阵为

$$\boldsymbol{A}-\boldsymbol{BK}=\begin{bmatrix}7&15&-15\\0&-1&0\\6&12&-12\end{bmatrix},\quad \boldsymbol{B}=\begin{bmatrix}1&0\\0&1\\1&1\end{bmatrix},\quad \boldsymbol{C}=\begin{bmatrix}1&0&2\\2&1&0\end{bmatrix}$$

闭环系统的传递函数矩阵 $\boldsymbol{G}_K(s)$ 为

$$\boldsymbol{G}_K(s)=\begin{bmatrix}\dfrac{3s-5}{(s+2)(s+3)}&\dfrac{2s^2+12s-17}{(s+1)(s+2)(s+3)}\\ \dfrac{2(s-3)}{(s+2)(s+3)}&\dfrac{(s-3)(s+8)}{(s+1)(s+2)(s+3)}\end{bmatrix}$$

比较 $\boldsymbol{G}(s)$ 和 $\boldsymbol{G}_K(s)$ 可以看出，状态反馈使系统极点配置到

$$\lambda_1^*=-1,\quad \lambda_2^*=-2,\quad \lambda_3^*=-3$$

同时，对大部分元传递函数的分子多项式产生影响。

6.5.3 状态反馈对能观测性的影响

在上面讨论的基础上，对状态反馈对系统能观测性的影响做更深入的讨论。

结论 6.5.3 对单输入-单输出线性定常系统，在其传递函数中，发生零极点对消时，系统或者是不能控的，或者是不能观测的，或者是既不能控又不能观测的。

证 假设单输入-单输出线性定常系统：

$$\begin{cases}\dot{\boldsymbol{x}}=\boldsymbol{A}\boldsymbol{x}+\boldsymbol{b}u\\ y=\boldsymbol{c}\boldsymbol{x}\end{cases}$$

矩阵 $\boldsymbol{A}$ 的 n 个特征值两两互异，并且系统的状态空间描述具有对角线规范形，即

$$A=\begin{bmatrix} s_1 & & \\ & \ddots & \\ & & s_n \end{bmatrix},\quad b=\begin{bmatrix} \alpha_1 \\ \alpha_2 \\ \vdots \\ \alpha_n \end{bmatrix},\quad c=\begin{bmatrix} \beta_1 & \beta_2 & \cdots & \beta_n \end{bmatrix}$$

系统的传递函数为

$$g(s)=\frac{y(s)}{u(s)}=c(sI-A)^{-1}b=\begin{bmatrix} \beta_1 & \beta_2 & \cdots & \beta_n \end{bmatrix}\begin{bmatrix} \frac{1}{s-s_1} & & \\ & \ddots & \\ & & \frac{1}{s-s_n} \end{bmatrix}\begin{bmatrix} \alpha_1 \\ \alpha_1 \\ \vdots \\ \alpha_n \end{bmatrix}$$

$$=\frac{\alpha_1\beta_1}{s-s_1}+\cdots+\frac{\alpha_n\beta_n}{s-s_n}$$

当发生零极点对消时，例如，极点 s_2 被对消掉，则必有

$$\alpha_2\beta_2=0$$

因此，有

(1)若 $\alpha_2=0,\beta_2\neq 0$，则系统不能控，但能观测；

(2)若 $\alpha_2\neq 0,\beta_2=0$，则系统能控，但不能观测；

(3)若 $\alpha_2=0,\beta_2=0$，则系统既不能控，又不能观测。

至此，证明完成。

由于对单输入-单输出线性定常系统，状态反馈只改变传递函数的极点，不改变传递函数的零点，因此，状态反馈的引入有可能发生传递函数的零极点对消的情况，又由于状态反馈不改变系统的能控性，根据结论 6.5.3 可知，对单输入-单输出线性定常系统，状态反馈的引入可能破坏系统的能观测性。同样，对多输入系统也有此结论。

结论 6.5.4 对状态完全能控的线性定常系统，在引入状态反馈后，能控性不变，能观测性可能遭到破坏。

6.6 状态不完全能控系统的极点配置问题

对不完全能控的 n 阶线性定常系统：

$$\begin{cases} \dot{x}=Ax+Bu \\ y=Cx \end{cases} \tag{6.6.1}$$

其中，x 为 $n\times 1$ 的状态向量；u 为 $p\times 1$ 的输入向量；y 为 $q\times 1$ 的输出向量。因为系统的状态不完全能控，所以系统的能控性判别矩阵的秩：

$$\text{rank}Q_c=\text{rank}[B\ \vdots\ AB\ \vdots\ \cdots\ \vdots\ A^{n-1}B]=n_c<n \tag{6.6.2}$$

对不完全能控系统(6.6.1)按能控性进行结构分解，即对状态引入线性非奇异变换：

$$\bar{x}=Px \tag{6.6.3}$$

则系统的状态空间描述变为

$$\begin{bmatrix} \dot{\bar{\boldsymbol{x}}}_c \\ \dot{\bar{\boldsymbol{x}}}_{\bar{c}} \end{bmatrix} = \begin{bmatrix} \bar{\boldsymbol{A}}_c & \bar{\boldsymbol{A}}_{12} \\ \boldsymbol{0} & \bar{\boldsymbol{A}}_{\bar{c}} \end{bmatrix} \begin{bmatrix} \bar{\boldsymbol{x}}_c \\ \bar{\boldsymbol{x}}_{\bar{c}} \end{bmatrix} + \begin{bmatrix} \bar{\boldsymbol{B}}_c \\ \boldsymbol{0} \end{bmatrix} \boldsymbol{u} \tag{6.6.4}$$

其中，$\bar{\boldsymbol{x}}_c$ 为 $n_c \times 1$ 能控部分状态向量；$\bar{\boldsymbol{x}}_{\bar{c}}$ 为 $(n-n_c)\times 1$ 不能控部分状态向量。

能控子系统状态方程为

$$\dot{\bar{\boldsymbol{x}}}_c = \bar{\boldsymbol{A}}_c \bar{\boldsymbol{x}}_c + \bar{\boldsymbol{A}}_{12} \bar{\boldsymbol{x}}_{\bar{c}} + \bar{\boldsymbol{B}}_c \boldsymbol{u} \tag{6.6.5}$$

不能控子系统状态方程为

$$\dot{\bar{\boldsymbol{x}}}_{\bar{c}} = \bar{\boldsymbol{A}}_{\bar{c}} \bar{\boldsymbol{x}}_{\bar{c}} \tag{6.6.6}$$

对能控子系统(6.6.5)引入状态反馈 $\boldsymbol{K}_c$（维数为 $p\times n_c$），相应的闭环系统状态方程为

$$\dot{\bar{\boldsymbol{x}}}_c = (\bar{\boldsymbol{A}}_c - \bar{\boldsymbol{B}}_c \boldsymbol{K}_c) \bar{\boldsymbol{x}}_c + \bar{\boldsymbol{A}}_{12} \bar{\boldsymbol{x}}_{\bar{c}} + \bar{\boldsymbol{B}}_c \boldsymbol{v} \tag{6.6.7}$$

相应的 n_c 个极点可以得到任意配置。

对不能控子系统(6.6.6)引入状态反馈 $\boldsymbol{K}_{\bar{c}}$（维数为 $p\times(n-n_c)$），闭环系统状态方程为

$$\dot{\bar{\boldsymbol{x}}}_{\bar{c}} = \bar{\boldsymbol{A}}_{\bar{c}} \bar{\boldsymbol{x}}_{\bar{c}} \tag{6.6.8}$$

可见，相应的 $n-n_c$ 个极点不能得到任意配置。因此，有如下结论。

结论 6.6.1 系统(6.6.1)能够通过状态反馈实现闭环系统稳定的充分必要条件是：系统(6.6.1)的全部不能控的极点都是稳定的。

定义 6.6.1[镇定问题] 通过引入状态反馈等综合系统的手段，使原来不稳定的系统变为稳定的问题，称为镇定问题。

结论 6.6.2 系统可镇定条件：

(1)如果线性定常系统完全能控，则系统能够镇定。

(2)如果线性定常系统的不能控状态对应的特征值稳定，则系统能够镇定。

算法 6.6.1[不完全能控系统的极点配置算法] 给定不完全能控的线性定常系统(6.6.1)，设其满足可镇定的条件，要求设计 $p\times n$ 的状态反馈矩阵 $\boldsymbol{K}$，使闭环系统的特征值配置在 $\lambda_1^*,\lambda_2^*,\cdots,\lambda_{n_c}^*$。

(1)判断 $\{\boldsymbol{A},\boldsymbol{B}\}$ 能控性。若不完全能控，进入步骤(2)；若完全能控，转到步骤(5)。

(2)对系统(6.6.1)按能控性进行结构分解，得到式(6.6.4)和矩阵 $\boldsymbol{P}$。

(3)对 $\{\bar{\boldsymbol{A}}_c,\bar{\boldsymbol{B}}_c\}$ 按多输入系统极点配置算法，设计 $p\times n_c$ 的状态反馈矩阵 $\boldsymbol{K}_c$，使相应的闭环系统的特征值配置在 $\lambda_1^*,\lambda_2^*,\cdots,\lambda_{n_c}^*$。

(4)计算 $p\times n$ 的状态反馈矩阵 $\boldsymbol{K}$：

$$\boldsymbol{K} = [\boldsymbol{K}_c \quad \boldsymbol{0}]\boldsymbol{P} \tag{6.6.9}$$

使系统(6.6.1)相应的闭环系统的特征值配置在 $\lambda_1^*,\lambda_2^*,\cdots,\lambda_{n_c}^*,\lambda_{n_c+1},\cdots,\lambda_n$。其中，$\lambda_{n_c+1},\cdots,\lambda_n$ 为系统(6.6.1)中不稳定的状态对应的特征值。停止计算。

(5)对 $\{\boldsymbol{A},\boldsymbol{B}\}$ 按多输入系统极点配置算法，设计 $p\times n$ 的状态反馈矩阵 $\boldsymbol{K}$，使闭环系统的特征值配置在 $\lambda_1^*,\lambda_2^*,\cdots,\lambda_{n_c}^*,\lambda_{n_c+1},\cdots,\lambda_n$。停止计算。

6.7 输出反馈的极点配置

关于输出反馈的极点配置有以下结论。

结论 6.7.1 一般地说，利用输出反馈 $\boldsymbol{u}=-\boldsymbol{F}\boldsymbol{y}+\boldsymbol{v}$（$\boldsymbol{v}$ 为参考输入），不能任意地配置系统的全部极点。

证 由前面的讨论可知，对状态完全能控的线性定常系统，状态反馈可以实现全部极点的任意配置。由 6.1.2 节内容可知，输出反馈并不能实现状态反馈的全部功能，因此，输出反馈不能任意地配置系统的全部极点。

输出反馈不改变系统的能控性和能观测性。因此，输出反馈一定不能将系统的极点配置到零点的位置上，下面给出关于输出反馈的局限性的另一个结论。

结论 6.7.2 对完全能控的 n 阶单输入-单输出线性定常系统：

$$\begin{cases}\dot{\boldsymbol{x}}=\boldsymbol{A}\boldsymbol{x}+\boldsymbol{b}u\\ y=\boldsymbol{c}\boldsymbol{x}\end{cases} \tag{6.7.1}$$

采用输出反馈：

$$u=v-fy=v-f\boldsymbol{c}\boldsymbol{x} \tag{6.7.2}$$

只能使闭环系统极点配置到根轨迹上，而不能配置到根轨迹以外的位置上。

证 系统(6.7.1)的传递函数为

$$g(s)=\boldsymbol{c}(s\boldsymbol{I}-\boldsymbol{A})^{-1}\boldsymbol{b}=\frac{\beta(s)}{\alpha(s)} \tag{6.7.3}$$

系统(6.7.1)的特征多项式为

$$\alpha(s)=\det(s\boldsymbol{I}-\boldsymbol{A}) \tag{6.7.4}$$

对系统(6.7.1)施加输出反馈(式(6.7.2))，得到的闭环系统的传递函数为

$$g_f(s)=\boldsymbol{c}(s\boldsymbol{I}-\boldsymbol{A}+\boldsymbol{b}f\boldsymbol{c})^{-1}\boldsymbol{b} \tag{6.7.5}$$

闭环系统的特征多项式为

$$\alpha_f(s)=\det(s\boldsymbol{I}-\boldsymbol{A}+\boldsymbol{b}f\boldsymbol{c}) \tag{6.7.6}$$

因为

$$(s\boldsymbol{I}-\boldsymbol{A}+\boldsymbol{b}f\boldsymbol{c})=(s\boldsymbol{I}-\boldsymbol{A})(\boldsymbol{I}+(s\boldsymbol{I}-\boldsymbol{A})^{-1}\boldsymbol{b}f\boldsymbol{c}) \tag{6.7.7}$$

所以，有

$$\alpha_f(s)=\det(s\boldsymbol{I}-\boldsymbol{A})\det(\boldsymbol{I}+(s\boldsymbol{I}-\boldsymbol{A})^{-1}\boldsymbol{b}f\boldsymbol{c}) \tag{6.7.8}$$

根据矩阵行列式的性质，有

$$\det(\boldsymbol{I}+\boldsymbol{G}_1\boldsymbol{G}_2)=\det(\boldsymbol{I}+\boldsymbol{G}_2\boldsymbol{G}_1) \tag{6.7.9}$$

其中，矩阵 $\boldsymbol{G}_1$ 和 $\boldsymbol{G}_2$ 为相应维数的矩阵。这是因为

$$\det(\boldsymbol{I}+\boldsymbol{G}_1\boldsymbol{G}_2)=\det\boldsymbol{G}_2^{-1}(\boldsymbol{I}+\boldsymbol{G}_2\boldsymbol{G}_1)\boldsymbol{G}_2=\det\boldsymbol{G}_2^{-1}\cdot\det(\boldsymbol{I}+\boldsymbol{G}_2\boldsymbol{G}_1)\cdot\det\boldsymbol{G}_2=\det(\boldsymbol{I}+\boldsymbol{G}_2\boldsymbol{G}_1) \tag{6.7.10}$$

由式(6.7.8)和式(6.7.7)，可得

$$\alpha_f(s)=\alpha(s)\det(1+f\boldsymbol{c}(s\boldsymbol{I}-\boldsymbol{A})^{-1}\boldsymbol{b})=\alpha(s)\left(1+f\frac{\beta(s)}{\alpha(s)}\right)=\alpha(s)+f\beta(s) \tag{6.7.11}$$

这表明，输出反馈的闭环系统的传递函数极点为

$$\alpha(s)+f\beta(s)=0 \tag{6.7.12}$$

的根，而 $\alpha(s)=0$ 和 $\beta(s)=0$ 的根分别为开环系统(6.7.1)传递函数(6.7.3)的极点和零点。根据经典控制理论根轨迹法可知，对输出反馈系统，闭环极点只能分布在以开环极点为始点和以开环零点与无穷远点为终点，当输出反馈系数 $f=0\to\infty$ 和 $f=0\to-\infty$ 时，在复平面上导出的一组根轨迹线段上，而不能位于根轨迹以外的位置上。至此，证明完成。

下面不加证明地给出输出反馈极点配置的一个结论。

结论 6.7.3 对于完全能控和能观测的受控系统 $\{\boldsymbol{A},\boldsymbol{B},\boldsymbol{C}\}$，令系统的维数为 n，且 $\operatorname{rank}\boldsymbol{B}=\bar{p}$ 和 $\operatorname{rank}\boldsymbol{C}=\bar{q}$，则采用输出反馈 $\boldsymbol{u}=-\boldsymbol{F}\boldsymbol{y}+\boldsymbol{v}$，可对数目为 $\min\{n,\bar{p}+\bar{q}-1\}$ 个闭环极点进行“任意地接近”式配置。

结论(6.7.3)表明，对线性定常系统，输出反馈在极点配置上具有很大的局限性。扩大配置功能的一个途径是采用输出反馈同时加输入补偿器。可以证明，合理选取补偿器结构和参数，可对带补偿器输出反馈系统的全部极点进行任意配置。这种动态输出反馈结构图见图 6.7.1。

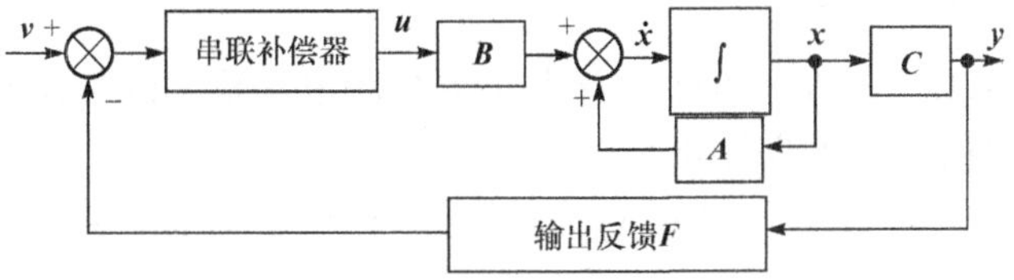

图 6.7.1 动态输出反馈结构图

6.8 状态反馈动态解耦

解耦控制是具有重要理论意义和广泛应用前景的控制问题。解耦控制是指对多输入-多输出系统，通过一定的控制算法，使系统的每个输入都可单独地影响系统的一个输出，即通过解耦算法，使系统的输入和输出之间存在一对一的关系。通过状态反馈可以实现系统的动态解耦。本节主要讨论利用状态反馈实现动态解耦的条件和算法。

6.8.1 动态解耦

对多输入-多输出线性定常系统：

$$\begin{cases}\dot{\boldsymbol{x}}=\boldsymbol{A}\boldsymbol{x}+\boldsymbol{B}\boldsymbol{u}\\ \boldsymbol{y}=\boldsymbol{C}\boldsymbol{x}\end{cases} \tag{6.8.1}$$

其中，$\boldsymbol{x}$ 为 n 维状态向量；$\boldsymbol{u}$ 为 p 维输入向量；$\boldsymbol{y}$ 为 q 维输出向量。

给出三个假设：

(1) 系统(6.8.1)输入向量的维数等于输出向量的维数，即 $p=q$。此时，系统的传递函数矩阵为方的有理分式矩阵。

(2) 解耦控制算法采用状态反馈结合输入变换的方法，即

$$\boldsymbol{u} = -\boldsymbol{Kx} + \boldsymbol{Lv} \tag{6.8.2}$$

其中，$\boldsymbol{K}$ 为 $p \times n$ 的反馈增益矩阵；$\boldsymbol{L}$ 为 $p \times p$ 的输入变换矩阵；$\boldsymbol{v}$ 为 $p \times 1$ 的参考输入。

(3) 输入变换矩阵 $\boldsymbol{L}$ 为非奇异，即 $\det \boldsymbol{L} \neq 0$。

在以上三个假设的前提下，通过状态反馈结合输入变换的解耦控制算法(6.8.2)，可以实现系统的动态解耦，得到的闭环系统的状态空间描述为

$$\begin{cases} \dot{\boldsymbol{x}} = (\boldsymbol{A} - \boldsymbol{BK})\boldsymbol{x} + \boldsymbol{BLv} \\ \boldsymbol{y} = \boldsymbol{Cx} \end{cases} \tag{6.8.3}$$

相应的闭环系统的传递函数矩阵 $\boldsymbol{G}_{KL}(s)$：

$$\boldsymbol{G}_{KL}(s) = \boldsymbol{C}(s\boldsymbol{I} - \boldsymbol{A} + \boldsymbol{BK})^{-1}\boldsymbol{BL} \tag{6.8.4}$$

解耦后的传递函数矩阵 $\boldsymbol{G}_{KL}(s)$ 为非奇异对角有理分式矩阵：

$$\boldsymbol{G}_{KL}(s) = \begin{bmatrix} \bar{g}_{11}(s) & & \\ & \ddots & \\ & & \bar{g}_{pp}(s) \end{bmatrix} \tag{6.8.5}$$

6.8.2 传递函数矩阵的两个特征量

为了讨论动态解耦的条件和算法，首先介绍线性定常系统的传递函数矩阵的两个特征量，即结构特性指数和结构特性向量。

对 $p \times p$ 传递函数矩阵 $\boldsymbol{G}(s)$，设 $\boldsymbol{g}_i(s)$ 为其第 i 个行传递函数向量：

$$\boldsymbol{G}(s) = \begin{bmatrix} \boldsymbol{g}_1(s) \\ \vdots \\ \boldsymbol{g}_p(s) \end{bmatrix} \tag{6.8.6}$$

$$\boldsymbol{g}_i(s) = [g_{i1}(s) \quad g_{i2}(s) \quad \cdots \quad g_{ip}(s)] \tag{6.8.7}$$

设

$$\sigma_{ij} = g_{ij}(s)\text{的分母多项式的次数} - g_{ij}(s)\text{的分子多项式的次数} \tag{6.8.8}$$

$\boldsymbol{G}(s)$ 的第一个特征量即**结构特性指数** d_i 定义为

$$d_i = \min\{\sigma_{i1}, \sigma_{i2}, \cdots, \sigma_{ip}\} - 1 \tag{6.8.9}$$

其中，$i = 1, 2, \cdots, p$。

$\boldsymbol{G}(s)$ 的第二个特征量即**结构特性向量** $\boldsymbol{E}_i$ 定义为

$$\boldsymbol{E}_i = \lim_{s \to \infty} s^{d_i + 1} \boldsymbol{g}_i(s), \quad i = 1, 2, \cdots, p \tag{6.8.10}$$

下面给出 d_i 和 $\boldsymbol{E}_i$ 的一些基本属性。

(1) 对系统(6.8.1)，其结构特性指数 d_i 为非负整数，取值范围为

$$0 \leqslant d_i \leqslant n - 1, \quad i = 1, 2, \cdots, p \tag{6.8.11}$$

(2) 可以由状态空间描述的参数矩阵 $\{\boldsymbol{A}, \boldsymbol{B}, \boldsymbol{C}\}$，直接求 d_i 和 $\boldsymbol{E}_i$：

设 $\boldsymbol{c}_i$ 为 $\boldsymbol{C}$ 的第 i 个行向量，即

$$
\boldsymbol{C}=\begin{bmatrix}\boldsymbol{c}_1\\ \vdots\\ \boldsymbol{c}_p\end{bmatrix}
$$

则有

$$
d_i=\begin{cases}\mu, & \boldsymbol{c}_i\boldsymbol{A}^k\boldsymbol{B}=\boldsymbol{0},\quad k=0,1,\cdots,\mu-1,\quad \boldsymbol{c}_i\boldsymbol{A}^{\mu}\boldsymbol{B}\neq\boldsymbol{0}\\ n-1, & \boldsymbol{c}_i\boldsymbol{A}^k\boldsymbol{B}=\boldsymbol{0},\quad k=0,1,\cdots,n-1\end{cases} \tag{6.8.12}
$$

和

$$
\boldsymbol{E}_i=\boldsymbol{c}_i\boldsymbol{A}^{d_i}\boldsymbol{B} \tag{6.8.13}
$$

(3) 对真有理分式矩阵 $\boldsymbol{G}(s)$，其结构特性向量 $\boldsymbol{E}_i$ 为 $1\times p$ 的常向量。

(4) 引入状态反馈和输入变换后闭环系统的结构特征量。

对任意矩阵对 $\{\boldsymbol{L},\boldsymbol{K}\}$，其中，$\det\boldsymbol{L}\neq 0$，引入状态反馈和输入变换后的闭环系统的传递函数矩阵 $\boldsymbol{G}_{KL}(s)$ 的第 i 个行传递函数向量为

$$
\boldsymbol{g}_{KLi}(s)=\frac{1}{\bar{\alpha}(s)}[\boldsymbol{c}_i\bar{\boldsymbol{R}}_{n-1}\boldsymbol{BL}s^{n-1}+\boldsymbol{c}_i\bar{\boldsymbol{R}}_{n-2}\boldsymbol{BL}s^{n-2}+\cdots+\boldsymbol{c}_i\bar{\boldsymbol{R}}_1\boldsymbol{BL}s+\boldsymbol{c}_i\bar{\boldsymbol{R}}_0\boldsymbol{BL}] \tag{6.8.14}
$$

其中

$$
\bar{\alpha}(s)=\det(s\boldsymbol{I}-\boldsymbol{A}+\boldsymbol{BK})=s^n+\bar{a}_{n-1}s^{n-1}+\cdots+\bar{a}_1 s+\bar{a}_0 \tag{6.8.15}
$$

和

$$
\begin{cases}\bar{\boldsymbol{R}}_{n-1}=\boldsymbol{I}_{n\times n}\\ \bar{\boldsymbol{R}}_{n-2}=(\boldsymbol{A}-\boldsymbol{BK})+\bar{a}_{n-1}\boldsymbol{I}\\ \bar{\boldsymbol{R}}_{n-3}=(\boldsymbol{A}-\boldsymbol{BK})^2+\bar{a}_{n-1}(\boldsymbol{A}-\boldsymbol{BK})+\bar{a}_{n-2}\boldsymbol{I}\\ \quad\cdots\\ \bar{\boldsymbol{R}}_0=(\boldsymbol{A}-\boldsymbol{BK})^{n-1}+\bar{a}_{n-1}(\boldsymbol{A}-\boldsymbol{BK})^{n-2}+\cdots+\bar{a}_1\boldsymbol{I}\end{cases} \tag{6.8.16}
$$

而相应闭环系统的传递函数矩阵 $\boldsymbol{G}_{KL}(s)$ 的特征量 $\bar{d}_i$ 和 $\bar{\boldsymbol{E}}_i$ 为

$$
\left.\bar{d}_i=\begin{cases}\bar{\mu}, & \boldsymbol{c}_i(\boldsymbol{A}-\boldsymbol{BK})^k\boldsymbol{BL}=\boldsymbol{0},\quad k=0,1,\cdots,\bar{\mu}-1,\quad \boldsymbol{c}_i(\boldsymbol{A}-\boldsymbol{BK})^{\bar{\mu}}\boldsymbol{B}\neq\boldsymbol{0}\\ n-1, & \boldsymbol{c}_i(\boldsymbol{A}-\boldsymbol{BK})^k\boldsymbol{BL}=\boldsymbol{0},\quad k=0,1,\cdots,n-1\end{cases}\right\} \tag{6.8.17}
$$

$$
\bar{\boldsymbol{E}}_i=\boldsymbol{c}_i(\boldsymbol{A}-\boldsymbol{BK})^{\bar{d}_i}\boldsymbol{BL} \tag{6.8.18}
$$

其中，$i=1,2,\cdots,p$。

(5) 对任意矩阵对 $\{\boldsymbol{L},\boldsymbol{K}\}$，其中，$\det\boldsymbol{L}\neq 0$，开环系统和闭环系统的传递函数矩阵的特征量之间存在如下关系：

$$
\begin{cases}\bar{d}_i=d_i\\ \bar{\boldsymbol{E}}_i=\boldsymbol{E}_i\boldsymbol{L}\end{cases} \tag{6.8.19}
$$

6.8.3 可解耦条件

结论 6.8.1[可解耦条件] 对线性定常系统(6.8.1)，利用状态反馈和输入变换式(6.8.2)实

现动态解耦的充分必要条件为

$$\boldsymbol{E}=\begin{bmatrix}\boldsymbol{E}_1\\ \vdots\\ \boldsymbol{E}_p\end{bmatrix}_{p\times p} \tag{6.8.20}$$

为非奇异矩阵，即 $\det\boldsymbol{E}\neq 0$。

结论 6.8.2[积分型解耦] 假设线性定常系统(6.8.1)满足可解耦条件，选取解耦控制规律 $\boldsymbol{u}=-\boldsymbol{K}\boldsymbol{x}+\boldsymbol{L}\boldsymbol{v}$，其中

$$\begin{cases}\boldsymbol{L}=\boldsymbol{E}^{-1}\\ \boldsymbol{K}=\boldsymbol{E}^{-1}\boldsymbol{F}\end{cases} \tag{6.8.21}$$

$\boldsymbol{E}$ 由式(6.8.20)决定。矩阵 $\boldsymbol{F}$：

$$\boldsymbol{F}=\begin{bmatrix}\boldsymbol{c}_1\boldsymbol{A}^{d_1+1}\\ \vdots\\ \boldsymbol{c}_p\boldsymbol{A}^{d_p+1}\end{bmatrix} \tag{6.8.22}$$

解耦后的系统传递函数矩阵为

$$\boldsymbol{G}_{KL}(s)=\begin{bmatrix}\dfrac{1}{s^{d_1+1}} & & \\ & \ddots & \\ & & \dfrac{1}{s^{d_p+1}}\end{bmatrix} \tag{6.8.23}$$

6.8.4 确定解耦控制矩阵对 $\{\boldsymbol{K},\boldsymbol{L}\}$ 的算法

结论 6.8.3[动态解耦控制算法] 已知状态完全能控的线性定常系统：

$$\begin{cases}\dot{\boldsymbol{x}}=\boldsymbol{A}\boldsymbol{x}+\boldsymbol{B}\boldsymbol{u}\\ \boldsymbol{y}=\boldsymbol{C}\boldsymbol{x}\end{cases} \tag{6.8.24}$$

其中，$\boldsymbol{x}$ 为 n 维状态向量；$\boldsymbol{u}$ 为 p 维输入向量；$\boldsymbol{y}$ 为 q 维输出向量。要求确定一个状态反馈和输入变换矩阵对 $\{\boldsymbol{K},\boldsymbol{L}\}$，使相应的闭环系统实现动态解耦，并使解耦后每个单输入-单输出系统实现期望极点配置。

(1)计算受控系统(6.8.24)的特征量：

$$\{d_i,\quad i=1,2,\cdots,p\},\quad \{\boldsymbol{E}_i=\boldsymbol{c}_i\boldsymbol{A}^{d_i}\boldsymbol{B},\quad i=1,2,\cdots,p\}$$

(2)组成并判断矩阵 $\boldsymbol{E}$ 的非奇异性：

$$\boldsymbol{E}=\begin{bmatrix}\boldsymbol{E}_1\\ \vdots\\ \boldsymbol{E}_p\end{bmatrix}_{p\times p}$$

若为非奇异即能解耦，进入步骤(3)；否则，不能实现解耦，停止计算。

(3)计算矩阵：

$$E^{-1},\quad F=\begin{bmatrix} c_1A^{d_1+1} \\ \vdots \\ c_pA^{d_p+1} \end{bmatrix}$$

(4) 取预输入变换矩阵 $\bar{L}$ 和预状态反馈矩阵 $\bar{K}$ 为

$$\bar{L}=E^{-1},\quad \bar{K}=E^{-1}F$$

导出积分性解耦系统为

$$\begin{cases} \dot{x}=\bar{A}x+\bar{B}v \\ y=\bar{C}x \end{cases}$$

其中

$$\bar{A}=A-BE^{-1}F,\quad \bar{B}=BE^{-1},\quad \bar{C}=C$$

且 $\{\bar{A},\bar{B}\}$ 保持为完全能控。

(5) 判断 $\{\bar{A},\bar{C}\}$ 能观测性。若为不完全能观测，计算：

$$\text{rank}Q_o=\text{rank}\begin{bmatrix} \bar{C} \\ \bar{C}\bar{A} \\ \vdots \\ \bar{C}\bar{A}^{n-1} \end{bmatrix}=m$$

(6) 引入线性非奇异变换 $\tilde{x}=T^{-1}x$，化积分型解耦系统 $\{\bar{A},\bar{B},\bar{C}\}$ 为解耦规范形：

$$\tilde{A}=T^{-1}\bar{A}T,\quad \tilde{B}=T^{-1}\bar{B},\quad \tilde{C}=\bar{C}T$$

对完全能观测 $\{\bar{A},\bar{C}\}$，解耦规范形具有如下形式：

$$\tilde{A}=\begin{bmatrix} \tilde{A}_1 & & \\ & \ddots & \\ & & \tilde{A}_p \end{bmatrix},\quad \tilde{B}=\begin{bmatrix} \tilde{b}_1 & & \\ & \ddots & \\ & & \tilde{b}_p \end{bmatrix},\quad \tilde{C}=\begin{bmatrix} \tilde{c}_1 & & \\ & \ddots & \\ & & \tilde{c}_p \end{bmatrix} \tag{6.8.25}$$

其中，$\tilde{A}_i$ 为 $m_i\times m_i$ 矩阵；$\tilde{b}_i$ 为 $m_i\times 1$ 矩阵；$\tilde{c}_i$ 为 $1\times m_i$ 矩阵；$i=1,2,\cdots,p$；$\sum_{i=1}^{p}m_i=n$。

对不完全能观测 $\{\bar{A},\bar{C}\}$，解耦规范形具有如下形式：

$$\tilde{A}=\left[\begin{array}{ccc|c} \tilde{A}_1 & & & 0 \\ & \ddots & & \vdots \\ & & \tilde{A}_p & 0 \\ \hline \tilde{A}_{c1} & \cdots & \tilde{A}_{cp} & \tilde{A}_{p+1} \end{array}\right],\quad \tilde{B}=\left[\begin{array}{ccc} \tilde{b}_1 & & \\ & \ddots & \\ & & \tilde{b}_p \\ \hline \tilde{b}_{c1} & \cdots & \tilde{b}_{cp} \end{array}\right],\quad \tilde{C}=\begin{bmatrix} \tilde{c}_1 & & & 0 \\ & \ddots & & \vdots \\ & & \tilde{c}_p & 0 \end{bmatrix} \tag{6.8.26}$$

为按能观测性结构分解，除能观测部分外的各个块矩阵将对综合结果不产生影响。$\tilde{A}_i$ 为 $m_i\times m_i$ 矩阵，$\tilde{b}_i$ 为 $m_i\times 1$ 矩阵，$\tilde{c}_i$ 为 $1\times m_i$ 矩阵，$i=1,2,\cdots,p$，$\sum_{i=1}^{p}m_i=n$。

进而，对 $m_i=d_i+1$ 情形，有

$$\underset{m_i\times m_i}{\tilde{\boldsymbol{A}}_i}=\begin{bmatrix}0 & 1 & & \\ \vdots & & \ddots & \\ 0 & & & 1 \\ 0 & 0 & \cdots & 0\end{bmatrix},\quad \underset{m_i\times 1}{\tilde{\boldsymbol{b}}_i}=\begin{bmatrix}0\\ \vdots\\ 0\\ 1\end{bmatrix},\quad \underset{1\times m_i}{\tilde{\boldsymbol{c}}_i}=[1\quad 0\quad \cdots\quad 0] \tag{6.8.27}$$

其中，$\tilde{\boldsymbol{A}}_i$ 第 d_i+1 行即最下行元均为 0，反映积分型解耦系统的特点。

对 $m_i > d_i+1$ 情形，有

$$\underset{m_i\times m_i}{\tilde{\boldsymbol{A}}_i}=\left[\begin{array}{c:ccc:c} 0 & & & & \\ \vdots & & \boldsymbol{I}_{d_i} & & \boldsymbol{0} \\ 0 & & & & \\ \hdashline 0 & 0 & \cdots & 0 & \\ \hdashline & & * & & * \end{array}\right]\begin{matrix}\left.\begin{matrix}\\ \\ \\ \\ \end{matrix}\right\}(d_i+1)\\ \}\,m_i-(d_i+1)\end{matrix},\qquad \tilde{\boldsymbol{b}}_i=\begin{bmatrix}0\\ \vdots\\ 0\\ 1\\ 0\\ \vdots\\ 0\end{bmatrix}\longleftarrow (d_i+1)$$

（列分块：(d_i+1)，$m_i-(d_i+1)$）

$$\underset{1\times m_i}{\tilde{\boldsymbol{c}}_i}=[1\quad 0\quad \cdots\quad 0] \tag{6.8.28}$$

其中，用*表示的块阵对综合结果不产生影响。

(7) 由已知 $\{\bar{\boldsymbol{A}},\bar{\boldsymbol{B}},\bar{\boldsymbol{C}}\}$ 和 $\{\tilde{\boldsymbol{A}},\tilde{\boldsymbol{B}},\tilde{\boldsymbol{C}}\}$ 定出变换矩阵 $\boldsymbol{T}^{-1}$。对于 $\{\tilde{\boldsymbol{A}},\tilde{\boldsymbol{B}},\tilde{\boldsymbol{C}}\}$ 和 $\{\bar{\boldsymbol{A}},\bar{\boldsymbol{B}},\bar{\boldsymbol{C}}\}$ 为能控能观测情形，基于关系式：

$$\tilde{\boldsymbol{A}}=\boldsymbol{T}^{-1}\bar{\boldsymbol{A}}\boldsymbol{T},\quad \tilde{\boldsymbol{B}}=\boldsymbol{T}^{-1}\bar{\boldsymbol{B}},\quad \tilde{\boldsymbol{C}}=\bar{\boldsymbol{C}}\boldsymbol{T}$$

再设

$$\bar{\boldsymbol{Q}}_c=[\bar{\boldsymbol{B}}\ \bar{\boldsymbol{A}}\bar{\boldsymbol{B}}\ \cdots\ \bar{\boldsymbol{A}}^{n-1}\bar{\boldsymbol{B}}],\quad \tilde{\boldsymbol{Q}}_c=[\tilde{\boldsymbol{B}}\ \tilde{\boldsymbol{A}}\tilde{\boldsymbol{B}}\ \cdots\ \tilde{\boldsymbol{A}}^{n-1}\tilde{\boldsymbol{B}}]$$

$$\bar{\boldsymbol{Q}}_o=\begin{bmatrix}\bar{\boldsymbol{C}}\\ \bar{\boldsymbol{C}}\bar{\boldsymbol{A}}\\ \vdots\\ \bar{\boldsymbol{C}}\bar{\boldsymbol{A}}^{n-1}\end{bmatrix},\quad \tilde{\boldsymbol{Q}}_o=\begin{bmatrix}\tilde{\boldsymbol{C}}\\ \tilde{\boldsymbol{C}}\tilde{\boldsymbol{A}}\\ \vdots\\ \tilde{\boldsymbol{C}}\tilde{\boldsymbol{A}}^{n-1}\end{bmatrix}$$

可得

$$\boldsymbol{T}^{-1}=(\tilde{\boldsymbol{Q}}_o^{\mathrm{T}}\tilde{\boldsymbol{Q}}_o)^{-1}\tilde{\boldsymbol{Q}}_o^{\mathrm{T}}\bar{\boldsymbol{Q}}_o,\quad \boldsymbol{T}=\bar{\boldsymbol{Q}}_c\tilde{\boldsymbol{Q}}_c^{\mathrm{T}}(\tilde{\boldsymbol{Q}}_c\tilde{\boldsymbol{Q}}_c^{\mathrm{T}})^{-1} \tag{6.8.29}$$

(8) 对解耦规范形 $\{\tilde{\boldsymbol{A}},\tilde{\boldsymbol{B}},\tilde{\boldsymbol{C}}\}$，选取 $p\times n$ 状态反馈矩阵 $\tilde{\boldsymbol{K}}$ 的结构。相应于解耦规范形式(6.8.25)，取 $\tilde{\boldsymbol{K}}$ 的形式为

$$\tilde{\boldsymbol{K}}=\begin{bmatrix}\tilde{\boldsymbol{k}}_1 & & \\ & \ddots & \\ & & \tilde{\boldsymbol{k}}_p\end{bmatrix} \tag{6.8.30}$$

相应于解耦规范形式(6.8.26)，取 $\tilde{\boldsymbol{K}}$ 的形式为

$$\tilde{\boldsymbol{K}}=\begin{bmatrix}\tilde{\boldsymbol{k}}_1 & & & \mathbf{0}\\ & \ddots & & \vdots\\ & & \tilde{\boldsymbol{k}}_p & \mathbf{0}\end{bmatrix} \tag{6.8.31}$$

其中，相应于式(6.8.27)的情形，有

$$\underset{1\times m_i}{\tilde{\boldsymbol{k}}_i}=[k_{i0} \quad k_{i1} \quad \cdots \quad k_{id_i}] \tag{6.8.32}$$

相应于式(6.8.28)的情形，有

$$\underset{1\times m_i}{\tilde{\boldsymbol{k}}_i}=[k_{i0} \quad k_{i1} \quad \cdots \quad k_{id_i} \quad 0 \quad \cdots \quad 0] \tag{6.8.33}$$

并且状态反馈矩阵 $\tilde{\boldsymbol{K}}$ 的这种选取必可使 $\{\tilde{\boldsymbol{A}},\tilde{\boldsymbol{B}},\tilde{\boldsymbol{C}}\}$ 实现动态解耦，即有

$$\tilde{\boldsymbol{C}}(s\boldsymbol{I}-\tilde{\boldsymbol{A}}+\tilde{\boldsymbol{B}}\tilde{\boldsymbol{K}})^{-1}\tilde{\boldsymbol{B}}=\begin{bmatrix}\tilde{\boldsymbol{c}}_1(s\boldsymbol{I}-\tilde{\boldsymbol{A}}_1+\tilde{\boldsymbol{b}}_1\tilde{\boldsymbol{k}}_1)^{-1}\tilde{\boldsymbol{b}}_1 & & \\ & \ddots & \\ & & \tilde{\boldsymbol{c}}_p(s\boldsymbol{I}-\tilde{\boldsymbol{A}}_p+\tilde{\boldsymbol{b}}_p\tilde{\boldsymbol{k}}_p)^{-1}\tilde{\boldsymbol{b}}_p\end{bmatrix}$$

$$\tilde{\boldsymbol{A}}_i-\tilde{\boldsymbol{b}}_i\tilde{\boldsymbol{k}}_i=\begin{bmatrix}0 & 1 & & \\ \vdots & & \ddots & \\ 0 & & & 1\\ -k_{i0} & -k_{i1} & \cdots & -k_{id_i}\end{bmatrix}$$

或

$$\tilde{\boldsymbol{A}}_i-\tilde{\boldsymbol{b}}_i\tilde{\boldsymbol{k}}_i=\left[\begin{array}{c:cc} 0 & & \\ \vdots & \boldsymbol{I}_{d_i} & \mathbf{0}\\ 0 & & \\ \hdashline -k_{i0} & -k_{i1} \ \cdots \ -k_{id_i} & \\ \hdashline & * & *\end{array}\right]$$

(9) 对解耦后各单输入-单输出系统指定期望极点组：

$$\{\lambda_{i1}^*,\lambda_{i2}^*,\cdots,\lambda_{i,d_i+1}^*\},\quad i=1,2,\cdots,p$$

按单输入情形极点配置算法，定出状态反馈矩阵各个元组：

$$\{k_{i0},k_{i1},\cdots,k_{id_i}\},\quad i=1,2,\cdots,p$$

(10) 对原系统 $\{\boldsymbol{A},\boldsymbol{B},\boldsymbol{C}\}$，定出满足动态解耦和期望极点配置的一个输入变换和状态反馈矩阵对 $\{\boldsymbol{L},\boldsymbol{K}\}$：

$$\boldsymbol{L}=\boldsymbol{E}^{-1},\quad \boldsymbol{K}=\boldsymbol{E}^{-1}\boldsymbol{F}+\boldsymbol{E}^{-1}\tilde{\boldsymbol{K}}\boldsymbol{T}^{-1} \tag{6.8.34}$$

上述算法有一个缺点，即在步骤(7)中，如果 $\{\bar{\boldsymbol{A}},\bar{\boldsymbol{B}},\bar{\boldsymbol{C}}\}$ 和 $\{\tilde{\boldsymbol{A}},\tilde{\boldsymbol{B}},\tilde{\boldsymbol{C}}\}$ 为完全能控但不完全能观测的系统，矩阵 $\boldsymbol{T}$ 的计算没有给出。

例 6.8.1 已知一个双输入-双输出线性定常系统：

$$\dot{\boldsymbol{x}}=\begin{bmatrix}-1 & 1 & 1 & 1\\ 6 & 0 & -3 & 1\\ -1 & 1 & 1 & 2\\ 2 & -2 & -2 & 0\end{bmatrix}\boldsymbol{x}+\begin{bmatrix}0 & 0\\ 1 & 0\\ 0 & 0\\ 0 & 1\end{bmatrix}\boldsymbol{u}$$

$$\boldsymbol{y}=\begin{bmatrix}2 & 0 & -1 & 0\\ -1 & 0 & 1 & 0\end{bmatrix}$$

要求计算出满足解耦和期望极点配置的一个输入变换与状态反馈矩阵对 $\{\boldsymbol{L},\boldsymbol{K}\}$。

解 (1)计算受控系统的结构特性指数 $\{d_1,d_2\}$ 和结构特性向量 $\{\boldsymbol{E}_1,\boldsymbol{E}_2\}$。

由

$$\boldsymbol{c}_1\boldsymbol{B}=[2\quad 0\quad -1\quad 0]\begin{bmatrix}0 & 0\\ 1 & 0\\ 0 & 0\\ 0 & 1\end{bmatrix}=[0\quad 0]$$

$$\boldsymbol{c}_1\boldsymbol{A}\boldsymbol{B}=[2\quad 0\quad -1\quad 0]\begin{bmatrix}-1 & 1 & 1 & 1\\ 6 & 0 & -3 & 1\\ -1 & 1 & 1 & 2\\ 2 & -2 & -2 & 0\end{bmatrix}\begin{bmatrix}0 & 0\\ 1 & 0\\ 0 & 0\\ 0 & 1\end{bmatrix}=[1\quad 0]$$

$$\boldsymbol{c}_2\boldsymbol{B}=[-1\quad 0\quad 1\quad 0]\begin{bmatrix}0 & 0\\ 1 & 0\\ 0 & 0\\ 0 & 1\end{bmatrix}=[0\quad 0]$$

$$\boldsymbol{c}_2\boldsymbol{A}\boldsymbol{B}=[-1\quad 0\quad 1\quad 0]\begin{bmatrix}-1 & 1 & 1 & 1\\ 6 & 0 & -3 & 1\\ -1 & 1 & 1 & 2\\ 2 & -2 & -2 & 0\end{bmatrix}\begin{bmatrix}0 & 0\\ 1 & 0\\ 0 & 0\\ 0 & 1\end{bmatrix}=[0\quad 1]$$

可以定出

$$d_1=1,\quad d_2=1$$

$$\boldsymbol{E}_1=[1\quad 0],\quad \boldsymbol{E}_2=[0\quad 1]$$

(2)判断可解耦性。

组成判别矩阵

$$\boldsymbol{E}=\begin{bmatrix}\boldsymbol{E}_1\\ \boldsymbol{E}_2\end{bmatrix}=\begin{bmatrix}1 & 0\\ 0 & 1\end{bmatrix}$$

易知 $\boldsymbol{E}$ 为非奇异，即受控系统可动态解耦。

(3)导出积分型解耦系统。

计算

$$\boldsymbol{E}^{-1}=\begin{bmatrix}1 & 0\\ 0 & 1\end{bmatrix},\quad \boldsymbol{F}=\begin{bmatrix}\boldsymbol{c}_1\boldsymbol{A}^2\\ \boldsymbol{c}_2\boldsymbol{A}^2\end{bmatrix}=\begin{bmatrix}6 & 0 & -3 & 2\\ 2 & -2 & -2 & 0\end{bmatrix}$$

基于此，取输入变换矩阵和状态反馈矩阵为

$$\bar{L} = E^{-1} = \begin{bmatrix} 1 & 0 \\ 0 & 1 \end{bmatrix}, \quad \bar{K} = E^{-1}F = \begin{bmatrix} 6 & 0 & -3 & 2 \\ 2 & -2 & -2 & 0 \end{bmatrix}$$

于是，可导出积分型解耦系统的系数矩阵为

$$\bar{A} = A - BE^{-1}F = \begin{bmatrix} -1 & 1 & 1 & 1 \\ 0 & 0 & 0 & -1 \\ -1 & 1 & 1 & 2 \\ 0 & 0 & 0 & 0 \end{bmatrix}$$

$$\bar{B} = BE^{-1} = \begin{bmatrix} 0 & 0 \\ 1 & 0 \\ 0 & 0 \\ 0 & 1 \end{bmatrix}$$

$$\bar{C} = C = \begin{bmatrix} 2 & 0 & -1 & 0 \\ -1 & 0 & 1 & 0 \end{bmatrix}$$

(4) 判断 $\{\bar{A}, \bar{C}\}$ 能观测性。

基于上述得到的系数矩阵，容易判断 $\{\bar{A}, \bar{C}\}$ 为完全能观测。

(5) 导出 $\{\bar{A}, \bar{B}, \bar{C}\}$ 的解耦规范形。

由 $d_1 = 1, d_2 = 1, n = 4$，可以导出 $m_1 = d_1 + 1, m_2 = d_2 + 1, m_1 + m_2 = 4$。基于此，并考虑到 $\{\bar{A}, \bar{C}\}$ 完全能观测，可以导出解耦规范形：

$$\tilde{A} = T^{-1}\bar{A}T = \left[\begin{array}{cc:cc} 0 & 1 & 0 & 0 \\ 0 & 0 & 0 & 0 \\ \hdashline 0 & 0 & 0 & 1 \\ 0 & 0 & 0 & 0 \end{array}\right]$$

$$\tilde{B} = T^{-1}\bar{B} = \left[\begin{array}{c:c} 0 & 0 \\ 1 & 0 \\ \hdashline 0 & 0 \\ 0 & 1 \end{array}\right]$$

$$\tilde{C} = \bar{C}T = \left[\begin{array}{cc:cc} 1 & 0 & 0 & 0 \\ \hdashline 0 & 0 & 1 & 0 \end{array}\right]$$

由已知能控能观测 $\{\tilde{A}, \tilde{B}, \tilde{C}\}$ 和 $\{\bar{A}, \bar{B}, \bar{C}\}$，可以得到变换矩阵为

$$T^{-1} = \begin{bmatrix} 2 & 0 & -1 & 0 \\ -1 & 1 & 1 & 0 \\ -1 & 0 & 1 & 0 \\ 0 & 0 & 0 & 1 \end{bmatrix}$$

$$
\boldsymbol{T}=\begin{bmatrix}1 & 0 & 1 & 0\\0 & 1 & -1 & 0\\1 & 0 & 2 & 0\\0 & 0 & 0 & 1\end{bmatrix}
$$

(6) 对解耦规范形 $\{\tilde{\boldsymbol{A}},\tilde{\boldsymbol{B}},\tilde{\boldsymbol{C}}\}$ 定出状态反馈矩阵 $\tilde{\boldsymbol{K}}$ 的结构。

基于上述导出的 $\{\tilde{\boldsymbol{A}},\tilde{\boldsymbol{B}},\tilde{\boldsymbol{C}}\}$ 的结构，取 2×4 反馈矩阵 $\tilde{\boldsymbol{K}}$ 为

$$
\tilde{\boldsymbol{K}}=\left[\begin{array}{cc:cc}k_{10} & k_{11} & 0 & 0\\ \hdashline 0 & 0 & k_{20} & k_{21}\end{array}\right]
$$

(7) 对解耦后的单输入-单输出系统确定反馈矩阵 $\tilde{\boldsymbol{K}}$ 。

可以看出，解耦后的单输入-单输出系统均为 2 维系统。基于此，指定两组期望闭环极点：

$$
\lambda_{11}^*=-2,\quad \lambda_{12}^*=-4
$$

$$
\lambda_{21}^*=-2+\mathrm{j},\quad \lambda_{22}^*=-2-\mathrm{j}
$$

可定出相应的两个期望特征多项式为

$$
\alpha_1^*(s)=(s+2)(s+4)=s^2+6s+8
$$

$$
\alpha_2^*(s)=(s+2-\mathrm{j})(s+2+\mathrm{j})=s^2+4s+5
$$

又有

$$
\tilde{\boldsymbol{A}}-\tilde{\boldsymbol{B}}\tilde{\boldsymbol{K}}=\begin{bmatrix}0 & 1 & & \\ -k_{10} & -k_{11} & & \\ & & 0 & 1\\ & & -k_{20} & -k_{21}\end{bmatrix}
$$

按极点配置算法，可以定出

$$
k_{10}=8,\quad k_{11}=6,\quad k_{20}=5,\quad k_{21}=4
$$

从而，在保持动态解耦的前提下，满足期望极点配置的状态反馈矩阵：

$$
\tilde{\boldsymbol{K}}=\left[\begin{array}{cc:cc}8 & 6 & 0 & 0\\ \hdashline 0 & 0 & 5 & 4\end{array}\right]
$$

(8) 定出相对于原系统 $\{\boldsymbol{A},\boldsymbol{B},\boldsymbol{C}\}$ 的输入变换矩阵 $\boldsymbol{L}$ 和状态反馈矩阵 $\boldsymbol{K}$ 。

$$
\boldsymbol{L}=\boldsymbol{E}^{-1}=\begin{bmatrix}1 & 0\\0 & 1\end{bmatrix}
$$

$$
\boldsymbol{K}=\boldsymbol{E}^{-1}\boldsymbol{F}+\boldsymbol{E}^{-1}\tilde{\boldsymbol{K}}\boldsymbol{T}^{-1}
$$

$$
=\begin{bmatrix}6 & 0 & -3 & 2\\2 & -2 & -2 & 0\end{bmatrix}+\begin{bmatrix}8 & 6 & 0 & 0\\0 & 0 & 5 & 4\end{bmatrix}\begin{bmatrix}2 & 0 & -1 & 0\\-1 & 1 & 1 & 0\\-1 & 0 & 1 & 0\\0 & 0 & 0 & 1\end{bmatrix}=\begin{bmatrix}16 & 6 & -5 & 2\\-3 & -2 & 3 & 4\end{bmatrix}
$$

(9) 状态反馈动态解耦后的闭环系统的状态空间描述为

$$\dot{\boldsymbol{x}}=(\boldsymbol{A}-\boldsymbol{BK})\boldsymbol{x}+\boldsymbol{BL}\boldsymbol{v}=\begin{bmatrix}-1 & 1 & 1 & 1\\ -10 & -6 & 2 & -1\\ -1 & 1 & 1 & 2\\ 5 & 0 & -5 & -4\end{bmatrix}\boldsymbol{x}+\begin{bmatrix}0 & 0\\ 1 & 0\\ 0 & 0\\ 0 & 1\end{bmatrix}\boldsymbol{v}$$

$$\boldsymbol{y}=\boldsymbol{Cx}=\begin{bmatrix}2 & 0 & -1 & 0\\ -1 & 0 & 1 & 0\end{bmatrix}\boldsymbol{x}$$

传递函数矩阵为

$$\boldsymbol{G}_{KL}(s)=\boldsymbol{C}(s\boldsymbol{I}-\boldsymbol{A}+\boldsymbol{BK})^{-1}\boldsymbol{BL}=\begin{bmatrix}\dfrac{1}{s^2+6s+8} & \\ & \dfrac{1}{s^2+4s+5}\end{bmatrix}$$

6.9 线性二次型最优控制

线性二次型最优控制属于线性系统综合理论中最具重要性和最具典型性的一类优化综合问题。优化综合问题的特点是需要通过对指定的性能指标函数取极大或极小来导出系统的控制律。

6.9.1 LQ 问题

LQ 问题是对线性二次型(linear quadratic)最优控制问题的简称。L 是指受控系统限定为线性系统，Q 是指性能指标函数限定为二次型函数积分。

下面给出线性二次型最优控制问题的提法。给出连续时间线性时变受控系统:

$$\dot{\boldsymbol{x}}=\boldsymbol{A}(t)\boldsymbol{x}+\boldsymbol{B}(t)\boldsymbol{u},\quad \boldsymbol{x}(t_0)=\boldsymbol{x}_0,\quad \boldsymbol{x}(t_f)=\boldsymbol{x}_f,\quad t\in[t_0,t_f] \tag{6.9.1}$$

其中，$\boldsymbol{x}$ 为 n 维状态；$\boldsymbol{u}$ 为满足解存在唯一性条件的 p 维允许控制；$\boldsymbol{A}(t)$ 和 $\boldsymbol{B}(t)$ 为满足解存在唯一性条件的相应维数的矩阵。

给定相对于状态和控制的二次型性能指标函数:

$$J(\boldsymbol{u}(\bullet))=\frac{1}{2}\boldsymbol{x}_f^{\mathrm{T}}\boldsymbol{S}\boldsymbol{x}_f+\frac{1}{2}\int_{t_0}^{t_f}[\boldsymbol{x}^{\mathrm{T}}(t)\boldsymbol{Q}(t)\boldsymbol{x}(t)+\boldsymbol{u}^{\mathrm{T}}(t)\boldsymbol{R}(t)\boldsymbol{u}(t)]\mathrm{d}t \tag{6.9.2}$$

其中，加权阵 $\boldsymbol{S}=\boldsymbol{S}^{\mathrm{T}}\geqslant 0$，为 $n\times n$ 的正半定对称阵；$\boldsymbol{Q}(t)=\boldsymbol{Q}^{\mathrm{T}}(t)\geqslant 0$，为 $n\times n$ 的正半定对称阵；$\boldsymbol{R}(t)=\boldsymbol{R}^{\mathrm{T}}(t)>0$，为 $p\times p$ 的正定对称阵。LQ 问题就是寻找一个允许控制 $\boldsymbol{u}(t)\in\mathscr{R}^{p\times 1}$，使沿着由初始状态 $\boldsymbol{x}_0$ 出发的相应的状态轨线 $\boldsymbol{x}(t)$，性能指标函数取为极小值:

$$J(\boldsymbol{u}^*(\bullet))=\min_{\boldsymbol{u}(\bullet)}J(\boldsymbol{u}(\bullet)) \tag{6.9.3}$$

为了弄清式(6.9.2)控制问题的含义，对式(6.9.2)每一项所表示的物理含义做出一一剖析。

式(6.9.2)中被积函数中的第一项 $Le=\boldsymbol{x}^{\mathrm{T}}(t)\boldsymbol{Q}(t)\boldsymbol{x}(t)$，表示在工作过程中由误差 $e(t)$ 产生的分量。因为 $\boldsymbol{Q}(t)$ 是半正定的，所以只要出现误差，Le 总是非负的，若 $e(t)=0$，则 $Le=0$；若 $e(t)$ 增大，则 Le 也增大。由此可见，Le 是用来衡量误差 $e(t)$ 大小的惩罚函数或

代价函数，$e(t)$ 越大，则支付的代价也越大。在 $e(t)$ 是标量函数的情况下，$Le=\frac{1}{2}e^2(t)$，于是 $\frac{1}{2}\int_{t_0}^{t_f} e^2(t)\mathrm{d}t$ 就成为经典控制理论中用以判别系统性能指标的误差平方积分。

式(6.9.2)中被积函数中的第二项 $Lu=\boldsymbol{u}^{\mathrm{T}}(t)\boldsymbol{R}(t)\boldsymbol{u}(t)$，表示在工作过程中由控制 $\boldsymbol{u}(t)$ 产生的分量。因为 $\boldsymbol{R}(t)$ 是正定的，所以只要存在控制，Lu 总是正的。为了进一步阐明 Lu 的物理本质，不妨假定 $\boldsymbol{u}(t)$ 是和电压或电流成正比的数量函数，于是 $Lu=\frac{1}{2}e^2(t)$ 与功率成正比，而 $\frac{1}{2}\int_{t_0}^{T_f}\boldsymbol{u}^2(t)\mathrm{d}t$ 则与在 $\left[t_0,T_f\right]$ 区间消耗的能量成正比。因此，Lu 是用来衡量控制功率大小的代价函数。

式(6.9.2)中的第一项 $\frac{1}{2}\boldsymbol{x}_f^{\mathrm{T}}\boldsymbol{S}\boldsymbol{x}_f$，是为了对终端误差的要求而引进的，因而称为终端代价函数。举例来说，在宇航的交会问题上，对两个飞行体的一致要求特别严格，因而必须加上这一项，以保证在终端时刻 T_f 的误差 $e(T_f)$ 很小。

至于为什么要引进矩阵 $\boldsymbol{S},\boldsymbol{Q}(t),\boldsymbol{R}(t)$，以及为什么 $\boldsymbol{Q}(t)$ 和 $\boldsymbol{R}(t)$ 采用时变矩阵而非常数矩阵，可作如下解释：

矩阵 $\boldsymbol{S},\boldsymbol{Q}(t),\boldsymbol{R}(t)$ 的每一元素都是对应的二次项系数。若二次项系数这样选择，使得对于重要的误差分量 $e_i^{\ 2}(t)$ 或控制分量 $u_p^2(t)$，其系数取较大值；对于次要误差分量 $e_j^2(t)$ 或控制分量 $u_q^2(t)$，其系数取较小值；而对互不相关的误差分量 $e_i(t)e_j(t)$ 和控制分量 $u_p(t)u_q(t)$，其系数取零值。因此，矩阵 $\boldsymbol{S},\boldsymbol{Q}(t),\boldsymbol{R}(t)$ 是借以衡量各个误差分量和控制分量重要程度的加权矩阵。

基于类似的理由，采用时变矩阵 $\boldsymbol{Q}(t)$ 和 $\boldsymbol{R}(t)$，将更能适应各种特殊情况。例如，可能出现这样的情形，即在 $t=t_3$ 时误差 $e(t_0)$ 很大。由于误差是在控制系统开始工作前形成的，或在 $t=t_0$ 时突然发生的，所以并不能反映系统性能，如果加权阵 $\boldsymbol{Q}(t)$ 诸元素在开始阶段取较小的值，而后再取较大的值，则比起 $\boldsymbol{Q}(t)$ 取常数值的情况来，将更为妥帖。但这样一来，却使控制系统工程的实现难度大为增加。

综上所述，可见控制问题(6.9.2)的实质在于用不大的控制来保持较小的误差，以达到能量和误差综合最优的目的。

6.9.2 有限时间 LQ 问题的最优解

讨论有限时间时变 LQ 问题的最优解。考虑时变 LQ 调节问题：

$$\dot{\boldsymbol{x}}=\boldsymbol{A}(t)\boldsymbol{x}+\boldsymbol{B}(t)\boldsymbol{u},\quad \boldsymbol{x}(t_0)=\boldsymbol{x}_0,\quad t\in[t_0,t_f] \tag{6.9.4}$$

$$J(\boldsymbol{u}(\cdot))=\frac{1}{2}\boldsymbol{x}_f^{\mathrm{T}}\boldsymbol{S}\boldsymbol{x}_f+\frac{1}{2}\int_{t_0}^{t_f}[\boldsymbol{x}^{\mathrm{T}}(t)\boldsymbol{Q}(t)\boldsymbol{x}(t)+\boldsymbol{u}^{\mathrm{T}}(t)\boldsymbol{R}(t)\boldsymbol{u}(t)]\mathrm{d}t \tag{6.9.5}$$

其中，$\boldsymbol{x}$ 为 n 维状态；$\boldsymbol{u}$ 为 p 维输入；$\boldsymbol{A}(t)$ 和 $\boldsymbol{B}(t)$ 为相应维数系数矩阵；$\boldsymbol{S}=\boldsymbol{S}^{\mathrm{T}}\geqslant 0$ 和 $\boldsymbol{Q}(t)=\boldsymbol{Q}^{\mathrm{T}}(t)\geqslant 0$ 为 $n\times n$ 正半定矩阵，$\boldsymbol{R}(t)=\boldsymbol{R}^{\mathrm{T}}(t)>0$ 为 $p\times p$ 正定对称阵。可以看出，时变 LQ 问题的特点是受控系统系数矩阵和性能指标积分中的加权矩阵为时变矩阵。

有限时间时变 LQ 问题的最优解 $\boldsymbol{u}^*(\cdot)$，$\boldsymbol{x}^*(\cdot)$，$J^*=J(\boldsymbol{u}^*(\cdot))$ 由如下结论给出。

结论 6.9.1[有限时间时变 LQ 问题的最优解] 对于由式(6.9.4)和式(6.9.5)描述的有限时间时变 LQ 调节问题，设末时刻 t_f 为固定，组成对应矩阵黎卡提(Riccati)微分方程：

$$\begin{cases}-\dot{\boldsymbol{P}}(t)=\boldsymbol{P}(t)\boldsymbol{A}(t)+\boldsymbol{A}^{\mathrm{T}}(t)\boldsymbol{P}(t)+\boldsymbol{Q}(t)-\boldsymbol{P}(t)\boldsymbol{B}(t)\boldsymbol{R}^{-1}(t)\boldsymbol{B}^{\mathrm{T}}(t)\boldsymbol{P}(t)\\ \boldsymbol{P}(t_f)=\boldsymbol{S}, \quad t\in[t_0,t_f]\end{cases} \tag{6.9.6}$$

解阵 $\boldsymbol{P}(t)$ 为 $n\times n$ 正半定对称矩阵，则 $\boldsymbol{u}^*(*)$ 为最优控制的充分必要条件是具有如下形式：

$$\boldsymbol{u}^*(t)=-\boldsymbol{K}^*(t)\boldsymbol{x}^*(t), \qquad \boldsymbol{K}^*(t)=\boldsymbol{R}^{-1}(t)\boldsymbol{B}^{\mathrm{T}}(t)\boldsymbol{P}(t) \tag{6.9.7}$$

最优轨线 $\boldsymbol{x}^*(\cdot)$ 为方程(6.9.8)的解：

$$\dot{\boldsymbol{x}}^*(t)=\boldsymbol{A}(t)\boldsymbol{x}^*(t)+\boldsymbol{B}(t)\boldsymbol{u}^*(t), \quad \boldsymbol{x}^*(t_0)=\boldsymbol{x}_0 \tag{6.9.8}$$

最优性能值 $J^*=J\left(\boldsymbol{u}^*(\cdot)\right)$ 为

$$J^*=\frac{1}{2}\boldsymbol{x}_0^{\mathrm{T}}\boldsymbol{P}(t_0)\boldsymbol{x}_0, \quad \forall \boldsymbol{x}_0\neq\boldsymbol{0} \tag{6.9.9}$$

证 先证必要性：已知 $\boldsymbol{u}^*(\cdot)$ 为最优控制，欲证 $\boldsymbol{u}^*(t)=-\boldsymbol{R}^{-1}(t)\boldsymbol{B}^{\mathrm{T}}(t)\boldsymbol{P}(t)\boldsymbol{x}^*(t)$，即式(6.9.7)成立。

首先，将条件极值问题式(6.9.4)和式(6.9.5)化为无条件极值问题。为此，引入拉格朗日(Lagrange)乘子 $n\times 1$ 向量函数 $\boldsymbol{\lambda}(t)$，通过将性能指标泛函式(6.9.5)设为

$$J(\boldsymbol{u}(\cdot))=\frac{1}{2}\boldsymbol{x}^{\mathrm{T}}(t_f)\boldsymbol{S}\boldsymbol{x}(t_f)+\int_{t_0}^{t_f}\left\{\frac{1}{2}\left[\boldsymbol{x}^{\mathrm{T}}\boldsymbol{Q}(t)\boldsymbol{x}+\boldsymbol{u}^{\mathrm{T}}\boldsymbol{R}(t)\boldsymbol{u}\right]+\boldsymbol{\lambda}^{\mathrm{T}}\left[\boldsymbol{A}(t)\boldsymbol{x}+\boldsymbol{B}(t)\boldsymbol{u}-\dot{\boldsymbol{x}}\right]\right\}\mathrm{d}t \tag{6.9.10}$$

就能得到性能指标泛函相对于 $\boldsymbol{u}(\cdot)$ 的无条件极值问题。

其次，求解无条件极值问题式(6.9.10)。为此，通过引入哈密顿(Hamilton)函数：

$$H(\boldsymbol{x},\boldsymbol{u},\boldsymbol{\lambda},t)=\frac{1}{2}\left(\boldsymbol{x}^t\boldsymbol{Q}(t)\boldsymbol{x}+\boldsymbol{u}^{\mathrm{T}}\boldsymbol{R}(t)\boldsymbol{u}\right)+\boldsymbol{\lambda}^{\mathrm{T}}\left(\boldsymbol{A}(t)\boldsymbol{x}+\boldsymbol{B}(t)\boldsymbol{u}\right) \tag{6.9.11}$$

把式(6.9.10)进而表示为

$$\begin{aligned}J(\boldsymbol{u}(\cdot))&=\frac{1}{2}\boldsymbol{x}^{\mathrm{T}}(t_f)\boldsymbol{S}\boldsymbol{x}(t_f)+\int_{t_0}^{t_f}\left[H(\boldsymbol{x},\boldsymbol{u},\boldsymbol{\lambda},t)-\boldsymbol{\lambda}^{\mathrm{T}}\dot{\boldsymbol{x}}\right]\mathrm{d}t\\ &=\frac{1}{2}\boldsymbol{x}^{\mathrm{T}}(t_f)\boldsymbol{S}\boldsymbol{x}(t_f)+\int_{t_0}^{t_f}\left[H(\boldsymbol{x},\boldsymbol{u},\boldsymbol{\lambda},t)-\left(\frac{\mathrm{d}}{\mathrm{d}t}\boldsymbol{\lambda}^{\mathrm{T}}\dot{\boldsymbol{x}}\right)+\dot{\boldsymbol{\lambda}}^{\mathrm{T}}\boldsymbol{x}\right]\mathrm{d}t\\ &=\frac{1}{2}\boldsymbol{x}^{\mathrm{T}}(t_f)\boldsymbol{S}\boldsymbol{x}(t_f)-\boldsymbol{\lambda}^{\mathrm{T}}(t_f)\boldsymbol{x}(t_f)+\boldsymbol{\lambda}^{\mathrm{T}}(t_0)\boldsymbol{x}(t_0)+\int_{t_0}^{t_f}\left[H(\boldsymbol{x},\boldsymbol{u},\boldsymbol{\lambda},t)-\dot{\boldsymbol{\lambda}}^{\mathrm{T}}\boldsymbol{x}\right]\mathrm{d}t\end{aligned} \tag{6.9.12}$$

为找出 $J(\boldsymbol{u}(\cdot))$ 取极小 $\boldsymbol{u}^*(\cdot)$ 应满足的条件，需要先找出由 $\boldsymbol{u}(\cdot)$ 的变分 $\delta\boldsymbol{u}(\cdot)$ 引起的 $J(\boldsymbol{u}(\cdot))$ 的变分 $\delta J(\boldsymbol{u}(\cdot))$。其中，$\delta\boldsymbol{u}(\cdot)$ 为函数 $\boldsymbol{u}(\cdot)$ 的增量函数，$\delta J(\boldsymbol{u}(\cdot))$ 定义为增量

$$\Delta J(\boldsymbol{u}(\cdot))=J(\boldsymbol{u}(\cdot)+\delta\boldsymbol{u}(\cdot))-J(\boldsymbol{u}(\cdot)) \tag{6.9.13}$$

的主部。注意到末时刻 t_f 固定，并由状态方程知，$\delta\boldsymbol{u}(\cdot)$ 只连锁引起 $\delta\boldsymbol{x}(\cdot)$ 和 $\delta\boldsymbol{x}(t_f)$。由此，为确定 $\delta J(\boldsymbol{u}(\cdot))$，应同时考虑 $\delta\boldsymbol{u}(\cdot)$，$\delta\boldsymbol{x}(\cdot)$，$\delta\boldsymbol{x}(t_f)$ 的影响。基于此，有

$$
\begin{aligned}
\delta J(\boldsymbol{u}(\cdot)) &= \left\{\frac{\partial}{\partial \boldsymbol{x}(t_f)}\left[\frac{1}{2}\boldsymbol{x}^{\mathrm{T}}(t_f)\boldsymbol{S}\boldsymbol{x}(t_f)\right] - \frac{\partial}{\partial \boldsymbol{x}(t_f)}\left[\boldsymbol{x}^{\mathrm{T}}(t_f)\boldsymbol{\lambda}(t_f)\right]\right\}^{\mathrm{T}} \delta \boldsymbol{x}(t_f) \\
&\quad + \int_{t_0}^{t_f}\left\{\left[\frac{\partial}{\partial \boldsymbol{x}}H(\boldsymbol{x},\boldsymbol{u},\boldsymbol{\lambda},t) + \frac{\partial}{\partial \boldsymbol{x}}\boldsymbol{x}^{\mathrm{T}}\dot{\boldsymbol{\lambda}}\right]^{\mathrm{T}}\delta \boldsymbol{x} + \left[\frac{\partial}{\partial \boldsymbol{u}}H(\boldsymbol{x},\boldsymbol{u},\boldsymbol{\lambda},t)\right]^{\mathrm{T}}\delta \boldsymbol{u}\right\}\mathrm{d}t
\end{aligned}
\tag{6.9.14}
$$

将式(6.9.14)化简，可以导出

$$
\delta J(\boldsymbol{u}(\cdot)) = \left[\boldsymbol{S}\boldsymbol{x}(t_f) - \boldsymbol{\lambda}(t_f)\right]^{\mathrm{T}}\delta \boldsymbol{x}(t_f) + \int_{t_0}^{t_f}\left\{\left[\frac{\partial H}{\partial \boldsymbol{x}} + \dot{\boldsymbol{\lambda}}\right]^{\mathrm{T}}\delta \boldsymbol{x} + \left[\frac{\partial H}{\partial \boldsymbol{u}}\right]^{\mathrm{T}}\delta \boldsymbol{u}\right\}\mathrm{d}t \tag{6.9.15}
$$

而据变分法知，$J(\boldsymbol{u}^*(\cdot))$ 取极小的必要条件为 $\delta J(\boldsymbol{u}^*(\cdot)) = 0$。由此考虑到 $\delta \boldsymbol{u}(\cdot)$，$\delta \boldsymbol{x}(\cdot)$，$\delta \boldsymbol{x}(t_f)$ 的任意性，由式(6.9.15)进而可导出

$$
\dot{\boldsymbol{\lambda}} = -\frac{\partial}{\partial \boldsymbol{x}}H(\boldsymbol{x},\boldsymbol{u}^*,\boldsymbol{\lambda},t) \tag{6.9.16}
$$

$$
\boldsymbol{\lambda}(t_f) = \boldsymbol{S}\boldsymbol{x}(t_f) \tag{6.9.17}
$$

$$
\frac{\partial}{\partial \boldsymbol{u}}H(\boldsymbol{x},\boldsymbol{u}^*,\boldsymbol{\lambda},t) = \boldsymbol{0} \tag{6.9.18}
$$

再次，推证矩阵黎卡提微分方程，为此，利用式(6.9.18)和式(6.9.11)，有

$$
\begin{aligned}
0 = \frac{\partial H}{\partial \boldsymbol{u}} &= \frac{\partial}{\partial \boldsymbol{u}}\left[\frac{1}{2}\left(\boldsymbol{x}^{\mathrm{T}}\boldsymbol{Q}(t)\boldsymbol{x} + \boldsymbol{u}^*\boldsymbol{R}(t)\boldsymbol{u}^*\right) + \boldsymbol{\lambda}^{\mathrm{T}}\left(\boldsymbol{A}(t)\boldsymbol{x} + \boldsymbol{B}(t)\boldsymbol{u}^*\right)\right] \\
&= \boldsymbol{R}(t)\boldsymbol{u}^* + \boldsymbol{B}^{\mathrm{T}}(t)\boldsymbol{\lambda}
\end{aligned}
\tag{6.9.19}
$$

基于此，并考虑到 $\boldsymbol{R}(t)$ 为可逆，得

$$
\boldsymbol{u}^*(\cdot) = -\boldsymbol{R}^{-1}(t)\boldsymbol{B}^{\mathrm{T}}(t)\boldsymbol{\lambda} \tag{6.9.20}
$$

利用式(6.9.20)，并由状态方程(6.9.4)和 $\boldsymbol{\lambda}(t)$ 关系式(式(6.9.16)与式(6.9.17))，可导出如下两点边值问题：

$$
\dot{\boldsymbol{x}}^* = \boldsymbol{A}(t)\boldsymbol{x}^* - \boldsymbol{B}(t)\boldsymbol{R}^{-1}(t)\boldsymbol{B}^{\mathrm{T}}(t)\boldsymbol{\lambda}, \quad \boldsymbol{x}^*(t_0) = \boldsymbol{x}_0 \tag{6.9.21}
$$

$$
\dot{\boldsymbol{\lambda}} = -\boldsymbol{A}^{\mathrm{T}}(t)\boldsymbol{\lambda} - \boldsymbol{Q}(t)\boldsymbol{x}^*, \qquad \boldsymbol{\lambda}(t_f) = \boldsymbol{S}\boldsymbol{x}^*(t_f) \tag{6.9.22}
$$

注意到上述方程和端点条件均为线性，这意味着 $\boldsymbol{\lambda}(t)$ 和 $\boldsymbol{x}(t)$ 为线性关系，可以表示为

$$
\boldsymbol{\lambda}(t) = \boldsymbol{P}(t)\boldsymbol{x}^*(t) \tag{6.9.23}
$$

并且由式(6.9.23)和式(6.9.21)，还可以得

$$
\begin{aligned}
\dot{\boldsymbol{\lambda}} &= \dot{\boldsymbol{P}}(t)\boldsymbol{x}^*(t) + \boldsymbol{P}(t)\dot{\boldsymbol{x}}^*(t) \\
&= \dot{\boldsymbol{P}}(t)\boldsymbol{x}^*(t) + \boldsymbol{P}(t)\boldsymbol{A}(t)\boldsymbol{x}^*(t) - \boldsymbol{P}(t)\boldsymbol{B}(t)\boldsymbol{R}^{-1}\boldsymbol{B}^{\mathrm{T}}(t)\boldsymbol{P}(t)\boldsymbol{x}^*(t)
\end{aligned}
\tag{6.9.24}
$$

由式(6.9.23)和式(6.9.22)，还可以得

$$
\dot{\boldsymbol{\lambda}} = -\boldsymbol{A}^{\mathrm{T}}(t)\boldsymbol{P}(t)\boldsymbol{x}^*(t) - \boldsymbol{Q}(t)\boldsymbol{x}^*(t) \tag{6.9.25}
$$

于是，利用式(6.9.24)和式(6.9.25)相等，并考虑到 $\boldsymbol{x}^*(t) \neq 0$，可以导出 $\boldsymbol{P}(t)$ 应满足：

$$-\dot{\boldsymbol{P}}(t)=\boldsymbol{P}(t)\boldsymbol{A}(t)+\boldsymbol{A}^{\mathrm{T}}\boldsymbol{P}(t)+\boldsymbol{Q}(t)-\boldsymbol{P}(t)\boldsymbol{B}(t)\boldsymbol{R}^{-1}(t)\boldsymbol{B}^{\mathrm{T}}(t)\boldsymbol{P}(t) \tag{6.9.26}$$

而利用式(6.9.23)在$t=t_f$结果和式(6.9.22)中端点条件，可以导出$\boldsymbol{P}(t)$应满足端点条件为

$$\boldsymbol{P}(t_f)=\boldsymbol{S} \tag{6.9.27}$$

可以看出，式(6.9.26)和式(6.9.27)即所要推导的矩阵黎卡提微分方程。

最后，证明最优控制$\boldsymbol{u}^*(\cdot)$的关系式(式(6.9.7))。为此，将$\boldsymbol{\lambda}(t)$和$\boldsymbol{x}(t)$的线性关系式(式(6.9.23))代入式(6.9.20)，即可证得

$$\boldsymbol{u}^*(t)=-\boldsymbol{R}^{-1}(t)\boldsymbol{B}^{\mathrm{T}}(t)\boldsymbol{P}(t)\boldsymbol{x}^*(t)$$

从而，必要性得证。

再证充分性：已知$\boldsymbol{u}^*(t)=-\boldsymbol{R}^{-1}(t)\boldsymbol{B}^{\mathrm{T}}(t)\boldsymbol{P}(t)\boldsymbol{x}^*(t)$，即式(6.9.7)成立，欲证$\boldsymbol{u}^*(\cdot)$为最优控制。

引入如下恒等式：

$$\begin{aligned}\frac{1}{2}\boldsymbol{x}^{\mathrm{T}}(t_f)\boldsymbol{P}(t_f)\boldsymbol{x}(t_f)-\frac{1}{2}\boldsymbol{x}^{\mathrm{T}}(t_0)\boldsymbol{P}(t_0)\boldsymbol{x}(t_0)&=\frac{1}{2}\int_{t_0}^{t_f}\frac{\mathrm{d}}{\mathrm{d}t}\left[\boldsymbol{x}^{\mathrm{T}}\boldsymbol{P}(t)\boldsymbol{x}\right]\mathrm{d}t\\&=\frac{1}{2}\int_{t_0}^{t_f}\left[\dot{\boldsymbol{x}}^{\mathrm{T}}\boldsymbol{P}(t)\boldsymbol{x}+\boldsymbol{x}^{\mathrm{T}}\dot{\boldsymbol{P}}(t)\boldsymbol{x}+\boldsymbol{x}^{\mathrm{T}}\boldsymbol{P}(t)\dot{\boldsymbol{x}}\right]\mathrm{d}t\end{aligned} \tag{6.9.28}$$

进而，利用状态方程(6.9.4)和矩阵黎卡提微分方程(6.9.6)，可把式(6.9.28)进而改写为

$$\begin{aligned}&\frac{1}{2}\boldsymbol{x}^{\mathrm{T}}(t_f)\boldsymbol{P}(t_f)\boldsymbol{x}(t_f)-\frac{1}{2}\boldsymbol{x}^{\mathrm{T}}(t_0)\boldsymbol{P}(t_0)\boldsymbol{x}(t_0)\\&=\frac{1}{2}\int_{t_0}^{t_f}\left\{\boldsymbol{x}^{\mathrm{T}}\left[\boldsymbol{A}^{\mathrm{T}}(t)\boldsymbol{P}(t)+\dot{\boldsymbol{P}}(t)+\boldsymbol{P}(t)\boldsymbol{A}(t)\right]\boldsymbol{x}+\boldsymbol{u}^{\mathrm{T}}(t)\boldsymbol{B}^{\mathrm{T}}(t)\boldsymbol{P}(t)\boldsymbol{x}+\boldsymbol{x}^{\mathrm{T}}\boldsymbol{P}(t)\boldsymbol{B}(t)\boldsymbol{u}\right\}\mathrm{d}t\\&=\frac{1}{2}\int_{t_0}^{t_f}\left\{-\boldsymbol{x}^{\mathrm{T}}\boldsymbol{Q}(t)\boldsymbol{x}+\boldsymbol{x}^{\mathrm{T}}\boldsymbol{P}(t)\boldsymbol{B}(t)\boldsymbol{R}^{-1}(t)\boldsymbol{B}^{\mathrm{T}}(t)\boldsymbol{P}(t)\boldsymbol{x}+\boldsymbol{u}^{\mathrm{T}}\boldsymbol{B}^{\mathrm{T}}(t)\boldsymbol{P}(t)\boldsymbol{x}+\boldsymbol{x}^{\mathrm{T}}\boldsymbol{P}(t)\boldsymbol{B}(t)\boldsymbol{u}\right\}\mathrm{d}t\end{aligned} \tag{6.9.29}$$

再对式(6.9.29)做“配平方”处理，又可得

$$\begin{aligned}&\frac{1}{2}\boldsymbol{x}^{\mathrm{T}}(t_f)\boldsymbol{P}(t_f)\boldsymbol{x}(t_f)-\frac{1}{2}\boldsymbol{x}^{\mathrm{T}}(t_0)\boldsymbol{P}(t_0)\boldsymbol{x}(t_0)\\&=\frac{1}{2}\int_{t_0}^{t_f}\left\{-\boldsymbol{x}^{\mathrm{T}}\boldsymbol{Q}(t)\boldsymbol{x}-\boldsymbol{u}^{\mathrm{T}}\boldsymbol{R}(t)\boldsymbol{u}+\left[\boldsymbol{u}+\boldsymbol{R}^{-1}(t)\boldsymbol{B}^{\mathrm{T}}(t)\boldsymbol{P}(t)\boldsymbol{x}\right]^{\mathrm{T}}\boldsymbol{R}(t)\left[\boldsymbol{u}+\boldsymbol{R}^{-1}(t)\boldsymbol{B}^{\mathrm{T}}(t)\boldsymbol{P}(t)\boldsymbol{x}\right]\right\}\mathrm{d}t\end{aligned} \tag{6.9.30}$$

基于此，并注意到$\boldsymbol{P}(t_f)=\boldsymbol{S}$，可以导出

$$\begin{aligned}J(\boldsymbol{u}(\cdot))&=\frac{1}{2}\boldsymbol{x}^{\mathrm{T}}(t_f)\boldsymbol{S}\boldsymbol{x}(t_f)+\frac{1}{2}\int_{t_0}^{t_f}\left\{\boldsymbol{x}^{\mathrm{T}}\boldsymbol{Q}(t)\boldsymbol{x}+\boldsymbol{u}^{\mathrm{T}}\boldsymbol{R}(t)\boldsymbol{u}\right\}\mathrm{d}t\\&=\frac{1}{2}\boldsymbol{x}^{\mathrm{T}}(t_0)\boldsymbol{P}(t_0)\boldsymbol{x}(t_0)+\frac{1}{2}\int_{t_0}^{t_f}\left\{\left[\boldsymbol{u}+\boldsymbol{R}^{-1}(t)\boldsymbol{B}^{\mathrm{T}}(t)\boldsymbol{P}(t)\boldsymbol{x}\right]^{\mathrm{T}}\boldsymbol{R}(t)\left[\boldsymbol{u}+\boldsymbol{R}^{-1}(t)\boldsymbol{B}^{\mathrm{T}}(t)\boldsymbol{P}(t)\boldsymbol{x}\right]\right\}\mathrm{d}t\end{aligned} \tag{6.9.31}$$

由式(6.9.31)可知，当$\boldsymbol{u}^*(t)=-\boldsymbol{R}^{-1}(t)\boldsymbol{B}^{\mathrm{T}}(t)\boldsymbol{P}(t)\boldsymbol{x}^*(t)$时性能指标$J(\boldsymbol{u}(\cdot))$取为极小，即有

$$J^*=J(\boldsymbol{u}^*(\cdot))=\frac{1}{2}\boldsymbol{x}^{\mathrm{T}}(t_0)\boldsymbol{P}(t_0)\boldsymbol{x}(t_0)=\frac{1}{2}\boldsymbol{x}_0^{\mathrm{T}}\boldsymbol{P}(t_0)\boldsymbol{x}_0 \tag{6.9.32}$$

从而，证得$\boldsymbol{u}^*(\cdot)$为最优控制。充分性得证。证明完成。

下面，对有限时间时变LQ问题，进一步指出最优控制和最优调节系统的一些基本属性。

(1) 最优控制的唯一性。

结论 6.9.2[最优控制存在唯一性] 给定有限时间时变LQ调节问题(式(6.9.4)和式(6.9.5))，最优控制必存在且唯一，即 $\boldsymbol{u}^*(t)=-\boldsymbol{R}^{-1}(t)\boldsymbol{B}^{\mathrm{T}}(t)\boldsymbol{P}(t)\boldsymbol{x}^*(t)$。

(2) 最优控制的状态反馈属性。

结论 6.9.3[最优控制反馈属性] 对有限时间时变 LQ 调节问题(式(6.9.4)和式(6.9.5))，最优控制 $\boldsymbol{u}^*(\cdot)$ 具有状态反馈形式，状态反馈矩阵为

$$\boldsymbol{K}^*(t)=\boldsymbol{R}^{-1}(t)\boldsymbol{B}^{\mathrm{T}}(t)\boldsymbol{P}(t) \tag{6.9.33}$$

(3) 最优调节系统的状态空间描述。

结论 6.9.4[状态空间描述] 对有限时间时变 LQ 调节问题(式(6.9.4)和式(6.9.5))，最优调节系统的状态空间描述为

$$\dot{\boldsymbol{x}}^*=\left[\boldsymbol{A}(t)-\boldsymbol{B}(t)\boldsymbol{R}^{-1}(t)\boldsymbol{B}^{\mathrm{T}}(t)\boldsymbol{P}(t)\right]\boldsymbol{x}^*,\quad \boldsymbol{x}^*(t_0)=\boldsymbol{x}_0,\quad t\in\left[t_0,t_f\right] \tag{6.9.34}$$

有限时间时变最优调节系统结构框图如图 6.9.1 所示。

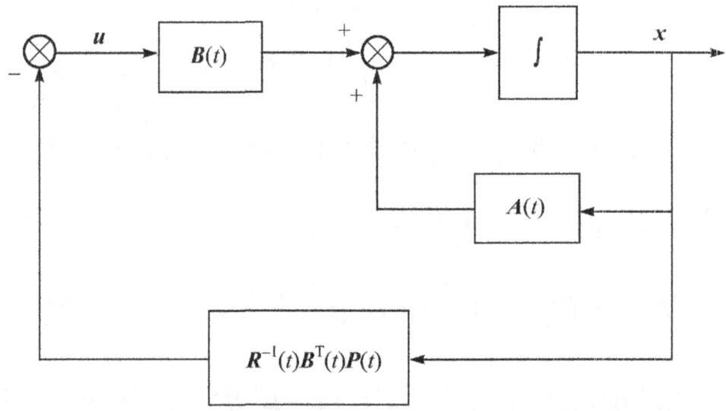

图 6.9.1　有限时间时变最优调节系统的结构框图

进而讨论有限时间时不变 LQ 问题的最优解。考虑时不变 LQ 问题：

$$\dot{\boldsymbol{x}}=\boldsymbol{A}\boldsymbol{x}+\boldsymbol{B}\boldsymbol{u},\quad \boldsymbol{x}(t_0)=\boldsymbol{x}_0,\quad t\in\left(t_0,t_f\right) \tag{6.9.35}$$

$$J(\boldsymbol{u}(\cdot))=\frac{1}{2}\boldsymbol{x}^{\mathrm{T}}(t_f)\boldsymbol{S}\boldsymbol{x}(t_f)+\frac{1}{2}\int_{t_0}^{t_f}\left[\boldsymbol{x}^{\mathrm{T}}\boldsymbol{Q}\boldsymbol{x}+\boldsymbol{u}^{\mathrm{T}}\boldsymbol{R}\boldsymbol{u}\right]\mathrm{d}t \tag{6.9.36}$$

其中，$\boldsymbol{x}$ 为 n 维状态；$\boldsymbol{u}$ 为 p 维输入；$\boldsymbol{A}$ 和 $\boldsymbol{B}$ 为相应维数的系数矩阵；加权矩阵 $\boldsymbol{S}=\boldsymbol{S}^{\mathrm{T}}\geqslant 0$, $\boldsymbol{Q}=\boldsymbol{Q}^{\mathrm{T}}\geqslant 0,\boldsymbol{R}=\boldsymbol{R}^{\mathrm{T}}>0$。时不变 LQ 问题的特点是，受控系统系数矩阵和性能指标加权矩阵均为时不变常阵。

有限时间时不变 LQ 问题的最优解 $\boldsymbol{u}^*(\cdot)$, $\boldsymbol{x}^*(\cdot)$, $J^*=J\left(\boldsymbol{u}^*(\cdot)\right)$ 由如下结论给出。

结论 6.9.5[有限时间时不变 LQ 问题最优解] 对有限时间时不变LQ调节问题(式(6.9.35)和式(6.9.36))，组成对应矩阵黎卡提微分方程：

$$\begin{cases}-\dot{\boldsymbol{P}}(t)=\boldsymbol{P}(t)\boldsymbol{A}+\boldsymbol{A}^{\mathrm{T}}\boldsymbol{P}(t)+\boldsymbol{Q}-\boldsymbol{P}(t)\boldsymbol{B}\boldsymbol{R}^{-1}\boldsymbol{B}^{\mathrm{T}}\boldsymbol{P}(t)\\ \boldsymbol{P}(t_f)=\boldsymbol{S},\quad t\in\left[t_0,t_f\right]\end{cases} \tag{6.9.37}$$

解阵 $\boldsymbol{P}(t)$ 为 $n\times n$ 正半定对称矩阵，则 $\boldsymbol{u}^*(\cdot)$ 为最优控制的充分必要条件是具有如下形式：

$$u^*(t)=-K^*(t)x^*(t),\ \ K^*(t)=R^{-1}B^{\mathrm{T}}P(t) \tag{6.9.38}$$

最优轨线 $x^*(\cdot)$ 为方程(6.9.39)的解：

$$\dot{x}^*(t)=Ax^*(t)+Bu^*(t),\ \ x^*(t_0)=x_0 \tag{6.9.39}$$

最优性能值 $J^*=J\left(u^*(\cdot)\right)$ 为

$$J^*=\frac{1}{2}x_0^{\mathrm{T}}P(t_0)x_0,\quad \forall x_0\neq \mathbf{0} \tag{6.9.40}$$

对于有限时间时不变 LQ 问题，最优控制和最优调节系统具有如下的一些基本属性。

(1)最优控制的唯一性。

结论 6.9.6[最优控制存在唯一性] 给定有限时间时不变 LQ 调节问题(式(6.9.35)和式(6.9.36))，最优控制必存在且唯一，即 $u^*(t)=-R^{-1}B^{\mathrm{T}}P(t)x^*(t)$。

(2)最优控制的状态反馈属性。

结论 6.9.7[最优控制状态反馈属性] 对有限时间时不变 LQ 调节问题(式(6.9.35)和式(6.9.36))，最优控制具有状态反馈形式，状态反馈矩阵为

$$K^*(t)=R^{-1}B^{\mathrm{T}}P(t) \tag{6.9.41}$$

(3)最优调节系统的状态空间描述。

结论 6.9.8[状态空间描述] 对于有限时间时不变 LQ 调节问题(式(6.9.35)和式(6.9.36))，最优调节系统不再保持为时不变，状态空间描述为

$$\dot{x}^*=\left[A-BR^{-1}B^{\mathrm{T}}P(t)\right]x^*,\qquad x^*(t_0)=x_0,\ \ t\in\left(t_0,t_f\right) \tag{6.9.42}$$

6.9.3 无限时间线性二次型最优控制

无限时间 LQ 问题是指末时刻 $t_f=\infty$ 的一类 LQ 问题。有限时间 LQ 问题和无限时间 LQ 问题的直观区别在于，前者只是考虑系统在过渡过程中的最优运行，后者则还需要考虑系统趋于平衡状态时的渐进行为。在控制工程中，无限时间 LQ 问题通常更有意义和更实用。

1. 无限时间 LQ 问题的最优解

基于工程背景和理论研究的实际，对无限时间 LQ 问题需要引入一些附加限定：一是受控系统限定为线性时不变系统；二是由调节问题平衡状态为 $x_e=0$ 和最优控制系统前提为渐进系统所决定，性能指标泛函中无须再考虑相对于末状态的二次项；三是对受控系统结构特性和性能指标加权矩阵需要另加假定。基于此，考虑无限时间时不变 LQ 问题为

$$\dot{x}=Ax+Bu,\quad x(0)=x_0,\quad t\in[0,\infty) \tag{6.9.43}$$

$$J\left(u(\cdot)\right)=\int_0^{\infty}\left(x^{\mathrm{T}}Qx+u^{\mathrm{T}}Ru\right)\mathrm{d}t \tag{6.9.44}$$

其中，x 为 n 维状态；u 为 p 维输入；A 和 B 为相应维数系数矩阵；$\{A,B\}$为完全能控，对加权阵，有

$$R=R^{\mathrm{T}}>0$$

$$“\boldsymbol{Q}=\boldsymbol{Q}^{\mathrm{T}}>0” \text{ 或 } “\boldsymbol{Q}=\boldsymbol{Q}^{\mathrm{T}}\geqslant 0 \text{ 且} \left\{\boldsymbol{A},\boldsymbol{Q}^{1/2}\right\} \text{完全能观测}”$$

其中，$\boldsymbol{Q}^{1/2}=\boldsymbol{G}\Lambda^{1/2}\boldsymbol{G}^{\mathrm{T}}$；$\Lambda$ 为由 $\boldsymbol{Q}$ 的特征值构成的对角矩阵；$\boldsymbol{G}$ 为具有正交矩阵形式的变换阵。

下面给出无限时间时不变 LQ 问题的最优解以及相关的一些结论。

1）矩阵黎卡提方程解阵的特性

对无限时间时不变 LQ 问题（式（6.9.43）和式（6.9.44）），基于 6.9.2 节中的分析可知，对应的矩阵黎卡提微分方程具有如下形式：

$$\begin{aligned}&-\dot{\boldsymbol{P}}(t)=\boldsymbol{P}(t)\boldsymbol{A}+\boldsymbol{A}^{\mathrm{T}}\boldsymbol{P}(t)+\boldsymbol{Q}-\boldsymbol{P}(t)\boldsymbol{B}\boldsymbol{R}^{-1}\boldsymbol{B}^{\mathrm{T}}\boldsymbol{P}(t)\\&\boldsymbol{P}(t_f)=\boldsymbol{0},\quad t\in[0,t_f],\quad t_f\to\infty\end{aligned}\tag{6.9.45}$$

现设 $n\times n$ 解阵为 $\boldsymbol{P}(t)=\boldsymbol{P}(t,\boldsymbol{0},t_f)$，以直观反映对末时刻 t_f 和端点条件 $\boldsymbol{P}(t_f)=\boldsymbol{0}$ 的依赖关系，且显然有 $\boldsymbol{P}(t_f,\boldsymbol{0},t_f)=\boldsymbol{P}(t_f)=\boldsymbol{0}$。对解阵 $\boldsymbol{P}(t)=\boldsymbol{P}(t,\boldsymbol{0},t_f)$，下面不加证明地给出它的一些基本属性。

性质 1 解阵 $\boldsymbol{P}(t)=\boldsymbol{P}(t,\boldsymbol{0},t_f)$ 在 $t=0$ 时结果 $\boldsymbol{P}(0)=\boldsymbol{P}(0,\boldsymbol{0},t_f)$ 对一切 $t_f\geqslant 0$ 有上界，即对任意 $\boldsymbol{x}_0\neq\boldsymbol{0}$，都对应存在不依赖于 t_f 的一个正实数 $m(0,\boldsymbol{x}_0)$，使对一切 $t_f\geqslant 0$ 成立：

$$\boldsymbol{x}_0^{\mathrm{T}}\boldsymbol{P}(0,\boldsymbol{0},t_f)\boldsymbol{x}_0\leqslant m(0,\boldsymbol{x}_0)<\infty\tag{6.9.46}$$

性质 2 对任意 $t>0$，解阵 $\boldsymbol{P}(t)=\boldsymbol{P}(t,\boldsymbol{0},t_f)$ 当末时刻 $t_f\to\infty$ 的极限必存在，即

$$\lim_{t_f\to\infty}\boldsymbol{P}(t,\boldsymbol{0},t_f)=\boldsymbol{P}(t,\boldsymbol{0},\infty)\tag{6.9.47}$$

性质 3 解阵 $\boldsymbol{P}(t)=\boldsymbol{P}(t,\boldsymbol{0},t_f)$ 当末时刻 $t_f\to\infty$ 的极限 $\boldsymbol{P}(t,\boldsymbol{0},\infty)$ 为不依赖于 t 的一个常阵，即

$$\boldsymbol{P}(t,\boldsymbol{0},\infty)=\boldsymbol{P}\tag{6.9.48}$$

性质 4 常阵 $\boldsymbol{P}(t,\boldsymbol{0},\infty)=\boldsymbol{P}$ 为下列无限时间时不变 LQ 问题的矩阵黎卡提代数方程的解阵：

$$\boldsymbol{P}\boldsymbol{A}+\boldsymbol{A}^{\mathrm{T}}\boldsymbol{P}+\boldsymbol{Q}-\boldsymbol{P}\boldsymbol{B}\boldsymbol{R}^{-1}\boldsymbol{B}^{\mathrm{T}}\boldsymbol{P}=\boldsymbol{0}\tag{6.9.49}$$

性质 5 矩阵黎卡提代数方程（6.9.49），在“$\boldsymbol{P}=\boldsymbol{R}^{\mathrm{T}}>0,\boldsymbol{Q}=\boldsymbol{Q}^{\mathrm{T}}>0$”或“$\boldsymbol{R}=\boldsymbol{R}^{\mathrm{T}}>0$，$\boldsymbol{Q}=\boldsymbol{Q}^{\mathrm{T}}\geqslant 0$ 且 $\left\{\boldsymbol{A},\boldsymbol{Q}^{1/2}\right\}$ 完全能观测”条件下，必有唯一正定对称解阵 $\boldsymbol{P}$。

2）无限时间时不变 LQ 问题的最优解

结论 6.9.9[无限时间 LQ 问题最优解] 给无限时间时不变 LQ 调节问题（式（6.9.43）和式（6.9.44）），对应的矩阵黎卡提代数方程（6.9.49），解阵 $\boldsymbol{P}$ 为 $n\times n$ 正定对称阵，则 $\boldsymbol{u}^*(t)$ 为最优控制的充分必要条件是具有如下形式：

$$\boldsymbol{u}^*(t)=-\boldsymbol{K}^*\boldsymbol{x}^*(t),\quad \boldsymbol{K}^*=\boldsymbol{R}^{-1}\boldsymbol{B}^{\mathrm{T}}\boldsymbol{P}\tag{6.9.50}$$

最优轨线 $\boldsymbol{x}^*(\cdot)$ 为下述状态方程的解：

$$\dot{\boldsymbol{x}}^*(t)=\boldsymbol{A}\boldsymbol{x}^*(t)+\boldsymbol{B}\boldsymbol{u}^*(t),\quad \boldsymbol{x}^*(0)=\boldsymbol{x}_0\tag{6.9.51}$$

最优性能值 $J^* = J(\boldsymbol{u}^*(\cdot))$ 为

$$J^* = \boldsymbol{x}_0^{\mathrm{T}} \boldsymbol{P} \boldsymbol{x}_0, \quad \forall \boldsymbol{x}_0 \neq \boldsymbol{0} \tag{6.9.52}$$

3) 最优控制的状态反馈属性

结论 6.9.10[最优控制状态反馈属性] 对无限时间时不变 LQ 调节问题(式(6.9.43)和式(6.9.44))，最优控制具有状态反馈的形式，状态反馈矩阵为

$$\boldsymbol{K}^* = \boldsymbol{R}^{-1} \boldsymbol{B} \boldsymbol{P} \tag{6.9.53}$$

4) 最优调节系统的状态空间描述

结论 6.9.11[状态空间描述] 对无限时间时不变 LQ 调节问题(式(6.9.43)和式(6.9.44))，最优调节系统保持为时不变，状态空间描述为

$$\dot{\boldsymbol{x}}^* = \left[\boldsymbol{A} - \boldsymbol{B}\boldsymbol{R}^{-1}\boldsymbol{B}^{\mathrm{T}}\boldsymbol{P}\right]\boldsymbol{x}^*, \quad \boldsymbol{x}^*(0) = \boldsymbol{x}_0, \quad t \geqslant 0 \tag{6.9.54}$$

2. 渐进稳定性和指数稳定性

无限时间时不变 LQ 调节问题由于需要考虑 $t_f \to \infty$ 的系统运动行为，最优调节系统将会面临稳定性的问题。下面就渐进稳定性和指数稳定性两类情形给出相应的结论。

1) 最优调节系统的渐进稳定性

结论 6.9.12[最优调节系统渐进稳定性] 对无限时间时不变 LQ 调节问题(式(6.9.43)和式(6.9.44))，其中 $\boldsymbol{R} > 0, \boldsymbol{Q} > 0$ 或 $\boldsymbol{R} > 0, \boldsymbol{Q} \geqslant 0$ 且 $\left\{\boldsymbol{A}, \boldsymbol{Q}^{1/2}\right\}$ 完全能观测($\boldsymbol{Q}^{1/2} = \boldsymbol{G}\boldsymbol{\Lambda}^{1/2}\boldsymbol{G}^{\mathrm{T}}$，$\boldsymbol{\Lambda}$ 为 $\boldsymbol{Q}$ 的特征值对角阵)，则最优调节系统(6.9.54)必为大范围渐进稳定。

证 就两种情形分别进行证明。

首先，对“$\boldsymbol{R} > 0, \boldsymbol{Q} > 0$”情形证明结论。对此，有矩阵黎卡提代数方程(6.9.49)解阵 $\boldsymbol{P}$ 为正定，取候选李雅普诺夫函数 $V(\boldsymbol{x}) = \boldsymbol{x}^{\mathrm{T}}\boldsymbol{P}\boldsymbol{x}$，且知 $V(\boldsymbol{x}) > 0$。基于此，并利用矩阵黎卡提代数方程(6.9.49)，可以导出 $V(\boldsymbol{x})$ 沿系统轨线对 t 的导数为

$$\begin{aligned}
\dot{V}(\boldsymbol{x}) &= \frac{\mathrm{d}V(\boldsymbol{x})}{\mathrm{d}t} = \dot{\boldsymbol{x}}^{\mathrm{T}}\boldsymbol{P}\boldsymbol{x} + \boldsymbol{x}^{\mathrm{T}}\boldsymbol{P}\dot{\boldsymbol{x}} \\
&= \boldsymbol{x}^{\mathrm{T}}\left(\boldsymbol{A}^{\mathrm{T}} - \boldsymbol{P}\boldsymbol{B}\boldsymbol{R}^{-1}\boldsymbol{B}^{\mathrm{T}}\boldsymbol{P}\right)\boldsymbol{x} + \boldsymbol{x}^{\mathrm{T}}\left(\boldsymbol{P}\boldsymbol{A} - \boldsymbol{P}\boldsymbol{B}\boldsymbol{R}^{-1}\boldsymbol{B}^{\mathrm{T}}\boldsymbol{P}\right)\boldsymbol{x} \\
&= \boldsymbol{x}^{\mathrm{T}}\left[\left(\boldsymbol{P}\boldsymbol{A} + \boldsymbol{A}^{\mathrm{T}}\boldsymbol{P} - \boldsymbol{P}\boldsymbol{B}\boldsymbol{R}^{-1}\boldsymbol{B}^{\mathrm{T}}\boldsymbol{P}\right) - \boldsymbol{P}\boldsymbol{B}\boldsymbol{R}^{-1}\boldsymbol{B}^{\mathrm{T}}\boldsymbol{P}\right]\boldsymbol{x} \\
&= -\boldsymbol{x}^{\mathrm{T}}\left(\boldsymbol{Q} + \boldsymbol{P}\boldsymbol{B}\boldsymbol{R}^{-1}\boldsymbol{B}^{\mathrm{T}}\boldsymbol{P}\right)\boldsymbol{x}
\end{aligned} \tag{6.9.55}$$

且由 $\boldsymbol{R} > 0, \boldsymbol{Q} > 0$，可知 $\dot{V}(\boldsymbol{x})$ 为负定。此外，当 $\|\boldsymbol{x}\| \to \infty$ 时显然有 $V(\boldsymbol{x}) \to \infty$。从而，据李雅普诺夫主稳定性定理知，最优调节系统(6.9.54)为大范围渐进稳定。结论得证。

其次，对“$\boldsymbol{R} > 0, \boldsymbol{Q} \geqslant 0$ 且 $\left\{\boldsymbol{A}, \boldsymbol{Q}^{1/2}\right\}$ 完全能观测”情形证明结论。对此，由矩阵黎卡提代数方程(6.9.49)解阵 $\boldsymbol{P}$ 为正定，取候选李雅普诺夫函数 $V(\boldsymbol{x}) = \boldsymbol{x}^{\mathrm{T}}\boldsymbol{P}\boldsymbol{x}$，且知 $V(\boldsymbol{x}) > 0$。基于此，由上述推导结果(式(6.9.55))，有

$$\dot{V}(\boldsymbol{x}) = -\boldsymbol{x}^{\mathrm{T}}\left(\boldsymbol{Q} + \boldsymbol{P}\boldsymbol{B}\boldsymbol{R}^{-1}\boldsymbol{B}^{\mathrm{T}}\boldsymbol{P}\right)\boldsymbol{x} \tag{6.9.56}$$

且由 $\boldsymbol{R} > 0, \boldsymbol{Q} \geqslant 0$，可知 $\dot{V}(\boldsymbol{x})$ 为负半定。下面，只需证明对一切 $\boldsymbol{x}_0 \neq 0$ 为初始状态的运动解 $\boldsymbol{x}(t)$ 有 $\dot{V}(\boldsymbol{x}) \not\equiv 0$。为此，采用反证法，反设存在一个 $\boldsymbol{x}_0 \neq 0$ 为初始状态的运动解 $\boldsymbol{x}(t)$ 有 $\dot{V}(\boldsymbol{x}) \equiv 0$。由此，并利用式(6.9.56)，可以导出

$$\boldsymbol{x}^{\mathrm{T}}(t)\boldsymbol{Q}\boldsymbol{x}(t) \equiv 0, \qquad \boldsymbol{x}^{\mathrm{T}}(t)\boldsymbol{P}\boldsymbol{B}\boldsymbol{R}^{-1}\boldsymbol{B}^{\mathrm{T}}\boldsymbol{P}\boldsymbol{x}(t) \equiv 0 \tag{6.9.57}$$

并且式(6.9.57)中后一个恒等式意味着

$$0 \equiv \left(\boldsymbol{R}^{-1}\boldsymbol{B}^{\mathrm{T}}\boldsymbol{P}\boldsymbol{x}(t)\right)^{\mathrm{T}} \boldsymbol{R}\boldsymbol{R}^{-1}\boldsymbol{B}^{\mathrm{T}}\boldsymbol{P}\boldsymbol{x}(t) = \boldsymbol{u}^{*\mathrm{T}}(t)\boldsymbol{R}\boldsymbol{u}^{*}(t) \tag{6.9.58}$$

即 $\boldsymbol{u}^{*}(t) \equiv \boldsymbol{0}$；式(6.9.58)中前一个恒等式表示：

$$0 \equiv \boldsymbol{x}^{\mathrm{T}}(t)\boldsymbol{Q}^{1/2}\boldsymbol{Q}^{1/2}\boldsymbol{x}(t) = \left[\boldsymbol{Q}^{1/2}\boldsymbol{x}(t)\right]^{\mathrm{T}}\left[\boldsymbol{Q}^{1/2}\boldsymbol{x}(t)\right] \tag{6.9.59}$$

即 $\boldsymbol{Q}^{1/2}\boldsymbol{x}(t) \equiv \boldsymbol{0}$。这表明，对 $\boldsymbol{u}^{*}(t) \equiv \boldsymbol{0}$ 情形的非零 $\boldsymbol{x}(t)$ 有"输出" $\boldsymbol{Q}^{1/2}\boldsymbol{x}(t) \equiv \boldsymbol{0}$，与已知 $\left\{\boldsymbol{A}, \boldsymbol{Q}^{1/2}\right\}$ 为完全能观测矛盾。从而，反设不成立，对于一切 $\boldsymbol{x}_0 \neq \boldsymbol{0}$ 为初始状态的运动解 $\boldsymbol{x}(t)$ 有 $\dot{V}(\boldsymbol{x}) \not\equiv 0$。此外，易知 $\|\boldsymbol{x}\| \to \infty$ 时有 $V(\boldsymbol{x}) \to \infty$。据李雅普诺夫主稳定性定理知，最优调节系统(6.9.54)为大范围渐进稳定系统。证明完成。

2）最优调节系统的指数稳定性

在无限时间时不变系统 LQ 问题性能指标中同时引入对运动和控制的指定指数衰减度，可归结为使最优控制系统具有期望的指数稳定性。对此情形，问题的描述具有如下形式：

$$\begin{aligned} &\dot{\boldsymbol{x}} = \boldsymbol{A}\boldsymbol{x} + \boldsymbol{B}\boldsymbol{u}, \quad \boldsymbol{x}(0) = \boldsymbol{x}_0, \quad t \geqslant 0 \\ &J(\boldsymbol{u}(\cdot)) = \int_0^{\infty} \mathrm{e}^{2\alpha t}\left(\boldsymbol{x}^{\mathrm{T}}\boldsymbol{Q}\boldsymbol{x} + \boldsymbol{u}^{\mathrm{T}}\boldsymbol{R}\boldsymbol{u}\right)\mathrm{d}t \\ &\lim_{t \to \infty} \boldsymbol{x}(t)\mathrm{e}^{\alpha t} = \boldsymbol{0}, \qquad \alpha \geqslant 0 \end{aligned} \tag{6.9.60}$$

其中，$\boldsymbol{x}$ 为 n 维状态；$\boldsymbol{u}$ 为 p 维输入；$\boldsymbol{A}$ 和 $\boldsymbol{B}$ 为相应维数系数矩阵；$\{\boldsymbol{A}, \boldsymbol{B}\}$ 为完全能控；对加权阵有 $\boldsymbol{R} > 0, \boldsymbol{Q} > 0$ 或 $\boldsymbol{R} > 0, \boldsymbol{Q} \geqslant 0$ 且 $\left\{\boldsymbol{A}, \boldsymbol{Q}^{1/2}\right\}$ 完全能观测；α 为指定衰减上限。直观上，α 表示在综合得到的最优调节系统中状态 $\boldsymbol{x}(t)$ 每一分量 $x_i(t)$ 都必快于 $x_i(0)\mathrm{e}^{-\alpha t}$，或闭环系统矩阵所用特征值的实部均小于 $-\alpha$。

结论 6.9.13[最优调节系统指数稳定性] 对指定指数衰减度的无限时间时不变LQ调节问题(式(6.9.60))，组成相应矩阵黎卡提代数方程：

$$\boldsymbol{P}(\boldsymbol{A} + \alpha\boldsymbol{I}) + (\boldsymbol{A} + \alpha\boldsymbol{I})^{\mathrm{T}}\boldsymbol{P} + \boldsymbol{Q} - \boldsymbol{P}\boldsymbol{B}\boldsymbol{R}^{-1}\boldsymbol{B}^{\mathrm{T}}\boldsymbol{P} = \boldsymbol{0} \tag{6.9.61}$$

解阵 $\boldsymbol{P}$ 为 $n \times n$ 正定矩阵。进而，取最优控制 $\boldsymbol{u}^{*}(\cdot)$ 为

$$\boldsymbol{u}^{*}(t) = -\boldsymbol{K}^{*}\boldsymbol{x}^{*}(t), \quad \boldsymbol{K}^{*} = \boldsymbol{R}^{-1}\boldsymbol{B}^{\mathrm{T}}\boldsymbol{P} \tag{6.9.62}$$

最优调节系统为

$$\dot{\boldsymbol{x}}^{*} = \left(\boldsymbol{A} - \boldsymbol{B}\boldsymbol{R}^{-1}\boldsymbol{B}^{\mathrm{T}}\boldsymbol{P}\right)\boldsymbol{x}^{*}, \qquad \boldsymbol{x}^{*}(0) = \boldsymbol{x}_0, \quad t \geqslant 0 \tag{6.9.63}$$

则最优调节系统(6.9.63)以 α 为衰减上限指数稳定，即

$$\lim_{t\to\infty}\boldsymbol{x}(t)\mathrm{e}^{\alpha t}=\mathbf{0} \tag{6.9.64}$$

证 对指定指数衰减度的无限时间时不变LQ调节问题(式(6.9.60))，设

$$\bar{\boldsymbol{x}}=\boldsymbol{x}\mathrm{e}^{\alpha t},\quad \bar{\boldsymbol{u}}=\boldsymbol{u}\mathrm{e}^{\alpha t} \tag{6.9.65}$$

$$\bar{\boldsymbol{A}}=\boldsymbol{A}+\alpha\boldsymbol{I},\quad \bar{\boldsymbol{B}}=\boldsymbol{B} \tag{6.9.66}$$

基于此，并利用式(6.9.60)中的状态方程和性能指标，可以导出等价的无限时间时不变 LQ 问题为

$$\begin{aligned}\dot{\bar{\boldsymbol{x}}}&=\dot{\boldsymbol{x}}\mathrm{e}^{\alpha t}+\alpha\boldsymbol{x}\mathrm{e}^{\alpha t}+\boldsymbol{B}\boldsymbol{u}\mathrm{e}^{\alpha t}=\boldsymbol{A}\boldsymbol{x}\mathrm{e}^{\alpha t}+\alpha\boldsymbol{x}\mathrm{e}^{\alpha t}+\boldsymbol{B}\boldsymbol{u}\mathrm{e}^{\alpha t}\\&=(\boldsymbol{A}+\alpha\boldsymbol{I})\boldsymbol{x}\mathrm{e}^{\alpha t}+\boldsymbol{B}\boldsymbol{u}\mathrm{e}^{\alpha t}=\bar{\boldsymbol{A}}\bar{\boldsymbol{x}}+\bar{\boldsymbol{B}}\bar{\boldsymbol{u}}\end{aligned} \tag{6.9.67}$$

$$\begin{aligned}J&=\int_0^{\infty}\mathrm{e}^{2\alpha t}\left(\boldsymbol{x}^{\mathrm{T}}\boldsymbol{Q}\boldsymbol{x}+\boldsymbol{u}^{\mathrm{T}}\boldsymbol{R}\boldsymbol{u}\right)\mathrm{d}t=\int_0^{\infty}\left[\left(\boldsymbol{x}\mathrm{e}^{\alpha t}\right)^{\mathrm{T}}\boldsymbol{Q}\left(\boldsymbol{x}\mathrm{e}^{\alpha t}\right)+\left(\boldsymbol{u}\mathrm{e}^{\alpha t}\right)^{\mathrm{T}}\boldsymbol{R}\left(\boldsymbol{u}\mathrm{e}^{\alpha t}\right)\right]\mathrm{d}t\\&=\int_0^{\infty}\left(\bar{\boldsymbol{x}}^{\mathrm{T}}\boldsymbol{Q}\bar{\boldsymbol{x}}+\bar{\boldsymbol{u}}^{\mathrm{T}}\boldsymbol{R}\bar{\boldsymbol{u}}\right)\mathrm{d}t\end{aligned} \tag{6.9.68}$$

且若 $(\boldsymbol{A},\boldsymbol{B})$ 为完全能控，$(\bar{\boldsymbol{A}},\bar{\boldsymbol{B}})$ 也为完全能控。对标准形式无限时间时不变 LQ 调节问题(式(6.9.67)和式(6.9.68))，前已证明，最优控制具有如下形式：

$$\bar{\boldsymbol{u}}^*(t)=-\boldsymbol{R}^{-1}\boldsymbol{B}^{\mathrm{T}}\boldsymbol{P}\bar{\boldsymbol{x}}^*(t) \tag{6.9.69}$$

其中，$n\times n$ 正定矩阵 $\boldsymbol{P}$ 为如下矩阵黎卡提代数方程的解阵：

$$\boldsymbol{P}\bar{\boldsymbol{A}}+\bar{\boldsymbol{A}}^{\mathrm{T}}\boldsymbol{P}-\boldsymbol{P}\bar{\boldsymbol{B}}\boldsymbol{R}^{-1}\bar{\boldsymbol{B}}^{\mathrm{T}}\boldsymbol{P}=\boldsymbol{P}(\boldsymbol{A}+\alpha\boldsymbol{I})+(\boldsymbol{A}+\alpha\boldsymbol{I})^{\mathrm{T}}\boldsymbol{P}+\boldsymbol{Q}-\boldsymbol{P}\boldsymbol{B}\boldsymbol{R}^{-1}\boldsymbol{B}^{\mathrm{T}}\boldsymbol{P}=\mathbf{0} \tag{6.9.70}$$

利用 $\bar{\boldsymbol{x}}=\boldsymbol{x}\mathrm{e}^{\alpha t}$，$\bar{\boldsymbol{u}}=\boldsymbol{u}\mathrm{e}^{\alpha t}$，还可导出指定指数衰减度的无限时间时不变 LQ 调节问题(6.9.60)的最优控制为

$$\boldsymbol{u}^*(t)=-\boldsymbol{R}^{-1}\boldsymbol{B}^{\mathrm{T}}\boldsymbol{P}\boldsymbol{x}^*(t) \tag{6.9.71}$$

相应的最优调节系统如式(6.9.63)所示。考虑到最优闭环系统

$$\dot{\bar{\boldsymbol{x}}}^*=\left(\bar{\boldsymbol{A}}-\bar{\boldsymbol{B}}\boldsymbol{R}^{-1}\bar{\boldsymbol{B}}^{\mathrm{T}}\boldsymbol{P}\right)\bar{\boldsymbol{x}}^* \tag{6.9.72}$$

为大范围渐进稳定，从而由 $\lim_{t\to\infty}\bar{\boldsymbol{x}}(t)=\mathbf{0}$，并利用 $\bar{\boldsymbol{x}}=\boldsymbol{x}\mathrm{e}^{\alpha t}$，即可证得 $\lim_{t\to\infty}\boldsymbol{x}(t)\mathrm{e}^{\alpha t}=\mathbf{0}$。证明完成。

6.9.4 最优跟踪问题

最优跟踪问题是对最优调节问题的自然推广。本节是对最优跟踪问题的简单的讨论，并将问题和结果归纳为如下方面。

1. 最优跟踪问题的提法

考虑连续时间线性时不变受控系统：

$$\begin{cases}\dot{\boldsymbol{x}}=\boldsymbol{A}\boldsymbol{x}+\boldsymbol{B}\boldsymbol{u}, \quad \boldsymbol{x}(0)=\boldsymbol{x}_0, \quad t\geqslant 0\\ \boldsymbol{y}=\boldsymbol{C}\boldsymbol{x}\end{cases} \tag{6.9.73}$$

设系统输出 $\boldsymbol{y}$ 跟踪参考输入 $\tilde{\boldsymbol{y}}$ ，$\tilde{\boldsymbol{y}}$ 为如下稳定连续时间线性时不变系统的输出：

$$\begin{cases}\dot{\boldsymbol{z}}=\boldsymbol{F}\boldsymbol{z}, \quad \boldsymbol{z}(0)=\boldsymbol{z}_0\\ \tilde{\boldsymbol{y}}=\boldsymbol{H}\boldsymbol{z}\end{cases} \tag{6.9.74}$$

其中，$\boldsymbol{x}\in\mathscr{R}^{n\times 1}$ ，$\boldsymbol{u}\in\mathscr{R}^{p\times 1}$ ，$\boldsymbol{y}\in\mathscr{R}^{q\times 1}$ ，$\boldsymbol{z}\in\mathscr{R}^{m\times 1}$, $\tilde{\boldsymbol{y}}\in\mathscr{R}^{q\times 1}$ 。假定 $(\boldsymbol{A},\boldsymbol{B})$ 为完全能控，$(\boldsymbol{A},\boldsymbol{C})$ 为完全能观测，$\boldsymbol{C}\in\mathscr{R}^{q\times n}$ 为满秩矩阵，($\boldsymbol{F},\boldsymbol{H}$) 为完全能观测。

进而，引入一个二次型性能指标：

$$J(\boldsymbol{u}(\cdot))=\int_0^{\infty}[(\boldsymbol{y}-\tilde{\boldsymbol{y}})^{\mathrm{T}}\boldsymbol{Q}(\boldsymbol{y}-\tilde{\boldsymbol{y}})+\boldsymbol{u}^{\mathrm{T}}\boldsymbol{R}\boldsymbol{u}]\mathrm{d}t \tag{6.9.75}$$

其中，加权矩阵 $\boldsymbol{Q}\in\mathscr{R}^{q\times q}$ 为正半定对称阵；$\boldsymbol{R}\in\mathscr{R}^{p\times p}$ 为正定对称阵。

最优跟踪问题就是对受控系统(6.9.73)和参考输入模型(6.9.74)，由相对于式(6.9.75)所示的性能指标，寻找一个控制 $\boldsymbol{u}^*(\cdot)$ 使输出 $\boldsymbol{y}$ 跟踪参考输入 $\tilde{\boldsymbol{y}}$ ，同时，有

$$J(\boldsymbol{u}^*(\cdot))=\min_{u\in\mathscr{R}^{p\times 1}} J(\boldsymbol{u}(\cdot)) \tag{6.9.76}$$

2. 等价调节问题及其最优解

求解最优跟踪问题的简便途径是直接借鉴最优调节问题的结果。基本思路是首先将跟踪式(6.9.73)～式(6.9.75)化为等价调节问题，进而对等价调节问题直接利用最优调节问题的有关结果，最后基于此导出相对于跟踪问题的对应结论。

首先，导出跟踪问题的等价调节问题。对此定义如下增广状态和增广矩阵：

$$\bar{\boldsymbol{x}}=\begin{bmatrix}\boldsymbol{x}\\ \boldsymbol{z}\end{bmatrix}, \quad \bar{\boldsymbol{A}}=\begin{bmatrix}\boldsymbol{A} & \boldsymbol{0}\\ \boldsymbol{0} & \boldsymbol{F}\end{bmatrix}, \quad \bar{\boldsymbol{B}}=\begin{bmatrix}\boldsymbol{B}\\ \boldsymbol{0}\end{bmatrix} \tag{6.9.77}$$

对应地，定义等价调节问题性能指标中的加权矩阵：

$$\bar{\boldsymbol{Q}}=\begin{bmatrix}\boldsymbol{C}^{\mathrm{T}}\boldsymbol{Q}\boldsymbol{C} & -\boldsymbol{C}^{\mathrm{T}}\boldsymbol{Q}\boldsymbol{H}\\ -\boldsymbol{H}^{\mathrm{T}}\boldsymbol{Q}\boldsymbol{C} & \boldsymbol{H}^{\mathrm{T}}\boldsymbol{Q}\boldsymbol{H}\end{bmatrix}, \quad \bar{\boldsymbol{R}}=\boldsymbol{R} \tag{6.9.78}$$

基于此，容易证明，给定调节问题的等价调节问题为

$$\dot{\bar{\boldsymbol{x}}}=\bar{\boldsymbol{A}}\bar{\boldsymbol{x}}+\bar{\boldsymbol{B}}\boldsymbol{u}, \quad \bar{\boldsymbol{x}}(0)=\bar{\boldsymbol{x}}_0, \quad t\geqslant 0$$
$$J(\boldsymbol{u}(\cdot))=\int_0^{\infty}(\bar{\boldsymbol{x}}^{\mathrm{T}}\bar{\boldsymbol{Q}}\bar{\boldsymbol{x}}+\boldsymbol{u}^{\mathrm{T}}\boldsymbol{R}\boldsymbol{u})\mathrm{d}t \tag{6.9.79}$$

其中，由 $(\boldsymbol{A},\boldsymbol{B})$ 能控和参考输入模型为稳定可知 ($\bar{\boldsymbol{A}},\bar{\boldsymbol{B}}$) 能稳定，由 $(\boldsymbol{A},\boldsymbol{C})$ 和 $(\boldsymbol{F},\boldsymbol{H})$ 能观测以及 $\boldsymbol{Q}\geqslant 0$ ，可保证 $\bar{\boldsymbol{Q}}$ 为正半定，而 $\bar{\boldsymbol{R}}=\boldsymbol{R}$ 按假定为正定。

进而，求解最优等价调节问题。对此，直接运用最优调节问题的基本结论可知，对无限时间时不变 LQ 调节问题(式(6.9.79))最优控制 $\boldsymbol{u}^*(\cdot)$ 为

$$\boldsymbol{u}^*(t)=-\bar{\boldsymbol{K}}^*\bar{\boldsymbol{x}}^*(t), \quad \bar{\boldsymbol{K}}^*=\bar{\boldsymbol{R}}^{-1}\bar{\boldsymbol{B}}^{\mathrm{T}}\bar{\boldsymbol{P}} \tag{6.9.80}$$

最优轨线 $\boldsymbol{x}^*(\cdot)$ 为闭环状态方程(6.9.81)的解：

$$\dot{\bar{\boldsymbol{x}}}^* = (\bar{\boldsymbol{A}} - \bar{\boldsymbol{B}}\bar{\boldsymbol{R}}^{-1}\bar{\boldsymbol{B}}^{\mathrm{T}}\bar{\boldsymbol{P}})\bar{\boldsymbol{x}}^*, \quad \bar{\boldsymbol{x}}^*(0) = \bar{\boldsymbol{x}}_0 \tag{6.9.81}$$

最优性能值 J^* 为

$$J^* = \bar{\boldsymbol{x}}_0^{\mathrm{T}}\bar{\boldsymbol{P}}\bar{\boldsymbol{x}}_0, \quad \forall \bar{\boldsymbol{x}}_0 \neq \boldsymbol{0} \tag{6.9.82}$$

其中，$\bar{\boldsymbol{P}}$ 为如下矩阵 Riccati(黎卡提)代数方程的唯一正定解阵：

$$\bar{\boldsymbol{P}}\bar{\boldsymbol{A}} + \bar{\boldsymbol{A}}^{\mathrm{T}}\bar{\boldsymbol{P}} + \bar{\boldsymbol{Q}} - \bar{\boldsymbol{P}}\bar{\boldsymbol{B}}\bar{\boldsymbol{R}}^{-1}\bar{\boldsymbol{B}}^{\mathrm{T}}\bar{\boldsymbol{P}} = \boldsymbol{0} \tag{6.9.83}$$

3. 跟踪问题的最优解

结论 6.9.14[跟踪问题最优解] 对由连续时间线性时不变受控系统(6.9.73)和系统(6.9.74)与二次型性能指标式(6.9.75)组成的跟踪问题，将等价最优调节问题的矩阵 Riccati 代数方程解阵 $\bar{\boldsymbol{P}}$ 作分块化表示：

$$\bar{\boldsymbol{P}} = \begin{bmatrix} \boldsymbol{P} & \boldsymbol{P}_{12} \\ \boldsymbol{P}_{12}^{\mathrm{T}} & \boldsymbol{P}_{22} \end{bmatrix} \tag{6.9.84}$$

其中，$\boldsymbol{P} \in \mathscr{R}^{n\times n}$，$\boldsymbol{P}_{12} \in \mathscr{R}^{n\times m}$，$\boldsymbol{P}_{22} \in \mathscr{R}^{m\times m}$ 分别为如下矩阵 Riccati 代数方程的解阵：

$$\boldsymbol{P}\boldsymbol{A} + \boldsymbol{A}^{\mathrm{T}}\boldsymbol{P} + \boldsymbol{C}^{\mathrm{T}}\boldsymbol{Q}\boldsymbol{C} - \boldsymbol{P}\boldsymbol{B}\boldsymbol{R}^{-1}\boldsymbol{B}^{\mathrm{T}}\boldsymbol{P} = \boldsymbol{0} \tag{6.9.85}$$

$$\boldsymbol{P}_{12}\boldsymbol{F} + \boldsymbol{A}^{\mathrm{T}}\boldsymbol{P}_{12} - \boldsymbol{C}^{\mathrm{T}}\boldsymbol{Q}\boldsymbol{H} - \boldsymbol{P}\boldsymbol{B}\boldsymbol{R}^{-1}\boldsymbol{B}^{\mathrm{T}}\boldsymbol{P}_{12} = \boldsymbol{0} \tag{6.9.86}$$

$$\boldsymbol{P}_{22}\boldsymbol{F} + \boldsymbol{F}^{\mathrm{T}}\boldsymbol{P}_{22} - \boldsymbol{H}^{\mathrm{T}}\boldsymbol{Q}\boldsymbol{H} - \boldsymbol{P}_{12}^{\mathrm{T}}\boldsymbol{B}\boldsymbol{R}^{-1}\boldsymbol{B}^{\mathrm{T}}\boldsymbol{P}_{12} = \boldsymbol{0} \tag{6.9.87}$$

则最优跟踪控制 $\boldsymbol{u}^*(\cdot)$ 为

$$\boldsymbol{u}^*(t) = -\boldsymbol{K}_1^* x - \boldsymbol{K}_2^* z, \quad \boldsymbol{K}_1^* = \boldsymbol{R}^{-1}\boldsymbol{B}^{\mathrm{T}}\boldsymbol{P}, \quad \boldsymbol{K}_2^* = \boldsymbol{R}^{-1}\boldsymbol{B}^{\mathrm{T}}\boldsymbol{P}_{12} \tag{6.9.88}$$

最优性能值 J^* 为

$$J^* = \boldsymbol{x}_0^{\mathrm{T}}\boldsymbol{P}\boldsymbol{x}_0 + \boldsymbol{z}_0^{\mathrm{T}}\boldsymbol{P}_{22}\boldsymbol{z}_0 + 2\boldsymbol{x}_0^{\mathrm{T}}\boldsymbol{P}_{12}\boldsymbol{z}_0 \tag{6.9.89}$$

证 考虑到最优跟踪问题与等价最优调节问题在控制和性能上的等价性，有

$$\begin{aligned} \boldsymbol{u}^*(t) &= -\bar{\boldsymbol{R}}^{-1}\bar{\boldsymbol{B}}^{\mathrm{T}}\bar{\boldsymbol{P}}\bar{\boldsymbol{x}} = -\boldsymbol{R}^{-1}\begin{bmatrix} \boldsymbol{B}^{\mathrm{T}} & \boldsymbol{0} \end{bmatrix}\begin{bmatrix} \boldsymbol{P} & \boldsymbol{P}_{12} \\ \boldsymbol{P}_{12}^{\mathrm{T}} & \boldsymbol{P}_{22} \end{bmatrix}\begin{bmatrix} \boldsymbol{x} \\ \boldsymbol{z} \end{bmatrix} \\ &= -\boldsymbol{R}^{-1}\boldsymbol{B}^{\mathrm{T}}\boldsymbol{P}\boldsymbol{x} - \boldsymbol{R}^{-1}\boldsymbol{B}^{\mathrm{T}}\boldsymbol{P}_{12}\boldsymbol{z} = -\boldsymbol{K}_1^*\boldsymbol{x} - \boldsymbol{K}_2^*\boldsymbol{z} \end{aligned} \tag{6.9.90}$$

和

$$\begin{aligned} J^* &= \bar{\boldsymbol{x}}_0^{\mathrm{T}}\bar{\boldsymbol{P}}\bar{\boldsymbol{x}}_0 = \begin{bmatrix} \boldsymbol{x}_0^{\mathrm{T}} & \boldsymbol{z}_0^{\mathrm{T}} \end{bmatrix}\begin{bmatrix} \boldsymbol{P} & \boldsymbol{P}_{12} \\ \boldsymbol{P}_{12}^{\mathrm{T}} & \boldsymbol{P}_{22} \end{bmatrix}\begin{bmatrix} \boldsymbol{x}_0 \\ \boldsymbol{z}_0 \end{bmatrix} \\ &= \boldsymbol{x}_0^{\mathrm{T}}\boldsymbol{P}\boldsymbol{x}_0 + \boldsymbol{z}_0^{\mathrm{T}}\boldsymbol{P}_{22}\boldsymbol{z}_0 + 2\boldsymbol{x}_0^{\mathrm{T}}\boldsymbol{P}_{12}\boldsymbol{z}_0 \end{aligned} \tag{6.9.91}$$

而等价最优调节系统为渐进稳定意味着最优跟踪问题也为渐进稳定，从而跟踪误差向量必渐进趋于零。证明完成。

4. 最优跟踪系统的结构图

基于跟踪问题最优解的结论，可以容易地导出最优跟踪系统的结构图，如图 6.9.2 所示。

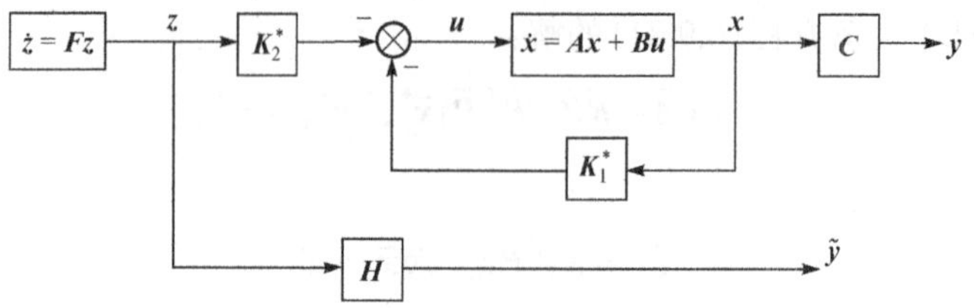

图 6.9.2　最优跟踪系统的结构图

6.9.5　矩阵黎卡提方程的求解

从前面的讨论可以看到，对于线性二次型最优控制，无论时变还是定常 LQ 调节问题，无论有限时间还是无限时间 LQ 调节问题，都可归结为矩阵 Riccati 微分方程的求解问题。

对于一般情形，不管矩阵 Riccati 微分方程还是矩阵 Riccati 代数方程，都不可能找到基于受控系统系数矩阵和性能指标加权阵的解阵的显示表达式。在过去的几十年中，基于理论上和应用上的需要，求解矩阵 Riccati 微分方程或代数方程的算法得到广泛的研究。在已经提出的十几种数值算法中，比较重要的有直接数值解法、舒尔(Schur)向量法、特征向量法、函数符号法等。求解实践表明，各种算法通常只能求解对应一类矩阵 Riccati 方程。对于 Riccati 代数方程的数值解法，很多书中有专门的介绍，有兴趣的读者可以参阅解学书于 1986 年出版的《最优控制原理与应用》。

随着计算机科学技术的发展，现在已有求解矩阵 Riccati 微分方程或代数方程的软件可以利用。例如，在 MATLAB 中已经有专门解 Riccati 微分方程的命令可以应用。限于本书的范围，这里不再对矩阵 Riccati 方程求解算法和相应软件进行介绍。

6.10　线性二次型最优控制系统设计实例——二级倒立摆最优控制系统的设计

倒立摆属于多变量、快速、非线性、强耦合和绝对不稳定系统，通过对它引入一个适当的控制方法成为一个稳定系统，来检验控制方法对不稳定、非线性和快速性系统的处理能力；而且在控制过程中，倒立摆系统能有效地反映如可镇定性、鲁棒性、随动性以及跟踪等许多控制中的关键问题。因此受到世界各国许多科学家的重视，从而用不同的控制方法控制不同类型的倒立摆，成为最具有挑战性的课题之一。

下面以二级倒立摆为例，来设计一个线性二次型最优控制系统。

6.10.1　二级倒立摆的数学模型

二级倒立摆的结构示意图如图 6.10.1 所示。它属于平面二级倒立摆，采用的基本结构是在一条直线导轨上，小车被力矩电机通过皮带驱动，下摆与小车铰接，上摆与下摆的另一端铰接，上、下摆均可在与轨道平行的平面内自由转动，通过控制小车的运动，上、下摆稳定于竖直的平衡位置，小车稳定于轨道中心位置。检测点 1、2、3 的电位计，分别检测小车相对于轨道中心点的偏移，下摆与轨道垂直线之间的角度偏移，上、下摆之间的相对角度偏移。测量所得到的电压信号，然后经过 A/D 转换，并将得到的结果进行差分，又得到三个微分量，最后将得到的这六个量作为二级倒立摆系统的六个输出量，送入控制器。控制器输出信号，经过功率放大器放大后去驱动力矩电机，使二级倒立摆在不稳定的平衡点稳定。

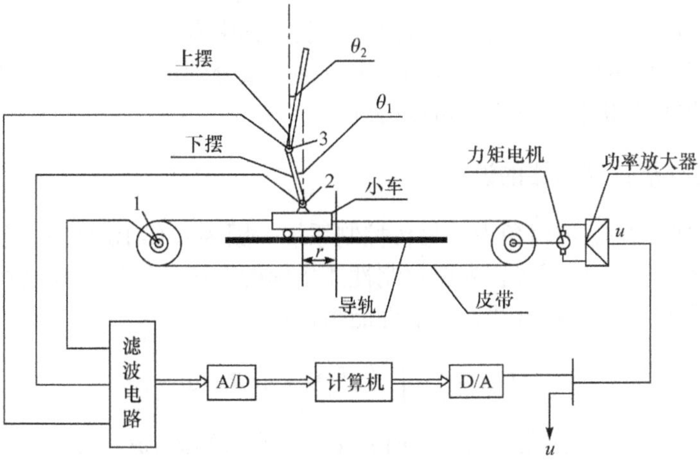

图 6.10.1　二级倒立摆结构示意图

采用分析力学中的 Lagrange 方法建立系统的数学模型，得到系统的非线性数学模型。由于研究系统平衡点（$r=\theta_1=\theta_2-\theta_1=\dot{r}=\dot{\theta}_1=\dot{\theta}_2-\dot{\theta}_1\approx 0$）附近的小偏差过程，可用线性化的数学模型来代替原来的非线性模型。经过近似运算及处理，最后得到整个系统的线性状态方程：

$$\begin{cases}\dot{\boldsymbol{x}}=\boldsymbol{A}\boldsymbol{x}+\boldsymbol{B}u\\ \boldsymbol{y}=\boldsymbol{C}\boldsymbol{x}\end{cases}\tag{6.10.1}$$

其中，状态向量 $\boldsymbol{x}=[x_1,x_2,x_3,x_4,x_5,x_6]^{\mathrm{T}}$；$x_1$ 为小车的位移；x_2 为下摆的角位移；x_3 为上摆相对于下摆的角位移；x_4 为小车的速度；x_5 为下摆的角速度；x_6 为上摆相对于下摆的角速度。$\boldsymbol{A}$ 为 6×6 的状态矩阵；$\boldsymbol{B}$ 为 6×1 的状态矩阵；$\boldsymbol{C}$ 为 3×6 的状态矩阵。

6.10.2　系统能控性及能观测性的检验

将系统参数代入状态方程，得到二级倒立摆系统的参数矩阵：

$$\boldsymbol{A}=\begin{bmatrix}0&0&0&1&0&0\\0&0&0&0&1&0\\0&0&0&0&0&1\\0&-1.96&0.094&-4.80&0.004&-0.004\\0&46.12&-25.01&18.76&-0.13&0.24\\0&-51.01&78.16&-20.75&0.24&-0.57\end{bmatrix},\quad \boldsymbol{B}=\begin{bmatrix}0\\0\\0\\14.4137\\-56.2864\\62.2532\end{bmatrix}$$

$$\boldsymbol{C}=\begin{bmatrix}1&0&0&0&0&0\\0&1&0&0&0&0\\0&0&1&0&0&0\end{bmatrix}$$

令 $\boldsymbol{Q}_c=[\boldsymbol{B},\boldsymbol{A}\times\boldsymbol{B},\boldsymbol{A}^2\times\boldsymbol{B},\boldsymbol{A}^3\times\boldsymbol{B},\boldsymbol{A}^4\times\boldsymbol{B},\boldsymbol{A}^5\times\boldsymbol{B}]$，因为 $\mathrm{rank}\boldsymbol{Q}_c=6$，所以系统是完全可控的；令 $\boldsymbol{Q}_o^{\mathrm{T}}=[\boldsymbol{C}^{\mathrm{T}},(\boldsymbol{C}\times\boldsymbol{A})^{\mathrm{T}},(\boldsymbol{C}\times\boldsymbol{A}^2)^{\mathrm{T}},(\boldsymbol{C}\times\boldsymbol{A}^3)^{\mathrm{T}},(\boldsymbol{C}\times\boldsymbol{A}^4)^{\mathrm{T}},(\boldsymbol{C}\times\boldsymbol{A}^5)^{\mathrm{T}}]$，则 $\mathrm{rank}\boldsymbol{Q}_o=3$，所以系统是不完全可观测的。采用状态反馈来实现最优控制，其中有三个位移对应的状态变量是可以采用电位计直接观测到的，然后将得到的三个位移变量分别进行差分，得到三个速度状态变量。这样所需要的六个状态变量全部可以得到。

6.10.3　二级倒立摆最优控制器的设计

下面对式(6.10.1)的被控对象设计最优控制系统。因为式(6.10.1)是一个线性系统，它是对于终端误差没有要求，且不包含末值控制性能指标的系统，所以本控制器采用线性定常系统最优状态调节器设计的一般方法，可取性能指标：

$$J\left(\boldsymbol{u}(\bullet)\right)=\int_0^{\infty}\left(\boldsymbol{x}^{\mathrm{T}}\boldsymbol{Q}\boldsymbol{x}+\boldsymbol{u}^{\mathrm{T}}\boldsymbol{R}\boldsymbol{u}\right)\mathrm{d}t \tag{6.10.2}$$

其中，$\boldsymbol{Q}$ 为对称正定或半正定常矩阵 $(n\times n)$；$\boldsymbol{R}$ 为正定常矩阵 $(m\times m)$；n 为系统的阶数；m 为输入量的个数。所设计的二级倒立摆控制系统是一个单输入六阶闭环控制系统，则 $n=6$，$m=1$。

因此，控制系统满足式(6.9.49)，即常阵 $\boldsymbol{P}(t,0,\infty)=\boldsymbol{P}$ 为下列无限时间时不变LQ问题的矩阵黎卡提代数方程的解阵：

$$\boldsymbol{PA}+\boldsymbol{A}^{\mathrm{T}}\boldsymbol{P}+\boldsymbol{Q}-\boldsymbol{PBR}^{-1}\boldsymbol{B}^{\mathrm{T}}\boldsymbol{P}=\boldsymbol{0} \tag{6.10.3}$$

控制规律满足：

$$\boldsymbol{u}^*(t)=-\boldsymbol{K}^*\boldsymbol{x}^*(t) \tag{6.10.4}$$

$$\boldsymbol{K}^*=\boldsymbol{R}^{-1}\boldsymbol{B}^{\mathrm{T}}\boldsymbol{P} \tag{6.10.5}$$

下面来选取系统的加权阵 $\boldsymbol{Q}$ 和 $\boldsymbol{R}$。对于二级倒立摆这样一个高阶、绝对不稳定的系统，相对于响应速度而言，稳定性是控制系统设计时面临的主要矛盾，因此在选取 $\boldsymbol{Q}$ 时，位移相对应的加权系数应取较大的值，速度对应的加权系数应取较小的值。一般角位移对应的加权系数是角速度加权系数的 10 倍以上，才能够保证实际系统稳定性的要求。在选取角位移对应的加权系数时，因为上、下摆的角位移是控制的主要矛盾，它们的加权系数要取较大的值，小车位移加权系数要取较小的值。考虑到控制系统稳定性的要求，上、下摆的角速度对应的加权系数要取较小的值；又因为对小车来说，响应速度相对稳定性是其控制的主要矛盾，因此小车速度加权系数应取较大值。又综合考虑到系统的控制能量要求，最后经过反复试测，$\boldsymbol{Q}$ 和 R 分别取为

$$\boldsymbol{Q}=\begin{bmatrix}0.2&0&0&0&0&0\\0&18&0&0&0&0\\0&0&12&0&0&0\\0&0&0&2&0&0\\0&0&0&0&0.8&0\\0&0&0&0&0&0.4\end{bmatrix},\quad R=0.4 \tag{6.10.6}$$

将 $\boldsymbol{Q}$, R 及参数阵 $\boldsymbol{A}$, $\boldsymbol{B}$ 代入式(6.10.3)，并使用MATLAB解Riccati代数方程命令Lqr解得 $\boldsymbol{P}$。将求得的 $\boldsymbol{P}$ 代入式(6.10.5)，得到反馈矩阵：

$$K = [\ 0.522, 15.284, 46.185, 1.789, 6.065, 6.579]\tag{6.10.7}$$

6.10.4 二级倒立摆系统仿真

根据以上所得到的结果，在 Simulink 环境下建立二级倒立摆控制系统的仿真结构图，如图 6.10.2 所示。

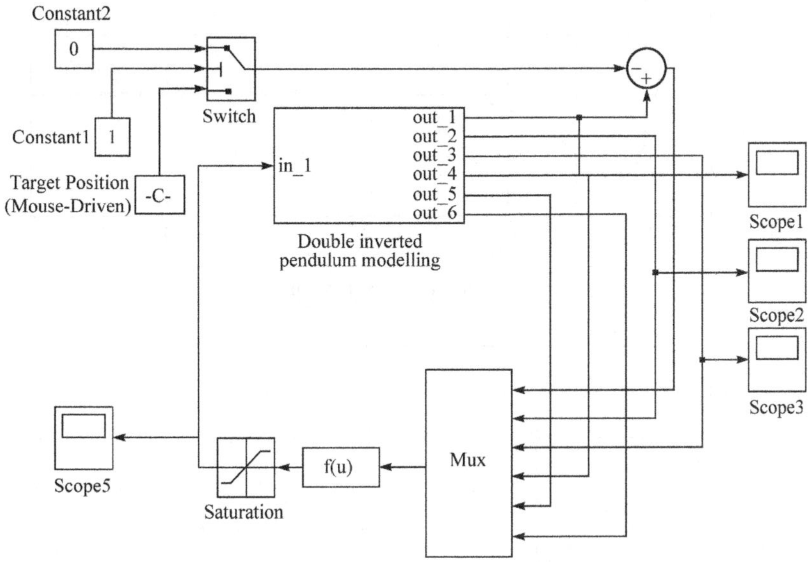

图 6.10.2 二级倒立摆系统仿真结构图

在仿真开始时，设系统初始条件。$x_0 = [0 \quad 0 \quad 0.1 \quad 0 \quad 0 \quad 0]^{\mathrm{T}}$，它代表上摆的初始角位移为 0.1rad，其他状态的初始条件都为 0。考虑到实际控制系统电机的限制，设系统的饱和电压为 2V。

下面在 Simulink 环境下进行仿真，结果如图 6.10.3～图 6.10.6 所示。

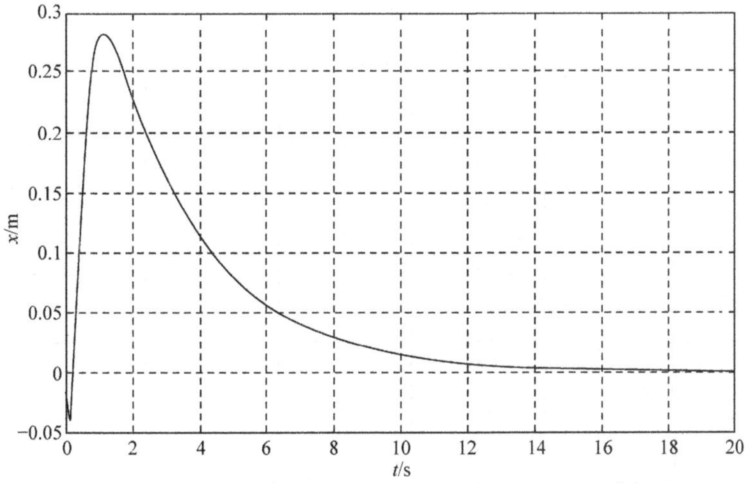

图 6.10.3 小车位置曲线图

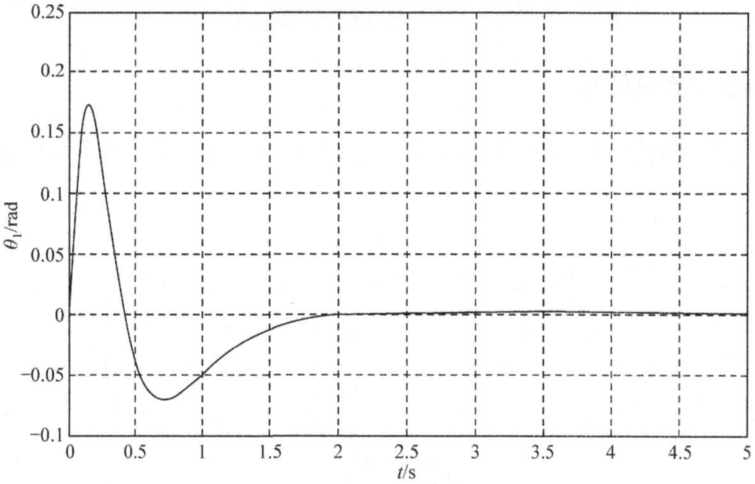

图 6.10.4　下摆曲线图

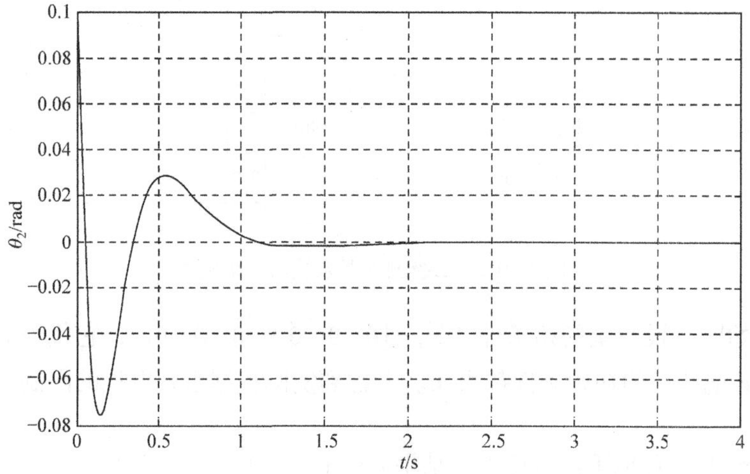

图 6.10.5　上摆曲线图

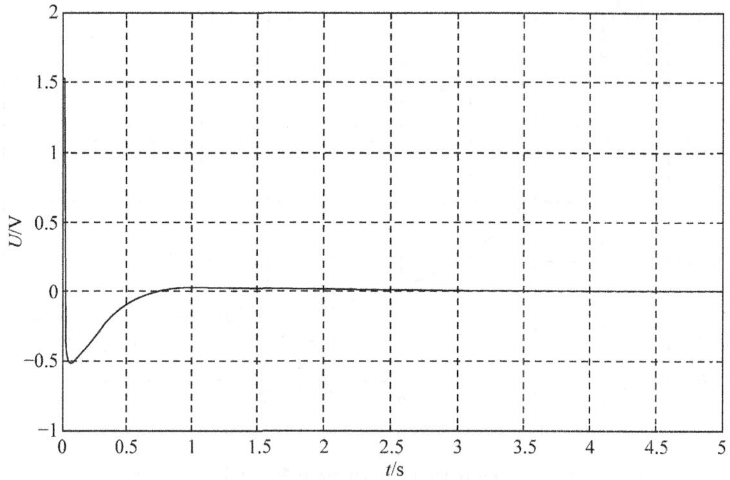

图 6.10.6　控制电压曲线图

根据前面的仿真结果，二级倒立摆系统能够较快地稳定下来，因此控制器的设计是成功的。以上仿真结果不难看出，上摆的调整时间较短，为 1.5s；下摆的调整时间较长，约为 1.8s；小车的调节时间最长，约为 15s。这是由于在选择加权矩阵时，上摆对应的加权系数选取得最大，下摆次之，小车加权系数选取得最小。因此在控制过程中，上摆最先稳定下来，随后下摆实现稳定控制，最后小车逐渐地稳定在指定位置。

6.11 线性系统的全维状态观测器

状态观测器的引入主要是基于实现状态反馈的需要。状态观测器按结构分为全维状态观测器和降维状态观测器。本节主要讨论状态重构的可能性和构造全维状态观测器的常用方法。

6.11.1 状态重构和状态观测器

1. 状态观测器的提出

状态反馈对受控系统的稳定性、稳态误差和动态性能的改善起到重要的作用。另外，通过状态反馈可以实现系统的解耦和镇定，线性二次型最优控制本质上也是状态反馈控制。可见状态反馈是改善系统性能的重要手段。在设计状态反馈控制器时，总是假定系统所有的状态变量是可测量的，但在实际应用中，由于某些状态变量无法测量，某些状态变量虽然可以测量，但受到成本上的限制，这些情况使状态反馈的物理实现成为不可能或很困难的事。状态重构即状态观测器的提出，就是为了解决上述问题。

2. 解决状态反馈物理构成的途径

获取系统状态信息以构成状态反馈的途径之一是对受控系统状态进行重构，即采用理论分析和相应算法，导出在一定意义下等价于原状态的一个重构状态，并用重构状态代替真实状态组成状态反馈。

3. 状态重构的实质

状态重构的实质是，对给定线性定常被观测系统 $\sum$，构造与 $\sum$ 具有相同属性的线性定常系统 $\hat{\sum}$，利用 $\sum$ 中可直接量测的输出 $\boldsymbol{y}$ 和输入 $\boldsymbol{u}$ 作为 $\hat{\sum}$ 的输入并使 $\hat{\sum}$ 的状态 $\hat{\boldsymbol{x}}$ 或其变换在一定指标下等价于系统 $\sum$ 状态 $\boldsymbol{x}$。等价指标通常取为渐进等价，即

$$\lim_{t\to\infty}\hat{\boldsymbol{x}}(t)=\lim_{t\to\infty}\boldsymbol{x}(t) \tag{6.11.1}$$

并且，称系统 $\hat{\sum}$ 的状态 $\hat{\boldsymbol{x}}$ 为被观测系统 $\sum$ 状态 $\boldsymbol{x}$ 的重构状态，所构造系统 $\hat{\sum}$ 为被观测系统 $\sum$ 的一个状态观测器。对状态重构含义的直观说明如图 6.11.1 所示。进而，若被观测系统 $\sum$ 为包含装置噪声和量测噪声的随机线性系统，则实现状态重构的系统 $\hat{\sum}$ 需要采用卡尔曼滤波器，称相应的重构状态为被观测系统 $\sum$ 状态的估计状态。

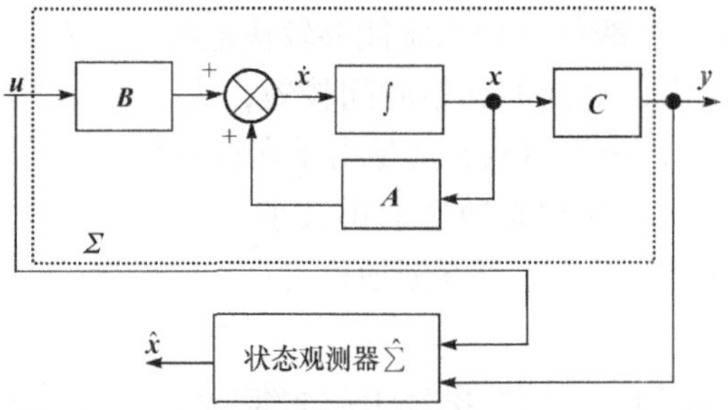

图 6.11.1　状态重构问题的直观说明

4. 观测器的分类

从结构角度，状态观测器可分为全维状态观测器和降维状态观测器。维数等于被观测系统维数的状态观测器称为全维状态观测器，维数小于被观测系统维数的状态观测器称为降维状态观测器。从功能角度，观测器可分为状态观测器和函数观测器。状态观测器以重构被观测系统状态为目标，取重构状态和被观测状态的渐进等价(式(6.11.1))为等价指标。状态观测器的特点是，当$t\to\infty$时可使重构状态完全等价于被观测系统状态。函数观测器以重构被观测系统状态的函数(如反馈线性函数 $\boldsymbol{Kx}$)为目标，将等价指标取为重构输出 $\boldsymbol{w}$ 和被观测系统状态函数(如 $\boldsymbol{Kx}$)渐进等价，即

$$\lim_{t\to\infty}\boldsymbol{w}(t)=\lim_{t\to\infty}\boldsymbol{Kx}(t),\quad \boldsymbol{K}\text{为常值矩阵} \tag{6.11.2}$$

函数观测器的特点是，当$t\to\infty$时可使重构状态完全等价于被观测系统状态函数(如 $\boldsymbol{Kx}$)。

6.11.2　状态重构的可能性

下面以单输出系统为例，讨论状态重构的可能性。对单输出线性定常系统：

$$\begin{cases}\dot{\boldsymbol{x}}=\boldsymbol{Ax}+\boldsymbol{Bu}\\ y=\boldsymbol{cx}\end{cases} \tag{6.11.3}$$

其中，$\boldsymbol{x}$ 为 n 维状态向量；$\boldsymbol{u}$ 为 p 维输入向量；y 为 1 维输出变量。

有

$$\begin{cases}y=\boldsymbol{cx}\\ \dot{y}=\boldsymbol{c}\dot{\boldsymbol{x}}=\boldsymbol{cAx}+\boldsymbol{cBu},\quad \dot{y}-\boldsymbol{cBu}=\boldsymbol{cAx}\\ y^{(2)}=\boldsymbol{cx}^{(2)}=\boldsymbol{cA}^2\boldsymbol{x}+\boldsymbol{cABu}+\boldsymbol{cB}\dot{\boldsymbol{u}},\quad y^{(2)}-\boldsymbol{cB}\dot{\boldsymbol{u}}-\boldsymbol{cABu}=\boldsymbol{cA}^2\boldsymbol{x}\\ \cdots\\ y^{(n-1)}-\boldsymbol{cBu}^{(n-2)}-\boldsymbol{cABu}^{(n-3)}-\cdots-\boldsymbol{cABu}=\boldsymbol{cA}^{(n-1)}\boldsymbol{x}\end{cases} \tag{6.11.4}$$

由式(6.11.4)，有

$$\begin{bmatrix}y\\ \dot{y}-\boldsymbol{cBu}\\ y^{(2)}-\boldsymbol{cB}\dot{\boldsymbol{u}}-\boldsymbol{cABu}\\ \vdots\\ y^{(n-1)}-\boldsymbol{cBu}^{(n-2)}-\boldsymbol{cABu}^{(n-3)}-\cdots-\boldsymbol{cABu}\end{bmatrix}=\begin{bmatrix}\boldsymbol{c}\\ \boldsymbol{cA}\\ \boldsymbol{cA}^2\\ \vdots\\ \boldsymbol{cA}^{(n-1)}\end{bmatrix}\boldsymbol{x} \tag{6.11.5}$$

所以，只要系统(6.11.3)的状态完全能观测，即

$$\operatorname{rank}\boldsymbol{Q}_o = \operatorname{rank}\begin{bmatrix} \boldsymbol{c} \\ \boldsymbol{cA} \\ \vdots \\ \boldsymbol{cA}^{n-1} \end{bmatrix} = n$$

即可由式(6.11.5)求出状态向量 $\boldsymbol{x}$，即状态重构的条件为系统状态完全能观测。

6.11.3 开环状态观测器

对多输入-多输出线性定常系统：

$$\begin{cases} \dot{\boldsymbol{x}} = \boldsymbol{Ax} + \boldsymbol{Bu} \\ \boldsymbol{y} = \boldsymbol{Cx} \end{cases} \tag{6.11.6}$$

其中，$\boldsymbol{x}$ 为 n 维状态向量；$\boldsymbol{u}$ 为 p 维输入向量；$\boldsymbol{y}$ 为 q 维输出向量。选取其开环状态观测器为

$$\dot{\hat{\boldsymbol{x}}} = \boldsymbol{A}\hat{\boldsymbol{x}} + \boldsymbol{Bu} \tag{6.11.7}$$

下面讨论开环状态观测器的性能。由式(6.11.6)和式(6.11.7)，有

$$\dot{\boldsymbol{x}}(t) - \dot{\hat{\boldsymbol{x}}}(t) = \boldsymbol{A}(\boldsymbol{x}(t) - \hat{\boldsymbol{x}}(t)) \tag{6.11.8}$$

式(6.11.8)实质是以 $\boldsymbol{x}(t) - \hat{\boldsymbol{x}}(t)$ 为状态的线性定常自治系统，其响应即线性定常系统的零输入响应为

$$\boldsymbol{x}(t) - \hat{\boldsymbol{x}}(t) = \mathrm{e}^{\boldsymbol{A}t}(\boldsymbol{x}(0) - \hat{\boldsymbol{x}}(0)) \tag{6.11.9}$$

其中，$\boldsymbol{x}(0)$ 为被观测系统(6.11.6)的初始状态；$\hat{\boldsymbol{x}}(0)$ 为开环状态观测器(6.11.7)的初始状态。由式(6.11.9)可知，开环状态观测器(6.11.7)是否满足渐进等价指标(式(6.11.1))取决于如下条件：

$$\operatorname{Re}(\lambda_i(\boldsymbol{A})) < 0, \quad i = 1, 2, \cdots, n \tag{6.11.10}$$

即矩阵 $\boldsymbol{A}$ 的全部特征值是否具有负实部，或

$$\boldsymbol{x}(0) = \hat{\boldsymbol{x}}(0) \tag{6.11.11}$$

条件(6.11.10)取决于受控系统的系统矩阵 $\boldsymbol{A}$，而 $\boldsymbol{A}$ 是由受控系统的结构和参数决定的，不能被设计者所改变，当 $\boldsymbol{A}$ 不稳定时，条件(6.11.10)不能满足。另外，$\boldsymbol{A}$ 的特征值的位置决定了 $\hat{\boldsymbol{x}}(t)$ 逼近 $\boldsymbol{x}(t)$ 的速度，这也是不受设计者所控制的。而条件(6.11.11)要求受控系统的初值与开环状态观测器的初值完全相等，这也是很困难的。因此，开环状态观测器很难满足渐进等价指标(式(6.11.1))，即开环状态观测器一般很难满足要求。

6.11.4 闭环状态观测器

闭环状态观测器的基本思想是，对开环状态观测器引入负反馈，形成闭环系统，从而通过改变闭环系统的系统矩阵来改变闭环状态观测器的特征值的分布，使渐进等价指标(式(6.11.1))得到满足。闭环状态观测器结构示意图见图 6.11.2。

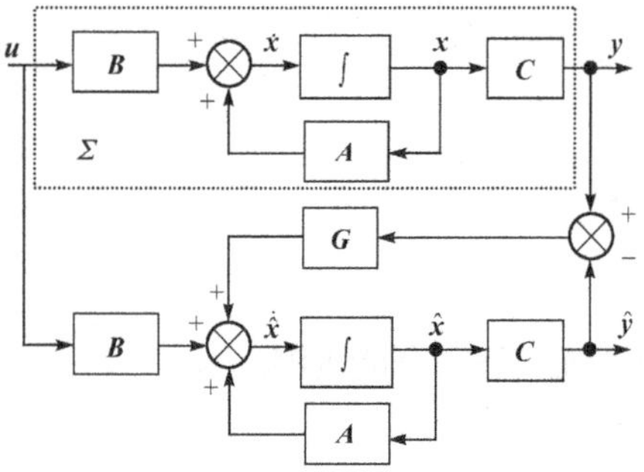

图 6.11.2　闭环状态观测器结构示意图

1. 全维闭环状态观测器的状态空间描述

结论 6.11.1[全维闭环状态观测器的状态空间描述]　对按图 6.11.2 构成的闭环状态观测器，状态空间描述为

$$\begin{cases}\dot{\hat{\boldsymbol{x}}}=(\boldsymbol{A}-\boldsymbol{GC})\hat{\boldsymbol{x}}+\boldsymbol{Bu}+\boldsymbol{Gy}, & \hat{\boldsymbol{x}}(0)=\hat{\boldsymbol{x}}_0\\ \hat{\boldsymbol{y}}=\boldsymbol{C}\hat{\boldsymbol{x}}\end{cases}\tag{6.11.12}$$

其中，$\boldsymbol{G}$ 为 $n\times q$ 常阵。

证　对按图 6.11.2 构成的闭环状态观测器，可以导出

$$\dot{\hat{\boldsymbol{x}}}=\boldsymbol{A}\hat{\boldsymbol{x}}+\boldsymbol{Bu}+\boldsymbol{GC}(\boldsymbol{x}-\hat{\boldsymbol{x}})=(\boldsymbol{A}-\boldsymbol{GC})\hat{\boldsymbol{x}}+\boldsymbol{Bu}+\boldsymbol{Gy}$$

证明完成。

2. 全维闭环状态观测器的观测偏差

结论 6.11.2[观测偏差的状态方程]　对如图 6.11.2 所示结构的闭环状态观测器，设 $\boldsymbol{x}$ 为被观测系统的状态，$\hat{\boldsymbol{x}}$ 为闭环状态观测器的状态，则观测偏差 $\tilde{\boldsymbol{x}}=\boldsymbol{x}-\hat{\boldsymbol{x}}$ 的状态方程为

$$\dot{\tilde{\boldsymbol{x}}}=(\boldsymbol{A}-\boldsymbol{GC})\tilde{\boldsymbol{x}},\quad \tilde{\boldsymbol{x}}(0)=\tilde{\boldsymbol{x}}_0=\boldsymbol{x}_0-\hat{\boldsymbol{x}}_0\tag{6.11.13}$$

证　由 $\tilde{\boldsymbol{x}}=\boldsymbol{x}-\hat{\boldsymbol{x}}$，并利用被观测系统的状态方程(6.11.6)和闭环状态观测器的状态方程(6.11.12)，可得

$$\begin{aligned}\dot{\tilde{\boldsymbol{x}}}&=\dot{\boldsymbol{x}}-\dot{\hat{\boldsymbol{x}}}=\boldsymbol{Ax}+\boldsymbol{Bu}-((\boldsymbol{A}-\boldsymbol{GC})\hat{\boldsymbol{x}}+\boldsymbol{Bu}+\boldsymbol{Gy})\\&=(\boldsymbol{A}-\boldsymbol{GC})(\boldsymbol{x}-\hat{\boldsymbol{x}})=(\boldsymbol{A}-\boldsymbol{GC})\tilde{\boldsymbol{x}}\end{aligned}$$

证明完成。

结论 6.11.3[观测偏差的解析表达式]　对如图 6.11.2 所示结构的闭环状态观测器，观测偏差 $\tilde{\boldsymbol{x}}=\boldsymbol{x}-\hat{\boldsymbol{x}}$ 的解析表达式为

$$\tilde{\boldsymbol{x}}=\mathrm{e}^{(\boldsymbol{A}-\boldsymbol{GC})t}\tilde{\boldsymbol{x}}_0\tag{6.11.14}$$

证　由观测偏差的状态方程(6.11.13)，利用线性定常系统的零输入响应，即可得到式(6.11.14)。

对于矩阵 $\boldsymbol{A}-\boldsymbol{GC}$ 有两两互异特征值的情况，有

$$\boldsymbol{P}^{-1}(\boldsymbol{A}-\boldsymbol{GC})\boldsymbol{P}=\begin{bmatrix}\lambda_1 & & \\ & \ddots & \\ & & \lambda_n\end{bmatrix}$$

$$\boldsymbol{A}-\boldsymbol{GC}=\boldsymbol{P}\begin{bmatrix}\lambda_1 & & \\ & \ddots & \\ & & \lambda_n\end{bmatrix}\boldsymbol{P}^{-1}$$

$$\mathrm{e}^{(\boldsymbol{A}-\boldsymbol{GC})t}=\boldsymbol{P}\begin{bmatrix}\mathrm{e}^{\lambda_1 t} & & \\ & \ddots & \\ & & \mathrm{e}^{\lambda_n t}\end{bmatrix}\boldsymbol{P}^{-1}$$

其中，$\lambda_i(i=1,2,\cdots,n)$为矩阵 $\boldsymbol{A}-\boldsymbol{GC}$ 的特征值。可见，为使 $\hat{\boldsymbol{x}}$ 尽快趋近 $\boldsymbol{x}$，应使特征值 λ_i 位于 s 平面左半部，并尽量远离虚轴。观测器系统的动态性能(如调节时间 t_s)与系统的截止频率 ω_c 成反比，而 ω_c 过大，会使观测器系统对高频干扰信号的抑制能力降低，因此，在确定矩阵 $\boldsymbol{A}-\boldsymbol{GC}$ 的特征值 λ_i 的位置时，要综合考虑上述两个方面的因素。

3. 全维闭环状态观测器的存在条件

结论 6.11.4[全维闭环状态观测器的存在条件] 对如图 6.11.2 所示结构的闭环状态观测器，存在 $n\times q$ 矩阵 $\boldsymbol{G}$ 使式(6.11.15)成立

$$\lim_{t\to\infty}\hat{\boldsymbol{x}}(t)=\lim_{t\to\infty}\boldsymbol{x}(t) \tag{6.11.15}$$

的充分必要条件是被观测系统 Σ 不能观测部分为渐进稳定。

证 基于对偶原理，$\{\boldsymbol{A},\boldsymbol{C}\}$ 能观测性等价于 $\{\boldsymbol{A}^{\mathrm{T}},\boldsymbol{C}^{\mathrm{T}}\}$ 的能控性，进而等价于 $\{\boldsymbol{A}^{\mathrm{T}},\boldsymbol{C}^{\mathrm{T}}\}$ 的能控性。又因为

$$\det(s\boldsymbol{I}-\boldsymbol{A}+\boldsymbol{GC})=\det(s\boldsymbol{I}-\boldsymbol{A}+\boldsymbol{GC})^{\mathrm{T}}=\det(s\boldsymbol{I}-\boldsymbol{A}^{\mathrm{T}}+\boldsymbol{C}^{\mathrm{T}}\boldsymbol{G}^{\mathrm{T}})$$

因此，针对 $\{\boldsymbol{A},\boldsymbol{C}\}$ 设计一个 $n\times q$ 状态观测器增益矩阵 $\boldsymbol{G}$，等价于针对 $\{\boldsymbol{A}^{\mathrm{T}},\boldsymbol{C}^{\mathrm{T}}\}$ 设计一个 $q\times n$ 状态反馈增益矩阵 $\boldsymbol{G}^{\mathrm{T}}$。由系统镇定问题的相关结论，结论 6.11.4 得证。

结论 6.11.5[全维闭环状态观测器的极点可任意配置条件] 对如图 6.11.2 所示结构的闭环状态观测器，存在 $n\times q$ 矩阵 $\boldsymbol{G}$ 使闭环状态观测器的极点可以任意配置的充分必要条件是被观测系统 $\{\boldsymbol{A},\boldsymbol{C}\}$ 状态完全能观测。

证 参照结论 6.11.4 的证明过程，可以证明结论 6.11.5。

4. 全维闭环状态观测器的综合算法

算法 6.11.1 对完全能观测的多输入-多输出线性定常系统：

$$\begin{cases}\dot{\boldsymbol{x}}=\boldsymbol{Ax}+\boldsymbol{Bu}\\ \boldsymbol{y}=\boldsymbol{Cx}\end{cases}$$

其中，$\boldsymbol{x}$ 为 n 维状态向量；$\boldsymbol{u}$ 为 p 维输入向量；$\boldsymbol{y}$ 为 q 维输出向量。设计全维状态观测器，使其期望特征值配置在 $\{\lambda_1^*,\lambda_2^*,\cdots,\lambda_n^*\}$。

(1) 计算对耦系统矩阵 $\bar{\boldsymbol{A}}=\boldsymbol{A}$，$\bar{\boldsymbol{B}}=\boldsymbol{C}^{\mathrm{T}}$。

(2) 对 $\{\bar{\boldsymbol{A}},\bar{\boldsymbol{B}}\}$ 和期望特征值 $\{\lambda_1^*,\lambda_2^*,\cdots,\lambda_n^*\}$ 采用极点配置算法，计算使

$$\lambda_i(\bar{\boldsymbol{A}}-\bar{\boldsymbol{B}}\bar{\boldsymbol{K}})=\lambda_i^*,\quad i=1,2,\cdots,n$$

的 $q\times n$ 状态反馈矩阵 $\bar{\boldsymbol{K}}$。其中，$\lambda(\cdot)$ 表示矩阵的特征值。

(3) 取 $\boldsymbol{G}=\bar{\boldsymbol{K}}^{\mathrm{T}}$。

(4) 计算 $\boldsymbol{A}-\boldsymbol{GC}$。

(5) 所综合的全维状态观测器为

$$\dot{\hat{\boldsymbol{x}}}=(\boldsymbol{A}-\boldsymbol{GC})\hat{\boldsymbol{x}}+\boldsymbol{Bu}+\boldsymbol{Gy}$$

也可以直接对单输入-单输出线性定常系统设计全维状态观测器。

算法 6.11.2 对完全能观测的单输入-单输出线性定常系统：

$$\begin{cases} \dot{\boldsymbol{x}} = \boldsymbol{A}\boldsymbol{x} + \boldsymbol{b}u \\ y = \boldsymbol{c}\boldsymbol{x} \end{cases}$$

其中，$\boldsymbol{x}$ 为 n 维状态向量；u 为 1 维输入向量；y 为 1 维输出变量。设计全维状态观测器，使其期望特征值配置在 $\{\lambda_1^*, \lambda_2^*, \cdots, \lambda_n^*\}$。

(1) 化 $\{\boldsymbol{A}, \boldsymbol{C}\}$ 为能观测规范形。已知矩阵 $\boldsymbol{A}$ 的特征多项式为

$$\det(s\boldsymbol{I} - \boldsymbol{A}) = s^n + a_1 s^{n-1} + \cdots + a_{n-1}s + a_n$$

引入线性非奇异变换 $\boldsymbol{z} = \boldsymbol{Q}\boldsymbol{x}$，即可得到其能观测规范形：

$$\begin{cases} \dot{\boldsymbol{z}} = \bar{\boldsymbol{A}}\boldsymbol{z} + \bar{\boldsymbol{b}}u \\ y = \bar{\boldsymbol{c}}\boldsymbol{z} \end{cases} \tag{6.11.16}$$

其中

$$\bar{\boldsymbol{A}} = \boldsymbol{Q}\boldsymbol{A}\boldsymbol{Q}^{-1} = \begin{bmatrix} 0 & \cdots & 0 & -a_n \\ 1 & & & -a_{n-1} \\ & \ddots & & \vdots \\ & & 1 & -a_1 \end{bmatrix}, \quad \bar{\boldsymbol{b}} = \boldsymbol{Q}\boldsymbol{b}, \quad \bar{\boldsymbol{c}} = \boldsymbol{c}\boldsymbol{Q}^{-1} = [0 \ \cdots \ 0 \ 1]$$

$$\boldsymbol{Q} = \begin{bmatrix} 1 & a_1 & \cdots & a_{n-1} \\ & \ddots & \ddots & \vdots \\ & & & a_1 \\ & & & 1 \end{bmatrix} \begin{bmatrix} \boldsymbol{c}\boldsymbol{A}^{n-1} \\ \vdots \\ \boldsymbol{c}\boldsymbol{A} \\ \boldsymbol{c} \end{bmatrix}$$

(2) 针对能观测规范形系统 (6.11.16)，设计状态观测器矩阵 $\bar{\boldsymbol{g}} = [\bar{g}_1 \quad \bar{g}_2 \quad \cdots \quad \bar{g}_n]^{\mathrm{T}}$，使相应闭环系统的期望特征值配置在 $\{\lambda_1^*, \lambda_2^*, \cdots, \lambda_n^*\}$。实际特征多项式为

$$\det[s\boldsymbol{I} - (\bar{\boldsymbol{A}} - \bar{\boldsymbol{g}}\bar{\boldsymbol{c}})] = s^n + (a_1 + \bar{g}_n)s^{n-1} + \cdots + (a_{n-1} + \bar{g}_2)s + (a_n + \bar{g}_1) \tag{6.11.17}$$

期望特征多项式为

$$D(s) = (s - \lambda_1^*)(s - \lambda_2^*)\cdots(s - \lambda_n^*) = s^n + a_{n-1}^* s^{n-1} + \cdots + a_1^* s + a_0^* \tag{6.11.18}$$

比较式 (6.11.17) 和式 (6.11.18)，有

$$\begin{cases} \bar{g}_1 = a_0^* - a_n \\ \bar{g}_2 = a_1^* - a_{n-1} \\ \quad \cdots \\ \bar{g}_n = a_{n-1}^* - a_1 \end{cases}$$

(3) 计算 $\boldsymbol{g} = \boldsymbol{Q}^{-1}\bar{\boldsymbol{g}}$。

(4) 所综合的全维状态观测器为

$$\dot{\hat{\boldsymbol{x}}} = (\boldsymbol{A} - \boldsymbol{g}\boldsymbol{c})\hat{\boldsymbol{x}} + \boldsymbol{b}u + \boldsymbol{g}y$$

例 6.11.1 已知系统：

$$\dot{\boldsymbol{x}}=\begin{bmatrix}1 & 2 & 0\\ 3 & -1 & 1\\ 0 & 2 & 0\end{bmatrix}\boldsymbol{x}+\begin{bmatrix}2\\ 1\\ 1\end{bmatrix}u$$

$$y=\begin{bmatrix}0 & 0 & 1\end{bmatrix}\boldsymbol{x}$$

试设计一个三维状态观测器，使期望特征值配置在 $\lambda_1=-3,\lambda_2=-4,\lambda_3=-5$ 。

解 (1)判断系统的状态能观测性。

$$\operatorname{rank}\begin{bmatrix}\boldsymbol{c}\\ \boldsymbol{cA}\\ \boldsymbol{cA}^2\end{bmatrix}=\operatorname{rank}\begin{bmatrix}0 & 0 & 1\\ 0 & 2 & 0\\ 6 & -2 & 2\end{bmatrix}=3$$

所以系统状态完全能观测。可以设计闭环全维状态观测器，使其特征值得到任意配置。

(2)化系统为能观规范形。

$$\det(s\boldsymbol{I}-\boldsymbol{A})=s^3-9s+2$$

引入线性非奇异变换 $\boldsymbol{z}=\boldsymbol{Qx}$ ，

$$\boldsymbol{Q}=\begin{bmatrix}1 & 0 & -9\\ 0 & 1 & 0\\ 0 & 0 & 1\end{bmatrix}\begin{bmatrix}\boldsymbol{cA}^2\\ \boldsymbol{cA}\\ \boldsymbol{c}\end{bmatrix}=\begin{bmatrix}6 & -2 & 2\\ 0 & 2 & 0\\ 0 & 0 & 1\end{bmatrix}$$

$$\boldsymbol{Q}^{-1}=\begin{bmatrix}1/6 & 1/6 & 1/6\\ 0 & 1/2 & 0\\ 0 & 0 & 1\end{bmatrix}$$

$$\overline{\boldsymbol{A}}=\begin{bmatrix}0 & 0 & -2\\ 1 & 0 & 9\\ 0 & 1 & 0\end{bmatrix},\quad \overline{\boldsymbol{b}}=\boldsymbol{Qb}=\begin{bmatrix}3\\ 2\\ 1\end{bmatrix},\quad \overline{\boldsymbol{c}}=\boldsymbol{cQ}^{-1}=[0\quad 0\quad 1]$$

期望特征多项式为

$$(s+3)(s+4)(s+5)=s^3+12s^2+47s+60 \tag{6.11.19}$$

实际特征多项式为

$$\det[s\boldsymbol{I}-(\overline{\boldsymbol{A}}-\overline{\boldsymbol{g}}\overline{\boldsymbol{c}})]=s^3+\overline{g}_3s^2+(-9+\overline{g}_2)s+(2+\overline{g}_1) \tag{6.11.20}$$

比较式(6.11.19)和式(6.11.20)，得

$$\begin{cases}\overline{g}_1=58\\ \overline{g}_2=56\\ \overline{g}_3=12\end{cases}$$

即 $\overline{\boldsymbol{g}}=[58\quad 56\quad 12]^{\mathrm{T}}$ 。

(3)计算。

$$\boldsymbol{g}=\boldsymbol{Q}^{-1}\overline{\boldsymbol{g}}=\begin{bmatrix}33\\ 28\\ 12\end{bmatrix}$$

(4)所求的全维状态观测器为

$$\dot{\hat{x}} = (A - gc)\hat{x} + bu + gy = \begin{bmatrix} 1 & 2 & -33 \\ 3 & -1 & -27 \\ 0 & 2 & -12 \end{bmatrix}\hat{x} + \begin{bmatrix} 2 \\ 1 \\ 1 \end{bmatrix}u + \begin{bmatrix} 33 \\ 28 \\ 12 \end{bmatrix}y$$

例 6.11.2 旋转式倒立摆的状态观测器 MATLAB 实现。对例 1.2.6 旋转式倒立摆系统，设计状态观测器，使其闭环极点配置在−20 ± 3i, −80 ± i。

解 由对偶性原理的相关知识，系统的状态估计问题与其对偶系统的控制问题是等价的，因此可以把状态估计问题转换为其对偶系统的状态反馈控制问题进行求解：

```
A=[0 0 1 0; 0 0 0 1; 65.8751 –16.8751 –3.7062 0.2760; –82.2122 82.2122 4.6254 –1.3444];
B=[0;0;5.2184;–6.5125];
C=[1,0,0,0;0,1,0,0];
p=[–20+3i,–20-3i,–80–i,–80+i];
G=place(A',C',p);
```

$G = \begin{bmatrix} 96.0 & 5.1 & 1316.0 & 353.2 \\ 43.1 & 98.9 & 3352.9 & 1775.9 \end{bmatrix}^{\mathrm{T}}$ 为所求的闭环全维状态观测器的反馈增益矩阵。

6.12 线性系统的降维状态观测器

下面讨论线性系统的降维状态观测器。降维状态观测器的维数小于被观测系统的维数。

对如下线性定常系统构造降维状态观测器：

$$\begin{cases} \dot{x} = Ax + Bu \\ y = Cx \end{cases} \tag{6.12.1}$$

其中，x 为 n 维状态向量；u 为 p 维输入向量；y 为 q 维输出变量。此外，假定 $\{A,C\}$ 为状态完全能观测，C 为满秩，即 $\mathrm{rank}C = q$ 。

系统(6.12.1)降维状态观测器的最小维数为 $n-q$ 。

1. 构造降维状态观测器的变换矩阵

对系统(6.12.1)，定义 $n \times n$ 矩阵 P ：

$$P_{n\times n} \triangleq \begin{bmatrix} C \\ R \end{bmatrix} \begin{matrix} {}^{q\times n} \\ {}_{(n-q)\times n} \end{matrix} \tag{6.12.2}$$

其中，适当选取 $(n-q)\times n$ 常值矩阵 R，使矩阵 P 为非奇异的常值矩阵。计算矩阵 P 的逆矩阵：

$$Q \triangleq P^{-1} = [\underset{n\times q}{Q_1} \mid \underset{n\times(n-q)}{Q_2}] \tag{6.12.3}$$

由于 $\boldsymbol{I}=\boldsymbol{PQ}=\begin{bmatrix}\boldsymbol{C}\\ \boldsymbol{R}\end{bmatrix}[\boldsymbol{Q}_1 \mid \boldsymbol{Q}_2]=\begin{bmatrix}\boldsymbol{CQ}_1 & \boldsymbol{CQ}_2\\ \boldsymbol{RQ}_1 & \boldsymbol{RQ}_2\end{bmatrix}=\begin{bmatrix}\boldsymbol{I}_{q\times q} & \boldsymbol{0}\\ \boldsymbol{0} & \boldsymbol{I}_{(n-q)\times(n-q)}\end{bmatrix}$

所以变换矩阵 $\{\boldsymbol{P},\boldsymbol{Q}\}$ 满足：

$$\begin{aligned}\boldsymbol{CQ}_1&=\boldsymbol{I}_{q\times q}\\ \boldsymbol{CQ}_2&=\boldsymbol{0}_{q\times(n-q)}\end{aligned}\tag{6.12.4}$$

2. 被观测系统的变换

对被观测系统(6.12.1)引入线性非奇异变换 $\overline{\boldsymbol{x}}=\boldsymbol{Px}$，有

$$\begin{cases}\dot{\overline{\boldsymbol{x}}}=\boldsymbol{PAP}^{-1}\overline{\boldsymbol{x}}+\boldsymbol{PBu}=\overline{\boldsymbol{A}}\overline{\boldsymbol{x}}+\overline{\boldsymbol{B}}\boldsymbol{u}\\ \boldsymbol{y}=\boldsymbol{CP}^{-1}\overline{\boldsymbol{x}}=[\boldsymbol{CQ}_1\quad \boldsymbol{CQ}_2]\overline{\boldsymbol{x}}=[\boldsymbol{I}_{q\times q}\quad \boldsymbol{0}_{q\times(n-q)}]\overline{\boldsymbol{x}}\end{cases}\tag{6.12.5}$$

令

$$\overline{\boldsymbol{x}}=\begin{bmatrix}\overline{\boldsymbol{x}}_{1_{q\times 1}}\\ \overline{\boldsymbol{x}}_{2_{(n-q)\times 1}}\end{bmatrix}$$

经过变换，被观测系统的状态空间描述变为

$$\begin{aligned}&\begin{bmatrix}\dot{\overline{\boldsymbol{x}}}_1\\ \dot{\overline{\boldsymbol{x}}}_2\end{bmatrix}=\begin{bmatrix}\overline{\boldsymbol{A}}_{11} & \overline{\boldsymbol{A}}_{12}\\ \overline{\boldsymbol{A}}_{21} & \overline{\boldsymbol{A}}_{22}\end{bmatrix}\begin{bmatrix}\overline{\boldsymbol{x}}_1\\ \overline{\boldsymbol{x}}_2\end{bmatrix}+\begin{bmatrix}\overline{\boldsymbol{B}}_1\\ \overline{\boldsymbol{B}}_2\end{bmatrix}\boldsymbol{u}\\ &\boldsymbol{y}=[\boldsymbol{I}_{q\times q}\quad \boldsymbol{0}_{q\times(n-q)}]\begin{bmatrix}\overline{\boldsymbol{x}}_1\\ \overline{\boldsymbol{x}}_2\end{bmatrix}=\overline{\boldsymbol{x}}_1\end{aligned}\tag{6.12.6}$$

其中，$\overline{\boldsymbol{A}}_{11}$ 为 $q\times q$ 阵，$\overline{\boldsymbol{A}}_{12}$ 为 $q\times(n-q)$ 阵；$\overline{\boldsymbol{A}}_{21}$ 为 $(n-q)\times q$ 阵；$\overline{\boldsymbol{A}}_{22}$ 为 $(n-q)\times(n-q)$ 阵。

由式(6.12.6)可知，q 维子状态向量 $\overline{\boldsymbol{x}}_1$ 可由被观测系统的输出向量 $\boldsymbol{y}$ 直接得出，因此只需对状态向量 $\overline{\boldsymbol{x}}_2$ 设计状态观测器。

3. 状态向量 $\overline{\boldsymbol{x}}_2$ 对应子系统的状态空间描述

由式(6.12.6)，有

$$\begin{cases}\dot{\overline{\boldsymbol{x}}}_2=\overline{\boldsymbol{A}}_{22}\overline{\boldsymbol{x}}_2+(\overline{\boldsymbol{A}}_{21}\overline{\boldsymbol{x}}_1+\overline{\boldsymbol{B}}_2\boldsymbol{u})\\ \dot{\overline{\boldsymbol{x}}}_1=\dot{\boldsymbol{y}}=\overline{\boldsymbol{A}}_{11}\overline{\boldsymbol{x}}_1+\overline{\boldsymbol{A}}_{12}\overline{\boldsymbol{x}}_2+\overline{\boldsymbol{B}}_1\boldsymbol{u}\end{cases}\tag{6.12.7}$$

由式(6.12.7)，还可得

$$\dot{\boldsymbol{y}}-\overline{\boldsymbol{A}}_{11}\boldsymbol{y}-\overline{\boldsymbol{B}}_1\boldsymbol{u}=\overline{\boldsymbol{A}}_{12}\overline{\boldsymbol{x}}_2\tag{6.12.8}$$

令

$$\begin{aligned}\overline{\boldsymbol{u}}&\triangleq\overline{\boldsymbol{A}}_{21}\overline{\boldsymbol{x}}_1+\overline{\boldsymbol{B}}_2\boldsymbol{u}\\ \boldsymbol{w}&\triangleq\dot{\boldsymbol{y}}-\overline{\boldsymbol{A}}_{11}\boldsymbol{y}-\overline{\boldsymbol{B}}_1\boldsymbol{u}\end{aligned}\tag{6.12.9}$$

将式(6.12.9)代入式(6.12.7)和式(6.12.8)，可得关于状态向量 $\overline{\boldsymbol{x}}_2$ 的状态空间描述为

$$\begin{cases}\dot{\overline{\boldsymbol{x}}}_2=\overline{\boldsymbol{A}}_{22}\overline{\boldsymbol{x}}_2+\overline{\boldsymbol{u}}\\ \boldsymbol{w}=\overline{\boldsymbol{A}}_{12}\overline{\boldsymbol{x}}_2\end{cases}\tag{6.12.10}$$

不加证明地给出，$\{\bar{A}_{22},\bar{A}_{12}\}$ 能观测的充分必要条件是 $\{A,C\}$ 能观测。

4. $\bar{x}_2$ 的状态观测器

对子系统(6.12.10)，构造 $\bar{x}_2$ 的全维状态观测器。

结论 6.12.1 对子系统(6.12.10)，$n-q$ 维子状态向量 $\bar{x}_2$ 的状态观测器为

$$\dot{z}=(\bar{A}_{22}-\bar{G}\bar{A}_{12})z+[(\bar{A}_{22}-\bar{G}\bar{A}_{12})\bar{G}+(\bar{A}_{21}-\bar{G}\bar{A}_{11})]y+(\bar{B}_2-\bar{G}\bar{B}_1)u \tag{6.12.11}$$

且 $\bar{x}_2$ 的重构状态 $\hat{\bar{x}}_2$ 为

$$\hat{\bar{x}}_2=z+\bar{G}y \tag{6.12.12}$$

其中，各系数矩阵见式(6.12.10)，$(n-q)\times q$ 反馈增益矩阵 $\bar{G}$ 满足使 $\bar{A}_{22}-\bar{G}\bar{A}_{12}$ 渐进稳定或具有期望的特征值。

证 对 $\bar{x}_2$ 子系统(6.12.10)，构造 $\bar{x}_2$ 的全维状态观测器：

$$\dot{\hat{\bar{x}}}_2=(\bar{A}_{22}-\bar{G}\bar{A}_{12})\hat{\bar{x}}_2+\bar{G}w+\bar{u}$$

将式(6.12.9)代入上式，有

$$\dot{\hat{\bar{x}}}_2=(\bar{A}_{22}-\bar{G}\bar{A}_{12})\hat{\bar{x}}_2+\bar{G}(\dot{y}-\bar{A}_{11}y-\bar{B}_1u)+(\bar{A}_{21}\bar{x}_1+\bar{B}_2u) \tag{6.12.13}$$

为消掉式(6.12.13)中的 $\dot{y}$，令

$$z=\hat{\bar{x}}_2-\bar{G}y \tag{6.12.14}$$

由式(6.12.13)和式(6.12.14)，有

$$\dot{z}=\dot{\hat{\bar{x}}}_2-\bar{G}\dot{y}=(\bar{A}_{22}-\bar{G}\bar{A}_{12})\hat{\bar{x}}_2-\bar{G}(\bar{A}_{11}y+\bar{B}_1u)+(\bar{A}_{21}\bar{x}_1+\bar{B}_2u)$$

由式(6.12.14)，有 $\hat{\bar{x}}_2=z+\bar{G}y$，代入上式可得

$$\begin{aligned}\dot{z}&=(\bar{A}_{22}-\bar{G}\bar{A}_{12})z+(\bar{A}_{22}-\bar{G}\bar{A}_{12})\bar{G}y-\bar{G}(\bar{A}_{11}y+\bar{B}_1u)+(\bar{A}_{21}\bar{x}_1+\bar{B}_2u)\\&=(\bar{A}_{22}-\bar{G}\bar{A}_{12})z+[(\bar{A}_{22}-\bar{G}\bar{A}_{12})\bar{G}+(\bar{A}_{21}-\bar{G}\bar{A}_{11})]y+(\bar{B}_2-\bar{G}\bar{B}_1)u\end{aligned}$$

至此，证明完成。

状态观测器(6.12.11)是以 y 和 u 为输入的 $n-q$ 维动态系统，通过改变 $\bar{G}$，可使 $\bar{A}_{22}-\bar{G}\bar{A}_{12}$ 的特征值得到任意配置。

由式(6.12.12)可以看出，如果系统的输出 y 含有噪声，则 $\bar{x}_2$ 的重构状态 $\hat{\bar{x}}_2$ 也受噪声污染，又因为 $y=\bar{x}_1$，所以相对于全维状态观测器，降维状态观测器的抗噪声能力降低。

5. 被观测系统的重构状态表达式

结论 6.12.2 对系统(6.12.1)，系统状态 x 的重构状态 $\hat{x}$ 表达式为

$$\hat{x}=Q_1y+Q_2(z+\bar{G}y) \tag{6.12.15}$$

其中，z 为观测器(6.12.11)的状态；$\bar{G}$ 为观测器(6.12.11)中的反馈增益矩阵；y 为被观测系统(6.12.1)的输出，Q_1 和 Q_2 见式(6.12.3)。

证 对系统(6.12.6)的状态 $\bar{x}$ 的重构状态 $\hat{\bar{x}}$ 为

$$\hat{\bar{x}} = \begin{bmatrix} \hat{\bar{x}}_1 \\ \hat{\bar{x}}_2 \end{bmatrix} = \begin{bmatrix} y \\ z + \bar{G}y \end{bmatrix} \tag{6.12.16}$$

又因为 $\bar{x} = Px$，所以

$$\hat{x} = P^{-1}\hat{\bar{x}} = [Q_1 \quad Q_2]\begin{bmatrix} y \\ z + \bar{G}y \end{bmatrix} = Q_1 y + Q_2(z + \bar{G}y)$$

证明完成。

6.13 基于观测器的状态反馈系统

为了使状态反馈系统能够物理实现，引入状态观测器，利用对被控系统状态的重构值 $\hat{x}$ 代替系统的实际状态 x，构成反馈控制系统。本节主要讨论状态观测器的引入对状态反馈闭环系统的影响，以及基于观测器的状态反馈闭环系统的基本特性。

6.13.1 基于观测器的状态反馈系统的状态空间描述

基于观测器的状态反馈系统由被控系统、状态反馈和状态观测器构成。考虑 n 维连续时间线性定常被控系统：

$$\Sigma_0 : \begin{cases} \dot{x} = Ax + Bu, & x(0) = x_0, \quad t \geqslant 0 \\ y = Cx \end{cases} \tag{6.13.1}$$

其中，u 为 p 维输入向量；y 为 q 维输出变量。此外，假定 $\{A,C\}$ 为状态完全能观测，$\{A,B\}$ 为状态完全能控。引入的全维闭环状态观测器为

$$\Sigma_G : \begin{cases} \dot{\hat{x}} = (A - GC)\hat{x} + Bu + Gy \\ y = C\hat{x} \end{cases} \tag{6.13.2}$$

其中，$n \times q$ 矩阵 G 使 $A - GC$ 的特征值配置在期望的位置上。

引入状态反馈

$$u = -Kx + v \tag{6.13.3}$$

其中，$p \times n$ 反馈增益矩阵 K 可按期望的性能指标确定；v 为 p 维参考输入。

以观测器重构状态 $\hat{x}$ 代替被控系统状态 x，得到基于状态观测器的状态反馈系统的组成结构，如图 6.13.1 所示。

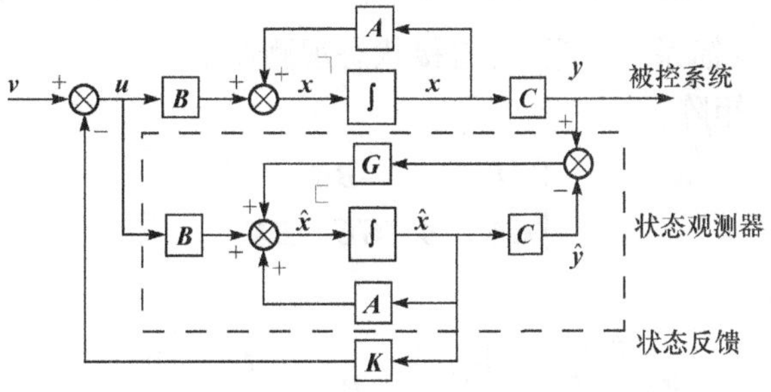

图 6.13.1 基于状态观测器的状态反馈系统的组成结构

进一步，对基于观测器的状态反馈系统建立状态空间描述。

结论 6.13.1 对如图 6.13.1 所示的基于观测器的状态反馈系统 $\sum_{KG}$，取

$$\begin{bmatrix} \boldsymbol{x} \\ \hat{\boldsymbol{x}} \end{bmatrix}_{2n\times 1} \text{为状态，} \boldsymbol{v}_{p\times 1} \text{为参考输入，} \boldsymbol{y}_{q\times 1} \text{为输出}$$

则其状态空间描述为

$$\begin{cases} \begin{bmatrix} \dot{\boldsymbol{x}} \\ \dot{\hat{\boldsymbol{x}}} \end{bmatrix} = \begin{bmatrix} \boldsymbol{A} & -\boldsymbol{BK} \\ \boldsymbol{GC} & \boldsymbol{A}-\boldsymbol{GC}-\boldsymbol{BK} \end{bmatrix} \begin{bmatrix} \boldsymbol{x} \\ \hat{\boldsymbol{x}} \end{bmatrix} + \begin{bmatrix} \boldsymbol{B} \\ \boldsymbol{B} \end{bmatrix} \boldsymbol{v} \\ \boldsymbol{y} = [\boldsymbol{C} \quad \boldsymbol{0}] \begin{bmatrix} \boldsymbol{x} \\ \hat{\boldsymbol{x}} \end{bmatrix} \end{cases} \tag{6.13.4}$$

证 由式(6.13.1)～式(6.13.3)，可得

$$\dot{\boldsymbol{x}} = \boldsymbol{Ax} + \boldsymbol{B}(-\boldsymbol{K}\hat{\boldsymbol{x}} + \boldsymbol{v}) = \boldsymbol{Ax} - \boldsymbol{BK}\hat{\boldsymbol{x}} + \boldsymbol{Bv}$$

和

$$\dot{\hat{\boldsymbol{x}}} = (\boldsymbol{A} - \boldsymbol{GC})\hat{\boldsymbol{x}} + \boldsymbol{B}(-\boldsymbol{K}\hat{\boldsymbol{x}} + \boldsymbol{v}) + \boldsymbol{Gy} = \boldsymbol{GCx} + (\boldsymbol{A} - \boldsymbol{GC} - \boldsymbol{BK})\hat{\boldsymbol{x}} + \boldsymbol{Bv}$$

将上面两式写成矩阵形式，即可得到式(6.13.4)。证明完成。

6.13.2 基于观测器的状态反馈系统的特性

下面讨论基于观测器的状态反馈系统(6.13.4)的特性。

1. $\sum_{KG}$ 的维数

结论 6.13.2[$\sum_{KG}$ 的维数] 对如图 6.13.1 所示的基于观测器的状态反馈系统 $\sum_{KG}$，有

$$\dim(\textstyle\sum_{KG}) = \dim(\sum_K) + \dim(\sum_G) \tag{6.13.5}$$

结论 6.13.1 表明，相比于直接状态反馈系统 $\sum_K$，引入状态观测器的结果提高了状态反馈系统的维数。

2. $\sum_{KG}$ 的特征值集合

结论 6.13.3 对如图 6.13.1 所示的基于观测器的状态反馈系统 $\sum_{KG}$，设 $\lambda(\cdot)$ 为所示矩阵的特征值集合，$\lambda_i(\cdot)$ 为所示矩阵的第 i 个特征值，则有

$$\lambda(\textstyle\sum_{KG}) = \{\lambda(\sum_K), \lambda(\sum_G)\} = \{\lambda_i(\boldsymbol{A} - \boldsymbol{BK}), i = 1, 2, \cdots, n; \lambda_j(\boldsymbol{A} - \boldsymbol{GC}), j = 1, 2, \cdots, n\} \tag{6.13.6}$$

其中，$\sum_K$ 为直接状态反馈系统，$\sum_G$ 为直接状态观测器系统。

证 对 $\sum_{KG}$ 的系统矩阵

$$\begin{bmatrix} \boldsymbol{A} & -\boldsymbol{BK} \\ \boldsymbol{GC} & \boldsymbol{A}-\boldsymbol{GC}-\boldsymbol{BK} \end{bmatrix} \tag{6.13.7}$$

引入线性非奇变换矩阵：

$$\boldsymbol{P} = \begin{bmatrix} \boldsymbol{I}_{n\times n} & \boldsymbol{0}_{n\times n} \\ -\boldsymbol{I}_{n\times n} & \boldsymbol{I}_{n\times n} \end{bmatrix}, \quad \boldsymbol{P}^{-1} = \begin{bmatrix} \boldsymbol{I}_{n\times n} & \boldsymbol{0}_{n\times n} \\ \boldsymbol{I}_{n\times n} & \boldsymbol{I}_{n\times n} \end{bmatrix} \tag{6.13.8}$$

由式(6.13.7)和式(6.13.8)，可得

$$P\begin{bmatrix} A & -BK \\ GC & A-GC-BK \end{bmatrix}P^{-1}=\begin{bmatrix} I_{n\times n} & 0_{n\times n} \\ -I_{n\times n} & I_{n\times n} \end{bmatrix}\begin{bmatrix} A & -BK \\ GC & A-GC-BK \end{bmatrix}\begin{bmatrix} I_{n\times n} & 0_{n\times n} \\ I_{n\times n} & I_{n\times n} \end{bmatrix}$$

$$=\begin{bmatrix} A-BK & -BK \\ 0 & A-GC \end{bmatrix}$$

又因为线性非奇异变换不改变矩阵的特征值，所以有

$$\lambda(\Sigma_{KG})=\lambda\left(\begin{bmatrix} A & -BK \\ GC & A-GC-BK \end{bmatrix}\right)=\lambda\left(P\begin{bmatrix} A & -BK \\ GC & A-GC-BK \end{bmatrix}P^{-1}\right)$$

$$=\lambda\left(\begin{bmatrix} A-BK & -BK \\ 0 & A-GC \end{bmatrix}\right)=\{\lambda_i(A-BK),i=1,2,\cdots,n;\lambda_j(A-GC),j=1,2,\cdots,n\}$$

$$=\{\lambda(\Sigma_K),\lambda(\Sigma_G)\}$$

至此，证明完成。

结论 6.13.3 表明，基于观测器的状态反馈系统的特征值由单独状态反馈系统的特征值和单独状态观测器系统的特征值组成。

由结论 6.13.3 可以得到如下的分离性原理。

3. Σ_{KG} 系统的分离性原理

结论 6.13.4[分离性原理] 对如图 6.13.1 所示的基于观测器的状态反馈系统 Σ_{KG}，观测器 Σ_G 的引入不影响反馈增益矩阵 $\boldsymbol{K}$ 所配置的直接状态反馈系统 Σ_K 的特征值 $\lambda_i(A-BK)$, $i=1,2,\cdots,n$。同时，状态反馈的引入也不影响状态观测器 Σ_G 的特征值 $\lambda_j(A-GC)$, $j=1,2,\cdots,n$。因此，基于观测器的状态反馈系统 Σ_{KG} 满足分离性原理，状态反馈控制规律的设计和观测器的设计可分别独立地进行。

4. Σ_{KG} 系统的传递函数矩阵

结论 6.13.5[传递函数矩阵] 状态观测器的引入不改变直接状态反馈系统 Σ_K 的传递函数矩阵。$G_{KG}(s)$ 和 $G_K(s)$ 为 Σ_{KG} 和 Σ_K 的传递函数矩阵，则有

$$G_{KG}(s)=G_K(s) \tag{6.13.9}$$

证 因为

$$G_K(s)=C(sI-A+BK)^{-1}B$$

和

$$G_{KG}(s)=\bar{C}(sI-\bar{A})^{-1}\bar{B}$$

其中

$$\bar{A}=\begin{bmatrix} A & -BK \\ GC & A-GC-BK \end{bmatrix},\quad \bar{B}=\begin{bmatrix} B \\ B \end{bmatrix},\quad \bar{C}=[C \quad 0]$$

利用式(6.13.8)给出的变换矩阵，对$\{\bar{A},\bar{B},\bar{C}\}$作线性非奇异变换，可得

$$\tilde{A}=P\bar{A}P^{-1}=P\begin{bmatrix}A & -BK\\ GC & A-GC-BK\end{bmatrix}P^{-1}=\begin{bmatrix}A-BK & -BK\\ 0 & A-GC\end{bmatrix} \tag{6.13.10}$$

$$\tilde{B}=P\bar{B}=\begin{bmatrix}I_{n\times n} & 0_{n\times n}\\ -I_{n\times n} & I_{n\times n}\end{bmatrix}\begin{bmatrix}B\\ B\end{bmatrix}=\begin{bmatrix}B\\ 0\end{bmatrix} \tag{6.13.11}$$

$$\tilde{C}=\bar{C}P^{-1}=[C\quad 0]\begin{bmatrix}I_{n\times n} & 0_{n\times n}\\ I_{n\times n} & I_{n\times n}\end{bmatrix}=[C\quad 0] \tag{6.13.12}$$

因为传递函数矩阵在线性非奇异变换下保持不变，由式(6.13.10)、式(6.13.11)和式(6.13.12)，可得

$$\begin{aligned}G_{KB}(s)&=\bar{C}(sI-\bar{A})^{-1}\bar{B}=\tilde{C}(sI-\tilde{A})^{-1}\tilde{B}\\&=[C\quad 0]\begin{bmatrix}sI-A+BK & BK\\ 0 & sI-A+GC\end{bmatrix}^{-1}\begin{bmatrix}B\\ 0\end{bmatrix}\\&=[C\quad 0]\begin{bmatrix}(sI-A+BK)^{-1} & *\\ 0 & (sI-A+GC)^{-1}\end{bmatrix}\begin{bmatrix}B\\ 0\end{bmatrix}\\&=C(sI-A+BK)^{-1}B=G_K(s)\end{aligned}$$

证明完成。

5. $\sum_{KG}$ 系统的能控性和能观测性

状态观测器的引入对系统$\sum_0$的能控性和能观测性带来影响。

结论 6.13.6 对状态完全能观测完全能控的被控系统$\sum_0$，基于观测器的状态反馈系统$\sum_{KG}$的能控性和能观测性遭到破坏。系统$\sum_{KG}$的能控能观测部分为$\{A-BK,B,C\}$。

证 因为系统的传递函数矩阵只反映系统能控且能观测状态对应的子系统，由结论 6.13.5 可知，系统$\sum_{KG}$的能控能观测部分为$\{A-BK,B,C\}$，相应状态的维数为n，由式(6.13.10)～式(6.13.12)可知，系统$\sum_{KG}$还含有n个不能控且不能观测的状态。证明完成。

6. $\sum_{KG}$ 中观测器的设计原则

对如图 6.13.1 所示的基于观测器的状态反馈系统$\sum_{KG}$，其状态观测器设计的一般原则为把观测器的特征值的负实部取为$A-BK$特征值负实部的 2～3 倍，即

$$\mathrm{Re}\,\lambda_i(A-GC)=(2\sim 3)\,\mathrm{Re}\,\lambda_i(A-BK) \tag{6.13.13}$$

这是因为状态观测器系统的状态初值与实际被控系统的状态初值存在偏差，这就要求状态重构误差的衰减速度要比闭环系统的状态响应速度快。

习　题

6.1 判断下列系统能否用状态反馈任意地配置全部特征值：

(1) $\dot{x}=\begin{bmatrix}1 & 2\\ 3 & 2\end{bmatrix}x+\begin{bmatrix}1\\ 0\end{bmatrix}u$；(2) $\dot{x}=\begin{bmatrix}1 & 0 & 0\\ 0 & -2 & 1\\ 0 & 0 & -2\end{bmatrix}x+\begin{bmatrix}1 & 0\\ 0 & 2\\ 0 & 0\end{bmatrix}u$；

(3) $\dot{x}=\begin{bmatrix}0&1&0&0\\0&0&1&0\\0&0&0&1\\-2&-4&-3&0\end{bmatrix}x+\begin{bmatrix}0&0&0\\0&0&1\\0&1&0\\1&0&0\end{bmatrix}u$。

6.2　给定受控系统为

$$\dot{x}=\begin{bmatrix}1&2\\3&1\end{bmatrix}x+\begin{bmatrix}1\\0\end{bmatrix}u$$

试确定一个状态反馈阵 k，使闭环极点配置为 $\lambda_1^*=-3+\mathrm{j}$ 和 $\lambda_2^*=-3-\mathrm{j}$。

6.3　给定受控系统的传递函数为

$$g_0(s)=\frac{1}{s(s+4)(s+8)}$$

试确定一个状态反馈阵 k，使闭环极点配置为 $\lambda_1^*=-1$，$\lambda_2^*=-4$，$\lambda_3^*=-3$。

6.4　对习题 6.3 的受控系统，确定一个状态反馈矩阵 k，使相对于单位阶跃参考输入的输出过渡过程满足指标：超调量 $\sigma\leqslant 20\%$，调节时间 $t_s\leqslant 0.4$ s。

6.5　给定受控系统为

$$\dot{x}=\begin{bmatrix}1&1\\0&1\end{bmatrix}x+\begin{bmatrix}1\\0\end{bmatrix}u$$
$$y=\begin{bmatrix}2&0\\0&1\end{bmatrix}x$$

试确定一个输出反馈阵 g，使闭环极点配置为 $\lambda_1^*=-2$ 和 $\lambda_2^*=-4$。

6.6　给定受控系统为

$$\dot{x}=\begin{bmatrix}2&1&0&0\\0&2&0&0\\0&0&-4&0\\0&0&0&-4\end{bmatrix}x+\begin{bmatrix}0\\1\\1\\1\end{bmatrix}u$$

试问能否找到一个状态反馈阵 k，使闭环极点配置到下列位置：

(1) $\lambda_1^*=-4,\ \lambda_2^*=-4,\ \lambda_3^*=-4,\ \lambda_4^*=-4$；

(2) $\lambda_1^*=-4,\ \lambda_2^*=-4,\ \lambda_3^*=-4,\ \lambda_4^*=-2$；

(3) $\lambda_1^*=-5,\ \lambda_2^*=-5,\ \lambda_3^*=-5,\ \lambda_4^*=-5$。

6.7　给定受控系统为

$$\dot{x}=\begin{bmatrix}1&1&0\\0&1&0\\0&0&2\end{bmatrix}x+\begin{bmatrix}0&0\\1&0\\0&-1\end{bmatrix}u$$

试确定两个不同的状态反馈阵 K_1 和 K_2，使闭环极点配置为 $\lambda_1^*=-2,\ \lambda_2^*=-1+\mathrm{j}2$，$\lambda_3^*=-1-\mathrm{j}2$。

6.8　给定受控系统为

$$\dot{x}=\begin{bmatrix}0&2&0&0\\0&0&1&0\\-3&1&2&3\\2&1&0&0\end{bmatrix}x+\begin{bmatrix}0&0\\0&0\\1&2\\0&2\end{bmatrix}u$$

试确定两个不同的状态反馈阵 $\boldsymbol{K}_1$ 和 $\boldsymbol{K}_2$，使闭环极点配置为 $\lambda_{1,2}^* = -2 \pm \mathrm{j}3$ 和 $\lambda_{3,4}^* = -5 \pm \mathrm{j}6$。

6.9 判断下列各系统能否用状态反馈实现镇定：

(1) $\dot{\boldsymbol{x}} = \begin{bmatrix} 1 & 3 \\ 2 & 1 \end{bmatrix} \boldsymbol{x} + \begin{bmatrix} 0 \\ 1 \end{bmatrix} u$；　　(2) $\dot{\boldsymbol{x}} = \begin{bmatrix} 4 & 2 \\ 0 & -2 \end{bmatrix} \boldsymbol{x} + \begin{bmatrix} 1 \\ 0 \end{bmatrix} u$；

(3) $\dot{\boldsymbol{x}} = \begin{bmatrix} 1 & 0 & 0 \\ 0 & -2 & 1 \\ 0 & 0 & -2 \end{bmatrix} \boldsymbol{x} + \begin{bmatrix} 1 & 0 \\ 0 & 1 \\ 0 & 0 \end{bmatrix} \boldsymbol{u}$。

6.10 判断下列各系统能否用输出反馈实现镇定：

(1) $\dot{\boldsymbol{x}} = \begin{bmatrix} 1 & 3 \\ 2 & 1 \end{bmatrix} \boldsymbol{x} + \begin{bmatrix} 0 \\ 1 \end{bmatrix} u, \quad y = \begin{bmatrix} 0 & 2 \\ 1 & 0 \end{bmatrix} \boldsymbol{x}$；　　(2) $\dot{\boldsymbol{x}} = \begin{bmatrix} 4 & 2 \\ 0 & -2 \end{bmatrix} \boldsymbol{x} + \begin{bmatrix} 1 \\ 0 \end{bmatrix} u, \quad y = \begin{bmatrix} 1 & 1 \\ 0 & 2 \end{bmatrix} \boldsymbol{x}$；

(3) $\dot{\boldsymbol{x}} = \begin{bmatrix} 4 & 0 & 0 \\ 0 & -1 & 1 \\ 0 & 0 & -1 \end{bmatrix} \boldsymbol{x} + \begin{bmatrix} 0 & 1 \\ 1 & 0 \\ 0 & 0 \end{bmatrix} \boldsymbol{u}, \quad \boldsymbol{y} = \begin{bmatrix} 1 & 0 & 1 \\ 1 & 1 & 0 \\ 2 & 4 & 3 \end{bmatrix} \boldsymbol{x}$。

6.11 设某系统的传递函数为

$$g_0(s) = \frac{(s+2)(s+3)}{(s+1)(s-2)(s+4)}$$

试问是否存在状态反馈阵 $\boldsymbol{k}$ 使闭环传递函数为

$$g(s) = \frac{(s+3)}{(s+2)(s+4)}$$

如果存在，求出此状态反馈阵 $\boldsymbol{k}$。

6.12 给定受控系统为

$$\dot{\boldsymbol{x}} = \begin{bmatrix} 2 & 1 & 0 \\ 0 & 1 & 1 \\ 1 & 0 & 0 \end{bmatrix} \boldsymbol{x} + \begin{bmatrix} 0 \\ 1 \\ 0 \end{bmatrix} u$$

试求一个状态反馈阵 $\boldsymbol{k}$，使得 $\boldsymbol{A} - \boldsymbol{bk}$ 相似于

$$\boldsymbol{F} = \begin{bmatrix} -3 & 0 & 0 \\ 0 & -2 & 0 \\ 0 & 0 & -1 \end{bmatrix}$$

6.13 判断下列各系统能否用状态反馈和输入变换进行解耦：

(1) $\boldsymbol{G}_0(s) = \begin{bmatrix} \dfrac{3}{s^2+2} & \dfrac{2}{s^2+s+1} \\ \dfrac{4s+1}{s^3+2s+1} & \dfrac{1}{s} \end{bmatrix}$；　　(2) $\dot{\boldsymbol{x}} = \begin{bmatrix} 3 & 1 & 0 \\ 0 & 0 & -1 \\ 0 & 1 & -1 \end{bmatrix} \boldsymbol{x} + \begin{bmatrix} 0 & 0 \\ 1 & 0 \\ 0 & 1 \end{bmatrix} \boldsymbol{u}, \quad \boldsymbol{y} = \begin{bmatrix} 2 & -1 & 1 \\ 0 & 1 & 1 \end{bmatrix} \boldsymbol{x}$。

6.14 给定受控系统为

$$\dot{\boldsymbol{x}} = \begin{bmatrix} -1 & 0 & 0 \\ 0 & -2 & -3 \\ 1 & 0 & 1 \end{bmatrix} \boldsymbol{x} + \begin{bmatrix} 1 & 0 \\ 0 & 1 \\ 0 & -1 \end{bmatrix} \boldsymbol{u}$$

$$\boldsymbol{y} = \begin{bmatrix} 1 & 2 & 0 \\ 0 & 1 & 1 \end{bmatrix} \boldsymbol{x}$$

(1)系统是否能解耦？

(2)若能解耦，定出实现积分型解耦的输入变换阵和状态反馈阵 $\{\boldsymbol{L}, \boldsymbol{K}\}$。

6.15 给定受控系统

$$\dot{x}=\begin{bmatrix}0 & 1\\ 0 & 0\end{bmatrix}x+\begin{bmatrix}0\\ 1\end{bmatrix}u,\quad x(0)=\begin{bmatrix}1\\ 2\end{bmatrix}$$

和性能指标

$$J=\int_0^\infty(2x_1^2+2x_1x_2+x_1^2+u^2)\mathrm{d}t$$

试确定最优状态反馈增益阵 $\boldsymbol{k}^*$ 和最优性能值 J^*。

6.16 给定受控系统

$$\dot{\boldsymbol{x}}=\begin{bmatrix}1 & 0\\ 0 & 2\end{bmatrix}\boldsymbol{x}+\begin{bmatrix}1\\ 1\end{bmatrix}u,\quad \boldsymbol{x}(0)=\begin{bmatrix}2\\ 1\end{bmatrix}$$
$$y=\begin{bmatrix}1 & 2\end{bmatrix}\boldsymbol{x}$$

和性能指标

$$J=\int_0^\infty(y^2+2u^2)\mathrm{d}t$$

试确定最优状态反馈增益阵 $\boldsymbol{k}^*$ 和最优性能值 J^*。

6.17 给定线性定常系统为

$$\dot{\boldsymbol{x}}=\begin{bmatrix}0 & 1\\ 0 & 0\end{bmatrix}\boldsymbol{x}+\begin{bmatrix}0\\ 1\end{bmatrix}u$$
$$y=\begin{bmatrix}1 & 0\end{bmatrix}\boldsymbol{x}$$

试用两种不同的方法确定其全维观测器，且规定其特征值为 $\lambda_1=-2$ 和 $\lambda_2=-4$。

6.18 给定线性定常系统为

$$\dot{\boldsymbol{x}}=\begin{bmatrix}1 & 3\\ 2 & 1\end{bmatrix}\boldsymbol{x}+\begin{bmatrix}1\\ 2\end{bmatrix}u$$
$$y=\begin{bmatrix}0 & 1\end{bmatrix}\boldsymbol{x}$$

试用两种不同的方法确定其降维观测器，且规定其特征值为 $\lambda_1=-3$。

6.19 给定线性定常系统为

$$\dot{\boldsymbol{x}}=\begin{bmatrix}-1 & -2 & -2\\ 0 & -1 & 1\\ 1 & 0 & -1\end{bmatrix}\boldsymbol{x}+\begin{bmatrix}2\\ 0\\ 1\end{bmatrix}u$$
$$y=\begin{bmatrix}1 & 1 & 0\end{bmatrix}\boldsymbol{x}$$

(1) 确定一个具有特征值–3, –3, –4 的三维状态观测器；

(2) 确定一个具有特征值–3 和–4 的二维状态观测器。

6.20 给定单输入-单输出受控系统的传递函数为

$$g_0(s)=\frac{1}{s(s+1)(s+2)}$$

(1) 确定一个状态反馈增益阵 $\boldsymbol{k}$，使闭环系统的极点为 $\lambda_1^*=-3$ 和 $\lambda_{2,3}^*=-\frac{1}{2}\pm\mathrm{j}\frac{\sqrt{3}}{2}$；

(2) 确定一个降维观测器，使其特征值均为–5；

(3) 画出整个系统的结构图；

(4) 确定整个闭环系统的传递函数 $g(s)$。

6.21　给定受控系统为

$$\dot{\boldsymbol{x}}=\begin{bmatrix}0&1&0&0\\0&0&-1&0\\0&0&0&1\\1&0&5&0\end{bmatrix}\boldsymbol{x}+\begin{bmatrix}0\\1\\0\\-2\end{bmatrix}u$$

$$\boldsymbol{y}=\begin{bmatrix}1&0&0&0\end{bmatrix}\boldsymbol{x}$$

再指定期望的闭环极点为 $\lambda_1^*=-1,\quad \lambda_{2,3}^*=-1\pm \mathrm{j},\quad \lambda_4^*=-2$，观测器的特征值为 $s_1=-3,\quad s_{2,3}=-3\pm \mathrm{j}2$，试设计一个基于状态观测器的状态反馈控制系统，并画出系统的组成结构图。

6.22　已知标准 LQ 调节问题

$$\dot{\boldsymbol{x}}=\boldsymbol{A}\boldsymbol{x}+\boldsymbol{B}\boldsymbol{u},\ \boldsymbol{x}(0)=\boldsymbol{x}_0$$

$$J=\int_0^{\infty}(\boldsymbol{x}^{\mathrm{T}}\boldsymbol{Q}\boldsymbol{x}+\boldsymbol{u}^{\mathrm{T}}\boldsymbol{R}\boldsymbol{u})\mathrm{d}t$$

的最优控制律和最优性能值为

$$\boldsymbol{u}^*=-\boldsymbol{K}^*\boldsymbol{x},\quad \boldsymbol{K}^*=\boldsymbol{R}^{-1}\boldsymbol{B}^{\mathrm{T}}\boldsymbol{P}$$

$$J^*=\boldsymbol{x}_0^{\mathrm{T}}\boldsymbol{P}\boldsymbol{x}_0$$

其中，$\boldsymbol{P}$ 为如下的黎卡提代数方程的正定对称解阵：

$$\boldsymbol{P}\boldsymbol{A}+\boldsymbol{A}^{\mathrm{T}}\boldsymbol{P}+\boldsymbol{Q}-\boldsymbol{P}\boldsymbol{B}\boldsymbol{R}^{-1}\boldsymbol{B}^{\mathrm{T}}\boldsymbol{P}=\boldsymbol{0}$$

现若取加权阵为 $\alpha\boldsymbol{Q}>0$ 和 $\alpha\boldsymbol{R}>0,\alpha>0$，试求此种情况下的最优控制律和最优性能值。

附录 1　船舶操纵摇艏运动 *K-T* 方程推导

附图 1 中，O_0 为 t=0 时重心 G 所在位置；G 为船舶重心，坐标为 (x_{0G},y_{0G})；O_0x_0 为船舶总的运动方向；O_0y_0 为 Ox_0 顺时针旋转 90° 方向；O_0z_0 为垂直于静水表面，指向地心为正，用右手法则确定；ψ 为艏向角；x_{OG},y_{OG} 为 t 时刻船舶重心在 O_0x_0,O_0y_0 方向的位移。

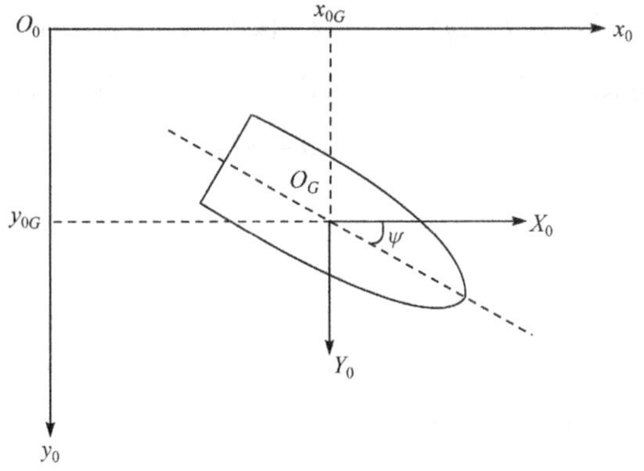

附图 1　固定坐标系

根据牛顿关于质心运动的动量和动量矩定理，可得

$$\begin{cases} X_0 = M\ddot{x}_{0G} \\ Y_0 = M\ddot{y}_{0G} \\ N = I_z\ddot{\psi} \end{cases} \tag{1}$$

其中，M 为船舶及附连水的质量；X_0 为作用在船舶的外力合力沿 X_0 轴的分量；Y_0 为作用在船舶的外力合力沿 Y_0 轴的分量；N 为外力合力对通过船舶重心铅垂轴的力矩；I_z 为船舶质量对通过重心铅垂轴的惯性矩；$\ddot{x}_{0G}$ 为重心 G 点线加速度沿 O_0x_0 轴的分量；$\ddot{y}_{0G}$ 为重心 G 点线加速度沿 O_0y_0 轴的分量；$\ddot{\psi}$ 为重心 G 点绕轴 O_0z_0 的角加速度。

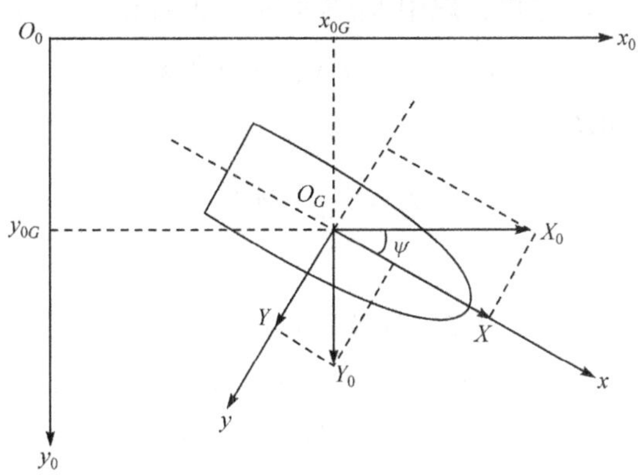

附图 2　运动坐标系

由附图 1 和附图 2 可得作用在船体上的合外力，设其在动坐标轴上的分量分别为 X,Y：

$$\begin{cases} X = X_0\cos\psi + Y_0\sin\psi \\ Y = Y_0\cos\psi - X_0\sin\psi \end{cases} \tag{2}$$

$$\begin{cases} \dot{x}_{0G} = u\cos\psi + v\sin\psi \\ \dot{y}_{0G} = u\sin\psi - v\cos\psi \end{cases} \tag{3}$$

式(3)两边对时间微分，得

$$\begin{cases} \ddot{x}_{0G} = \dot{u}\cos\psi + \dot{v}\sin\psi - (u\sin\psi - v\cos\psi)\dot{\psi} \\ \ddot{y}_{0G} = \dot{u}\sin\psi - \dot{v}\cos\psi + (u\cos\psi + v\sin\psi)\dot{\psi} \end{cases} \tag{4}$$

式(1)第一个公式$\times\cos\psi$ + 式(1)第二个公式$\times\sin\psi$，再由式(4)，得

$$X = M(\dot{u} + v\dot{\psi})$$

按类似的方法，可得

$$\begin{cases} X = M(\dot{u} + v\dot{\psi}) \\ Y = M(-\dot{v} + u\dot{\psi}) \\ N = I_z\ddot{\psi} \end{cases} \tag{5}$$

因为$\dot{\psi} = \omega$，所以得操纵运动一阶方程：

$$\begin{cases} X = M(\dot{u} + v\omega) \\ Y = M(-\dot{v} + u\omega) \\ N = I_z\dot{\omega} \end{cases} \tag{6}$$

为将流体惯性力计算简化，将动坐标原点 O 取于船中剖面处。

设船重心点 G 在 $O-xyz$ 中的坐标为 $(x_G,0,0)$，并将式(5)中的 u,v 理解为重心 G 点的值，以区别 u_G,v_G，则点 G 与点 O 的速度关系为

$$\begin{cases} u = u_G \\ v = v_G - x_G\dot{\psi} \end{cases} \tag{7}$$

其中，u,v 为 O 点速度的动坐标系分量；$x_G\dot{\psi}$ 为动坐标系旋转而引起的牵连速度。

式(5)中 N 为对重心 G 的力矩，现用 N_G 来表示，则对 O 点的力矩：

$$N = N_G + M(\dot{v}_G + u_G\dot{\psi})\cdot x_G \tag{8}$$

船体惯性矩由移轴定理得

$$I_z = I_{zG} + Mx_G^2 \tag{9}$$

将式(7)～式(9)代入式(5)得

$$\begin{cases} X = M(\dot{u} + v\dot{\psi} - x_G\dot{\psi}^2) \\ Y = M(-\dot{v} + u\dot{\psi} + x_G\ddot{\psi}) \\ N = I_z\ddot{\psi} + Mx_G(\dot{v} + u\dot{\psi}) \end{cases} \tag{10}$$

显然，式(5)是式(10)当 $x_G = 0$ 时的特例。

根据式(10)，先探讨等号左侧的作用于船体的水动力和力矩的线性表达式。

$$\begin{bmatrix} X \\ Y \\ N \end{bmatrix} = \boldsymbol{f}(\underbrace{L, m, I_z, x_G, \text{船型参数}}_{\text{船体几何特征}}; \underbrace{u, v, \omega, \dot{u}, \dot{v}, \dot{\omega}, n, \dot{n}, \delta, \dot{\delta}}_{\text{船体运动特征}}; \underbrace{\rho, \mu, g, \tau, p, p_v, \cdots}_{\text{流体特征}}) \tag{11}$$

仅考虑对某一给定船型在给定流体中运动的情况。由式(11)可得

$$\begin{aligned} X &= X(u, v, \omega, \dot{u}, \dot{v}, \dot{\omega}, n, \dot{n}, \delta, \dot{\delta}) \\ Y &= Y(u, v, \omega, \dot{u}, \dot{v}, \dot{\omega}, n, \dot{n}, \delta, \dot{\delta}) \\ N &= N(u, v, \omega, \dot{u}, \dot{v}, \dot{\omega}, n, \dot{n}, \delta, \dot{\delta}) \end{aligned} \tag{12}$$

为进一步简化问题，常忽略操纵运动过程中螺旋桨转速这一因素的作用，即作为对某一特定状态而言；并考虑到操舵过程短暂，故$\dot{\delta}$影响不大，可以忽略，则得通常的水动力关系式为

$$\begin{aligned} X &= X(u, v, \omega, \dot{u}, \dot{v}, \dot{\omega}, \delta) \\ Y &= Y(u, v, \omega, \dot{u}, \dot{v}, \dot{\omega}, \delta) \\ N &= N(u, v, \omega, \dot{u}, \dot{v}, \dot{\omega}, \delta) \end{aligned} \tag{13}$$

对式(13)进行泰勒展开如下：

$$\begin{cases} X = X(u_1, v_1, \omega_1, \dot{u}_1, \dot{v}_1, \dot{\omega}_1, \delta_1) + \dfrac{\partial X}{\partial u}\Delta u + \dfrac{\partial X}{\partial v}\Delta v + \dfrac{\partial X}{\partial \omega}\Delta \omega \\ \quad + \dfrac{\partial X}{\partial \dot{u}}\Delta \dot{u} + \dfrac{\partial X}{\partial \dot{v}}\Delta \dot{v} + \dfrac{\partial X}{\partial \dot{\omega}}\Delta \dot{\omega} + \dfrac{\partial X}{\partial \delta}\Delta \delta + \cdots + \dfrac{1}{n!}\left(\dfrac{\partial}{\partial u}\Delta u + \dfrac{\partial}{\partial v}\Delta v + \dfrac{\partial}{\partial \omega}\Delta \omega \right. \\ \quad \left. + \dfrac{\partial}{\partial \dot{u}}\Delta \dot{u} + \dfrac{\partial}{\partial \dot{v}}\Delta \dot{v} + \dfrac{\partial}{\partial \dot{\omega}}\Delta \dot{\omega} + \dfrac{\partial}{\partial \delta}\Delta \delta \right)^n \cdot X + \cdots \\ Y = Y(u_1, v_1, \omega_1, \dot{u}_1, \dot{v}_1, \dot{\omega}_1, \delta_1) + \dfrac{\partial Y}{\partial u}\Delta u + \dfrac{\partial Y}{\partial v}\Delta v + \dfrac{\partial Y}{\partial \omega}\Delta \omega \\ \quad + \dfrac{\partial Y}{\partial \dot{u}}\Delta \dot{u} + \dfrac{\partial Y}{\partial \dot{v}}\Delta \dot{v} + \dfrac{\partial Y}{\partial \dot{\omega}}\Delta \dot{\omega} + \dfrac{\partial Y}{\partial \delta}\Delta \delta + \cdots + \dfrac{1}{n!}\left(\dfrac{\partial}{\partial u}\Delta u + \dfrac{\partial}{\partial v}\Delta v + \dfrac{\partial}{\partial \omega}\Delta \omega \right. \\ \quad \left. + \dfrac{\partial}{\partial \dot{u}}\Delta \dot{u} + \dfrac{\partial}{\partial \dot{v}}\Delta \dot{v} + \dfrac{\partial}{\partial \dot{\omega}}\Delta \dot{\omega} + \dfrac{\partial}{\partial \delta}\Delta \delta \right)^n \cdot Y + \cdots \\ N = N(u_1, v_1, \omega_1, \dot{u}_1, \dot{v}_1, \dot{\omega}_1, \delta_1) + \dfrac{\partial N}{\partial u}\Delta u + \dfrac{\partial N}{\partial v}\Delta v + \dfrac{\partial N}{\partial \omega}\Delta \omega \\ \quad + \dfrac{\partial N}{\partial \dot{u}}\Delta \dot{u} + \dfrac{\partial N}{\partial \dot{v}}\Delta \dot{v} + \dfrac{\partial N}{\partial \dot{\omega}}\Delta \dot{\omega} + \dfrac{\partial N}{\partial \delta}\Delta \delta + \cdots + \dfrac{1}{n!}\left(\dfrac{\partial}{\partial u}\Delta u + \dfrac{\partial}{\partial v}\Delta v + \dfrac{\partial}{\partial \omega}\Delta \omega \right. \\ \quad \left. + \dfrac{\partial}{\partial \dot{u}}\Delta \dot{u} + \dfrac{\partial}{\partial \dot{v}}\Delta \dot{v} + \dfrac{\partial}{\partial \dot{\omega}}\Delta \dot{\omega} + \dfrac{\partial}{\partial \delta}\Delta \delta \right)^n \cdot N + \cdots \end{cases} \tag{14}$$

其中，$X(u_1, v_1, \omega_1, \dot{u}_1, \dot{v}_1, \dot{\omega}_1, \delta_1)$，$Y(u_1, v_1, \omega_1, \dot{u}_1, \dot{v}_1, \dot{\omega}_1, \delta_1)$，$N(u_1, v_1, \omega_1, \dot{u}_1, \dot{v}_1, \dot{\omega}_1, \delta_1)$ 分别为展开点 $(u_1, v_1, \omega_1, \dot{u}_1, \dot{v}_1, \dot{\omega}_1, \delta_1)$ 处的函数值：

$$\begin{cases} \Delta u = u - u_1, \quad \Delta v = v - v_1, \quad \Delta \omega = \omega - \omega_1 \\ \Delta \dot{u} = \dot{u} - \dot{u}_1, \quad \Delta \dot{v} = \dot{v} - \dot{v}_1, \quad \Delta \dot{\omega} = \dot{\omega} - \dot{\omega}_1 \\ \Delta \delta = \delta - \delta_1 \end{cases} \tag{15}$$

在船舶操纵性研究中，如选取舵位于中间位置($\delta=0$)，船以匀速沿其中纵剖面方向的定常直线运动状态为初始状态，即泰勒级数的展开点，则

$$\begin{cases} u_1 = \text{const} \\ v_1 = \omega_1 = \dot{u}_1 = \dot{v}_1 = \dot{\omega}_1 = \delta_1 = 0 \end{cases} \tag{16}$$

若所计算状态的流体动力、力矩与展开点接近，取式(14)中的线性项可得到足够的精度，则线性表达式为

$$\begin{cases} X = X(u_1) + X_u \Delta u + X_v \Delta v + X_\omega \Delta\omega + X_{\dot{u}} \Delta\dot{u} + X_{\dot{v}} \Delta\dot{v} + X_{\dot{\omega}} \Delta\dot{\omega} + X_\delta \Delta\delta \\ Y = Y(u_1) + Y_u \Delta u + Y_v \Delta v + Y_\omega \Delta\omega + Y_{\dot{u}} \Delta\dot{u} + Y_{\dot{v}} \Delta\dot{v} + Y_{\dot{\omega}} \Delta\dot{\omega} + Y_\delta \Delta\delta \\ N = N(u_1) + N_u \Delta u + N_v \Delta v + N_\omega \Delta\omega + N_{\dot{u}} \Delta\dot{u} + N_{\dot{v}} \Delta\dot{v} + N_{\dot{\omega}} \Delta\dot{\omega} + N_\delta \Delta\delta \end{cases} \tag{17}$$

其中，$X_u = \dfrac{\partial X}{\partial u}, Y_\omega = \dfrac{\partial Y}{\partial \omega}, \cdots$统称为水动力导数，分别表示船舶做匀速直线运动，只改变某一运动参数，而其他参数皆不变时，所引起的作用于船舶的水动力(或力矩)对该运动参数的变化率。

对式(17)考虑到泰勒级数展开点对应于匀速直线运动，此时船舶运动左右对称，无横向力，故$Y(u_1)=0, N(u_1)=0$。

为保持匀速直线运动，X方向的受力应使螺旋桨的推力与船体阻力相平衡，故$X(u_1)=0$；再考虑到船体几何形状左右对称，X方向速度、加速度的变化不会引起侧向力和偏航力矩，即$Y_u = Y_{\dot{u}} = N_u = N_{\dot{u}} = 0$。

横向运动参数$v, \dot{v}, \omega, \dot{\omega}, \delta$的变化对方向水动力的影响应具有对称性，即可表示为$v, \dot{v}, \omega, \dot{\omega}, \delta$的偶函数，以使原点处的一阶偏导数为零，即$X_v = X_{\dot{v}} = X_\omega = X_{\dot{\omega}} = X_\delta = 0$。此外，注意到：

$$\begin{aligned} &\Delta u = u - u_1, \quad && \Delta\dot{u} = \dot{u} \\ &\Delta v = v, && \Delta\dot{v} = \dot{v} \\ &\Delta\omega = \omega, && \Delta\dot{\omega} = \dot{\omega} \\ &\Delta\delta = \delta \end{aligned}$$

基于以上简化，式(17)可表示为

$$\begin{cases} X = X_u \Delta u + X_{\dot{u}} \Delta\dot{u} \\ Y = Y_v v + Y_\omega \omega + Y_{\dot{v}} \dot{v} + Y_{\dot{\omega}} \dot{\omega} + Y_\delta \delta \\ N = N_v v + N_\omega \omega + N_{\dot{v}} \dot{v} + N_{\dot{\omega}} \dot{\omega} + N_\delta \delta \end{cases} \tag{18}$$

式(18)即水动力、力矩的线性表达式。

选取沿船舶纵向的匀速直线运动为初始状态。

$$\begin{aligned} M(\dot{u} + v\dot{\psi} - x_G \dot{\psi}^2) &= M(\dot{u} + v\omega - x_G \omega^2) \\ &= M[(\dot{u}_1 + \Delta\dot{u}) + (v_1 + \Delta v)(\omega_1 + \Delta\omega) - x_G(\omega_1 + \Delta\omega)^2] \end{aligned}$$

将式(15)和式(16)代入上式，得

$$\begin{cases} M(\dot{u} + v\omega - x_G \omega^2) \doteq M\dot{u} \\ M(-\dot{v} + u\omega + x_G \dot{\omega}) \doteq M(-\dot{v} + u_1\omega + x_G \dot{\omega}) \\ I_z \dot{\omega} + M x_G (\dot{v} + u\omega) \doteq I_z \dot{\omega} + M x_G (\dot{v} + u_1 \omega) \end{cases} \tag{19}$$

将式(18)和式(19)代入式(10)，得线性化的船舶操纵运动微分方程组：

$$\begin{cases}-X_u(u-u_1)+(M-X_{\dot{u}})\dot{u}=0\\-Y_v v+(M-Y_{\dot{v}})\dot{v}-(Y_\omega-Mu_1)\omega-(Y_{\dot{\omega}}-Mx_G)\dot{\omega}=Y_\delta\delta\\-N_v v-(N_{\dot{v}}-Mx_G)\dot{v}-(N_\omega-Mx_Gu_1)\omega+(I_z-N_{\dot{\omega}})\dot{\omega}=N_\delta\delta\end{cases}\tag{20}$$

其中，第一式与后两式无关(无干扰)，可独为一个方程，而且在线性理论中$u\approx u_1$，故通常可忽略，线性微分方程组变为

$$\begin{cases}(M-Y_{\dot{v}})\dot{v}-Y_v v+(Mx_G-Y_{\dot{\omega}})\dot{\omega}-(Mu_1-Y_\omega)\omega=Y_\delta\delta\\(Mx_G-N_{\dot{v}})\dot{v}-N_v v+(I_z-N_{\dot{\omega}})\dot{\omega}+(Mx_Gu_1-N_\omega)\omega=N_\delta\delta\end{cases}\tag{21}$$

由式(21)得

$$\begin{cases}-Y_v v+(M-Y_{\dot{v}})\dot{v}-(Y_\omega-Mu_1)\omega-(Y_{\dot{\omega}}-Mx_G)\dot{\omega}=Y_\delta\delta\\-N_v v-(N_{\dot{v}}-Mx_G)\dot{v}-(N_\omega-Mx_Gu_1)\omega+(I_z-N_{\dot{\omega}})\dot{\omega}=N_\delta\delta\end{cases}\tag{22}$$

用拉氏变换法进行数学处理。对式(22)两边作拉氏变换，并考虑到：

$$v(s)=\mathscr{L}[v(t)]=\int_0^\infty v(t)\cdot \mathrm{e}^{-st}\mathrm{d}t$$

$$r(s)=\mathscr{L}[r(t)]=\int_0^\infty r(t)\cdot \mathrm{e}^{-st}\mathrm{d}t$$

$$\delta(s)=\mathscr{L}[\delta(t)]=\int_0^\infty \delta(t)\cdot \mathrm{e}^{-st}\mathrm{d}t$$

拉氏变换后变量s与时间域变量t相对应，具有频率的含义，则式(22)变为

$$\begin{cases}-Y_v v(s)+(M-Y_{\dot{v}})sv(s)-(M-Y_{\dot{v}})v(0)\\\qquad -(Y_\omega-Mu_1)\omega(s)-(Y_{\dot{\omega}}-Mx_G)s\omega(s)-(Y_{\dot{\omega}}-Mx_G)\omega(0)=Y_\delta\delta(s)\\-N_v v(s)-(N_{\dot{v}}-Mx_G)sv(s)-(N_{\dot{v}}-Mx_G)v(0)\\\qquad -(N_\omega-Mx_Gu_1)\omega(s)+(I_z-N_{\dot{\omega}})s\omega(s)+(I_z-N_{\dot{\omega}})\omega(0)=N_\delta\delta(s)\end{cases}\tag{23}$$

为使问题简化，对具有航向稳定性的船舶，初始运动状态为匀速直线运动时，可认为船舶运动是具有零初始值的，即$v(0)=\omega(0)=\dot{v}(0)=\dot{\omega}(0)=0$。

这样，经过拉氏变换后方程组(23)为对s变量的代数方程组，对此，即可解得

$$\omega(s)=\frac{K(1+T_3s)}{(1+T_1s)(1+T_2s)}\delta(s)\tag{24}$$

式(24)表示经拉氏变换后，在频域s中由舵角$\delta(s)$而引起的转艏回转运动$\omega(s)$，在它们之间存在线性传递关系，常称$Y_{\dot{\psi}}(s)$为船舶转艏对操舵响应的传递函数，即

$$Y_{\dot{\psi}}(s)=\frac{K(1+T_3s)}{(1+T_1s)(1+T_2s)}\tag{25}$$

其中

$$T_1+T_2=\frac{(M-Y_{\dot{v}})(Mx_Gu_1-N_\omega)-(I_z-N_{\dot{\omega}})Y_v+(Mx_G-Y_{\dot{\omega}})N_v-(Mx_G-N_{\dot{v}})(Mu_1-Y_\omega)}{-Y_v(Mx_Gu_1-N_\omega)+N_v(Mu_1-Y_\omega)}$$

$$T_1\cdot T_2=\frac{(M-Y_{\dot{v}})(I_z-N_{\dot{\omega}})-(Mx_G-Y_{\dot{\omega}})(Mx_G-N_{\dot{v}})}{-Y_v(Mx_Gu_1-N_\omega)+N_v(Mu_1-Y_\omega)}$$

$$K = \frac{Y_\delta N_v - N_\delta Y_v}{-Y_v(Mx_G u_1 - N_\omega) + N_v(Mu_1 - Y_\omega)}$$

$$T_3 = \frac{-Y_\delta(Mx_G - N_{\dot{v}}) + N_\delta(M - Y_{\dot{v}})}{Y_\delta N_v - N_\delta Y_v}$$

若将频域内的舵角与转艏回转运动的对应关系式(24)转换到时间域内，则需对式(24)作拉氏逆变换，可得

$$T_1 T_2 \frac{\mathrm{d}^2\omega}{\mathrm{d}t^2} + (T_1 + T_2)\frac{\mathrm{d}\omega}{\mathrm{d}t} + \omega = K\delta + KT_3\frac{\mathrm{d}\delta}{\mathrm{d}t} \tag{26}$$

即

$$T_1 T_2 \ddot{\omega} + (T_1 + T_2)\dot{\omega} + \omega = K\delta + KT_3\dot{\delta} \tag{27}$$

略去二阶以上的小量，并设$T_1 + T_2 - T_3 = T$，基于以上简化，则

$$T \cdot \frac{\mathrm{d}\omega}{\mathrm{d}t} + \omega = K\delta \tag{28}$$

式(28)称为操纵运动一阶K-T方程，也称野本谦作(Nomoto)方程。它既能抓住其响应特性本质，又比二阶方程更为简化。

附录 2　Z 形实验计算 K、T 参数

Z 形操纵实验(简称 Z 形实验)计算方法是比较常用的计算 K、T 的方法。Z 形操纵实验由英国的 Kempf 于 1943 年首先提出，该实验方法用来衡量船舶的机动性能，对船舶操左右相同的舵角使船舶做蛇形操作运动，根据一个周期内航行的距离对船舶的操纵性能进行评判。

10°/10°Z 形实验方法如下：

(1) 以规定航速保持匀速直航。

(2) 操右舵 10°，并保持该舵角。

(3) 船舶开始右转，当船艏向向右转头的角度达到 10°，即转艏角等于所操舵角时，迅速将舵转为左舵 10°，然后保持该舵角。

(4) 当船艏向向左转头角度达到 10°，迅速将舵转为右舵 10°，并保持该舵角。

(5) 如此反复操纵多次，当操舵达五次时，为一次实验。

除上述以 10°/10°的 Z 形操纵实验，也可以 5°/5°、15°/15°、20°/20°等进行 Z 形实验，船舶主机在实验过程中需要保持工况不变，从 t_0 时刻开始记录主机转数、航速、艏向角、惯性超越角、运动轨迹、舵角及各舵角的到位时间等，并绘制 δ-t、ψ-t 特征曲线。

如附图 3 所示，在 $t=0$ 处作船艏向随时间变化 ψ-t 曲线的切线，斜率记作 $r(0)$，在 ψ-t 曲线三个峰值的前后找到斜率等于 $r(0)$ 的三个位置点，分别记作 t_e, t'_e, t''_e，则此三点的斜率 $r(t_e)=r(t'_e)=r(t''_e)=r(0)$，其对应的艏向角分别为 $\psi(t_e), \psi(t'_e), \psi(t''_e)$，从实验曲线上测量得到。将 δ-t 曲线上各转折点相应时间按次序分别记作 $t_1,t_2,t_3,t_4,t_5,t_6,t_7$。其中 t_2,t_4,t_6 三点的艏向角分别为 $\psi(t_2)=\delta_1, \psi(t_4)=\delta_2, \psi(t_6)=\delta_3$，相应的转艏角速度为 $r(t_2), r(t_4), r(t_6)$，从 ψ-t 曲线上的斜率求得。分别从 $0\to t'_e, 0\to t''_e$ 积分，可得

$$\psi(t'_e)=K\int_0^{t'_e}\delta \mathrm{d}t + K\cdot\delta_r\cdot t'_e \tag{29}$$

$$\psi(t''_e)=K\int_0^{t''_e}\delta \mathrm{d}t + K\cdot\delta_r\cdot t''_e \tag{30}$$

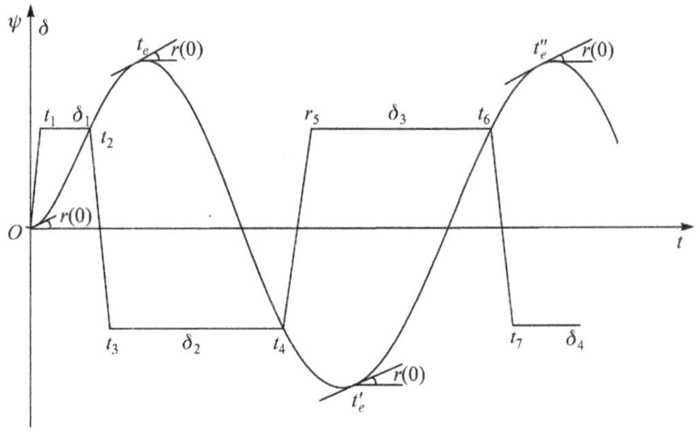

附图 3

通过联立式(29)与式(30)可以计算得到K, δ_r，将K记为$K_{6,8}$。

将方程从$0 \to t_e$积分，得

$$\psi(t_e) = K\int_0^{t_e} \delta \mathrm{d}t + K \cdot \delta_r \cdot t_e K \tag{31}$$

把δ_r代入式(31)，将计算得到的K记作K_4，取$K_{6,8}$与K_4的平均值作为整个实验中的K值:

$$K = (K_{6,8} + K_4) / 2$$

从$t_2 \to t_e, t_4 \to t_e', t_6 \to t_e''$积分，得

$$T[r(0) - r(t_2)] + [\psi(t_e) - \psi(t_2)] = \int_{t_2}^{t_e} \delta \mathrm{d}t + K \cdot \delta_r (t_e - t_2) \tag{32}$$

$$T[r(0) - r(t_4)] + [\psi(t_e') - \psi(t_4)] = \int_{t_4}^{t_e'} \delta \mathrm{d}t + K \cdot \delta_r (t_e' - t_4) \tag{33}$$

$$T[r(0) - r(t_6)] + [\psi(t_e'') - \psi(t_6)] = \int_{t_6}^{t_e''} \delta \mathrm{d}t + K \cdot \delta_r (t_e'' - t_6) \tag{34}$$

将已求出的δ_r, K代入式(32)，计算得到的T值记为T_4；把$\delta_r, K_{6,8}$代入式(33)和式(34)，求得的T分别记为T_6, T_8，则整个实验中的T值为

$$T = \frac{1}{2}\left[T_4 + \frac{1}{2}(T_6 + T_8)\right]$$

参 考 文 献

陈啟宗, 1998. 线性系统理论与设计. 北京: 科学出版社.

段广仁, 1996. 线性系统理论. 哈尔滨: 哈尔滨工业大学出版社.

韩京清, 等, 1995. 线性系统理论代数基础. 沈阳: 辽宁科学技术出版社.

胡寿松, 2001. 自动控制原理. 4 版. 北京: 科学出版社.

黄琳, 1994. 系统与控制理论中的线性代数. 北京: 科学出版社.

凯拉斯, 1985. 线性系统习题解答. 李清泉, 褚家晋, 高龙, 译. 北京: 科学出版社.

李保全, 陈维远, 1997. 线性系统理论. 北京: 国防工业出版社.

楼顺天, 于卫, 1998. 基于 MATLAB 的系统分析与设计: 控制系统. 西安: 西安电子科技大学出版社.

吕碧湖, 1990. 线性系统理论基础. 合肥: 中国科学技术大学出版社.

仝茂达, 2004. 线性系统理论和设计. 合肥: 中国科学技术大学出版社.

吴沧浦, 2000. 最优控制的理论与方法. 北京: 国防工业出版社.

有本卓, 高桥进一, 滨田望, 1982. 线性系统理论、例题和习题. 卢伯英, 译. 北京: 科学出版社.

解学书, 1986. 最优控制理论与应用. 北京: 清华大学出版社.

余贻鑫, 1991. 线性系统. 天津: 天津大学出版社.

郑大钟, 1989. 一类 LQ 问题的最优控制和次优控制的综合方法. 清华大学学报, 29(4): 106～114.

郑大钟, 2001. 线性系统理论. 北京: 清华大学出版社.

中国矿业学院数学教研室, 1990. 数学手册. 北京: 科学出版社.

CHEN C T, 1999. Linear system theory and design. 3rd ed. New York: Oxford University Press.

D'AZZO J J, HOUPIS C H, 1988. Linear control system analysis and design: conventional and modern. 3rd ed. New York: McGraw-Hill Book Company.

D'SOUZA A F, 1988. Design of control system. New Jersey: Prentice-Hall.

KAILATG T, 1980. Linear system. New Jersey: Prentice-Hall.